《建筑工程消防施工质量验收规范》
解读和资料填写示例

李　伟　王玉恒　杨丽萍　主编

中国建材工业出版社

图书在版编目（CIP）数据

《建筑工程消防施工质量验收规范》解读和资料填写
示例/李伟，王玉恒，杨丽萍主编．--北京：中国建
材工业出版社，2023.8（2025.3重印）

ISBN 978-7-5160-3769-0

Ⅰ.①建… Ⅱ.①李… ②王… ③杨… Ⅲ.①建筑工
程—防火系统—工程质量—工程验收—技术规范—资料管
理—北京 Ⅳ.①TU892

中国国家版本馆 CIP 数据核字（2023）第 116891 号

《建筑工程消防施工质量验收规范》解读和资料填写示例
JIANZHU GONGCHENG XIAOFANG SHIGONG ZHILIANG YANSHOU GUIFAN
JIEDU HE ZILIAO TIANXIE SHILI
李 伟 王玉恒 杨丽萍 主编

出版发行：中国建材工业出版社
地　　址：北京市西城区白纸坊东街 2 号院 6 号楼
邮　　编：100054
经　　销：全国各地新华书店
印　　刷：北京雁林吉兆印刷有限公司
开　　本：889mm×1194mm　1/16
印　　张：36.25
字　　数：1080 千字
版　　次：2023 年 8 月第 1 版
印　　次：2025 年 3 月第 2 次
定　　价：**128.00 元**

本书编委会

主编：李　伟　　王玉恒　　杨丽萍

参编：黄卫东　黄一品　范　文　陆　参　柯贵国　鲁丽萍
　　　聂俊珑　艾德武　施　方　赵　扬　赵秋华　周　艺
　　　李平樱　谢伟喆　吴启明　刘　军　王会英　王　溥
　　　郝　毅　李　岩　何京伟　王启潮　戴金娥　姜月菊

前　言

根据北京市市场监督管理局《2020年北京市地方标准制修订项目计划的通知》，由北京市建设监理协会和北京市建设工程安全质量监督总站等单位主持编制了《建筑工程消防施工质量验收规范》（DB11/T 2000—2022），并于2022年10月1日起实施。

在《建筑工程消防施工质量验收规范》（DB11/T 2000—2022）编制过程中，编制组成员通过大量调查研究和分析论证，发现工程项目实施过程中，消防工程施工质量管理不同程度存在五方责任主体责任不落实、专业管理脱节、过程控制不到位、消防工程资料要求不明确等问题。为宣贯《建筑工程消防施工质量验收规范》（DB11/T 2000—2022），提升消防工程质量，由北京市建设监理协会和北京市建设工程安全质量监督总站牵头，以规范主要编制人为主体，组建《〈建筑工程消防施工质量验收规范〉解读和资料填写示例》编委会。编委会还包括北京城建科技促进会、北京建科研软件技术有限公司、北京方圆工程监理有限公司、北京华城工程管理咨询有限公司、国信国际工程咨询集团股份有限公司、北京希地环球建设工程顾问有限公司、北京希达工程管理咨询有限公司、建研凯勃建设工程咨询有限公司、北京城建天宁消防有限责任公司等单位的专家。在本书编写过程中，还得到了北京城市副中心工程建设管理办公室、北京市轨道交通建设管理有限公司、北京职工体育服务中心等单位的大力支持，在此一并表示感谢。

本书包括《建筑工程消防施工质量验收规范》条文解析、消防工程资料示例和填表说明两部分，供读者在消防工程施工管理和资料管理工作中参考。由于编委会水平所限，本书出现错误在所难免，欢迎读者批评指正。

本书编委会

2023.4.28

目　录

第二部分   消防工程资料示例和填表说明

第一部分 《建筑工程消防施工质量验收规范》条文解析

1 总 则

1.0.1【原文】为加强建筑工程消防施工质量管理，规范建筑工程消防施工质量的验收，保障消防工程质量，制定本规范。

【条文说明】根据《住房和城乡建设部应急管理部关于做好移交承接建设工程消防设计审查验收职责的通知》（建科函〔2019〕52号）文件要求，消防救援机构向住房城乡建设主管部门移交建设工程消防设计审查验收职责工作，各地应于2019年6月30日前全部完成移交承接工作。2020年5月29日公安部发布了《关于废止〈建设工程消防监督管理规定〉的决定》（中华人民共和国公安部令 第158号），取而代之的是2020年6月1日实施的《建设工程消防设计审查验收管理暂行规定》（中华人民共和国住房和城乡建设部令 第51号）。编制本规范的目的是落实上述政策文件规定，加强我市建筑工程消防施工质量管理，规范我市建筑工程消防施工质量的验收，保证消防工程质量。

【条文解读】本条说明本规范编制的目的。

1.0.2【原文】本规范适用于新建、改建、扩建建筑工程的消防施工质量验收，也适用于城市轨道交通工程的消防施工质量验收。

【条文说明】本标准适用于本市行政区域内的建筑工程和轨道交通工程，其他市政公用工程，例如综合管廊工程等可参照执行。

【条文解读】本条说明本规范的适用范围。本规范适用于北京市行政区域内，新建、改建、扩建建筑工程和轨道交通工程的消防施工质量验收和工程资料管理。

1.0.3【原文】建筑工程的消防施工质量验收除应符合本规范外，尚应符合国家及地方现行有关标准的规定。

【条文解读】本条说明本规范与其他有关标准的关系。除应符合本规范外，尚应符合国家及北京市现行有关标准的规定，例如《消防设施通用规范》（GB 55036）、《建筑工程施工质量验收统一标准》（GB 50300）、《建筑外墙外保温防火隔离带技术规程》（JGJ 289）、《建筑工程资料管理规程》（DB11/T 695）等。

2 术 语

【本节条文说明】按照《建设工程消防设计审查验收管理暂行规定》（中华人民共和国住房和城乡建设部令 第51号）文件规定，施工单位应当"按照消防设计要求、施工技术标准和合同约定检验消防产品和具有性能要求的建筑材料、建筑构配件和设备，使用合格产品"。按照《市场监督总局应急管理部关于取消部分消防产品强制性认证的公告》（2019年第36号）关于消防产品的分类，消防产品分为强制性认证产品（主要为火灾报警产品、灭火器、避难逃生产品）和自愿性认证的产品〔主要包括火灾报警产品、火灾防护产品〔防火材料产品、建筑耐火构件产品（隔热型）、消防防烟排烟设备产品等〕、灭火设备产品、消防装备产品、汽车消防车产品、电气火灾监控产品及可燃气体报警产品、建筑耐火构配件（非隔热型）、建筑材料及制品〕。可以看出后者规定的是广义的"消防产品"，既包括了前者规定狭义的"消防产品"，也包括前者规定的具有性能要求的建筑材料、建筑构配件和设备。因此，本规范中的"消防产品"采用的是广义的术语定义，与上位法不冲突。

2.0.1【原文】进场检验 material items check

对进入施工现场的消防产品，按照相关标准和规定核查其质量、规格及型号是否符合要求所进行的检查、验收等确认活动。

【条文解读】本条定义了消防产品的进场检验，说明使用在工程项目上的建筑材料、建筑构配件和设备需进行进场检验工作，同时说明了进场检验包含的工作内容。

2.0.2【原文】质量证明文件核查 quality files check

核查消防产品的强制性产品认证证书、技术鉴定报告、型式检验报告以及出厂合格证或质量保证书等质量证明文件资料，并确认其是否符合相关法律法规、技术标准和产业政策的规定而进行的活动。

【条文解读】本条定义了质量证明文件核查。质量证明文件一般指质量证明文件原件，质量证明文件原件是生产厂家在出场时候加盖公司红色质检章的证明文件。

2.0.3【原文】外观质量检查 visual inspection

检查消防产品的外观、铭牌标志、规格型号、结构部件、材质、生产厂名、厂址与产地、产品实物等，并确认是否与其质量证明文件相一致而进行的检查活动。

【条文解读】本条定义了消防产品的外观质量检查，说明了检查包含的主要工作内容。

2.0.4【原文】现场试验 insite experiment

消防产品进入施工现场后，在质量证明文件核查、外观质量检查或开箱检验符合要求的基础上，按照有关规定抽取试样，在施工现场进行检测或试验的活动。

【条文解读】本条定义了消防产品的现场试验。

2.0.5【原文】实体检验 architectural products check

相关子分部工程或分项工程完成后，对建筑工程整体消防安全和使用功能影响较大的建筑构造、重点部位进行现场检查或试验，核查其是否满足消防技术标准、质量验收规范和设计要求所进行的活动。

【条文解读】本条定义了消防工程的实体检验。实体检验应分专业按照相关专业标准要求进行组织。

2.0.6【原文】消防检测 fire protection corporation test

对建筑工程中建筑消防设施或消防系统的安装、调试质量进行检验、测试，并出具检测报告所进行的活动。

【条文解读】本条定义了消防检测。消防检测服务可以由消防技术服务机构提供。

2.0.7【原文】消防查验 fire protection quality acceptance

建设单位组织有关单位进行建筑工程竣工验收时，对建筑工程是否符合消防要求进行检查验收的活动。

【条文解读】本条定义了消防查验。消防查验的组织者应为建设单位。

3 基本规定

3.0.1【原文】消防施工质量验收应由建设单位、设计单位、监理单位、施工单位、专业施工单位的有关人员按照相关规范要求进行，并签署验收文件。必要时，技术服务机构可参与验收并签署验收文件。

【条文说明】根据 2020 年 6 月 1 日实施的《建设工程消防设计审查验收管理暂行规定》（中华人民共和国住房和城乡建设部令 第 51 号）文件规定，建设单位依法对建设工程消防设计、施工质量负首要责任。设计、施工、工程监理、技术服务等单位依法对建设工程消防设计、施工质量负主体责任。建设、设计、施工、工程监理、技术服务等单位的从业人员依法对建设工程消防设计、施工质量承担相应的个人责任。

当专业验收规范有要求或建设单位认为有必要时，技术服务机构可参与验收并签署验收文件。

【条文解读】本条规定了参与消防工程质量验收的各方主体及验收工作程序。建筑工程消防施工质量验收由建设单位组织，建设单位项目负责人、监理单位总监理工程师、施工单位项目负责人、设计单位项目负责人、专业施工单位项目负责人共同在表格相应位置签字，并分别加盖单位公章。应注明验收日期。

建设单位可以要求技术服务机构参加验收，技术服务机构在消防施工质量验收合格后签署验收文件。

3.0.2【原文】消防工程的专业施工单位应具有相应资质。实行总承包的建筑工程，消防工程质量验收应由总承包单位组织，消防工程专业施工单位应参加验收。

【条文说明】为确保消防安全，在《住房城乡建设部关于印发建设工程企业资质管理制度改革方案的通知》（建市〔2020〕94 号）中，国家保留了消防设施工程专业承包资质，某种意义上资质是一种政府对企业信用的背书。资质作为一个建筑企业的资信证明，有资质的企业更有能力保证施工的安全、施工的质量，更能让客户放心。但需要注意的是，根据现行国家标准《建筑工程施工质量验收统一标准》（GB 50300）的专业划分，消防工程并不是仅包括消防设施工程一项内容，而是涉及建筑装饰装修、建筑给水、建筑电气、空调与通风和智能化等多个专业内容，分散在相关各个分部工程中。

【条文解读】本条规定了消防工程质量验收时总承包单位和专业分包的相互关系。在实行总承包的建筑工程消防工程质量验收由总承包单位组织，消防专业分包有义务配合。根据《住房城乡建设部关于印发〈建筑业企业资质标准〉的通知》（建市〔2014〕159 号），消防设施工程专业承包资质分为一级、二级。

3.0.3【原文】消防工程的施工应符合设计文件要求和现行消防技术标准的有关规定。消防工程需要进行深化设计时，设计深度应满足施工要求，且不应降低原设计的消防技术要求。深化设计的图纸完成后，应经原设计单位或具有相应资质条件的设计单位进行消防技术确认。

【条文解读】本条规定了消防工程施工图深化的责任主体，消防工程施工图深化由消防工程的专业施工单位完成的，成果文件须经过原设计单位或具有相应资质条件的设计单位进行消防技术确认。通常需要深化的内容包括：

（1）火灾自动报警系统回路划分及总线布置，经常需要根据选用厂家的设备特性进行调整，系统总线及回路进行深化。

（2）火灾自动报警系统原设计在总配电室进行切断非消防电源时，经常只概括地说哪些需要切断，总配电室内的火灾报警系统布线及模块配置平面图需要进行深化。

（3）有管网气体灭火钢瓶间内设备的选型和布置，原设计一般只确定气体用量参数和给出示意图，需要根据选用厂家设备特性进行深化设计。

（4）漏电火灾报警系统、消防电源监控系统等，原设计一般只给出系统图和点位图，需要根据选用厂家的设备特性进行管线布置平面图的深化设计，需原设计单位确认。

3.0.4【原文】消防工程宜优先选用取得消防产品自愿认证的材料、产品。采用新技术、新材料、新工艺的消防工程，应按照有关规定对消防技术内容进行专家论证。

【条文说明】现行国家标准《建筑工程施工质量验收统一标准》（GB 50300）规定："当专业验收规范对工程中的验收项目未作出相应规定时，应由建设单位组织监理、设计、施工等相关单位制定专项验收要求。涉及安全、节能、环境保护等项目的专项验收要求应由建设单位组织专家论证。"

按照《北京市住房和城乡建设委员会关于加强建设工程"四新"安全质量管理工作的通知》（京建发〔2021〕247号）要求，新材料、新技术、新工艺、新设备即为工程建设强制性标准没有规定又没有现行工程建设国家标准、行业标准和地方标准可依的材料、设备、工艺及技术。"四新"的应用直接涉及建设工程质量安全、社会公共利益，建设单位应严格落实工程质量首要责任，对"四新"全面统筹把关。设计、施工单位拟采用"四新"前，应向建设单位书面报告。建设单位确定采用"四新"后，建设单位应就"四新"是否符合"四个原则"，是否存在"八种问题"组织独立专家论证，即"四新"是否符合"安全耐久、易于施工、美观实用、经济环保"四个基本原则，以及"易造成结构安全隐患、达不到基本使用寿命、施工质量不易保障、施工及使用过程中造成不必要的污染、给使用方带来不合理的经济负担、难以满足使用功能、使用过程中不易维护、外观不满足基本要求"的"八种问题"。

按照《建设工程消防设计审查验收工作细则》第九条规定，对开展特殊消防设计的特殊建设工程进行消防设计技术审查前，应按照相关规定组织特殊消防设计技术资料的专家评审。根据第八条规定，特殊消防设计文件之一是设计图纸，且该图纸是设计采用国际标准、境外工程建设消防技术标准，或者采用新技术、新工艺、新材料的消防设计图纸。

【条文解读】本条对消防工程中采用"四新"提出专家论证要求。《住房城乡建设部关于印发〈建设工程消防设计审查验收工作细则〉和〈建设工程消防设计审查、消防验收、备案和抽查文书式样〉的通知》（建科规〔2020〕5号）中规定专家评审意见应包括：

（1）会议概况，包括会议时间、地点，组织机构，专家组的成员构成，参加会议的建设、设计、咨询、评估等单位；

（2）项目建设与设计概况；

（3）特殊消防设计评审内容；

（4）评审专家独立出具的评审意见，评审意见应有专家签字，明确为同意或不同意，不同意的应当说明理由；

（5）专家评审结论，评审结论应明确为同意或不同意，特殊消防设计技术资料经 3/4 以上评审专家同意即为评审通过，评审结论为同意；

（6）评审结论专家签字；

（7）会议记录。

3.0.5【原文】消防工程施工前施工单位应编制有针对性的施工方案，并按相关程序经审批后实施。

【条文解读】本条规定了消防工程施工需具有专门的施工方案。

施工方案要求编制、审核、批准签署齐全有效；编制人应为具备资质的专业技术负责人编制，项目经理应审核，施工单位技术负责人或项目技术负责人审批签字并加盖施工单位公章和项目经理部章。

总监理工程师应及时组织审查上报的施工方案，并出具审查意见。根据工程规模和施工方案内容的复杂程度，可适当延长审查时间，一般不宜超过 7 个自然日。

考虑到"经审批的施工方案"是相应分部分项工程施工的重要指导依据，因此应在对应的分部分项开始施工前完成申报、审批工作。

3.0.6【原文】施工单位应按照经审查合格或在消防设计审查主管部门备案的消防设计文件和相关技术标准的规定组织施工，不得擅自更改。

【条文说明】根据《住房和城乡建设部应急管理部关于做好移交承接建设工程消防设计审查验收职

责的通知》（建科函〔2019〕52号）文件要求，消防救援机构向住房城乡建设主管部门移交建设工程消防设计审查验收职责工作，各地应于2019年6月30日前全部完成移交承接工作。2020年5月29日，公安部发布了《关于废止〈建设工程消防监督管理规定〉的决定》（中华人民共和国公安部令 第158号），取而代之的是2020年6月1日正式实施的《建设工程消防设计审查验收管理暂行规定》（中华人民共和国住房和城乡建设部令 第51号）。规定对特殊建设工程实行消防设计审查制度。具有下列情形之一的建设工程是特殊建设工程：

（一）总建筑面积大于二万平方米的体育场馆、会堂，公共展览馆、博物馆的展示厅；

（二）总建筑面积大于一万五千平方米的民用机场航站楼、客运车站候车室、客运码头候船厅；

（三）总建筑面积大于一万平方米的宾馆、饭店、商场、市场；

（四）总建筑面积大于二千五百平方米的影剧院，公共图书馆的阅览室，营业性室内健身、休闲场馆，医院的门诊楼，大学的教学楼、图书馆、食堂，劳动密集型企业的生产加工车间，寺庙、教堂；

（五）总建筑面积大于一千平方米的托儿所、幼儿园的儿童用房，儿童游乐厅等室内儿童活动场所，养老院、福利院，医院、疗养院的病房楼，中小学校的教学楼、图书馆、食堂，学校的集体宿舍，劳动密集型企业的员工集体宿舍；

（六）总建筑面积大于五百平方米的歌舞厅、录像厅、放映厅、卡拉OK厅、夜总会、游艺厅、桑拿浴室、网吧、酒吧，具有娱乐功能的餐馆、茶馆、咖啡厅；

（七）国家工程建设消防技术标准规定的一类高层住宅建筑；

（八）城市轨道交通、隧道工程，大型发电、变配电工程；

（九）生产、储存、装卸易燃易爆危险物品的工厂、仓库和专用车站、码头，易燃易爆气体和液体的充装站、供应站、调压站；

（十）国家机关办公楼、电力调度楼、电信楼、邮政楼、防灾指挥调度楼、广播电视楼、档案楼；

（十一）设有本条第一项至第六项所列情形的建设工程；

（十二）本条第十项、第十一项规定以外的单体建筑面积大于四万平方米或者建筑高度超过五十米的公共建筑。

【条文解读】本条说明了消防设计文件的严肃性。施工单位不得擅自更改消防设计文件。如须修改的，建设单位应当依照《建设工程消防设计审查验收管理暂行规定》（中华人民共和国住房和城乡建设部令 第51号）重新申请消防设计审查。

3.0.7【原文】建筑工程消防施工质量控制应符合下列规定：

1 消防产品进场应按本规范第5章的要求进行验收；

2 各工序完成后，应进行检查并记录；

3 相关专业工种之间应进行交接检验；

4 隐蔽工程在隐蔽前应进行验收，并应形成验收文件和留存影像资料。

【条文说明】消防工程验收也应符合国家标准《建筑工程施工质量验收统一标准》（GB 50300）的相关规定。

【条文解读】本条规定了建筑工程消防施工质量控制四个方面的主要内容。建筑施工工序指从接受施工任务直到交工验收所包括的主要阶段的先后次序。

3.0.8【原文】建筑工程消防施工安装应具备下列条件：

1 施工所需的施工图、设计说明书等技术文件资料应齐全；

2 施工现场条件应与设计相符，施工所需的作业条件应满足要求；

3 施工所需的消防产品应齐全，规格、型号等技术参数应符合设计要求；

4 施工所需的预埋件和预留孔洞等前道工序条件应符合设计要求。

【条文解读】本条规定了消防工程施工安装的前置条件，消防施工安装涉及的土建相关工作，要做好预留预埋。在安装工程施工前检查和验收设备参数、设计图纸及土建工作。

3.0.9【原文】建筑工程消防设施、设备的调试应符合下列规定：

1 系统组件、设备安装完毕后，应进行系统完整性检查，安装完成并自检合格后方可进行系统调试；

2 调试前施工单位应制定调试方案，并经批准后实施；

3 现场条件应符合调试要求，相互关联的子分部、分项工程均应符合调试条件；

4 设计文件、系统或设备组件使用说明书及其他调试必备的技术资料应完整；

5 调试所需的检查设备齐全，调试所需仪器、仪表应经校验合格；

6 调试负责人应由施工单位项目技术负责人或专业施工单位技术负责人担任，参加调试的人员应职责明确；

7 调试完成后应填写调试记录，并由参加调试的相关单位责任人签字确认。

【条文解读】本条规定了消防设施、设备的调试前置条件和调试要求及成果文件。

3.0.10【原文】按专业验收规范已经完成的材料试验或现场测试，消防施工质量查验中不重复进行试验或测试，相关资料也不重复收集。

【条文解读】本条说明消防施工质量查验要求的试验或测试，与其他专业验收规范要求重复的部分，例如建筑构造、建筑保温与装修部分等不重复进行。

3.0.11【原文】消防工程施工质量验收资料应包含下列内容：

1 涉及消防工程的竣工图、图纸会审记录、设计变更和洽商；

2 涉及消防的主要材料、设备、构配件的质量证明文件，进场检验记录，抽样复验报告，见证试验报告；

3 隐蔽工程、检验批验收记录和相关图像资料；

4 分项工程质量验收记录；

5 子分部工程质量验收记录；

6 消防设备单机试运转及调试记录；

7 消防系统联合试运转及调试记录；

8 其他对工程质量有影响的重要技术资料；

9 建筑工程消防施工质量查验方案；

10 建筑工程消防施工质量查验记录和查验报告；

11 消防工程施工质量验收记录。

【条文说明】本条规定的消防工程验收应提供的文件也是系统投入使用后的存档材料，以便今后对系统进行检修、改造等用，并要求有专人负责维护管理。

系统试压、冲洗记录、系统调试记录是施工单位移交给建设单位的重要资料，验收时也应提供。

"建筑工程消防施工质量查验记录"和"建筑工程消防施工质量查验报告"是消防查验工作的重要资料，应作为归档的重要资料。

【条文解读】本条规定了消防工程施工质量验收资料的组成。

3.0.12【原文】施工单位应按附录 A 将验收文件移交使用单位存档备案，并应编制消防工程的电子档案资料，随纸质档案一并移交城建档案管理机构。

【条文说明】本条提出了对验收文件存档的要求。这不仅是为了落实在设计使用年限内的责任，而且在有必要进行维护、修理、检测或改变使用功能时，可以提供有效的依据。

工程档案的电子文件归档，符合《中华人民共和国档案法》、现行国家标准《建设工程文件归档规范》（GB/T 50328）的要求，也同时适应我国信息化发展趋势。城建档案管理机构正在加快信息化建设进度，做好建设工程电子文件的接收、保管和利用工作。

电子档案签署了具有法律效力的电子印章或电子签名的，可不移交相应纸质档案。

【条文解读】本条规定了验收文件存档的要求。《规范》附录A，依据北京市地方现行标准《建筑工程资料管理规程》（DB11/T 695）对消防工程资料归档项目作出规定。

4 消防施工质量验收程序

4.0.1【原文】建筑工程消防施工质量验收，应在施工单位、专业施工单位自检合格的基础上，按检验批、分项工程、子分部工程的顺序依次、逐级进行。建筑工程消防施工质量验收子分部工程和分项工程划分应符合本规范附录B的规定。

【条文解读】本条说明了建筑工程消防施工质量验收的顺序和层级关系。消防工程是建筑工程的重要组成部分，包含多个专业工程。

4.0.2【原文】分项工程和检验批的划分方案应由施工单位在施工前制定，并由监理单位审核确认。

【条文说明】当消防工程以独立的单项工程形式进行施工承包时，则本条规定的消防工程上升为单位工程，子分部工程上升为分部工程，分项工程验收的规定不变。

对于消防改造工程，当消防工程作为单位工程或子单位工程独立验收时，子分部工程应上升为分部工程，分项工程仍宜按附录B的规定执行。

【条文解读】本条规定分项工程和检验批须制订划分方案，并经监理单位审核后方可实施。

4.0.3【原文】消防产品进场应由施工单位填写材料、构配件进场检验记录和设备进场开箱检查记录，并经监理单位审查核验，验收合格签署意见后方可在工程中使用。

【条文说明】材料、构配件进场检验记录见北京市地方现行标准《建筑工程资料管理规程》（DB11/T 695）表C4-44。

【条文解读】本条规定了消防产品进场时的检验工作，明确了材料、构配件和设备未经项目监理机构审查或经审查不合格的，不得使用。项目监理机构应当监督施工单位将进场检验不合格的材料、构配件和设备退出施工现场，并进行见证和记录。

4.0.4【原文】消防工程检验批施工质量验收应由专业监理工程师主持，施工单位相关专业的质量检查员参加。检验批检验合格的填写相应表格，各方签署验收意见。

【条文说明】"检验批验收合格记录"应附"检验批原始记录"。

【条文解读】本条规定了消防工程检验批施工质量验收的组织者和参加者。检验批的验收应有"现场验收检查原始记录"，并形成"检验批质量验收记录"。

4.0.5【原文】消防工程的分项工程施工质量验收应由专业监理工程师主持，施工单位项目技术负责人和相关专业的质量检查员参加。分项工程验收合格的填写相应表格，各方签署验收意见。

【条文说明】消防分项工程施工质量验收应由专业监理工程师主持，施工单位项目技术负责人和相关专业的质量检查员参加。分项工程验收合格的填写相应表格，各方签署验收意见。

【条文解读】本条规定了消防工程分项工程施工质量验收的组织者和参加者。分项工程质量验收合格的判定依据："所含检验批的质量均应验收合格；所含检验批的质量验收记录应完整。"

4.0.6【原文】消防工程的子分部工程施工质量验收应由总监理工程师主持，专业施工单位、施工单位项目负责人、项目技术负责人和相关专业质量检查员参加，设计单位项目负责人、专业设计人员应参加。子分部工程验收合格的填写相应表格，各方签署验收意见。

【条文说明】消防子分部工程施工质量验收应由总监理工程师主持，专业施工单位、施工单位项目负责人、项目技术负责人和相关专业质量检查员参加，设计单位项目负责人、专业设计人员应参加。

子分部工程验收合格的填写相应表格，各方签署验收意见。

【条文解读】本条规定了消防工程的子分部工程施工质量验收的组织者和参加者。子分部工程质量验收合格的判定依据："所含分项工程的质量均应验收合格；质量控制资料应完整；有关安全、节能、环境保护和主要使用功能的抽样检验结果应符合相应规定；观感质量应符合要求。"

4.0.7【原文】工程建设过程中，建设单位可委托具有相应从业条件的技术服务机构提供全过程消防技术服务，在建设过程中对建筑工程消防施工质量分阶段进行消防检测或实体检验。

【条文说明】技术服务机构消防检测内容应按照合同约定执行，一般可包括下列系统：

1 消防给水及消火栓系统；

2 自动喷水灭火系统；

3 电气火灾监控系统；

4 防烟排烟系统；

5 火灾自动报警系统等。

【条文解读】本条规定在建设过程中，建设单位可以委托开展全过程消防技术服务。

消防检测可分为三个阶段：①第一阶段：单项检测；②第二阶段：联动检测；③第三阶段：全面复测。在这三个阶段中均可以委托消防技术服务机构开展相应检测或实体检验。

4.0.8【原文】消防工程各专业施工完成后，建设单位应组织验收。建设单位、设计单位、监理单位、施工单位、专业施工单位、技术服务机构的项目负责人应按规定参加验收，验收合格的按本规范附录C填写消防施工质量验收记录。

【条文说明】消防工程各专业施工完工后，建设单位应组织各参建单位项目负责人参加验收，验收合格的按本规范附录C填写质量验收记录。

各参建单位包括设计单位、监理单位、施工单位、专业施工单位、技术服务机构。

【条文解读】本条规定了消防工程验收的组织者和参加人员。消防工程五方责任主体不包含勘察单位，消防专业施工单位需参与验收工作，如建设单位有聘请技术服务机构，则其也需要参与验收工作。

4.0.9【原文】建筑工程消防施工质量验收合格应符合下列规定：

1 所含子分部及各分项工程均验收合格；

2 质量控制资料完整；

3 主要使用功能的抽样复验结果符合相关规定；

4 需要进行消防检测的分项、子分部工程经过检测合格，检测报告齐全；

5 消防设施性能、系统功能联动调试等内容调试合格；

6 外观质量符合相关要求；

7 完成涉及消防的建设工程竣工图。竣工图应与符合相关规定要求的消防设计文件及工程实际相一致，竣工图章、竣工图签的签字齐全有效。

【条文说明】依据《建设工程消防设计审查验收管理暂行规定》（中华人民共和国住房和城乡建设部令 第51号）和现行国家标准《建筑工程施工质量验收统一标准》（GB 50300）的相关规定，消防工程施工质量验收合格是在分部工程验收合格的基本条件里增加了消防检测和涉及消防的建设工程竣工图的内容。主要包括：一是需要进行消防检测的分项、子分部工程经过检测合格，检测报告齐全；二是消防设施性能、系统功能联调联试等内容检测合格；三是完成涉及消防的建设工程竣工图。竣工图应与符合相关规定要求的消防设计文件及工程实际相一致，竣工图章、竣工图签的签字齐全有效。

【条文解读】本条规定了建筑工程消防施工质量验收合格的判定标准。

4.0.10【原文】工程质量控制资料应齐全完整。资料缺失时，可委托具有相应从业条件的技术服务机构按有关标准进行相应的实体检验或消防检测。

【条文说明】消防工程作为建筑工程的分部工程来看待，应按照现行国家标准《建筑工程施工质量验收统一标准》（GB 50300）的相关要求，同步进行消防工程施工质量验收。附录C规定了消防工程质量验收记录的填写要求，为各专业验收规范提供了表格的基本格式，具体内容应由各专业验收规范规定。

一般情况下，不合格现象在检验批验收时就应发现并及时处理，但实际工程中不能完全避免不合格情况的出现，本条给出了当消防施工质量不合格时的处理办法：

1 检验批验收时，对于主控项目不能满足验收规范规定或一般项目超过偏差限值的样本数量不符合验收规定时，应及时进行处理。其中，对于严重的缺陷应重新施工，一般的缺陷可通过返修、更换予以解决，允许施工单位在采取相应的措施后重新验收。如果能符合相应的专业验收规范要求，应认为该检验批合格。

2 经原设计单位核算，仍可以满足相关设计规范和使用功能要求时，该检验批可予以验收。这主要是因为一般情况下，标准、规范的规定是满足安全和功能的最低要求，而设计往往在此基础上留有一些余量。在一定范围内，会出现不满足设计要求而符合相应规范要求的情况，两者并不矛盾。

【条文解读】本条规定了消防工程质量控制资料缺失时的解决方法。

4.0.11【原文】 建设单位组织有关单位进行建筑工程竣工验收时，应对建筑工程是否符合消防要求进行查验，并应符合下列规定：

1 建设单位应在组织消防查验前制定建筑工程消防施工质量查验工作方案，明确参加查验的人员、岗位职责、查验内容、查验组织方式以及查验结论形式等内容。

2 消防查验应按本规范附录D记录，表中未涵盖的其他查验内容，可依据此表格式按照相关专业施工质量验收规范自行续表。查验主要内容包括：

1) 完成消防设计文件的各项内容；

2) 有完整的消防技术档案和施工管理资料（含消防产品的进场试验报告）；

3) 建设单位对工程涉及消防的各子分部、分项工程验收合格；施工单位、专业施工单位、设计单位、监理单位、技术服务机构等单位确认消防施工质量符合有关标准；

4) 消防设施性能、系统功能联动调试等内容检测合格。

经查验不符合本条规定的建筑工程，建设单位不得编制工程竣工验收报告。

3 查验完成后应形成《建筑工程消防施工质量查验报告》，并应符合本规范附录E的规定。

【条文说明】《建设工程消防设计审查验收管理暂行规定》（中华人民共和国住房和城乡建设部令第51号）第27条内容规定，建设单位组织竣工验收时，应当对建设工程相关内容是否符合要求进行查验。该项规定仅规定了查验的主要内容，并未对如何开展消防查验工作方法和流程进行细化。参建单位依旧无法弄清消防查验所需人员组成、职责分工、查验范围、组织程序等内容，更不清楚如何将过程性的质量检查行为转化为可推动工程质量问题整改的督办依据。因此，本条对消防查验工作进行了全面规定，即：

1 建设单位应在组织消防查验前编制"建筑工程消防施工质量查验工作方案"，明确参加查验的人员、岗位职责、查验内容、查验组织方式以及查验结论形成等内容。

2 建设单位按照《建设工程消防设计审查验收管理暂行规定》（中华人民共和国住房和城乡建设部令 第51号）第二十七条内容完成消防查验内容，查验过程中应进行相关工作的记录。附录D规定了建筑工程消防施工质量查验记录的填写要求。

3 查验完成后应形成相应工作报告，作为消防施工质量管理工作的有力抓手。附录E规定了建筑工程消防施工质量查验报告的填写要求，同时规定附录D应作为附录E的附件。

4 经查验不符合前款规定的建设工程，建设单位不得编制工程竣工验收报告。

【条文解读】本条规定了建设单位在编制竣工验收报告前须完成《建设工程消防施质量查验报告》。

4.0.12【原文】 建筑工程竣工验收前，建设单位可委托具有相应从业条件的技术服务机构进行消防查验，并形成意见或者报告，作为建筑工程消防查验合格的参考文件。采取特殊消防设计的建筑工程，其特殊消防设计的内容可进行功能性试验验证，并应对特殊消防设计的内容进行全数查验。对消防检测和消防查验过程中发现的各类质量问题，建设单位应组织相关单位进行整改。

【条文解读】 本条说明了消防技术服务机构工作意义。

消防技术服务机构及其从业人员应当依照法律法规、技术标准和从业准则，开展下列社会消防技术服务活动，并对服务质量负责：

（1）消防设施维护保养检测机构可以从事建筑消防设施维护保养、检测活动。

（2）消防安全评估机构可以从事区域消防安全评估、社会单位消防安全评估、大型活动消防安全评估等活动，以及消防法律法规、消防技术标准、火灾隐患整改、消防安全管理、消防宣传教育等方面的咨询活动。

消防技术服务机构出具的结论文件，可以作为消防救援机构实施消防监督管理和单位（场所）开展消防安全管理的依据。

北京市消防救援总队，社会消防技术服务信息系统可检索消防技术服务机构网址：https：//shhxf. 119. gov. cn/templet/index_7. jsp。

5 消防产品进场检验

5.1 一般规定

5.1.1【原文】 消防产品应进行进场检验验收，未经验收或验收不合格的不得使用。

【条文解读】 本条规定了消防产品进场验收的原则。条文中所指的消防产品，不仅包括专门用于火灾预防、灭火救援和火灾防护、避难、逃生的产品，还包括用于消防工程的各种建筑材料和建筑构配件、设备等。从法律上说，要求生产者、销售者对产品质量承担责任的产品，应当是生产者、销售者能够对其质量加以控制的产品，即经过"加工、制作"的产品，而不包括内在质量主要取决于自然因素的产品。

5.1.2【原文】 消防产品的进场检验应包括质量证明文件核查、外观质量检查、复验或现场试验等工作内容。

【条文说明】 按照现行国家标准《建筑工程施工质量验收统一标准》（GB 50300）的规定，符合下列条件之一时，可按相关专业验收规范的规定适当调整抽样复验、试验数量，调整后的抽样复验、试验方案应由施工单位编制，并报项目监理机构审核确认。

1　同一项目中由相同施工单位施工的多个单位工程，使用同一生产厂家的同品种、同规格、同批次的消防产品；

2　同一施工单位在现场加工的成品、半成品、构配件用于同一项目中的多个单位工程；

3　在同一项目中，针对同一抽样对象已有检验成果可以重复利用。

【条文解读】 本条规定了消防产品进场检验包含3项主要内容。消防产品的进场检验与常规建筑材料、构配件和设备的进场检验的程序是相同的，分3步走：首先进行质量证明文件核查；然后是外观质量检查；最后在质量证明文件和外观质量均符合要求情况下，根据相关规定进行复验或现场试验等工作内容。

5.1.3【原文】 消防产品的进场检验应按进场批次进行。

【条文说明】 消防工程验收的批次划分，分为两种情形：一是消防产品的进场验收，应按进场批次进行。二是施工质量的过程验收，应按相关专业规范规定的检验批批次进行。

【条文解读】本条规定了消防产品进场检验批次的划分原则。现行国家标准《建筑工程施工质量验收统一标准》（GB 50300）规定，建筑工程施工质量验收应划分为单位工程、分部工程、分项工程和检验批，检验批可根据施工、质量控制和专业验收的需要，按工程量、楼层、施工段、变形缝进行划分。根据形成特点，检验批可分为两类：材料检验批和工序检验批。材料检验批的划分，是按照进场批次，结合相关专业规范中规定的组批原则进行划分。工序检验批的划分，是按照工程量、楼层、施工段、变形缝，结合相关专业规范中规定的组批原则进行划分。

5.1.4【原文】消防工程相关设备的进场检验，应采用开箱检验形式。

【条文说明】开箱检验是设备进场验收的特有方式，即设备进入施工现场后，由设备采购单位组织的设备质量开箱检查活动，检查内容包括包装情况、随机文件、备件与附件以及外观情况等，必要时进行相关测试。

【条文解读】本条规定了消防工程相关设备的进场检验形式是开箱检验。开箱检验是根据设备的专业性、成套性、采购供货方式而设计的特有检验方式，有利于及时进行设备质量、数量的确认，以及交接和成品保护等工作，避免发生纠纷。

5.2 质量证明文件核查

5.2.1【原文】消防产品进场时，施工单位应向监理单位报送质量证明文件。质量证明文件应真实、齐全、有效，并具有可追溯性。

【条文解读】本条规定了消防产品进场时质量证明文件的报送要求，以及对质量证明文件本身的要求。

5.2.2【原文】质量证明文件的内容和形式应符合设计文件、技术标准的要求。新研制的尚无国家标准、行业标准的消防产品应查验其出厂合格证、技术鉴定报告和专家论证意见。

【条文说明】应按照合同和设计文件的要求核对质量证明文件的具体内容，如规格、型号、性能指标等。产品质量证明文件的具体内容和形式应按照产品标准和产品特性确定，产品标准可以是企业标准、团体标准、行业标准、国家标准，但企业标准、团体标准、行业标准的要求应高于国家标准的要求。

【条文解读】本条规定了质量证明文件的内容和形式应符合的要求。

5.2.3【原文】对依法应实行强制性产品认证或自愿认证的消防产品，应查验其质量证明合格文件、由国家法定质检机构出具的检验报告及认证证书（如有）、认证标识（如有）。

【条文解读】本条规定了对经认证的消防产品，应查验的质量证明文件内容。按照《国家市场监督管理总局应急管理部关于取消部分消防产品强制性认证的公告》（2019年第36号）要求，目前实施强制性认证的消防产品只有火灾报警产品、避难逃生产品、灭火器共三类。消防水带、喷水灭火产品、消防车、灭火剂、建筑耐火构件、泡沫灭火设备产品、消防装备产品、火灾防护产品、消防给水设备产品、气体灭火设备产品、干粉灭火设备产品、消防防烟排烟设备产品、消防通信产品等13类产品，以及火灾报警产品中的线型感温火灾探测器产品、消防联动控制系统产品、防火卷帘控制器产品和城市消防远程监控产品，均已取消强制性产品认证。实行产品质量认证的目的，是保证产品质量，提高产品信誉，保护用户和消费者的利益。自愿性产品认证是传递社会信任的重要形式，国家鼓励和引导企业积极参与认证，推动认证结果在市场采购中的广泛采信，以增加优质产品的供给。

5.2.4【原文】对设计选用的具有防火性能要求的材料、构配件，应查验其产品出厂合格证和由有资质的检验机构出具的耐火极限或燃烧性能检验报告。

【条文说明】需要注意的是，由于材料的密度、导热系数等性能指标和材料的耐火极限或燃烧性能有很大关系，所以要求耐火极限或燃烧性能与材料的其他性能指标有条件的要在同一个报告中一并反映。

【条文解读】本条规定了对具有防火性能要求的材料、构配件应查验的质量证明文件内容。

5.2.5【原文】 对由建设单位采购供应的消防产品，建设单位应当组织到货检验，并向施工单位出具检验合格证明等相应的质量证明文件。

【条文说明】根据《北京市建设工程质量条例》的规定，建设单位、施工单位可以在施工合同中约定各自采购的建筑材料、构配件和设备，并对各自采购的建筑材料、构配件和设备质量负责，按照规定报送采购信息。

【条文解读】本条规定了对建设单位采购供应消防产品的到货检验要求。到货检验是指建设单位对其采购的消防产品，在外观质量检查和质量证明文件核查符合要求的基础上，按照有关标准抽取试样送至检测机构进行检验，并对其质量合格与否作出确认。建设单位应对其采购的消防产品质量负责，保证其符合消防工程技术标准、设计文件和合同要求。建设单位应将消防产品质量证明文件以及到货检验合格证明交施工单位作为施工技术资料存档。施工单位、监理单位未取得建设单位出具的到货检验合格证明时，施工单位、监理单位不得在进场检验记录上签署意见，不得允许相关消防产品在工程上使用。建设单位对其采购的消防产品的到货检验，不替代施工单位对进场消防产品的检验责任，施工单位应当依照相关规定，履行进场检验义务。

5.2.6【原文】 质量证明文件包括产品相关质量证明文件和企业相关证明文件，根据不同消防产品的特点，可包括下列内容：

1 产品相关质量证明文件：

1）生产许可证；

2）产品质量合格证；

3）检测报告；

4）随机文件、中文安装使用说明书；

5）国家强制认证证书（"CCC"）或认证证书、认证标识；

6）计量设备检定证书；

7）知识产权证明文件。

2 企业相关证明文件：

1）企业营业执照；

2）资质证书等证明文件。

【条文说明】第1类产品相关质量证明文件，是指由供应商提供的能够证明进场的材料、构配件和设备质量合格的涉及产品本身的证明文件，本类包括7种文件。第2类生产企业质量状况证明文件是指由供应商提供的进场材料、构配件和设备生产企业的有关生产能力、范围、资质和达到国家质量监督机关准入许可的证明文件，本类包括2种文件。

1 产品质量合格证：产品质量合格证是生产单位为证明该产品出厂的产品经质量检验合格，符合质量产品标准的证明文件。是生产单位对其产品质量作出的明示保证。产品质量标准合格证应有产品的名称、规格/型号、生产单位、执行产品标准号、检验结论、检验日期、出厂日期、检验员签名或印章（可用检验员代号表示）、合格印章。批量供应施工现场的材料、构配件，其产品合格证书不易保存的，可以按照供应批量与生产单位协商开具合格证书。

2 性能检测报告：性能检测是对产品性能检测。产品性能检测一般为生产单位委托相关检测单位进行检测，检测报告上会标注检测单位收到样品的时间、出具报告的时间、检测标准和相关性能检测指标等。目前对于检测报告有效期限没有统一规定，检验报告所反映的是当时的产品性能质量状况，有效期应在该检测单位计量认证 CMA 有效期内，一般为 1 年。

3 生产许可证：本规范主要指全国工业品生产许可证书。全国工业品生产许可证书是国家对生产重要工业产品的企业实行生产许可证制度，任何单位和个人未取得生产许可证不得生产列入目录产品。任何单位和个人不得销售或者在经营活动中使用未取得生产许可证的列入目录产品。国家质量监督检验检疫总局负责全国工业产品生产许可证统一管理工作，对实行生产许可证制度管理的产品，统一产品目录，统一审查要求，统一证书标志，统一监督管理。具体可登录国家质量监督检验检疫总局网站，查询相关管理规定和管理目录。

4 随机文件、中文安装使用说明书：随机文件是设备开箱检验时，随设备附带质量证明等文件。根据合同或产品标准要求，一般包括装箱清单、资料清单、产品合格证、产品质量证明书、制造厂样本、产品规格书、产品使用说明书等内容。进口材料和设备应有中文安装使用说明书及性能检测报告。进口材料、构配件和设备应有中文安装使用说明书及性能检测报告。

5 中国强制认证（"CCC"）证书："CCC"认证是中国强制性产品认证的简称，作为国家安全认证（CCEE）、进口安全质量许可制度（CCIB）、中国电磁兼容认证（EMC）三合一的"CCC"权威认证。具体可登录中国国家认证认可监督管理委员会网站（http：//www.cnca.gov.cn）认证认可业务信息统一查询平台查询。有效期具体见证书，如无具体有效期，一般为 2 年。

6 计量设备检定证书：计量设备强制检定是指由县级以上人民政府计量行政部门所属或者授权的计量检定机构，对被列入国家质量监督检验检疫总局颁布的《中华人民共和国强制检定的工作计量器具目录》的计量器具设备，实行定点定期检定。经检定合格的计量器具设备应有检定证书，检定证书有明确的检定结论和有效期。工程上涉及的计量设备主要为燃气、热力、水、电带有计量功能的仪器仪表。

7 知识产权证明文件：是知识产权获得授权或登记的证明文件，证明文件上有相关机关的印章，例如商标注册证、专利证书、著作权登记证书等。对于涉及知识产权的材料、构配件、设备进场，应提供相应的知识产权权属证明文件。如为国外知识产权证明文件应有具有法律效力的中文翻译文件。

8 企业营业执照：是工商行政管理机关发给工商企业、个体经营者的准许从事某项生产经营活动的凭证，本规范特指生产企业或供应企业营业执照。企业资质证书是指企业有能力完成一项工程的证明书。根据《建筑业企业资质管理规定》（中华人民共和国住房和城乡建设部令 第 22 号），建筑业企业取得相应等级的资质证书后，方可在其资质等级许可的范围内从事建筑活动。注册资金和许可范围是重点审查信息。

9 准用备案许可：对于有准用备案要求的材料、构配件和设备，应符合政府相关准用备案要求，具体可登录市住房和城乡建设委员会等网站查询。消防、电力、卫生、环保等有关物资，须经行政管理部门认可的应有相应文件。软件类需要获得有关授权机构的准用许可，方可使用。

【条文解读】本条规定了不同特点的消防产品，质量证明文件可包括的具体内容。

5.3 外观质量检查

5.3.1【原文】消防产品的质量证明文件核查符合要求后，施工单位应报请监理单位对消防产品的外观质量进行检查。

【条文解读】本条规定了消防产品质量证明文件核查后的外观质量检查要求。

5.3.2【原文】消防产品的外观质量检查内容应包括品种、规格、型号、尺寸以及其他外观质量。

【条文解读】本条规定了消防产品外观质量检查应包括的内容。

5.3.3【原文】消防产品的外观质量应符合设计文件、相关技术标准和合同文件的要求。

【条文解读】本条规定了消防产品外观质量应符合的要求。消防产品的外观质量除应符合设计文件、相关技术标准的要求外，还要注意合同文件中的约定。部分项目的建设单位出于工程品质和特殊需求等考虑，会对消防产品提出设计文件和相关技术标准以外的要求，这部分要求常常通过合同条款约定的方式体现，在外观质量检查时也不能忽视。

5.3.4【原文】对有封样要求的消防产品，还应对照封样样品，对其外观质量进行检查。

【条文解读】本条规定了对有封样要求的消防产品的外观质量检查要求。对有封样要求的消防产品，在采购阶段应按照相关规定，进行实物封样，封样工作应由建设、监理和施工单位共同进行，必要时请设计单位参加。

5.3.5【原文】根据不同消防产品的特点，外观质量检查可包括以下主要内容：

1 消防产品外涂层应黏结牢固，无裂缝，且不应有露底、漏涂等情况；

2 消防产品表面应平整、洁净、色泽一致，无裂痕、无乳突、无缺损、无明显划痕、无明显凹痕或机械损伤；

3 设备组件外露接口应设有防护堵、盖，且封闭良好，非机械加工表面保护涂层应完好，接口螺纹和法兰密封面应无损伤，设备的操作机构应动作灵活；

4 设备零部件的表面不应有裂纹、压坑及明显的凹凸、锤痕、毛刺等缺陷；

5 设备产品外壳应光洁，表面应无腐蚀、无涂层脱落和气泡现象，无明显划痕、裂痕、毛刺等机械损伤，紧固件、插接件应无松动；

6 设备商标、制造厂等标识应齐全；

7 设备型号、规格等技术参数应符合设计要求。

【条文说明】对于一些对外观颜色和材质要求较高的消防产品，在工程管理中会有提前确认样品、封样的要求，以控制产品外观质量。在外观质量检查中，还应对照封样样品，对消防产品的外观质量进行检查。

【条文解读】本条规定了对不同特点的消防产品外观质量检查可包含的主要内容。

5.4 复验和现场试验

5.4.1【原文】在质量证明文件核查符合要求和外观质量检查合格后，施工单位应按规定对消防产品进行抽样复验或现场试验。

【条文说明】复验是材料、设备等进入施工现场后，在外观质量检查和质量证明文件核查符合要求的基础上，按照有关规定从施工现场抽取试样送至试验室进行检验的活动。现场试验是材料、构配件和设备进入施工现场后，在质量证明文件核查、外观质量检查或开箱检验符合要求的基础上，按照有关规定抽取试样，在施工现场进行检测或试验的活动。

【条文解读】本条规定了在质量证明文件核查和外观质量检查后，应进行抽样复验或现场试验的要求。消防产品质量事关生命财产安全，是消防工程质量控制的重要环节，按规定对消防产品进行抽样复验或现场试验，体现了预防为主的方针，目的是最大限度保护人身、财产安全，维护公共安全。

5.4.2【原文】对消防产品的抽样复验和现场试验，应符合技术标准、设计文件和相关合同文件的要求。有见证要求的，应由监理单位见证。

【条文说明】对于消防产品复验和现场试验的见证要求，除技术标准中直接明确要求见证的，主要依据《关于印发〈北京市建设工程见证取样和送检管理规定（试行）〉的通知》（京建质〔2009〕289号）和《北京市住房和城乡建设委员会关于进一步加强房屋建筑和市政基础设施工程建设单位委托质量检测管理的通知》（京建法〔2022〕3号）两个文件执行。

【条文解读】本条规定了消防产品的抽样复验和现场试验应符合的要求。

5.4.3【原文】下列消防产品的耐火性能或燃烧性能应进行见证取样送检试验：

1 预应力钢结构、跨度大于或等于60m的大跨度钢结构、高度大于或等于100m的高层建筑钢结构所采用的防火涂料；

2 用于装饰装修的B_1级纺织织物、现场阻燃处理后的纺织织物；用于装饰装修的B_1级木质材料、现场阻燃处理后的木质材料、表面进行加工后的B_1级木质材料；

3 用于装饰装修的B_1级高分子合成材料、现场阻燃处理后的泡沫塑料；用于装饰装修的B_1级复合材料、现场阻燃处理后的复合材料；用于装饰装修的其他B_1级材料、现场阻燃处理后的其他材料；

4 用于装饰装修的现场进行阻燃处理所使用的阻燃剂及防火涂料；

5 用于墙体节能工程、幕墙节能工程、屋面节能工程的保温隔热材料（不燃材料除外）；

6 国家标准及地方标准规定的其他构件、材料或产品。

【条文解读】本条规定了哪些消防产品的耐火性能或燃烧性能应进行见证取样送检试验。

5.4.4【原文】下列消防产品的性能应进行现场试验：

1 消火栓固定接口的密封性能；

2 报警阀组的抗渗漏性能；

3 闭式喷头的密封性能；

4 通用阀门强度和严密性能；

5 自带电源型消防应急灯具的应急工作时间；

6 国家标准及地方标准规定的其他现场试验项目。

【条文说明】消防产品的性能进行现场试验应符合下列规定：

1 消火栓固定接口的密封性能现场试验方法：将连接好的试样装夹在水压试验台上，灌水并排除试样中的空气，升压至1.6MPa和公称压力并各保压2min，观察保压过程中试样的状况。接口在1.6MPa和公称压力水压下应无渗漏现象。

2 报警阀组的抗渗漏性能现场试验方法：湿式报警阀的阀瓣组件系统侧及连接管件，按规定进行试验，试验压力为2倍额定工作压力，保持5min，应无渗漏。阀瓣组件在开启位置的湿式报警阀，按规定进行试验，试验压力为2倍额定工作压力，保持5min，应无渗漏和无永久变形。湿式报警阀的阀瓣系统侧，按规定进行静水压试验，保持16h，阀瓣组件密封处应无渗漏。湿式报警阀进行渗漏和变形试验后，应满足要求。

3 闭式喷头的密封性能现场试验方法：将5只洒水喷头试样安装在试验装置上，使管路充满清水，排除管路中的空气；以（0.1±0.025）MPa/s的速率升压至3.0MPa，保持压力3min，然后降压至0MPa；再在5s内使压力从0MPa升至0.05MPa，保持压力15s后，以（0.1±0.025）MPa/s的速率升压至1.0MPa，保持压力15s后降压至0MPa；试验过程中和试验后检查洒水喷头试样是否出现渗漏。

4 通用阀门强度和严密性能现场试验方法：阀门的强度试验压力为公称压力的1.5倍；严密性试验压力为公称压力的1.1倍；试验压力在试验持续时间内应保持不变，且壳体填料及阀瓣密封面无渗漏。阀门试压的试验持续时间应不少于下表的规定。

公称直径 DN（mm）	最短试验持续时间（s）		
	严密性试验		强度试验
	金属密封	非金属密封	
≤50	15	15	15
65～200	30	15	60
250～450	60	30	180

5 自带电源型消防应急灯具的应急工作时间和状态转换功能现场试验方法：将应急电源所有外电源切除后，应急灯具工作时间是否满足设计要求值，如无设计要求时，必须满足规范规定的最低值。

【条文解读】本条规定了哪些消防产品的性能应进行现场试验。

5.5 设备开箱检验

5.5.1【原文】 消防工程相关设备进场时，设备采购单位应组织建设、施工、监理等单位相关人员进行开箱检验。

【条文解读】本条规定了消防工程相关设备进场时，开箱检验的组织。理论上，设备采购可分为施工单位自行采购和建设单位采购两种情形。所以，本条的设备采购单位有可能是施工单位，也有可能是建设单位。

5.5.2【原文】 消防工程相关设备的开箱检验应依据设计文件、相关技术标准和合同文件的要求进行。

【条文解读】本条规定了消防工程相关设备的开箱检验的依据。

5.5.3【原文】 消防工程相关设备开箱检验时，应检查包装情况、随机文件、备件与附件、外观等情况，并按规定进行现场试验。设备开箱检验应留有影像资料。

【条文解读】本条规定了消防工程相关设备开箱检验应检查的内容，以及现场试验和影像留存的要求。

5.5.4【原文】 根据各种设备的不同特点，开箱检验应包括下列内容：

1 生产厂家资质核查，应符合国家关于设备生产许可的相关规定；

2 装箱清单检查，应符合设计文件和供货合同约定；

3 外观检查，包括设备内外包装和设备及附件的外观是否完好、有无破损、碰伤、浸湿、受潮、变形及锈蚀等；实行强制性认证的消防产品，本体或包装上应有"CCC"认证标识；

4 数量检查，应依据合同和装箱清单，核对装箱设备、附件、备件、专用工具及材料等的数量；

5 规格、型号、参数检查，应依据合同、设计文件要求，核对设备、附件、备件、专用工具、材料的规格、型号及参数；

6 随机文件检查，一般包括质量证明文件、安装及使用说明书、相关技术资料等；查验强制性产品认证证书、技术鉴定证书、型式检验报告以及出厂合格证、质保书等质量证明文件；

7 产品标识检查，铭牌标志应在明显部位设置，并应标明产品名称、型号、规格、耐火极限及商标、生产单位名称和厂址、出厂日期及产品生产批号、执行标准等；

8 齐套性检查，设备及所需的部件、配件是否配套完整，满足合同和设计要求；

9 现场试验，对有进场性能测试要求的设备，应在开箱时进行现场试验。

【条文说明】设备开箱检验时随机文件应根据设备的种类确定随机文件的种类，如为特种设备应按特种设备的相关规定，设备本身和主要的部件应有相应的特种设备型式试验合格证；安全部件的外观检验还应重点关注整定封记的完好性；设备的随机文件应能指导设备安装人员顺利、准确地进行安装作业。

设备开箱检验应留有影像资料，包括设备原包装、开箱过程等。设备开箱检验拍摄影像资料时，尤其是对于开箱检验不符合要求的部分和有缺陷的部分应形成完整的证据链。

【条文解读】本条规定了不同特点的设备开箱检验应包括的具体内容。

6 建筑总平面及平面布置

6.1 一般规定

6.1.1【原文】建筑工程室外绿化、景观等的深化设计和施工,不应改变消防车道和消防车登高操作场地布置。

【条文解读】本条依据现行国家标准《建筑设计防火规范(2018年版)》(GB 50016),说明了室外绿化、景观等深化设计和施工不应改变街区的道路,应考虑消防车的通行和消防车登高操作面。

6.1.2【原文】建筑规模(面积、高度、层数)和性质,应符合相关消防技术标准和消防设计文件要求,并应核对下列内容:

1 建筑规模(面积、高度、层数)和性质与设计文件的符合性;

2 改建、扩建以及用途变更的项目,其改建、扩建及用途变更部分的规模和性质符合性,其所在建筑整体性质的符合性。

【条文说明】验收中有距离、高度、宽度、长度、面积、厚度等需要测量内容时,施工质量的允许误差应符合要求。该误差要求的前提是不改变建筑类别划分。

【条文解读】本条依据现行国家标准《建筑设计防火规范(2018年版)》(GB 50016),对建筑规模的距离、高度、宽度、长度、面积、厚度等进行规定:

(1)民用建筑根据其建筑高度和层数可分为单层民用建筑、多层民用建筑和高层民用建筑。

高层民用建筑根据其建筑高度、使用功能和楼层的建筑面积可分为一类和二类。民用建筑的分类应符合下表的规定。

表 民用建筑的分类

名称	高层民用建筑		单层民用建筑、多层民用建筑
	一类	二类	
住宅建筑	建筑高度大于54m的住宅建筑(包括设置商业服务网点的住宅建筑)	建筑高度大于27m,但不大于54m的住宅建筑(包括设置商业服务网点的住宅建筑)	建筑高度不大于27m的住宅建筑(包括设置商业服务网点的住宅建筑)
公共建筑	1. 建筑高度大于50m的公共建筑; 2. 任一楼层建筑面积大于1000m² 的商店、展览、电信、邮政、财贸金融建筑和其他多种功能组合的建筑; 3. 医疗建筑、重要公共建筑; 4. 省级及以上的广播电视和防灾指挥调度建筑、网局级和省级电力调度建筑; 5. 藏书超过100万册的图书馆、书库	除一类高层公共建筑外的其他高层公共建筑	1. 建筑高度大于24m的单层公共建筑; 2. 建筑高度不大于24m的其他公共建筑

注:1. 表中未列入的建筑,其类别应根据本表类比确定。

    2. 除本规范另有规定外,宿舍、公寓等非住宅类居住建筑的防火要求,应符合本规范有关公共建筑的规定;裙房的防火要求应符合本规范有关高层民用建筑的规定。

(2)本条说明了适用于下列新建、扩建和改建的建筑:①厂房;②仓库;③民用建筑;④甲类、乙类、丙类液体储罐(区);⑤可燃、助燃气体储罐(区);⑥可燃材料堆场;⑦城市交通隧道。

人民防空工程、石油和天然气工程、石油化工工程和火力发电厂与变电站等的建筑防火设计，当有专门的国家标准时，宜从其规定。

6.2 建筑总平面

6.2.1【原文】建筑物的位置应符合规划及消防安全布局的要求，同时符合消防技术标准和消防设计文件的防火间距要求，并应检查下列内容：

1 查阅相关审批文件，核查建筑物规划定位符合性；

2 对照设计文件等资料现场核查防火间距的符合性。

【条文解读】本条依据现行国家标准《建筑设计防火规范（2018年版）》（GB 50016），说明了建筑物规划定位和防火间距的相关要求：

（1）在总平面布局中，应合理确定建筑的位置、防火间距、消防车道和消防水源等，不宜将建筑布置在甲类、乙类厂（库）房，甲类、乙类、丙类液体储罐，可燃气体储罐和可燃材料堆场的附近。

（2）本条说明民用建筑之间的防火间距不应小于下表内的规定，与其他建筑的防火间距，除应符合本规范的规定外，尚应符合本规范其他章的有关规定。

表 民用建筑之间的防火间距 （单位：m）

建筑类别		高层民用建筑	裙房和其他民用建筑		
		一级、二级	一级、二级	三级	四级
高层民用建筑	一级、二级	13	9	11	14
裙房和其他民用建筑	一级、二级	9	6	7	9
	三级	11	7	8	10
	四级	14	9	10	12

注：1. 相邻两座单层、多层建筑，当相邻外墙为不燃性墙体且无外露的可燃性屋檐，每面外墙上无防火保护的门、窗、洞口不正对开设且该门、窗、洞口的面积之和不大于外墙面积的5%时，其防火间距可按本表的规定减少25%。

2. 两座建筑相邻较高一面外墙为防火墙，或高出相邻较低一座一级、二级耐火等级建筑的屋面15m及以下范围内的外墙为防火墙时，其防火间距不限。

3. 相邻两座高度相同的一级、二级耐火等级建筑中相邻任一侧外墙为防火墙，屋面板的耐火极限不低于1.00h时，其防火间距不限。

4. 相邻两座建筑中较低一座建筑的耐火等级不低于二级，相邻较低一面外墙为防火墙且屋顶无天窗，屋面板的耐火极限不低于1.00h时，其防火间距不应小于3.5m；对于高层建筑，防火间距不应小于4m。

5. 相邻两座建筑中较低一座建筑的耐火等级不低于二级且屋顶无天窗，相邻较高一面外墙高出较低一座建筑的屋面15m及以下范围内的开口部位设置甲级防火门、窗，或设置符合现行国家标准《自动喷水灭火系统设计规范》（GB 50084）规定的防火分隔水幕或本条规定的防火卷帘时，其防火间距不应小于3.5m；对于高层建筑，不应小于4m。

6. 相邻建筑通过连底、天桥或底部的建筑物等连接时，其间距不应小于本表的规定。

7. 耐火等级低于四级的既有建筑，其耐火等级可按四级确定。

6.2.2【原文】消防车道的设置应符合相关消防技术标准和消防设计文件要求，并已按设计文件施工完毕，满足消防车通行及回车要求。消防车道应便于使用，严禁擅自改变用途，并有避免被占用的措施。应检查下列内容是否满足设计文件和相关标准要求：

1 消防车道设置位置，有无障碍物和相关提示；

2 车道的净宽、净高及转弯半径；

3 消防车道设置形式、坡度、承载力、回车场等。

【条文解读】本条依据现行国家标准《建筑设计防火规范（2018年版）》（GB 50016），说明了消防车道的净宽、净高、消防车道设置的形式、坡度、承载力、回车场等的相关要求：

（1）场地与厂房、仓库、民用建筑之间不应设置妨碍消防车操作的树木、架空管线等障碍物和车库出入口。街区内的道路应考虑消防车的通行，当建筑物沿街道部分的长度大于150m或总长度大于220m时，应设置穿过建筑物的消防车道。确有困难时，应设置环形消防车道。

（2）消防车道应符合下列要求：

①车道的净宽度和净空高度均不应小于4.0m；

②转弯半径应满足消防车转弯的要求；

③消防车道与建筑之间不应设置妨碍消防车操作的树木、架空管线等障碍物；

④消防车道靠建筑外墙一侧的边缘距离建筑外墙不宜小于5m。

（3）环形消防车道至少应有两处与其他车道连通。消防车道的坡度不宜大于8%。尽头式消防车道应设置回车道或回车场，回车场的面积不应小于12m×12m；对于高层建筑，不宜小于15m×15m；供重型消防车使用时，不宜小于18m×18m。消防车道的路面、救援操作场地、消防车道和救援操作场地下面的管道和暗沟等，应能承受重型消防车的压力。

6.2.3【原文】 消防车登高面的设置应符合相关消防技术标准和消防设计文件要求，便于使用消防车，严禁擅自改变用途。对照总平面图，沿建筑的登高扑救面全程检查，应检查下列内容：

1 裙房是否影响登高救援；

2 首层消防疏散出口设置；

3 车库出入口、人防出入口是否影响消防登高救援；

4 登高面上各楼层消防救援口的设置情况。

【条文解读】 本条依据现行国家标准《建筑设计防火规范（2018年版）》（GB 50016），说明了消防车登高救援、疏散出口、救援口的相关要求：

（1）高层建筑应至少沿一个长边或周边长度的1/4且不小于一个长边长度的底边连续布置消防车登高操作场地，该范围内的裙房进深不应大于4m。建筑高度不大于50m的建筑，连续布置消防车登高操作场地确有困难时，可间隔布置，但间隔距离不宜大于30m，且消防车登高操作场地的总长度仍应符合上述规定。

（2）住宅建筑的户门、安全出口、疏散走道和疏散楼梯的各自总净宽度应经计算确定，且户门和安全出口的净宽度不应小于0.90m，疏散走道、疏散楼梯和首层疏散外门的净宽度不应小于1.10m。建筑高度不大于18m的住宅中一边设置栏杆的疏散楼梯，其净宽度不应小于1.0m。

（3）消防车登高操作场地应符合下列规定：

①场地与厂房、仓库、民用建筑之间不应设置妨碍消防车操作的树木、架空管线等障碍物和车库出入口；

②场地的长度和宽度分别不应小于15m和8m。对于建筑高度不小于50m的建筑场地的长度和宽度均不应小于15m；

③场地及其下面的建筑结构、管道和暗沟等，应能承受重型消防车的压力；

④场地应与消防车道连通，场地靠建筑外墙一侧的边缘距离建筑外墙不宜小于5m，且不应大于10m，场地的坡度不宜大于3%。

（4）建筑物与消防车登高操作场地相对应的范围内，应设置直通室外的楼梯或直通楼梯间的入口。厂房、仓库、公共建筑的外墙应在每层的适当位置设置可供消防救援人员进入的窗口。窗口的净高度和净宽度均不应小于1.0m，下沿距室内地面不宜大于1.2m，间距不宜大于20m且每个防火分区不应少于2个，设置位置应与消防车登高操作场地相对应。窗口的玻璃应易于破碎，并应设置可在室外易于识别的明显标志。

6.2.4【原文】 消防车登高操作场地的设置应符合相关消防技术标准和消防设计文件要求，并重点检查下列内容：

1 消防车登高操作场地设置的长度、宽度、坡度、承载力；

2 是否有影响登高救援的树木、架空管线等障碍物。

【条文解读】本条依据现行国家标准《建筑设计防火规范（2018 年版）》（GB 50016），规定了消防车登高操作场地的长度、宽度、坡度、承载力以及影响登高救援障碍物的相关要求：

（1）消防车登高操作场地应符合下列规定：场地的长度和宽度分别不应小于 15m 和 8m。对于建筑高度不小于 50m 的建筑场地的长度和宽度均不应小于 15m；场地靠建筑外墙一侧的边缘距离建筑外墙不宜小于 5m，且不应大于 10m，场地的坡度不宜大于 3%。场地及其下面的建筑结构、管道和暗沟等，应能承受重型消防车的压力。

（2）建筑物与消防车登高操作场地相对应的范围内，场地与厂房、仓库、民用建筑之间不应设置妨碍消防车操作的树木、架空管线等障碍物和车库出入口。

6.3 建筑平面布置

6.3.1【原文】安全出口的设置形式、位置、数量、平面布置、防烟措施和防火分隔等应符合消防技术标准和消防设计文件要求，并应检查下列内容：

1 安全出口的设置形式、位置、数量、平面布置；

2 疏散楼梯间、前室（合用前室）的防烟措施；

3 管道穿越疏散楼梯间、前室（合用前室）处及门窗洞口等防火分隔设置情况；

4 地下室、半地下室与地上层共用楼梯的防火分隔；

5 疏散宽度、建筑疏散距离、前室面积。

【条文解读】本条依据现行国家标准《建筑设计防火规范（2018 年版）》（GB 50016），说明了安全出口的设置形式、位置、数量、平面布置的相关要求：

（1）民用建筑应根据其建筑高度、规模、使用功能和耐火等级等因素合理设置安全疏散和避难设施。安全出口和疏散门的位置、数量、宽度及疏散楼梯间的形式，应满足人员安全疏散的要求。

（2）防烟楼梯间、前室应符合下列规定：

①应设置防烟设施；

②前室可与消防电梯间前室合用；

③前室的使用面积：公共建筑、高层厂房（仓库），不应小于 6.0m²；住宅建筑，不应小于 4.5m²。与消防电梯间前室合用时，合用前室的使用面积：公共建筑、高层厂房（仓库），不应小于 10.0m²；住宅建筑，不应小于 6.0m²；

④疏散走道通向前室以及前室通向楼梯间的门应采用乙级防火门；

⑤除楼梯间和前室的出入口、楼梯间和前室内设置的正压送风口和住宅建筑的楼梯间前室外，防烟楼梯间和前室的墙上不应开设其他门、窗、洞口；

⑥楼梯间的首层可将走道和门厅等包括在楼梯间前室内形成扩大的前室，但应采用乙级防火门等与其他走道和房间分隔。

（3）疏散楼梯间应符合下列规定：

①楼梯间应能天然采光和自然通风，并宜靠外墙设置；靠外墙设置时，楼梯间、前室及合用前室外墙上的窗口与两侧门、窗、洞口最近边缘的水平距离不应小于 1.0m；

②楼梯间内不应设置烧水间、可燃材料储藏室、垃圾道；

③楼梯间内不应有影响疏散的凸出物或其他障碍物；

④封闭楼梯间、防烟楼梯间及其前室，不应设置卷帘；

⑤楼梯间内不应设置甲类、乙类、丙类液体管道；

⑥封闭楼梯间、防烟楼梯间及其前室内禁止穿过或设置可燃气体管道。敞开楼梯间内不应设置可燃气体管道，当住宅建筑的敞开楼梯间内确需设置可燃气体管道和可燃气体计量表时，应采用金属管和设置切断气源的阀门。

（4）除通向避难层错位的疏散楼梯外，建筑内的疏散楼梯间在各层的平面位置不应改变。除住宅建筑套内的自用楼梯外，地下或半地下建筑（室）的疏散楼梯间，应符合下列规定：

①室内地面与室外出入口地坪高差大于 10m 或 3 层及以上的地下、半地下建筑（室），其疏散楼梯应采用防烟楼梯间；其他地下或半地下建筑（室），其疏散楼梯应采用封闭楼梯间；

②应在首层采用耐火极限不低于 2.00h 的防火隔墙与其他部位分隔并应直通室外，确需在隔墙上开门时，应采用乙级防火门；

③建筑的地下或半地下部分与地上部分不应共用楼梯间，确需共用楼梯间时，应在首层采用耐火极限不低于 2.00h 的防火隔墙和乙级防火门将地下或半地下部分与地上部分的连通部位完全分隔，并应设置明显的标志。

（5）公共建筑内的客、货电梯宜设置电梯候梯厅，不宜直接设置在营业厅、展览厅、多功能厅等场所内。公共建筑内房间的疏散门数量应经计算确定且不应少于 2 个。除托儿所、幼儿园、老年人建筑、医疗建筑、教学建筑内位于走道尽端的房间外，符合下列条件之一的房间可设置 1 个疏散门：

①位于两个安全出口之间或袋形走道两侧的房间，对于托儿所、幼儿园、老年人建筑，建筑面积不大于 50m²；对于医疗建筑、教学建筑，建筑面积不大于 75m²；对于其他建筑或场所，建筑面积不大于 120m²；

②位于走道尽端的房间，建筑面积小于 50m² 且疏散门的净宽度不小于 0.90m，或由房间内任一点至疏散门的直线距离不大于 15m、建筑面积不大于 200m² 且疏散门的净宽度不小于 1.40m；

③歌舞娱乐放映游艺场所内建筑面积不大于 50m² 且经常停留人数不超过 15 人的厅、室。

④剧场、电影院、礼堂和体育馆的观众厅或多功能厅，其疏散门的数量应经计算确定且不应少于 2 个，并应符合下列规定：

a. 对于剧场、电影院、礼堂的观众厅或多功能厅，每个疏散门的平均疏散人数不应超过 250 人；当容纳人数超过 2000 人时，其超过 2000 人的部分，每个疏散门的平均疏散人数不应超过 400 人；

b. 对于体育馆的观众厅，每个疏散门的平均疏散人数不宜超过 400～700 人。

表 直通疏散走道的房间疏散门至最近安全出口的直线距离 （单位：m）

名称			位于两个安全出口之间的疏散门			位于袋形走道两侧或尽端的疏散门		
			一级、二级	三级	四级	一级、二级	三级	四级
托儿所、幼儿园、老年人建筑			25	20	15	20	5	10
歌舞娱乐放映游艺场所			25	20	15	9	—	—
医疗建筑	单层、多层		35	30	25	20	15	10
	高层	病房部分	24	—	—	12	—	—
		其他部分	30	—	—	15	—	—
教学建筑	单层、多层		35	30	25	22	20	10
	高层		30	—	—	15	—	—
高层旅馆、公寓、展览建筑			30	—	—	15	—	—
其他建筑	单层、多层		40	35	25	22	20	15
	高层		40	—	—	20	—	—

注：1. 建筑内开向敞开式外廊的房间疏散门至最近安全出口的直线距离可按本表的规定增加 5m。

2. 直通疏散走道的房间疏散门至最近敞开楼梯间的直线距离，当房间位于两个楼梯间之间时，应按本表的规定减少 5m；当房间位于袋形走道两侧或尽端时，应按本表的规定减少 2m。

表 高层公共建筑内楼梯间的首层疏散门、首层疏散外门、疏散走道和疏散楼梯的最小净宽度 （单位：m）

建筑类别	楼梯间的首层疏散门、首层疏散外门	走道		疏散楼梯
		单面布房	双面布房	
高层医疗建筑	1.30	1.40	1.50	1.30
其他高层公共建筑	1.20	1.30	1.40	1.20

注：1. 人员密集的公共场所、观众厅的疏散门不应设置门槛，其净宽度不应小于1.40m，且紧靠门口内外各1.40m范围内不应设置踏步。

2. 人员密集的公共场所的室外疏散通道的净宽度不应小于3.00m，并应直接通向宽敞地带。

6.3.2【原文】 避难层（间）的设置应符合消防技术标准和消防设计文件要求，并应检查下列内容：

1 避难层设置位置、形式、平面布置和防火分隔；

2 防烟条件；

3 疏散楼梯、消防电梯的设置；

4 疏散宽度、疏散距离、有效避难面积。

【条文解读】 本条依据现行国家标准《建筑设计防火规范（2018年版）》（GB 50016），说明了避难层位置、形式、平面布置、疏散楼梯、消防电梯等的相关要求：

（1）建筑高度大于100m的公共建筑，应设置避难层（间），避难层（间）应符合下列规定：

①第一个避难层（间）的楼地面至灭火救援场地地面的高度不应大于50m，两个避难层（间）之间的高度不宜大于50m；

②通向避难层的疏散楼梯应在避难层分隔、同层错位或上下层断开；

③避难层（间）的净面积应能满足设计避难人数避难的要求，并宜按5.0人/m计算；

④避难层可兼作设备层。设备管理宜集中布置，其中的易燃、可燃液体或气体管道应集中布置，设备管道区应采用耐火极限不低于3.00h的防火隔墙与避难区分隔；管道井和设备间应采用耐火极限不低于2.00h的防火隔墙与避难区分隔，管道井和设备间的门不应直接开向避难区；确需直接开向避难区时，与避难层区出入口的距离不应小于5m，且应采用甲级防火门。

（2）建筑的下列场所或部位应设置防烟设施：

①防烟楼梯间及其前室；

②消防电梯间前室或合用前室；

③避难走道的前室、避难层（间）；

④建筑高度不大于50m的公共建筑、厂房、仓库和建筑高度不大于100m的住宅建筑，当其防烟楼梯间的前室或合用前室符合下列条件之一时，楼梯间可不设置防烟系统：前室或合用前室采用敞开的阳台、凹廊，前室或合用前室具有不同朝向的可开启外窗，且可开启外窗的面积满足自然排烟口的面积要求。前室的使用面积：公共建筑、高层厂房（仓库），不应小于6.0m²；住宅建筑，不应小于4.5m²。与消防电梯间前室合用时，合用前室的使用面积：公共建筑、高层厂房（仓库），不应小于10.0m²；住宅建筑，不应小于6.0m²；

⑤疏散走道通向前室以及前室通向楼梯间的门应采用乙级防火门；

⑥除楼梯间和前室的出入口、楼梯间和前室内设置的正压送风口和住宅建筑的楼梯间前室外，防烟楼梯间和前室的墙上不应开设其他门、窗、洞口；

⑦楼梯间的首层可将走道和门厅等包括在楼梯间前室内形成扩大的前室，但应采用乙级防火门等与其他走道和房间分隔。

（3）疏散楼梯间应符合下列规定：

①楼梯间应能天然采光和自然通风，并宜靠外墙设置。靠外墙设置时，楼梯间、前室及合用前室

外墙上的窗口与两侧门、窗、洞口最近边缘的水平距离不应小于 1.0m；

②楼梯间内不应设置烧水间、可燃材料储藏室、垃圾道；

③楼梯间内不应有影响疏散的凸出物或其他障碍物；

④封闭楼梯间、防烟楼梯间及其前室，不应设置卷帘；

⑤楼梯间内不应设置甲类、乙类、丙类液体管道；

⑥封闭楼梯间、防烟楼梯间及其前室内禁止穿过或设置可燃气体管道，敞开楼梯间内不应设置可燃气体管道，当住宅建筑的敞开楼梯间内确需设置可燃气体管道和可燃气体计量表时，应采用金属管和设置切断气源的阀门。

（4）下列建筑应设置消防电梯：

①建筑高度大于 33m 的住宅建筑；

②一类高层公共建筑和建筑高度大于 32m 的二类高层公共建筑；

③设置消防电梯的建筑的地下或半地下室，埋深大于 10m 且总建筑面积大于 3000m² 的其他地下或半地下建筑（室），消防电梯应分别设置在不同防火分区内，且每个防火分区不应少于 1 台。相邻两个防火分区可共用 1 台消防电梯。

（5）室外疏散楼梯应符合下列规定：

①栏杆扶手的高度不应小于 1.10m，楼梯的净宽度不应小于 0.90m；

②倾斜角度不应大于 45°；

③梯段和平台均应采用不燃材料制作，平台的耐火极限不应低于 1.00h，梯段的耐火极限不应低于 0.25h；

④通向室外楼梯的门应采用乙级防火门，并应向外开启；

⑤除疏散门外，楼梯周围 2m 内的墙面上不应设置门、窗、洞口。疏散门不应正对梯段；

⑥避难层区出入口的距离不应小于 5m，避难走道入口应设置防烟前室，前室的使用面积不应小于 6.0m²。

6.3.3【原文】 消防控制室设置应符合消防技术标准和消防设计文件要求，并应检查下列内容：

1 消防控制室设置位置、防火分隔、安全出口；

2 应急照明设置；

3 管道布置、防淹措施，除消防以外的其他管道穿越。

【条文解读】 本条依据现行国家标准《建筑设计防火规范（2018 年版）》（GB 50016），说明了消防控制室设置位置、防火分隔、安全出口、防淹措施，以及除消防以外的其他管道穿越的相关要求：

（1）设置火灾自动报警系统和需要联动控制的消防设备的建筑（群）应设置消防控制室。消防控制室的设置应符合下列规定：

①单独建造的消防控制室，其耐火等级不应低于二级；

②附设在建筑内的消防控制室，宜设置在建筑内首层或地下一层，并宜布置在靠外墙部位；

③不应设置在电磁场干扰较强及其他可能影响消防控制设备正常工作的房间附近；

④疏散门应直通室外或安全出口。

（2）消防应急照明和疏散指示标志，除建筑高度小于 27m 的住宅建筑外，民用建筑、厂房和丙类仓库的下列部位应设置疏散照明：

①封闭楼梯间、防烟楼梯间及其前室、消防电梯间的前室或合用前室、避难走道、避难层（间）；

②观众厅、展览厅、多功能厅和建筑面积大于 200m² 的营业厅、餐厅、演播室等人员密集的场所；

③建筑面积大于 100m² 的地下或半地下公共活动场所；

④公共建筑内的疏散走道；

⑤人员密集的厂房内的生产场所及疏散走道。

（3）防烟、排烟、供暖、通风和空气调节系统中的管道及建筑内的其他管道，在穿越防火隔墙、楼板和防火墙处的孔隙应采用防火封堵材料封堵。风管穿过防火隔墙、楼板及防火墙处时，风管上的防火阀、排烟防火阀两侧各 2.0m 范围内的风管应采用耐火风管或风管外壁应采取防火保护措施，且耐火极限不应低于该防火分隔体的耐火极限。消防控制室、消防水泵房、自备发电机房、配电室、防排烟机房以及发生火灾时仍需正常工作的消防设备房应设置备用照明，其作业面的最低照度不应低于正常照明的照度。

（4）消防水泵房和消防控制室应采取防水淹的技术措施。高层住宅建筑的公共部位和公共建筑内应设置灭火器，其他住宅建筑的公共部位宜设置灭火器。厂房、仓库、储罐（区）和堆场，应设置灭火器。建筑外墙设置有玻璃幕墙或采用火灾时可能脱落的墙体装饰材料或构造时，供灭火救援用的水泵接合器、室外消火栓等室外消防设施，应设置在距离建筑外墙相对安全的位置或采取安全防护措施。设置在建筑室内外、供人员操作或使用的消防设施，均应设置区别于环境的明显标志。

（5）建筑内受高温或火焰作用易变形的管道，在贯穿楼板部位和穿越防火隔墙的两侧宜采取阻火措施。建筑屋顶上的开口与邻近建筑或设施之间，应采取防止火灾蔓延的措施。

6.3.4【原文】消防水泵房设置应符合消防技术标准和消防设计文件要求，并应检查下列内容：

1 消防水泵房设置位置、防火分隔、安全出口；

2 应急照明设置；

3 防淹措施。

【条文解读】本条依据现行国家标准《建筑设计防火规范（2018 年版）》（GB 50016），说明了消防水泵房设置位置、防火分隔、安全出口、应急照明、防淹措施等的相关要求：

（1）消防水泵房的设置应符合下列规定：

①单独建造的消防水泵房，其耐火等级不应低于二级；

②附设在建筑内的消防水泵房，不应设置在地下三层及以下或室内地面与室外出入口地坪高差大于 10m 的地下楼层；

③疏散门应直通室外或安全出口。

（2）消防应急照明灯具宜设置在墙面的上部、顶棚上或出口的顶部。

（3）消防水泵房和消防控制室应采取防水淹的技术措施。

①建筑外墙设置有玻璃幕墙或采用火灾时可能脱落的墙体装饰材料或构造时，供灭火救援用的水泵接合器、室外消火栓等室外消防设施，应设置在距离建筑外墙相对安全的位置或采取安全防护措施；

②设置在建筑室内外、供人员操作或使用的消防设施，均应设置区别于环境的明显标志。

6.3.5【原文】防烟风机机房和排烟风机机房设置应符合消防技术标准和消防技术文件要求，并应检查下列内容：

1 防排烟机房与其他机房合用情况；

2 防火分隔；

3 应急照明设置。

【条文解读】本条依据现行国家标准《建筑设计防火规范（2018 年版）》（GB 50016），说明了防烟风机机房和排烟风机机房与其他机房、防火分隔、应急照明等的相关要求：

（1）甲类、乙类厂房服务的送风设备与排风设备应分别布置在不同通风机房内，且排风设备不应和其他房间的送风、排风设备布置在同一通风机房内。

（2）防火分隔部位设置防火卷帘时，应符合下列规定：

①除中庭外，当防火分隔部位的宽度不大于 30m 时，防火卷帘的宽度不应大于 10m；当防火分隔部位的宽度大于 30m 时，防火卷帘的宽度不应大于该部位宽度的 1/3，且不应大于 20m；

②不宜采用侧式防火卷帘；

③除本规定另有规定外，防火卷帘的耐火极限不应低于本规范对所设置部位墙体的耐火极限要求。当防火卷帘的耐火极限符合现行国家标准《门和卷帘的耐火试验方法》（GB/T 7633）有关耐火完整性和耐火隔热性的判定条件时，可不设置自动喷水灭火系统保护。当防火卷帘的耐火极限仅符合现行国家标准《门和卷帘的耐火试验方法》（GB/T 7633）有关耐火完整性的判定条件时，应设置自动喷水灭火系统保护。自动喷水灭火系统的设计应符合现行国家标准《自动喷水灭火系统设计规范》（GB 50084）的规定，但火灾延续时间不应小于该防火卷帘的耐火极限；

④防火卷帘应具有防烟性能，与楼板、梁、墙、柱之间的空隙应采用防火封堵材料封堵；

⑤需在火灾时自动降落的防火卷帘，应具有信号反馈的功能；

⑥其他要求，应符合现行国家标准《防火卷帘》（GB 14102）的规定。

（3）建筑内疏散照明的地面最低水平照度应符合下列规定：

①对于疏散走道，不应低于 1.0lx；

②对于人员密集场所、避难层（间），不应低于 3.0lx；对于病房楼或手术部的避难间，不应低于 10.0lx；

③对于楼梯间、前室或合用前室、避难走道，不应低于 5.0lx。

（4）消防控制室、消防水泵房、自备发电机房、配电室、防排烟机房以及发生火灾时仍需正常工作的消防设备房应设置备用照明，其作业面的最低照度不应低于正常照明的照度。

6.4　有特殊要求场所的建筑布局

6.4.1【原文】民用建筑中人员密集的公共场所、歌舞娱乐放映游艺场所、儿童活动场所、老年人照料设施场所、地下或半地下商店、厨房、手术室等特殊场所的设置应符合消防技术标准和消防设计文件要求，并应重点检查上述场所的设置位置、平面布置、防火分隔、疏散通道等内容是否满足要求。

【条文说明】本条所指除本条单独列出的人员聚集的室内场所外，主要是：宾馆、饭店等旅馆，餐饮场所，商场、市场、超市等商店，体育场馆，公共展览馆、博物馆的展览厅，金融证券交易场所，公共娱乐场所，医院的门诊楼、病房楼，学校的教学楼、图书馆和集体宿舍，公共图书馆的阅览室，客运车站、码头、民用机场的候车、候船、候机厅（楼）等。

歌舞娱乐放映游艺场所为歌厅、舞厅、录像厅、夜总会、卡拉 OK 厅和具有卡拉 OK 功能的餐厅或包房、各类游艺厅、桑拿浴室的休息室和具有桑拿服务功能的客房、网吧等场所，不包括电影院和剧场的观众厅。

【条文解读】本条依据现行国家标准《建筑设计防火规范（2018 年版）》（GB 50016），说明了歌厅、舞厅、录像厅、夜总会、卡拉 OK 厅和具有卡拉 OK 功能的餐厅或包房、各类游艺厅、桑拿浴室等的耐火等级、火灾危险性、使用功能和安全疏散等的相关要求：

（1）民用建筑的平面布置应结合建筑的耐火等级、火灾危险性、使用功能和安全疏散等因素合理布置。

①除为满足民用建筑使用功能所设置的附属库房外，民用建筑内不应设置生产车间和其他库房；

②经营、存放和使用甲类、乙类火灾危险性物品的商店、作坊和储藏间，严禁附设在民用建筑内；

③商店建筑、展览建筑采用三级耐火等级建筑时，不应超过 2 层；采用四级耐火等级建筑时，应为单层。营业厅、展览厅设置在三级耐火等级的建筑内时，应布置在首层或二层；设置在四级耐火等级的建筑内时，应布置在首层；

④营业厅、展览厅不应设置在地下三层及以下楼层。地下或半地下营业厅、展览厅不应经营、储存和展示甲类、乙类火灾危险性物品。

（2）托儿所、幼儿园的儿童用房，老年人活动场所和儿童游乐厅等儿童活动场所宜设置在独立的建筑内，且不应设置在地下或半地下；当采用一级、二级耐火等级的建筑时，不应超过 3 层；采用三级耐火等级的建筑时，不应超过2层；采用四级耐火等级的建筑时，应为单层；确需设置在其他民用建筑内时，应符合下列规定：

①设置在一级、二级耐火等级的建筑内时，应布置在首层、二层或三层；

②设置在三级耐火等级的建筑内时，应布置在首层或二层；

③设置在四级耐火等级的建筑内时，应布置在首层；

④设置在高层建筑内时，应设置独立的安全出口和疏散楼梯；

⑤设置在单层、多层建筑内时，宜设置独立的安全出口和疏散楼梯。

（3）医院和疗养院的住院部分不应设置在地下或半地下：

医院和疗养院的住院部分采用三级耐火等级建筑时，不应超过2层；采用四级耐火等级建筑时，应为单层；设置在三级耐火等级的建筑内时，应布置在首层或二层；设置在四级耐火等级的建筑内时，应布置在首层医院和疗养院的病房楼内相邻护理单元之间应采用耐火极限不低于2.00h的防火隔墙分隔，隔墙上的门应采用乙级防火门，设置在走道上的防火门应采用常开防火门。

（4）教学建筑、食堂、菜市场采用三级耐火等级建筑时，不应超过2层；采用四级耐火等级建筑时，应为单层；设置在三级耐火等级的建筑内时，应布置在首层或二层；设置在四级耐火等级的建筑内时，应布置在首层。

（5）剧场、电影院、礼堂宜设置在独立的建筑内；采用三级耐火等级建筑时，不应超过2层；确需设置在其他民用建筑内时，至少应设置1个独立的安全出口和疏散楼梯，并应符合下列规定：应采用耐火极限不低于2.00h的防火隔墙和甲级防火门与其他区域分隔。

（6）设置在高层内的建筑耐火等级：

①设置在一级、二级耐火等级的多层建筑内时，观众厅宜布置在首层、二层或三层；确需布置在四层及以上楼层时，一个厅、室的疏散门不应少于2个，且每个观众厅或多功能厅的建筑面积不宜大于400m²；

②设置在三级耐火等级的建筑内时，不应布置在三层及以上楼层；

③设置在地下或半地下时，宜设置在地下一层，不应设置在地下三层及以下楼层，防火分区的最大允许建筑面积不应大于1000m²；当设置自动喷水灭火系统和火灾自动报警系统时，该面积不得增加。

（7）高层建筑内的观众厅、会议厅、多功能厅等人员密集的场所，宜布置在首层、二层或三层。确需布置在其他楼层时，除本规范另有规定外，尚应符合下列规定：

①一个厅、室的疏散门不应少于2个，且建筑面积不宜大于400m²；

②应设置火灾自动报警系统和自动喷水灭火系统等自动灭火系统；

③幕布的燃烧性能不应低于B₁级。

（8）歌舞厅、录像厅、夜总会、卡拉OK厅（含具有卡拉OK功能的餐厅）、游艺厅（含电子游艺厅）、桑拿浴室（不包括洗浴部分）、网吧等歌舞娱乐放映游艺场所（不含剧场、电影院）的布置应符合下列规定：

①不应布置在地下二层及以下楼层；

②宜布置在一、二级耐火等级建筑内的首层、二层或三层的靠外墙部位；

③不宜布置在袋形走道的两侧或尽端；

④确需布置在地下一层时，地下一层的地面与室外出入口地坪的高差不应大于10m；

⑤确需布置在地下或四层及以上楼层时，一个厅、室的建筑面积不应大于200m²；

⑥厅、室之间及与建筑的其他部位之间，应采用耐火极限不低于2.00h的防火隔墙和1.00h的不燃性楼板分隔，设置在厅、室墙上的门和该场所与建筑内其他部位相通的门均应采用乙级防火门。

6.4.2【原文】民用建筑中变压器室、配电室、柴油发电机房、集中瓶装液化石油气间、燃气间、空调机房等设备用房，以及电动车充电区的设置应符合消防技术标准和消防设计文件要求，并应重点检查其设置位置、平面布置、防火分隔等内容是否满足要求。

【条文解读】本条依据现行国家标准《建筑设计防火规范（2018 年版）》（GB 50016），说明了民用建筑中变压器室、配电室、柴油发电机房、集中瓶装液化石油气间、燃气间、空调机房等的相关要求：

（1）燃油或燃气锅炉、油浸变压器、充有可燃油的高压电容器和多油开关等，宜设置在建筑外的专用房间内；确需贴邻民用建筑布置时，应采用防火墙与所贴邻的建筑分隔，且不应贴邻人员密集场所，该专用房间的耐火等级不应低于二级；确需布置在民用建筑内时，不应布置在人员密集场所的上一层、下一层或贴邻，并应符合下列规定：

①燃油或燃气锅炉房、变压器室应设置在首层或地下一层的靠外墙部位，但常（负）压燃油或燃气锅炉可设置在地下二层或屋顶上。设置在屋顶上的常（负）压燃气锅炉，距离通向屋面的安全出口不应小于 6m。采用相对密度（与空气密度的比值）不小于 0.75 的可燃气体为燃料的锅炉，不得设置在地下或半地下；

②锅炉房、变压器室的疏散门均应直通室外或安全出口；

③锅炉房、变压器室等与其他部位之间应采用耐火极限不低于 2.00h 的防火隔墙和 1.50h 的不燃性楼板分隔。在隔墙和楼板上不应开设洞口，确需在隔墙上设置门、窗时，应采用甲级防火门、窗；

④锅炉房内设置储油间时，其总储存量不应大于 1m³，且储油间应采用耐火极限不低于 3.00h 的防火隔墙与锅炉间分隔；确需在防火隔墙上设置门时，应采用甲级防火门；

⑤变压器室之间、变压器室与配电室之间，应设置耐火极限不低于 2.00h 的防火隔墙；

⑥油浸变压器、多油开关室、高压电容器室，应设置防止油品流散的设施。油浸变压器下面应设置能储存变压器全部油量的事故储油设施；

⑦应设置火灾报警装置；

⑧应设置与锅炉、变压器、电容器和多油开关等的容量及建筑规模相适应的灭火设施；

⑨锅炉的容量应符合现行国家标准《锅炉房设计标准》（GB 50041）的规定。油浸变压器的总容量不应大于 1260kV·A；单台容量不应大于 630kV·A；

⑩燃气锅炉房应设置爆炸泄压设施。燃油或燃气锅炉房应设置独立的通风系统。

（2）布置在民用建筑内的柴油发电机房应符合下列规定：

①宜布置在首层或地下一层、二层；

②不应布置在人员密集场所的上一层、下一层或贴邻；

③应采用耐火极限不低于 2.00h 的防火隔墙和 1.50h 的不燃性楼板与其他部位分隔，门应采用甲级防火门；

④锅炉房内设置储油间时，其总储存量不应大于 1m³，储油间应采用耐火极限不低于 3.00h 的防火隔墙与发电机间分隔，确需在防火隔墙上开门时，应设置甲级防火门；

⑤应设置火灾报警装置；

⑥建筑内其他部位设置自动喷水灭火系统时，柴油发电机房应设置自动喷水灭火系统。

（3）供建筑内使用的丙类液体燃料，其储罐应布置在建筑外，并应符合下列规定：

①当总容量不大于 15m³，且直埋于建筑附近、面向油罐一面 4.0m 范围内的建筑外墙为防火墙时，储罐与建筑的防火间距不限；

②当总容量大于 15m³ 时，储罐的布置应符规定；

③当设置中间罐时，中间罐的容量不应大于 1m³，并应设置在一级、二级耐火等级的单独房间内，房间门应采用甲级防火门。

（4）设置在建筑内的锅炉、柴油发电机，其燃料供给管道应符合下列规定：

①在进入建筑物前和设备间内的管道上均应设置自动和手动切断阀；

②储油间的油箱应密闭且应设置通向室外的通气管，通气管应设置带阻火器的呼吸阀，油箱的下

部应设置防止油品流散的设施；

③燃气供给管道的敷设应符合现行国家标准《城镇燃气设计规范（2020 版）》（GB 50028）的规定；

④高层民用建筑内使用可燃气体燃料时，应采用管道供气，使用可燃气体的房间或部位宜靠外墙设置，并应符合现行国家标准《城镇燃气设计规范（2020 版）》（GB 50028）的规定。

（5）建筑采用瓶装液化石油气瓶组供气时，应符合下列规定：

①应设置独立的瓶组间；

②瓶组间不应与住宅建筑、重要公共建筑和其他高层公共建筑贴邻，液化石油气气瓶的总容积不大于 1m³ 的瓶组间与所服务的其他建筑贴邻时，应采用自然气化方式供气；

③液化石油气气瓶的总容积大于 1m³、不大于 4m³ 的独立瓶组间，与所服务建筑的防火间距应符合下表的规定；

表　液化石油气瓶的独立瓶组间与所服务建筑的防火间距　　　　　（单位：m）

名称	液化石油气气瓶的独立瓶组间的总容积 V（m³）	
	$V \leqslant 2m^3$	$2m^3 < V \leqslant 4m^3$
明火或散发火花地点	25	30
重要公共建筑、一类高层民用建筑	15	20
裙房和其他民用建筑	8	10
道路（路边）　主要	10	
道路（路边）　次要	5	

注：气瓶总容积应按配置气瓶个数与单瓶几何容积的乘积计算。

④在瓶组间的总出气管道上应设置紧急事故自动切断阀；

⑤瓶组间应设置可燃气体浓度报警装置；

⑥其他防火要求应符合现行国家标准《城镇燃气设计规范（2020 版）》（GB 50028）的规定。

6.4.3【原文】 工业建筑中高危险性部位、甲乙类火灾危险性场所、中间仓库以及总控制室、员工宿舍、办公室、休息室等场所的设置应符合消防技术标准和消防设计文件要求，并应重点检查其设置位置、平面布置、防火分隔等内容是否满足要求。

【条文解读】 本条依据现行国家标准《建筑设计防火规范（2018 年版）》（GB 50016），说明了高危险性部位、甲乙类火灾危险性场所、中间仓库以及总控制室、员工宿舍、办公室、休息室等的相关要求：

（1）甲乙类生产场所（仓库）不应设置在地下或半地下。

（2）员工宿舍严禁设置在厂房内。办公室、休息室等不应设置在甲类、乙类厂房内，确需贴邻本厂房时，其耐火等级不应低于二级，并应采用耐火极限不低于 3.00h 的防爆墙与厂房分隔和设置独立的安全出口。

办公室、休息室设置在丙类厂房内时，应采用耐火极限不低于 2.50h 的防火隔墙和 1.00h 的楼板与其他部位分隔，并应至少设置 1 个独立的安全出口。如隔墙上需开设相互连通的门时，应采用乙级防火门。

（3）厂房内设置中间仓库时，应符合下列规定：

①甲类、乙类中间仓库应靠外墙布置，其储量不宜超过 1 昼夜的需要量；

②甲类、乙类、丙类中间仓库应采用防火墙和耐火极限不低于 1.50h 的不燃性楼板与其他部位分隔；

③设置丁类、戊类仓库时，应采用耐火极限不低于 2.00h 的防火隔墙和 1.00h 的楼板与其他部位分隔；

④仓库的耐火等级和面积厂房内的丙类液体中间储罐应设置在单独房间内，其容量不应大于 5m³。设置中间储罐的房间，应采用耐火极限不低于 3.00h 的防火隔墙和 1.50h 的楼板与其他部位分隔，房间门应采用甲级防火门。

（4）变配电站不应设置在甲类、乙类厂房内或贴邻，且不应设置在爆炸性气体、粉尘环境的危险区域内。供甲类、乙类厂房专用的 10kV 及以下的变配电站，当采用无门、窗、洞口的防火墙分隔时，可一面贴邻，并应符合现行国家标准《爆炸危险环境电力装置设计规范》（GB 50058）等标准的规定。乙类厂房的配电站确需在防火墙上开窗时，应采用甲级防火窗。

（5）员工宿舍严禁设置在仓库内。

办公室、休息室等严禁设置在甲类、乙类仓库内，也不应贴邻。办公室、休息室设置在丙类、丁类仓库内时，应采用耐火极限不低于 2.50h 的防火隔墙和 1.00h 的楼板与其他部位分隔，并应设置独立的安全出口。隔墙上需开设相互连通的门时，应采用乙级防火门。

6.4.4【原文】建筑物内使用燃油、燃气的锅炉房等爆炸危险场所设置形式、建筑结构、设置位置、分隔设施应符合消防技术标准和消防设计文件要求；泄压设施的设置应符合消防技术标准和消防设计文件要求；电气设备的防静电、防积聚、防流散等措施应符合消防技术标准和消防设计文件要求，并应检查以下内容：

1 设置形式、建筑结构、设置位置、分隔设施；

2 泄压口设置位置，核对泄压口面积、泄压形式；

3 防爆区电气设备的类型、标牌和合格证明文件，现场安装情况。

【条文解读】本条依据现行国家标准《建筑设计防火规范（2018 年版）》（GB 50016），规定了建筑物内使用燃油、燃气的锅炉房等爆炸危险场所设置形式、结构、位置、分隔、泄压口面积、泄压形式等的相关要求：

（1）有爆炸危险的甲类、乙类厂房宜独立设置，并宜采用敞开或半敞开式。其承重结构宜采用钢筋混凝土或钢框架、排架结构。

（2）有爆炸危险的厂房或厂房内有爆炸危险的部位应设置泄压设施。

①泄压设施宜采用轻质屋面板、轻质墙体和易于泄压的门、窗等，应采用安全玻璃等在爆炸时不产生尖锐碎片的材料。泄压设施的设置应避开人员密集场所和主要交通道路，并宜靠近有爆炸危险的部位；

②作为泄压设施的轻质屋面板和墙体的质量不宜大于 60kg/m²。屋顶上的泄压设施应采取防冰雪积聚措施；

③厂房的泄压面积宜按下式计算，但当厂房的长径比大于 3 时，宜将建筑划分为长径比不大于 3 的多个计算段，各计算段中的公共截面不得作为泄压面积：

$$A = 10CV^{\frac{2}{3}}$$

式中 A——泄压面积（m²）；

V——厂房的容积（m³）；

C——泄压比，可按下表选取（m²/m³）。

表 厂房内爆炸性危险物质的类别与泄压比规定值 （单位：m²/m³）

厂房内爆炸性危险物质的类别	C 值
氨、粮食、纸、皮革、铅、铬、铜等 $K_{尘} < 10$MPa·m·s⁻¹ 的粉尘	≥0.030
木屑、炭屑、煤粉、锑、锡等 10MPa·m·s⁻¹ ≤ $K_{尘}$ < 30MPa·m·s⁻¹ 的粉尘	≥0.055
丙酮、汽油、甲醇、液化石油气、甲烷、喷漆间或干燥室、苯酚树脂、铝、镁、锆等 $K_{尘}$ > 30MPa·m·s⁻¹ 的粉尘	≥0.110
乙烯	≥0.160
乙炔	≥0.200
氢	≥0.250

注：长径比为建筑平面几何外形尺寸中的最长尺寸与其横截面周长的积和 4.0 倍的建筑横截面面积之比。

④散发较空气轻的可燃气体、可燃蒸气的甲类厂房，宜采用轻质屋面板作为泄压面积。顶棚应尽量平整、无死角，厂房上部空间应通风良好。

（3）散发较空气重的可燃气体、可燃蒸气的甲类厂房和有粉尘、纤维爆炸危险的乙类厂房，应符合下列规定：

①应采用不发火花的地面。采用绝缘材料作整体面层时，应采取防静电措施；

②散发可燃粉尘、纤维的厂房，其内表面应平整、光滑，并易于清扫；

③厂房内不宜设置地沟，确需设置时，其盖板应严密，地沟应采取防止可燃气体、可燃蒸气和粉尘，纤维在地沟积聚的有效措施，且应在与相邻厂房连通处采用防火材料密封。

（4）有爆炸危险的甲类、乙类生产部位，宜布置在单层厂房靠外墙的泄压设施或多层厂房顶层靠外墙的泄压设施附近。

①有爆炸危险的设备宜避开厂房的梁、柱等主要承重构件布置；

②有爆炸危险的甲类、乙类厂房的总控制室应独立设置；

③有爆炸危险的甲类、乙类厂房的分控制室宜独立设置，当贴邻外墙设置时，应采用耐火极限不低于3.00h的防火隔墙与其他部位分隔；

④有爆炸危险区域内的楼梯间、室外楼梯或有爆炸危险的区域与相邻区域连通处，应设置门斗等防护措施。门斗的隔墙应为耐火极限不应低于2.00h的防火隔墙，门应采用甲级防火门并应与楼梯间的门错位设置；

⑤使用和生产甲类、乙类、丙类液体的厂房，其管、沟不应与相邻厂房的管、沟相通，下水道应设置隔油设施；

⑥甲类、乙类、丙类液体仓库应设置防止液体流散的设施。遇湿会发生燃烧爆炸的物品仓库应采取防止水浸渍的措施；

⑦有粉尘爆炸危险的筒仓，其顶部盖板应设置必要的泄压设施。粮食筒仓工作塔和上通廊的泄压面积应按现行国家标准《建筑设计防火规范（2018年版）》（GB 50016）第3.6.4条的规定计算确定。有粉尘爆炸危险的其他粮食储存设施应采取防爆措施；

⑧有爆炸危险的仓库或仓库内有爆炸危险的部位，宜按《建筑设计防火规范（2018年版）》（GB 50016）第3.6节规定采取防爆措施、设置泄压设施；

⑨架空电力线与甲类、乙类厂房（仓库），可燃材料堆垛，甲类、乙类、丙类液体储罐，液化石油气储罐，可燃、助燃气体储罐的最近水平距离应符合下表的规定。35kV及以上架空电力线与单罐容积大于200m³或总容积大于1000m³液化石油气储罐（区）的最近水平距离不应小于40m；

表 架空电力线与甲类、乙类厂房（仓库）、可燃材料堆垛等的最近水平距离　　　（单位：m）

名称	架空电力线
甲类、乙类厂房（仓库），可燃材料堆垛，甲、乙类液体储，液化石油气储罐，可燃、助燃气体储罐	电杆（塔）高度的1.5倍
直埋地下的甲类、乙类液体储罐和可燃气体储罐	电杆（塔）高度的0.75倍
丙类液体储罐	电杆（塔）高度的1.2倍
直埋地下的丙类液体储罐	电杆（塔）高度的0.6倍

⑩电力电缆不应和输送甲类、乙类、丙类液体管道、可燃气体管道、热力管道敷设在同一管沟内；

⑪配电线路不得穿越通风管道内腔或直接敷设在通风管道外壁上，穿金属导管保护的配电线路可紧贴通风管道外壁敷设。

7　建筑构造

7.1　一般规定

7.1.1【原文】建筑耐火等级应符合消防技术标准和消防设计文件要求，并应核查下列内容：

1　现场核查建筑主要构件燃烧性能和耐火极限；

2　对于钢结构建筑，还应查阅相关资料，并现场检查钢结构构件防火处理的施工质量。

【条文解读】本条依据现行国家标准《建筑设计防火规范（2018 年版）》（GB 50016）、《建筑钢结构防火技术规范》（GB 51249），说明了主要构件燃烧性能和耐火极限、防火处理等的相关要求。

（1）民用建筑的耐火等级可分为一级、二级、三级、四级。除《建筑设计防火规范（2018 年版）》（GB 50016）另有规定外，不同耐火等级建筑相应构件的燃烧性能和耐火极限不应低于下表的规定。

表　不同耐火等级建筑相应构件的燃烧性能和耐火极限　　　　（单位：h）

构件名称		耐火等级			
		一级	二级	三级	四级
墙	防火墙	不燃性 3.00	不燃性 3.00	不燃性 3.00	不燃性 3.00
	承重墙	不燃性 3.00	不燃性 2.50	不燃性 2.00	难燃性 0.50
	非承重外墙	不燃性 1.00	不燃性 1.00	不燃性 0.50	可燃性
	楼梯间和前室的墙电梯井的墙、住宅建筑单元之间的	不燃性 2.00	不燃性 2.00	不燃性 1.50	难燃性 0.50
	疏散走道两侧的隔墙	不燃性 1.00	不燃性 1.00	不燃性 0.50	难燃性 0.25
	房间隔墙	不燃性 0.75	不燃性 0.50	难燃性 0.50	难燃性 0.25
柱		不燃性 3.00	不燃性 2.50	不燃性 2.00	难燃性 0.50
梁		不燃性 2.00	不燃性 1.50	不燃性 1.00	难燃性 0.50
楼板		不燃性 1.50	不燃性 1.00	不燃性 0.50	可燃性
屋顶承重构件		不燃性 1.50	不燃性 1.00	不燃性 0.50	可燃性
疏散楼梯		不燃性 1.50	不燃性 1.00	不燃性 0.50	可燃性
吊顶（包括吊顶搁栅）		不燃性 0.25	难燃性 0.25	难燃性 0.15	可燃性

注：1. 除《建筑设计防火规范（2018 年版）》（GB 50016）另有规定外，以木柱承重且墙体采用不燃材料的建筑，其耐火等级应按四级确定。

　　2. 住宅建筑构件的耐火极限和燃烧性能可按现行国家标准《住宅建筑规范》（GB 50368）的规定执行。

（2）防火保护工程的施工与验收

①施工现场应具有健全的质量管理体系、相应的施工技术标准和施工质量检验制度。施工现场质量管理可按《建筑钢结构防火技术规范》（GB 51249）附录 E 的要求进行检查记录；

②钢结构防火保护工程施工的承包合同、工程技术文件对施工质量的要求不得低于本规范的规定；

③钢结构防火保护工程的施工，应按照批准的工程设计文件及相应的施工技术标准进行。当须要变更设计、材料代用或采用新材料时，必须征得设计部门的同意、出具设计变更文件；

④钢结构防火保护工程施工前应具备下列条件：

a. 相应的工程设计技术文件、资料齐全；

b. 设计单位已向施工单位、监理单位进行技术交底；

c. 施工现场及施工中使用的水、电、气满足施工要求，并能保证连续施工，钢结构安装工程检验批质量检验合格；

d. 施工现场的防火措施、管理措施和灭火器材配备符合消防安全要求；

e. 钢材表面除锈、防腐涂装检验批质量检验合格。

⑤钢结构防火保护工程的施工过程质量控制应符合下列规定：

a. 采用的主要材料、半成品及成品应进行进场检查验收，凡涉及安全、功能的原材料、半成品及成品应按本规范和设计文件等的规定进行复验，并应经监理工程师检查认可；

b. 各工序应按施工技术标准进行质量控制，每道工序完成后，经施工单位自检符合规定后，才可进行下道工序施工；

c. 相关专业工种之间应进行交接检验，并应经监理工程师检查认可。

⑥钢结构防火保护工程施工质量的验收，必须采用经计量检定、校准合格的计量器具；

⑦钢结构防火保护工程应作为钢结构工程的分项工程，分成一个或若干个检验批进行质量验收。检验批可按钢结构制作或钢结构安装工程检验批划分成一个或若干个检验批，一个检验批内应采用相同的防火保护方式、同一批次的材料、相同的施工工艺，且施工条件、养护条件等相近；

⑧钢结构防火保护分项工程的质量验收，应在所含检验批质量验收合格的基础上检查质量验收记录。钢结构防火保护分项工程质量验算合格应符合下列规定：

a. 所含检验批的质量均应验收合格；

b. 所含检验批的质量验收记录应完整。

⑨检验批的质量验收应包括下列内容：

a. 实物检查：对采用的主要材料、半成品、成品和构配件应进行进场复验，进场复验应按进场的批次和产品的抽样检验方案执行；

b. 资料检查：包括主要材料、成品和构配件的产品合格证（中文产品质量合格证明文件、规格、型号及性能检测报告等）及进场复验报告、施工过程中重要工序的自检和交接检记录、抽样检验报告、见证检测报告、隐蔽工程验收记录等。

⑩检验批质量验收合格应符合下列规定：

a. 主控项目的质量经抽样检验应合格；

b. 一般项目的质量经抽样检验应合格；当采用计数检验时，除有专门要求外，一般项目的合格点率应达到80％及以上，且不得有严重缺陷（最大偏差值不应大于其允许偏差值的1.2倍）。

c. 应具有完整的施工操作依据和质量验收记录。

⑪钢结构防火保护检验批、分项工程质量验收的程序和组织，应符合现行国家标准《建筑工程施工质量验收统一标准》（GB 50300）的规定：

a. 检验批应由专业监理工程师组织施工单位项目专业质量检查员、专业工长等进行验收；

b. 分项工程应由专业监理工程师组织施工单位项目专业技术负责人等进行验收。

7.1.2【原文】钢结构防火涂料涂装工程应在钢结构安装分项工程检验批和钢结构防腐涂装检验批的施工质量验收合格后进行。钢结构防火保护分项工程的质量验收，应在所含检验批质量验收合格的基础上检查质量验收记录。钢结构防火保护分项工程施工质量与验收要求，应符合现行国家标准《建筑钢结构防火技术规范》（GB 51249）及《钢结构工程施工质量验收规范》（GB 50205）的规定。

【条文解读】本条依据现行国家标准《建筑钢结构防火技术规范》（GB 51249），说明了钢结构防腐涂装、防火保护质量验收记录等的相关要求。

1. 防火保护工程的施工与验收

（1）一般规定施工现场应具有健全的质量管理体系、相应的施工技术标准和施工质量检验制度。施工现场质量管理可按本规范附录E的要求进行检查记录。

（2）钢结构防火保护工程施工的承包合同、工程技术文件对施工质量的要求不得低于本规范的规定。

（3）钢结构防火保护工程的施工，应按照批准的工程设计文件及相应的施工技术标准进行。当需要变更设计、材料代用或采用新材料时，必须征得设计部门的同意、出具设计变更文件。

2. 钢结构防火保护工程施工前应具备下列条件

（1）相应的工程设计技术文件、资料齐全。

（2）设计单位已向施工、监理单位进行技术交底。

（3）施工现场及施工中使用的水、电、气满足施工要求，并能保证连续施工。

（4）钢结构安装工程检验批质量检验合格。

（5）施工现场的防火措施、管理措施和灭火器材配备符合消防安全要求。

（6）钢材表面除锈、防腐涂装检验批质量检验合格。

3. 钢结构防火保护工程的施工过程质量控制应符合下列规定

（1）采用的主要材料、半成品及成品应进行进场检查验收；凡涉及安全、功能的原材料、半成品及成品应按本规范和设计文件等的规定进行复验，并应经监理工程师检查认可。

（2）各工序应按施工技术标准进行质量控制，每道工序完成后，经施工单位自检符合规定后，才可进行下道工序施工。

（3）相关专业工种之间应进行交接检验，并应经监理工程师检查认可。

（4）钢结构防火保护工程施工质量的验收，必须采用经计量检定、校准合格的计量器具。

（5）钢结构防火保护工程应作为钢结构工程的分项工程，分成一个或若干个检验批进行质量验收。检验批可按钢结构制作或钢结构安装工程检验批划分成一个或若干个检验批，一个检验批内应采用相同的防火保护方式、同一批次的材料、相同的施工工艺，且施工条件、养护条件等相近。

（6）钢结构防火保护分项工程的质量验收，应在所含检验批质量验收合格的基础上检查质量验收记录。钢结构防火保护分项工程质量验算合格应符合下列规定：

①所含检验批的质量均应验收合格；

②所含检验批的质量验收记录应完整。

4. 检验批的质量验收应包括下列内容

（1）实物检查：对采用的主要材料、半成品、成品和构配件应进行进场复验，进场复验应按进场的批次和产品的抽样检验方案执行。

（2）资料检查：包括主要材料、成品和构配件的产品合格证（中文产品质量合格证明文件、规格、型号及性能检测报告等）及进场复验报告、施工过程中重要工序的自检和交接检记录、抽样检验报告、见证检测报告、隐蔽工程验收记录等。

5. 检验批质量验收合格应符合下列规定

（1）主控项目的质量经抽样检验应合格。

（2）一般项目的质量经抽样检验应合格，当采用计数检验时，除有专门要求外，一般项目的合格点率应达到80％及以上，且不得有严重缺陷（最大偏差值不应大于其允许偏差值的1.2倍）。

（3）应具有完整的施工操作依据和质量验收记录。

6. 钢结构防火保护检验批、分项工程质量验收的程序和组织，应符合现行国家标准《建筑工程施工质量验收统一标准》（GB 50300）的规定

（1）检验批应由专业监理工程师组织施工单位项目专业质量检查员、专业工长等进行验收。

（2）分项工程应由专业监理工程师组织施工单位项目专业技术负责人等进行验收。

7. 防火保护材料进场

（1）主控项目

①防火涂料、防火板、毡状防火材料等防火保护材料的质量，应符合国家现行产品标准的规定和

设计要求，并应具备产品合格证、国家权威质量监督检验机构出具的检验合格报告和型式认可证书。

检查数量：全数检查。

检验方法：查验产品合格证、检验合格报告和型式认可证书。

②预应力钢结构、跨度大于或等于60m的大跨度钢结构、高度大于或等于100m的高层建筑钢结构所采用的防火涂料、防火板、毡状防火材料等防火保护材料，在材料进场后，应对其隔热性能进行见证检验。非膨胀型防火涂料和防火板、毡状防火材料等实测的等效热传导系数不应大于等效热传导系数的设计取值，其允许偏差为＋10％；膨胀型防火涂料实测的等效热阻不应小于等效热阻的设计取值，其允许偏差为−10％。

检查数量：按施工进货的生产批次确定，每一批次应抽检一次。

检查方法：按现行国家标准《建筑构件耐火试验方法 第1部分：通用要求》（GB/T 9978.1）、《建筑构件耐火试验方法 第7部分：柱的特殊要求》（GB/T 9978.7）规定的耐火性能试验方法测试，试件采用I36b工字钢，长度500mm，数量3个，试件应四面受火且不加载。对于非膨胀型防火涂料，试件的防火保护层厚度取20mm，并应计算等效热传导系数；对于防火板、毡状防火材料，试件的防火保护层厚度取防火板、毡状防火材料的厚度，并应计算等效热传导系数；对于膨胀型防火涂料，试件的防火保护厚度取涂料的最小使用厚度、最大使用厚度的平均值，并应计算等效热阻。

③防火涂料的黏结强度应符合现行国家标准的规定，其允许偏差为−10％。

检查数量：按施工进货的生产批次确定，每一进货批次应抽检一次。

检查方法：应符合现行国家标准《钢结构防火涂料》（GB 14907）的规定。

④防火板的抗折强度应符合产品标准的规定和设计要求，其允许偏差为−10％。

检查数量：按施工进货的生产批次确定，每一进货批次应抽检一次。

检查方法：按产品标准进行抗折试验。

⑤砂浆、砌块的抗压强度应符合现行国家标准《砌体结构工程施工质量验收规范》（GB 50203）的规定，其允许偏差为−10％。

检查数量：混凝土按现行国家标准《混凝土结构工程施工质量验收规范》（GB 50204）的规定，砂浆和砌块按现行国家标准《砌体结构工程施工质量验收规范》（GB 50203）的规定。

检查方法：混凝土应符合现行国家标准《混凝土结构工程施工质量验收规范》（GB 50204）的规定，砂浆和砌块应符合现行国家标准《砌体结构工程施工质量验收规范》（GB 50203）的规定。

（2）一般项目

①防火涂料的外观、在容器中的状态等，应符合产品标准的要求。

检查数量：按防火涂料施工进货批次确定，每一进货批次应抽检一次。

检查方法：应符合现行国家标准《钢结构防火涂料》（GB 14907）的规定。

②防火板表面应平整，无孔洞、凸出物、缺损、裂痕和泛出物。有装饰要求的防火板，表面应色泽一致、无明显划痕。

检查数量：全数检查。

检查方法：直观检查。

8. 防火涂料保护工程的规定

（1）主控项目

①防火涂料涂装时的环境温度和相对湿度应符合涂料产品说明书的要求。当产品说明书无要求时，环境温度宜为5～38℃，相对湿度不应大于85％。涂装时，构件表面不应有结露，涂装后4.0h内应保护免受雨淋、水冲等，并应防止机械撞击。

检查数量：全数检查。

检验方法：直观检查。

②防火涂料的涂装遍数和每遍涂装的厚度均应符合产品说明书的要求。防火涂料涂层的厚度不得小于设计厚度。非膨胀型防火涂料涂层最薄处的厚度不得小于设计厚度的85%；平均厚度的允许偏差应为设计厚度的±10%，且不应大于±2mm。膨胀型防火涂料涂层最薄处厚度的允许偏差应为设计厚度的±5%，且不应大于±0.2mm。

检查数量：按同类构件基数抽查10%，且均不应少于3件。

检查方法：每一构件选取至少5个不同的涂层部位，用测厚仪分别测量其厚度。

③膨胀型防火涂料涂层表面的裂纹宽度不应大于0.5mm，且1m长度内均不得多于1条；当涂层厚度小于或等于3mm时，不应大于0.1mm。非膨胀型防火涂料涂层表面的裂纹宽度不应大于1mm，且1m长度内不得多于3条。

检查数量：按同类构件基数抽查10%，且均不应少于3件。

检验方法：直观和用尺量检查。

（2）一般项目

①防火涂料涂装基层不应有油污、灰尘和泥沙等污垢。

检查数量：全数检查。

检验方法：直观检查。

②防火涂层不应有误涂、漏涂，涂层应闭合无脱层、空鼓、明显凹陷、粉化松散和浮浆等外观缺陷，乳突应剔除。

检查数量：全数检查。

检验方法：直观检查。

7.1.3【原文】施工中应对下列部位及内容进行隐蔽工程验收，并按照附录A的资料归档目录提供详细文字记录和必要的影像资料：

1　防火墙、楼板洞口及缝隙的防火封堵；

2　变形缝伸缩缝的防火处理；

3　吊顶木龙骨的防火处理；

4　窗帘盒木基层的防火处理及构造；

5　其他按相关规定应做隐蔽验收的工程。

【条文说明】隐蔽工程验收按照现行国家标准《建筑防火封堵应用技术标准》（GB/T 51410）、《建筑内部装修防火施工及验收规范》（GB 50354）等执行。

【条文解读】本条依据现行国家标准《建筑防火封堵应用技术标准》（GB/T 51410）、《建筑内部装修防火施工及验收规范》（GB 50354），说明了防火墙、楼板洞口及缝隙、变形缝伸缩缝、吊顶木龙骨的防火措施等的相关要求。

（1）建筑隔墙或隔板、楼板的孔洞需要封堵时，应采用防火堵料严密封堵。采用防火堵料封堵孔洞、缝隙及管道井和电缆竖井时，应根据孔洞、缝隙及管道井和电缆竖井所在位置的墙板或楼板的耐火极限要求选用防火堵料。

检验方法：观察并检查施工记录。

（2）木质材料子分部装修工程，用于建筑内部装修的木质材料可分为天然木材和人造板材。木质材料施工应检查下列文件和记录：

①木质材料燃烧性能等级的设计要求；

②木质材料燃烧性能型式检验报告、进场验收记录和抽样检验报告；

③现场对木质材料进行阻燃处理的施工记录及隐蔽工程验收记录。

（3）下列材料进场应进行见证取样检验：

①B₁级木质材料；

②现场进行阻燃处理所使用的阻燃剂及防火涂料。

（4）下列材料应进行抽样检验：

①现场阻燃处理后的木质材料，每种取 4m 检验燃烧性能；

②表面进行加工后的 B_1 级木质材料，每种取 4m 检验燃烧性能。

Ⅰ 主控项目

③木质材料燃烧性能等级应符合设计要求。

检验方法：检查进场验收记录或阻燃处理施工记录。

④木质材料进行阻燃处理前，表面不得涂刷油漆。

检验方法：检查施工记录。

⑤木质材料在进行阻燃处理时，木质材料含水率不应大于 12%。

检验方法：检查施工记录。

⑥现场进行阻燃施工时，应检查阻燃剂的用量、适用范围、操作方法。阻燃施工过程中，应使用计量合格的称量器具，并严格按使用说明书的要求进行施工。

检验方法：检查施工记录。

⑦木质材料涂刷或浸渍阻燃剂时，应对木质材料所有表面都进行涂刷或浸渍，涂刷或浸渍后的木材阻燃剂的干含量应符合检验报告或说明书的要求。

检验方法：检查施工记录及隐蔽工程验收记录。

⑧木质材料表面粘贴装饰表面或阻燃饰面时，应先对木质材料进行阻燃处理。

检验方法：检查隐蔽工程验收记录。

⑨木质材料表面进行防火涂料处理时，应对木质材料的所有表面进行均匀涂刷，且不应少于 2 次，第二次涂刷应在第一次涂层表面干后进行；涂刷防火涂料用量不应少于 500g/m。

检验方法：观察，检查施工记录。

Ⅱ 一般项目

⑩现场进行阻燃处理时，应保持施工区段的洁净，现场处理的木质材料不应受污染。

检验方法：检查施工记录。

⑪木质材料在涂刷防火涂料前应清理表面，且表面不应有水、灰尘或油污。

检验方法：检查施工记录。

⑫阻燃处理后的木质材料表面应无明显返潮及颜色异常变化。

检验方法：观察。

（5）建筑内部装修工程防火验收（简称工程验收）应检查下列文件和记录：

①建筑内部装修防火设计审核文件、申请报告、设计图纸、装修材料的燃烧性能设计要求、设计变更通知单、施工单位的资质证明等；

②进场验收记录，包括所用装修材料的清单、数量、合格证及防火性能型式检验报告；

③装修施工过程的施工记录；

④隐蔽工程施工防火验收记录和工程质量事故处理报告等；

⑤装修施工过程中所用防火装修材料的见证取样检验报告；

⑥装修施工过程中的抽样检验报告，包括隐蔽工程的施工过程中及完工后的抽样检验报告；

⑦装修施工过程中现场进行涂刷、喷涂等阻燃处理的抽样检验报告。

（6）工程质量验收应符合下列要求：

①技术资料应完整；

②所用装修材料或产品的见证取样检验结果应满足设计要求；

③装修施工过程中的抽样检验结果，包括隐蔽工程的施工过程中及完工后的抽样检验结果应符合

设计要求；

④现场进行阻燃处理、喷涂、安装作业的抽样检验结果应符合设计要求；

⑤施工过程中的主控项目检验结果应全部合格；

⑥施工过程中的一般项目检验结果合格率应达到80%。

（7）工程质量验收应由建设单位项目负责人组织施工单位项目负责人、监理工程师和设计单位项目负责人等进行。

①工程质量验收时可对主控项目进行抽查。当有不合格项时，应对不合格项进行整改；

②工程质量验收时，应按本规范附录D的要求填写有关记录；

③当装修施工的有关资料经审查全部合格、施工过程全部符合要求、现场检查或抽样检测结果全部合格时，工程验收应为合格；

④建设单位应建立建筑内部装修工程防火施工及验收档案。档案应包括防火施工及验收全过程的有关文件和记录。

7.2 防火和防烟分区

7.2.1【原文】 防火分区的设置应符合消防技术标准和消防设计文件要求，并重点核查施工记录，核对防火分区位置、形式、面积及完整性。

【条文解读】 本条依据现行国家标准《建筑设计防火规范（2018年版）》（GB 50016），说明了防火分区和层数的相关要求。

（1）除本规范另有规定外，不同耐火等级建筑的允许建筑高度或层数、防火分区最大允许建筑面积应符合下表的规定。

表　不同耐火等级建筑的允许建筑高度或层数、防火分区最大允许建筑面积

名称	耐火等级	允许建筑高度或层数	防火分区的最大允许建筑面积（m²）	备注
高层民用建筑	一级、二级	按现行国家标准《建筑设计防火规范（2018年版）》（GB 50016）第5.1.1条确定	1500	对于体育馆、剧场的观众厅，防火分区的最大允许建筑面积可确定适当增加
单层、多层民用建筑	一级、二级	按现行国家标准《建筑设计防火规范（2018年版）》（GB 50016）第5.1.1条确定	2500	
	三级	5层	1200	—
	四级	2层	600	—
地下或半地下建筑（室）	一级	—	500	设备用房的防火分区最大允许建筑面积不应大于1000m²

注：1. 表中规定的防火分区最大允许建筑面积，当建筑内设置自动灭火系统时，可按本表的规定增加1.0倍；局部设置时，防火分区的增加面积可按该局部面积的1.0倍计算。

2. 裙房与高层建筑主体之间设置防火墙时，裙房的防火分区可按单层、多层建筑的要求确定。

（2）建筑内设置自动扶梯、敞开楼梯等上层、下层相连通的开口时，其防火分区的建筑面积应按上层、下层相连通的建筑面积叠加计算；当叠加计算后的建筑面积大于现行国家标准《建筑设计防火规范（2018年版）》（GB 50016）第5.3.1条的规定时，应划分防火分区。建筑内设置中庭时，其防火分区的建筑面积应按上下层相连通的建筑面积叠加计算；当叠加计算后的建筑面积大于现行国家标准

《建筑设计防火规范（2018 年版）》（GB 50016）第 5.3.1 条的规定时，应符合下列规定：

与周围连通空间应进行防火分隔；采用防火隔墙时，其耐火极限不应低于 1.00h；采用防火玻璃墙时，其耐火隔热性和耐火完整性不应低于 1.00h；采用耐火完整性不低于 1.00h 的非隔热性防火玻璃墙时，应设置自动喷水灭火系统进行保护；采用防火卷帘时，其耐火极限不应低于 3.00h，并应符合现行国家标准《建筑设计防火规范（2018 年版）》（GB 50016）第 6.5.3 条的规定与中庭相连通的门、窗，应采用火灾时能自行关闭的甲级防火门、窗。

（3）高层建筑内的中庭回廊应设置自动喷水灭火系统和火灾自动报警系统：

①中庭应设置排烟设施；

②中庭内不应布置可燃物；

③防火分区之间应采用防火墙分隔，确有困难时，可采用防火卷帘等防火分隔设施分隔。采用防火卷帘分隔时，应符合现行国家标准《建筑设计防火规范（2018 年版）》（GB 50016）第 6.5.3 条的规定。

（4）一级、二级耐火等级建筑内的营业厅、展览厅，当设置自动灭火系统和火灾自动报警系统并采用不燃或难燃装修材料时，其每个防火分区的最大允许建筑面积应符合下列规定：

①设置在高层建筑内时，不应大于 4000m²；

②设置在单层建筑或仅设置在多层建筑的首层内时，不应大于 10000m²；

③设置在地下或半地下时，不应大于 2000m²。

（5）总建筑面积大于 20000m² 的地下或半地下商店，应采用无门、窗、洞口的防火墙、耐火极限不低于 2.00h 的楼板分隔为多个建筑面积不大于 20000m² 的区域。相邻区域确需局部连通时，应采用下沉式广场等室外开敞空间、防火隔间、避难走道、防烟楼梯间等方式进行连通，并应符合下列规定：

①下沉式广场等室外开敞空间应能防止相邻区域的火灾蔓延和便于安全疏散；

②防火隔间的墙应为耐火极限不低于 3.00h 的防火隔墙，并应符合现行国家标准《建筑设计防火规范（2018 年版）》（GB 50016）第 6.4.13 条的规定；

③避难走道应符合现行国家标准《建筑设计防火规范（2018 年版）》（GB 50016）第 6.4.14 条的规定，防烟楼梯间的门应采用甲级防火门。

7.2.2【原文】 防火墙的设置应符合消防技术标准和消防设计文件要求，并应核查下列内容：

1 设置位置及方式；

2 防火封堵情况；

3 防火墙的耐火极限；

4 防火墙上门、窗洞口等开口情况；

5 不应有可燃气体和甲、乙、丙类液体的管道穿过，应无排气道。

【条文解读】 本条依据现行国家标准《建筑设计防火规范（2018 年版）》（GB 50016），说明了防火墙、门、窗、洞口的耐火相关要求。

（1）防火墙应直接设置在建筑的基础或框架、梁等承重结构上，框架、梁等承重结构的耐火极限不应低于防火墙的耐火极限。防火墙应从楼地面基层隔断至梁、楼板或屋面板的底面基层。当高层厂房（仓库）屋顶承重结构和屋面板的耐火极限低于 1.00h，其他建筑屋顶承重结构和屋面板的耐火极限低于 0.50h 时，防火墙应高出屋面 0.5m 以上。

①防火墙横截面中心线水平距离天窗端面小于 4.0m，且天窗端面为可燃性墙体时，应采取防止火势蔓延的措施。

②建筑外墙为难燃性或可燃性墙体时，防火墙应凸出墙的外表面 0.4m 以上，且防火墙两侧的外墙均应为宽度均不小于 2.0m 的不燃性墙体，其耐火极限不应低于外墙的耐火极限。建筑外墙为不燃性墙体时，防火墙可不凸出墙的外表面，紧靠防火墙两侧的门、窗、洞口之间最近边缘的水平距离不

应小于 2.0m；采取设置乙级防火窗等防止火灾水平蔓延的措施时，该距离不限。

③建筑内的防火墙不宜设置在转角处，确需设置时，内转角两侧墙上的门、窗、洞口之间最近边缘的水平距离不应小于 4.0m；采取设置乙级防火窗等防止火灾水平蔓延的措施时，该距离不限。

④防火墙上不应开设门、窗、洞口，确需开设时，应设置不可开启或火灾时能自动关闭的甲级防火门、窗。可燃气体和甲类、乙类、丙类液体的管道严禁穿过防火墙。防火墙内不应设置排气道。

⑤除本规定外的其他管道不宜穿过防火墙，确需穿过时，应采用防火封堵材料将墙与管道之间的空隙紧密填实，穿过防火墙处的管道保温材料，应采用不燃材料；当管道为难燃及可燃材料时，应在防火墙两侧的管道上采取防火措施。

⑥防火墙的构造应能在防火墙任意一侧的屋架、梁、楼板等受到火灾的影响而破坏时，不会导致防火墙倒塌。

（2）建筑内的电梯井等竖井应符合下列规定：

①电梯井应独立设置，井内严禁敷设可燃气体和甲类、乙类、丙类液体管道，不应敷设与电梯无关的电缆、电线等。电梯井的井壁除设置电梯门、安全逃生门和通气孔洞外，不应设置其他开口。

②电缆井、管道井、排烟道、排气道、垃圾道等竖向井道，应分别独立设置。井壁的耐火极限不低于 1.00h，井壁上的检查门应采用丙级防火门。

③建筑内的电缆井、管道井应在每层楼板处采用不低于楼板耐火极限的不燃材料或防火封堵材料封堵。

建筑内的电缆井、管道井与房间、走道等相连通的孔隙应采用防火封堵材料封堵。

④建筑内的垃圾道宜靠外墙设置，垃圾道的排气口应直接开向室外，垃圾斗应采用不燃烧材料制作，并应能自行关闭。

⑤电梯层门的耐火极限不应低于 1.00h，并应符合现行国家标准《电梯层门耐火试验完整性、隔热性和热通量测定法》（GB/T 27903）规定的完整性和隔热性要求。

7.2.3【原文】防火卷帘的产品质量、安装、功能等应符合消防技术标准和消防设计文件要求，并应核查下列内容：

1　产品质量证明文件及相关资料；

2　现场检查判定产品外观质量；

3　设置类型、位置和防火封堵的严密性；

4　测试手动、自动控制功能。

【条文说明】 7.2.3～7.2.4 条文内容应全数检查，并应按照现行国家标准《防火卷帘、防火门、防火窗施工及验收规范》（GB 50877）、《建筑防火封堵应用技术标准》（GB/T 51410）等规范执行。

【条文解读】本条依据现行国家标准《防火卷帘、防火门、防火窗施工及验收规范》（GB 50877）、《建筑防火封堵应用技术标准》（GB/T 51410），说明了防火卷帘的产品质量、安装、功能等的相关要求。

（1）防火卷帘检验：

①防火卷帘及与其配套的感烟和感温火灾探测器等应具有出厂合格证和符合市场准入制度规定的有效证明文件，其型号、规格及耐火性能等应符合设计要求。

检查数量：全数检查。

检查方法：核查产品的名称、型号、规格及耐火性能等是否与符合市场准入制度规定的有效证明文件和设计要求相符。

②每樘防火卷帘及配套的卷门机、控制器、手动按钮盒、温控释放装置，均应在其明显部位设置永久性标牌，并应标明产品名称、型号、规格、耐火性能及商标、生产单位（制造商）名称、厂址、出厂日期、产品编号或生产批号、执行标准等。

检查数量：全数检查。

检查方法：直观检查。

③防火卷帘的钢质帘面及卷门机、控制器等金属零部件的表面不应有裂纹、压坑及明显的凹凸锤痕、毛刺等缺陷。

检查数量：全数检查。

检查方法：直观检查。

④防火卷帘无机纤维复合帘面，不应有撕裂、缺角、挖补、倾斜、跳线、断线、经纬纱密度明显不匀及色差等缺陷。

检查数量：全数检查。

检查方法：直观检查。

（2）防火卷帘安装、防火卷帘帘板（面）安装应符合下列规定：

①钢质防火卷帘相邻帘板串接后应转动灵活，摆动90°不应脱落。

检查数量：全数检查。

检查方法：直观检查；直角尺测量。

②钢质防火卷帘的帘板装配完毕后应平直，不应有孔洞或缝隙。

检查数量：全数检查。

检查方法：直观检查。

③钢质防火卷帘帘板两端挡板或防窜机构应装配牢固，卷帘运行时，相邻帘板窜动量不应大于2mm。

检查数量：全数检查。

检查方法：直观检查；直尺或钢卷尺测量。

④无机纤维复合防火卷帘帘面两端应安装防风钩。

检查数量：全数检查。

检查方法：直观检查。

⑤无机纤维复合防火卷帘帘面应通过固定件与卷轴相连。

检查数量：全数检查。

检查方法：直观检查。

（3）导轨安装应符合下列规定：

①防火卷帘帘板或帘面嵌入导轨的深度应符合下表的规定。导轨间距大于下表的规定时，导轨间距每增加1000mm，每端嵌入深度应增加10mm，且卷帘安装后不应变形。

检查数量：全数检查。

检查方法：直观检查；直尺测量，测量点为每根导轨距其底部200mm处，取最小值。

表 帘板或帘面嵌入导轨的深度 （单位：mm）

导轨间距 B	每端最小嵌入深度
$B<3000$	>45
$3000\leq B<5000$	>50
$5000\leq B<9000$	>60

②导轨顶部应成圆弧形，其长度应保证卷帘正常运行。

检查数量：全数检查。

检查方法：直观检查。

③导轨的滑动面应光滑、平直。帘片或帘面、滚轮在导轨内运行时应平稳顺畅，不应有碰撞和冲

击现象。

检查数量：全数检查。

检查方法：直观检查；手动试验。

④单帘面卷帘的两根导轨应互相平行，双帘面卷帘不同帘面的导轨也应互相平行，其平行度误差均不应大于5mm。

检查数量：全数检查。

检查方法：直观检查；钢卷尺测量，测量点为距导轨顶部200mm处、导轨长度的1/2处及距导轨底部200mm处3点，取最大值和最小值之差。

⑤卷帘的导轨安装后相对于基础面的垂直度误差不应大于1.5mm/m，全长不应大于20mm。

检查数量：全数检查。

检查方法：直观检查；采用吊线方法，用直尺或钢卷尺测量。

⑥卷帘的防烟装置与帘面应均匀紧密贴合，其贴合面长度不应小于导轨长度的80%。

检查数量：全数检查。

检查方法：直观检查；塞尺测量，防火卷帘关闭后用0.1mm的塞尺测量帘板或帘面表面与防烟装置之间的缝隙，塞尺不能穿透防烟装置时，表明帘板或帘面与防烟装置紧密贴合。

⑦防火卷帘的导轨应安装在建筑结构上，并应采用预埋螺栓，焊接或膨胀螺栓连接。导轨安装应牢固，固定点间距应为600～1000mm。

检查数量：全数检查。

检查方法：直观检查；对照设计图纸检查；钢卷尺测量。

（4）座板安装应符合下列规定：

①座板与地面应平行，接触应均匀。座板与帘板或帘面之间的连接应牢固。

检查数量：全数检查。

检查方法：直观检查。

②无机复合防火卷帘的座板应保证帘面下降顺畅，并应保证帘面具有适当悬垂度。

检查数量：全数检查。

检查方法：直观检查。

（5）门楣安装应符合下列规定：

①门楣安装应牢固，固定点间距应为600～1000mm。

检查数量：全数检查。

检查方法：直观检查；对照设计、施工文件检查；钢卷尺测量。

②门楣内的防烟装置与卷帘帘板或帘面表面应均匀紧密贴合，其贴合面长度不应小于门楣长度的80%，非贴合部位的缝隙不应大于2mm。

检查数量：全数检查。

检查方法：直观检查；塞尺测量，防火卷帘关闭后用0.1mm的塞尺测量帘板或帘面表面与防烟装置之间的缝隙，塞尺不能穿透防烟装置时，表明帘板或帘面与防烟装置紧密贴合，非贴合部分采用2.0mm的塞尺测量。

（6）传动装置安装应符合下列规定：

①卷轴与支架板应牢固地安装在混凝土结构或预埋钢件上。

检查数量：全数检查。

检查方法：直观检查。

②卷轴在正常使用时的挠度应小于卷轴的1/400。

检查数量：同一工程同类卷轴抽查1～2件。

检查方法：直观检查；用试块，挠度计检查。

（7）卷门机安装应符合下列规定：

①卷门机应按产品说明书要求安装，且应牢固可靠。

检查数量：全数检查。

检查方法：直观检查；对照产品说明书检查。

②卷门机应设有手动拉链和手动速放装置，其安装位置应便于操作，并应有明显标志。手动拉链和手动速放装置不应加锁，且应采用不燃或难燃材料制作。

检查数量：全数检查。

检查方法：直观检查。

（8）防护罩（箱体）安装应符合下列规定：

①防护罩尺寸的大小应与防火卷帘洞口宽度和卷帘卷起后的尺寸相适应，并应保证卷帘卷满后与防护罩仍保持一定的距离，不应相互碰撞。

检查数量：全数检查。

检查方法：直观检查。

②防护罩靠近卷门机处，应留有检修口。

检查数量：全数检查。

检查方法：直观检查。

③防护罩的耐火性能应与防火卷帘相同。

检查数量：全数检查。

检查方法：直观检查；查看防护罩的检查报告。

（9）温控释放装置的安装位置应符合设计和产品说明书的要求。

检查数量：全数检查。

检查方法：直观检查；对照设计图纸和产品说明书检查。

（10）防火卷帘、防护罩等与楼板、梁和墙、柱之间的空隙，应采用防火封堵材料等封堵，封堵部位的耐火极限不应低于防火卷帘的耐火极限。

检查数量：全数检查。

检查方法：直观检查；查看封堵材料的检查报告。

（11）防火卷帘控制器安装应符合下列规定：

①防火卷帘的控制器和手动按钮盒应分别安装在防火卷帘内外两侧的墙壁上，当卷帘一侧为无人场所时，可安装在一侧墙壁上，且应符合设计要求。控制器和手动按钮盒应安装在便于识别的位置，且应标出上升、下降、停止等功能。

检查数量：全数检查。

检查方法：直观检查。

②防火卷帘控制器及手动按钮盒的安装应牢固可靠，其底边距地面高度宜为 1.3～1.5m。

检查数量：全数检查。

检查方法：直观检查；尺量检查。

③防火卷帘控制器的金属件应有接地点，且接地点应有明显的接地标志，连接地线的螺钉不应作其他紧固用。

检查数量：全数检查。

检查方法：直观检查。

（12）与火灾自动报警系统联动的防火卷帘，其火灾探测器和手动按钮盒的安装应符合下列规定：防火卷帘两侧均应安装火灾探测器组和手动按钮盒。当防火卷帘一侧为无人场所时，防火卷帘有人侧应安装火灾探测器组和手动按钮盒。

检查数量：全数检查。

检查方法：直观检查。

(13) 防火卷帘控制器安装应符合下列规定：

①防火卷帘的控制器和手动按钮盒应分别安装在防火卷帘内外两侧的墙壁上，当卷帘一侧为无人场所时，可安装在一侧墙壁上，且应符合设计要求，控制器和手动按钮盒应安装在便于识别的位置，且应标出上升、下降、停止等功能。

检查数量：全数检查。

检查方法：直观检查。

②防火卷帘控制器及手动按钮盒的安装应牢固可靠，其底边距地面高度宜为 1.3～1.5m。

检查数量：全数检查。

检查方法：直观检查；尺量检查。

③防火卷帘控制器的金属件应有接地点，且接地点应有明显的接地标志，连接地线的螺钉不应作其他紧固用。

检查数量：全数检查。

检查方法：直观检查。

(14) 防火门、防火窗以及防火卷帘的导轨、箱体等与建筑结构或构件之间的缝隙，应采用具有弹性的防火封堵材料封堵；或采用矿物棉等背衬材料填塞并覆盖具有弹性的防火封堵材料；或采用防火封堵板材、阻火模块封堵，缝隙应采用具有弹性的防火封堵材料封堵。

7.2.4【原文】防火门、窗的产品质量、各项性能、设置位置、类型、开启方式等应符合消防技术标准和消防设计文件要求，并应核查下列内容：

1 产品质量证明文件及相关资料；

2 现场检查判定产品外观质量；

3 设置类型、位置、开启、关闭方式；

4 安装数量，安装质量；

5 常闭防火门自闭功能，常开防火门、窗控制功能。

【条文解读】本条依据现行国家标准《防火卷帘、防火门、防火窗施工及验收规范》(GB 50877)，说明了防火门、窗的产品质量、各项性能、设置位置、类型、开启方式等。

1. 防火门检验

(1) 防火门应具有出厂合格证和符合市场准入制度规定的有效证明文件，其型号、规格及耐火性能应符合设计要求。

检查数量：全数检查。

检查方法：核查产品名称、型号、规格及耐火性能是否与符合市场准入制度规定的有效证明文件和设计要求相符。

(2) 每樘防火门均应在其明显部位设置永久性标牌，并应标明产品名称、型号、规格、耐火性能及商标、生产单位（制造商）名称和厂址、出厂日期及产品生产批号、执行标准等。

检查数量：全数检查。

检查方法：直观检查。

(3) 防火门的门框、门扇及各配件表面应平整、光洁，并应无明显凹痕或机械损伤。

检查数量：全数检查。

检查方法：直观检查。

2. 防火窗检验

(1) 防火窗应具有出厂合格证和符合市场准入制度规定的有效证明文件，其型号、规格及耐火性能应符合设计要求。

检查数量：全数检查。

检查方法：核查产品名称、型号、规格及耐火性能是否与符合市场准入制度规定的有效证明文件和设计要求相符。

(2) 每樘防火窗均应在其明显部位设置永久性标牌，并应标明产品名称型号规格、生产单位（制造商）名称和地址产品生产日期或生产编号、出厂日期、执行标准等。

检查数量：全数检查。

检查方法：直观检查。

(3) 防火窗表面应平整、光洁，并应无明显凹痕或机械损伤。

检查数量：全数检查。

检查方法：直观检查。

3. 防火门安装

(1) 除特殊情况外，防火门应向疏散方向开启，防火门在关闭后应从任何一侧手动开启。

检查数量：全数检查。

检查方法：直观检查。

(2) 常闭防火门应安装闭门器等，双扇和多扇防火门应安装顺序器。

检查数量：全数检查。

检查方法：直观检查。

(3) 常开防火门，应安装火灾时能自动关闭门扇的控制、信号反馈装置和现场手动控制装置，且应符合产品说明书要求。

检查数量：全数检查。

检查方法：直观检查。

(4) 防火门电动控制装置的安装应符合设计和产品说明书要求。

检查数量：全数检查。

检查方法：直观检查；按设计图纸、施工文件检查。

(5) 防火插销应安装在双扇门或多扇门相对固定一侧的门扇上。

检查数量：全数检查。

检查方法：直观检查；查看设计图纸。

(6) 防火门门框与门扇，门扇与门扇的缝隙处嵌装的防火密封件应牢固、完好。

检查数量：全数检查。

检查方法：直观检查。

(7) 设置在变形缝附近的防火门，应安装在楼层数较多的一侧，且门扇开启后不应跨越变形缝。

检查数量：全数检查。

检查方法：直观检查。

(8) 钢质防火门门框内应充填水泥砂浆。门框与墙体应用预埋钢件或膨胀螺栓等连接牢固，其固定点间距不宜大于 600mm。

检查数量：全数检查。

检查方法：对照设计图纸、施工文件检查；尺量检查。

(9) 防火门门扇与门框的搭接尺寸不应小于 12mm。

检查数量：全数检查。

检查方法：使门扇处于关闭状态，用工具在门扇与门框相交的左边、右边和上边的中部画线做出标记，用钢板尺测量。

(10) 防火门门扇与门框的配合活动间隙应符合下列规定：

①门扇与门框有合页一侧的配合活动间隙不应大于设计图纸规定的尺寸公差；

②门扇与门框有锁一侧的配合活动间隙不应大于设计图纸规定的尺寸公差；

③门扇与上框的配合活动间隙不应大于3mm；

④双扇、多扇门的门扇之间缝隙不应大于3mm；

⑤门扇与下框或地面的活动间隙不应大于9mm；

⑥门扇与门框贴合面间隙、门扇与门框有合页一侧、有锁一侧及上框的贴合面间隙，均不应大于3mm。

检查数量：全数检查。

检查方法：使门扇处于关闭状态，用塞尺测量其活动间隙。

(11) 防火门安装完成后，其门扇应启闭灵活，并应无反弹、翘角、卡阻和关闭不严现象。

检查数量：全数检查。

检查方法：直观检查；手动试验。

(12) 除特殊情况外，防火门门扇的开启力不应大于80N。

检查数量：全数检查。

检查方法：用测力计测试。

4. 防火窗安装

(1) 有密封要求的防火窗，其窗框密封槽内镶嵌的防火密封件应牢固、完好。

检查数量：全数检查。

检查方法：直观检查。

(2) 钢质防火窗窗框内应充填水泥砂浆。窗框与墙体应用预埋钢件或膨胀螺栓等连接牢固，其固定点间距不宜大于600mm。

检查数量：全数检查。

检查方法：对照设计图纸、施工文件检查；尺量检查。

(3) 活动式防火窗窗扇启闭控制装置的安装应符合设计和产品说明书要求，并应位置明显，便于操作。

检查数量：全数检查。

检查方法：直观检查；手动试验。

(4) 活动式防火窗应装配火灾时能控制窗扇自动关闭的温控释放装置。温控释放装置的安装应符合设计和产品说明书要求。

检查数量：全数检查。

检查方法：直观检查；按设计图纸、施工文件检查。

5. 防火门调试

(1) 常闭防火门，从门的任意一侧手动开启，应自动关闭。当装有信号反馈装置时，开、关状态信号应反馈到消防控制室。

检查数量：全数检查。

检查方法：手动试验。

(2) 常开防火门，其任意一侧的火灾探测器报警后，应自动关闭，并应将关闭信号反馈至消防控制室。

检查数量：全数检查。

检查方法：用专用测试工具，使常开防火门一侧的火灾探测器发出模拟火灾报警信号，观察防火门动作情况及消防控制室信号显示情况的相关要求。

（3）常开防火门，接到消防控制室手动发出的关闭指令后，应自动关闭，并应将关闭信号反馈至消防控制室。

检查数量：全数检查。

检查方法：在消防控制室启动防火门关闭功能，观察防火门动作情况及消防控制室信号显示情况。

（4）常开防火门，接到现场手动发出的关闭指令后，应自动关闭，并应将关闭信号反馈至消防控制室。

检查数量：全数检查。

检查方法：现场手动启动防火门关闭装置，观察防火门动作情况及消防控制室信号显示情况。

7.2.5【原文】 建筑内的电梯井、电缆井、管道井、排烟道、排气道、垃圾道等竖向井道应符合消防技术标准和消防设计文件要求，并应检查下列内容：

1 设置位置和检查门的设置；

2 井壁的耐火极限；

3 检查门、孔洞等防火封堵的严密性。

【条文解读】 本条依据现行国家标准《建筑设计防火规范（2018年版）》（GB 50016），说明了电梯井、电缆井、管道井、排烟道、排气道、垃圾道等耐火极限和封堵情况的相关要求。

（1）建筑内的电梯井等竖井应符合下列规定：

电梯井应独立设置，井内严禁敷设可燃气体和甲类、乙类、丙类液体管道，不应敷设与电梯无关的电缆、电线等。电梯井的井壁除设置电梯门、安全逃生门和通气孔洞外，不应设置其他开口。

（2）电缆井、管道井、排烟道、排气道、垃圾道等竖向井道，应分别独立设置。井壁的耐火极限不低于1.00h，井壁上的检查门应采用丙级防火门。

（3）建筑内的电缆井、管道井应在每层楼板处采用不低于楼板耐火极限的不燃材料或防火封堵材料封堵。建筑内的电缆井、管道井与房间、走道等相连通的孔隙应采用防火封堵材料封堵。

①建筑内的垃圾道宜靠外墙设置，垃圾道的排气口应直接开向室外，垃圾斗应采用不燃烧材料制作，并应能自行关闭；

②电梯层门的耐火极限不应低于1.00h，并应符合现行国家标准《电梯层门耐火试验完整性、隔热性和热通量测定法》（GB/T 27903）规定的完整性和隔热性要求。

7.2.6【原文】 其他有防火分隔要求的部位应符合消防技术标准和消防设计文件要求，并重点检查窗间墙、窗槛墙、建筑幕墙、防火墙、防火隔墙两侧及转角处洞口、防火阀等的设置、分隔设施和防火封堵。

【条文解读】 本条根据现行国家标准《建筑设计防火规范（2018年版）》（GB 50016），说明了窗间墙、窗槛墙、建筑幕墙、防火墙、防火隔墙两侧及转角处洞口、防火阀等的相关要求。

（1）防火墙应直接设置在建筑的基础或框架、梁等承重结构上，框架、梁等承重结构的耐火极限不应低于防火墙的耐火极限。防火墙应从楼地面基层隔断至梁、楼板或屋面板的底面基层。当高层厂房（仓库）屋顶承重结构和屋面板的耐火极限低于1.00h，其他建筑屋顶承重结构和屋面板的耐火极限低于0.50h时，防火墙应高出屋面0.5m以上。

①防火墙横截面中心线水平距离天窗端面小于4.0m，且天窗端面为可燃性墙体时，应采取防止火势蔓延的措施；

②建筑外墙为难燃性或可燃性墙体时，防火墙应凸出墙的外表面0.4m以上，且防火墙两侧的外墙均应为宽度均不小于2.0m的不燃性墙体，其耐火极限不应低于外墙的耐火极限。建筑外墙为不燃性墙体时，防火墙可不凸出墙的外表面，紧靠防火墙两侧的门、窗、洞口之间最近边缘的水平距离不

应小于2.0m；采取设置乙级防火窗等防止火灾水平蔓延的措施时，该距离不限；

③建筑内的防火墙不宜设置在转角处，确需设置时，内转角两侧墙上的门、窗、洞口之间最近边缘的水平距离不应小于4.0m；采取设置乙级防火窗等防止火灾水平蔓延的措施时，该距离不限；

④防火墙上不应开设门、窗、洞口，确需开设时，应设置不可开启或火灾时能自动关闭的甲级防火门、窗。可燃气体和甲类、乙类、丙类液体的管道严禁穿过防火墙。防火墙内不应设置排气道；

⑤除《建筑设计防火规范（2018年版）》（GB 50016）第6.1.5条规定外的其他管道，不宜穿过防火墙，确需穿过时，应采用防火封堵材料将墙与管道之间的空隙紧密填实，穿过防火墙处的管道保温材料，应采用不燃材料；当管道为难燃或可燃材料时，应在防火墙两侧的管道上采取防火措施；

⑥防火墙的构造应能在防火墙任意一侧的屋架、梁、楼板等受到火灾的影响而破坏时，不会导致防火墙倒塌；

⑦建筑内的防火隔墙应从楼地面基层隔断至梁、楼板或屋面板的底面基层。住宅分户墙和单元之间的墙应隔断至梁、楼板或屋面板的底面基层，屋面板的耐火极限不应低于0.50h；

⑧除现行国家标准《建筑设计防火规范（2018年版）》（GB 50016）另有规定外，建筑外墙上层、下层开口之间应设置高度不小于1.2m的实体墙或挑出宽度不小于1.0m、长度不小于开口宽度的防火挑檐；当室内设置自动喷水灭火系统时，上层、下层开口之间的实体墙高度不应小于0.8m。当上层、下层开口之间设置实体墙确有困难时，可设置防火玻璃墙，但高层建筑的防火玻璃墙的耐火完整性不应低于1.00h，单层、多层建筑的防火玻璃墙的耐火完整性不应低于0.50h。外窗的耐火完整性不应低于防火玻璃墙的耐火完整性要求。住宅建筑外墙上相邻户开口之间的墙体宽度不应小于1.0m；小于1.0m时，应在开口之间设置凸出外墙不小于0.6m的隔板。实体墙、防火挑檐和隔板的耐火极限和燃烧性能，均不应低于相应耐火等级建筑外墙的要求；

⑨建筑幕墙应在每层楼板外沿处采取符合现行国家标准《建筑设计防火规范（2018年版）》（GB 50016）第6.2.5条规定的防火措施，幕墙与每层楼板、隔墙处的缝隙应采用防火封堵材料封堵；

⑩附设在建筑物内的消防控制室、灭火设备室、消防水泵房和通风空气调节机房、变配电室等，应采用耐火极限不低于2.00h的防火隔墙和1.50h的楼板与其他部位分隔。设置在丁类、戊类厂房中的通风机房，应采用耐火极限不低于1.00h的防火隔墙和0.50h的楼板与其他部位分隔。通风、空气调节机房和变配电室开向建筑内的门应采用甲级防火门，消防控制室和其他设备房开向建筑内的门应采用乙级防火门；

⑪内有可燃物的闷顶，应在每个防火隔断范围内设置净宽度和净高度均不小于0.7m的闷顶入口；对于公共建筑，每个防火隔断范围内的闷顶入口不宜少于2个。闷顶入口宜布置在走廊中靠近楼梯间的部位。

（2）变形缝内的填充材料和变形缝的构造基层应采用不燃材料。电线、电缆、可燃气体和甲类、乙类、丙类液体的管道不宜穿过建筑内的变形缝，确需穿过时，应在穿过处加设不燃材料制作的套管或采取其他防变形措施，并应采用防火封堵材料封堵。

①防烟、排烟、供暖、通风和空气调节系统中的管道及建筑内的其他管道，在穿越防火隔墙、楼板和防火墙处的孔隙应采用防火封堵材料封堵。风管穿过防火隔墙、楼板及防火墙处时，风管上的防火阀、排烟防火阀两侧各2.0m范围内的风管应采用耐火风管或风管外壁应采取防火保护措施，且耐火极限不应低于该防火分隔体的耐火极限；

②建筑内受高温或火焰作用易变形的管道，在贯穿楼板部位和穿越防火隔墙的两侧宜采取阻火措施；

③建筑屋顶上的开口与邻近建筑或设施之间，应采取防止火灾蔓延的措施。

7.2.7【原文】防烟分区的设置应符合消防技术标准和消防设计文件要求，并重点核查防烟分区设置位置、形式、面积及完整性，防烟分区不应跨越防火分区。

【条文解读】本条依据现行国家标准《建筑设计防火规范（2018年版）》（GB 50016），说明了防烟分区设置位置、形式、面积及完整性，防烟分区不应跨越防火分区的相关规定。

（1）建筑的下列场所或部位应设置防烟设施：

①防烟楼梯间及其前室；

②消防电梯间前室或合用前室；

③前室或合用前室采用敞开的阳台、凹廊；

④避难走道的前室、避难层（间）。

（2）建筑高度不大于50m的公共建筑、厂房、仓库和建筑高度不大于100m的住宅建筑，当其防烟楼梯间的前室或合用前室符合下列条件之一时，楼梯间可不设置防烟系统：

①前室或合用前室采用敞开的阳台、凹廊；

②前室或合用前室具有不同朝向的可开启外窗，且可开启外窗的面积满足自然排烟口的面积要求。

（3）前室或合用前室具有不同朝向的可开启外窗，且可开启外窗的面积满足自然排烟口的面积要求。厂房或仓库的下列场所或部位应设置排烟设施：

①丙类厂房内建筑面积大于300m² 且经常有人停留或可燃物较多的地上房间，人员或可燃物较多的丙类生产场所；

②建筑面积大于5000m² 的丁类生产车间；

③占地面积大于1000m² 的丙类仓库；

④高度大于32m的高层厂房（仓库）内长度大于20m的疏散走道，其他厂房（仓库）内长度大于40m的疏散走道。

（4）民用建筑的下列场所或部位应设置排烟设施：

①设置在一层、二层、三层且房间建筑面积大于100m² 的歌舞娱乐放映游艺场所，设置在四层及以上楼层、地下或半地下的歌舞娱乐放映游艺场所；

②中庭；

③公共建筑内建筑面积大于100m² 且经常有人停留的地上房间；

④公共建筑内建筑面积大于300m² 且可燃物较多的地上房间；

⑤建筑内长度大于20m的疏散走道；

⑥地下或半地下建筑（室）、地上建筑内的无窗房间，当总建筑面积大于200m² 或一个房间建筑面积大于50m²，且经常有人停留或可燃物较多时，应设置排烟设施。

7.2.8【原文】 防烟分隔设施的设置应符合消防技术标准和消防设计文件要求，并重点核查防烟分隔材料耐火性能，测试活动挡烟垂壁的下垂功能。

【条文解读】 本条说明了挡烟垂壁的防烟分隔、耐火性能及功能。

1. 漏烟量要求

在（200±15）℃的温度下，挡烟部件前后保持在（25±5）Pa的气体静压差时，其单位面积漏烟量（标准状态）不大于25m/（m²·h）。电动型挡烟垂壁单樘长度不可超过4m，长度超过4m的吊顶下就需要设计为拼接型挡烟垂壁，拼接的地方有一定缝隙，此时要注意漏烟量是否满足标准要求。

2. 耐高温性能

挡烟垂壁在（620±20）℃的高温作用下，整体保持完整性的时间不小于30min。

活动式挡烟垂壁在满足通用挡烟垂壁在外观、材料厚度功能、尺寸偏差、漏烟量、耐高温性能等方面的基本要求外，还有附加功能要求，这是由其运行方式决定的。活动式挡烟垂壁的消防验收实际上就是对挡烟垂壁功能的检查，查看是否满足执行现行标准《挡烟垂壁》（XF 533）中的功能要求。

3. 活动式挡烟垂壁运行性能

（1）从初始位置自动运行到规定的挡烟高度时，其运行速度不应小于0.07m/s，总降落时间不可大于60s；

（2）设置限位装置，当防火布运行到上下限位时，可以自动停止。

4. 运行控制方式及活动式挡烟垂壁的运行应该有以下功能：

（1）同烟感火灾探测器联动，当探测器发出警报后，挡烟垂壁可以自动运行到相应的工作位置；

（2）收到消防联动控制设备发出的控制指令后，挡烟垂壁可自动运行到工作位置；

（3）系统主电源断电的情况下，活动式挡烟垂壁能自动运行到挡烟工作位置。其运行性能满足"3. 活动式挡烟垂壁运行性能"的要求。

5. 可靠性

活动式挡烟垂壁可经受 1000 次循环启闭后，可正常工作，且直径为（6±0.1）mm 和截面尺寸（15±0.1）mm×（2±0.1）mm 的探棒不能穿过挡烟部件。

6. 抗风摆性能

活动式挡烟垂壁垂直方向上承受（5±1）m/s 风速作用时，其垂直偏角不应大于 15°。

7.3　疏散门、疏散走道、消防电梯

7.3.1【原文】疏散门的设置应符合消防技术标准和消防设计文件要求，并应核查下列内容：

1　疏散门的设置位置、形式和开启方向；

2　疏散宽度；

3　逃生门锁装置。

【条文解读】本条依据现行国家标准《建筑设计防火规范（2018 年版）》（GB 50016），说明了建筑内的疏散门应符合下列规定：

（1）民用建筑和厂房的疏散门，应采用向疏散方向开启的平开门，不应采用推拉门、卷帘门、吊门、转门和折叠门。除甲类、乙类生产车间外，人数不超过 60 人且每樘门的平均疏散人数不超过 30 人的房间，其疏散门的开启方向不限。

①仓库的疏散门应采用向疏散方向开启的平开门，但丙类、丁类、戊类仓库首层靠墙的外侧可采用推拉门或卷帘门；

②开向疏散楼梯或疏散楼梯间的门，当其完全开启时，不应减少楼梯平台的有效宽度；

③人员密集场所内平时需要控制人员随意出入的疏散门和设置门禁系统的住宅、宿舍、公寓建筑的外门，应保证火灾时不需使用钥匙等任何工具即能从内部易于打开，并应在显著位置设置具有使用提示的标识。

（2）封闭楼梯间应符合下列规定：

①不能自然通风或自然通风不能满足要求时，应设置机械加压送风系统或采用防烟楼梯间；

②除楼梯间的出入口和外窗外，楼梯间的墙上不应开设其他门、窗、洞口；

③高层建筑、人员密集的公共建筑、人员密集的多层丙类厂房，甲类、乙类厂房，其封闭楼梯间的门应采用乙级防火门，并应向疏散方向开启，其他建筑，可采用双向弹簧门；

④楼梯间的首层可将走道和门厅等包括在楼梯间内形成扩大的封闭楼梯间，但应采用乙级防火门等与其他走道和房间分隔。

（3）防烟楼梯间应符合下列规定：

①应设置防烟设施；

②前室可与消防电梯间前室合用；

③前室的使用面积：公共建筑、高层厂房（仓库），不应小于 6.0m²；住宅建筑，不应小于 4.5m²。与消防电梯间前室合用时，合用前室的使用面积：公共建筑、高层厂房（仓库），不应小于 10.0m²；住宅建筑，不应小于 6.0m²。

7.3.2【原文】疏散走道的设置应符合消防技术标准和消防设计文件要求，并重点核查疏散走道的设置形式，查看走道的排烟条件。

【条文解读】本条依据现行国家标准《建筑设计防火规范（2018 年版）》（GB 50016），说明了疏散走道、排烟条件应符合下列规定：

（1）疏散走道在防火分区处应设置常开甲级防火门。

（2）建筑的下列场所或部位应设置防烟设施：

①防烟楼梯间及其前室；

②消防电梯间前室或合用前室；

③避难走道的前室、避难层（间）。

（3）建筑高度不大于 50m 的公共建筑、厂房、仓库和建筑高度不大于 100m 的住宅建筑，当其防烟楼梯间的前室或合用前室符合下列条件之一时，楼梯间可不设置防烟系统：

①前室或合用前室采用敞开的阳台、凹廊；

②前室或合用前室具有不同朝向的可开启外窗，且可开启外窗的面积满足自然排烟口的面积要求。

（4）民用建筑的下列场所或部位应设置排烟设施：

①设置在一层、二层、三层且房间建筑面积大于 $100m^2$ 的歌舞娱乐放映游艺场所，设置在四层及以上楼层、地下或半地下的歌舞娱乐放映游艺场所；

②中庭；

③公共建筑内建筑面积大于 $100m^2$ 且经常有人停留的地上房间；

④公共建筑内建筑面积大于 $300m^2$ 且可燃物较多的地上房间；

⑤建筑内长度大于 20m 的疏散走道。

（5）地下或半地下建筑（室）、地上建筑内的无窗房间，当总建筑面积大于 $200m^2$ 或一个房间建筑面积大于 $50m^2$，且经常有人停留或可燃物较多时，应设置排烟设施。

7.3.3【原文】消防电梯及其前室（合用前室）的设置、消防电梯井壁及机房的设置、消防电梯的性能和功能、消防电梯轿厢内装修材料的燃烧性能、电梯井的防水排水措施、迫降功能、联动功能、对讲功能、运行时间等应符合消防技术标准和消防设计文件要求，并应核查下列内容：

1 设置位置、数量；

2 前室门的设置形式，前室的面积；

3 井壁及机房的耐火极限和防火构造；

4 电梯载重量、电梯井底的防水排水措施；

5 轿厢内装修材料；

6 消防电梯迫降功能、联动功能、对讲功能、运行时间。

【条文解读】本条依据现行国家标准《建筑设计防火规范（2018 年版）》（GB 50016），说明了消防电梯位置、数量形式，前室的面积、消防电梯迫降功能、联动功能、对讲功能、运行时间等的相关要求。

（1）消防电梯应分别设置在不同防火分区内，且每个防火分区不应少于 1 台。相邻两个防火分区可共用 1 台消防电梯。

（2）建筑高度大于 32m 且设置电梯的高层厂房（仓库），每个防火分区内宜设置 1 台消防电梯，但符合下列条件的建筑可不设置消防电梯：建筑高度大于 32m 且设置电梯，任一层工作平台上的人数不超过 2 人的高层塔架。

（3）局部建筑高度大于 32m，且局部高出部分的每层建筑面积不大于 $50m^2$ 的丁类、戊类厂房。

①除设置在仓库连廊、冷库穿堂或谷物筒仓工作塔内的消防电梯外，消防电梯应设置前室，并应符合下列规定：

a. 前室宜靠外墙设置，并应在首层直通室外或经过长度不大于 30m 的通道通向室外；

b. 前室的使用面积不应小于 6.0m²；与防烟楼梯间合用的前室，应符合现行国家标准《建筑设计防火规范（2018 年版）》（GB 50016）第 5.5.28 条和第 6.4.3 条的规定。

（4）除前室的出入口、前室内设置的正压送风口和现行国家标准《建筑设计防火规范（2018 年版）》（GB 50016）第 5.5.27 条规定的户门外，前室内不应开设其他门、窗、洞口；前室或合用前室的门应采用乙级防火门，不应设置卷帘。

（5）消防电梯的井底应设置排水设施，排水井的容量不应小于 2m³，排水泵的排水量不应小于 10L/s。消防电梯间前室的门口宜设置挡水设施。

（6）消防电梯应符合下列规定：

①应能每层停靠；

②电梯的载重量不应小于 800kg；

③电梯从首层至顶层的运行时间不宜大于 60s；

④电梯的动力与控制电缆、电线、控制面板应采取防水措施；

⑤在首层的消防电梯入口处应设置供消防队员专用的操作按钮；

⑥电梯轿厢的内部装修应采用不燃材料；

⑦电梯轿厢内部应设置专用消防对讲电话。根据现行国家标准《建筑设计防火规范（2018 年版）》（GB 50016）第 7.3.7 规定，消防电梯的井底应设置排水设施，排水井的容量不应小于 2m³，排水泵的排水量不应小于 10L/s。消防电梯间前室的门口宜设置挡水设施。

7.4 防火封堵

【本节条文说明】由于建筑功能和建筑内部用途的需要，管线需要贯穿建筑中具有耐火性能要求的楼板和防火墙、防火隔墙等防火分隔构件或结构形成贯穿孔口，如供暖、通风和空气调节系统管道、给排水管道、热力管道、其他输送各类生产介质的管道和电线电缆等。建筑缝隙则包括抗震缝、沉降缝、伸缩缝以及在建筑中楼板和墙体之间、墙体之间、楼板之间的缝隙等。此外，建筑中还存在外墙与建筑幕墙、保温层、装饰层之间的空腔以及建筑施工或安装设备所留下的预留开口、管线竖井在楼层位置的开口等。这些建筑缝隙和贯穿孔口易导致火势和烟气在建筑中蔓延扩大，因此本规范对防火封堵验收检测提出具体规定。

7.4.1【原文】防火封堵应根据建筑工程不同部位的要求，按照现行国家标准、设计文件、相应产品的技术说明书和操作规程，以及相应产品测试合格的防火封堵组件的构造节点图进行施工，施工质量应符合现行国家标准《建筑防火封堵应用技术标准》（GB/T 51410）的规定。

【条文解读】本条依据现行国家标准《建筑防火封堵应用技术标准》（GB/T 51410），说明了防火封堵的相关规定。

（1）建筑防火封堵材料应根据封堵部位的类型、缝隙或开口大小以及耐火性能要求等确定，并应符合下列规定：

①对于建筑缝隙，宜选用柔性有机堵料、防火密封胶、防火密封漆等及其组合；

②对于环形间隙较小的贯穿孔口，宜选用柔性有机堵料、防火密封胶、泡沫封堵材料、阻火包带、阻火圈等及其组合；

③对于环形间隙较大的贯穿孔口，宜选用无机堵料、阻火包、阻火模块、防火封堵板材、阻火包带、阻火圈等及其组合。

（2）建筑防火封堵的背衬材料应为不燃材料，并宜结合防火封堵部位的特点、防火封堵材料及封堵方式选用。当背衬材料采用矿物棉时，矿物棉的容重不应低于 80kg/m，熔点不应小于 1000℃，并应在填塞前将自然状态的矿物棉预先压缩不小于30％后再挤入相应的封堵位置。

①当采用无机堵料时，无机堵料的厚度应与贯穿孔口的厚度一致，封堵后的缝隙应采用有机防火封堵材料填塞，且填塞深度不应小于15mm；

②当采用柔性有机堵料时，柔性有机堵料的填塞深度应与建筑缝隙或环形间隙的厚度一致，长度应为建筑缝隙或环形间隙的全长。当配合矿物棉等背衬材料使用时，柔性有机堵料的填塞深度不应小于15mm。长度应为建筑缝隙或环形间隙的全长，建筑缝隙或环形间隙的内部应采用矿物棉等背衬材料完全填塞；

③当采用防火密封胶时，应配合矿物棉等背衬材料使用，防火密封胶的填塞深度不应小于15mm。长度应为建筑缝隙或环形间隙的全长，建筑缝隙或环形间隙的内部应采用矿物棉等背衬材料完全填塞。当建筑缝隙或环形间隙的宽度大于或等于50mm时，防火密封胶的填塞深度不应小于25mm；

④当采用防火密封漆时，其涂覆厚度不宜小于3mm，干厚度不应小于2mm，长度应为建筑缝隙的全长，宽度应大于建筑缝隙的宽度，并应在建筑缝隙的内部用矿物棉等背衬材料完全填塞，防火密封漆的搭接宽度不应小于20mm；

⑤当采用阻火包或阻火模块时，应交错密实堆砌，并应在封堵后采用有机防火封堵材料封堵相应部位的缝隙；

⑥当采用防火封堵板材时，板材周边及搭接处应采用有机防火封堵材料封堵；当采用盖板式安装时，板材的周边还应采用金属锚固件固定，锚固件的间距不宜大于150mm。现行国家标准《建筑内部装修防火施工及验收规范》（GB 50354）第5.0.7条规定，当采用泡沫封堵材料时，其封堵厚度应与贯穿孔口的厚度一致；

⑦当采用阻火包带或阻火圈时，对于水平贯穿部位，应在该部位的两侧分别设置阻火包带或阻火圈；对于竖向贯穿部位，宜在该部位下侧设置阻火包带或阻火圈；对于腐蚀性场所的贯穿部位宜采用阻火包带；

⑧当防火封堵组件及贯穿物的刚性不足时，应在水平贯穿部位两侧或竖向贯穿部位下侧采用钢丝网、不燃性板材或支架等支撑固定。钢丝网、不燃性板材或支架等支撑及其与墙体、楼板或其他结构间的固定件应采取防火保护措施；

⑨当被贯穿体具有空腔结构时，应采取防止防火封堵材料或组件变形影响封堵效果的措施；

⑩楼板上贯穿孔口的防火封堵组件不应承受其他外荷载；对于面积较大的封堵部位，应采取在封堵部位周围设置栏杆等防护措施，并应设置明显的标志；

⑪无机堵料、柔性有机堵料、防火密封胶、泡沫封堵材料等防火封堵材料的燃烧性能、理化性能及防火封堵组件的耐火性能，应符合现行国家标准《防火封堵材料》（GB 23864）的有关规定。阻火圈的燃烧性能、理化性能和耐火性能应符合现行行业标准《塑料管道阻火圈》（XF 304）的有关规定。

7.4.2【原文】建筑缝隙防火封堵的材料选用、构造做法等应符合消防技术标准和设计文件要求；变形缝内的填充材料和构造基层材料的选用应符合消防技术标准和消防设计文件要求，并应检查下列内容：

1 防火封堵的外观，直观检查有无脱落、变形、开裂等现象；

2 防火封堵的宽度、深度、长度；

3 变形缝内的填充材料和构造基层材料的燃烧性能。

【条文解读】本条依据现行国家标准《建筑防火封堵应用技术标准》（GB/T 51410），说明了防火封堵的外观有无脱落、变形、开裂、宽度、深度、长度、燃烧性能等的相关要求。

（1）建筑缝隙防火封堵的材料选用、构造做法等应符合设计和施工要求。

①应检查防火封堵的外观。

检查数量：全数检查。

检查方法：直观检查有无脱落、变形、开裂等现象。

②应检查防火封堵的宽度。

检查数量：每个防火分区抽查建筑缝隙封堵总数的 20％，且不少于 5 处，每处取 5 个点。当同类型防火封堵少于 5 处时，应全部检查。

检查方法：直尺测量缝隙封堵的宽度，取 5 个点的平均值。

③应检查防火封堵的深度。

检查数量：每个防火分区抽查。

建筑缝隙封堵总数的 20％，且不少于 5 处，每处现场取样 5 个点。当同类型防火封堵少于 5 处时，应全部检查。

检查方法：游标卡尺测量取样的材料厚度。

④应检查防火封堵的长度。

检查数量：每个防火分区抽查建筑缝隙封堵总数的 20％，且不少于 5 处，每处现场取样 5 个点。当同类型防火封堵少于 5 处时，应全部检查。

检查方法：直尺或卷尺测量封堵部位的长度。

（2）防火封堵组件的防火，防烟和隔热性能不应低于封堵部位建筑构件或结构的防火、防烟和隔热性能要求，在正常使用和火灾条件下，应能防止发生脱落、移位、变形和开裂。

（3）建筑防火封堵材料应根据封堵部位的类型，缝隙或开口大小以及耐火性能要求等确定，并应符合下列规定：

①对于建筑缝隙，宜选用柔性有机堵料、防火密封胶、防火密封漆等及其组合；

②对于环形间隙较小的贯穿孔口，宜选用柔性有机堵料、防火密封胶、泡沫封堵材料、阻火包带、阻火圈等及其组合；

③对于环形间隙较大的贯穿孔口，宜选用无机堵料、阻火包、阻火模块、防火封堵板材、阻火包带、阻火圈等及其组合。

（4）建筑防火封堵的背衬材料应为不燃材料，并宜结合防火封堵部位的特点、防火封堵材料及封堵方式选用。当背衬材料采用矿物棉时，矿物棉的容重不应低于 80kg/m³，熔点不应小于 1000℃，并应在填塞前将自然状态的矿物棉预先压缩不小于 30％后再挤入相应的封堵位置。

①当采用无机堵料时，无机堵料的厚度应与贯穿孔口的厚度一致，封堵后的缝隙应采用有机防火封堵材料填塞，且填塞深度不应小于 15mm；

②当采用柔性有机堵料时，柔性有机堵料的填塞深度应与建筑缝隙或环形间隙的厚度一致，长度应为建筑缝隙或环形间隙的全长。当配合矿物棉等背衬材料使用时，柔性有机堵料的填塞深度不应小于 15mm，长度应为建筑缝隙或环形间隙的全长，建筑缝隙或环形间隙的内部应采用矿物棉等背衬材料完全填塞；

③当采用防火密封胶时，应配合矿物棉等背衬材料使用。防火密封胶的填塞深度不应小于 15mm，长度应为建筑缝隙或环形间隙的全长，建筑缝隙或环形间隙的内部应采用矿物棉等背衬材料完全填塞。当建筑缝隙或环形间隙的宽度大于或等于 50mm 时，防火密封胶的填塞深度不应小于 25mm；

④当采用防火密封漆时，其涂覆厚度不宜小于 3mm，干厚度不应小于 2mm，长度应为建筑缝隙的全长，宽度应大于建筑缝隙的宽度，并应在建筑缝隙的内部用矿物棉等背衬材料完全填塞。防火密封漆的搭接宽度不应小于 20mm；

⑤当采用阻火包或阻火模块时，应交错密实堆砌，并应在封堵后采用有机防火封堵材料封堵相应部位的缝隙。

7.4.3 【原文】 贯穿孔口防火封堵的材料选用、构造做法等应符合消防技术标准和设计文件要求，并应检查下列内容：

1 防火封堵的外观；

2 防火封堵的宽度、深度。

【条文解读】本条依据现行国家标准《建筑防火封堵应用技术标准》（GB/T 51410），说明了贯穿孔口防火封堵的材料选用、构造做法等，以及防火封堵的外观、宽度、深度的相关要求。

（1）应检查防火封堵的外观。

检查数量：全数检查。

检查方法：直观检查有无脱落、变形、开裂等现象。

（2）应检查防火封堵的宽度。

检查数量：每个防火分区抽查贯穿孔口封堵总数的30％，且不少于5处，每处取3个点。当同类型防火封堵少于5个时，应全部检查。

检查方法：直尺测量贯穿孔口的宽度。

（3）应检查防火封堵的深度。

检查数量：每个防火分区抽查贯穿孔口封堵总数的30％，且不少于5处，每处取3个点。当同类型防火封堵少于5处时，应全部检查。

检查方法：游标卡尺测量取样的材料厚度，取3个点的平均值。

8 建筑保温与装修

8.1 一般规定

8.1.1【原文】建筑保温与装修工程的消防施工质量应按现行标准《外墙外保温工程技术标准》（JGJ 144）、《建筑内部装修防火施工及验收规范》（GB 50354）的规定进行验收。

【条文解读】本条依据现行行业标准《外墙外保温工程技术标准》（JGJ 144），说明了建筑保温与装修工程的消防施工质量检验及标准。

（1）主控项目

①所用材料品种、质量、性能应符合设计和本规程规定要求；

②保温层厚度均匀并不允许有负偏差。构造做法应符合建筑节能设计要求；

③保温层与墙体以及各构造层之间必须粘接牢固，无脱层、空鼓、裂缝，面层无粉化、起皮、爆灰等现象；

④工程竣工后，应按现行行业标准《居住建筑节能检测标准》（JGJ/T 132）规定现场抽检传热系数，应符合设计要求。

（2）一般项目

①表面平整、洁净，接茬平整、无明显抹纹，线角、分格条顺直、清晰；

②墙面所有门窗口、孔洞、槽、盒位置和尺寸正确，表面整齐洁净，管道后面抹灰平整；

③分格条（缝）宽度、深度均匀一致，条（缝）平整光滑，棱角整齐，横平竖直，通顺。滴水线（槽）流水坡向正确，线（槽）顺直。

（3）建筑内部装修工程防火验收（简称工程验收）应检查下列文件和记录：

①建筑内部装修防火设计审核文件、申请报告、设计图纸、装修材料的燃烧性能设计要求、设计变更通知单、施工单位的资质证明等；

②进场验收记录，包括所用装修材料的清单、数量、合格证及防火性能型式检验报告；

③装修施工过程的施工记录；

④隐蔽工程施工防火验收记录和工程质量事故处理报告等；

⑤装修施工过程中所用防火装修材料的见证取样检验报告；

⑥装修施工过程中的抽样检验报告，包括隐蔽工程的施工过程中及完工后的抽样检验报告；

⑦装修施工过程中现场进行涂刷、喷涂等阻燃处理的抽样检验报告。

（4）工程质量验收应符合下列要求：

①技术资料应完整；

②所用装修材料或产品的见证取样检验结果应满足设计要求；

③装修施工过程中的抽样检验结果，包括隐蔽工程的施工过程中及完工后的抽样检验结果应符合设计要求；

④现场进行阻燃处理、喷涂、安装作业的抽样检验结果应符合设计要求；

⑤施工过程中的主控项目检验结果应全部合格；

⑥施工过程中的一般项目检验结果合格率应达到80%。

（5）工程质量验收应由建设单位项目负责人组织施工单位项目负责人、监理工程师和设计单位项目负责人等进行。

①工程质量验收时可对主控项目进行抽查。当有不合格项时，应对不合格项进行整改；

②工程质量验收时，应按现行国家标准《建筑内部装修防火施工及验收规范》（GB 50354）附录D的要求填写有关记录。

（6）基本规定

①外墙外保温工程应能适应基层的正常变形而不产生裂缝或空鼓；

②外墙外保温工程应能长期承受自重而不产生有害的变形；

③外墙外保温工程应能承受风荷载的作用而不产生破坏；

④外墙外保温工程应能耐受室外气候的长期反复作用而不产生破坏；

⑤外墙外保温工程在罕遇地震发生时不应从基层上脱落；

⑥高层建筑外墙外保温工程应采取防火构造措施；

⑦外墙外保温工程应具有防水渗透性能；

⑧外保温复合墙体的保温、隔热和防潮性能应符合国家现行标准《民用建筑热工设计规范》（GB 50176）、《严寒和寒冷地区居住建筑节能设计标准》（JGJ 26）、《夏热冬冷地区居住建筑节能设计标准》（JGJ 134）和《夏热冬暖地区居住建筑节能设计标准》（JGJ 75）的有关规定；

⑨外墙外保温工程各组成部分应具有物理、化学稳定性，所有组成材料应彼此相容并应具有防腐性。在可能受到生物侵害（鼠害、虫害等）时，外墙外保温工程还应具有防生物侵害性能；

⑩在正确使用和正常维护的条件下，外墙外保温工程的使用年限不应少于25年。

8.1.2【原文】隐蔽工程应在施工过程中或完工后按照相关消防技术标准的要求进行检查验收，并按照附录A的资料归档目录提供详细文字记录和必要的影像资料。下列部位及内容应进行隐蔽工程验收：

1　防火封堵；

2　隐蔽工程防火材料；

3　其他按相关规定应做隐蔽验收的工程。

【条文解读】本条依据现行国家标准《建筑防火封堵应用技术标准》（GB/T 51410），说明了防火封堵材料隐蔽验收等的相关要求。

（1）建筑外墙外保温系统与基层墙体、装饰层之间的空腔的层间防火封堵应符合下列规定：

①应在与楼板水平的位置采用矿物棉等背衬材料完全填塞，且背衬材料的填塞高度不应小于200mm；

②在矿物棉等背衬材料的上面应覆盖具有弹性的防火封堵材料；

③防火封堵的构造应具有自承重和适应缝隙变形的性能。

（2）沉降缝、伸缩缝、抗震缝等建筑变形缝在防火分隔部位的防火封堵应符合下列规定：

①应采用矿物棉等背衬材料填塞；

②背衬材料的填塞厚度不应小于200mm，背衬材料的下部应设置钢质承托板，承托板的厚度不应小于1.5mm；

③承托板之间、承托板与主体结构之间的缝隙，应采用具有弹性的防火封堵材料填塞；

④在背衬材料的外面应覆盖具有弹性的防火封堵材料。

（3）验收

①防火封堵工程完成后，施工单位应组织进行施工质量自查、自验。自查、自验后，应向建设单位提交下列文件：

a. 防火封堵工程竣工报告；

b. 防火封堵材料、组件的检测合格报告；

c. 施工过程检查记录；

d. 隐蔽工程验收记录；

e. 施工完成后的自查、自验记录。

②建筑缝隙防火封堵的材料选用、构造做法等应符合设计和施工要求。

a. 应检查防火封堵的外观。

检查数量：全数检查。

检查方法：直观检查有无脱落、变形、开裂等现象。

b. 应检查防火封堵的宽度。

检查数量：每个防火分区抽查建筑缝隙封堵总数的20%，且不少于5处，每处取5个点。当同类型防火封堵少于5处时，应全部检查。

检查方法：直尺测量缝隙封堵的宽度，取5个点的平均值。

c. 应检查防火封堵的深度。

检查数量：每个防火分区抽查建筑缝隙封堵总数的20%，且不少于5处，每处现场取样5个点。当同类型防火封堵少于5处时，应全部检查。

检查方法：游标卡尺测量取样的材料厚度。

d. 应检查防火封堵的长度。

检查数量：每个防火分区抽查建筑缝隙封堵总数的20%，且不少于5处，每处现场取样5个点。当同类型防火封堵少于5处时，应全部检查。

检查方法：直尺或卷尺测量封堵部位的长度。

③贯穿孔口防火封堵的材料选用、构造做法等应符合设计和施工要求。

a. 应检查防火封堵的外观。

检查数量：全数检查。

检查方法：直观检查有无脱落、变形、开裂等现象。

b. 应检查防火封堵的宽度。

检查数量：每个防火分区抽查贯穿孔口封堵总数的30%，且不少于5处，每处取3个点。当同类型防火封堵少于5个时，应全部检查。

检查方法：直尺测量贯穿孔口的宽度。

c. 应检查防火封堵的深度。

检查数量：每个防火分区抽查贯穿孔口封堵总数的30%。且不少于5处，每处取3个点。当同类型防火封堵少于5处时，应全部检查。

检查方法：游标卡尺测量取样的材料厚度，取3个点的平均值。

（4）当柔性有机堵料、防火密封胶、防火密封漆等防火封堵材料的长度、厚度和宽度现场抽样测量负偏差值的个数不超过抽验点数的 5％时，可判定该类防火封堵合格，但应整改不合格的部位；当超过 5％时，应判定该类防火封堵不合格，并应对同类防火封堵全数检查，不合格部位应在整改后重新验收。

（5）当无机堵料、泡沫封堵材料、阻火包、防火封堵板材、阻火模块等防火封堵材料的外观检查，不合格的个数不超过抽验点数的 10％时，可判定该类防火封堵合格，但应整改不合格的部位；当超过 10％时，应判定该类防火封堵不合格，并应对同类防火封堵全数检查，不合格部位应在整改后重新验收。

8.2　建筑保温及外装修

8.2.1【原文】主体结构完成后进行施工的墙体保温工程，应在基层墙体质量验收合格后施工；与主体工程同时施工的墙体保温工程，应与主体工程一同验收。

【条文解读】本条依据现行国家标准《建筑内部装修防火施工及验收规范》（GB 50354），说明了墙体保温工程质量验收要求。

（1）建筑内部装修工程防火验收（简称工程验收）应检查下列文件和记录：

①建筑内部装修防火设计审核文件、申请报告、设计图纸、装修材料的燃烧性能设计要求、设计变更通知单、施工单位的资质证明等；

②进场验收记录，包括所用装修材料的清单、数量、合格证及防火性能型式检验报告；

③装修施工过程的施工记录；

④隐蔽工程施工防火验收记录和工程质量事故处理报告等；

⑤装修施工过程中所用防火装修材料的见证取样检验报告；

⑥装修施工过程中的抽样检验报告，包括隐蔽工程的施工过程中及完工后的抽样检验报告；

⑦装修施工过程中现场进行涂刷、喷涂等阻燃处理的抽样检验报告。

（2）工程质量验收应符合下列要求：

①技术资料应完整；

②所用装修材料或产品的见证取样检验结果应满足设计要求；

③装修施工过程中的抽样检验结果，包括隐蔽工程的施工过程中及完工后的抽样检验结果应符合设计要求；

④现场进行阻烟处理、喷涂、安装作业的抽样检验结果应符合设计要求；

⑤施工过程中的主控项目检验结果应全部合格；

⑥施工过程中的一般项目检验结果合格率应达到 80％。

（3）工程质量验收应由建设单位项目负责人组织施工单位项目负责人、监理工程师和设计单位项目负责人等进行。

（4）工程质量验收时可对主控项目进行抽查。当有不合格项时，应对不合格项进行整改。

（5）工程质量验收时应按现行国家标准《建筑内部装修防火施工及验收规范》（GB 50354）附录 D 的要求填写有关记录。

（6）当装修施工的有关资料经审查全部合格、施工过程全部符合要求、现场检查或抽样检测结果全部合格时，工程验收应为合格。

（7）建设单位应建立建筑内部装修工程防火施工及验收档案。档案应包括防火施工及验收全过程的有关文件和记录。

8.2.2【原文】建筑外墙及屋面保温系统的设置应符合消防技术标准和消防设计文件要求，并应核查下列内容：

1 建筑外墙保温系统的设置位置、形式；

2 保温材料的燃烧性能；

3 保温系统防火隔离带的设置及燃烧性能。

【条文说明】根据现行行业标准《建筑外墙外保温防火隔离带技术规程》（JGJ 289）：

1 防火隔离带应与基层墙体可靠连接，应能适应外保温系统的正常变形而不产生渗透、裂缝和空鼓；应能承受自重、风荷载和室外气候的反复作用而不产生破坏。

2 建筑外墙外保温防火隔离带保温材料的耐火性能等级应为 A 级。

3 防火隔离带的宽度不应小于 300mm。

4 防火隔离带的厚度宜与外墙外保温系统厚度相同。

【条文解读】本条依据现行行业标准《建筑外墙外保温防火隔离带技术规程》（JGJ 289），说明了防火隔离带材料耐火性能等级及材料宽度、厚度等的相关要求。

（1）防火隔离带应与基层墙体可靠连接的基本规定：

①采用防火隔离带构造的外墙外保温工程，其基层墙体耐火极限应符合国家现行建筑防火标准的有关规定；

②防火隔离带设计应满足国家现行建筑节能设计标准和建筑防火设计标准的要求。选用防火隔离带时，应综合考虑其安全性、保温性能及耐久性能，并应与外墙外保温系统相适应；

③防火隔离带组成材料应与外墙外保温系统组成材料配套使用。防火隔离带宜采用工厂预制的制品现场安装。防火隔离带抹面胶浆、玻璃纤维网布应采用与外墙外保温系统相同的材料；

④防火隔离带应与基层墙体可靠连接，应能适应外保温系统的正常变形而不产生渗透、裂缝和空鼓；应能承受自重、风荷载和室外气候的反复作用而不产生破坏；

⑤采用防火隔离带构造的外墙外保温工程施工前，应编制施工技术方案，并应采用与施工技术方案相同的材料和工艺制作样板墙；

⑥建筑外墙外保温防火隔离带保温材料的燃烧性能等级应为 A 级；

⑦设置在薄抹灰外墙外保温系统中的粘贴保温板防火隔离带做法宜按下表执行，并宜选用岩棉带防火隔离带。当防火隔离带做法与下表不一致时，除应按国家现行有关标准进行系统防火性能试验外，还应符合国家现行建筑防火设计标准的规定。

表 粘贴保温板防火隔离带做法 （单位：mm）

序号	防火隔离带保温板及宽度	外墙外保温系统保温材料及厚度	系统抹面层平均厚度
1	岩棉带，宽度大于 300	EPS 板，厚度不大于 120	大于 4.0
2	岩棉带，宽度大于 300	XPS 板，厚度小于 90	不小于 4.0
3	发泡水泥板，宽度不小于 300	EPS 板，厚度小于 120	大于 4.0
4	泡沫玻璃板，宽度大于 300	EPS 板，厚度不大于 120	不小于 4.0

⑧岩棉带应进行表面处理，可采用界面剂或界面砂浆进行涂覆处理，也可采用玻璃纤维网布聚合物砂浆进行包覆处理；

⑨在正常使用和维护的条件下，防火隔离带应满足外墙外保温系统使用年限要求。

（2）防火隔离带的基本构造应与外墙外保温系统相同，并宜包括胶粘剂、防火隔离带保温板、锚栓、抹面胶浆、玻璃纤维网布、饰面层等。

①防火隔离带的宽度不应小于 300mm；

②防火隔离带的厚度宜与外墙外保温系统厚度相同；

③防火隔离带保温板应与基层墙体全面积粘贴；

④防火隔离带保温板应使用锚栓辅助连接，锚栓应压住底层玻璃纤维网布。锚栓间距不应大于600mm，锚栓距离保温板端部不应小于100mm，每块保温板上的锚栓数量不应少于1个。当采用岩棉带时，锚栓的扩压盘直径不应小于100mm；

⑤防火隔离带和外墙外保温系统应使用相同的抹面胶浆，且抹面胶浆应将保温材料和锚栓完全覆盖。

8.2.3【原文】建筑幕墙与建筑基层墙体间空腔的保温节能系统应符合消防技术标准和消防设计文件要求，并应核查下列内容：

1 建筑幕墙保温系统的设置位置、形式；

2 保温材料的燃烧性能；

3 幕墙保温系统与基层墙体、装饰层之间的空腔，在每层楼板处采用防火封堵材料封堵情况。

【条文说明】建筑幕墙与建筑基层墙体间存在空腔的外墙外保温系统，这类系统一旦被引燃，因烟囱效应而造成火势快速发展，迅速蔓延，且难以从外部进行扑救。因此要严格限制其保温材料的耐火性能，同时，在空腔处要采取相应的防火封堵措施。

【条文解读】本条依据现行国家标准《建筑防火封堵应用技术标准》（GB/T 51410），说明了幕墙保温设置位置、形式燃烧性能等内容。

（1）建筑外墙外保温系统与基层墙体、装饰层之间的空腔，应在每层楼板处采用防火封堵材料封堵。

（2）建筑的屋面外保温系统，当屋面板的耐火极限不低于1.00h时，保温材料的燃烧性能不应低于B_2级；当屋面板的耐火极限低于1.00h时，不应低于B_1级。采用B_1级、B_2级保温材料的外保温系统应采用不燃材料做防护层，防护层的厚度不应小于10mm。

当建筑的屋面和外墙外保温系统均采用B_1级、B_2级保温材料时，屋面与外墙之间应采用宽度不小于500mm的不燃材料设置防火隔离带进行分隔。

（3）与基层墙体、装饰层之间无空腔的建筑外墙外保温系统，其保温材料应符合下列规定：

①住宅建筑：

a. 建筑高度大于100m时，保温材料的燃烧性能应为A级；

b. 建筑高度大于27m，但不大于100m时，保温材料的燃烧性能不应低于B_1级；

c. 建筑高度不大于27m时，保温材料的燃烧性能不应低于B_2级。

②除住宅建筑和设置人员密集场所的建筑外，其他建筑：

a. 建筑高度大于50m时，保温材料的燃烧性能应为A级；

b. 建筑高度大于24m，但不大于50m时，保温材料的燃烧性能不应低于B_1级；

c. 建筑高度不大于24m时，保温材料的燃烧性能不应低于B_2级。

（4）除设置人员密集场所的建筑外，与基层墙体、装饰层之间有空腔的建筑外墙外保温系统，其保温材料应符合下列规定：

①建筑高度大于24m时，保温材料的燃烧性能应为A级；

②建筑高度不大于24m时，保温材料的燃烧性能不应低于B_1级。

（5）按照现行国家标准《建筑防火封堵应用技术标准》（GB/T 51410）对建筑缝隙封堵设计的要求：

①建筑幕墙的层间封堵应符合下列规定：

a. 幕墙与建筑窗槛墙之间的空腔应在建筑缝隙上下沿处，分别采用矿物棉等背衬材料填塞且填塞高度均不应小于200mm；在矿物棉等背衬材料的上面应覆盖有弹性的防火封堵材料，在矿物棉下面应设置承托板。

b. 带墙与防火墙或防火隔墙之间的空腔应采用矿物棉等背衬材料填塞，填塞厚度不应小于防火墙或防火隔墙的厚度。两侧的背衬材料的表面均应覆盖具有弹性的防火封堵材料。

c. 承托板应采用钢质承托板，且承托板的厚度不应小于1.5mm。承托板与幕墙、建筑外墙之间及承托板之间的缝隙，应采用具有弹性的防火封堵材料封堵。

d. 防火封堵的构造应具有自承重和适应缝隙变形的性能。

②建筑外墙外保温系统与基层墙体、装饰层之间的空腔的层间防火封堵应符合下列规定：

a. 应在与楼板水平的位置采用矿物棉等背衬材料完全填塞，且背衬材料的填塞高度不应小于200mm；

b. 在矿物棉等背衬材料的上面应覆盖具有弹性的防火封堵材料；

c. 防火封堵的构造应具有自承重和适应缝隙变形的性能。

③沉降缝、伸缩缝、抗震缝等建筑变形缝在防火分隔部位的防火封堵应符合下列规定：

a. 应采用矿物棉等背衬材料填塞；

b. 背衬材料的填塞厚度不应小于200mm，背衬材料的下部应设置钢质承托板，承托板的厚度不应小于1.5mm；

c. 承托板之间、承托板与主体结构之间的缝隙，应采用具有弹性的防火封堵材料填塞；

d. 在背衬材料的外面应覆盖具有弹性的防火封堵材料。

8.2.4【原文】 建筑外墙装饰材料的防火性能应符合消防技术标准和消防设计文件要求，应核查外墙装饰材料的防火性能证明文件是否符合消防技术标准和消防设计文件要求。

【条文解读】 本条依据现行国家标准《建筑设计防火规范（2018年版）》（GB 50016），说明了外墙装饰材料的防火性能证明文件的相关要求：

（1）建筑外墙采用保温材料与两侧墙体构成无空腔复合保温结构体时，该结构体的耐火极限应符合现行国家标准《建筑设计防火规范（2018年版）》（GB 50016）的有关规定，即当保温材料的燃烧性能为 B_1 级、B_2 级时，保温材料两侧的墙体应采用不燃材料且厚度均不应小于50mm。

（2）设置人员密集场所的建筑，其外墙外保温材料的燃烧性能应为A级。

（3）与基层墙体、装饰层之间无空腔的建筑外墙外保温系统，其保温材料应符合下列规定：

①住宅建筑：

a. 建筑高度大于100m时，保温材料的燃烧性能应为A级；

b. 建筑高度大于27m，但不大于100m时，保温材料的燃烧性能不应低于 B_1 级；

c. 建筑高度不大于27m时，保温材料的燃烧性能不应低于 B_2 级。

②除住宅建筑和设置人员密集场所的建筑外，其他建筑：

a. 建筑高度大于50m时，保温材料的燃烧性能应为A级；

b. 建筑高度大于24m，但不大于50m时，保温材料的燃烧性能不应低于 B_1 级；

c. 建筑高度不大于24m时，保温材料的燃烧性能不应低于 B_2 级。

③除设置人员密集场所的建筑外，与基层墙体、装饰层之间有空腔的建筑外墙外保温系统，其保温材料应符合下列规定：

a. 建筑高度大于24m时，保温材料的燃烧性能应为A级；

b. 建筑高度不大于24m时，保温材料的燃烧性能不应低于 B_1 级。

④建筑的外墙外保温系统应采用不燃材料在其表面设置防护层，防护层应将保温材料完全包覆。除现行国家标准《建筑设计防火规范（2018年版）》（GB 50016）第6.7.3条规定的情况外，当建筑的外墙外保温系统按第6.7节规定采用燃烧性能为 B_1 级、B_2 级的保温材料时，应符合下列规定：

a. 除采用 B_1 级保温材料且建筑高度不大于24m的公共建筑或采用 B_1 级保温材料且建筑高度不大于27m的住宅建筑外，建筑外墙上门、窗的耐火完整性不应低于0.50h；

b. 应在保温系统中每层设置水平防火隔离带。防火隔离带应采用燃烧性能为A级的材料，防火隔离带的高度不应小于300mm。

⑤建筑的外墙外保温系统应采用不燃材料在其表面设置防护层,防护层应将保温材料完全包覆,除现行国家标准《建筑设计防火规范(2018年版)》(GB 50016)第6.7.3条规定的情况外,当按第6.7节规定采用 B_1 级、B_2 级保温材料时,防护层厚度首层不应小于15mm,其他层不应小于5mm。

(4)建筑外墙外保温系统与基层墙体、装饰层之间的空腔,应在每层楼板处采用防火封堵材料封堵。

(5)建筑的屋面外保温系统,当屋面板的耐火极限不低于1.00h时,保温材料的燃烧性能不应低于 B_2 级;当屋面板的耐火极限低于1.00h时,不应低于 B_1 级。采用 B_1 级、B_2 级保温材料的外保温系统应采用不燃材料作防护层,防护层的厚度不应小于10mm。当建筑的屋面和外墙外保温系统均采用 B_1 级、B_2 级保温材料时,屋面与外墙之间应采用宽度不小于500mm的不燃材料设置防火隔离带进行分隔。

(6)电气线路不应穿越或敷设在燃烧性能为 B_1 级或 B_2 级的保温材料中;确需穿越或敷设时,应采取穿金属管并在金属管周围采用不燃隔热材料进行防火隔离等防火保护措施。设置开关、插座等电器配件的部位周围应采取不燃隔热材料进行防火隔离等防火保护措施。

(7)建筑外墙的装饰层应采用燃烧性能为A级的材料,但建筑高度不大于50m时,可采用 B_1 级材料。

8.3 建筑内部装修

8.3.1【原文】建筑室内装饰装修应符合下列规定:

1 建筑室内装饰装修不得影响消防设施的使用功能,不应擅自减少、改动、拆除、遮挡消防设施,建筑内部消火栓箱门不应被装饰物遮掩,消火栓箱门四周的装修材料颜色应与消火栓箱门的颜色有明显区别或在消火栓箱门表面设置发光标志。所采用材料的燃烧性能应符合设计要求,应有有关材料的防火性能证明文件及施工记录。

2 采用不同的装修材料分层装修时,各层装修材料的燃烧性能均应符合设计要求。

3 现场进行阻燃处理时,应检查阻燃剂的用量、适用范围、操作方法。

【条文解读】本条依据现行国家标准《建筑内部装修设计防火规范》(GB 50222),说明了室内装饰装修不应擅自减少、改动、拆除、遮挡消防设施功能等的相关要求。

(1)建筑内部消火栓箱门不应被装饰物遮掩,消火栓箱门四周的装修材料颜色应与消火栓箱门的颜色有明显区别或在消火栓箱门表面设置发光标志。

(2)地上建筑的水平疏散走道和安全出口的门厅,其顶棚应采用A级装修材料,其他部位应采用不低于 B_1 级的装修材料;地下民用建筑的疏散走道和安全出口的门厅,其顶棚、墙面和地面均应采用A级装修材料。

(3)疏散楼梯间和前室的顶棚、墙面和地面均应采用A级装修材料。

(4)建筑物内设有上下层相连通的中庭、走马廊、开敞楼梯、自动扶梯时,其连通部位的顶棚、墙面应采用A级装修材料,其他部位应采用不低于 B_1 级的装修材料。

(5)建筑内部变形缝(包括沉降缝、伸缩缝、抗震缝等)两侧基层的表面装修应采用不低于 B_1 级的装修材料。

(6)无窗房间内部装修材料的燃烧性能等级除A级外,应在规定的基础上提高一级。

(7)消防水泵房、机械加压送风排烟机房、固定灭火系统钢瓶间、配电室、变压器室、发电机房、储油间、通风和空调机房等,其内部所有装修均应采用A级装修材料。

(8)消防控制室等重要房间,其顶棚和墙面应采用A级装修材料,地面及其他装修应采用不低于 B_1 级的装修材料。

（9）建筑物内的厨房，其顶棚、墙面、地面均应采用 A 级装修材料。

（10）经常使用明火器具的餐厅、科研试验室，其装修材料的燃烧性能等级除 A 级外，应在规定的基础上提高一级。

（11）民用建筑内的库房或贮藏间，其内部所有装修除应符合相应场所规定外，且应采用不低于 B_1 级的装修材料。

（12）展览性场所装修设计应符合下列规定：

①展台材料应采用不低于 B_1 级的装修材料；

②在展厅设置电加热设备的餐饮操作区内，与电加热设备贴邻的墙面，操作台均应采用 A 级装修材料；

③展台与卤钨灯等高温照明灯具贴邻部位的材料应采用 A 级装修材料。

（13）住宅建筑装修设计尚应符合下列规定：

①不应改动住宅内部烟道、风道；

②厨房内的固定橱柜宜采用不低于 B_1 级的装修材料；

③卫生间顶棚宜采用 A 级装修材料；

④阳台装修宜采用不低于 B_1 级的装修材料。

（14）当室内顶棚、墙面、地面和隔断装修材料内部安装电加热供暖系统时，室内采用的装修材料和绝热材料的燃烧性能等级应为 A 级。当室内顶棚、墙面、地面和隔断装修材料内部安装水暖（或蒸汽）供暖系统时，其顶棚采用的装修材料和绝热材料的燃烧性能应为 A 级，其他部位的装修材料和绝热材料的燃烧性能不应低于 B_1 级，且尚应符合有关公共场所的规定。

（15）建筑内部不宜设置采用 B_3 级装饰材料制成的壁挂、布艺等，当需要设置时，不应靠近电气线路、火源或热源，或采取隔离措施。

（16）现场进行阻燃施工时，应检查阻燃剂的用量、适用范围、操作方法。阻燃施工过程中，应使用计量合格的称量器具，并严格按使用说明书的要求进行施工。

检验方法：检查施工记录。

①木质材料涂刷或浸渍阻燃剂时，应对木质材料所有表面都进行涂刷或浸渍，涂刷或浸渍后的木材阻燃剂的干含量应符合检验报告或说明书的要求。

检验方法：检查施工记录及隐蔽工程验收记录。

②木质材料表面粘贴装饰表面或阻燃饰面时，应先对木质材料进行阻燃处理。

检验方法：检查隐蔽工程验收记录。

③木质材料表面进行防火涂料处理时，应对木质材料的所有表面进行均匀涂刷，且不应少于 2 次，第二次涂刷应在第一次涂层表面干后进行；涂刷防火涂料用量不应少于 500g/m。

检验方法：观察，检查施工记录。

8.3.2【原文】建筑内部装修范围、使用功能应符合消防技术标准和消防设计文件要求。

【条文解读】本条依据现行国家标准《建筑内部装修设计防火规范》（GB 50222），说明了建筑内部装修范围、使用功能应符合消防设计文件的相关要求。

8.3.3【原文】建筑内部装修不应对安全疏散设施产生影响，应检查下列内容：

1　安全出口、疏散出口、疏散走道数量，不应擅自减少、改动、拆除、遮挡安全出口、疏散出口、疏散走道、疏散指示标志等；

2　疏散宽度满足要求，不应有妨碍疏散走道正常使用的装饰物，不应减少安全出口、疏散出口或疏散走道的设计疏散所需净宽度。

【条文解读】本条依据现行国家标准《建筑内部装修设计防火规范》（GB 50222），说明了安全出口、疏散出口、疏散走道的数量、宽度的相关要求。

（1）建筑内部装修不应擅自减少、改动、拆除、遮挡消防设施、疏散指示标志、安全出口、疏散出口、疏散走道等。

（2）疏散走道和安全出口的顶棚、墙面不应采用影响人员安全疏散的镜面反光材料。

（3）楼梯宽度：

①栏杆扶手的高度不应小于1.10m，楼梯的净宽度不应小于0.90m；

②倾斜角度不应大于45°；

③梯段和平台均应采用不燃材料制作，平台的耐火极限不应低于1.00h，梯段的耐火极限不应低于0.25h；

④通向室外楼梯的门应采用乙级防火门，并应向外开启；

⑤除疏散门外，楼梯周围2m内的墙面上不应设置门、窗、洞口。疏散门不应正对梯段。

8.3.4【原文】建筑内部装修后不应对防火分区、防烟分区等产生影响，重点检查防火分区、防烟分区的设置，不应擅自减少、改动、拆除防火分区、防烟分区。

【条文解读】本条依据现行国家标准《建筑内部装修设计防火规范》（GB 50222），说明了建筑装修禁止擅自改动防火分区、防烟分区的相关要求。

8.3.5【原文】建筑电气装置安装位置周围材料的燃烧性能、防火隔热、散热措施应符合消防技术标准和消防设计文件要求，并应检查下列内容：

1　用电装置发热情况和周围材料的燃烧性能；

2　防火隔热、散热措施是否符合要求。

【条文解读】本条依据现行国家标准《建筑内部装修设计防火规范》（GB 50222），说明了用电装置发热、防火隔热、散热措施的相关要求。

（1）建筑内部的配电箱、控制面板、接线盒、开关、插座等不应直接安装在低于B_1级的装修材料上；用于顶棚和墙面装修的木质类板材，当内部含有电器、电线等物体时，应采用不低于B_1级的材料。

（2）照明灯具及电气设备、线路的高温部位，当靠近非A级装修材料或构件时，应采取隔热、散热等防火保护措施，与窗帘、帷幕、幕布、软包等装修材料的距离不应小于500mm；灯饰应采用不低于B_1级的材料。

①配电线路不得穿越通风管道内腔或直接敷设在通风管道外壁上，穿金属导管保护的配电线路可紧贴通风管道外壁敷设。配电线路敷设在有可燃物的闷顶、吊顶内时，应采取穿金属导管、采用封闭式金属槽盒等防火保护措施；

②开关、插座和照明灯具靠近可燃物时，应采取隔热、散热等防火措施。卤钨灯和额定功率不小于100W的白炽灯泡的吸顶灯、槽灯、嵌入式灯，其引入线应采用瓷管、矿棉等不燃材料作隔热保护。

9　消防给水及灭火系统

9.1　一般规定

9.1.1【原文】消防给水及灭火系统工程验收包括消防水源及供水设施、消火栓系统、自动喷水灭火系统、自动跟踪定位射流灭火系统、水喷雾及细水雾灭火系统、气体灭火系统、泡沫灭火系统以及建筑灭火器等施工质量的检验与验收。消防给水及灭火系统子分部工程应按上述分项工程分别进行各自的施工质量检查与验收。

【条文解读】本条说明了消防给水及灭火系统工程分项工程的划分方法。消防给水及灭火系统工程作为消防工程中的一个子分部工程。根据各系统功能特性不同，按其相对专业技术性能和独立功能划分为消防水源及供水设施、消火栓系统、自动喷水灭火系统、自动跟踪定位射流灭火系统、水喷雾及细水雾灭火系统、气体灭火系统、泡沫灭火系统以及建筑灭火器等分项工程，以便于工程质量验收和监督。

9.1.2【原文】消防水源及供水设施、消火栓系统、自动喷水灭火系统、自动跟踪定位射流灭火系统、水喷雾及细水雾灭火系统、气体灭火系统、泡沫灭火系统以及建筑灭火器的施工质量验收应符合设计及消防有关技术标准的规定。

【条文解读】本条提供了消防给水及灭火系统工程中各类系统进行质量验收的参考依据。各系统的施工质量验收不仅要符合设计要求，还应满足各类消防有关技术标准的规定。

各系统可参考的质量验收依据（现行国家、行业、地方标准）如下：

（1）消防水源及供水设施：《消防给水及消火栓系统技术规范》（GB 50974），《自动喷水灭火系统施工及验收规范》（GB 50261），《给水排水构筑物工程施工及验收规范》（GB 50141），《建筑给水排水及采暖工程施工质量验收规范》（GB 50242），《建筑工程消防施工质量验收规范》（DB11/T2000）等。

（2）消火栓系统：《消防设施通用规范》（GB55036），《建筑消防设施检测评定规程》（DB11/1354），《消防给水及消火栓系统技术规范》（GB 50974），《建筑与市政工程施工质量控制通用规范》（GB 55032），《建筑给水排水及采暖工程施工质量验收规范》（GB 50242），《建筑工程消防施工质量验收规范》（DB11/T2000）等。

（3）自动喷水灭火系统：《消防设施通用规范》（GB 55036），《建筑消防设施检测评定规程》（DB11/1354），《自动喷水灭火系统施工及验收规范》（GB 50261），《建筑工程消防施工质量验收规范》（DB11/T2000）等。

（4）自动跟踪定位射流灭火系统：《自动跟踪定位射流灭火系统技术标准》（GB 51427），《固定消防炮灭火系统施工与验收规范》（GB 50498），《建筑工程消防施工质量验收规范》（DB11/T2000），《消防设施通用规范》（GB 55036）等。

（5）水喷雾及细水雾灭火系统：《水喷雾灭火系统技术规范》（GB 50219），《细水雾灭火系统技术规范》（GB 50898），《建筑工程消防施工质量验收规范》（DB11/T2000），《消防设施通用规范》（GB 55036），《建筑消防设施检测评定规程》（DB11/1354）等。

（6）气体灭火系统：《气体灭火系统施工及验收规范》（GB 50263），《建筑工程消防施工质量验收规范》（DB11/T2000），《消防设施通用规范》（GB 55036），《建筑消防设施检测评定规程》（DB11/1354）等。

（7）泡沫灭火系统：《泡沫灭火系统技术标准》（GB 50151），《建筑工程消防施工质量验收规范》（DB11/T2000），《消防设施通用规范》（GB 55036），《建筑消防设施检测评定规程》（DB11/1354）等。

（8）建筑灭火器：《建筑灭火器配置验收及检查规范》（GB 50444），《建筑工程消防施工质量验收规范》（DB11/T2000），《消防设施通用规范》（GB55036），《建筑消防设施检测评定规程》（DB11/1354）等。

9.2 消防水源及供水设施

9.2.1【原文】消防水源及供水设施可按消防水源、供水设施等施工内容划分检验批。

【条文解读】本条说明了消防水源及供水设施的检验批划分方法。本规范中的消防水源主要为满足水灭火设施的功能要求的消防水源，如消防水池、消防水箱等。本规范中的供水设施主要为消防水泵、高位消防水箱、稳压泵、消防水泵接合器，以及相关配套的管道及配件等。

消防水源及供水设施作为子分部工程，其下分为消防水源和供水设施两个分项工程，并可按照施工内容进行检验批划分。

9.2.2【原文】市政给水应符合相关消防技术标准和消防设计文件要求，并重点查验市政供水的进水管数量、管径、供水能力。

【条文解读】本条规定了消防供水由市政给水提供水源时，对于市政给水的能力需要进行查验的主要内容。根据现行国家标准《消防给水及消火栓系统技术规范》（GB 50974），当市政给水管网连续供水时，消防给水系统可采用市政给水管网直接供水。由于火灾发生的随机性，市政给水作为消防水系统供水时，要重点查验市政供水的进水管数量、管径、供水能力。

9.2.3【原文】 消防水池的设置应符合相关消防技术标准和消防设计文件要求，并应检查下列内容：

1　查看设置位置、水位显示与报警装置；

2　核对有效容积；

3　查看消防控制室或值班室，应能监控消防水池的高水位、低水位报警信号，以及正常水位。

【条文解读】本条规定了消防水池需要进行查验的主要内容。根据现行国家标准《消防给水及消火栓系统技术规范》（GB 50974），为保证消防给水的安全可靠性，规定了消防水池的最小有效储水容积，仅设有消火栓系统时不应小于 $50m^3$，其他情况消防水池的有效容积不应小于 $100m^3$。消防水池有效容积的计算应符合下列规定：

（1）当市政给水管网能保证室外消防给水设计流量时，消防水池的有效容积应满足在火灾延续时间内室内消防用水量的要求。

（2）当市政给水管网不能保证室外消防给水设计流量时，消防水池的有效容积应满足火灾延续时间内室内消防用水量和室外消防用水量不足部分之和的要求。

为了能对消防水池储水实际情况进行实时监测，有效保证消防用水，不仅应在消防水池设置就地水位显示装置，还应在消防控制中心或值班室等地点设置显示消防水池水位的装置，同时应有最高和最低报警水位。

9.2.4【原文】 消防水泵的设置及功能应符合相关消防技术标准和消防设计文件要求，并应检查下列内容：

1　查看工作泵、备用泵、吸水管、出水管及出水管上的泄压阀、水锤消除设施、截止阀、信号阀等的规格、型号、数量，吸水管、出水管上的控制阀状态及安装质量；

2　查看吸水方式，应采取自灌式引水或其他可靠的引水措施；

3　测试消防水泵现场手动启、停功能；

4　测试消防水泵远程手动启、停功能；

5　测试压力开关或流量开关自动启动消防水泵功能；

6　测试转输消防水泵或串联消防水泵的自动启动逻辑；

7　测试主、备电源切换，主、备泵启动及故障切换；

8　查看消防水泵启动控制装置；

9　测试压力、流量（有条件时应测试在模拟系统最大流量时最不利点压力）；

10　测试水锤消除设施后的压力；

11　抽查消防泵组，并核对其证明文件。

【条文解读】本条规定了消防水泵安装完成后应进行查验的主要内容。

9.2.5【原文】 消防水泵控制柜的设置及功能应符合相关消防技术标准和消防设计文件要求，并应检查下列内容：

1　查看设置位置，防护等级及安装质量，查看防止被水淹没的措施；

2　消防水泵启动控制应置于自动启动档；

3　测试机械应急启泵功能。

【条文解读】本条规定了消防水泵控制柜安装完成后应进行查验的主要内容。

9.2.6【原文】 高位消防水箱的设置应符合相关消防技术标准和消防设计文件要求，并应检查下列内容：

1　查看设置位置，水位显示与报警装置；

2　核对有效容积；

3　查看消防控制室或值班室，应能监控高位消防水箱的高水位、低水位报警信号，以及正常水位；

4　查看确保水量的措施，管网连接。

【条文解读】本条规定了高位消防水箱安装完成后应进行查验的主要内容。

消防水箱的主要作用是供给建筑初期火灾时的消防用水水量，并保证相应的水压要求。水箱压力的高低对于扑救建筑物顶层或附近几层的火灾关系也很大，压力低可能出不了水或达不到要求的充实水柱，也不能启动自动喷水系统报警阀压力开关，影响灭火效率。

9.2.7【原文】消防稳压设施的设置及功能应符合相关消防技术标准和消防设计文件要求，并应检查下列内容：

1　查看气压罐的调节容量，稳压泵的规格、型号、数量，管网连接及安装质量；

2　测试稳压泵的稳压功能；

3　抽查消防气压给水设备、增压稳压给水设备等，并核对其证明文件。

【条文解读】本条规定了消防水泵接合器安装完成后应进行查验的主要内容。

9.2.8【原文】消防水泵接合器的设置应符合相关消防技术标准和消防设计文件要求，并应检查下列内容：

1　查看数量、设置位置、标识及安装质量，测试充水情况；

2　抽查水泵接合器，并核对其证明文件。

【条文解读】本条规定了消防水泵接合器安装完成后应进行查验的主要内容。

不仅仅是消火栓系统需要设置消防水泵接合器，自动喷水灭火系统、水喷雾灭火系统、泡沫灭火系统和固定消防炮灭火系统等水灭火系统，也须要设置消防水泵接合器。设置消防水泵接合器的目的是便于现场扑救火灾时充分利用建筑物内已经建成的水消防设施，一则可以充分利用建筑物内的自动水灭火设施，提高灭火效率，减少不必要的消防队员体力消耗；二则不必敷设水龙带，利用室内消火栓管网输送消火栓灭火用水，可以节省大量的时间，另外还可以减少水力阻力提高输水效率，以提高灭火效率；三则是北方寒冷地区冬季可有效减少消防车供水结冰的可能性。

9.3　消火栓系统

9.3.1【原文】消火栓系统可按供水管网、室外消火栓、室内消火栓、系统试压和冲洗以及系统调试等施工内容划分检验批。

【条文解读】本条说明了消火栓系统的检验批划分方法。本规范中消火栓系统作为分项工程，按照供水管网、室外消火栓、室内消火栓、系统试压和冲洗以及系统调试等施工内容进行检验批划分。

9.3.2【原文】消防给水及消火栓系统分项工程验收应符合下列条件：

1　消防水池、高位消防水池、高位消防水箱等蓄水和供水设施水位、出水量、已储水量等符合设计要求；

2　消防水泵、稳压泵和稳压设施等处于准工作状态；

3　系统供电正常；

4　消防给水系统管网内已经充满水；

5　湿式消火栓系统管网内已充满水，手动干式、干式消火栓系统管网内的气压符合设计要求；

6　系统自动控制处于准工作状态；

7　减压阀和阀门等处于正常工作位置。

【条文解读】本条规定了消防给水及消火栓系统分项工程安装完成后应进行查验的主要内容。

分项工程验收的前提是系统按照设计要求全部安装完毕、工序检验合格，并且要求系统的水源、电源、气源、管网、设备等均按设计要求投入运行。其中，消防水箱始终保持系统投入灭火初期10min的用水量，消防水池或高位消防水池储存系统总的用水量。消防储水应有不作他用的技术措施且工作正常。

9.3.3【原文】消火栓系统管网的设置应符合相关消防技术标准和消防设计文件要求，并应检查下列内容：

1　核实管网结构形式、供水方式；

2　查看管道的材质、管径、接头、连接方式及采取的防腐、防冻措施；

3　查看管网组件：闸阀、截止阀、减压孔板、减压阀、柔性接头、排水管、泄压阀等的设置；

4　查看消火栓系统管网试压和冲洗记录等证明文件。

【条文解读】本条规定了消火栓系统管网安装完成后应进行查验的主要内容。

9.3.4【原文】室外消火栓及取水口的设置及功能应符合相关消防技术标准和消防设计文件要求，并应检查下列内容：

1　查看室外消火栓的数量、设置位置、标识及安装质量；

2　测试压力、流量；

3　查看消防车取水口的数量、设置位置及标识；

4　抽查室外消火栓、消防水带、消防枪等，并核对其证明文件。

【条文解读】本条规定了室外消火栓及取水口安装完成后应进行查验的主要内容。

9.3.5【原文】室内消火栓的设置应符合相关消防技术标准和消防设计文件要求，并应检查下列内容：

1　查看同层设置数量、间距、位置及安装质量；

2　查看消火栓规格、型号；

3　查看栓口设置；

4　查看标识、消火栓箱组件；

5　抽查室内消火栓、消防水带、消防枪、消防软管卷盘等，并核对其证明文件。

【条文解读】本条规定了室内消火栓安装完成后应进行查验的主要内容。

根据现行国家标准《建筑给水排水及采暖工程施工质量验收规范》（GB 50242）规定，室内消火栓系统安装完成后应取屋顶层（或水箱间内）试验消火栓和首层取二处消火栓做试射试验，达到设计要求为合格。

检验方法：实地试射检查。

9.3.6【原文】试验消火栓的设置应符合相关消防技术标准和消防设计文件要求，并重点查看试验消火栓的设置位置，并应带有压力表。

【条文解读】本条规定了试验消火栓安装完成后应进行查验的主要内容。

试验消火栓测试时还要对消防水泵的自动启动时间进行检测，以自动直接启动或手动直接启动消防水泵时，消防水泵应在55s内投入正常运行，以备用电源切换方式或备用泵切换启动消防水泵时，消防水泵应分别在1min或2min内投入正常运行。

9.3.7【原文】干式消火栓的设置及功能应符合相关消防技术标准和消防设计文件要求，并重点测试干式消火栓系统控制功能。

【条文解读】本条规定了干式消火栓安装完成后应进行查验的主要内容。

干式消火栓系统中的报警阀组是该系统的关键组件，在系统查验时要着重核查报警阀组的功能是否全部符合设计要求，并且报警阀组的安装位置也要便于操作，试水和排水措施完善。

9.3.8【原文】室内消火栓系统的静压应符合相关消防技术标准和消防设计文件要求，并重点查看系统最不利点处的静水压力。

【条文解读】 本条规定了室内消火栓系统的静压需要进行查验的主要内容。静水压力是指消防给水系统管网内水在静止时管道某一点的压力，简称静压。

根据《消防给水及消火栓系统技术规范》(GB 50974) 中 5.2.2 条规定，高位消防水箱的设置位置应高于其所服务的水灭火设施，且最低有效水位应满足水灭火设施最不利点处的静水压力，并应按下列规定确定：

(1) 一类高层公共建筑，不应低于 0.10MPa，但当建筑高度超过 100m 时，不应低于 0.15MPa；

(2) 高层住宅、二类高层公共建筑、多层公共建筑，不应低于 0.07MPa，多层住宅不宜低于 0.07MPa；

(3) 工业建筑不应低于 0.10MPa，当建筑体积小于 20000m³ 时，不宜低于 0.07MPa；

(4) 自动喷水灭火系统等自动水灭火系统应根据喷头灭火需求压力确定，但最小不应小于 0.10MPa；

(5) 当高位消防水箱不能满足本条第 1 款～第 4 款的静压要求时，应设稳压泵。

9.3.9【原文】 室内消火栓系统的动压应符合相关消防技术标准和消防设计文件要求，并应测试下列内容：

1 测试最不利情况下室内消火栓栓口动压和消防水枪充实水柱；

2 测试最有利情况下室内消火栓栓口动压和消防水枪充实水柱。

【条文解读】 本条规定了室内消火栓系统的动压需要进行查验的主要内容。

消防给水系统管网内水在流动时管道某一点的总压力与速度压力之差，简称动压。室内消火栓栓口动压不应大于 0.50MPa，当大于 0.70MPa 时必须设置减压装置。高层建筑、厂房、库房和室内净空高度超过 8m 的民用建筑等场所，消火栓栓口动压不应小于 0.35MPa，且消防水枪充实水柱应按 13m 计算；其他场所，消火栓栓口动压不应小于 0.25MPa，且消防水枪充实水柱应按 10m 计算。

9.4 自动喷水灭火系统

9.4.1【原文】 自动喷水灭火系统可按管网安装、喷头安装、报警阀组安装、其他组件安装、系统试压和冲洗以及系统调试等施工内容划分检验批。

【条文解读】 本条说明了自动喷水灭火系统的检验批划分方法。本规范中自动喷水灭火系统作为分项工程，按照管网安装、喷头安装、报警阀组安装、其他组件安装、系统试压和冲洗以及系统调试等施工内容进行检验批划分。

9.4.2【原文】 报警阀组的设置及功能应符合相关消防技术标准和消防设计文件要求，并应检查下列内容：

1 查看设置位置、规格型号、组件及安装质量，应有注明系统名称和保护区域的标志牌；

2 查看控制阀状态，控制阀应全部开启，并用锁具固定手轮，启闭标志应明显；采用信号阀时，反馈信号应正确；

3 查看空气压缩机和气压控制装置状态应正常，压力表显示应符合设定值；

4 查看水力警铃设置位置；

5 查看排水设施设置情况；

6 抽查报警阀，并核对其证明文件。

【条文解读】 本条规定了自动喷水灭火系统中的报警阀组安装完成后应进行查验的主要内容。

9.4.3【原文】 自动喷水灭火系统管网的设置应符合相关消防技术标准和消防设计文件要求，并应检查下列内容：

1 核实管网结构形式、供水方式；

2 查看管道的材质、管径、接头、连接方式及采取的防腐、防冻措施；

3 查看管网排水坡度及辅助排水设施；

4 查看系统中的末端试水装置、试水阀的设置；

5 查看管网组件：闸阀、单向阀、电磁阀、信号阀、水流指示器、减压孔板、节流管、减压阀、柔性接头、排水管、排气阀、泄压阀等的设置；

6 测试干式系统、预作用系统的管道充水时间；

7 查看配水支管、配水管、配水干管设置的支架、吊架和防晃支架；

8 抽查消防闸阀、球阀、蝶阀、电磁阀、截止阀、信号阀、单向阀、水流指示器、末端试水装置等，并核对其证明文件；

9 查看自动喷水灭火系统管网试压和冲洗记录等证明文件。

【条文解读】本条规定了自动喷水灭火系统中的管网安装完成后应进行查验的主要内容。

9.4.4【原文】 喷头的设置应符合相关消防技术标准和消防设计文件要求，并应检查下列内容：

1 查看设置场所、规格、型号、公称动作温度、响应指数及安装质量；

2 查看喷头安装间距，喷头与楼板、墙、梁等障碍物的距离；

3 查看有腐蚀性气体的环境和有冰冻危险场所安装的喷头；

4 查看有碰撞危险场所安装的喷头；

5 抽查喷头，并核对其证明文件。

【条文解读】本条规定了自动喷水灭火系统中的喷头安装完成后应进行查验的主要内容。

9.4.5【原文】 自动喷水灭火系统的静压应符合相关消防技术标准和消防设计文件要求，并重点查看系统最不利点处的静水压力。

【条文解读】本条规定了自动喷水灭火系统的静压需要进行查验的主要内容。

根据《消防给水及消火栓系统技术规范》（GB 50974）中5.2.2条规定，高位消防水箱的设置位置应高于其所服务的水灭火设施，且最低有效水位应满足水灭火设施最不利点处的静水压力，并应按下列规定确定：

（1）一类高层公共建筑，不应低于0.10MPa，但当建筑高度超过100m时，不应低于0.15MPa；

（2）高层住宅、二类高层公共建筑、多层公共建筑，不应低于0.07MPa，多层住宅不宜低于0.07MPa；

（3）工业建筑不应低于0.10MPa，当建筑体积小于20000m³时，不宜低于0.07MPa；

（4）自动喷水灭火系统等自动水灭火系统应根据喷头灭火需求压力确定，但最小不应小于0.10MPa；

（5）当高位消防水箱不能满足本条第1款～第4款的静压要求时，应设稳压泵。

9.4.6【原文】 自动喷水灭火系统的动压应符合相关消防技术标准和消防设计文件要求，并重点测试系统最不利点处的工作压力。

【条文解读】本条规定了自动喷水灭火系统的动压需要进行查验的主要内容。

自动喷水灭火系统最不利点处洒水喷头的工作压力不应小于0.05MPa。水力警铃的工作压力不应小于0.05MPa。

分区供水时，自动喷水灭火系统报警阀处的工作压力大于1.60MPa或喷头处的工作压力大于1.20MPa。

9.4.7【原文】 自动喷水灭火系统的功能应符合相关消防技术标准和消防设计文件要求，并应测试下列内容：

1 测试湿式系统功能，查看报警阀、水力警铃动作情况，查看水流指示器、压力开关、消防水泵和其他联动设备动作及信号反馈情况，报警阀组压力开关应能连锁启动消防水泵；

2 测试干式系统功能，查看报警阀、水力警铃动作情况，查看水流指示器、加速器、压力开关、消防水泵和其他联动设备动作及信号反馈情况，报警阀组压力开关应能连锁启动消防水泵；

3 测试预作用系统功能，查看报警阀、水力警铃动作情况，查看水流指示器、电磁阀、压力开关、消防水泵和其他联动设备动作及信号反馈情况，报警阀组压力开关应能连锁启动消防水泵；

4 测试雨淋系统功能，电磁阀打开，雨淋阀应开启，并应有反馈信号显示，报警阀组压力开关应能连锁启动消防水泵。

【条文解读】本条规定了自动喷水灭火系统安装完成后应进行查验的主要内容。

9.5 自动跟踪定位射流灭火系统

9.5.1【原文】 独立设置的自动跟踪定位射流灭火系统可按管网安装、系统组件安装、系统试压和冲洗以及系统调试等施工内容划分检验批。

【条文解读】本条说明了自动跟踪定位射流灭火系统的检验批划分方法。

本规范中自动跟踪定位射流灭火系统作为分项工程，按照管网安装、系统组件安装、系统试压和冲洗以及系统调试等施工内容进行检验批划分。

9.5.2【原文】 自动跟踪定位射流灭火系统中系统组件的设置应符合相关消防技术标准和消防设计文件要求，并重点查看设置位置、规格型号及安装质量，核对其证明文件。

【条文解读】本条规定了自动跟踪定位射流迷惑系统中系统组件的设置需要进行查验的主要内容。

根据现行国家标准《自动跟踪定位射流灭火系统技术标准》（GB 51427）的规定，自动跟踪定位射流灭火系统应由灭火装置、探测装置、控制装置、水流指示器、模拟末端试水装置等组件，以及管道与阀门、供水设施等组成。各个组件的设置应按照现行国家标准《自动跟踪定位射流灭火系统技术标准》（GB 51427）的要求进行查验。

9.5.3【原文】 自动跟踪定位射流灭火系统管网的设置应符合相关消防技术标准和消防设计文件要求，并应检查下列内容：

1 查看管道及阀门的材质、管径、接头、连接方式及采取的防腐、防冻措施；

2 查看配水支架、配水管、配水干管设置的支架、吊架和防晃支架；

3 查看系统中的模拟末端试水装置、电磁阀、排气阀的设置；

4 查看大空间智能型主动喷水灭火系统管网试压和冲洗记录等证明文件。

【条文解读】本条规定了自动跟踪定位射流灭火系统管网安装完成后应进行查验的主要内容。

9.5.4【原文】 自动跟踪定位射流灭火系统的静压应符合相关消防技术标准和消防设计文件要求，并重点查看系统最不利点处的静水压力。

【条文解读】本条规定了自动跟踪定位射流灭火系统的静压需要进行查验的主要内容。应满足现行国家标准《自动跟踪定位射流灭火系统技术标准》（GB 51427）中5.4.4条和5.4.5条的规定。

9.5.5【原文】 自动跟踪定位射流灭火系统的动压应符合相关消防技术标准和消防设计文件要求，并重点测试系统最不利点处的工作压力。

【条文解读】本条规定了自动跟踪定位射流灭火系统的动压需要进行查验的主要内容。应满足现行国家标准《消防给水及消火栓系统技术规范》（GB 50974）的要求。

9.5.6【原文】 自动跟踪定位射流灭火系统的功能应符合相关消防技术标准和消防设计文件要求，并应测试下列内容：

1 测试系统自动启动情况；

2 测试模拟灭火功能试验，灭火装置的复位状态、监视状态、扫描转动应正常，喷射水流应能覆盖火源并灭火，水流指示器、消防水泵及其他消防联动控制设备应能正常动作，信号反馈应正常，智能灭火装置控制器信号显示应正常。

【条文说明】自动跟踪定位射流灭火系统具体的相关调试、试验内容,可以按设计要求和现行国家标准《自动跟踪定位射流灭火系统技术标准》(GB 51427)的相关要求去操作。如果因后期条件限制,无法进行灭火试验,可在系统完成后,单独做灭火试验,但必须留有完整有效的视频影像资料。

【条文解读】本条规定了自动跟踪定位射流灭火系统需要进行查验的主要内容。

9.6 水喷雾、细水雾灭火系统

9.6.1【原文】水喷雾、细水雾灭火系统可按管网安装、系统组件的安装、系统试压和冲洗以及系统调试等施工内容划分检验批。

【条文解读】本条说明了水喷雾、细水雾灭火系统的检验批划分方法。本规范中水喷雾、细水雾灭火系统作为分项工程,按照管网安装、系统组件的安装、系统试压和冲洗以及系统调试等施工内容进行检验批划分。

9.6.2【原文】雨淋报警阀组的设置及功能应符合相关消防技术标准和消防设计文件要求,并应检查下列内容:

1 查看设置位置、规格型号、组件及安装质量,应有注明系统名称和保护区域的标志牌;

2 打开手动试水阀或电磁阀时,相应雨淋报警阀动作应可靠;

3 查看水力警铃设置位置;

4 查看排水设施设置情况;

5 抽查报警阀,并核对其证明文件。

【条文解读】本条规定了雨淋报警阀组安装完成后应进行查验的主要内容。

雨淋报警阀组是系统中的关键组件,安装位置要便于操作和维护,控制阀要有试水口且试水排水措施完善。

水力警铃位置要靠近报警阀,距警铃3m处,水力警铃喷嘴处压力不小于0.05MPa时,其警铃声强度不应小于70dB(A)。

9.6.3【原文】细水雾灭火系统泵组系统水源的设置及功能应符合相关消防技术标准和消防设计文件要求,并应检查下列内容:

1 查看进(补)水管管径及供水能力、储水箱的容量;

2 查看水质;

3 查看过滤器的设置。

【条文解读】本条规定了细水雾灭火系统泵组系统水源安装完成后应进行查验的主要内容。

9.6.4【原文】细水雾灭火系统泵组的设置及功能应符合相关消防技术标准和消防设计文件要求,并应检查下列内容:

1 查看工作泵、备用泵、吸水管、出水管、出水管上的安全阀、止回阀、信号阀等的规格、型号、数量,吸水管、出水管上的检修阀应锁定在常开位置,并应有明显标记;

2 自动开启水泵出水管上的泄放试验阀,查看水泵的压力和流量;

3 查看水泵的引水方式;

4 泵组在主电源下应能在规定时间内正常启动;

5 当系统管网中的水压下降到设计最低压力时,稳压泵应能自动启动;

6 测试泵组应能自动启动和手动启动;

7 查看控制柜的规格、型号、数量,控制柜的图纸塑封后应牢固粘贴于柜门内侧。

【条文解读】本条规定了细水雾灭火系统泵组安装完成后应进行查验的主要内容。

9.6.5【原文】细水雾灭火系统储气瓶组和储水瓶组的设置及功能应符合相关消防技术标准和消防

设计文件要求，并应检查下列内容：

　　1　查看瓶组的数量、型号、规格、安装位置、固定方式和标志；

　　2　查看储水容器内水的充装量和储气容器内氮气或压缩空气的储存压力；

　　3　查看瓶组的机械应急操作处的标志，应急操作装置应有铅封的安全销或保护罩。

【条文解读】本条规定了细水雾灭火系统储气瓶组和储水瓶组安装完成后应进行查验的主要内容。

9.6.6【原文】细水雾灭火系统控制阀的设置及功能应符合相关消防技术标准和消防设计文件要求，并应检查下列内容：

　　1　查看控制阀的型号、规格、安装位置、固定方式和启闭标识；

　　2　开式系统分区控制阀组应能采用手动和自动方式可靠动作；

　　3　闭式系统分区控制阀组应能采用手动方式可靠动作；

　　4　分区控制阀前后的阀门均应处于常开位置。

【条文解读】本条规定了细水雾灭火系统控制阀安装完成后应进行查验的主要内容。

9.6.7【原文】水喷雾、细水雾灭火系统管网的设置应符合相关消防技术标准和消防设计文件要求，并应检查下列内容：

　　1　查看管道的材质与规格、管径、连接方式、安装位置及采取的防冻措施；

　　2　查看管网放空坡度及辅助排水设施；

　　3　查看管网上的控制阀、压力信号反馈装置、止回阀、试水阀、泄压阀等的规格和安装位置；

　　4　查看管墩、管道支、吊架的固定方式、间距及其与管道间的防电化学腐蚀措施；

　　5　查看水喷雾、细水雾灭火系统管网试压和冲洗记录等证明文件。

【条文解读】本条规定了水喷雾、细水雾灭火系统管网安装完成后应进行查验的主要内容。

9.6.8【原文】喷头的设置应符合相关消防技术标准和消防设计文件要求，并应检查下列内容：

　　1　查看喷头的数量、规格、型号，安装质量、安装位置、安装高度、间距及与梁等障碍物的距离；

　　2　抽查喷头，并核对其证明文件。

【条文解读】本条规定了细水雾灭火系统喷头安装完成后应进行查验的主要内容。

　　喷头是细水雾灭火系统的重要组件，它的形式多种多样。安装时，需对其生产厂标志、型号规格、喷孔方向等逐个核对，以防弄错，影响喷雾效果；避免随意拆装、改动；保证其安装高度、间距、与障碍物距离等符合设计要求，以确保喷头实现其设计要求的保护功能；带有过滤网的喷头安装在出口三通时，要避免将喷头的过滤网伸入支干管内，以保证水流在管接件部位正确分流。

9.6.9【原文】水喷雾、细水雾灭火系统的功能应符合相关消防技术标准和消防设计文件要求，并应测试下列内容：

　　1　采用模拟火灾信号启动系统，相应的分区雨淋报警阀（或电动控制阀、启动控制阀）、压力开关消防水泵、分区控制阀和泵组（或瓶组）及其他联动设备应能及时动作并发出相应的信号；

　　2　采用传动管启动的系统，启动任意一只喷头或试水装置，相应的分区雨淋报警阀、压力开关和消防水泵及其他联动设备均应能及时动作并发出相应的信号；

　　3　测试系统的响应时间、工作压力和流量；

　　4　主、备电源应能在规定时间内正常切换；

　　5　细水雾开式系统应进行冷喷试验，查看响应时间。

【条文解读】本条规定了水喷雾、细水雾灭火系统安装完成后应进行查验的主要内容。

　　细水雾灭火系统绝大部分采用火灾自动报警、自动灭火的形式，因此需要先把火灾自动报警和联动控制设备调试合格，才能与细水雾灭火系统进行联锁试验，以验证系统的可靠性和系统各部分是否协调。

9.7 气体灭火系统

9.7.1【原文】气体灭火系统可按灭火剂储存装置的安装、选择阀及信号反馈装置的安装、阀驱动装置的安装、灭火剂输送管道的安装、喷嘴的安装、预制灭火系统的安装、控制组件的安装、气体灭火系统调试等施工内容划分检验批。

【条文解读】本条说明了气体灭火系统的检验批划分方法。本规范中气体灭火系统作为分项工程，按照灭火剂储存装置的安装、选择阀及信号反馈装置的安装、阀驱动装置的安装、灭火剂输送管道的安装、喷嘴的安装、预制灭火系统的安装、控制组件的安装、气体灭火系统调试等施工内容进行检验批划分。

9.7.2【原文】气体灭火系统的隐蔽工程应符合相关消防技术标准和消防设计文件要求，并重点查看防护区地板下、吊顶上或其他隐蔽区域内管网隐蔽工程验收记录。

【条文解读】本条规定了气体灭火系统的隐蔽工程需要进行查验的主要内容。按照现行国家标准《气体灭火系统施工及验收规范》（GB 50263）的规定进行查验。

9.7.3【原文】防护区的设置应符合相关消防技术标准和消防设计文件要求，并应检查下列内容：

1 查看保护对象设置位置、划分、用途、环境温度、通风及可燃物种类；

2 估算防护区几何尺寸、开口面积；

3 查看防护区围护结构耐压、耐火极限和门窗自行关闭情况；

4 查看疏散通道、标识和应急照明；

5 查看出入口处声光警报装置设置和安全标志；

6 查看排气或泄压装置设置；

7 查看专用呼吸器具配备。

【条文解读】本条规定了防护区内气体灭火系统安装完成后应进行查验的主要内容。

防护区内安全设施因关系到人员安全，应全数进行检查。安全设施包括：

（1）防护区的疏散通道、疏散指示标志和应急照明装置；

（2）防护区内和入口处的声光报警装置、气体喷放指示灯、入口处的安全标志；

（3）无窗或固定窗扇的地上防护区和地下防护区的排气装置；

（4）门窗设有密封条的防护区的泄压装置；

（5）专用的空气呼吸器或氧气呼吸器等。

9.7.4【原文】储存装置间的设置应符合相关消防技术标准和消防设计文件要求，并应检查下列内容：

1 查看设置位置；

2 查看通道、应急照明设置；

3 查看其他安全措施。

【条文解读】本条规定了储存装置间内气体灭火系统安装完成后应进行查验的主要内容。

通道、耐火等级、应急照明及地下储存装置间机械排风装置等，关系到人员安全，应全数进行检查。

9.7.5【原文】灭火剂储存装置的设置应符合相关消防技术标准和消防设计文件要求，并应检查下列内容：

1 查看储存容器数量、型号、规格、位置、固定方式、标志及安装质量；

2 查验灭火剂充装量、压力、备用量；

3 抽查气体灭火剂，并核对其证明文件。

【条文解读】本条规定了灭火剂储存装置安装完成后应进行查验的主要内容。

高压储存装置，要注意以下几点：

（1）储存容器无明显碰撞变形和机械性损伤缺陷，储存容器表面应涂红色，防腐层完好、均匀，手动操作装置有铅封。

（2）储存装置间的环境温度为−10～50℃；高压二氧化碳储存装置的环境温度为0～49℃。

（3）同一系统的储存容器的规格、尺寸要一致，其高度差不超过20mm。

（4）储存容器必须固定在支架上，操作面距墙或操作面之间的距离应不小于1.0m，且不小于储存容器外径的1.5倍。

（5）容器阀上的压力表正面朝向操作面。同一系统中容器阀上的压力表的安装高度差不宜超10mm。

（6）组合分配的二氧化碳气体灭火系统保护5个及以上的防护区或保护对象时，或在48h内不能恢复时，二氧化碳要有备用量，其他灭火系统的储存装置72h内不能重新充装恢复工作的，按系统原储存量的100%设置备用量。

9.7.6【原文】驱动装置的设置应符合相关消防技术标准和消防设计文件要求，并应检查下列内容：

1 查看集流管的材质、规格、连接方式和布置及安装质量；

2 查看选择阀及信号反馈装置规格、型号、位置和标志及安装质量；

3 查看驱动装置规格、型号、数量和标志，驱动气瓶的充装量和压力及安装质量；

4 查看驱动气瓶和选择阀的应急手动操作处标志；

5 抽查气体灭火设备，并核对其证明文件。

【条文解读】本条规定了驱动装置安装完成后应进行查验的主要内容。

气动驱动装置储存容器内气体压力不低于设计压力，且不得超过设计压力的5%，气体驱动管道上的单向阀启闭灵活，无卡阻现象。

9.7.7【原文】气体灭火系统管网的设置应符合相关消防技术标准和消防设计文件要求，并应检查下列内容：

1 查看管道及附件材质、布置规格、型号和连接方式及安装质量；

2 查看管道的支、吊架设置；

3 其他防护措施；

4 查看气动驱动装置的管道气压严密性试验记录、灭火剂输送管道强度试验和气压严密性试验记录等证明文件。

【条文解读】本条规定了气体灭火系统管网安装完成后应进行查验的主要内容。

9.7.8【原文】喷嘴的设置应符合相关消防技术标准和消防设计文件要求，并应检查下列内容：

1 查看规格、型号和安装位置、方向及安装质量；

2 核对设置数量。

【条文解读】本条规定了喷嘴安装完成后应进行查验的主要内容。喷嘴的最大保护高度应不大于6.5m，最小保护高度应不小于300mm。

9.7.9【原文】气体灭火系统的功能应符合相关消防技术标准和消防设计文件要求，并应测试下列内容：

1 测试主、备电源切换；

2 测试灭火剂主、备用量切换；

3 模拟自动启动系统，延迟时间与设定时间相符，响应时间满足要求，有关声、光报警信号正确，联动设备动作正确，驱动装置动作可靠。

【条文解读】本条规定了气体灭火系统安装完成后应进行查验的主要内容。

9.8 泡沫灭火系统

9.8.1【原文】泡沫灭火系统可按泡沫液储罐的安装、泡沫比例混合器（装置）的安装、管道、阀门和泡沫消火栓的安装、泡沫产生装置的安装、泡沫灭火系统调试等施工内容划分检验批。

【条文解读】本条说明了泡沫灭火系统的检验批划分方法。本规范中泡沫灭火系统作为分项工程，按照泡沫液储罐的安装、泡沫比例混合器（装置）的安装、管道、阀门和泡沫消火栓的安装、泡沫产生装置的安装、泡沫灭火系统调试等施工内容进行检验批划分。

9.8.2【原文】泡沫灭火系统防护区的设置应符合相关消防技术标准和消防设计文件要求，并重点查看保护对象的设置位置、性质、环境温度，核对系统选型。

【条文解读】本条规定了泡沫灭火系统防护区的设置应进行查验的主要内容。

泡沫灭火系统有低倍数、中倍数、高倍数泡沫灭火系统和泡沫-水喷淋系统4种类型，依据防护区内的需求选择合适的系统类型。

低倍数泡沫灭火系统主要用于扑救因原油、汽油、煤油、柴油、甲醇、丙酮等而起的B类火灾。低倍数泡沫液有普通蛋白泡沫液，氟蛋白泡沫液，水成膜泡沫液（轻水泡沫液），成膜氟蛋白泡沫液及抗溶性泡沫液等几种类型。

中倍数泡沫灭火系统，一般用于控制或扑灭易燃、可燃液体、固体表面火灾及固体深位阴燃火灾。

高倍数泡沫灭火系统在灭火时，能迅速以全淹没或覆盖方式充满防护空间灭火、并不受防护面积和容积大小的限制，可用以扑救A类火灾和B类火灾。

9.8.3【原文】泡沫液应符合相关消防技术标准和消防设计文件要求，并重点查验泡沫液种类和数量，核对其证明文件。

【条文解读】本条规定了泡沫液装置应进行查验的主要内容。

根据现行国家标准《泡沫灭火系统技术标准》（GB 50151）第3.2节的规定：

（1）非水溶性甲类、乙类、丙类液体储罐固定式低倍数泡沫灭火系统泡沫液的选择应符合下列规定：①应选用3％型氟蛋白或水成膜泡沫液；②临近生态保护红线、饮用水源地、永久基本农田等环境敏感地区，应选用不含强酸强碱盐的3％型氟蛋白泡沫液；③当选用水成膜泡沫液时，泡沫液的抗烧水平不应低于C级。

（2）保护非水溶性液体的泡沫-水喷淋系统、泡沫枪系统、泡沫炮系统泡沫液的选择应符合下列规定：①当采用吸气型泡沫产生装置时，可选用3％型氟蛋白、水成膜泡沫液；②当采用非吸气型喷射装置时，应选用3％型水成膜泡沫液。

（3）对于水溶性甲类、乙类、丙类液体及其他对普通泡沫有破坏作用的甲类、乙类、丙类液体，必须选用抗溶水成膜、抗溶氟蛋白或低黏度抗溶氟蛋白泡沫液。

（4）当保护场所同时存储水溶性液体和非水溶性液体时，泡沫液的选择应符合下列规定：①当储罐区储罐的单罐容量均小于或等于10000m³时，可选用抗溶水成膜、抗溶氟蛋白或低黏度抗溶氟蛋白泡沫液；当储罐区存在单罐容量大于10000m³的储罐时，应按第1条和第3条的规定对水溶性液体储罐和非水溶性液体储罐分别选取相应的泡沫液。②当保护场所采用泡沫-水喷淋系统时，应选用抗溶水成膜、抗溶氟蛋白泡沫液。

（5）固定式中倍数或高倍数泡沫灭火系统应选用3％型泡沫液。

（6）当采用海水作为系统水源时，必须选择适用于海水的泡沫液。

（7）泡沫液宜储存在干燥通风的房间或敞棚内；储存的环境温度应满足泡沫液使用温度的要求。

9.8.4【原文】泡沫产生装置的设置应符合相关消防技术标准和消防设计文件要求，并重点查看规格、型号及安装质量，核对其证明文件。

【条文解读】本条规定了泡沫产生装置应进行查验的主要内容。

9.8.5【原文】泡沫比例混合器（装置）的设置应符合相关消防技术标准和消防设计文件要求，并应检查下列内容：

1 查看规格、型号及安装质量，并核对其证明文件；

2 混合比不应低于所选泡沫液的混合比。

【条文解读】本条规定了泡沫比例混合器（装置）应进行查验的主要内容。

泡沫比例混合器是泡沫灭火系统的"神经中枢"，其工作性能的好坏直接关系到泡沫灭火系统扑救火灾的成败。泡沫比例混合器有压力式空气泡沫比例混合器、环泵式泡沫比例混合器、管线式泡沫比例混合器等类型。

9.8.6【原文】泡沫液储罐、盛装100％型水成膜泡沫液的压力储罐的设置应符合相关消防技术标准和消防设计文件要求，并应检查下列内容：

1 查看设置位置、材质、规格、型号及安装质量；

2 铭牌标记应清晰，应标有泡沫液种类、型号、出厂、灌装日期、有效期及储量等内容，不同种类、不同牌号的泡沫液不得混存；

3 液位计、呼吸阀、人孔、出液口等附件的功能应正常；

4 抽查泡沫液储罐、压力储罐，并核对其证明文件。

【条文解读】本条规定了泡沫液储罐、盛装100％型水成膜泡沫液的压力储罐应进行查验的主要内容。

9.8.7【原文】报警阀组的设置及功能应符合相关消防技术标准和消防设计文件要求，并应检查下列内容：

1 查看设置位置、规格型号及组件，应有注明系统名称和保护区域的标志牌；

2 控制阀应全部开启，并用锁具固定手轮，启闭标志应明显；采用信号阀时，反馈信号应正确；

3 空气压缩机和气压控制装置状态应正常，压力表显示应符合设定值；

4 查看水力警铃设置位置；

5 查看排水设施设置情况；

6 抽查报警阀，并核对其证明文件。

【条文解读】本条规定了报警阀组进行查验的主要内容。

9.8.8【原文】动力瓶组及驱动装置的设置应符合相关消防技术标准和消防设计文件要求，并应检查下列内容：

1 查看泡沫喷雾装置动力瓶组的数量、型号和规格，位置与固定方式，油漆和标志，储存容器的安装质量、充装量和储存压力；

2 查看泡沫喷雾系统集流管的材料、规格、连接方式、布置及其泄压装置的泄压方向；

3 查看泡沫喷雾系统分区阀的数量、型号、规格、位置、标志及其安装质量；

4 查看泡沫喷雾系统驱动装置的数量、型号、规格和标志，安装位置，驱动气瓶的介质名称和充装压力，以及气动驱动装置管道的规格、布置和连接方式；

5 查看驱动装置和分区阀的机械应急手动操作处，均应有标明对应防护区或保护对象名称的永久标志；驱动装置的机械应急操作装置均应设安全销并加铅封，现场手动启动按钮应有防护罩；

6 抽查动力瓶组及驱动装置组件，并核对其证明文件。

【条文解读】本条规定了动力瓶组及驱动装置进行查验的主要内容。

9.8.9【原文】泡沫灭火系统管网的设置应符合相关消防技术标准和消防设计文件要求，并应检查下列内容：

1 查看管道及管件的规格、型号、位置、坡向、坡度、连接方式及安装质量；

 2　查看管网上的控制阀、压力信号反馈装置、止回阀、试水阀、泄压阀、排气阀等的设置；

 3　查看固定管道的支架、吊架，管墩的位置、间距及牢固程度；

 4　查看管道和系统组件的防腐；

 5　查看管网试压和冲洗记录等证明文件。

【条文解读】本条规定了泡沫灭火系统管网进行查验的主要内容。

9.8.10【原文】泡沫消火栓的设置应符合相关消防技术标准和消防设计文件要求，并应检查下列内容：

 1　查看规格、型号、外观质量、安装质量、安装位置及间距；

 2　查看标识、消火栓箱组件；

 3　抽查消火栓箱组件，并核对其证明文件。

【条文解读】本条规定了泡沫消火栓进行查验的主要内容。

9.8.11【原文】喷头的设置应符合相关消防技术标准和消防设计文件要求，并应检查下列内容：

 1　查看设置场所、规格、型号及安装质量；

 2　查看喷头的安装位置、安装高度、间距及与梁等障碍物的距离；

 3　抽查喷头，并核对其证明文件。

【条文解读】本条规定了喷头进行查验的主要内容。

9.8.12【原文】泡沫灭火系统模拟灭火功能试验应符合相关消防技术标准和消防设计文件要求，并应测试下列内容：

 1　压力信号反馈装置应能正常动作，并应能在动作后启动消防水泵及与其联动的相关设备，可正确发出反馈信号；

 2　系统的分区控制阀应能正常开启，并可正确发出反馈信号；

 3　查看系统的流量、压力；

 4　消防水泵及其他消防联动控制设备应能正常启动，并应有反馈信号显示；

 5　主电源、备电源应能在规定时间内正常切换。

【条文解读】本条规定了泡沫灭火系统模拟灭火功能试验进行查验的主要内容。

9.8.13【原文】泡沫灭火系统喷泡沫试验应符合相关消防技术标准和消防设计文件要求，并应检查下列内容：

 1　查验低倍数泡沫灭火系统喷泡沫试验，并查看记录文件；

 2　查验中倍数、高倍数泡沫灭火系统喷泡沫试验，并查看记录文件；

 3　查验泡沫-水喷淋系统喷泡沫试验，并查看记录文件；

 4　查验闭式泡沫-水喷淋系统喷泡沫试验，并查看记录文件；

 5　查验泡沫喷雾系统喷洒试验，并查看记录文件。

【条文解读】本条规定了泡沫灭火系统喷泡沫试验进行查验的主要内容。

9.8.14【原文】泡沫灭火系统验收合格后，应用清水冲洗放空，复原系统。

【条文解读】本条规定泡沫灭火系统验收合格后需要对系统复原系统的要求。泡沫灭火系统验收时要进行喷射试验，试验过程所残留的泡沫液存在一定的腐蚀性，不及时清洗会引起混合器等锈蚀，影响系统正常使用，所以验收合格后要使用清水对系统进行仔细冲洗，冲洗完成后排空系统，再复原系统至运行状态。

9.9　建筑灭火器

9.9.1【原文】灭火器的配置应符合相关消防技术标准和消防设计文件要求，并应检查下列内容：

    1   查看灭火器类型、规格、灭火级别和配置数量；

    2   抽查灭火器，并核对其证明文件。

【条文解读】本条规定了灭火器的配置进行查验的主要内容。

9.9.2【原文】灭火器的布置应符合相关消防技术标准和消防设计文件要求，并应检查下列内容：

    1   测量灭火器设置点距离；

    2   查看灭火器设置点位置、摆放和使用环境；

    3   查看设置点的设置数量。

【条文解读】本条规定了灭火器的布置进行查验的主要内容。灭火器应设置在位置明显和便于取用的地点，且不得影响安全疏散。

10   消防电气和火灾自动报警系统

10.1   一般规定

10.1.1【原文】消防电源及配电施工质量验收，应查验消防负荷等级、供电形式，并符合设计文件及现行国家工程建设消防技术标准的要求。

【条文解读】本条规定了消防电源及配电施工质量验收的检查内容及相关要求。其中现行国家标准《建筑设计防火规范（2018年版）》（GB 50016）、《民用建筑电气设计标准（共两册）》（GB 51348）、《供配电系统设计规范》（GB 50052）、《建筑电气与智能化通用规范》（GB 55024）、《建筑防火通用规范》（GB 55037）等规范对消防负荷等级及供电形式进行了规定。

    1. 对消防负荷等级的规定

    （1）特级负荷：①中断供电将危害人身安全、造成人身重大伤亡；②中断供电将在经济上造成特别重大损失；③在建筑中具有特别重要作用及重要场所中不允许中断供电的负荷。

    （2）一级负荷：①中断供电将造成人身伤害；②中断供电将在经济上造成重大损失；中断供电将影响重要用电单位的正常工作，或造成人员密集的公共场所秩序严重混乱。

    （3）二级负荷：①中断供电将在经济上造成较大损失；②中断供电将影响较重要用电单位的正常工作或造成公共场所秩序混乱。

    （4）三级负荷：不属于特级、一级和二级的用电负荷。

    （5）各级负荷示例：①建筑高度大于150m的工业与民用建筑的消防用电应按特级负荷供电；②除筒仓、散装粮食仓库及工作塔外，下列建筑的消防用电负荷等级不应低于一级：建筑高度大于50m的乙、丙类厂房；建筑高度大于50m的丙类仓库；一类高层民用建筑；二层式、二层半式和多层式民用机场航站楼；Ⅰ类汽车库；建筑面积大于5000m²且平时使用的人民防空工程；地铁工程；一、二类城市交通隧道；③下列建筑的消防用电负荷等级不应低于二级：室外消防用水量大于30L/s的厂房；室外消防用水量大于30L/s的仓库；座位数大于1500个的电影院或剧场，座位数大于3000个的体育馆；任一层建筑面积大于3000m²的商店和展览建筑；省（市）级及以上的广播电视、电信和财贸金融建筑；总建筑面积大于3000m²的地下、半地下商业设施；民用机场航站楼；Ⅱ类、Ⅲ类汽车库和Ⅰ类修车库；本条上述规定外的其他二类高层民用建筑；本条上述规定外的室外消防用水量大于25L/s的其他公共建筑；水利工程，水电工程；三类城市交通隧道。

    2. 对供电形式的要求

    消防用电按一级、二级负荷供电的建筑，当采用自备发电设备作备用电源时，自备发电设备应设置自动和手动启动装置。当采用自动启动方式时，应能保证在30s内供电。

一级负荷供电应由两个电源供电，且应满足下述条件：①当一个电源发生故障时，另一个电源不应同时受到破坏；②一级负荷中特别重要的负荷，除由两个电源供电外，尚应增设应急电源，并严禁将其他负荷接入应急供电系统。应急电源可以是独立于正常电源的发电机组、供电网中独立于正常电源的专用的馈电线路、蓄电池或干电池。

二级负荷的供电系统，要尽可能采用两回线路供电。在负荷较小或地区供电条件困难时，二级负荷可以采用一回 6kV 及以上专用的架空线路或电缆供电。当采用架空线时，可为一回架空线供电；当采用电缆线路时，应采用两根电缆组成的线路供电，其每根电缆应能承受 100％的二级负荷。

三级负荷供电是建筑供电的最基本要求，有条件的建筑要尽量通过设置两台终端变压器来保证建筑的消防用电。

对于一级负荷中的特别重要负荷，其供电应符合下列要求：①除双重电源供电外，尚应增设应急电源供电；②应急电源供电回路应自成系统，且不得将其他负荷接入应急供电回路；③应急电源的切换时间，应满足设备允许中断供电的要求；④应急电源的供电时间，应满足用电设备最长持续运行时间的要求；⑤对一级负荷中的特别重要负荷的末端配电箱切换开关上端口宜设置电源监测和故障报警。

3. 对消防用电设备的规定

建筑物（群）的消防用电设备供电，应符合下列规定：①建筑高度 100m 及以上的高层建筑，低压配电系统宜采用分组设计方案；②消防用电负荷等级为一级负荷中特别重要负荷时，应由一段或两段消防配电干线与自备应急电源的一个或两个低压回路切换，再由两段消防配电干线各引一路在最末一级配电箱自动转换供电；③消防用电负荷等级为一级负荷时，应由双重电源的两个低压回路或一路市电和一路自备应急电源的两个低压回路在最末一级配电箱自动转换供电；④消防用电负荷等级为二级负荷时，应由一路 10kV 电源的两台变压器的两个低压回路或一路 10kV 电源的一台变压器与主电源不同变电系统的两个低压回路在最末一级配电箱自动切换供电；⑤消防用电负荷等级为三级负荷时，消防设备电源可由一台变压器的一路低压回路供电或一路低压进线的一个专用分支回路供电。

10.1.2【原文】消防应急照明和疏散指示系统施工质量验收，应符合现行国家标准《消防应急照明和疏散指示系统技术标准》（GB 51309）和《建筑电气工程施工质量验收规范》（GB 50303）的要求。

【条文解读】本条提供了消防应急照明和疏散指示系统施工质量验收依据。可参见现行国家标准《消防应急照明和疏散指示系统技术标准》（GB 51309）和《建筑电气工程施工质量验收规范》（GB 50303）的规定。

（1）消防应急照明和疏散指示系统的定义

为人员疏散和发生火灾时仍需工作的场所提供照明和疏散指示的系统。

（2）消防应急照明和疏散指示系统的设置场所规定

除建筑高度小于 27m 的住宅建筑外，民用建筑、厂房和丙类仓库的下列部位应设置疏散照明：①封闭楼梯间、防烟楼梯间及其前室、消防电梯间的前室或合用前室、避难走道、避难层（间）；②观众厅、展览厅、多功能厅和建筑面积大于 200m² 的营业厅、餐厅、演播室等人员密集的场所；③建筑面积大于 100m² 的地下或半地下公共活动场所；④公共建筑内的疏散走道；⑤人员密集的厂房内的生产场所及疏散走道。

公共建筑、建筑高度大于 54m 的住宅建筑、高层厂房（库房）和甲类、乙类、丙类单层、多层厂房，应设置灯光疏散指示标志，并应符合下列规定：①应设置在安全出口和人员密集的场所的疏散门的正上方。②应设置在疏散走道及其转角处距地面高度 1.0m 以下的墙面或地面上。灯光疏散指示标志的间距不应大于 20m；对于袋形走道，不应大于 10m；在走道转角区，不应大于 1.0m。

下列建筑或场所应在疏散走道和主要疏散路径的地面上增设能保持视觉连续的灯光疏散指示标志

或蓄光疏散指示标志：①总建筑面积大于 8000m² 的展览建筑；②总建筑面积大于 5000m² 的地上商店；③总建筑面积大于 500m² 的地下或半地下商店；④歌舞娱乐放映游艺场所；⑤座位数超过 1500 个的电影院、剧场，座位数超过 3000 个的体育馆、会堂或礼堂；⑥车站、码头建筑和民用机场航站楼中建筑面积大于 3000m² 的候车厅、候船厅和航站楼的公共区。

消防控制室、消防水泵房、自备发电机房、配电室、防排烟机房以及发生火灾时仍需正常工作的消防设备房应设置备用照明，其作业面的最低照度不应低于正常照明的照度。

（3）对系统设计要求和系统施工、调试、检测、验收等具体规定，可参见现行国家标准《消防应急照明和疏散指示系统技术标准》（GB 51309）相应章节。

10.1.3【原文】消防联动控制系统施工质量应符合设计文件要求，并应符合现行国家标准《火灾自动报警系统设计规范》（GB 50116）和《火灾自动报警系统施工及验收标准》（GB 50166）的要求。

【条文解读】本条提供了消防联动控制系统施工质量验收依据。可参见现行国家标准《火灾自动报警系统设计规范》（GB 50116）和《火灾自动报警系统施工及验收标准》（GB 50166）。

1. 火灾探测报警与消防联动控制系统的定义

火灾自动报警系统是火灾探测报警与消防联动控制系统的简称，是以实现火灾早期探测和报警，向各类消防设备发出控制信号并接收、显示设备反馈信号，进而实现预定消防功能为基本任务的一种自动消防设施。

2. 消防联动控制系统的术语解释及组成

消防联动控制系统是火灾自动报警系统中，接收火灾报警控制器发出的火灾报警信号，按预设逻辑完成各项消防功能的控制系统。通常由消防联动控制器、模块、气体灭火控制器、消防电气控制装置、消防设备应急电源、消防应急广播设备、消防电话、传输设备、消防控制室图形显示装置、消防电动装置、消火栓按钮等全部或部分设备组成。

10.2 消防电源及配电

10.2.1【原文】备用电源的设置应符合相关标准和消防设计文件要求，并应查验下列内容：

1 备用发电机或其他备用电源的规格型号及功率；

2 备用发电机或其他备用电源的仪表、指示灯及开关按钮等应完好，显示应正常。发电机机房内的通风换气设施应能正常运行。

【条文说明】本条所指"其他备用电源"应视为与柴油发电机作用相当的供电设施，或是能够替代柴油发电机的备用电源。

【条文解读】本条明确了备用电源查验内容。

可查阅现行国家标准《供配电系统设计规范》（GB 50052）、《建筑设计防火规范（2018 年版）》（GB 50016）等相关规范。

1. 对备用电源的术语解释

当正常电源断电时，由于非安全原因用来维持电气装置或其某些部分所需的电源。

2. 对备用电源的要求

备用电源的负荷严禁接入应急供电系统。

该条为本规范中强制性条文，必须严格执行。备用电源与应急电源是两个完全不同用途的电源。备用电源是当正常电源断电时，由于非安全原因用来维持电气装置或其某些部分所需的电源；而应急电源，又称安全设施电源，是用作应急供电系统组成部分的电源，是为了人体和家畜的健康和安全，以及避免对环境或其他设备造成损失的电源。本条文从安全角度考虑，其目的是防止其他负荷接入应急供电系统。

3. 备用电源的连续供电时间

建筑内消防应急照明和灯光疏散指示标志的备用电源的连续供电时间应符合下列规定：

（1）建筑高度大于100m的民用建筑，不应小于1.5h；

（2）医疗建筑、老年人照料设施、总建筑面积大于100000m²的公共建筑和总建筑面积大于20000m²的地下、半地下建筑，不应少于1.0h；

（3）其他建筑，不应少于0.5h。

该条为规范中强制性条文，必须严格执行。

10.2.2【原文】发电机的设置及功能应符合消防技术标准和消防设计文件要求，并应查验下列内容：

1 发电机燃料配备、液位显示；

2 自动启动，发电机达到额定转速并发电的时间不应大于30s，发电机的运行及输出功率、电压、频率、相位的显示均应正常。

【条文解读】本条明确了发电机的设置及功能的查验要求。

可查阅现行国家标准《建筑设计防火规范（2018年版）》（GB 50016）、《供配电系统设计规范》（GB 50052）相关内容。

1. 对发电机启动时间的要求

消防用电按一级、二级负荷供电的建筑，当采用自备发电设备作备用电源时，自备发电设备应设置自动和手动启动装置。当采用自动启动方式时，应能保证在30s内供电。

2. 对应急电源启动时间的要求

应急电源应根据允许中断供电的时间选择，并应符合下列规定：①允许中断供电时间为15s以上的供电，可选用快速自启动的发电机组。②自投装置的动作时间能满足允许中断供电时间的，可选用带有自动投入装置的独立于正常电源之外的专用馈电线路。③允许中断供电时间为毫秒级的供电，可选用蓄电池静止型不间断供电装置或柴油机不间断供电装置。

应急电源的供电时间，应按生产技术上要求的允许停车过程时间确定。

应急电源类型的选择，应根据特别重要负荷的容量、允许中断供电的时间，以及要求的电源为交流或直流等条件来进行。

由于蓄电池装置供电稳定、可靠、无切换时间、投资较少，故凡允许停电时间为毫秒级，且容量不大的特别重要负荷，可采用直流电源的，应由蓄电池装置作为应急电源。若特别重要负荷要求交流电源供电，允许停电时间为毫秒级，且容量不大，可采用静止型不间断供电装置。若有需要驱动的电动机负荷，且负荷不大，可以采用静止型应急电源，负荷较大，允许停电时间为15s以上的可采用快速启动的发电机组，这是因为快速启动的发电机组一般启动时间在10s以内。

10.2.3【原文】消防设备应急电源和备用电源蓄电池的设置、安装质量、功能等应符合消防技术标准和消防设计文件要求，并应查验下列内容：

1 电源及蓄电池类型、位置，应安装在通风良好的场所，不应安装在火灾爆炸危险场所；

2 核对安装数量，查验安装质量；

3 测试正常显示、故障报警、消音、转换功能。

【条文说明】本条所指"消防设备应急电源"特指为应急照明疏散指示系统等供电的各种消防EPS电源、为图形显示器等供电的UPS电源，不含柴油发电机，不含各种控制器自带的蓄电池。此类设备兼有备用电源的功能，蓄电池组由其所需功率而定，大者可设置蓄电池室单独存放。

【条文解读】本条明确了消防设备应急电源和备用电源蓄电池的设置、安装质量、功能的查验要求。

可参见现行国家标准《供配电系统设计规范》（GB 50052）、《建筑电气工程施工质量验收规范》

（GB 50303）相关内容。

1. 对一级负荷中特别重要的负荷供电的要求

一级负荷中特别重要的负荷供电，应符合下列要求：①除应由双重电源供电外，尚应增设应急电源，并严禁将其他负荷接入应急供电系统。②设备的供电电源的切换时间，应满足设备允许中断供电的要求。

该条为规范中强制性条文，必须严格执行。一级负荷中特别重要的负荷的供电除由双重电源供电外，尚需增加应急电源。由于在实际中很难得到两个真正独立的电源，电网的各种故障都可能引起全部电源进线同时失去电源，造成停电事故。对特别重要负荷要由与电网不并列的、独立的应急电源供电。工程设计中，对于其他专业提出的特别重要负荷，应仔细研究，凡能采取非电气保安措施者，应尽可能减少特别重要负荷的负荷量。

2. 应急电源的查验内容

极性应正确，输入、输出各级保护系统的动作和输出的电压稳定性、波形畸变系数及频率、相位、静态开关的动作等各项技术性能指标试验调整应符合产品技术文件要求，当以现场的最终试验替代出厂试验时，应根据产品技术文件进行试验调整，且应符合设计文件要求。

应急电源应按设计或产品技术文件的要求进行下列检查：①核对初装容量，并应符合设计要求；②核对输入回路断路器的过载和短路电流整定值，并应符合设计要求；③核对各输出回路的负荷量，且不应超过 EPS 的额定最大输出功率；④核对蓄电池备用时间及应急电源装置的允许过载能力，并应符合设计要求；⑤当对电池性能、极性及电源转换时间有异议时，应由制造商负责现场测试，并应符合设计要求；⑥控制回路的动作试验，并应配合消防联动试验合格。

应急电源通常是用于应急供电，一旦发生事故必须无条件供电，以确保事故发生后的应急处理。设计中对初装容量、用电容量、允许过载能力、电源转换时间都有明确的规定，应急电源订货时就应要求厂家按设计要求的技术参数进行配置，并实施出厂检验，安装中应对相关参数进行核实，当对电池性能、极性及电源转换时间有异议时，由于施工现场条件所限无法进行测试，因此应由厂家负责现场测试，安装完成后应按设计要求进行动作试验。

10.2.4 【原文】 消防配电的设置、标志等应符合消防技术标准和消防设计文件要求，并应查验下列内容：

1 消防控制室、消防水泵房、防烟与排烟机房的消防用电设备及消防电梯等的供电，应在其配电线路的最末一级配电箱处具有主、备电源自动切换装置，切换备用电源的控制方式及操作程序应符合设计要求，主备电的切换时间应符合设计要求；

2 消防设备配电箱应有区别于其他配电箱的明显标志，不同消防设备的配电箱应有明显区分标志；

3 查验消防用电设备是否设置专用供电回路；

4 查看配电线路的类别、规格型号、电压等级、敷设方式及相关防火保护措施。

【条文解读】 本条明确了消防配电的设置、标志等的查验内容。可参见现行国家标准《建筑设计防火规范（2018 年版）》（GB 50016）相关内容。

1. 对特殊房间消防用电设备自动切换装置的要求

消防控制室、消防水泵房、防烟和排烟风机房的消防用电设备及消防电梯等的供电，应在其配电线路的最末一级配电箱处设置自动切换装置。

该条款为本规范中强制性条文，必须严格执行。该条款是保证消防用电供电可靠性的一项重要措施。最末一级配电箱：对于消防控制室、消防水泵房、防烟和排烟风机房的消防用电设备及消防电梯等，为上述消防设备或消防设备室外的最末级配电箱；对于其他消防设备用电，例如消防应急照明和疏散指示标志等，为这些用电设备所在防火分区的配电箱。

2. 消防用电设备供电回路的要求

消防用电设备应采用专用的供电回路，当建筑内的生产、生活用电被切断时，应仍能保证消防用电。备用消防电源的供电时间和容量，应满足该建筑火灾延续时间内各消防用电设备的要求。

该条为现行国家标准《建筑设计防火规范（2018年版）》（GB 50016）中强制性条文，必须严格执行。上述所指"供电回路"，是指从低压总配电室或分配电室至消防设备或消防设备室（如消防水泵房、消防控制室、消防电梯机房等）最末级配电箱的配电线路。对于消防设备的备用电源，通常有三种：①独立于工作电源的市电回路；②柴油发电机；③应急供电电源（EPS）。这些备用电源的供电时间和容量，均要求满足各消防用电设备设计持续运行时间最长者的要求。

10.3　消防应急照明和疏散指示系统

10.3.1【原文】应急照明控制器、集中电源、应急照明配电箱等控制设备及供配电设备的设置应符合消防技术标准和消防设计文件要求，并应查验下列内容：

1　设备类别、设置部位、规格型号；
2　核对安装数量，查验安装质量；
3　测试设备功能。

【条文说明】本条所指"测试设备功能"主要包括：测试应急照明控制器的自检功能，操作级别，主、备电源的自动转换功能，故障报警功能，消声功能，一键检查功能；测试集中电源的操作级别，故障报警功能，消声功能，电源分配输出功能，集中控制型集中电源装转换手动测试功能，集中控制型集中电源通信故障连锁控制功能，集中控制型集中电源灯具应急状态保持功能；测试应急照明配电箱的主电源分配输出功能，集中控制型应急照明配电箱主电源输出关断测试功能，集中控制型应急照明配电箱通信故障连锁控制功能，集中控制型应急照明配电箱灯具应急状态保持功能。

【条文解读】本条明确了应急照明控制器、集中电源、应急照明配电箱等控制设备及供配电设备的设置的查验内容。

应急照明控制器、集中电源、应急照明配电箱安装要求，以现行国家标准《消防应急照明和疏散指示系统技术标准》（GB 51309）、《消防应急照明和疏散指示系统》（GB 17945）相关章节为参考。

对应急照明控制器、集中电源和应急照明配电箱等设备进行测试内容要求如下所述。

（1）应急照明控制器：应将应急照明控制器与配接的集中电源、应急照明配电箱、灯具相连接后，接通电源，使控制器处于正常监视状态。应对控制器进行下列主要功能进行检查并记录，控制器的功能应符合现行国家标准《消防应急照明和疏散指示系统》（GB 17945）的规定：①自检功能；②操作级别；③主备电源的自动转换功能；④故障报警功能；⑤消声功能；⑥一键检查功能。

（2）集中电源：应将集中电源与灯具相连接后，接通电源，集中电源应处于正常工作状态。应对集中电源下列主要功能进行检查并记录，集中电源的功能应符合现行国家标准《消防应急照明和疏散指示系统》（GB 17945）的规定：①操作级别；②故障报警功能；③消声功能；④电源分配输出功能；⑤集中控制型集中电源转换手动测试功能；⑥集中控制型集中电源通信故障连锁控制功能；⑦集中控制型集中电源灯具应急状态保持功能。

（3）应急照明配电箱：应接通应急照明配电箱的电源，使应急照明配电箱处于正常工作状态。应对应急照明配电箱进行下列主要功能检查并记录，应急照明配电箱的功能应符合现行国家标准《消防应急照明和疏散指示系统》（GB 17945）的规定：①主电源分配输出功能；②集中控制型应急照明配电箱主电源输出关断测试功能；③集中控制型应急照明配电箱通信故障连锁控制功能；④集中控制型应急照明配电箱灯具应急状态保持功能。

10.3.2【原文】照明灯、标志灯、备用照明等灯具的设置应符合消防技术标准和消防设计文件要求，并应查验下列内容：

　　1　灯具类别、规格型号、安装位置、间距；

　　2　核对安装数量，查验安装质量；

　　3　查验设置场所、测试应急功能及照度。

【条文解读】本条明确了照明灯、标志灯、备用照明等灯具的设置的查验内容。

灯具的安装、设置场地及应急功能测试等以现行国家标准《消防应急照明和疏散指示系统技术标准》（GB 51309）、《建筑电气工程施工质量验收规范》（GB 50303）、《消防应急照明和疏散指示系统》（GB 17945）相关章节为参考。

1.对灯具的选择及设置场所要求

（1）应选择采用节能光源的灯具，消防应急照明灯具（以下简称"照明灯"）的光源色温不应低于2700K；

（2）不应采用蓄光型指示标志替代消防应急标志灯具（以下简称"标志灯"）；

（3）灯具的蓄电池电源宜优先选择安全性高、不含重金属等对环境有害物质的蓄电池；

（4）设置在距地面8m及以下的灯具的电压等级及供电方式应符合下列规定：①应选择A型灯具；②地面上设置的标志灯应选择集中电源A型灯具；③未设置消防控制室的住宅建筑，疏散走道、楼梯间等场所可选择自带电源B型灯具；

（5）灯具面板或灯罩的材质应符合下列规定：①除地面上设置的标志灯的面板可以采用厚度4mm及以上的钢化玻璃外，设置在距地面1m及以下的标志灯的面板或灯罩不应采用易碎材料或玻璃材质；②在顶棚、疏散路径上方设置的灯具的面板或灯罩不应采用玻璃材质；

（6）标志灯的规格应符合下列规定：①室内高度大于4.5m的场所，应选择特大型或大型标志灯；②室内高度为3.5～4.5m的场所，应选择大型或中型标志灯；③室内高度小于3.5m的场所，应选择中型或小型标志灯；

（7）灯具及其连接附件的防护等级应符合下列规定：①在室外或地面上设置时，防护等级不应低于IP67；②在隧道场所、潮湿场所内设置时，防护等级不应低于IP65；③B型灯具的防护等级不应低于IP34；

（8）标志灯应选择持续型灯具；

（9）交通隧道和地铁隧道宜选择带有米标的方向标志灯。

2.对照明灯的设置要求

照明灯应采用多点、均匀布置方式，建（构）筑物设置照明灯的部位或场所疏散路径地面水平最低照度应符合表的规定。

3.对标志灯的设置要求

标志灯应设在醒目位置，应保证人员在疏散路径的任何位置、在人员密集场所的任何位置都能看到标志灯。

4.对备用照明灯具的设置要求

系统备用照明的设计应符合下列规定：①备用照明灯具可采用正常照明灯具，在火灾时应保持正常的照度；②备用照明灯具应由正常照明电源和消防电源专用应急回路互投后供电。

5.对照度测试的要求

对设计有照度测试要求的场所，试运行时应检测照度，并应符合设计要求。

检查数量：全数检查。

检查方法：用照度测试仪测试，并查阅照度测试记录。

10.3.3【原文】系统功能应符合消防技术标准和消防设计文件要求，并应查验下列内容：

1　集中控制型系统或非集中控制型系统在非火灾状态下的系统功能；

2　集中控制型系统或非集中控制型系统在火灾状态下的系统控制功能；

3　备用照明的系统功能。

【条文解读】本条明确了系统功能的查验内容。

消防应急照明和疏散指示系统功能查验可参考现行国家标准《消防应急照明和疏散指示系统技术标准》（GB 51309）等规范。

1. 消防应急照明和疏散指示系统分类及定义

消防应急照明和疏散指示系统按消防应急灯具的控制方式可分为集中控制型系统和非集中控制型系统。

分别对集中控制型系统、非集中控制型系统进行了术语解释：①集中控制型系统：系统设置应急照明控制器，由应急照明控制器集中控制并显示应急照明集中电源或应急照明配电箱及其配接的消防应急灯具工作状态的消防应急照明和疏散指示系统。②非集中控制型系统：系统未设置应急照明控制器，由应急照明集中电源或应急照明配电箱分别控制其配接消防应急灯具工作状态的消防应急照明和疏散指示系统。

具体调试内容以现行国家标准《消防应急照明和疏散指示系统技术标准》（GB 51309）相关内容为参考。

2. 系统功能调试内容

（1）集中控制型系统在非火灾状态下的系统功能调试

系统功能调试前，集中电源的蓄电池组、灯具自带的蓄电池应连续充电 24h。对集中控制型系统系统功能调试前的准备要求，为了准确检验灯具在蓄电池电源供电状态下的持续应急工作时间，系统功能调试前，采用集中电源型灯具的系统，集中电源的蓄电池组应至少连续充电 24h；采用自带电源型灯具的系统，灯具自带蓄电池应至少连续充电 24h。

根据系统设计文件的规定，应对系统的正常工作模式进行检查并记录，系统的正常工作模式应符合下列规定：①灯具采用集中电源供电时，集中电源应保持主电源输出；灯具采用自带蓄电池供电时，应急照明配电箱应保持主电源输出；②系统内所有照明灯的工作状态应符合设计文件的规定；③系统内所有标志灯的工作状态应符合规定。

切断集中电源、应急照明配电箱的主电源，根据系统设计文件的规定，对系统的主电源断电控制功能进行检查并记录，系统的主电源断电控制功能应符合下列规定：①集中电源应转入蓄电池电源输出、应急照明配电箱应切断主电源输出；②应急照明控制器应开始主电源断电持续应急时间计时；③集中电源、应急照明配电箱配接的非持续型照明灯的光源应应急点亮、持续型灯具的光源应由节电点亮模式转入应急点亮模式；④恢复集中电源、应急照明配电箱的主电源供电，集中电源、应急照明配电箱配接灯具的光源应恢复原工作状态；⑤使灯具持续应急点亮时间达到设计文件规定的时间，集中电源、应急照明配电箱配接灯具的光源应熄灭。

切断防火分区、楼层、隧道区间、地铁站台和站厅正常照明配电箱的电源，根据系统设计文件的规定，对系统的正常照明断电控制功能进行检查并记录，系统的正常照明断电控制功能应符合下列规定：①该区域非持续型照明灯的光源应应急点亮、持续型灯具的光源应由节电点亮模式转入应急点亮模式；②恢复正常照明应急照明配电箱的电源供电，该区域所有灯具的光源应恢复原工作状态。

（2）集中控制型系统在火灾状态下的系统功能调试

系统功能调试前，应将应急照明控制器与火灾报警控制器、消防联动控制器相连，使应急照明控制器处于正常监视状态。

根据系统设计文件的规定，使火灾报警控制器发出火灾报警输出信号，对系统的自动应急启动功能进行检查并记录，系统的自动应急启动功能应符合下列规定：①应急照明控制器应发出系统自动应急启动信号，显示启动时间；②系统内所有的非持续型照明灯的光源应应急点亮、持续型灯具的光源应由节电点亮模式转入应急点亮模式，灯具光源应急点亮的响应时间应符合规定；③B型集中电源应转入蓄电池电源输出、B型应急照明配电箱应切断主电源输出；④A型集中电源、A型应急照明配电箱应保持主电源输出；切断集中电源的主电源，集中电源应自动转入蓄电池电源输出。

根据系统设计文件的规定，使消防联动控制器发出被借用防火分区的火灾报警区域信号，对需要借用相邻防火分区疏散的防火分区中标志灯指示状态的改变功能进行检查并记录，标志灯具的指示状态改变功能应符合下列规定：①应急照明控制器应发出控制标志灯指示状态改变的启动信号，显示启动时间；②该防火分区内，按不可借用相邻防火分区疏散工况条件对应的疏散指示方案，需要变换指示方向的方向标志灯应改变箭头指示方向，通向被借用防火分区入口的出口标志灯的"出口指示标志"的光源应熄灭、"禁止入内"指示标志的光源应应急点亮；灯具改变指示状态的响应时间应符合的规定；③该防火分区内其他标志灯的工作状态应保持不变。

根据系统设计文件的规定，使消防联动控制器发出代表相应疏散预案的消防联动控制信号，对需要采用不同疏散预案的交通隧道、地铁隧道、地铁站台和站厅等场所中标志灯指示状态的改变功能进行检查并记录，标志灯具的指示状态改变功能应符合下列规定：①应急照明控制器应发出控制标志灯指示状态改变的启动信号，显示启动时间；②该区域内，按照对应的疏散指示方案需要变换指示方向的方向标志灯应改变箭头指示方向，通向需要关闭的疏散出口处设置的出口标志灯"出口指示标志"的光源应熄灭、"禁止入内"指示标志的光源应应急点亮；灯具改变指示状态的响应时间应符合规定；③该区域内其他标志灯的工作状态应保持不变。

手动操作应急照明控制器的一键启动按钮，对系统的手动应急启动功能进行检查并记录，系统的手动应急启动功能应符合下列规定：①应急照明控制器应发出手动应急启动信号，显示启动时间；②系统内所有的非持续型照明灯的光源应应急点亮、持续型灯具的光源应由节电点亮模式转入应急点亮模式；③集中电源应转入蓄电池电源输出、应急照明配电箱应切断主电源的输出；④照明灯设置部位地面水平最低照度应符合规定；⑤灯具点亮的持续工作时间应符合规定。

（3）非集中控制型系统在非火灾状态下的系统功能调试

系统功能调试前，集中电源的蓄电池组、灯具自带的蓄电池应连续充电24h。

根据系统设计文件的规定，对系统的正常工作模式进行检查并记录，系统的正常工作模式应符合下列规定：①集中电源应保持主电源输出、应急照明配电箱应保持主电源输出；②系统灯具的工作状态应符合设计文件的规定。

非持续型照明灯具有人体、声控等感应方式点亮功能时，根据系统设计文件的规定，使灯具处于主电供电状态下，对非持续型灯具的感应点亮功能进行检查并记录，灯具的感应点亮功能应符合下列规定：①按照产品使用说明书的规定，使灯具的设置场所满足点亮所需的条件；②非持续型照明灯应点亮。

（4）非集中控制型系统在火灾状态下的系统功能调试

在设置区域火灾报警系统的场所，使集中电源或应急照明配电箱与火灾报警控制器相连，根据系统设计文件的规定，使火灾报警控制器发出火灾报警输出信号，对系统的自动应急启动功能进行检查并记录，系统的自动应急启动功能应符合下列规定：①灯具采用集中电源供电时，集中电源应转入蓄电池电源输出，其所配接的所有非持续型照明灯的光源应应急点亮、持续型灯具的光源应由节电点亮模式转入应急点亮模式，灯具光源应急点亮的响应时间应符合规定；②灯具采用自带蓄电池供电时，应急照明配电箱应切断主电源输出，其所配接的所有非持续型照明灯的光源应应急点亮、持续型灯具的光源应由节电点亮模式转入应急点亮模式，灯具光源应急点亮的响应时间应符合规定。

根据系统设计文件的规定，对系统的手动应急启动功能进行检查并记录，系统的手动应急启动功能应符合下列规定：①灯具采用集中电源供电时，手动操作集中电源的应急启动控制按钮，集中电源应转入蓄电池电源输出,其所配接的所有非持续型照明灯的光源应应急点亮、持续型灯具的光源应由节电点亮模式转入应急点亮模式,且灯具光源应急点亮的响应时间应符合规定;②灯具采用自带蓄电池供电时,手动操作应急照明配电箱的应急启动控制按钮,应急照明配电箱应切断主电源输出,其所配接的所有非持续型照明灯的光源应应急点亮、持续型灯具的光源应由节电点亮模式转入应急点亮模式,且灯具光源应急点亮的响应时间应符合规定;③照明灯设置部位地面水平最低照度应符合规定;④灯具应急点亮的持续工作时间应符合规定。

10.4 火灾自动报警系统

10.4.1【原文】火灾自动报警系统应按控制器类设备安装、探测器类设备安装、其他现场设备安装、系统调试等分项工程分别进行施工质量验收。

【条文解读】本条明确了火灾自动报警系统验收范围。根据现行国家标准《火灾自动报警系统施工及验收标准》(GB 50166)对系统的分部、分项工程进行了划分,对分部工程划分为了材料设备进场检查、安装与施工、系统调试、系统检测验收 4 个分部工程;对安装与施工的分项工程划分为 4 大类:材料类、探测器类设备、控制器类设备及其他设备。

10.4.2【原文】火灾自动报警系统设备的规格、型号、性能、数量、安装位置、设置情况、功能等,应符合消防技术标准及设计文件相关规定。

【条文解读】本条明确了火灾自动报警系统设备的进场查验内容。

火灾自动报警系统的组成如下所述。

火灾自动报警系统是火灾探测报警与消防联动控制系统的简称,是以实现火灾早期探测和报警,向各类消防设备发出控制信号并接收、显示设备反馈信号,进而实现预定消防功能为基本任务的一种自动消防设施。它是一种应用相当广泛的现代消防设施,是人们同火灾做斗争的一种有力工具。随着我国经济的迅猛发展和消防安全工作的不断加强,特别是近年来,随着现行国家标准《建筑设计防火规范(2018 年版)》(GB 50016)、《火灾自动报警系统设计规范》(GB 50116)等一系列消防技术标准的贯彻实施,我国火灾自动报警系统的推广应用有了很大发展,火灾自动报警系统在安全防火工作中将继续发挥显著的作用。

消防联动控制系统是指在火灾自动报警系统中,接收火灾报警控制器发出的火灾报警信号,按预设逻辑完成各项消防功能的控制系统。通常由消防联动控制器、模块、气体灭火控制器、消防电气控制装置、消防设备应急电源、消防应急广播设备、消防电话、传输设备、消防控制室图形显示装置、消防电动装置、消火栓按钮等全部或部分设备组成。

10.4.3【原文】电气火灾监控设备、消防设备电源监控器的设置应符合消防技术标准和消防设计文件要求,并应查验下列内容:

1 设备类别、设置部位、规格型号;

2 核对安装数量,查验安装质量;

3 测试正常显示、故障报警、消音、复位及自检等功能。

【条文解读】本条明确了电气火灾监控设备、消防设备电源监控器的设置的查验内容。

1. 电气火灾探测器的定义及组成

电气火灾监控系统属于火灾预报警系统,是火灾自动报警系统的独立子系统。安装电气火灾监控系统可以有效地遏制电气火灾事故的发生,保障国家财产和人民的生命财产安全。

电气火灾监控系统应由下列部分或全部设备组成:①电气火灾监控设备,用于为所连接的电气火灾监控探测器供电,能接收来自电气火灾监控探测器的报警信号,发出声、光报警信号和控制信号,指示报警部位,记录并保存报警信息;②剩余电流式电气火灾监控探测器;③测温式电气火灾监控探测器；④当线型感温火灾探测器用于电气火灾监控时，可接入电气火灾监控设备；⑤故障电弧探测器。

2. 消防电源监控系统的定义及组成

消防电源监控系统由消防电源监控器、电压传感器、电流传感器等设备组成，对消防设备电源进行24h监测，当各类为消防设备供电的交流或直流电源（包括主备电源）发生过压、欠压、缺相、过流、中断供电等故障时，消防电源监控器实时显示电压、电流值及故障点位置，同时发出声光报警信号并记录故障信息。

3. 电气火灾监控设备主要功能检查内容

①自检功能；②操作级别；③故障报警功能；④监控报警功能；⑤消声功能；⑥复位功能。

4. 消防设备电源监控器主要功能检查内容

①自检功能；②消防设备电源工作状态实时显示功能；③主、备电源的自动转换功能；④故障报警功能：a. 备用电源连线故障报警功能；b. 配接部件连线故障报警功能；⑤消声功能；⑥消防设备电源故障报警功能；⑦复位功能。

10.4.4【原文】电气火灾监控探测器、消防设备电源监控传感器等设备的规格型号、数量、安装质量及功能应符合消防技术标准和消防设计文件要求，并应查验下列内容：

1 设备类别、设置部位、规格型号；

2 核对安装数量，查验安装质量；

3 测试电气火灾监控探测器的监控报警功能及消防设备电源监控传感器的消防设备电源故障报警功能。

【条文解读】本条明确了电气火灾监控探测器、消防设备电源监控传感器等设备的查验内容。

1. 电气火灾监控探测器的监控报警功能调试

应对剩余电流式电气火灾监控探测器的监控报警功能进行检查并记录，探测器的监控报警功能应符合下列规定：①应按设计文件的规定进行报警值设定；②应采用剩余电流发生器对探测器施加报警设定值的剩余电流，探测器的报警确认灯应在30s内点亮并保持；③监控设备的监控报警和信息显示功能应符合规定，同时监控设备应显示发出报警信号探测器的报警值。

应对测温式电气火灾监控探测器的监控报警功能进行检查并记录，探测器的监控报警功能应符合下列规定：①应按设计文件的规定进行报警值设定；②应采用发热试验装置给监控探测器加热至设定的报警温度，探测器的报警确认灯应在40s内点亮并保持；③监控设备的监控报警和信息显示功能应符合规定，同时监控设备应显示发出报警信号探测器的报警值。

应对故障电弧探测器的监控报警功能进行检查并记录，探测器的监控报警功能应符合下列规定：①应切断探测器的电源线和被监测线路，将故障电弧发生装置接入探测器，接通探测器的电源，使探测器处于正常监视状态；②应操作故障电弧发生装置，在1s内产生9个及以下半周期故障电弧，探测器不应发出报警信号；③应操作故障电弧发生装置，在1s内产生14个及以上半周期故障电弧，探测器的报警确认灯应在30s内点亮并保持；④监控设备的监控报警和信息显示功能应符合规定。

应对具有指示报警部位功能的线型感温火灾探测器的监控报警功能进行检查并记录，探测器的监控报警功能应符合下列规定：①应在线型感温火灾探测器的敏感部件随机选取3个非连续检测段，每个检测段的长度为标准报警长度，采用专用的检测仪器或模拟火灾的方法，分别给每个检测段加热至设定的报警温度，探测器的火警确认灯应点亮并保持，并指示报警部位；②监控设备的监控报警和信息显示功能应符合规定。

2. 消防设备电源监控传感器的消防设备电源故障报警功能

应对传感器的消防设备电源故障报警功能进行检查并记录，传感器的消防设备电源故障报警功能应符合下列规定：①应切断被监控消防设备的供电电源；②监控器的消防设备电源故障报警和信息显示功能应符合规定。

10.4.5【原文】火灾自动报警系统调试应按控制器类、探测器类、其他现场设备类、家用火灾安全系统、消防专用电话系统、可燃气体探测报警系统、电气火灾监控系统、消防设备电源监控系统、消防设备应急电源、火灾警报及消防应急广播系统、防火卷帘系统、防火门监控系统、气体灭火系统、自动喷水灭火系统、消火栓系统、防排烟系统、消防应急照明和疏散指示系统、电梯（含扶梯）、非消防电源等相关系统划分检验批。

【条文解读】本条明确了火灾自动报警系统调试的检验批划分要求。

火灾自动报警系统调试的检验批划分有：火灾报警控制器及其现场部件（火灾报警控制器、火灾探测器、火灾报警控制器其他现场部件）调试；家用火灾安全系统调试；消防联动控制器及其现场部件调试；消防专用电话系统调试；可燃气体探测报警系统调试；电气火灾监控系统调试；消防设备电源监控系统调试；消防设备应急电源调试；消防控制室图形显示装置和传输设备调试；火灾警报、消防应急广播系统调试；防火卷帘系统调试；防火门监控系统调试；气体、干粉灭火系统调试；自动喷水灭火系统调试；消火栓系统调试；防排烟系统调试；消防应急照明和疏散指示系统控制调试；电梯、非消防电源等相关系统联动控制调试。

10.4.6【原文】应根据系统联动控制逻辑设计文件的规定，对火灾警报、消防应急广播系统、用于防火分隔的防火卷帘系统、防火门监控系统、防烟排烟系统、消防应急照明和疏散指示系统、电梯和非消防电源等自动消防系统的整体联动控制功能进行检查并记录。

【条文解读】本条规定了火灾警报、消防应急广播系统、用于防火分隔的防火卷帘系统、防火门监控系统、防烟排烟系统、消防应急照明和疏散指示系统、电梯和非消防电源等自动消防系统的整体联动控制功能的检查要求。

本条规定指的是对火灾自动报警系统的系统整体联动控制调试，也就是说在系统整体联动控制调试之前各项设备系统均经过调试并已合格，将这些设备及系统连接组成完整的火灾自动报警系统对其进行系统整体联动控制调试，其目的是检查整个系统的功能是否符合现行国家标准《火灾自动报警系统设计规范》（GB 50116）和设计的联动逻辑关系规定，全面调试系统的各项功能。

11 建筑防烟排烟系统

【本章条文说明】本章相关内容应按照《建筑防烟排烟系统技术标准》（GB 51251）执行。

11.1 一般规定

11.1.1【原文】建筑防烟排烟系统施工质量验收包括自然通风系统、机械加压送风系统、自然排烟系统、机械排烟系统以及机械排烟补风系统。

【条文解读】本条明确了建筑防烟、排烟系统包括的内容。

防烟系统是通过采用自然通风方式，防止火灾烟气在楼梯间、前室、避难层（间）等空间内积聚，或通过采用机械加压送风方式阻止火灾烟气侵入楼梯间、前室、避难层（间）等空间的系统，防烟系统分为自然通风系统和机械加压送风系统。

排烟系统是采用自然排烟或机械排烟的方式，将房间、走道等空间的火灾烟气排至建筑物外的系统，分为自然排烟系统和机械排烟系统。补风系统是排烟系统的有机组成，排烟系统排烟时，补风的主要目的是形成理想的气流组织，迅速排除烟气，有利于人员的安全疏散和消防人员的进入。补风系统可采用疏散外门、手动或自动可开启外窗等自然进风方式以及机械送风方式。

应对以上系统的工程资料、设置形式、观感质量、系统功能进行验收。

11.1.2【原文】建筑防烟、排烟系统可按风管制作、风管安装、部件安装、风机安装、风管与设备防腐和绝热以及系统调试等施工内容划分检验批。

【条文解读】本条明确了建筑防烟、排烟系统检验批划分。

11.1.3【原文】系统调试应包括设备单机调试和联动调试。设备单机调试和联动调试应符合消防技术标准和消防设计文件的要求。

【条文解读】本条明确了建筑防排烟系统调试工作。

11.1.4【原文】防烟排烟系统的系统设置应符合相关消防技术标准和消防设计文件要求，并重点查看防烟排烟系统的设置形式。

【条文解读】本条明确了防烟、排烟系统重点查看系统的设置形式。

设置防烟、排烟系统旨在及时排出火灾产生的高温和有毒烟气，阻止烟气向发生火灾的防烟分区外扩散，使人员在疏散过程中不会受到烟气的直接作用，同时为消防救援人员进行灭火救援创造有利条件，防烟、排烟系统的设置形式是系统功能保障的基本条件，必须符合消防技术标准和消防设计文件要求。

建筑防烟系统的设计应根据建筑高度、使用性质等因素，采用自然通风系统或机械加压送风系统。建筑高度大于50m的公共建筑、工业建筑和建筑高度大于100m的住宅建筑，其防烟楼梯间、独立前室、共用前室、合用前室及消防电梯前室应采用机械加压送风系统。建筑高度不大于50m的公共建筑、工业建筑和建筑高度不大于100m的住宅建筑，其防烟楼梯间、独立前室、共用前室、合用前室（除共用前室与消防电梯前室合用外）及消防电梯前室应采用自然通风系统；当不能设置自然通风系统时，应采用机械加压送风系统。

建筑排烟系统的设计应根据建筑的使用性质、平面布局等因素，优先采用自然排烟系统。民用建筑的下列场所或部位应设置排烟设施：设置在一层、二层、三层且房间建筑面积大于100m² 的歌舞娱乐放映游艺场所，设置在四层及以上楼层、地下或半地下的歌舞娱乐放映游艺场所；中庭；公共建筑内建筑面积大于100m² 且经常有人停留的地上房间；公共建筑内建筑面积大于300m² 且可燃物较多的地上房间；建筑内长度大于20m的疏散走道。地下或半地下建筑（室）、地上建筑内的无窗房间，当总建筑面积大于200m² 或一个房间建筑面积大于50m²，且经常有人停留或可燃物较多时，应设置排烟设施。

11.2 防烟系统

11.2.1【原文】自然通风设施的设置应符合相关消防技术标准和消防设计文件要求，并应检查下列内容：

1 查看封闭楼梯间、防烟楼梯间、前室及消防电梯前室可开启外窗的开启方式，测量开启面积；

2 查看避难层（间）可开启外窗或百叶窗的开启方式，测量开启面积；

3 查看固定窗的设置情况。

【条文解读】本条明确了自然通风设施的设置应查验的内容。

（1）采用自然通风方式防烟的楼梯间前室和消防电梯前室，通风开口的面积大小是影响防烟效果的主要因素，只有保证一定的开口面积才能确保防烟的有效性。封闭楼梯间、防烟楼梯间，应在最高部位设置面积不小于1.0m² 的可开启外窗或开口；当建筑高度大于10m时，尚应在楼梯间的外墙上每5层内设置总面积不小于2.0m² 的可开启外窗或开口，且布置间隔不大于3层。前室采用自然通风方式时，独立前室、消防电梯前室可开启外窗或开口的面积不应小于2.0m²，共用前室、合用前室不应小于3.0m²。

（2）避难层和避难间是建筑内人员，尤其是行动不便者避免火灾威胁、等待救援的安全场所，避难区采用自然通风方式防烟时，应设有不同朝向的可开启外窗，其可开启有效面积应不小于避难区地面面积的2％，且每个朝向的面积均应不小于2.0m²。避难间应至少有一侧外墙具有可开启外窗，其可开启有效面积应不小于该避难间地面面积的2％，并应不小于2.0m²。

（3）可开启外窗应方便直接开启，设置在高处不便于直接开启的可开启外窗应在距地面高度为1.3～1.5m的位置设置手动开启装置。

11.2.2【原文】加压送风机的设置及功能应符合相关消防技术标准和消防设计文件要求，并应检查下列内容：

1 查看设置位置、数量及安装质量；

2 查看种类、规格、型号；

3 查看供电情况；

4 测试功能，就地手动启停风机，远程直接手动启停风机；

5 抽查加压送风机，并核对其质量证明文件。

【条文解读】本条明确了加压送风机的设置及功能应查验的内容。

本条第1～2款，风机的选型是根据系统本身要求的性能参数所决定，而安装位置、安装方式又对风机的风量风压影响很大，应查看设备铭牌、质量证明文件、设置位置、数量及安装质量符合相关消防技术标准和消防设计文件要求。

本条第3款，风机供电应采用专用的供电回路，确保生产、生活用电被切断时，仍能保证消防供电，其配电线路的最末一级配电箱处设置自动切换装置。

本条第4款，手动功能是系统中的重要部分，它能保证在火灾自动报警系统故障、联动功能失效的情况下启动系统运行，确保系统功能发挥作用。

11.2.3【原文】防烟系统的管道设置应符合相关消防技术标准和消防设计文件要求，并重点查看管道布置、材质、保温材料及安装质量。

【条文解读】本条明确了防烟系统的管道设置应查验的内容。

风道在火灾时的完整性和密闭性是保障加压送风系统能发挥正常的防烟功能重要条件，其材质、布置、管道井应符合消防技术标准和消防设计文件要求。

机械加压送风系统应采用管道送风，且不应采用土建风道。送风管道应采用不燃材料制作且内壁应光滑。机械加压送风管道的设置和耐火极限应符合下列规定：竖向设置的送风管道应独立设置在管道井内，当确有困难时，未设置在管道井内或与其他管道合用管道井的送风管道，其耐火极限不应低于1.00h；水平设置的送风管道，当设置在吊顶内时，其耐火极限不应低于0.50h；当未设置在吊顶内时，其耐火极限不应低于1.00h。机械加压送风系统的管道井应采用耐火极限不低于1.00h的隔墙与相邻部位分隔，当墙上必须设置检修门时应采用乙级防火门。

11.2.4【原文】防火阀的设置及功能应符合相关消防技术标准和消防设计文件要求，并应检查下列内容：

1 查看设置位置、型号及安装质量；

2 测试功能；

3 抽查防火阀，并核对其质量证明文件。

【条文解读】本条明确了防火阀的设置及功能应查验的内容。

（1）查看防火阀设置位置、型号及安装质量符合相关消防技术标准和消防设计文件要求。

（2）应进行下列功能测试：进行手动开启、复位试验，阀门动作应灵敏、可靠，远距离控制机构的脱扣钢丝连接不应松弛、脱落；模拟火灾，相应区域火灾报警后，同一防火分区的防火阀应联动开启；阀门开启后的状态信号应能反馈到消防控制室；阀门开启后应能联动相应的风机启动。

11.2.5【原文】常闭加压送风口的手动功能应符合相关消防技术标准和消防设计文件要求，并应测试下列内容：

1 测试常闭加压送风口的手动开启和复位功能；

2 消防控制设备应显示常闭加压送风口的动作状态信号。

【条文解读】本条明确了常闭加压送风口的手动功能应查验的内容。

手动功能是系统中的重要部分，它能保证在火灾自动报警系统故障、联动功能失效的情况下启动系统运行，确保系统功能发挥作用。常闭加压送风口应进行手动开启、复位试验，阀门动作应灵敏、可靠，远距离控制机构的脱扣钢丝连接不应松弛、脱落；阀门开启后的状态信号应能反馈到消防控制室。

11.2.6【原文】防烟系统的联动功能应符合相关消防技术标准和消防设计文件要求，并应测试下列内容：

1 测试送风机的联动启动功能；

2 测试送风口的联动控制功能；

3 消防控制设备应显示送风机、常闭送风口等设施的动作状态信号。

【条文解读】本条明确了防烟系统的联动功能应查验的内容。

联动控制有利于迅速防止火灾烟气蔓延和人员的安全疏散，防烟系统送风机和送风口的联动功能应符合下列条件：当任何一个常闭送风口开启时，相应的送风机均应能联动启动；与火灾自动报警系统联动调试时，当火灾自动报警探测器发出火警信号后，应在15s内开启该防火分区楼梯间的全部加压送风机及该防火分区内着火层及其相邻上下层前室及合用前室的常闭送风口。

11.2.7【原文】防烟系统的系统性能应符合相关消防技术标准和消防设计文件要求，并应测试下列内容：

1 测试楼梯间、前室及封闭避难层（间）的风压值；

2 测试楼梯间、前室及封闭避难层（间）疏散门的门洞断面风速值。

【条文解读】本条明确了防烟系统的系统性能应查验的内容。

（1）正压送风系统的设置目的是开启着火层疏散通道时要相对保持该门洞处的风速以及能够保持疏散通道内有一定的正压值。机械加压送风量应满足走廊至前室至楼梯间的压力呈递增分布，余压值应符合下列规定：前室、封闭避难层（间）与走道之间的压差应为 $25 \sim 30Pa$；楼梯间与走道之间的压差应为 $40 \sim 50Pa$；当系统余压值超过最大允许压力差时应采取泄压措施。

（2）封闭避难层（间）、避难走道设置机械加压送风系统，可以保证避难层内一定的正压值，也可为避难人员的呼吸提供必需的室外新鲜空气。风量应按避难层（间）、避难走道的净面积每平方米不少于 $30m^3/h$ 计算。避难走道前室的送风量应按直接开向前室的疏散门的总断面积乘以 $1.0m/s$ 门洞断面风速计算。

11.3 排烟系统

11.3.1【原文】自然排烟设施的设置应符合相关消防技术标准和消防设计文件要求，并应检查下列内容：

1 查看设置自然排烟场所的可开启外窗、排烟窗、可熔性采光带（窗）的布置方式；

2 查看外窗开启方式，测量开启面积；

3 查看固定窗的设置情况。

【条文解读】本条明确了自然排烟设施的设置应查验的内容。

多层建筑比较简单，受外部条件影响较少，一般采用自然通风方式。

（1）排烟口的布置对烟流的控制至关重要，防烟分区内自然排烟窗（口）的面积、数量、位置应符合相关消防技术标准和消防设计文件要求。且防烟分区内任一点与最近的自然排烟窗（口）之间的水平距离不应大于30m。当工业建筑采用自然排烟方式时，其水平距离尚不应大于建筑内空间净高的2.8倍；当公共建筑空间净高不小于6m，且具有自然对流条件时，其水平距离不应大于37.5m；自然排烟窗（口）应设置在排烟区域的顶部或外墙，并应符合下列规定：当设置在外墙上时，自然排烟窗（口）应在储烟仓以内，但走道、室内空间净高不大于3m的区域的自然排烟窗（口）可设置在室内净高度的1/2以上；自然排烟窗（口）的开启形式应有利于火灾烟气的排出；当房间面积不大于200m²时，自然排烟窗（口）的开启方向可不限；自然排烟窗（口）宜分散均匀布置，且每组的长度不宜大于3.0m；设置在防火墙两侧的自然排烟窗（口）之间最近边缘的水平距离不应小于2.0m。

（2）开启外窗的形式有上悬窗、中悬窗、下悬窗、平推窗、平开窗和推拉窗等，形式不同，有效排烟面积不同，外窗开启方式及开启面积应符合相关消防技术标准和消防设计文件要求。

（3）自然排烟窗（口）应设置手动开启装置，设置在高位不便于直接开启的自然排烟窗（口），应设置距地面高度1.3～1.5m的手动开启装置。净空高度大于9m的中庭、建筑面积大于2000m²的营业厅、展览厅、多功能厅等场所，尚应设置集中手动开启装置和自动开启设施。

11.3.2【原文】排烟风机、排烟补风机等消防风机的设置及功能应符合相关消防技术标准和消防设计文件要求，并应检查下列内容：

1　查看设置位置、数量及安装质量；

2　查看种类、规格、型号；

3　查看供电情况；

4　测试功能，就地手动启停风机，远程直接手动启停风机，自动启动风机，280℃排烟防火阀连锁停排烟风机及补风机；

5　抽查排烟风机及排烟补风机，并核对其质量证明文件。

【条文解读】本条明确了排烟风机、排烟补风机等消防风机的设置及功能应查验的内容。

本条第1～2款，风机的选型是根据系统本身要求的性能参数所决定，而安装位置、安装方式又对风机的风量风压影响很大，应查看设备铭牌、质量证明文件、设置位置、数量及安装质量符合相关消防技术标准和消防设计文件要求。

本条第3款，风机供电应采用专用的供电回路，确保生产、生活用电被切断时，仍能保证消防供电，其配电线路的最末一级配电箱处设置自动切换装置。

本条第4款，风机除就地启动和火灾报警系统联动启动外，还应具有消防控制室内直接控制启动和系统中任一排烟阀（口）开启后联动启动，目的是确保排烟系统不受其他因素的影响。排烟防火阀平时呈开启状态，火灾时当排烟管道内烟气温度达到280℃时自动关闭，在关闭后应直接联动控制风机停止，以阻止带火烟气或高温烟气进入排烟管道系统，保护排烟风机和排烟管道，防止火灾向其他区域蔓延，排烟防火阀及风机的动作信号应反馈至消防联动控制器。

11.3.3【原文】排烟系统的管道设置应符合相关消防技术标准和消防设计文件要求，并重点查看管道布置、材质、保温材料及安装质量。

【条文解读】本条明确了排烟系统的管道设置应查验的内容。

如果热烟气烧坏排烟管道，火灾的竖向蔓延非常迅速，而且竖向容易跨越多个防火分区，所造成的危害极大，为避免火灾中火和烟气通过排烟管道蔓延，排烟系统管道的布置、材质、保温材料及安装质量应符合消防技术标准和消防设计文件要求。

机械排烟系统应采用管道排烟，且不应采用土建风道。排烟管道应采用不燃材料制作且内壁应光滑。当排烟管道内壁为金属时，管道设计风速不应大于20m/s；当排烟管道内壁为非金属时，管道设计风速不应大于15m/s；排烟管道的设置和耐火极限应符合下列规定：排烟管道及其连接部件应能在280℃时连续30min保证其结构完整性；竖向设置的排烟管道应设置在独立的管道井内，排烟管道的耐火极限不应低于 0.50h；水平设置的排烟管道应设置在吊顶内，其耐火极限不应低于 0.50h；当确有困难时，可直接设置在室内，但管道的耐火极限不应小于 1.00h。设置在走道部位吊顶内的排烟管道，以及穿越防火分区的排烟管道，其管道的耐火极限不应小于 1.00h，但设备用房和汽车库的排烟管道耐火极限可不低于 0.50h。当吊顶内有可燃物时，吊顶内的排烟管道应采用不燃材料进行隔热，并应与可燃物保持不小于 150mm 的距离。

11.3.4【原文】防火阀、排烟防火阀的设置及功能应符合相关消防技术标准和消防设计文件要求，并应检查下列内容：

1 查看设置位置、型号及安装质量；

2 测试功能；

3 抽查防火阀、排烟防火阀，并核对其质量证明文件。

【条文解读】本条明确了防火阀、排烟防火阀的设置及功能应查验的内容。

（1）排烟系统在负担多个防烟分区时，主排烟管道与连通防烟分区排烟支管处应设置排烟防火阀，以防止火灾通过排烟管道蔓延到其他区域。排烟管道下列部位应设置排烟防火阀：垂直风管与每层水平风管交接处的水平管段上；一个排烟系统负担多个防烟分区的排烟支管上；排烟风机入口处；穿越防火分区处。

（2）排烟防火阀的功能测试应包含下列内容：进行手动关闭、复位试验，阀门动作应灵敏、可靠，关闭应严密；模拟火灾，相应区域火灾报警后，同一防火分区内排烟管道上的其他阀门应联动关闭；阀门关闭后的状态信号应能反馈到消防控制室；阀门关闭后应能联动相应的风机停止。

11.3.5【原文】排烟系统部件的手动功能应符合相关消防技术标准和消防设计文件要求，并应测试下列内容：

1 测试排烟阀或排烟口、补风口的手动开启和复位功能；

2 测试活动挡烟垂壁、自动排烟窗的手动开启和复位功能；

3 消防控制设备应显示各部件的动作状态信号。

【条文解读】本条明确了排烟系统部件的手动功能应查验的内容。

（1）手动功能是系统中的重要部分，它能保证在火灾自动报警系统故障、联动功能失效的情况下启动系统运行，确保系统功能发挥作用。常闭排烟阀或排烟口、补风口测试应进行手动开启、复位试验，阀门动作应灵敏、可靠，远距离控制机构的脱扣钢丝连接不应松弛、脱落，阀门开启后的状态信号应能反馈到消防控制室。

（2）手动功能是系统中的重要部分，它能保证在火灾自动报警系统故障、联动功能失效的情况下启动系统运行，确保系统功能发挥作用。活动挡烟垂壁应进行手动操作挡烟垂壁按钮进行开启、复位试验，挡烟垂壁应灵敏、可靠地启动与到位后停止，下降高度应符合设计要求，挡烟垂壁下降到设计高度后应能将状态信号反馈到消防控制室；自动排烟窗应进行手动操作排烟窗开关进行开启、关闭试验，排烟窗动作应灵敏、可靠，与消防控制室联动的排烟窗完全开启后，状态信号应反馈到消防控制室。

11.3.6【原文】排烟系统的联动功能应符合相关消防技术标准和消防设计文件要求，并应测试下列内容：

1 测试排烟风机、排烟补风机的联动启动功能；

2 测试排烟阀或排烟口、补风口、电动防火阀的联动控制功能；

3 测试活动挡烟垂壁、自动排烟窗的联动控制功能；

4 消防控制设备应显示各部件、设备的动作状态信号。

【条文解读】本条明确了排烟系统的联动功能应查验的内容。

现行国家标准《建筑防烟排烟系统技术标准》（GB 51251）第 5.2.4 条明确规定，当发生火灾时只对着火的防烟分区进行排烟。在进行联动测试时，逻辑关系应如下：

本条第 1～2 款，当任何一个常闭排烟阀或排烟口开启时，排烟风机均应能联动启动；与火灾自动报警系统联动时，当火灾自动报警系统发出火警信号后，机械排烟系统应启动有关部位的排烟阀或排烟口、排烟风机；启动的排烟阀或排烟口、排烟风机应与设计和标准要求一致；有补风要求的机械排烟场所，当火灾确认后，补风系统应启动；排烟系统与通风、空调系统合用，当火灾确认后，火灾自动报警系统应在 15s 内联动开启相应防烟分区的全部排烟阀、排烟口、排烟风机和补风设施，并应在 30s 内自动关闭与排烟无关的通风、空调系统。担负两个及以上防烟分区的排烟系统，应仅打开着火防烟分区的排烟阀或排烟口，其他防烟分区的排烟阀或排烟口应呈关闭状态。消防控制设备应显示排烟系统的排烟风机、补风机、阀门等设施启闭状态。

本条第 3 款，当火灾确认后，火灾自动报警系统应在 15s 内联动相应防烟分区的全部活动挡烟垂壁，60s 以内挡烟垂壁应开启到位。当采用与火灾自动报警系统自动启动时，自动排烟窗应在 60s 内或小于烟气充满储烟仓时间内开启完毕。带有温控功能自动排烟窗，其温控释放温度应大于环境温度 30℃且小于 100℃。

本条第 4 款，排烟系统设施动作反馈信号至消防控制室是为了方便消防值班人员准确掌握和控制设备运行情况。

11.3.7【原文】排烟系统的系统性能应符合相关消防技术标准和消防设计文件要求，并应测试下列内容：

1 测试防烟分区内排烟口的风速，防烟分区排烟量；

2 设有补风系统的场所，测试补风口风速，补风量。

【条文解读】本条明确了排烟系统的系统性能应查验的内容。

（1）排烟口的风速不宜大于 10m/s。封闭式吊顶上设置的烟气流入口的颈部烟气速度不宜大于 1.5m/s；测试时开启防烟分区的全部排烟口，测试排烟口处的风速，风速、风量应符合相关消防技术标准和消防设计文件要求且偏差不大于设计值的 10%。

（2）机械补风口的风速不宜大于 10m/s，人员密集场所补风口的风速不宜大于 5m/s。自然补风口的风速不宜大于 3m/s。设有补风系统的场所，测试补风口风速，风速、风量应符合相关消防技术标准和消防设计文件要求且偏差不大于设计值的 10%。

12　城市轨道交通工程

【本章条文说明】城市轨道交通建设工程验收分为检验批验收、分项工程验收、分部工程验收、单位工程验收、项目工程验收和竣工验收。检验批、分项工程、分部工程、单位工程的划分按照国家及本市有关验收标准执行。

城市轨道交通建设工程检验批验收、分项工程验收、分部工程验收合格后方可组织单位工程验收；单位工程验收合格且涉及试运行安全的相关专业验收合格后，方可组织项目工程验收；项目工程验收合格且按照规定完成不载客试运行，符合相关规定后，方可组织工程竣工验收。

12.1　单位工程验收阶段的消防查验

12.1.1【原文】城市轨道交通工程的单位工程完工后，施工单位相关负责人应组织施工单位技术负责人、质量部门负责人和项目负责人、项目技术负责人、项目质量管理人员等进行工程自检、自检合格后，报监理单位。

【条文解读】本条规定了单位工程施工完成后，施工单位应进行自检，自检由施工单位相关负责人组织，施工单位技术负责人、质量部门负责人和项目负责人、项目技术负责人、项目质量管理人员等参加。自检合格后，报监理单位。

12.1.2【原文】 总监理工程师应组织建设单位代表、设计和勘察单位相关专业负责人、施工单位项目负责人和项目技术负责人等进行单位工程预验收。施工单位应及时整改在单位工程预验收中发现的问题，整改完成后，报监理单位复查，复查合格后，由总监理工程师签署预验收文件。预验收合格后，施工单位应向建设单位提交消防工程施工质量自查报告。

【条文解读】 本条规定了总监理工程师组织单位工程预验收程序，规定了预验收文件签署和施工单位提交工程施工质量自查报告。

12.1.3【原文】 单位工程验收阶段的消防查验应具备以下条件：

1 完成工程设计和合同约定的各项内容，缓验工程已向相关工程验收主管部门报告，且不影响试运行阶段的消防安全；

2 监理单位组织的预验收已完成，预验收发现的问题整改完毕，预验收合格；

3 勘察、设计单位签署的《工程质量检查报告》、施工单位签署的《工程自检报告》、监理单位签署的《工程质量评估报告》已提交建设单位。

【条文解读】 本条规定了单位工程验收阶段的消防查验应具备的条件。

12.1.4【原文】 单位工程验收阶段的消防查验应由建设单位项目负责人组织，勘察、设计、施工、监理等参建单位的项目负责人应参加。

【条文解读】 本条规定了单位工程验收阶段的消防查验应由建设单位项目负责人组织，相关单位项目负责人参加。

12.1.5【原文】 建设单位应组织编制单位工程验收阶段的消防查验方案，内容应包括：查验范围、查验内容、查验依据、查验标准、查验程序、查验人员、任务分工及职责，查验范围内的项目应进行全面检查。

【条文解读】 本条规定了建设单位组织编制单位工程验收阶段的消防查验方案的内容。

12.1.6【原文】 单位工程消防查验可与单位工程验收同步进行，并应符合以下程序：

1 建设单位核对查验组主要成员，核查主要人员资格；

2 建设单位明确查验范围、查验依据、人员分工和查验流程；

3 建设、勘察、设计、施工、监理等单位分别汇报消防工程建设情况、自检及预验收情况；

4 实地查验工程质量，并对查验范围内的消防设备设施的使用功能进行检测，具体查验项目、数量按照查验方案执行；

5 审阅建设、勘察、设计、监理、施工单位的工程档案资料；

6 汇总查验结果，形成查验意见。

【条文解读】 本条规定了单位工程消防查验的具体程序。可包括预备会、现场工程质量查验、审阅资料、总结会形成查验意见。

12.1.7【原文】 城市轨道交通工程消防资料按照现行北京市地方标准《城市轨道交通工程质量验收标准》（DB11/T 311）等相关标准的要求填写。

【条文解读】 本条规定轨道交通消防工程资料执行北京市地方标准《城市轨道交通工程质量验收标准》（DB11/T 311）。

12.2 项目工程验收阶段的消防查验

12.2.1【原文】 项目工程验收阶段的消防查验应具备以下条件：

1 项目工程验收所含单位工程均已完成设计及合同约定的内容，并通过了单位工程验收阶段的消防查验；

2　单位工程验收阶段的消防查验所提出的问题已全部整改完成；

3　已采取的消防措施满足试运行期间的消防要求。

【条文解读】本条规定了轨道交通项目工程验收阶段消防查验应具备的条件。

12.2.2【原文】建设单位项目负责人组织项目工程验收阶段的消防查验工作，勘察、设计、施工、监理等参建单位的项目负责人应参加。必要时，技术服务机构主要负责人可参与消防查验工作。

【条文解读】本条规定了项目工程验收阶段的消防查验工作由建设单位项目负责人组织，相关单位项目负责人参加。

12.2.3【原文】项目工程验收阶段的消防查验可与项目工程验收同步进行，并应符合以下程序：

1　建设单位核对查验组主要成员，核查主要人员资格；

2　建设单位明确查验范围、查验依据、人员分工和查验流程；

3　建设单位介绍单位工程验收阶段消防查验情况；

4　审查单位工程验收阶段消防查验发现问题的整改情况；

5　审查已采取的消防措施的执行情况；

6　汇总查验结果，形成查验意见。

【条文解读】本条规定了项目工程验收阶段的消防查验的具体程序。

12.2.4【原文】建设单位可委托具有相应从业条件的技术服务机构进行消防检测或实体检验。检测工作应依据建筑法律法规和消防法律法规要求、工程建设技术标准，按照消防技术标准和设计文件的要求，对消防工程施工质量进行质量管理、建筑构件施工、消防产品质量等抽样检查，在系统性能测试的基础上对工程施工质量进行必要的测试检测。消防工程质量检测完成后，技术服务机构应出具检测报告。

【条文解读】本条规定了建设单位可委托具有相应从业条件的技术服务机构进行消防检测或实体检验，提出了检测依据、检测内容，并提出了技术服务机构检测完成出具检测报告。

12.3　竣工验收阶段的消防查验

12.3.1【原文】竣工验收阶段的消防查验应具备以下条件：

1　项目工程验收阶段的消防查验问题全部整改完成；

2　缓验项目已全部通过消防查验。

【条文解读】本条规定了竣工验收阶段应具备的条件。

12.3.2【原文】建设单位应组织编制竣工验收阶段的消防查验方案，内容应包括：查验范围、缓验内容、查验依据、查验标准、查验程序、查验人员、任务分工及职责。

【条文解读】本条规定了建设单位组织编制竣工验收阶段的消防查验方案的内容。

12.3.3【原文】竣工验收阶段的消防查验可与竣工验收同步进行，并遵循以下程序：

1　建设单位核对查验组主要成员，核查主要人员资格；

2　建设单位介绍工程建设情况；

3　审阅基建文件和项目工程验收等资料；

4　审阅缓验项目的查验记录；

5　汇总查验结果形成查验意见。

【条文解读】本条规定竣工验收阶段的消防查验的具体程序。

12.3.4【原文】竣工验收阶段消防查验不合格的建设工程，建设单位不得编制工程竣工验收报告。

【条文解读】本条规定竣工验收阶段消防查验不合格的，建设单位不得编制工程竣工验收报告，不得报请竣工验收。

12.4 FAS 功能验收

【本节条文说明】FAS 系统是提高城市轨道交通消防安全管理水平和防控火灾能力的措施，在城市轨道交通领域内科学合理使用 FAS 系统的功能可以及时发现初期火灾并有效整改火灾隐患，做到"安全自查、隐患自除、责任自负"，以此提高预防火灾、抗御火灾的能力。同时，FAS 系统是提高消防工作快速反应能力的技术手段。发生火灾时，FAS 系统监控中心接收到火警信号，经系统确认后及时报告 119 消防指挥中心，使消防人员能够迅速到达火场，实施有效灭火，能显著提高消防工作快速反应能力，提高扑灭初期火灾的成功率。

12.4.1【原文】FAS 主机主要检查下列内容：

1 箱柜外观正常无变形，外壳无破损、板卡无脱落现象；

2 安装高度、位置与施工图纸一致；

3 消防立柜落地底座安装固定在结构板上；

4 控制柜接地牢固，有明显标志；

5 柜体和柜门必须设置跨接地线；

6 柜内配线整齐，避免交叉，导线绑扎成束；

7 电缆芯线和所配导线端部有编号，编号与图纸一致，端子排每个接线端不超过 2 根导线；

8 电缆必须有挂牌，明确电缆型号、芯数及起始端位置；

9 进线槽口做好封堵；多股软线应加线鼻子或搪锡；

10 蓄电池参数和数量与合同要求一致，外观无锈蚀、灰尘、膨胀和漏液现象，安装牢固，不松动；

11 屏幕显示清晰，无非正常报警信息（火警、联动、故障等）；

12 各指示灯显示正常；

13 各按钮功能正常，能实现相应功能，按钮有中文标识；

14 断开市电空开，主备电切换功能正常；

15 主机时间与 ISCS 工作站时间一致。

【条文解读】本条规定了对 FAS 主机进行检查，应检查的具体内容。

12.4.2【原文】下列 FAS 接口及信息反馈应逐项检查，并要求在 FAS 主机、工作站和 ISCS 工作站上显示文字信息描述准确：

1 FAS 能接收现场自动防火阀关闭状态信号；

2 FAS 控制 AFC 闸机释放，并接收闸机释放完成反馈；

3 FAS 对 ACS 下发控制信号，按区域进行门禁释放，并接收门禁释放完成反馈；

4 FAS 对 EPS 下发控制信号，执行回路的强启点亮动作，并接收 EPS 强启完成反馈；

5 FAS 按照区域下发非消防电源控制指令，公共区照明延时切除指令，延时时间为 6min；其他区域下发立即切除指令。0.4kV 开关柜按切电范围（区域）分别返回非消防电源已切除的状态信息给 FAS；

6 实现对消防电源监控系统总报警信号的接收；

7 FAS 控制防火卷帘控制箱的下降，并监视防火卷帘控制箱的下降状态；

8 FAS 远程控制消防泵，接收其状态反馈信息；

9 气灭控制电动防火阀关闭，监视电动防火阀关闭后的状态；

10 在火灾状态下发出板式排烟口开启指令，监视板式排烟口开启后的状态；

11 FAS 在火灾状态下发出电动排烟窗开启指令，监视电动排烟窗开启后的状态；

12　FAS联动控制盘手动控制喷淋泵，接收其状态反馈信息；

13　FAS准确接收湿式报警阀动作状态信号；

14　FAS准确接收信号蝶阀动作状态信号；

15　FAS准确接收水流指示器状态信号；

16　FAS对电梯下发消防紧急控制指令，电梯执行指令实现电梯回到安全层反馈状态给FAS；

17　FAS负责接收过滤器塞式电动浮球阀状态信号。

【条文解读】本条规定了应逐项检查的FAS接口及信息反馈事项，这些信息要在FAS主机、工作站和ISCS工作站上正确显示，信息描述文字应准确。

12.4.3【原文】气灭就地控制盘应检查下列内容：

1　控制盘运行正常，无非正常报警信息，指示灯显示正常；

2　在自动状态下，以单个保护区为单位，用烟、温枪或模拟激活探测器，触发保护区联动，查看报警设备在FAS主机、工作站和ISCS工作站上显示文字信息描述准确，设备名称和物理位置与实际一致；

3　一次火警下警铃动作；二次火警下声光报警、电动防火阀关闭、延时30s电磁阀动作；模拟气瓶间压力开关动作，点亮放气勿入灯；

4　手/自动按钮在手动和自动状态下，进行手动紧急启动和紧急停止功能测试，各项联动动作正确。

【条文解读】本条规定了气体灭火控制盘应检查和测试的内容。

12.4.4【原文】火灾自动报警系统验收应重点查验下列资料：

1　施工现场质量管理检查记录；

2　系统安装过程质量检查记录；

3　系统部件的现场设置情况记录；

4　系统联动编程设计记录；

5　系统调试记录；

6　系统设备的检验报告、合格证及相关材料。

【条文解读】本条规定了火灾自动报警系统应检查的工程资料内容。

12.5　消防控制室验收

12.5.1【原文】消防控制室应设置火灾报警控制器、消防联动控制器、消防控制室图形显示装置、消防电话总机、消防应急广播控制装置、消防应急照明和疏散指示系统控制装置、消防电源监控器等设备，或者设置具有相应功能的组合设备。

【条文解读】本条规定了轨道交通消防控制室应设置的设备。目前一般多采用多功能组合设备。

12.5.2【原文】消防控制室配备的消防设备需要具备下列监控功能：

1　消防控制室设置的消防设备能够监控并显示消防设施运行状态信息，并能够向城市消防远程监控中心传输相应信息。

2　消防控制室内需要保存必要的文字、电子资料，存储相关的消防安全管理信息，并能够及时向监控中心传输消防安全管理信息。

3　设置2个及以上消防控制室的，应确定主消防控制室、分消防控制室；主消防控制室的消防设备能够对系统内共用消防设备进行控制，显示其状态信息，并能够显示各个分消防控制室内消防设备的状态信息，具备对分消防控制室内消防设备及其所控制的消防系统、设备的控制功能；各分消防控制室的消防设备之间可以互相传输、显示状态信息，不能互相控制消防设备。

【条文解读】本条规定了消防控制室配备的消防设备需要具备的监控功能内容。

12.5.3【原文】 消防控制室内应保存有下列纸质台账档案和电子资料：

1 竣工后的总平面布局图、消防设施平面布置图和系统图以及安全出口布置图、重点部位位置图；

2 消防安全管理规章制度、应急灭火预案、应急疏散预案；

3 消防安全组织结构图，包括消防安全责任人、管理人、专兼职和志愿消防队员；

4 消防安全培训记录、灭火和应急疏散预案的演练记录；

5 值班情况、消防安全检查情况及巡查情况等记录；

6 消防设施一览表，包括消防设施的类型、数量、状态；

7 消防联动系统控制逻辑关系说明、设备使用说明书、系统操作规程、系统以及设备的维护保养制度和技术规程；

8 设备运行状况、接报警记录、火灾处理情况、设备检修检测报告。

【条文解读】本条规定了消防控制室内应保存的资料，包括纸质台账档案和电子资料。

12.5.4【原文】 消防控制室图形显示装置应采用中文标注和中文界面，消防控制室图形显示装置按照下列要求显示相关信息：

1 能够显示前述电子资料内容以及符合规定的消防安全管理信息；

2 能够显示消防系统及设备的名称、位置和消防控制器、消防联动控制设备（含消防电话、消防应急广播、消防应急照明和疏散指示系统、消防电源等控制装置）的动态信息；

3 能够显示火灾报警信号、监管报警信号、反馈信号、屏蔽信号；故障信号输入时，具有相应状态的专用总指示，在总平面布局图中应显示输入信号所在位置，在建筑平面图上应显示输入信号所在的位置和名称，并记录时间、信号类别和部位等信息；

4 能够显示输入的火灾报警信号和反馈信号的状态信息；

5 能够显示可燃气体探测报警系统、电气火灾监控系统的报警信息、故障信息和相关联动反馈信息。

【条文解读】本条规定无论消防控制室采用国产设备还是进口设备，其图形显示装置一律采用中文标注和中文界面，并规定了消防控制室图形显示装置按照显示相关信息的相关要求。

12.5.5【原文】 火灾报警控制器应能够显示火灾探测器、火灾显示盘、手动火灾报警按钮的正常工作状态、火灾报警状态、屏蔽状态及故障状态等相关信息，能够控制火灾声光警报器启动和停止。

【条文解读】本条规定了火灾报警控制器显示信息要求，并要求能够控制火灾声光警报器启动和停止。

12.5.6【原文】 消防联动控制设备能够将各类消防设施及其设备的状态信息传输到图形显示装置；能够控制和显示各类消防设施的电源工作状态、各类设备及其组件的启/停等运行状态和故障状态；能够控制具有自动控制、远程控制功能的消防设备的启/停，并接收其反馈信号。

【条文解读】本条规定了消防联动控制设备应具备的功能。

12.6 防烟排烟系统验收

【本节条文说明】烟气是造成建筑火灾人员伤亡的主要因素。城市轨道交通火灾的特点是突发性强、空间封闭、通排风不畅，乘客逃生途径较少，逃生距离较大，隧道构成的活塞效应会助长火势，且机电设备、线路集中，所以一旦火灾发生，产生大量浓烟，必然会造成巨大的死伤事故。

防烟、排烟的目的是要及时排除火灾产生的大量烟气，阻止烟气向防烟分区外扩散，确保人员的顺利疏散和安全避难，并为消防救援创造有利条件。防排烟系统是保证人员安全疏散的必要条件。

12.6.1【原文】车站防烟楼梯间加压风机设置的位置、数量、种类、规格、型号应符合消防设计文件要求；地下车站站台发生火灾时，应保证站厅到站台的楼梯和扶梯口处应具有不小于1.5m/s的向下气流。

【条文解读】本条规定了地铁车站防烟楼梯间加压风机设置的要求，以及要求达到的送风效果。

12.6.2【原文】车站防烟楼梯间加压风机、风阀应进行功能测试，并应符合下列要求：

1 报警联动启动，车站控制室直接启动、现场手动启动加压风机；

2 报警联动停，车站控制室远程停止通风空调送风；

3 报警联动开启，车站控制室开启、现场手动开启加压风机连锁风阀。

【条文解读】本条规定了地铁车站防烟楼梯间加压风机、风阀进行功能测试的相关要求。

12.6.3【原文】地铁车站的机械排烟系统与通风空调系统合用的，通风空调系统应具有可靠的防火措施，且该系统由正常运转模式转为防烟或排烟运转模式的时间不应大于180s。

【条文解读】本条规定了当地铁车站的机械排烟系统与通风空调系统合用时，对通风空调系统的相关要求。

12.6.4【原文】模拟地下区间发生火灾时，排烟设备联动开启后，区间隧道单洞区间断面排烟流速应不小于2m/s，但不应大于11m/s。

【条文解读】本条规定地铁区间隧道排烟设备联动开启后，区间隧道单洞区间断面排烟流速的指标要求。

12.6.5【原文】地铁车站站台、站厅火灾时的排烟量应符合消防设计文件和现行国家标准的要求；地铁车站的设备与管理用房、内走道、长通道和出入口通道等设置机械排烟时，排烟量的配置应符合消防设计文件和现行国家标准的要求。

【条文解读】本条规定了地铁车站站台、站厅火灾时的排烟量要求，以及局部空间采用机械排烟时的排烟量要求。

12.6.6【原文】车站及区间竖井排烟风机、区间射流风机设置的位置、数量、种类、规格、型号应符合消防设计文件要求。

【条文解读】本条规定了地铁车站及区间竖井排烟风机、区间射流风机设置的相关要求。

12.6.7【原文】车站及区间竖井排烟风机、区间射流风机、风阀应进行功能测试，应符合下列要求：

1 风机的启动方式应为报警联动启动、消防控制室直接启动、现场手动启动、排烟风机连锁风阀启动；

2 风阀的开启方式应为报警联动开启、消防控制室开启、现场手动开启。

【条文解读】本条规定了地铁车站及区间竖井排烟风机、区间射流风机、风阀应功能测试的相关要求。

12.6.8【原文】排烟口或排烟防火阀应与排烟风机连锁，在未开启防火阀的情况下应无法启动排烟风机。

【条文解读】本条规定了排烟口或排烟防火阀应与排烟风机连锁的相关要求。

12.6.9【原文】公共区楼扶梯穿越楼板的开口部位、公共区吊顶与其他场所连接处的顶棚或吊顶面高差不足0.5m的部位设置的挡烟垂壁应符合消防设计文件和现行国家标准的要求。

【条文解读】本条规定了挡烟垂壁设置的相关要求。

12.6.10【原文】机械排烟系统中的排烟口和排烟阀的设置应符合消防设计文件和现行国家标准的要求。地铁车站台（厅）内用于排烟风口的位置应尽量布置在顶部；当采用镂空式吊顶且镂空率大于25%时，该风口应设置在吊顶内，其高度应高于挡烟垂壁的下沿。

【条文解读】本条规定了机械排烟系统中的排烟口和排烟阀设置的相关要求。

第二部分　消防工程资料示例和填表说明

1　消防工程资料建档和组卷归档

建设、监理、施工（包括专业分包）等参建单位，在消防工程开工前，应依据北京市现行标准《建筑工程资料管理规程》（DB11/T 695）的"附录 A　工程资料名称、分类及归档保存表"和本规范的"附录 A　资料整理归档目录"，结合本项目消防工程设计及项目施工部署管理情况，建立消防工程资料管理体系，明确本单位应形成哪些资料、应接收哪些资料以及哪些资料需要竣工归档。工程竣工后，依据北京市现行标准《建筑工程资料管理规程》（DB11/T 695）规定，参建单位应对消防工程资料进行组卷，编制案卷用表，按归档要求移交。

1.1　消防工程资料分类

消防工程资料分类详见表 1-1。

表 1-1　消防工程资料分类汇总表

类别及编号		工程资料名称	表格编号	规范依据	归档保存单位			
					施工	监理	建设	档案馆
基建文件 A 类	勘察设计文件 A3	消防专业相关施工图纸	/	中华人民共和国住房和城乡建设部令　第51号			●	●
		消防设计审核意见	/				●	●
	竣工验收及备案文件 A7	消防验收管理部门的验收合格文件或备案回执	/		●	●	●	
	其他文件 A8	建筑工程消防施工质量查验方案	/	DB11/T2000			●	●
		建筑工程消防施工质量查验记录	表 D.0.1～D.0.6		●	●	●	●
		建筑工程消防施工质量查验报告	表 E.0.1				●	●
监理资料 B 类		监理实施细则	/	DB11/T 695		●		
		监理通知单	表 B-4		○	●	○	
		工程暂停令	表 B-5		○	●	○	
		工程复工令	表 B-6		○	●	○	
		材料见证记录	表 B-14	DB11/T 695	○	●		
		实体检验见证记录	表 B-15			●		
		工作联系单	表 B-16		●	●	●	

类别及编号		工程资料名称	表格编号	规范依据	归档保存单位			
					施工	监理	建设	档案馆
施工资料 C 类	施工管理资料 C1	施工组织设计/（专项）施工方案报审表	表 C1-3	DB11/T 695	●	●	○	
		分包单位资质报审表	表 C1-8		●	●	○	
		监理通知回复单	表 C1-13		●	●		
	施工技术资料 C2	消防工程施工方案		DB11/T 2000	●	○		
		消防工程分项工程和检验批的划分方案			●	○		
		技术交底记录	表 C2-1	DB11/T 695	●			
		图纸会审记录	表 C2-2		●	●	●	●
		设计变更通知单	表 C2-3		●	●	●	●
		工程变更洽商记录	表 C2-4		●	●	●	●
	施工物资资料 C4	CCC 认证证书（国家规定的认证产品）	/		○	○		
		主要设备（仪器仪表）安装使用说明书	/		○	○	●	
		安全阀、减压阀等的定压证明文件	/		○	○		
		成品补偿器的预拉伸证明	/		○	○		
		气体灭火系统、泡沫灭火系统相关组件符合市场准入制度要求的有效证明文件			○	○		
		智能建筑工程软件资料、程序结构说明、安装调试说明、使用和维护说明书	/		○	○	●	
		智能建筑工程主要设备安装、测试、运行技术文件	/		○	○		
		智能建筑工程安全技术防范产品合格认证证书	/		○	○		
		壁纸、墙布防火、阻燃性能检测报告	/		○	○		
		防火涂料性能检测报告	/		○	○		
		阻燃材料特殊性能检测报告	/		○	○		
		自动喷水灭火系统的主要组件的国家消防产品质量监督检验中心检测报告	/		○	○		
		消防用风机、防火阀、排烟阀、排烟口的相应国家消防产品质量监督检验中心的检测报告	/		○	○		
		消防水泵、消火栓、消防水带、消防水枪、消防软管卷盘或轻便水龙、报警阀组、电动（磁）阀、压力开关、流量开关、消防水泵接合器、沟槽连接件等系统主要设备和组件，应经国家消防产品质量检验中心检测合格	/	GB 50974	○	○		
		灭火剂储存容器及容器阀、单向阀，连接管、集流管、安全泄放装置、选择阀、阀驱动装置、喷嘴、信号反馈装置、检漏装置、减压装置等系统组件应符合市场准入制度	/	GB 50263	○	○		
		建筑材料燃烧性能试验报告	表 C4-32	DB11/T 695	●	○	●	
		消防工程电线（电缆）试验报告	表 C4-38		●	○	●	
		钢结构防火涂料复试报告	/	GB 50205	●	○	●	

类别及编号		工程资料名称	表格编号	规范依据	归档保存单位			
					施工	监理	建设	档案馆
施工资料C类	施工物资资料 C4	其他消防材料进场复试报告	/	DB11/T 695	●	○	●	
		材料、构配件进场检验记录	表C4-44		●	○	●	
		设备开箱检验记录	表C4-45		●	○	●	
		设备及管道附件试验记录	表C4-46		●	○	●	
	施工记录资料 C5	隐蔽工程验收记录	表C5-1	DB11/T 695	●	○	●	
		交接检查记录	表C5-2		●	○	●	
		通风（烟）道检查记录	表C5-14		○	○		
		火灾自动报警系统调试施工记录	表C5-21		●	○	●	
	施工试验资料 C6	通水试验记录	表C6-29	DB11/T 695	●	○	●	
		冲（吹）洗试验记录	表C6-30		●	○	●	
		补偿器安装记录	表C6-32		●	○	●	
		消火栓试射记录	表C6-33		●	○	●	
		自动喷水灭火系统质量验收缺陷项目判定记录	表C6-34		●	○	●	
		电气器具通电安全检查记录	表C6-38		●	○	●	
		管网风量平衡测试记录	表C6-58		●	○	●	
		空调系统试运转调试记录	表C6-59		●	○	●	
		空调水系统试运转调试记录	表C6-60		●	○	●	
		防排烟系统联合试运行记录	表C6-63		●	○	●	
		设备单机试运转记录（机电通用）	表C6-64		●	○	●	
		系统试运转调试记录（机电通用）	表C6-65		●	○	●	
		自动喷水灭火系统调试记录	表C6-65		●	○	●	
		消防给水及消火栓系统调试记录	表C6-65		●	○	●	
		火灾自动报警系统调试记录	表E.1	GB 50166	●	○	●	
		消防应急照明和疏散指示系统调试记录	表C6-65	DB11/T 695	●	○	●	
		施工试验记录（通用）	表C6-66		●	○	●	
	过程验收资料 C7	检验批质量验收记录	表C7-4	DB11/T 695	●	○	●	
		检验批现场验收检查原始记录	表C7-5		○	○		
		分项工程质量验收记录	表C7-6		●	○	●	
		子分部工程质量验收记录	表C7-7		●	●	●	●
		消防工程质量验收报验表	表C7-8	DB11/T 695	●	●	●	●
		消防工程施工质量验收记录	表C.0.1	DB11/T 2000	●		●	●
	工程竣工质量验收资料C8	工程概况表	表C8-6	DB11/T 695	●	●	●	●
D类		竣工图			●		●	●

注：●为归档保存资料；○为过程控制资料，可根据需要归档保存。

1.2 建设单位消防工程资料

1.2.1 建设单位消防工程资料组成

依据《建设工程消防设计审查验收管理暂行规定》（中华人民共和国住房和城乡建设部令 第 51 号），建设单位应组织编制建筑工程消防施工质量查验方案，组织各参建及有关单位进行建筑工程消防施工质量查验，在查验记录的基础上汇总形成建筑工程消防施工质量查验报告。

建设单位消防工程资料可分为：立项决策、设计文件、招投标及合同、开工、商务、竣工验收及备案和其他文件。

建设单位应组织完成的消防工程施工资料包括消防工程施工质量验收记录、建筑工程消防施工质量查验记录、建筑工程消防施工质量查验报告。

1.2.2 消防工程施工质量验收记录

消防工程施工质量验收记录详见表 1-2。

表 1-2 消防工程施工质量验收记录

单位工程名称				子分部工程数量		分项工程数量	
施工单位				项目负责人		技术（质量）负责人	
专业施工单位				专业施工单位负责人		分包内容	
序号	子分部工程名称	分项工程名称	检验批数量	施工单位检查结果		监理单位验收结论	
1							
2							
3							
4							
5							
6							
7							
8							
质量控制资料							
安全和功能检验结果							
外观质量检验结果							
综合验收结论							
建设单位（盖章）项目负责人：（签字）年 月 日	施工单位（盖章）项目负责人：（签字）年 月 日	专业施工单位（盖章）项目负责人：（签字）年 月 日	技术服务机构（如有）（盖章）负责人：（签字）年 月 日	设计单位（盖章）项目负责人：（签字）年 月 日		监理单位（盖章）总监理工程师：（签字）年 月 日	

注：消防工程施工质量验收应由总监理工程师、建设、施工、技术服务机构和设计单位项目负责人参加并签认验收结论。

本规范附录 C，依据消防工程验收管理的特征，提出了"消防工程施工质量验收应由总监理工程师、建设、施工、技术服务机构和设计单位项目负责人参加并签认验收结论"的规定。结合现行国家标准《建筑工程施工质量验收统一标准》（GB 50300）规定的"分部工程质量验收记录"的样式，给出了"消防工程施工质量验收记录"，适用于消防工程的验收。

1.2.3 建筑工程消防施工质量查验记录

北京市现行标准《建筑工程消防施工质量验收规范》（DB11/T 2000）中"建筑工程消防施工质量查验记录"包括《建筑总平面及平面布置查验记录（表 D.0.1）》、《建筑构造查验记录（表 D.0.2）》《建筑保温与装修查验记录（表 D.0.3）》《消防给水及灭火系统查验记录（表 D.0.4）》《消防电气和火灾自动报警系统查验记录（表 D.0.5）》《建筑防烟排烟系统查验记录（表 D.0.6）》，共 6 个查验记录表。

依据本规范第 4.0.11 条和第 4.0.12 条，建设单位组织有关单位进行建筑工程竣工验收时，应对建筑工程是否符合消防要求进行查验。标准给出了建筑总平面及平面布置、建筑构造、建筑保温与装修、消防给水及灭火系统、消防电气和火灾自动报警系统和建筑防烟排烟系统查验记录表的样式，用于单位工程、工程项目消防查验记录查验结果。

建筑工程消防施工质量查验记录的应用和填写示例见本书第二部分第 7 章。

1.2.4 建筑工程消防施工质量查验报告

北京市现行标准《建筑工程消防施工质量验收规范》（DB11/T 2000）中"建筑工程消防施工质量查验报告"是为落实《建设工程消防设计审查验收管理暂行规定》（中华人民共和国住房和城乡建设部令 第 51 号）规定，专门设计的表格，为建设单位申报消防验收时填写相关材料提供依据支撑。

建筑工程消防施工质量查验报告的应用和填写示例见本书第二部分第 7 章。

1.3　监理单位资料

1.3.1　监理单位资料组成

监理单位按照建设工程消防技术标准和消防设计审查合格或者满足工程需要的消防设计文件实施工程监理，履行消防工程监理责任和义务，根据北京市现行标准《建筑工程消防施工质量验收规范》（DB11/T 2000）、《建筑工程资料管理规程》（DB11/T 695）和《建设工程监理规程》（DB11/T 382）要求，形成的消防工程监理资料主要包括监理实施细则、工作联系单、监理通知单、工程暂停令、工程复工令、材料见证记录和实体检验见证记录。

1.3.2　监理单位资料要点

监理资料是监理单位在工程建设监理活动过程中所形成的文字及影像材料，监理单位对建设工程消防施工质量承担监理责任，应对监理实施细则、材料见证记录和实体检验见证记录等消防工程监理资料重点加强管理。

监理单位应根据消防工程各专业相关施工方案，在相应监理工作开始前，有针对性地编制监理实施细则。

监理单位应根据见证取样和送检计划开展材料见证、实体检验见证工作，见证项目、频次应符合有关规范及行业管理要求，材料见证记录、实体检验见证记录由见证人及时填写，并有施工试验人员签字。

1.4 消防工程资料组卷归档

1.4.1 消防工程资料管理清单示例

1. 资料管理清单（质量证明文件）示例

资料管理清单（质量证明文件）示例见表1-3。

表 1-3 资料管理清单（质量证明文件）示例

资料管理清单（质量证明文件）								
工程名称		北京××大厦				资料类别	防火门	
序号	物资（资料）名称	厂名	品种规格型号	产品质量证明编号	数量（ ）	进场日期	使用部位	资料编号	备注
1	钢质隔热防火门	北京××消防设备有限公司	GFM-1124-bd5 A1.50	××-××××	5樘	2023年××月××日	首层	XF-02-C4-001	
2	钢质隔热防火门	北京××消防设备有限公司	GFM-1124-bd5 A1.00	××-××××	2樘	2023年××月××日	首层	XF-02-C4-002	
	以下略								

2. 资料管理清单（材料复验报告）示例

资料管理清单（材料复验报告）示例见表1-4。

表 1-4 资料管理清单（材料复验报告）示例

资料管理清单（材料复验报告）									
工程名称		北京××大厦				资料类别	钢结构防火涂料复试报告		
序号	材料名称	厂名	品种规格型号	代表数量（t）	产品合格证编号 / 试件编号	试验日期	试验结果	使用部位	资料编号	备注
1	薄型防火涂料	北京××防火材料有限公司	WB（MTWB-1）	30	2023-×× / 001	2023年××月××日	合格	展馆室外	XF-02-C4-×××	
	以下略									

3. 资料管理清单（通用）示例

资料管理清单（通用）示例见表1-5。

表 1-5 资料管理通用清单（通用）示例

资料管理通用清单（通用）					
工程名称	北京××大厦	资料类别	隐蔽工程验收记录（火灾自动报警系统）		
序号	内容摘要	编制单位	日期	资料编号	备注
1	首层顶板1-5/A-C轴	北京××集团	2023年××月××日	XF-05-C5-001	
	以下略				

1.4.2 工程档案案卷封面、目录、备考表与移交书示例

1. 封面示例

档案馆代号：

城市建设档案

北京××大厦

名称： _____

施工文件——消防工程

案卷题名： _____

图纸会审、设计变更、洽商记录、施工记录、施工试验

_____

北京××建筑有限公司（公章略）

编制单位： _____

签名

技术主管： _____

编制日期：自××××年××月××日起至××××年××月××日止

_____

保管期限： _____ 密级： _____

档号： _____ 缩微号： _____

共　册第　册

2. 城建档案卷内目录示例

城建档案卷内目录示例见表1-6。

表1-6　城建档案卷内目录示例

城建档案卷内目录						
序号	文件材料题名	原编字号	编制单位	编制日期	页次	备注
1	图纸会审记录	C2-2	××设计公司、××建筑有限公司	2022年××月××日～2023年××月××日	1～11	
2	设计变更通知单	C2-3	××设计工程公司	2022年××月××日～2023年××月××日	12～58	
3	工程洽商记录	C2-4	××建筑有限公司	2022年××月××日～2023年××月××日	59～196	
	以下略					

3. 城建档案案卷审核备考表

城建档案案卷审核备考表示例见表1-7。

表 1-7　城建档案案卷审核备考表示例

城建档案案卷审核备考表
本案卷已编号的文件材料共296张，其中，文字材料__293__张，图样材料__3__张，照片_____张。 立卷单位对本案卷完整准确情况的审核说明：   本案卷归档内容完整齐全。   立卷人：签名　2023年××月××日 审核人：签名　2023年××月××日
接收单位（档案馆）的审核说明：   技术审核人：　　年　月　日 档案接收人：　　年　月　日

1.5 消防工程竣工图组卷示例

1.5.1 建筑竣工图卷内目录示例

建筑竣工图卷内目录示例见表1-8。

表1-8 建筑竣工图卷内目录示例

城建档案卷内目录						
序号	文件材料题名	原编字号	编制单位	编制日期	页次	备注
1	设计说明一	A00-001	北京××集团	2023年××月××日	1	
2	设计说明二	A00-002	北京××集团	2023年××月××日	2	
3	设计说明三（材料做法表1）	A00-003	北京××集团	2023年××月××日	3	
4	设计说明四（材料做法表2）	A00-004	北京××集团	2023年××月××日	4	
5	设计说明五（材料做法表3）	A00-005	北京××集团	2023年××月××日	5	
6	设计说明六（施工安全）	A00-006	北京××集团	2023年××月××日	6	
7	设计说明七（电梯表）	A00-007	北京××集团	2023年××月××日	7	
8	设计说明八（扶梯表）	A00-008	北京××集团	2023年××月××日	8	
9	设计说明九（卫生间计算表）	A00-009	北京××集团	2023年××月××日	9	
10	消防设计专篇一	A00-010	北京××集团	2023年××月××日	10	
11	消防设计专篇二	A00-011	北京××集团	2023年××月××日	11	
12	消防设计专篇三	A00-012	北京××集团	2023年××月××日	12	
13	总平面图	A00-013	北京××集团	2023年××月××日	13	
14	消防总平面图	A00-014	北京××集团	2023年××月××日	14	
15	雨控及利用总平面图	A00-015	北京××集团	2023年××月××日	15	

1.5.2 结构竣工图卷内目录示例

结构竣工图卷内目录示例见表1-9。

表1-9 结构竣工图卷内目录示例

城建档案卷内目录示例						
序号	文件材料题名	原编字号	编制单位	编制日期	页次	备注
1	结构设计总说明	J00-001	北京××集团	2023年××月××日	1	
2	钢结构设计总说明	J00-002	北京××集团	2023年××月××日	2	
3	人防结构设计说明	J00-003	北京××集团	2023年××月××日	3	
4	预应力结构设计说明	J00-004	北京××集团	2023年××月××日	4	
5	基础平面图	J00-005	北京××集团	2023年××月××日	5	
6	基础标高图	J00-006	北京××集团	2023年××月××日	6	
7	基础配筋图	J00-007	北京××集团	2023年××月××日	7	
8	承台大样、基础详图	J00-008	北京××集团	2023年××月××日	8	
9	灌注桩设计说明	J00-009	北京××集团	2023年××月××日	9	
10	灌注桩试桩说明	J00-010	北京××集团	2023年××月××日	10	
11	地下三层柱墙平面图	J00-011	北京××集团	2023年××月××日	11	
12	地下三层顶板平面图	J00-012	北京××集团	2023年××月××日	12	
	以下略					

1.5.3 消防水竣工图卷内目录示例

消防水竣工图卷内目录示例见表 1-10。

表 1-10 消防水竣工图卷内目录示例

城建档案卷内目录示例						
序号	文件材料题名	原编字号	编制单位	编制日期	页次	备注
1	地下三层消火栓平面图	S00-001	北京××消防工程公司	2023 年××月××日	1	
2	地下二层消火栓平面图	S00-002	北京××消防工程公司	2023 年××月××日	2	
3	地下一层消火栓平面图	S00-003	北京××消防工程公司	2023 年××月××日	3	
4	一层消火栓平面图	S00-004	北京××消防工程公司	2023 年××月××日	4	
5	二层消火栓平面图	S00-005	北京××消防工程公司	2023 年××月××日	5	
6	三层消火栓平面图	S00-006	北京××消防工程公司	2023 年××月××日	6	
7	四层消火栓平面图	S00-007	北京××消防工程公司	2023 年××月××日	7	
8	一层配套室内喷洒平面	S00-008	北京××消防工程公司	2023 年××月××日	8	
9	二层配套室内喷洒平面	S00-009	北京××消防工程公司	2023 年××月××日	9	
10	三层配套室内喷洒平面	S00-010	北京××消防工程公司	2023 年××月××日	10	
11	四层配套室内喷洒平面	S00-011	北京××消防工程公司	2023 年××月××日	11	
	以下略					

1.5.4 消防电竣工图卷内目录示例

消防电竣工图卷内目录示例见表 1-11。

表 1-11 消防电竣工图卷内目录示例

城建档案卷内目录示例						
序号	文件材料题名	原编字号	编制单位	编制日期	页次	备注
1	地下二层火灾自动报警平面图	D00-001	北京××消防工程公司	2023 年××月××日	1	
2	地下二层消防广播平面图	D00-002	北京××消防工程公司	2023 年××月××日	2	
3	地下二层应急照明平面图	D00-003	北京××消防工程公司	2023 年××月××日	3	
4	地下一层火灾自动报警平面图	D00-004	北京××消防工程公司	2023 年××月××日	4	
5	地下一层消防广播平面图	D00-005	北京××消防工程公司	2023 年××月××日	5	
6	地下一层应急照明平面图	D00-006	北京××消防工程公司	2023 年××月××日	6	
7	一层火灾自动报警平面图	D00-007	北京××消防工程公司	2023 年××月××日	7	
8	一层消防广播平面图	D00-008	北京××消防工程公司	2023 年××月××日	8	
9	一层应急照明平面图	D00-009	北京××消防工程公司	2023 年××月××日	9	
	以下略					

1.5.5 消防防排烟竣工图卷内目录示例

消防防排烟竣工图卷内目录示例见表 1-12。

表 1-12 消防防排烟竣工图卷内目录示例

城建档案卷内目录						
顺序号	文件材料题名	原编字号	编制单位	编制日期	页次	备注
1	地下二层防排烟平面图	T00-001	北京××消防工程公司	2023 年××月××日	1	
2	地下一层防排烟平面图	T00-002	北京××消防工程公司	2023 年××月××日	2	
3	一层防排烟平面图	T00-003	北京××消防工程公司	2023 年××月××日	3	
4	二层防排烟平面图	T00-004	北京××消防工程公司	2023 年××月××日	4	
5	三层防排烟平面图	T00-005	北京××消防工程公司	2023 年××月××日	5	
6	四层防排烟平面图	T00-006	北京××消防工程公司	2023 年××月××日	6	
	以下略					

2 消防工程施工技术资料示例和填表说明

消防工程施工技术资料包括施工方案和专项施工方案、技术交底记录、图纸会审记录、设计变更通知单、工程变更洽商记录等，其内容和要求应符合北京市现行标准《建筑工程施工组织设计规程》(DB11/T 363)、《建筑工程消防施工质量验收规范》(DB11/T 2000)和相关标准的规定。本章提供了技术交底记录、图纸会审记录、设计变更通知单、工程变更洽商记录的表格示例和填表说明。

2.1 技术交底记录

2.1.1 技术交底记录采用北京市现行标准《建筑工程资料管理规程》(DB11/T 695) 表 C2-1 编制。

2.1.2 技术交底记录示例见表 2-1。

表 2-1 技术交底记录示例

技术交底记录 表 C2-1		资料编号	XF-04-C2-×××
工程名称		北京××大厦	
施工单位	北京××集团	审核人	夏××
分包单位	北京××消防工程公司	□施组总设计交底 □单位工程施组交底	
交底部位	A 单元、B 单元消火栓系统	□施工方案交底 □专项施工方案交底	
接受交底范围	消防工程班组	☑施工作业交底	

交底摘要：

管道附件安装

交底内容：

1. 阀门、消火栓、排气门、测流计等安装前，应核对产品规格、型号；应检查产品外观质量，并应符合设计要求，具有产品合格证书方可使用。

2. 阀门安装前应检查阀杆转动是否灵活，清除阀内污物。安装于泵房内的阀门应进行解体检查。反方向转动的阀门应加标志。

3. 阀门安装的位置及安装方向应符合设计要求，阀杆方向应便于检修和操作；水平管道上阀门的阀杆宜垂直向上或装于上半圆。

4. 止回阀的安装位置及方向应符合设计要求；止回阀应安装平整。

5. 水锤消除器应在管道水压试验合格后安装，其安装位置应符合设计要求。

6. 消火栓应在管道水压试验合格后安装，其安装位置应符合设计要求。

7. 阀门安装应符合下列规定：

(1) 安装前应检查管道中心线、高程与管端法兰盘垂直度，符合要求方可进行安装；

(2) 将阀体吊装就位，用螺栓对法兰盘进行连接；

(3) 阀门安装后，应按设计要求或施工设计完成管道整体连接。应防止阀门、管件等产生拉应力；

(4) 蝶阀内腔和密封面未清除污物前，不得启闭蝶板；

(5) 蝶阀密封圈压紧螺栓，应对准阀井入孔一侧；

(6) 蝶阀手动阀杆应垂直向上。

(以下内容略)

交底人	签名	接受交底人数	2	交底时间	2023 年××月××日
接受交底人员	签名 1　签名 2				

注：1. 本表由施工单位填写。

　　2. 内容较多时本表作为首页，交底内容可续页。

2.1.3　填表依据及说明

【依据一】《北京市住房和城乡建设委员会关于加强房屋建筑和市政基础设施工程施工技术管理工作的通知》（京建法〔2018〕22 号）

【条文】

（二）项目负责人应当全面负责项目技术管理工作，包括建立健全项目技术管理体系，合理配备项目技术资源，明确项目部技术人员岗位责任；主持编制项目施工组织设计、专项施工方案等重要技术文件，审批项目施工组织设计交底文件；履行图纸会审记录、工程设计变更通知单、工程洽商记录等技术文件的签字责任。

（三）项目技术负责人应当具体负责项目技术管理工作，包括贯彻技术管理相关法律法规和规范标准，执行企业技术管理制度，落实合同约定的技术条款和相关技术措施；组织编制项目施工组织设计、专项施工方案、技术交底文件，审批专项施工方案交底文件；组织开展项目图纸审查、技术复核、新技术推广应用以及技术培训等相关技术工作。

（二十一）施工组织设计交底文件应当由项目技术负责人组织编制，经项目负责人审批后，由项目负责人或项目技术负责人对项目主要管理人员进行交底。专项施工方案交底文件应当由项目相关技术人员编制，经项目技术负责人审批后，由其编制人员或者项目技术负责人对专业工长进行交底。施工作业交底文件应当由专业工长编制，经项目专业技术人员审批后，由专业工长对专业施工班组或专业分包作业人员进行交底。

（二十二）施工交底文件的内容应当具有较强的针对性、指导性和可操作性，应根据施工特点和施工需要，结合交底对象的具体情况进行确定，不得简单照搬标准规范的条款，将通用要求作为对本工程的具体要求。鼓励企业采取信息化手段进行可视化技术交底。

（二十三）技术交底工作应当在施工作业前完成，且应形成书面技术交底记录，载明交底时间、接受交底范围及人员、交底部位、交底内容等，并经交底人和接受交底人双方签字确认。技术交底记录应在交底时现场形成，不得补签或代签，未参加交底人员不得在交底记录上签字。

【依据二】《建筑工程施工组织设计管理规程》（DB11/T 363—2016）

【条文】

8　技术交底

8.1　一般规定

8.1.1　技术交底应包括施工组织总设计交底、单位工程施工组织设计交底、施工方案和专项施工方案交底、施工作业交底等。

8.1.2　技术交底应采用书面形式并结合会议方式进行。根据需要和条件，也可采用现场演示、样板展示、图像、视频和悬挂标牌等方式进行。

8.1.3　技术交底文件编制的主要依据应包括下列内容：

1　设计文件；

2　相关标准、图集等；

3　规范性文件；

4　施工组织总设计、单位工程施工组织设计；

5　施工方案、专项施工方案；

6　相关工艺、工法、作业指导书和操作要求。

8.1.4　技术交底文件的内容应具有针对性和可操作性，提出的指标应量化或有明确要求。

8.1.5　技术交底文件应由交底人和接受交底人双方签字。交底记录应作为工程资料加以保存，在施工过程中应可追溯。

除书面交底之外的其他方式的技术交底，应留有相应的交底记录资料。

8.1.6　技术交底文件的内容应根据相应级的施工需要，并结合交底对象的具体情况确定，准确表达施工组织设计意图。

8.2　技术交底的管理

8.2.1　技术交底文件的编制与审核应符合下列规定：

1　施工组织总设计和单位工程施工组织设计交底文件应由项目技术负责人组织编制，由项目负责人审核；

2　施工方案和专项施工方案交底文件应由项目相关技术人员编制，由项目技术负责人审核；

3　施工作业交底文件应由专业工长编制，由项目专业技术人员审核。

8.2.2　技术交底的组织实施应符合下列规定：

1　施工组织总设计和单位工程施工组织设计交底应由项目负责人或项目技术负责人对项目主要管理人员进行交底；

2　施工方案交底应由其编制人员或项目技术负责人对现场相关管理人员和作业人员进行交底；

3　专项施工方案交底应由其编制人员或项目技术负责人对现场相关管理人员和作业人员进行交底，安全管理人员应参加；

4　施工作业交底应由专业工长对专业施工班组或专业分包作业人员进行交底。

5　两种及以上施工组织设计文件同时组织交底的，应分别予以记录。

8.2.3　技术交底应按照本规程附录B形成书面交底记录。技术交底记录应载明交底时间、接受交底范围及人员、交底部位、交底内容等。技术交底记录应在交底现场双方签字形成。

8.2.4　施工过程中相应层级的施工组织设计文件有调整时，应根据调整内容对已进行的技术交底影响程度及时做出评估，必要时应重新进行技术交底。

8.2.5　技术交底记录的保存和归档应符合北京市现行标准《建筑工程资料管理规程》（DB11/T 695）

的规定。

【说明】

（1）"工程名称"栏与施工图纸中的图签一致。

（2）"交底日期"栏按实际交底日期填写。

（3）当做分项工程施工技术交底时，应填写"分项工程名称"栏，其他技术交底可不填写。

（4）"交底内容"应有可操作性和针对性，使施工人员持技术交底便可进行施工。文字尽量通俗易懂，图文并茂。严禁出现详见××规程，××标准的话，而要将规范、规程中的条款转换为通俗语言。

2.2　图纸会审记录

2.2.1　图纸会审记录采用北京市现行标准《建筑工程资料管理规程》（DB11/T 695）表 C2-2编制。

2.2.2　图纸会审记录示例见表 2-2。

表 2-2　图纸会审记录示例

图纸会审记录 表 C2-2			资料编号		XF-05-C1-×××
工程名称	北京××大厦		日期		2023 年××月××日
地点	施工现场会议室		专业名称		消防电
序号	图号	图纸问题		图纸问题交底	
1	EM-F201L、 EM-F202L、 EM-F203L	XF-B2-1 ～ XF-B2-12、XF-B1-1 ～ XF-B1-20、M-XF-1F-a、M-XF-1F-b、M-XF-1F-2～M-XF-1F-G、C-XF-1F 弱电间消防联动电源盘现场无 220V 消防电源请确定电源接口。共计 38 个		消防电源从本防火分区的 ALE 箱的备用支路引出，采用 N-BYJ3X4 穿 JDG25 管	
2	EM-F201L、 EM-F202L、 EM-F203L	XF-B1-4、XF-B2-8、XF-1F-4、X1F-2 弱电间防火门电源盘现场无 220V 消防电源请确定电源接口。共计 6 个		消防电源从本防火分区的 ALE 箱的备用支路引出，采用 N-BYJ3X4 穿 JDG25 管	
签 字 栏	建设单位	监理单位		设计单位	施工单位
	签名	签名		签名	签名
制表日期	2023 年××月××日				

注：由施工单位整理、汇总。

2.2.3　填表依据及说明

【依据】《北京市住房和城乡建设委员会关于加强房屋建筑和市政基础设施工程施工技术管理工作的通知》（京建法〔2018〕22 号）

【条文】

（三）项目技术负责人应当具体负责项目技术管理工作，包括贯彻技术管理相关法律法规和规范标准，执行企业技术管理制度，落实合同约定的技术条款和相关技术措施；组织编制项目施工组织设计、专项施工方案、技术交底文件，审批专项施工方案交底文件；组织开展项目图纸审查、技术复核、新技术推广应用以及技术培训等相关技术工作。

（四）图纸会审前，施工单位项目技术负责人应当组织技术、生产、预算、测量及分包方等有关部门和人员对图纸进行审查，重点审查图纸是否完整、齐全，设计深度是否满足施工需要，各专业之间、全图与详图之间是否协调一致，是否注明涉及危大工程的重点部位和关键环节，涉及结构安全的重大施工工序和工艺要求，新技术应用情况，是否未使用限制或禁止使用的建筑材料等内容，形成施工单位图纸审查记录。

（五）工程施工前，建设单位应当组织设计、施工、监理单位项目负责人、项目技术负责人和相关人员进行图纸会审，各单位应当重点对图纸是否存在不符合国家相关规范标准、不符合合同约定要求、不满足施工需求等问题进行会审，形成正式图纸会审记录，并经建设、设计、施工、监理单位项目负责人签字确认。

【说明】

（1）图纸会审时，应重点审查施工图的有效性、对施工条件的适应性、各专业之间和全图与详图之间的协调一致性等。

（2）消防工程涉及的建筑、结构、设备安装等设计图纸是否齐全，手续是否完备；设计是否符合国家有关的经济和技术政策、规范规定，图纸总的做法说明（包括分项工程做法说明）是否齐全、清楚、明确，与建筑图、结构图、安装图、装饰和节点大样图之间有无矛盾；设计图纸（平面、立面、剖面、构件布置，节点大样）之间相互配合的尺寸是否相符，分尺寸与总尺寸、大样图、小样图、建筑图与结构图、土建图与水电安装图之间互相配合的尺寸是否一致，有无错误和遗漏；设计图纸本身、建筑构造与结构构造、结构各构件之间，在立体空间上有无矛盾，预留孔洞、预埋件、大样图或采用标准构配件图的型号、尺寸有无错误与矛盾。

（3）总图的建筑物坐标位置与单位工程建筑平面图是否一致；建筑物的设计标高是否可行；地基与基础的设计与实际情况是否相符，结构性能如何；建筑物与地下构筑物及管线之间有无矛盾。

（4）消防工程的设计在强度、刚度、稳定性等方面有无问题，主要部位的建筑构造是否合理，设计能否保证工程质量和安全施工。

（5）设计图纸的结构方案、建筑装饰，与施工单位的施工能力、技术水平、技术装备有无矛盾；采用新技术、新工艺，施工单位有无困难；所需特殊建筑材料的品种、规格、数量能否解决，专用机械设备能否保证。

（6）安装专业的设备、管架、钢结构立柱、金属结构平台、电缆、电线支架以及设备基础是否与工艺图、电气图、设备安装图和到货的设备相一致；传动设备、随机到货图纸和出厂资料是否齐全，技术要求是否合理，是否与设计图纸及设计技术文件相一致，底座同土建基础是否一致；管口相对位置、接管规格、材质、坐标、标高是否与设计图纸一致；管道、设备及管件需防腐衬里、脱脂及特殊清洗时，设计结构是否合理，技术要求是否切实可行。

2.3　设计变更通知单

2.3.1　设计变更通知单采用北京市现行标准《建筑工程资料管理规程》（DB11/T 695）表 C2-3编制。

2.3.2 设计变更通知单示例见表 2-3。

表 2-3　计变更通知单示例

设计变更通知单 表 C2-3			资料编号	XF-05-C1-×××
工程名称	北京××大厦		专业名称	消防电
设计单位名称	北京××设计院有限公司		日期	2023 年××月××日
序号	图号	变更内容		
1	EM-F201 L-EM-F212	A1 项目依据建筑专业图纸，原部分防火门确定为超大防火门（中、东院 24 处，西院 5 处），由于超大防火门重量超出原电动闭门器承载能力，故将原有电动闭门器方案调整为机械闭门器（防火门自带）、增加电磁门吸和门磁开关方式。 　　消防电专业相应调整火灾联动控制设计图纸。 　　具体设计详见附图。（附图略）		
签字栏	建设单位	监理单位	设计单位	施工单位
	签名	签名	签名	签名
制表日期	2023 年××月××日			

注：本表由变更提出单位填写。

2.3.3　填表依据及说明

【依据】《北京市住房和城乡建设委员会关于加强房屋建筑和市政基础设施工程施工技术管理工作的通知》（京建法〔2018〕22 号）

【条文】

（三）项目技术负责人应当具体负责项目技术管理工作，包括贯彻技术管理相关法律法规和规范标准，执行企业技术管理制度，落实合同约定的技术条款和相关技术措施；组织编制项目施工组织设计、专项施工方案、技术交底文件，审批专项施工方案交底文件；组织开展项目图纸审查、技术复核、新技术推广应用以及技术培训等相关技术工作。

（六）设计变更应当由设计单位项目负责人签字并加盖单位公章或专用章（以下简称单位印章），经建设、施工、监理单位项目负责人签字确认并加盖单位印章后，由建设单位向施工单位出具书面设计变更通知单。对于重大设计变更，建设单位应当组织设计单位重新进行设计交底，施工、监理单位相关人员共同参加。

（七）工程洽商应当由施工单位项目负责人签字并加盖单位印章，经建设、设计、监理单位协商一致后，由各方项目负责人共同签字确认并加盖单位印章，形成书面工程洽商记录。

（八）施工单位在收到设计变更通知单或工程洽商记录后，方可组织实施；未经签字确认、签字不齐全、未加盖单位印章或加盖单位印章不齐全的，不得用于工程项目。已经形成的设计变更和工程洽商，应当在施工组织设计及专项施工方案中补充完善相应的施工要求、工艺要求、质量检查及验收等内容；已经实施的设计变更和工程洽商，应当及时在施工图纸上进行标注并归档。

【说明】

（1）设计变更是施工过程中，由于设计图纸本身差错，设计图纸与实际情况不符，施工条件变化，原材料的规格、品种、质量不符合设计要求，及项目参建单位有关工作人员提出合理化建议等原因，需要对设计图纸部分内容进行修改而办理的变更设计文件。设计变更是施工图的补充和修改的记载，应及时办理，内容翔实，必要时应附图，并逐条注明应修改图纸的图号。

（2）设计单位应及时下达设计变更通知单，设计变更通知单应由设计专业负责人以及建设（监理）和施工单位的相关负责人签认。

（3）工程设计由施工单位提出变更时，例如钢筋代换、细部尺寸修改等重大技术问题，必须征得设计单位和建设、监理单位的同意。

（4）工程设计变更由设计单位提出，如设计计算错误、做法改变、尺寸矛盾、结构变更等问题，必须由设计单位提出变更设计联系单或设计变更图纸，由施工单位根据施工准备和工程进展情况，做出能否变更的决定。

（5）遇有下列情况之一时，由设计单位签发设计变更通知单或变更图纸：

①当决定对图纸进行较大修改时。

②施工前及施工过程中发现图纸有差错，做法、尺寸有矛盾，结构变更或与实际情况不符时。

③由建设单位对建筑构造、细部做法、使用功能等方面提出设计变更时，必须经过设计单位同意，并由设计单位签发设计变更通知单或设计变更图纸。

2.4 工程变更洽商记录

2.4.1 工程变更洽商记录采用北京市现行标准《建筑工程资料管理规程》（DB11/T 695）表 C2-4 编制。

2.4.2 工程变更洽商记录示例见表 2-4。

表 2-4 工程变更洽商记录示例

工程变更洽商记录 表 C2-4		资料编号	XF-05-C1-×××
工程名称	北京××大厦	专业名称	消防电
提出单位名称	北京××消防工程公司	日期	2023 年××月××日
内容摘要		装修做法	
序号	图号	洽商内容	
1 2	EM-P102 E-F201L	楼层区域显示器总线根据需求改为 ZR-RVVP2×1.0。 B1 气灭区增加 100×100 线槽，变配电室增加 200×100 线槽。	
签字栏	建设单位	监理单位	设计单位	施工单位
	签名	签名	签名	签名
制表日期	2023 年××月××日			

注：本表变更提出单位填写。

2.4.3 填表依据及说明

【依据】《北京市住房和城乡建设委员会关于加强房屋建筑和市政基础设施工程施工技术管理工作的通知》（京建法〔2018〕22 号）

【条文】

（三）项目技术负责人应当具体负责项目技术管理工作，包括贯彻技术管理相关法律法规和规范标准，执行企业技术管理制度，落实合同约定的技术条款和相关技术措施；组织编制项目施工组织设计、专项施工方案、技术交底文件，审批专项施工方案交底文件；组织开展项目图纸审查、技术复核、新技术推广应用以及技术培训等相关技术工作。

（六）设计变更应当由设计单位项目负责人签字并加盖单位公章或专用章（以下简称单位印章），经建设、施工、监理单位项目负责人签字确认并加盖单位印章后，由建设单位向施工单位出具书面设计变更通知单。对于重大设计变更，建设单位应当组织设计单位重新进行设计交底，施工、监理单位相关人员共同参加。

（七）工程洽商应当由施工单位项目负责人签字并加盖单位印章，经建设、设计、监理单位协商一致后，由各方项目负责人共同签字确认并加盖单位印章，形成书面工程洽商记录。

（八）施工单位在收到设计变更通知单或工程洽商记录后，方可组织实施；未经签字确认、签字不齐全、未加盖单位印章或加盖单位印章不齐全的，不得用于工程项目。已经形成的设计变更和工程洽商，应当在施工组织设计及专项施工方案中补充完善相应的施工要求、工艺要求、质量检查及验收等内容；已经实施的设计变更和工程洽商，应当及时在施工图纸上进行标注并归档。

【说明】

《工程变更洽商记录》用于设计、工程技术问题核定，应分专业办理，内容应清晰翔实，逐条注明应修改图纸的图号。应由提出洽商单位的工程技术负责人主持编写，经设计、施工、监理、建设单位共同签字确认后方可实施。工程变更洽商记录需更改时，应重新发起编制工程变更洽商记录，写明原记录编号、日期以及更改内容，并在原洽商记录被修正的条款上注明作废标记。

3　消防工程施工物资资料示例和填表说明

消防工程施工物资资料包括质量证明文件、材料及构配件进场检验记录、设备开箱检验记录、设备及管道附件试验记录、设备安装使用说明书、材料进场复试报告等，其内容和要求应符合现行国家标准《建筑工程施工质量验收统一标准》（GB 50300）、《建筑工程消防施工质量验收规范》（DB11/T 2000）和相关专业标准的规定。施工物资进场须填写"材料、构配件进场检验记录"（表 C4-44），并报请专业监理工程师验收。各种物资外观检查、质量证明文件核查和性能复试结果应符合相关验收规范、设计文件及有关施工技术标准的要求。本章提供了材料、构配件进场检验记录，设备开箱检验记录，设备及管道附件试验记录的表格示例和填表说明。

3.1　材料、构配件进场检验记录

3.1.1　材料、构配件进场检验记录采用北京现行标准《建筑工程资料管理规程》（DB11/T 695）表 C4-44 编制。

3.1.2　材料、构配件进场检验记录示例见表 3-1。

表 3-1　材料、构配件进场检验记录示例

材料、构配件进场检验记录 表 C4-44					资料编号		XF-02-C4-×××
工程名称			北京××大厦		进场日期		2023 年××月××日
施工单位			北京××集团		分包单位		北京××消防工程公司
序号	名称	规格 型号	进场 数量	生产厂家	质量证明 文件核查	外观检验 结果	复验情况
1	钢质隔热防火门	GFM-1124-bd5 A1.50	2 樘	北京××消防设备有限公司	符合☑ 不符合□	合格☑ 不合格□	不需复验☑ 复验合格□ 复验不合格□
2	钢质隔热防火门	GFM-2124-bd5 A1.50	148 樘	北京××消防设备有限公司	符合☑ 不符合□	合格☑ 不合格□	不需复验☑ 复验合格□ 复验不合格□
3	钢质隔热防火门	GFM-1124-bd5 A1.00	1 樘	北京××消防设备有限公司	符合☑ 不符合□	合格☑ 不合格□	不需复验☑ 复验合格□ 复验不合格□
4	钢质隔热防火门	GFM-2124-bd5 A1.00	281 樘	北京××消防设备有限公司	符合☑ 不符合□	合格☑ 不合格□	不需复验☑ 复验合格□ 复验不合格□
5	钢质隔热防火门	GFM-2124-dk5 A0.50	15 樘	北京××消防设备有限公司	符合☑ 不符合□	合格☑ 不合格□	不需复验☑ 复验合格□ 复验不合格□
施工单位检查意见： 　　外观及质量证明文件：符合要求☑　不符合要求□　　　　　　日期：2023 年××月××日 　　需要复验项目的复验结论：符合要求□　不符合要求□　　　　　日期：　年　　月　　日 　　附件共（25）页							
监理单位审查意见： 　　符合要求，同意使用☑　不符合要求，退场□　　　　　　　　　日期：2023 年××月××日							
签 字 栏	施工单位材料验收负责人		分包单位材料验收负责人		专业监理工程师		
	签名		签名		签名		
	制表日期			2023 年××月××日			

注：1. 本表由施工单位填写。

　　2. 本表由专业监理工程师签字批准后代替材料进场报验表。

　　3. 此表代替材料进场检验批验收记录。

3.1.3　填表依据及说明

【说明】

（1）材料、构配件进场后，应由监理单位会同施工、分包单位共同对进场物资进行检查验收，填写"材料、构配件进场检验记录"。

（2）主要检验内容包括：

①物资出厂质量证明文件及检验（测）报告是否齐全；

②实际进场物资数量、规格和型号等是否满足设计和施工计划要求；

③物资外观质量是否满足设计要求或规范规定；

④按规定须进行抽检的材料、构配件是否及时抽检，检验结果和结论是否齐全。

（3）按规定应进场复试的工程物资，必须在进场检查验收合格后取样复试。

【填写要点】

（1）"工程名称"栏与施工图纸标签栏内名称相一致。

（2）"进场日期"栏按实际日期填写，一般为物资进场日期。

（3）"名称"栏填写物资的名称。

（4）"规格型号"栏按材料、构配件铭牌填写。

（5）"进场数量"栏填写物资的数量，且应有计量单位。

（6）"生产厂家"栏应填写物资的生产厂家。

（7）质量证明文件核查、外观检查和复试情况，勾选结果。

（8）施工单位填写检查意见。

（9）监理单位填写审查意见，不符合要求的产品必须退场。

（10）施工单位和分包单位应有材料验收负责人来签字确认，一般由材料员或质量检查员、专业技术负责人担任。

3.2 设备开箱检验记录

3.2.1 设备开箱检验记录采用北京市现行标准《建筑工程资料管理规程》（DB11/T 695）表 C4-45 编制。

3.2.2 设备开箱检验记录示例见表 3-2。

表 3-2 设备开箱检验记录示例

设备开箱检验记录 表 C4-45		资料编号		XF-06-C4-001
工程名称	北京××大厦	检查日期		2023 年××月××日
设备名称	排烟风机	规格型号		DF-8
生产厂家	天津市××机电设备公司	产品合格证编号		××××-××
总数量	3 台	检验数量		3 台
进场检验记录				
包装情况	塑料布包装完好			
随机文件	合格证、出厂检验报告、技术说明书共 4 份，齐全			
备件与附件	减振垫、螺栓齐全			
外观情况	外观情况良好、喷涂均匀、无铸造缺陷			
测试情况	经手动测试运转情况良好			
缺、损附备件明细				
序号	附备件名称	规格	单位	数量	备注
检验结论： 经外观检验、手动测试，符合设计与施工规范要求。				

签字栏	监理单位	施工单位	供应单位
	签名	签名	签名
制表日期	2023 年××月××日		

注：本表由施工单位填写。

3.2.3 填表依据及说明

【说明】建筑工程所使用的设备进场后，应由施工单位、监理单位、供货单位共同开箱检验，并填写《设备开箱检验记录》。

（1）设备开箱检验的主要内容

检验项目主要包括：设备的产地、品种、规格、外观、数量、附件情况、标识和质量证明文件、相关技术文件等。

（2）设备开箱时应具备的质量证明文件、相关技术要求

①各类设备均应有产品质量合格证，其生产日期、规格型号、生产厂家等内容应与实际进场的设备相符；

②对于国家及地方所规定的特定设备，应有相应资质等级检测单位的检测报告；

③主要设备、器具应有安装使用说明书；

④成品补偿器应有预拉伸证明书；

⑤进口设备应有商检证明〔国家认证委员会公布的强制性认证（CCC 认证）产品除外〕和中文版的质量证明文件、性能检测报告以及中文版的安装、使用、维修和试验要求等技术文件。

（3）所有设备进场时包装应完好，表面无划痕及外力冲击破损。应按照相关的标准和采购合同的要求对所有设备的产地、规格、型号、数量、附件等项目进行检测，符合要求方可接收。

（4）水泵等设备上应有金属材料印制的铭牌，铭牌的标注内容应准确，字迹应清楚。

（5）对有异议的设备应由相应资质等级检测单位进行抽样检测，并出具检测报告。异议是指：

①近期该产品因质量低劣而被曝光的；

②经了解在其他工程使用中发生过质量问题的；

③进场后经观察与同类产品有明显差异，有可能不符合有关标准的。

3.3 设备及管道附件试验记录

3.3.1 设备及管道附件试验记录采用北京市现行标准《建筑工程资料管理规程》（DB11/T 695）表 C4-46 编制。

3.3.2 设备及管道附件试验记录示例见表 3-3。

表 3-3 设备及管道附件试验记录示例

设备及管道附件试验记录 表 C4-46		资料编号	XF-04-C5-001
工程名称	北京××大厦	系统名称	室内消火栓系统
施工单位	北京××集团	监理单位	北京××建设监理有限公司
设备/管道附件名称	楔式闸阀	试验日期	2023 年××月××日

试验要求：

阀门安装前，应做强度和严密性试验，试验应在每批（同牌号、同型号、同规格）数量中抽查 10％，且不少于 1 个。对于安装在主干管上起切断作用的闭路阀门，应逐个做强度和严密性试验。阀门的强度和严密性试验应符合以下规定：阀门的强度试验压力为公称压力的 1.5 倍；严密性试验压力为公称压力的 1.1 倍；试验压力在试验持续时间内应保持不变，且壳体填料及阀瓣密封面无渗漏

型号、材质		楔式闸阀	楔式闸阀	楔式闸阀	楔式闸阀	
规格		DN125	DN100	DN80	DN65	
总数量		4 个	2 个	2 个	4 个	
试验数量		4 个	2 个	2 个	4 个	
公称或工作压力（MPa）		1.6	1.6	1.6	1.6	
强度试验	试验压力（MPa）	2.4	2.4	2.4	2.4	
	试验持续时间（min）	60	60	60	60	
	试验压力降（MPa）	0	0	0	0	
	渗漏情况	无渗漏	无渗漏	无渗漏	无渗漏	
	试验结论	合格	合格	合格	合格	
严密性试验	试验压力（MPa）	1.76	1.76	1.76	1.76	
	试验持续时间（s）	30	30	30	30	
	试验压力降（MPa）	0	0	0	0	
	渗漏情况	无渗漏	无渗漏	无渗漏	无渗漏	
	试验结论	合格	合格	合格	合格	
签字栏		专业监理工程师	专业质检员		专业工长	
		签名	签名		签名	
制表日期		2023 年××月××日				

注：本表由施工单位填写。

3.3.3　填表依据及说明

【说明】

（1）设备、阀门、密闭水箱（罐）、风机盘管、成组散热器及其他散热设备安装前，均应按规定进行强度严密性试验并做记录，填写《设备及管道附件试验记录》。

（2）设备、密封水箱（罐）的试验应符合设计、施工质量验收规范或产品说明书的规定。

（3）阀门试验要求如下：

①阀门安装前，应做强度和严密性试验。试验应在每批（同牌号、同型号、同规格）数量中抽查 10％，且不少于 1 个；对于安装在主干管上起切断作用的闭路阀门，应逐个做强度和严密性试验；

②阀门的强度和严密性试验，应符合以下规定：阀门的强度试验压力为公称压力的 1.5 倍；严密性试验压力为公称压力的 1.1 倍；试验压力在试验持续时间内应保持不变，且壳体填料及阀瓣密封面无渗漏。阀门试压的试验持续时间应不少于表 3-4 的规定。

表 3-4　阀门试验持续时间

公称直径 DN（mm）	最短试验持续时间（s）		
	严密性试验		强度试验
	金属密封	非金属密封	
≤50	15	15	15
65～200	30	15	60
250～450	60	30	180

（4）散热器组对后，以及整组出厂的散热器在安装之前应做水压试验。试验压力如设计无要求时应为工作压力的 1.5 倍，但不得小于 0.6MPa。检验方法是试验压力下 2～3min 压力不降且不渗不漏。

（5）热交换器应以最大工作压力的 1.5 倍做水压试验，蒸汽部分应不低于蒸汽供汽压力加 0.3MPa；热水部分应不低于 0.4MPa。检验方法是在试验压力下，保持 10min 压力不降。

4　消防工程施工记录资料示例和填表说明

消防工程施工记录包括隐蔽工程验收记录、交接检查记录等，其内容和要求应符合现行国家标准《建筑工程施工质量验收统一标准》（GB 50300）、相关专业验收规范、施工规范和设计文件的规定。本章提供了隐蔽工程验收记录、交接检查记录等施工记录的表格示例和填表说明。

4.1　隐蔽工程验收记录

4.4.1　隐蔽工程验收记录采用《建筑工程资料管理规程》（DB11/T 695）表 C5-1 编制。

4.4.2　隐蔽工程验收记录示例详见表 4-1。

表 4-1　隐蔽工程验收记录示例

隐蔽工程验收记录 表 C5-1		资料编号	XF-04-C5-005
工程名称		北京××大厦	
施工单位	北京××集团	监理单位	北京××建设监理有限公司
验收项目	自动喷水灭火系统管道安装	验收日期	2023 年××月××日
验收部位		北楼 11 层 1-19 轴/R-N 轴	

验收内容：

1. 管道进场时，对管道质量进行了全数检查。查验了材料质量合格证明文件、性能检测报告等资料，并对管道内径、外径、壁厚等进行了检查和测试，符合《输送流体用无缝钢管》GB/T 8163 和《低压流体输送用焊接钢管》GB/T 3091 要求，并按要求填写了《材料、构配件进场检验记录》（××-××-C4-001）。上述检查结果符合规范要求。

2. 管件进场时，对管件质量进行了检查。查验了材料质量合格证明文件、性能检测报告等资料，沟槽式管件材质为球墨铸铁，橡胶密封圈的材质为 EPDM（三元乙丙橡胶），且符合《球墨铸铁件》GB/T 1348《金属管道系统快速管接头的性能要求和试验方法》ISO 6182-12 要求，并按要求填写了《材料、构配件进场检验记录》（××-××-C4-001）。上述检查结果符合规范要求。

3. 北楼 11 层 1-19 轴/R-N 轴区域管道分别采用了 DN25、DN32、DN40、DN50、DN100、DN150，6 种规格的热镀锌钢管。上述检查结果符合设计要求。

4. 管网安装前，对管道校直和管道内部杂物清除开展了安装质量检查工作。对上述 6 种规格的管道，每种规格每 5 根抽查 2 根，共抽查了 12 根。经抽查，管道顺直且内部无杂物，并按要求填写了《施工记录》（××-××-C5-001）。上述检查结果符合规范要求。

5. 对管道连接方式进行了全数检查。现场已安装的管道管径小于等于 DN65 的热镀锌钢管采用了丝扣连接，大于 DN65 采用了沟槽连接。上述检查结果符合设计要求。

6. 沟槽式管件安装前，已对沟槽式管件加工质量进行了检查。每 10 个随机抽查 2 个，共抽查了 6 个。（1）沟槽和孔洞尺寸满足技术要求；（2）沟槽、孔洞处没有毛刺、破损性裂纹和脏物；（3）连接沟槽和开孔均使用了专用滚槽机和开孔机加工，并做了防腐处理；（4）橡胶密封圈无破损和变形。上述检查结果均符合规范要求。

7. 对沟槽式管件安装质量进行了检查。每 10 处随机抽查 2 处，共抽查了 6 处。管件安装时，沟槽式管件的凸边均已优先卡进了沟槽，然后对两边螺栓同时进行了紧固，且胶圈没有起皱。上述检查结果符合规范要求。

8. 对螺纹连接进行了全数检查。（1）管道采用了机械切割，切割面没有飞边、毛刺；（2）管道螺纹密封面符合《普通螺纹　基本尺寸》GB/T 196、《普通螺纹　公差》GB/T 197 和《普通螺纹　管路系列》GB/T 1414 的有关规定；（3）管道变径时，采用了异径接头。上述检查结果均符合规范要求。

9. 在螺纹连接施工时已经开展了安装质量检查工作。每 10 个随机抽查 2 个，共抽查 6 个。(1) 密封填料已均匀附着在管道的螺纹部分；(2) 填料没有进入管道内；(3) 连接处外部已经清理干净，并按要求填写了《施工记录》(××-××-C5-001)。上述检查结果均符合规范要求。

10. 对管道中心线与梁、柱、楼板等的距离进行了安装质量检查工作。每种公称直径每 5 处抽查 1 处，共抽查 12 处，具体数据详见表格。

公称直径（mm）	DN25	DN32	DN40	DN50	DN100	DN150
实测距离（mm）	42、43	45、43	55、56	65、68	110、120	180、185

上述检查结果均符合规范要求。

11. 管道支架、吊架安装前，对支架、吊架进行了全数检查。查验了材料进场时的《材料、构配件进场检验记录》(××-××-C4-001)，以及支架、吊架的型式、材质、加工尺寸和焊接质量。上述检查结果均合设计要求。

12. 对管道支架、吊架间距进行了安装质量检查工作。每种公称直径每 5 处抽查 1 处，共抽查 12 处，具体数据详见表格。

公称直径（mm）	DN25	DN32	DN40	DN50	DN100	DN150
支架、吊架实测间距（m）	3.0、3.1	3.5、3.3	4.0、4.1	4.5、4.3	6.0、6.1	7.0、7.5

上述检查结果均符合规范要求。

13. 对管道支架、吊架与喷头之间的距离进行了安装质量检查工作。每 5 处抽查 1 处，共抽查 12 处，支架、吊架不妨碍喷头喷水效果，具体数据详见表格。

实测距离（mm）	400	500	450	400	550	400	550	550	500	400	400	400

上述检查结果均符合规范要求。

14. 对末端管道支架、吊架与末端喷头之间的距离进行了安装质量检查工作。每 2 处抽查 1 处，共抽查 6 处，具体数据详见表格。

实测距离（mm）	450	550	450	500	550	450

上述检查结果均符合规范要求。

15. 对配水支管直管段、相邻两喷头之间的吊架进行了安装质量检查工作。每 5 处抽查 1 处，共抽查 6 处。配水支管的直管段和相邻两喷头之间的管道均设置了吊架，且吊架间距为 3m。上述检查结果符合规范要求。

16. 对防晃支架的设置进行了全数检查。公称直径等于或大于 50mm 的配水管均设置了防晃支架，且防晃支架的间距为 14m；当管道改变方向时，也增设了防晃支架。上述检查结果均符合规范要求。

17. 对竖直安装的配水干管进行了全数检查。干管中间均用管卡进行了固定，并在其始端和终端设置了防晃支架。上述检查结果均符合规范要求。

18. 对管道的套管进行了安装质量检查工作。每 3 处抽查 1 处，共抽查 6 处。穿过墙体的套管长度均大于墙体厚度；穿过楼板的套管其顶部均高出装饰地面 20mm；套管与管道的间隙采用了不燃材料填塞密实。上述检查结果均符合规范要求。

19. 对管道标志进行了抽查。每 5 处抽查 1 处，共抽查 6 处。配水干管、配水管均做了红色环圈标志，且宽度为 25mm。上述检查结果均符合规范要求。

20. 对管道横向安装坡度进行了全数检查。管道横向安装坡度约 3‰，坡向排水管，无反坡和凹处。上述检查结果均符合规范要求。

21. 对管道抗震支吊架进行了安装质量检查工作。每 5 处抽查 1 处，共抽查 6 处。管径大于等于 DN65 的管道已安装了抗震支吊架，安装间距、固定方式、型号符合设计要求。上述检查结果符合规范要求。

验收意见：

经检查，符合设计要求及《自动喷水灭火系统施工及验收规范》(GB 50261—2017) 的规定。

可进行下道工序施工。

验收结论：☑同意隐蔽　　　　□不同意，修改后进行复查

签字栏	专业监理工程师	专业质检员	专业工长
	签名	签名	签名
	制表日期	2023 年××月××日	

注：本表由施工单位填写。

隐蔽工程验收记录（表 C5-1）	拍摄图片
	拍摄人： 　李工 拍摄时刻： 　××时××分 拍摄地点： 　2～3/N 轴 工程部位： 　北楼 11 层 1～19 轴/R-N 轴 检验批： 　XF040305012 管网安装检验批质量验收记录
	拍摄人： 　李工 拍摄时刻： 　××时××分 拍摄地点： 　8/R-N 轴 工程部位： 　北楼 11 层 1～19 轴/R-N 轴 检验批： 　XF040305012 管网安装检验批质量验收记录
	拍摄人： 　李工 拍摄时刻： 　××时××分 拍摄地点： 　8/R-N 轴 工程部位： 　北楼 11 层 1～19 轴/R-N 轴 检验批： 　XF040305012 管网安装检验批质量验收记录

4.1.3　填表依据及说明

【依据一】《建筑与市政工程施工质量控制通用规范》（GB 55032—2022）

【条文】

3.3.4　施工工序间的衔接，应符合下列规定：

1　每道施工工序完成后，施工单位应进行自检，并应保留检查记录；

2　各专业工种之间的相关工序应进行交接检验，并应保留检查记录；

3　对监理规划或监理实施细则中提出检查要求的重要工序，应经专业监理工程师检查合格并签字确认后，进行下道工序施工；

4　隐蔽工程在隐蔽前应由施工单位通知监理单位进行验收，并应留存现场影像资料，形成验收文件，经验收合格后方可继续施工。

【依据二】《建筑工程施工质量验收统一标准》（GB 50300—2013）

【条文】

3.0.6　建筑工程施工质量应按下列要求进行验收：

5　隐蔽工程在隐蔽前应由施工单位通知监理单位进行验收，并应形成验收文件，验收合格后方可继续施工。

【依据三】《建筑工程消防施工质量验收规范》（DB11/T 2000—2022）

【条文】

摘录一：

3.0.7　建筑工程消防施工质量控制应符合下列规定：

4　隐蔽工程在隐蔽前应进行验收，并应形成验收文件和留存影像资料。

摘录二：

7.1.3　施工中应对下列部位及内容进行隐蔽工程验收，并按照附录A的资料归档目录提供详细文字记录和必要的影像资料：

1　防火墙、楼板洞口及缝隙的防火封堵；

2　变形缝伸缩缝的防火处理；

3　吊顶木龙骨的防火处理；

4　窗帘盒木基层的防火处理及构造；

5　其他按相关规定应做隐蔽验收的工程。

摘录三：

8.1.2　隐蔽工程应在施工过程中或完工后按照相关消防技术标准的要求进行检查验收，并按照附录A的资料归档目录提供详细文字记录和必要的影像资料。下列部位及内容应进行隐蔽工程验收：

1　防火封堵；

2　隐蔽工程防火材料；

3　其他按相关规定应做隐蔽验收的工程。

摘录四：

9.7.2　气体灭火系统的隐蔽工程应符合相关消防技术标准和消防设计文件要求，并重点查看防护区地板下、吊顶上或其他隐蔽区域内管网隐蔽工程验收记录。

【说明】隐蔽工程是指上道工序被下道工序所掩盖，其自身的质量无法再进行检查的工程。隐蔽工程验收即对隐蔽工程进行验收，并通过表格的形式将工程验收项目的隐检内容、质量情况、验收意见、复查意见等记录下来，作为以后建筑工程的维护、改造、扩建等重要的技术资料。验收合格后方可进行下道工序施工。

（1）隐蔽工程验收是保证工程质量与安全的重要过程控制检查，应分专业、分系统、分区段、分部位、分工序、分层进行。

（2）隐蔽工程施工完毕后，由专业监理工程师组织施工单位专业工长、质量检查员共同参加验收。验收后由监理单位签署验收意见，并下验收结论。

（3）若检查存在问题，则在验收结论中给予明示。对存在的问题，必须按处理意见进行处理，处理后对该项进行复查，并将复查结论填入栏内。凡未经过隐蔽工程验收或验收不合格的工程，不允许进行下一道工序的施工。

【填写要求】

（1）工程名称：与施工图纸中图签一致。

（2）验收项目：应按实际检查项目填写，具体写明（子）分部工程名称和施工工序主要检查内容。验收项目栏填写举例：钢结构防火涂层涂装等。

（3）验收部位：按实际验收部位填写，如"____层"填写地下/地上____层；"____轴"填写横起至横止轴/纵起至纵止轴，轴线数字码、英文码标注可带圆圈；"____标高"填写墙柱梁板等的起止标高或顶标高。

（4）验收时间：按实际验收时间填写。

（5）隐检记录编号：按专业工程分类编码填写，按组卷要求进行组卷。

（6）验收内容：应将验收的项目、具体内容描述清楚。主要原材料的复试报告单编号，主要连接件的复试报告编号，主要施工方法。若文字不能表述清楚，可用示意简图进行说明。

（7）验收意见：验收意见要明确，验收的内容是否符合要求要描述清楚。然后给出验收结论，根据检查情况在相应的结论框中画"√"。在验收中一次验收未通过的要注明质量问题，并提出复查要求。

（8）本表由施工单位填报，其中验收意见、复查结论由监理单位填写。

4.2　交接检查记录

4.2.1　交接检查记录采用《建筑工程资料管理规程》（DB11/T 695）表 C5-2 编制。

4.2.2　交接检查记录示例详见表 4-2。

表 4-2　交接检查记录示例

交接检查记录 表 C5-2		资料编号	XF-04-C5-×××
工程名称		北京××大厦	
移交单位名称	北京××集团	接收单位名称	北京××消防工程公司
交接部位	消防泵房	检查日期	2023 年××月××日
交接内容： 　1. 消防泵房地坪及水泵基础浇筑完成，标高位置精度准确，场地干净整洁。专业分包单位已验收完成，你方可进行后续施工，现移交你方，请贵司接收。 　2. 接收单位负责施工期间的成品保护工作，接收单位造成的成品保护损失由接收单位负责。			
检查结果： 　消防泵房地坪及水泵基础浇筑完成，标高位置精度准确，场地干净整洁。双方均同意交接。			
签 字 栏	移交单位		接收单位
	签名		签名
	制表日期		2023 年××月××日

注：本表由施工单位填写。

4.2.3　填表依据及说明

【依据】《建筑与市政工程施工质量控制通用规范》（GB 55032—2022）

【条文】

3.3.4　施工工序间的衔接，应符合下列规定：

1　每道施工工序完成后，施工单位应进行自检，并应保留检查记录；

2　各专业工种之间的相关工序应进行交接检验，并应保留检查记录；

3　对监理规划或监理实施细则中提出检查要求的重要工序，应经专业监理工程师检查合格并签字确认后，进行下道工序施工；

4　隐蔽工程在隐蔽前应由施工单位通知监理单位进行验收，并应留存现场影像资料，形成验收文件，经验收合格后方可继续施工。

【说明】

《交接检查记录》适用于不同施工单位之间的移交检查,当前一专业工程施工质量对后续专业工程施工质量产生直接影响时,应进行交接检查。

建筑给水排水及采暖工程与通风与空调工程应做交接检查的项目有[按《建筑给水排水及采暖工程施工质量验收规范》(GB 50242—2002)中第4.4.1条、第13.2.1条等规定及《通风与空调工程施工质量验收规范》(GB 50243—2016)中第7.1.4条规定]:设备就位前应对其基础进行验收,合格后方能安装。而设备基础通常都由土建专业施工、验收,并填写相应检查、验收表格。对设备基础的混凝土强度、坐标、标高、尺寸和螺栓孔位置等按设计规定进行复核。

【填写要点】

(1)《交接检查记录》由移交单位形成,其中"交接内容"由移交单位填写,"检查结果"由接收单位填写。

(2)由移交单位和接收单位共同签认的《交接检查记录》方可生效。

4.3　火灾自动报警系统调试施工记录

4.3.1　火灾自动报警系统调试施工记录采用《建筑工程资料管理规程》(DB11/T 695)表 C5-21编制。

4.3.2　火灾自动报警系统调试施工记录示例详见表 4-3。

表 4-3　火灾自动报警系统调试施工记录示例

火灾自动报警系统调试施工记录 表 C5-21		资料编号	XF-04-C5-××
工程名称	北京××大厦		
施工单位	北京××集团	施工内容	火灾自动报警系统调试
施工部位	消防安防控制室 二层××轴/××轴报警区域	施工日期	2023 年××月××日

依据:

1. 图纸:消 001-022;

2. 工程变更洽商记录(XF-04-C2-×××);

3. 《火灾自动报警系统施工及验收标准》(GB50166—2019);

4. 《消防联动控制系统》(GB 16806)、《火灾报警控制器》(GB4717)、《火灾显示盘》(GB 17429)。

试运转、调试内容:

　一、系统调试前,对该系统所涉及的各项工序检验记录进行了检查。该系统已按照设计要求全部安装完毕、工序检验合格。对系统调试具备的条件进行检查:

　1. 经检查,设备的规格、型号、数量、备品备件等符合设计文件的规定;系统的线路符合《火灾自动报警系统施工及验收标准》(GB 50166—2019)(以下简称《标准》)第 3 章有关规定;

　2. 经检查,现场部件均已完成地址编码设置,现场部件均仅有一个独立的识别地址;

　3. 经检查,与模块连接的火灾警报器、水流指示器、压力开关、报警阀、排烟口、排烟阀等现场部件的地址编号均与连接模块的地址编号一致;

　4. 经检查,控制器、监控器、消防电话总机及消防应急广播控制装置等控制类设备均已对配接的现场部件进行地址注册,并按现场部件的地址编号及具体设置部位完成部件的地址注释信息的录入;

　5. 经检查,已形成《系统部件设置情况记录》(资料编号:×××)

　6. 经检查,已完成控制类设备的联动编程,已完成控制类设备手动控制单元控制按钮的编码设置,符合《标准》4.2.3 条款规定。

　7. 对系统中的控制与显示类设备分别进行了单机通电检查,结果正常。

　　调试条件符合《标准》4.2节有关要求。按照《标准》要求对系统部件的功能和该报警区域的系统联动功能进行调试检查。按照工作安排，张某在报警区域内对报警设备等进行调试及观测，李某在控制室配合进行调试及观测，孙某在消防水泵房配合进行调试及观测工作，王某在风机机房配合进行调试及观测工作。

　　二、系统部件的功能调试：

　　1. 火灾自动报警系统控制器（联动型）

　　（1）在切断火灾报警控制器的所有外部控制连线后，将总线回路上的火灾探测器（编号：×××）、手动火灾报警按钮（编号：×××）等部件相连接并接通电源，控制器进入正常监视状态。

　　（2）对火灾自动报警系统控制器的自检功能、操作级别、屏蔽功能、主、备电源的自动转换功能、故障报警功能（含备用电源连线故障报警功能、配接部件连线故障报警功能）、短路隔离保护功能、火警优先功能、消声功能、二次报警功能、负载功能、复位功能、控制器自动和手动工作状态转换显示功能等进行了检查，经查上述功能均符合《消防联动控制系统》（GB 16806）《火灾报警控制器》（GB 4717）相关规定及设计文件要求。

　　（3）火灾报警控制器依次与其他回路相连接，并完成了配接部件连线故障报警功能、短路隔离保护功能、负载功能、复位功能的检查，经查上述功能均符合《火灾报警控制器》（GB 4717）相关规定及设计文件要求。

　　（4）依次将其他各调回路的输入/输出模块与控制器连接、模块与受控设备连接，切断所有受控现场设备的控制连线，使控制器处于正常监视状态，在备电工作状态下，对配接部件连线故障报警功能、总线隔离器的隔离保护功能、控制器的负载功能、复位功能等功能进行了检查，经查上述功能均符合《消防联动控制系统》（GB 16806）相关规定及设计文件要求。

　　2. 火灾探测器

　　本报警区域内共涉及2种火灾探测器，分别为点型感烟火灾探测器和点型感温火灾探测器，均由火灾报警系统控制器供电。

　　（1）离线故障报警功能

　　切断供电，将探测器（编号×××）处于离线状态，位于控制室的李某观测到控制器立即发出声、光报警信号、记录报警时间并正确显示该探测器的类型和地址注释信息，上述功能符合《标准》4.3.4条规定及设计文件要求。

　　（2）火灾报警功能

　　位于探测区域的张某采用烟枪触发报警信号，使探测器处于报警状态，张某观测到探测器的火警确认灯立刻点亮并保持，位于控制室的李某观测到控制器立即发出声、光报警信号、记录报警时间并正确显示该探测器的类型和地址注释信息，上述功能符合《标准》4.3.5条规定及设计文件要求。

　　（3）复位功能

　　开窗通风，使探测器监测区域的环境恢复正常后，李某手动操作控制器的复位键，观测到控制器恢复正常监视状态，位于探测区域的张某观测到探测器的火警确认灯应熄灭。

　　3. 手动火灾自动报警按钮

　　（1）离线故障报警功能

　　将手动火灾自动报警按钮（编号×××）处于离线状态，李某观测到控制器立即发出声、光报警信号、记录报警时间并正确显示该报警按钮的类型和地址注释信息，上述功能符合《标准》4.3.13条规定及设计文件要求。

　　（2）火灾报警功能

　　位于探测区域的张某触发报警按钮，观测到报警按钮的火警确认灯立刻点亮并保持，李某观测到控制器立即发出声、光报警信号、记录报警时间并正确显示该报警按钮的类型和地址注释信息，上述功能符合《标准》4.3.14条规定及设计要求。

　　4. 火灾显示盘

　　（1）对火灾显示盘的接收和显示火灾报警信号的功能、消声功能、复位功能、操作级别、主、备电源的自动转换功能等功能进行了检查，经查上述功能均符合《火灾显示盘》（GB 17429）规定及设计要求。

　　（2）电源故障报警功能

　　切断主电源，使火灾显示盘的主电源处于故障状态，李某观测到控制器立即发出声、光报警信号、正确记录报警时间并显示该火灾显示盘的类型和地址注释信息，上述功能符合《标准》4.3.16条规定及设计文件要求。

　　5. 模块

　　（1）离线故障报警功能

　　切断连接，使模块与消防联动控制器的通信总线处于离线状态，李某观测到控制器立即发出声、光报警信号，并正确显示该模块的类型和地址注释信息，上述功能符合《标准》4.5.5规定及设计文件要求。

　　（2）连接部件断线故障报警功能

　　切断连接，使模块与连接部件之间的连接线断路，李某观测到控制器立即发出声、光报警信号，并正确显示该模块的类型和地址注释信息，上述功能符合《标准》4.5.6条规定及设计文件要求。

（3）输入模块的信号接收及反馈功能

经核查输入模块和连接设备的接口兼容。张某给输入模块提供模拟输入信号并采用秒表进行计时，观测到输入模块在发出信号后的第2s成功动作并点亮动作指示灯，李某观测到控制器成功接收，正确显示模块的动作反馈信息、设备的名称及地址注释信息，上述功能符合《标准》4.5.7条第1、2、3款规定及设计要求。

（4）输入模块的复位功能

李某手动操作控制器的复位键，张某撤除模拟输入信号后，李某观测到控制器恢复正常监视状态，张某观测到输入模块的动作指示灯应熄灭，上述功能符合《标准》4.5.7第4款规定及设计要求。

（5）输出模块的启动、停止功能

经核查输出模块和受控设备的接口兼容。李某操作控制器向输出模块发出启动控制信号后，张某同步采用秒表计时，观测到输出模块在发出信号后的第2s成功动作，并点亮动作指示灯。

6. 消防专用电话

（1）消防电话总机

接通电源使消防电话总机处于正常工作状态后，对消防电话总机的自检功能、故障报警功能、消声功能、电话分机呼叫电话总机功能、电话总机呼叫电话分机功能等功能进行了检查，经查上述功能均符合《消防联动控制系统》（GB 16806）及设计要求。

（2）消防电话分机：

对分机的呼叫电话总机功能、接收电话总机呼叫功能等进行了检查，经查上述功能均符合《消防联动控制系统》（GB 16806）及设计要求。

（3）对消防电话插孔的通话功能进行了检查，经查该功能符合《消防联动控制系统》（GB 16806）及设计要求。

7. 消防控制室图形显示装置和传输设备

（1）将消防控制室图形显示装置与火灾报警控制器（联动型）等设备相连接并接通电源，消防控制室图形显示装置进入正常监视状态。对消防控制室图形显示装置的图形显示功能（含建筑总平面图显示功能、保护对象的建筑平面图显示功能、系统图显示功能）、通信故障报警功能、消声功能、信号接收和显示功能、信息记录功能、复位功能等功能进行了检查，经查上述功能均符合《消防联动控制系统》（GB 16806）及设计要求。

（2）将传输设备与火灾报警控制器（联动型）相连接并接通电源，传输设备进入正常监视状态。对传输设备的自检功能、主、备电源的自动转换功能、故障报警功能、消声功能、信号接收和显示功能、手动报警功能、复位功能等功能进行了检查，经查上述功能均符合《消防联动控制系统》（GB 16806）及设计要求。

8. 火灾警报器

（1）火灾声警报功能：

李某操作控制器使火灾声警报器启动，张某在距警报器××m（警报器生产企业声称的最大设置间距）、距地面1.55m处采用检验合格的分贝仪（编号：×××）进行测试，测试结果为70dB，上述功能符合《标准》4.12.1条规定及设计文件要求。

（2）火灾光警报功能：

李某操作控制器使火灾光警报器启动，张某在距警报器××m（警报器生产企业声称的最大设置间距）处光信号清晰可见，上述功能符合《标准》4.12.2条规定及设计文件要求。

9. 消防应急广播控制设备

将各广播回路的扬声器与消防应急广播控制设备相连接并接通电源，广播控制设备进入正常工作状态。对广播控制设备的自检功能、主、备电源的自动转换功能、故障报警功能、消声功能、应急广播启动功能、现场语言播报功能、应急广播停止等功能进行了检查，经查上述功能均符合《消防联动控制系统》（GB 16806）及设计要求。

10. 扬声器

李某操作消防应急广播控制设备使扬声器播放应急广播信息，张某在距扬声器××m（扬声器生产企业声称的最大设置间距）、距地面1.55m处采用检验合格的分贝仪（编号：×××）进行测试，测试结果为70dB，语音信息清晰，上述功能符合《标准》4.12.5条规定及设计文件要求。

三、系统联动功能测试

将消防应急广播、防火门监控器、消防泵控制箱、风机控制箱、应急照明控制器、电梯、非消防电源等相关系统的控制设备与火灾报警控制器（联动型）相连接，并使控制器处于自动状态，根据系统联动控制逻辑设计文件规定对上述受控设备进行调试。由张某采用烟枪分别触发报警区域内（且处于同一防烟分区）的两只感烟探测器（探测器1编号：××××，探测器2编号：××××）。

1. 火灾警报、应急广播

（1）李某观测到控制器发出火灾警报装置和应急广播控制装置动作的启动信号，启动指示灯点亮。张某观测到报警区域内所有的火灾声光警报器同时启动，开始用秒表计时，持续工作20s后，所有的火灾声光警报器同时停止报警。报警停止后，所有的扬声器同时进行2次消防应急广播，每次广播20s后，所有的扬声器停止播放广播信息。上述功能符合《标准》4.12.6条第1款、第2款、第3款、第4款规定及设计文件要求。

（2）手动控制功能调试：

李某手动操作控制器直接手动控制单元的消防泵启动控制按钮，孙某观测到消防泵启动。李某手动操作控制器直接手动控制单元的消防泵停止控制按钮，孙某观测到消防泵停止运转。李某观测到消防控制室图形显示装置成功显示控制器的直接手动启动、停止控制信号。上述功能符合《标准》4.16.6条及设计文件要求。

4．加压送风系统

（1）李某观测到控制器按设计文件的规定发出控制电动送风口开启、加压送风机启动的启动信号，启动指示灯点亮。位于报警区域的张某观测到×号、×号电动送风口开启，位于风机机房的王某观测到加压送风机启动。李某观测到控制器接收并显示电动送风口、加压送风机的动作反馈信号，正确显示设备的名称和地址注释信息，上述功能符合《标准》4.18.5条第1款、第2款、第3款、第4款规定及设计文件要求。

（2）手动控制功能调试：

李某手动操作控制器直接手动控制单元的加压送风机开启控制按钮，王某观测到加压送风机启动。手动操作控制器直接手动控制单元的加压送风机停止控制按钮，观测到加压送风机停止运转。消防控制室图形显示装置正确显示消防联动控制器的直接手动启动、停止控制信号。符合《标准》4.18.6条规定及设计文件要求。

5．电动挡烟垂壁、排烟系统

（1）李某观测到控制器按设计文件的规定发出控制电动挡烟垂壁下降，控制排烟口、排烟阀、排烟窗开启，控制空气调节系统的电动防火阀关闭的启动信号，启动指示灯点亮。张某观测到电动挡烟垂壁、排烟口、排烟阀、排烟窗、空气调节系统的电动防火阀动作。李某观测到控制器接收并显示电动挡烟垂壁、排烟口、排烟阀、排烟窗、空气调节系统电动防火阀的动作反馈信号，正确显示设备的名称和地址注释信息。控制器接到排烟口、排烟阀的动作反馈信号后，发出控制排烟风机启动的启动信号。王某观测到排烟风机启动。李某观测到控制器接收并显示排烟风机启动的动作反馈信号，正确显示设备的名称和地址注释信息，上述功能符合《标准》4.18.8条第1款、第2款、第3款、第4款、第5款、第6款、第7款规定及设计文件要求。

（2）手动控制功能调试：李某手动操作控制器直接手动控制单元的排烟风机停止控制按钮，王某观测到排烟风机停止运转。手动操作控制器直接手动控制单元的排烟风机开启控制按钮，王某观测到排烟风机启动。消防控制室图形显示装置正确显示消防联动控制器的直接手动启动、停止控制信号。符合《标准》4.18.9规定及设计文件要求。

6．消防应急照明和疏散指示

李某观测到控制器发出相应联动控制信号，启动指示灯点亮。张某观测到消防应急灯具光源的应急点亮、系统蓄电池电源的转换。李某观测到控制器接收并显示应急照明控制器应急启动的动作反馈信号，正确显示设备的名称和地址注释信息，上述功能符合《标准》4.19.1条第1款、第2款、第3款、第4款规定及设计文件要求。

7．电梯

李某观测到控制器发出控制电梯停于首层、切断相关非消防电源、控制其他相关系统设备动作的启动信号，启动指示灯点亮。张某观测到×号、×号电梯停于首层，相关非消防电源切断。李某观测到控制器接收并显示电梯停于首层、相关非消防电源切断动作的动作反馈信号，正确显示设备的名称和地址注释信息，上述功能符合《标准》4.20.2条第1款、第2款、第3款、第4款规定及设计要求。

8．图形显示装置

李某观测到消防控制器图形显示装置准确显示火灾报警控制器（联动型）的火灾报警信号、启动信号、全部受控设备的动作反馈信号，且显示的信息应与控制器的显示一致，上述功能符合《标准》规定及设计要求。

9．气体灭火系统控制调试

（1）切断驱动部件与气体灭火装置间的连接，使气体灭火控制器与火灾报警控制器（联动型）相连接，使气体灭火控制器和火灾报警控制器（联动型）处于自动控制工作状态。

（2）使用烟枪触发防护区域内符合联动控制触发条件的一只火灾探测器（编号：×××）发出火灾报警信号，对气体灭火系统的联动控制功能进行检查：

李某观测到火灾报警控制器（联动型）发出控制灭火系统动作的首次启动信号，启动指示灯点亮。防护区域内的声光警报器发出警报。上述功能符合《标准》4.15.8条第一款规定及设计文件要求。

（3）使用烟枪触发防护区域内符合联动控制触发条件的另一只火灾探测器（编号）发出火灾报警信号，对系统设备的功能进行检查：

李某观测到火灾报警控制器（联动型）发出控制灭火系统动作的二次启动信号。灭火控制器进入启动延时，显示延时时间。张某观测到该防护区域的电动送排风阀门、防火阀、门、窗关闭。××秒延时结束，灭火装置和防护区域外设置的火灾声光警报器、喷洒光警报器启动。灭火控制器成功接收并显示受控设备动作的反馈信号。火灾报警控制器（联动型）正确接收并显示灭火控制器的启动信号、受控设备动作的反馈信号。李某观测到消防控制器图形显示装置正确显示灭火控制器的控制状态信息、火灾报警控制器的火灾报警信号、火灾报警控制器（联动型）的启动信号、灭火控制器的启动信号、受控设备的动作反馈信号，且显示的信息与控制器的显示一致。上述功能符合《标准》4.15.8条第二款、第三款、第四款规定及设计文件要求。

（2）在报警区域内所有的火灾声光警报器或扬声器持续工作时，李某手动操作控制器总线控制盘上火灾警报停止、消防应急广播停止控制按钮，张某观测到报警区域内所有的火灾声光警报器、扬声器停止正在进行的警报；随后，李某手动操作消防联动控制器总线控制盘上火灾警报、消防应急广播启动控制按钮，张某观测到报警区域内所有的火灾声光警报器、扬声器成功恢复警报，上述功能符合《标准》4.12.7条规定及设计要求。

2. 防火门

李某观测到控制器发出控制防火门闭合的启动信号，启动指示灯点亮。张某观测到报警区域内所有常开防火门关闭。防火门监控器接收并显示每一樘常开防火门完全闭合的反馈信号，上述功能符合《标准》4.14.9条第1款、第2款、第3款、第4款规定及设计文件要求。

3. 消防泵

（1）李某观测到控制器发出控制消防水泵启动的启动信号，启动指示灯点亮。位于消防水泵房的孙某观测到消防泵启动。李某观测到控制器显示干管水流指示器的动作反馈信号，正确显示设备的名称和地址注释信息，上述功能符合《标准》4.16.5条第1款、第2款、第3款、第4款规定及设计文件要求。

（4）在联动控制进入启动延时阶段，对系统的手动插入操作优先功能进行检查：

操作灭火控制器对应该防护区域的停止按钮，观测到灭火控制器停止正在进行的操作。火灾报警控制器（联动型）成功接收并显示灭火控制器的手动停止控制信号。消防控制室图形显示装置成功显示灭火控制器的手动停止控制信号。上述功能符合《标准》4.15.9条规定及设计文件要求。

四、××月××日7：00开始报警系统试运行，运行120小时后，主机运行正常。运行期间无误报，所有数据正常，测试记录完整，测试完成。

试运转、调试结论：

通过本系统试运转调试结果符合设计要求及规范规定，调试合格。

签字栏	专业技术负责人	专业质检员	专业工长
	签名	签名	签名
制表日期		2023年××月××日	

本表由施工单位填写。

4.3.3 填表依据及说明

【依据】《火灾自动报警系统施工及验收标准》（GB 50166—2019）、《消防联动控制系统》（GB 16806—2006）、《火灾报警控制器》（GB 4717—2005）、《火灾显示盘》（GB 17429—2011）。

【说明】表格中列举的张某、李某、孙某、王某分别按照调试工作分工开展工作。张某负责在报警区域内对报警设备等进行调试及观测，李某负责在控制室配合进行调试及观测工作，孙某负责在消防水泵房配合进行调试及观测工作，王某负责在风机机房配合进行调试及观测工作。

5 消防工程施工试验资料示例和填表说明

消防工程施工试验资料（C6）包括消火栓试射记录、自动喷水灭火系统质量验收缺陷项目判定记录、自动喷水灭火系统调试记录、消防给水及消火栓系统调试记录、火灾自动报警系统调试记录、消防应急照明和疏散指示系统调试记录、防排烟系统联合试运行记录等，其内容和要求应符合相关专业验收规范、施工规范和设计文件的规定。本章提供了消火栓试射记录、防排烟系统联合试运行记录、自动喷水灭火系统质量验收缺陷项目判定记录、自动喷水灭火系统调试记录、消防给水及消火栓系统调试记录、火灾自动报警系统调试记录、消防应急照明和疏散指示系统调试记录的表格示例和填表说明。

5.1　消火栓试射记录

5.1.1　消火栓试射记录采用北京市现行标准《建筑工程资料管理规程》（DB11/T 695）表 C6-33 编制。

5.1.2　消火栓试射记录示例详见表 5-1。

表 5-1　消火栓试射记录示例-1

消火栓试射记录 表 C6-33		资料编号	XF-04-C6-×××
工程名称		北京××大厦	
施工单位	北京××集团	监理单位	北京市××建设监理有限公司
试射消火栓位置	屋顶层	试射日期	2023 年××月××日
栓口静压（MPa）	0.2	栓口动压（MPa）	0.36

试验要求：

1. 按照《建筑给水排水及采暖工程施工质量验收规范》（GB 50242—2002）第 4.3.1 条要求，室内消火栓系统安装完成后应取屋面（或水箱间内）试验消火栓和首层各一处消火栓做试射试验。

2.《消防给水及消火栓系统技术规范》（GB 50974—2014）第 7.4.12 条要求：室内消火栓栓口压力和消防水枪充实水柱，应符合下列规定：1 消火栓栓口动压力不应大于 0.50MPa；当大于 0.70MPa 时必须设置减压装置；2 高层建筑、厂房、库房和室内净空高度超过 8m 的民用建筑等场所，消火栓栓口动压不应小于 0.35MPa，且消防水枪充实水柱应按 13m 计算；其他场所，消火栓栓口动压不应小于 0.25MPa，且消防水枪充实水柱按 10m 计算。

3.《消防给水及消火栓系统技术规范》（GB 50974—2014）第 13.1.8 条要求：消火栓的调试和测试应符合下列规定：1 试验消火栓动作时，应检测消防水泵是否在本规范规定的时间内自动启动；2 试验消火栓动作时，应测试其出流量、压力和充实水柱的长度，并应根据消防水泵的性能曲线核实消防水泵供水能力；3 应检查旋转型消火栓的性能能否满足其性能要求；4 应采用专用检测工具，测试减压稳压型消火栓的阀后动静压是否满足设计要求。

试验记录：

试验从上午 8 时 30 分开始，8 时 55 分结束。观察试验栓栓口压力表显示静压压力为 0.2MPa。打开屋顶层水箱间试验消火栓，取下消防水龙带接好栓口和水枪，打开消火栓枪头，静压下降。按下栓箱内消火栓启动按钮，从屋面平台向外水平倾角向上 45°进行试射，消防水泵在 20s 后正常启泵，观察栓口压力表显示压力值为 0.36MPa，栓口出水水柱密集，没有散花，水柱达到 13.5 米，符合《消防给水及消火栓系统技术规范》（GB 50974—2014）第 7.4.12 条、第 13.1.8 条要求。试射时间维持 25 分钟左右，至 8 时 55 分试验结束。

试验结论：

试验结果符合设计要求及《建筑给水排水及采暖工程施工质量验收规范》（GB 50242—2002）、《消防给水及消火栓系统技术规范》（GB 50974—2014）相关规定。

签 字 栏	专业监理工程师	专业质检员	专业工长
	签名	签名	签名
制表日期	2023 年××月××日		

本表由施工单位填写。

表 5-1　消火栓试射记录示例-2

消火栓试射记录 表 C6-33		资料编号	XF-04-C6-×××
工程名称		北京××大厦	
施工单位	北京××集团	监理单位	北京市××建设监理有限公司
试射消火栓位置	首层	试射日期	2023 年××月××日
栓口静压（MPa）	0.31	栓口动压（MPa）	0.48

试验要求：

1. 按照《建筑给水排水及采暖工程施工质量验收规范》（GB 50242—2002）第 4.3.1 条要求，室内消火栓系统安装完成后应取屋面（或水箱间内）试验消火栓和首层各一处消火栓做试射试验。

2.《消防给水及消火栓系统技术规范》（GB 50974—2014）第 7.4.12 条要求：室内消火栓栓口压力和消防水枪充实水柱，应符合下列规定：1　消火栓栓口动压力不应大于 0.50MPa；当大于 0.70MPa 时必须设置减压装置；2　高层建筑、厂房、库房和室内净空高度超过 8m 的民用建筑等场所，消火栓栓口动压不应小于 0.35MPa，且消防水枪充实水柱应按 13m 计算；其他场所，消火栓栓口动压不应小于 0.25MPa，且消防水枪充实水柱应按 10m 计算。

《消防给水及消火栓系统技术规范》（GB 50974—2014）第 13.1.8 条要求：消火栓的调试和测试应符合下列规定：1　试验消火栓动作时，应检测消防水泵是否在本规范规定的时间内自动启动；2　试验消火栓动作时，应测试其出流量、压力和充实水柱的长度，并应根据消防水泵的性能曲线核实消防水泵供水能力；3　应检查旋转型消火栓的性能能否满足其性能要求；4　应采用专用检测工具，测试减压稳压型消火栓的阀后动静压是否满足设计要求。

4. 设计要求：（根据设计文件如实填写）

试验记录：

试验从上午 9 时 30 分开始，9 时 55 分结束。首先观察栓口压力表显示静压压力为 0.31MPa。打开首层消火栓，取下消防水龙带接好栓口和水枪，打开消火栓栓头，静压下降。按下栓箱内消防栓启动按钮，向外水平倾角向上 45°进行试射，消防水泵在 20s 后正常启泵。同时观察栓口压力表显示压力值为 0.48MPa，栓口出水水柱密集，没有散花，水柱达到 15m，符合《消防给水及消火栓系统技术规范》（GB 50974—2014）第 7.4.12 条、第 13.1.8 条要求。试射时间维持 20min 左右，至 9 时 55 分试验结束。

试验结论：

试验结果符合设计要求及《建筑给水排水及采暖工程施工质量验收规范》（GB 50242—2002）、《消防给水及消火栓系统技术规范》（GB 50974—2014）相关规定。

签 字 栏	专业监理工程师	专业质检员	专业工长
	签名	签名	签名
制表日期	2023 年××月××日		

本表由施工单位填写。

5.1.3　填表依据及说明

【依据一】《建筑给水排水及采暖工程施工质量验收规范》（GB 50242—2002）

【条文】

4.3.1　室内消火栓系统安装完成后应取屋顶层（或水箱间内）试验消火栓和首层取二处消火栓做试射试验，达到设计要求为合格。检验方法：实地试射检查。

【依据二】《消防给水及消火栓系统技术规范》（GB 50974—2014）

【条文】

7.4.12　室内消火栓栓口压力和消防水枪充实水柱，应符合下列规定：

1　消火栓栓口动压力不应大于 0.50MPa；当大于 0.70MPa 时必须设置减压装置；

2　高层建筑、厂房、库房和室内净空高度超过 8m 的民用建筑等场所，消火栓栓口动压不应小于 0.35MPa，且消防水枪充实水柱应按 13m 计算；其他场所，消火栓栓口动压不应小于 0.25MPa，且消防水枪充实水柱应按 10m 计算。

13.1.8 消火栓的调试和测试应符合下列规定：

1 试验消火栓动作时，应检测消防水泵是否在本规范规定的时间内自动启动；

2 试验消火栓动作时，应测试其出流量、压力和充实水柱的长度；并应根据消防水泵的性能曲线核实消防水泵供水能力；

3 应检查旋转型消火栓的性能能否满足其性能要求；

4 应采用专用检测工具，测试减压稳压型消火栓的阀后动静压是否满足设计要求。

【说明】

（1）室内消火栓系统安装完成后，应按设计要求和国家标准《消防给水及消火栓系统技术规范》（GB 50974—2014）及《建筑给水排水及采暖工程施工质量验收规范》（GB 50242—2002）等规定进行消火栓试射试验，并做记录。

（2）填写要点

①"试射消火栓位置"：按实际试射部位填写，例如屋顶层、首层；

②试验要求：应按照设计要求或施工规范提出的具体要求填写，要表述清楚；

③试验记录：在试验过程中对试验情况作的记录，具体内容描述清楚；

④试验结论：应根据设计和施工规范要求，对试验结果作出明确评价。

5.2 自动喷水灭火系统质量验收缺陷项目判定记录

5.2.1 自动喷水灭火系统质量验收缺陷项目判定记录采用《建筑工程资料管理规程》（DB11/T 695）表 C6-34 编制。

5.2.2 自动喷水灭火系统质量验收缺陷项目判定记录示例详见表 5-2。

表 5-2 自动喷水灭火系统质量验收缺陷项目判定记录示例

自动喷水灭火系统质量验收缺陷项目判定记录 表 C6-34		资料编号		XF-04-C6-×××	
工程名称	北京××大厦	建设单位		北京××公司	
施工单位	北京××集团	监理单位		北京××建设监理有限公司	
缺陷分类	严重缺陷（A）	缺陷款数	重缺陷（B）	缺陷款数	轻缺陷（C）	缺陷款数
包含条款	/	/	/	/	8.0.3 条第 1～5 款	0
	8.0.4 条第 1～2 款	0	/	/	/	/
	/	/	8.0.5 条第 1～3 款	0	/	/
	8.0.6 条第 4 款	0	8.0.6 条第 1、2、3、5、6 款	0	8.0.6 条第 7 款	0
	/	/	8.0.7 条第 1、2、3、4、6 款	0	8.0.7 条第 5 款	0
	8.0.8 条第 1 款	0	8.0.8 条第 4、5 款	0	8.0.8 条第 2、3、6、7 款	0
	8.0.9 条第 1 款	0	8.0.9 条第 2 款	0	8.0.9 条第 3～5 款	1
	/	/	8.0.10 条	0	/	/
	8.0.11 条	0	/	/	/	/
	8.0.12 条第 3～4 款	0	8.0.12 条第 5～7 款	0	8.0.12 条第 1、2 款	0
	严重缺陷（A）合计	0	重缺陷（B）合计	0	轻缺陷（C）合计	1
合格判定条件	A	0	B	≤2	B+C	≤6
缺陷判定记录	A	0	B	0	B+C	1

判定结论	合格		
签字栏	建设单位项目负责人	监理单位专业监理工程师	施工单位项目负责人
	签名	签名	签名
制表日期	2023 年××月××日		

注：本表由施工单位填写。

5.2.3　填表依据及说明

【依据】《自动喷水灭火系统施工及验收规范》（GB 50261—2017）

【条文】

8　系统验收

8.0.1　系统验收系统竣工后，必须进行工程验收，验收不合格不得投入使用。

8.0.2　自动喷水灭火系统工程验收应按本规范附录E的要求填写。

8.0.3　系统验收时，施工单位应提供下列资料：

1　竣工验收申请报告、设计变更通知书、竣工图。

2　工程质量事故处理报告。

3　施工现场质量管理检查记录。

4　自动喷水灭火系统施工过程质量管理检查记录。

5　自动喷水灭火系统质量控制检查资料。

6　系统试压、冲洗记录。

7　系统调试记录。

8.0.4　系统供水水源的检查验收应符合下列要求：

1　应检查室外给水管网的进水管管径及供水能力，并应检查高位消防水箱和消防水池容量，均应符合设计要求。

2　当采用天然水源作系统的供水水源时，其水量、水质应符合设计要求，并应检查枯水期最低水位时确保消防用水的技术措施。

3　消防水池水位显示装置，最低水位装置应符合设计要求。

检查数量：全数检查。

检查方法：对照设计资料观察检查。

4　高位消防水箱、消防水池的有效消防容积，应按出水管或吸水管喇叭口（或防止旋流器淹没深度）的最低标高确定。

检查数量：全数检查。

检查方法：对照图纸，尺量检查。

8.0.5　消防泵房的验收应符合下列要求：

1　消防泵房的建筑防火要求应符合相应的建筑设计防火规范的规定。

2　消防泵房设置的应急照明、安全出口应符合设计要求。

3　备用电源、自动切换装置的设置应符合设计要求。

检查数量：全数检查。

检查方法：对照图纸观察检查。

8.0.6　消防水泵验收应符合下列要求：

1　工作泵、备用泵、吸水管、出水管及出水管上的阀门、仪表的规格、型号、数量，应符合设计要求；吸水管、出水管上的控制阀应锁定在常开位置，并有明显标记。

检查数量：全数检查。

检查方法：对照图纸观察检查。

2 消防水泵应采用自灌式引水或其他可靠的引水措施。

检查数量：全数检查。

检查方法：观察和尺量检查。

3 分别开启系统中的每一个末端试水装置和试水阀，水流指示器、压力开关等信号装置的功能应均符合设计要求。湿式自动喷水灭火系统的最不利点做末端放水试验时，自放水开始至水泵启动时间不应超过5min。

4 打开消防水泵出水管上试水阀，当采用主电源启动消防水泵时，消防水泵应启动正常；关掉主电源，主、备电源应能正常切换。备用电源切换时，消防水泵应在1min或2min内投入正常运行。自动或手动启动消防泵时应在55s内投入正常运行。

检查数量：全数检查。

检查方法：观察检查。

5 消防水泵停泵时，水锤消除设施后的压力不应超过水泵出口额定压力的1.3～1.5倍。

检查数量：全数检查。

检查方法：在阀门出口用压力表检查。

6 对消防气压给水设备，当系统气压下降到设计最低压力时，通过压力变化信号应能启动稳压泵。

检查数量：全数检查。

检查方法：使用压力表，观察检查。

7 消防水泵启动控制应置于自动启动挡，消防水泵应互为备用。

检查数量：全数检查。

检查方法：观察检查。

8.0.7 报警阀组的验收应符合下列要求：

1 报警阀组的各组件应符合产品标准要求。

检查数量：全数检查。

检查方法：观察检查。

2 打开系统流量压力检测装置放水阀，测试的流量、压力应符合设计要求。

检查数量：全数检查。

检查方法：使用流量计、压力表观察检查。

3 水力警铃的设置位置应正确。测试时，水力警铃喷嘴处压力不应小于0.05MPa，且距水力警铃3m远处警铃声声强不应小于70dB。

检查数量：全数检查。

检查方法：打开阀门放水，使用压力表、声级计和尺量检查。

4 打开手动试水阀或电磁阀时，雨淋阀组动作应可靠。

5 控制阀均应锁定在常开位置。

检查数量：全数检查。

检查方法：观察检查。

6 空气压缩机或火灾自动报警系统的联动控制，应符合设计要求。

7 打开末端试（放）水装置，当流量达到报警阀动作流量时，湿式报警阀和压力开关应及时动作，带延迟器的报警阀应在90s内压力开关动作，不带延迟器的报警阀应在15s内压力开关动作。

雨淋报警阀动作后15s内压力开关动作。

8.0.8 管网验收应符合下列要求：

1 管道的材质、管径、接头、连接方式及采取的防腐、防冻措施，应符合设计规范及设计要求。

2　管网排水坡度及辅助排水设施,应符合本规范第5.1.17条的规定。

检查方法:水平尺和尺量检查。

3　系统中的末端试水装置、试水阀、排气阀应符合设计要求。

4　管网不同部位安装的报警阀组、闸阀、止回阀、电磁阀、信号阀、水流指示器、减压孔板、节流管、减压阀、柔性接头、排水管、排气阀、泄压阀等,均应符合设计要求。

检查数量:报警阀组、压力开关、止回阀、减压阀、泄压阀、电磁阀全数检查,合格率应为100%;闸阀、信号阀、水流指示器、减压孔板、节流管、柔性接头、排气阀等抽查设计数量的30%,数量均不少于5个,合格率应为100%。

检查方法:对照图纸观察检查。

5　干式系统、由火灾自动报警系统和充气管道上设置的压力开关开启预作用装置的预作用系统,其配水管道充水时间不宜大于1min;雨淋系统和仅由火灾自动报警系统联动开启预作用装置的预作用系统,其配水管道充水时间不宜大于2min。

检查数量:全数检查。

检查方法:通水试验,用秒表检查。

8.0.9　喷头验收应符合下列要求:

1　喷头设置场所、规格、型号、公称动作温度、响应时间指数(RTI)应符合设计要求。

检查数量:抽查设计喷头数量10%,总数不少于40个,合格率应为100%。

检查方法:对照图纸尺量检查。

2　喷头安装间距,喷头与楼板、墙、梁等障碍物的距离应符合设计要求。

检查数量:抽查设计喷头数量5%,总数不少于20个,距离偏差±15mm,合格率不小于95%时为合格。

检验方法:对照图纸尺量检查。

3　有腐蚀性气体的环境和有冰冻危险场所安装的喷头,应采取防护措施。

检查数量:全数检查。

检查方法:观察检查。

4　有碰撞危险场所安装的喷头应加设防护罩。

检查数量:全数检查。

检查方法:观察检查。

5　各种不同规格的喷头均应有一定数量的备用品,其数量不应小于安装总数的1%,且每种备用喷头不应少于10个。

8.0.10　水泵接合器数量及进水管位置应符合设计要求,消防水泵接合器应进行充水试验,且系统最不利点的压力、流量应符合设计要求。

检查数量:全数检查。

检查方法:使用流量计、压力表和观察检查。

8.0.11　系统流量、压力的验收,应通过系统流量压力检测装置进行放水试验,系统流量、压力应符合设计要求。

检查数量:全数检查。

检查方法:观察检查。

8.0.12　系统应进行系统模拟灭火功能试验,且应符合下列要求:

1　报警阀动作,水力警铃应鸣响。

检查数量:全数检查。

检查方法:观察检查。

2　水流指示器动作,应有反馈信号显示。

检查数量：全数检查。

检查方法：观察检查。

3 压力开关动作，应启动消防水泵及与其联动的相关设备，并应有反馈信号显示。

检查数量：全数检查。

检查方法：观察检查。

4 电磁阀打开，雨淋阀应开启，并应有反馈信号显示。

检查数量：全数检查。

检查方法：观察检查。

5 消防水泵启动后，应有反馈信号显示。

检查数量：全数检查。

检查方法：观察检查。

6 加速器动作后，应有反馈信号显示。

检查数量：全数检查。

检查方法：观察检查。

7 其他消防联动控制设备启动后，应有反馈信号显示。

检查数量：全数检查。

检查方法：观察检查。

8.0.13 系统工程质量验收判定应符合下列规定：

1 系统工程质量缺陷应按本规范附录 F 要求划分：严重缺陷项（A），重缺陷项（B），轻缺陷项（C）。

2 系统验收合格判定的条件为：A＝0，且 B≤2，且 B＋C≤6 为合格，否则为不合格。

5.3 防排烟系统联合试运行记录

5.3.1 防排烟系统联合试运行记录采用《建筑工程资料管理规程》（DB11/T 695）表 C6-63 编制。

5.3.2 防排烟系统联合试运行记录示例详见表 5-3。

表 5-3 防排烟系统联合试运行记录示例

防排烟系统联合试运行记录 表 C6-63				资料编号		XF-06-C6-×××	
工程名称		北京××大厦		试运行时间		2023 年××月××日	
施工单位		北京××集团		监理单位		北京××建设监理有限公司	
试运行项目		排烟风口排烟量		系统编号或位置		一区一层报告厅	
风道类别		钢板 PY-1		风机类别型号		BFK-20	
试验风口位置	风口尺寸（mm）	风速（m/s）	风量（m³/h）		相对差 $\delta＝（Q_{实}－Q_{设}）/Q$		风压（Pa）
			设计风量 $Q_{设}$	实际风量 $Q_{实}$			
1	800×400	6.09	7108	7016			
2	800×400	6.06	7108	6985			
3	800×400	5.87	7108	6768			
4	800×400	6.07	7108	7002			
5	800×400	5.96	7108	6874			
6	800×400	5.84	7108	6735			
系统设计风量（m³/h）		42649	系统实际风量（m³/h）		41380	相对差 δ	－3%

续表

试验结论：		
经运行，前端风口调节阀关小，末端风口调节阀开至最大，经实测各风口风量值基本相同，相对偏差不超过 5%，符合设计及规范要求，运转合格。		

签字栏	专业监理工程师	专业质检员	专业工长
	签名	签名	签名
制表日期	2023 年××月××日		

注：本表由施工单位填写。

5.3.3 填表依据及说明

【依据】《通风与空调工程施工质量验收规范》（GB 50243—2016）

【条文】

11.2.4 防排烟系统联合试运行与调试的结果（风量及正压），必须符合设计与消防规定。

【说明】

（1）还应参考现行国家标准《建筑设计防火规范（2018 年版）》（GB 50016）中相关规定。

（2）在防排烟系统联合试运行和调试过程中，应对测试楼层及其上下二层的排烟系统中的排烟风口、正压送风系统的送风口进行联动调试，并对各风口的风速、风量进行测量调整，对正压送风口的风压进行测量调整，并作记录。

（3）防排烟系统联合试运行与调试的结果（风量及正压），必须符合设计与消防的规定。应按总数抽查 10%，且不得少于 2 个楼层。

（4）因排烟系统试运行时，只检测风速及排烟量，表中"风压"栏可不填。

（5）表中"电源型式"是指电源是否为末端双路互投电源。

5.4 自动喷水灭火系统调试记录

5.4.1 自动喷水灭火系统调试记录采用《建筑工程资料管理规程》（DB11/T 695）表 C6-65 编制。

5.4.2 自动喷水灭火系统调试记录示例详见表 5-4。

表 5-4 自动喷水灭火系统调试记录示例

自动喷水灭火系统调试记录 表 C6-65		资料编号	XF-04-C6-×××
工程名称	北京××大厦	试运转调试时间	2023 年××月××日
试运转调试项目	自动喷水灭火系统	试运转调试部位	消防水泵房

试运转、调试内容：
该系统的管道及设备安装完成后，依照《自动喷水灭火系统施工及验收规范》（GB 50261—2017）对该系统进行调试。 1. 系统调试前，对该系统所涉及的各项工序检验记录进行了检查。该系统已按照设计要求全部安装完毕、工序检验合格。 2. 对系统调试具备的条件进行检查 （1）经检查，消防水池、消防水箱已储存设计要求的水量。 （2）经检查，系统供电正常。 （3）经检查，消防气压给水设备的水位、气压符合设计要求。 （4）经检查，湿式喷水灭火系统管网内已充满水。 （5）经检查，与系统配套的火灾自动报警系统已处于工作状态。 3. 水源测试 （1）对高位消防水箱、消防水池的容积，高位消防水箱设置高度、消防水池水位显示进行了全数检查。上述检查结果均符合设计要求。

（2）对消防水泵接合器的数量和供水能力进行了全数检查，并已通过移动式消防水泵开展供水试验进行了验证，按要求填写了《施工试验记录》（××-××-C6-01）。上述检查结果均符合设计要求。

4. 消防水泵调试

（1）对消防水泵启动时间进行了全数检查。通过手动方式启动了消防水泵，消防水泵在51s时投入正常运行。上述检查结果符合规范要求。

（2）对切换启动消防水泵进行了全数检查。通过用备用电源和备用泵切换的方式启动消防水泵时，消防水泵分别在55s和115s时投入正常运行。上述检查结果符合规范要求。

5. 稳压泵调试

按设计要求对稳压泵进行了全数调试。当达到设计启动条件时（详见设计说明第×点第×条），稳压泵立即启动；当达到系统设计压力时（详见设计说明第×点第×条），稳压泵自动停止了运行；当消防主泵启动时，稳压泵停止了运行。上述调试结果符合规范要求。

6. 报警阀调试

对湿式报警阀进行了调试。在末端装置处放水，利用压力表和流量计对水压及流量进行了监测。当湿式报警阀进口水压为0.145MPa、放水流量为1.05L/s时，发生以下动作：（1）报警阀及时启动；（2）值班室中带延迟器的水力警铃在报警阀启动15s时发出报警铃声；（3）压力开关及时动作，启动了消防泵并反馈信号。上述调试结果符合规范要求。

7. 联动调试

从××层末端试水装置处放水，放水全部排走，水流指示器、报警阀、压力开关、水力警铃和消防泵及时启动，并发出相应信号至消防综控室火灾报警控制器。上述调试结果符合规范要求。

试运转、调试结论：						
通过本系统试运转调试结果符合设计要求及施工规范规定，调试合格。						
签字栏	建设单位		监理单位		施工单位	
	签名		签名		签名	
	制表日期		2023年××月××日			

注：本表由施工单位填写。

5.4.3 填表依据及说明

【依据】《自动喷水灭火系统施工及验收规范》（GB 50261—2017）

【条文】

7 系统调试

7.1 一般规定

7.1.1 系统调试应在系统施工完成后进行。

7.1.2 系统调试应具备下列条件：

1 消防水池、消防水箱已储存设计要求的水量；

2 系统供电正常；

3 消防气压给水设备的水位、气压符合设计要求；

4 湿式喷水灭火系统管网内已充满水；干式、预作用喷水灭火系统管网内的气压符合设计要求；阀门均无泄漏；

5 与系统配套的火灾自动报警系统处于工作状态。

7.2 调试内容和要求

Ⅰ 主控项目

7.2.1 系统调试应包括下列内容：

1 水源测试；

2 消防水泵调试；

3 稳压泵调试；

4　报警阀调试；

5　排水设施调试；

6　联动试验。

7.2.2　水源测试应符合下列要求：

1　按设计要求核实高位消防水箱、消防水池的容积，高位消防水箱设置高度、消防水池（箱）水位显示等应符合设计要求；合用水池、水箱的消防储水应有不做他用的技术措施。

检查数量：全数检查。

检查方法：对照图纸观察和尺量检查。

2　应按设计要求核实消防水泵接合器的数量和供水能力，并应通过移动式消防水泵做供水试验进行验证。

检查数量：全数检查。

检查方法：观察检查和进行通水试验。

7.2.3　消防水泵调试应符合下列要求：

1　以自动或手动方式启动消防水泵时，消防水泵应在55s内投入正常运行。

检查数量：全数检查。

检查方法：用秒表检查。

2　以备用电源切换方式或备用泵切换启动消防水泵时，消防水泵应在1min或2min内投入正常运行。

检查数量：全数检查。

检查方法：用秒表检查。

7.2.4　稳压泵应按设计要求进行调试。当达到设计启动条件时，稳压泵应立即启动；当达到系统设计压力时，稳压泵应自动停止运行；当消防主泵启动时，稳压泵应停止运行。

检查数量：全数检查。

检查方法：观察检查。

7.2.5　报警阀调试应符合下列要求：

1　湿式报警阀调试时，在末端装置处放水，当湿式报警阀进口水压大于0.14MPa、放水流量大于1L/s时，报警阀应及时启动；带延迟器的水力警铃应在5～90s内发出报警铃声，不带延迟器的水力警铃应在15s内发出报警铃声；压力开关应及时动作，启动消防泵并反馈信号。

检查数量：全数检查。

检查方法：使用压力表，流量计、秒表和观察检查。

2　干式报警阀调试时，开启系统试验阀，报警阀的启动时间、启动点压力、水流到试验装置出口所需时间，均应符合设计要求。

检查数量：全数检查。

检查方法：使用压力表、流量计、秒表、声强计和观察检查。

3　雨淋阀调试宜利用检测、试验管道进行。自动和手动方式启动的雨淋阀，应在15s之内启动；公称直径大于200mm的雨淋阀调试时，应在60s之内启动。雨淋阀调试时，当报警水压为0.05MPa时，水力警铃应发出报警铃声。

检查数量：全数检查。

检查方法：使用压力表、流量计、秒表、声强计和观察检查。

Ⅱ　一般项目

7.2.6　调试过程中，系统排出的水应通过排水设施全部排走。

检查数量：全数检查。

检查方法：观察检查。

7.2.7 联动试验应符合下列要求，并应按本规范附录 C 表 C.0.4 的要求进行记录：

1 湿式系统的联动试验，启动一只喷头或以 0.94～1.5L/s 的流量从末端试水装置处放水时，水流指示器、报警阀、压力开关、水力警铃和消防水泵等应及时动作，并发出相应的信号。

检查数量：全数检查。

检查方法：打开阀门放水，使用流量计和观察检查。

2 预作用系统、雨淋系统、水幕系统的联动试验，可采用专用测试仪表或其他方式，对火灾自动报警系统的各种探测器输入模拟火灾信号，火灾自动报警控制器应发出声光报警信号，并启动自动喷水灭火系统；采用传动管启动的雨淋系统、水幕系统联动试验时，启动 1 只喷头，雨淋阀打开，压力开关动作，水泵启动。

检查数量：全数检查。

检查方法：观察检查。

3 干式系统的联动试验，启动 1 只喷头或模拟 1 只喷头的排气量排气，报警阀应及时启动，压力开关、水力警铃动作并发出相应信号。

检查数量：全数检查。

检查方法：观察检查。

5.5 消防给水及消火栓系统调试记录

5.5.1 消防给水及消火栓系统调试记录采用《建筑工程资料管理规程》(DB11/T 695) 表 C6-65 编制。

5.5.2 消防给水及消火栓系统调试记录示例详见表 5-5。

表 5-5 消防给水及消火栓系统调试记录示例

消防给水及消火栓系统调试记录 表 C6-65		资料编号	XF-04-C6-×××
工程名称	北京××大厦	试运转调试时间	2023 年××月××日
试运转调试项目	消防给水及消火栓系统	试运转调试部位	北楼 1～14 层、南楼 1～5 层、西楼 1～5 层、地下一层、二层
试运转、调试内容： 该系统的管道及设备安装完成后，依照《消防给水及消火栓系统技术规范》(GB 50974—2014) 对该系统进行调试。 1. 系统调试前，对该系统所涉及的各项工序检验记录进行了检查。该系统已按照设计要求全部安装完毕、工序检验合格。 2. 对系统调试具备的条件进行检查 (1) 经检查，消防水池、高位消防水箱的水位、出水量、已储水量均符合设计要求。 (2) 经检查，消防水泵、稳压泵和稳压设施已处于准工作状态。 (3) 经检查，系统供电正常。 (4) 经检查，消防给水系统管网内已充满水。 (5) 经检查，湿式消火栓系统管网内已充满水。 (6) 经检查，系统自动控制已处于准工作状态。 (7) 经检查，减压阀和阀门已处于正常工作位置。 3. 水源调试和测试 (1) 对消防水池、高位消防水箱的容积和设置高度进行了全数检查。上述检查结果均符合设计要求。 (2) 对消防水泵接合器的数量和供水能力进行了全数检查，并已通过移动式消防水泵开展供水试验进行了验证，按要求填写了《施工试验记录》(××-××-C6-01)。上述检查结果均符合设计要求。 4. 消防水泵调试 (1) 对消防水泵启动时间进行了全数检查。通过手动方式启动消防水泵，消防水泵在 50s 时投入正常运行，且无不良噪声和振动。上述检查结果符合规范要求。			

（2）对切换启动消防水泵进行了全数检查。通过用备用电源切换的方式启动消防水泵时，消防水泵在 53s 时投入正常运行。上述检查结果符合规范要求。

（3）对消防水泵安装后的现场性能测试记录进行了全数检查，其性能与生产厂商提供的数据相符，并满足消防给水设计流量和压力（详见设计说明第×点第×条）要求。上述检查结果符合规范要求。

（4）对消防水泵压力进行了全数检查。当消防水泵零流量时，压力为设计工作压力的 120%；当出流量为设计工作流量的 150% 时，消防水泵出口压力为设计工作压力的 70%。设计工作压力详见设计说明第×点第×条。上述检查结果符合规范要求。

5. 稳压泵调试

（1）对稳压泵启动、停止进行了调试。当达到×（MPa）压力时，稳压泵立即启动；当×（MPa）稳压泵自动停止了运行；当消防主泵启动时，稳压泵停止了运行。设计压力详见设计说明第×点第×条。上述调试结果符合规范要求。

（2）经检查，稳压泵在正常工作时每小时的启停次数为 10 次/小时；稳压泵启停时系统压力平稳，且稳压泵没有频繁启停。上述检查结果符合规范要求。

6. 减压阀调试

（1）对减压阀的阀前阀后动静压力进行了全数检查。利用压力表对动静压力进行了测量，动压：×（MPa）；静压：×（MPa）。上述检查结果符合规范要求。

（2）对减压阀的出流量进行了全数检查。当出流量为设计流量（详见设计说明第×点第×条）的 150% 时，阀后动压为额定设计工作压力（详见设计说明第×点第×条）的 72%。上述检查结果符合规范要求。

（3）对减压阀的噪声进行了全数检查。当减压阀在小流量、设计流量和设计流量的 150% 时，没有出现噪声明显增加。上述检查结果符合规范要求。

（4）对减压阀的阀后动静压差进行了全数检查。对阀后动静压力进行了测量，动压：×（MPa）；静压：×（MPa）；压差：×（MPa）。上述检查结果符合设计要求。

7. 消火栓的调试

（1）对消防水泵自动启动进行了全数检查。在试验消火栓动作时，消防水泵在规范规定的时间内自动启动。上述检查结果符合规范要求。

（2）对消火栓出流量、压力和充实水柱的长度进行了全数检查，并根据消防水泵的性能曲线核实了消防水泵供水能力。经测量，消火栓出流量为：×（L/s）；压力为：×（MPa）；充实水柱长度：×（m）。上述检查结果符合规范要求。

8. 控制柜调试

（1）首先空载调试了控制柜的控制功能，并对各个控制程序进行了试验验证。上述验证结果均满足设计和规范要求。

（2）空载调试合格后，加负载调试了控制柜的控制功能，并对各个负载电流的状况进行试验检测和验证。上述验证结果均满足设计和规范要求。

（3）对显示功能进行了全数检查，并对电压、电流、故障、声光报警功能进行试验检测和验证。上述检查及验证结果均满足设计和规范要求。

（4）对消防水泵的自动巡检功能进行了全数检查，并对各消防水泵的巡检动作、时间、周期、频率和转速进行试验检测和验证。上述检查及验证结果均满足设计和规范要求。

（5）对消防水泵的强制启泵功能进行了检查。强制启泵功能可以正常启动。上述检查结果满足设计和规范要求。

9. 联锁试验

（1）在消防给水系统的试验管放水时，管网压力持续降低，消防水泵出水干管上压力开关显示×（MPa）时自动启动了消防水泵；消防给水系统的试验管放水或当高位消防水箱排水管放水时，高位消防水箱出水管上的流量开关动作，且能自动启动消防水泵。上述验证结果符合规范要求。

（2）对消防水泵的自动启动时间进行了检查。从接到启泵信号到消防水泵正常运转的自动启动时间为 53s。上述检查结果符合规范要求。

10. 排水实验

（1）调试过程中，系统排出的水均通过排水设施全部排走。

（2）对消防电梯排水设施的自动控制和排水能力进行了测试。上述测试结果符合规范要求。

（3）对报警阀排水试验管处和末端试水装置处排水设施的排水能力进行了测试，在测试时地面上没有积水。上述测试结果符合规范要求。

（4）试验消火栓处的排水能力满足试验要求。

（5）对消防水泵房排水设施的排水能力进行了测试。上述测试结果符合设计要求。

试运转、调试结论： 通过本系统试运转调试结果符合设计要求及施工规范规定，调试合格		
签字栏 建设单位	监理单位	施工单位
签名	签名	签名
制表日期	2023 年××月××日	

注：本表由施工单位填写。

5.5.3 填表依据及说明

【依据】《消防给水及消火栓系统技术规范》（GB 50974—2014）

【条文】

13 系统调试与验收

13.1 系统调试

13.1.1 消防给水及消火栓系统调试应在系统施工完成后进行，并应具备下列条件：

1 天然水源取水口、地下水井、消防水池、高位消防水池、高位消防水箱等蓄水和供水设施水位、出水量、已储水量等符合设计要求；

2 消防水泵、稳压泵和稳压设施等处于准工作状态；

3 系统供电正常，若柴油机泵油箱应充满油并能正常工作；

4 消防给水系统管网内已经充满水；

5 湿式消火栓系统管网内已充满水，手动干式、干式消火栓系统管网内的气压符合设计要求；

6 系统自动控制处于准工作状态；

7 减压阀和阀门等处于正常工作位置。

13.1.2 系统调试应包括下列内容：

1 水源调试和测试；

2 消防水泵调试；

3 稳压泵或稳压设施调试；

4 减压阀调试；

5 消火栓调试；

6 自动控制探测器调试；

7 干式消火栓系统的报警阀等快速启闭装置调试，并应包含报警阀的附件电动或电磁阀等阀门的调试；

8 排水设施调试；

9 联锁控制试验。

13.1.3 水源调试和测试应符合下列要求：

1 按设计要求核实高位消防水箱、高位消防水池、消防水池的容积，高位消防水池、高位消防水箱设置高度应符合设计要求；消防储水应有不作他用的技术措施。当有江河湖海、水库和水塘等天然水源作为消防水源时应验证其枯水位、洪水位和常水位的流量符合设计要求。地下水井的常水位、出水量等应符合设计要求；

2 消防水泵直接从市政管网吸水时，应测试市政供水的压力和流量能否满足设计要求的流量；

3 应按设计要求核实消防水泵接合器的数量和供水能力，并应通过消防车车载移动泵供水进行试验验证；

4　应核实地下水井的常水位和设计抽升流量时的水位。

检查数量：全数检查。

检查方法：直观检查和进行通水试验。

13.1.4　消防水泵调试应符合下列要求：

1　以自动直接启动或手动直接启动消防水泵时，消防水泵应在55s内投入正常运行，且应无不良噪声和振动；

2　以备用电源切换方式或备用泵切换启动消防水泵时，消防水泵应分别在1min或2min内投入正常运行；

3　消防水泵安装后应进行现场性能测试，其性能应与生产厂商提供的数据相符，并应满足消防给水设计流量和压力的要求；

4　消防水泵零流量时的压力不应超过设计工作压力的140％；当出流量为设计工作流量的150％时，其出口压力不应低于设计工作压力的65％。

检查数量：全数检查。

检查方法：用秒表检查。

13.1.5　稳压泵应按设计要求进行调试，并应符合下列规定：

1　当达到设计启动压力时，稳压泵应立即启动；当达到系统停泵压力时，稳压泵应自动停止运行；稳压泵启停应达到设计压力要求；

2　能满足系统自动启动要求，且当消防主泵启动时，稳压泵应停止运行；

3　稳压泵在正常工作时每小时的启停次数应符合设计要求，且不应大于15次/h；

4　稳压泵启停时系统压力应平稳，且稳压泵不应频繁启停。

检查数量：全数检查。

检查方法：直观检查。

13.1.6　干式消火栓系统快速启闭装置调试应符合下列要求：

1　干式消火栓系统调试时，开启系统试验阀或按下消火栓按钮，干式消火栓系统快速启闭装置的启动时间、系统启动压力、水流到试验装置出口所需时间，均应符合设计要求；

2　快速启闭装置后的管道容积应符合设计要求，并应满足充水时间的要求；

3　干式报警阀在充气压力下降到设定值时应能及时启动；

4　干式报警阀充气系统在设定低压点时应启动，在设定高压点时应停止充气，当压力低于设定低压点时应报警；

5　干式报警阀当设有加速排气器时，应验证其可靠工作。

检查数量：全数检查。

检查方法：使用压力表、秒表、声强计和直观检查。

13.1.7　减压阀调试应符合下列要求：

1　减压阀的阀前阀后动静压力应满足设计要求；

2　减压阀的出流量应满足设计要求，当出流量为设计流量的150％时，阀后动压不应小于额定设计工作压力的65％；

3　减压阀在小流量、设计流量和设计流量的150％时不应出现噪声明显增加；

4　测试减压阀的阀后动静压差应符合设计要求。

检查数量：全数检查。

检查方法：使用压力表、流量计、声强计和直观检查。

13.1.8　消火栓的调试和测试应符合下列规定：

1　试验消火栓动作时，应检测消防水泵是否在本规范规定的时间内自动启动；

2 试验消火栓动作时，应测试其出流量、压力和充实水柱的长度；并应根据消防水泵的性能曲线核实消防水泵供水能力；

3 应检查旋转型消火栓的性能能否满足其性能要求；

4 应采用专用检测工具，测试减压稳压型消火栓的阀后动静压是否满足设计要求。

检查数量：全数检查。

检查方法：使用压力表、流量计和直观检查。

13.1.9 调试过程中，系统排出的水应通过排水设施全部排走，并应符合下列规定：

1 消防电梯排水设施的自动控制和排水能力应进行测试；

2 报警阀排水试验管处和末端试水装置处排水设施的排水能力应进行测试，且在地面不应有积水；

3 试验消火栓处的排水能力应满足试验要求；

4 消防水泵房排水设施的排水能力应进行测试，并应符合设计要求。

检查数量：全数检查。

检查方法：使用压力表、流量计、专用测试工具和直观检查。

13.1.10 控制柜调试和测试应符合下列要求：

1 应首先空载调试控制柜的控制功能，并应对各个控制程序进行试验验证；

2 当空载调试合格后，应加负载调试控制柜的控制功能，并应对各个负载电流的状况进行试验检测和验证；

3 应检查显示功能，并应对电压、电流、故障、声光报警等功能进行试验检测和验证；

4 应调试自动巡检功能，并应对各泵的巡检动作、时间、周期、频率和转速等进行试验检测和验证；

5 应试验消防水泵的各种强制启泵功能。

检查数量：全数检查。

检查方法：使用电压表、电流表、秒表等仪表和直观检查。

13.1.11 联锁试验应符合下列要求，并应按本规范表 C.0.4 的要求进行记录：

1 干式消火栓系统联锁试验，当打开 1 个消火栓或模拟 1 个消火栓的排气量排气时，干式报警阀（电动阀/电磁阀）应及时启动，压力开关应发出信号或联锁启动消防防水泵，水力警铃动作应发出机械报警信号；

2 消防给水系统的试验管放水时，管网压力应持续降低，消防水泵出水干管上压力开关应能自动启动消防水泵；消防给水系统的试验管放水或高位消防水箱排水管放水时，高位消防水箱出水管上的流量开关应动作，且应能自动启动消防水泵；

3 自动启动时间应符合设计要求和本规范第 11.0.3 条的有关规定。

检查数量：全数检查。

检查方法：直观检查。

5.6 消防应急照明和疏散指示系统调试记录

5.6.1 消防应急照明和疏散指示系统调试记录采用《建筑工程资料管理规程》（DB11/T 695）表 C6-65 编制。

5.6.2 消防应急照明和疏散指示系统调试记录示例详见表 5-6。

表 5-6　消防应急照明和疏散指示系统调试记录示例

消防应急照明和疏散指示调试记录 表 C6-65		资料编号	XF-05-C6-×× ×
工程名称	北京×× 大厦	试运转调试时间	2023 年×× 月×× 日
试运转 调试项目	消防应急照明和疏散指示系统	试运转 调试部位	大厦内所有消防应急照明 和疏散指示系统

试运转、调试内容：

　　本工程采用集中电源集中控制型系统，系统部件包含应急照明控制器、集中电源、集中电源型灯具。

　　按照《消防应急照明和疏散指示系统技术标准》（GB 51309—2018）（以下简称《标准》）要求，系统调试前，对该系统所涉及的各项工序检验记录、设计文件，疏散指示方案等资料进行了检查，资料齐全。该系统已按照设计要求全部安装完毕、工序检验合格。对系统调试具备的条件进行检查：

　　1. 经检查，设备的规格、型号、数量、备品备件等符合设计文件的规定；系统的线路符合《标准》第 4 章有关规定；

　　2. 经检查，现场部件均已完成地址编码设置，现场部件均仅有一个独立的识别地址；

　　3. 经检查，应急照明控制器已对其配接的灯具、集中电源进行地址注册，并录入地址注释信息；

　　4. 经检查，已形成《系统部件设置情况记录》（资料编号：×××）

　　5. 经检查，已按照系统控制逻辑设计文件的规定，进行了系统自动应急启动、相关标志灯改变指示状态控制逻辑编程，并录入应急照明控制器中；

　　6. 经检查，已形成《应急照明控制器控制逻辑编程记录》（资料编号：×××）；

　　7. 对系统中的应急照明控制器、集中电源分别进行了单机通电检查，结果正常。

　　调试条件符合《标准》5.2 节有关要求。按照《标准》要求对系统部件的功能、备用照明功能、火灾状态下的系统及非火灾状态下系统功能进行调试。按照工作安排，张某在楼内进行调试及观测，李某在控制室配合进行调试及观测工作。

　　三、系统部件的功能调试：

　　1. 应急照明控制器：对控制器的自检功能、操作级别、主、备电源的自动转换功能、故障报警功能、消声功能、一键检查等功能进行了检查，上述功能均符合《消防应急照明和疏散指示系统》（GB 17945）相关规定及设计要求。

　　2. 集中电源：对集中电源的操作级别、故障报警功能、消声功能、电源分配输出功能、集中控制型集中电源转换手动测试功能、集中控制型集中电源通信故障连锁控制功能，集中控制型集中电源灯具应急状态保持等功能进行了检查，上述功能均符合《消防应急照明和疏散指示系统》（GB 17945）相关规定及设计要求。

　　3. 集中电源型灯具：经检查，集中电源型灯具设有主电和应急电源状态指示灯，主电状态指示灯为绿色，应急状态指示灯为红色，符合《消防应急照明和疏散指示系统》（GB 17945）6.3.3 条款规定及设计要求。

　　四、非火灾状态下的系统功能调试：

　　1. 对系统正常工作模式进行检查：

　　(1) 集中电源持续保持主电源输出；

　　(2) 系统内所有照明灯的工作状态符合设计要求；

　　(3) 区域内所有标志灯光源均按该区域疏散指示方案保持节电点亮模式。

　　2. 切断集中电源，对系统的主电源断电控制功能检查：

　　(1) 集中电源转入蓄电池电源输出；

　　(2) 应急照明控制器开始主电源断电持续应急时间计时；

　　(3) 非持续型照明灯的光源应急点亮、持续型灯具的光源由节电点亮模式转入应急点亮模式；

　　(4) 恢复集中电源、应急照明配电箱的主电源供电，集中电源、应急照明配电箱配接灯具的光源恢复原状态；

　　(5) 张某采用手表计时，观测到灯具持续应急点亮时间为 80min，符合设计文件持续应急点亮时间≥60min 要求。集中电源配接灯具的光源熄灭。

　　3. 切断防火分区、楼层正常照明配电箱的电源，对系统的正常照明断电控制功能检查：

　　(1) 非持续型照明灯的光源应急点亮、持续型灯具的光源由节电点亮模式转入应急点亮模式；

　　(2) 恢复正常电源供电，所有灯具光源恢复原工作状态。

　　五、火灾状态下的系统功能调试：

　　1. 根据系统设计文件的规定，使火灾报警控制器发出火灾报警输出信号，对系统的自动应急启动功能进行检查：

　　(1) 应急照明控制器应发出系统自动应急启动信号，并显示启动时间；

（2）对照疏散指示方案对灯具光源点亮情况进行了检查，所有非持续型照明灯具的光源应急点亮、持续型灯具的光源（含疏散指示灯具光源）应由节电点亮模式转入应急点亮模式，采用秒表计时，观测到灯具光源应急点亮的响应时间为2s，符合《标准》第3.2.3条的规定；

（3）B型集中电源转入蓄电池电源输出；

（4）A型集中电源保持主电源输出；切断集中电源的主电源，集中电源自动转入蓄电池电源输出。

2.手动操作应急照明控制器的一键启动按钮，对系统的手动应急启动功能进行检查：

（1）应急照明控制器发出手动应急启动信号，并显示启动时间；

（2）所有非持续型照明灯的光源应急点亮、持续型灯具的光源由节电点亮模式转入应急点亮模式；

（3）集中电源转入蓄电池电源输出；

（4）采用检测合格的照度计（仪器编号：××××）对照明灯设置部位地面水平最低照度进行检测，具体如下：

上述照度均符合《标准》第3.2.5条的规定及设计要求。

六、备用照明功能调试：

根据设计文件规定，对消防水泵房、消防控制室、防排烟机房、配电室的备用照明功能进行调试：

1.为备用照明灯具供电的正常照明电源输出全部切断。

2.消防电源专用应急回路供电自动投入，备用照明灯具正常动作。

3.采用检测合格的照度计（仪器编号：××××）对备用照明灯设置部位地面水平最低照度进行检测，实测照度具体如下：消防控制室××lx；消防水泵房××lx；配电室××lx；自备发电机房××lx。

上述照度均符合设计要求。

××月××日7：00开始报警系统试运行，运行120h后，主机运行正常。运行期间无误报，所有数据正常，测试记录完整，测试完成。

试运转、调试结论：
通过本系统试运转调试结果满足设计文件要求，符合《消防应急照明和疏散指示系统技术标准》（GB 51309—2018）及《消防应急照明和疏散指示系统》（GB 17945—2010）中相关规定，调试合格。

签字栏	建设单位	监理单位	施工单位
	签名	签名	签名
	制表日期	2023年××月××日	

本表由施工单位填写。

5.6.3 填表依据及说明

【依据一】《消防应急照明和疏散指示系统技术标准》（GB 51309—2018）

【条文】

5 系统调试

5.1 一般规定

5.1.1 施工结束后，建设单位应根据设计文件和本章的规定，按照本标准附录E规定的检查项目、检查内容和检查方法，组织施工单位或设备制造企业，对系统进行调试，并按本标准附录E的规定填写记录；系统调试前，应编制调试方案。

5.1.2 系统调试应包括系统部件的功能调试和系统功能调试，并应符合下列规定：

1 对应急照明控制器、集中电源、应急照明配电箱、灯具的主要功能进行全数检查，应急照明控制器、集中电源、应急照明配电箱、灯具的主要功能、性能应符合现行国家标准《消防应急照明和疏散指示系统》GB 17945的规定；

2 对系统功能进行检查，系统功能应符合本章和设计文件的规定；

3 主要功能、性能不符合现行国家标准《消防应急照明和疏散指示系统》GB 17945规定的系统部件应予以更换，系统功能不符合设计文件规定的项目应进行整改，并应重新进行调试。

5.1.3 系统部件功能调试或系统功能调试结束后，应恢复系统部件之间的正常连接，并使系统部件恢复正常工作状态。

5.1.4 系统调试结束后，应编写调试报告；施工单位、设备制造企业应向建设单位提交系统竣工图，材料、系统部件及配件进场检查记录，安装质量检查记录。调试记录及产品检验报告，合格证明材料等相关材料。

5.2 调试准备

5.2.1 系统调试前，应按设计文件的规定，对系统部件的规格、型号、数量、备品备件等进行查验，并按本标准第 4 章的规定，对系统的线路进行检查。

5.2.2 集中控制型系统调试前，应对灯具、集中电源或应急照明配电箱进行地址设置及地址注释，并应符合下列规定：

1 应对应急照明控制器配接的灯具、集中电源或应急照明配电箱进行地址编码，每一台灯具、集中电源或应急照明配电箱应对应一个独立的识别地址；

2 应急照明控制器应对其配接的灯具、集中电源或应急照明配电箱进行地址注册，并录入地址注释信息；

3 应按本标准附录 D 的规定填写系统部件设置情况记录。

5.2.3 集中控制型系统调试前，应对应急照明控制器进行控制逻辑编程，并应符合下列规定：

1 应按照系统控制逻辑设计文件的规定，进行系统自动应急启动、相关标志灯改变指示状态控制逻辑编程，并录入应急照明控制器中；

2 应按本标准附录 D 的规定填写应急照明控制器控制逻辑编程记录。

5.2.4 系统调试前，应具备下列技术文件：

1 系统图；

2 各防火分区、楼层、隧道区间、地铁站台和站厅的疏散指示方案和系统各工作模式设计文件；

3 系统部件的现行国家标准、使用说明书、平面布置图和设置情况记录；

4 系统控制逻辑设计文件等必要的技术文件。

5.2.5 应对系统中的应急照明控制器、集中电源和应急照明配电箱应分别进行单机通电检查。

5.3 应急照明控制器、集中电源和应急照明配电箱的调试

I 应急照明控制器调试

5.3.1 应将应急照明控制器与配接的集中电源、应急照明配电箱、灯具相连接后，接通电源，使控制器处于正常监视状态。

5.3.2 应对控制器进行下列主要功能进行检查并记录，控制器的功能应符合现行国家标准《消防应急照明和疏散指示系统》GB17945 的规定：

1 自检功能；

2 操作级别；

3 主、备电源的自动转换功能；

4 故障报警功能；

5 消声功能；

6 一键检查功能。

II 集中电源调试

5.3.3 应将集中电源与灯具相连接后，接通电源，集中电源应处于正常工作状态。

5.3.4 应对集中电源下列主要功能进行检查并记录，集中电源的功能应符合现行国家标准《消防应急照明和疏散指示系统》GB17945 的规定：

1 操作级别；

2 故障报警功能；

3 消声功能；

4 电源分配输出功能；

5 集中控制型集中电源转换手动测试功能；

6 集中控制型集中电源通信故障连锁控制功能；

7 集中控制型集中电源灯具应急状态保持功能。

Ⅲ 应急照明配电箱调试

5.3.5 应接通应急照明配电箱的电源，使应急照明配电箱处于正常工作状态。

5.3.6 应对应急照明配电箱进行下列主要功能检查并记录，应急照明配电箱的功能应符合现行国家标准《消防应急照明和疏散指示系统》GB 17945 的规定：

1 主电源分配输出功能；

2 集中控制型应急照明配电箱主电源输出关断测试功能；

3 集中控制型应急照明配电箱通信故障连锁控制功能；

4 集中控制型应急照明配电箱灯具应急状态保持功能。

5.4 集中控制型系统的系统功能调试

Ⅰ 非火灾状态下的系统功能调试

5.4.1 系统功能调试前，集中电源的蓄电池组、灯具自带的蓄电池应连续充电24h。

5.4.2 根据系统设计文件的规定，应对系统的正常工作模式进行检查并记录，系统的正常工作模式应符合下列规定：

1 灯具采用集中电源供电时，集中电源应保持主电源输出；灯具采用自带蓄电池供电时，应急照明配电箱应保持主电源输出；

2 系统内所有照明灯的工作状态应符合设计文件的规定；

3 系统内所有标志灯的工作状态应符合本标准第3.6.5（3）（款）的规定。

5.4.3 切断集中电源、应急照明配电箱的主电源，根据系统设计文件的规定。对系统的主电源断电控制功能进行检查并记录，系统的主电源断电控制功能应符合下列规定：

1 集中电源应转入蓄电池电源输出、应急照明配电箱应切断主电源输出；

2 应急照明控制器应开始主电源断电持续应急时间计时；

3 集中电源、应急照明配电箱配接的非持续型照明灯的光源应应急点亮、持续型灯具的光源应由节电点亮模式转入应急点亮模式；

4 恢复集中电源、应急照明配电箱的主电源供电，集中电源、应急照明配电箱配接灯具的光源应恢复原工作状态；

5 使灯具持续应急点亮时间达到设计文件规定的时间，集中电源、应急照明配电箱配接灯具的光源应熄灭。

5.4.4 切断防火分区、楼层、隧道区间、地铁站台和站厅正常照明配电箱的电源，根据系统设计文件的规定，对系统的正常照明断电控制功能进行检查并记录，系统的正常照明断电控制功能应符合下列规定：

1 该区域非持续型照明灯的光源应应急点亮、持续型灯具的光源应由节电点亮模式转入应急点亮模式；

2 恢复正常照明应急照明配电箱的电源供电，该区域所有灯具的光源应恢复原工作状态。

Ⅱ 火灾状态下的系统控制功能调试

5.4.5 系统功能调试前，应将应急照明控制器与火灾报警控制器、消防联动控制器相连，使应急照明控制器处于正常监视状态。

5.4.6 根据系统设计文件的规定，使火灾报警控制器发出火灾报警输出信号，对系统的自动应急启动功能进行检查并记录，系统的自动应急启动功能应符合下列规定：

1 应急照明控制器应发出系统自动应急启动信号，显示启动时间；

2 系统内所有的非持续型照明灯的光源应应急点亮、持续型灯具的光源应由节电点亮模式转入应急点亮模式，灯具光源应急点亮的响应时间应符合本标准第3.2.3条的规定；

3 B型集中电源应转入蓄电池电源输出、B型应急照明配电箱应切断主电源输出；

4 A型集中电源、A型应急照明配电箱应保持主电源输出；切断集中电源的主电源，集中电源应自动转入蓄电池电源输出。

5.4.7 根据系统设计文件的规定，使消防联动控制器发出被借用防火分区的火灾报警区域信号，对需要借用相邻防火分区疏散的防火分区中标志灯指示状态的改变功能进行检查并记录，标志灯具的指示状态改变功能应符合下列规定：

1 应急照明控制器应发出控制标志灯指示状态改变的启动信号，显示启动时间；

2 该防火分区内，按不可借用相邻防火分区疏散工况条件对应的疏散指示方案，需要变换指示方向的方向标志灯应改变箭头指示方向，通向被借用防火分区入口的出口标志灯的"出口指示标志"的光源应熄灭、"禁止入内"指示标志的光源应应急点亮；灯具改变指示状态的响应时间应符合本标准第3.2.3条的规定；

3 该防火分区内其他标志灯的工作状态应保持不变。

5.4.8 根据系统设计文件的规定，使消防联动控制器发出代表相应疏散预案的消防联动控制信号，对需要采用不同疏散预案的交通隧道、地铁隧道、地铁站台和站厅等场所中标志灯指示状态的改变功能进行检查并记录，标志灯具的指示状态改变功能应符合下列规定：

1 应急照明控制器应发出控制标志灯指示状态改变的启动信号，显示启动时间；

2 该区域内，按照对应的疏散指示方案需要变换指示方向的方向标志灯应改变箭头指示方向，通向需要关闭的疏散出口处设置的出口标志灯"出口指示标志"的光源应熄灭、"禁止入内"指示标志的光源应应急点亮；灯具改变指示状态的响应时间应符合本标准第3.2.3条的规定；

3 该区域内其他标志灯的工作状态应保持不变。

5.4.9 手动操作应急照明控制器的一键启动按钮，对系统的手动应急启动功能进行检查并记录，系统的手动应急启动功能应符合下列规定：

1 应急照明控制器应发出手动应急启动信号，显示启动时间；

2 系统内所有的非持续型照明灯的光源应应急点亮、持续型灯具的光源应由节电点亮模式转入应急点亮模式；

3 集中电源应转入蓄电池电源输出、应急照明配电箱应切断主电源的输出；

4 照明灯设置部位地面水平最低照度应符合本标准第3.2.5条的规定；

5 灯具点亮的持续工作时间应符合本标准第3.2.4条的规定。

5.5 非集中控制型系统的系统功能调试

Ⅰ 非火灾状态下的系统功能调试

5.5.1 系统功能调试前，集中电源的蓄电池组、灯具自带的蓄电池应连续充电24h。

5.5.2 根据系统设计文件的规定，对系统的正常工作模式进行检查并记录，系统的正常工作模式应符合下列规定：

1 集中电源应保持主电源输出、应急照明配电箱应保持主电源输出；

2 系统灯具的工作状态应符合设计文件的规定。

5.5.3 非持续型照明灯具有人体、声控等感应方式点亮功能时，根据系统设计文件的规定，使灯具处于主电供电状态下，对非持续型灯具的感应点亮功能进行检查并记录。灯具的感应点亮功能应符

合下列规定:

 1 按照产品使用说明书的规定,使灯具的设置场所满足点亮所需的条件;

 2 非持续型照明灯应点亮。

Ⅱ 火灾状态下的系统控制功能调试

5.5.4 在设置区域火灾报警系统的场所,使集中电源或应急照明配电箱与火灾报警控制器相连,根据系统设计文件的规定,使火灾报警控制器发出火灾报警输出信号,对系统的自动应急启动功能进行检查并记录,系统的自动应急启动功能应符合下列规定:

 1 灯具采用集中电源供电时,集中电源应转入蓄电池电源输出,其所配接的所有非持续型照明灯的光源应应急点亮、持续型灯具的光源应由节电点亮模式转入应急点亮模式,灯具光源应急点亮的响应时间应符合本标准第3.2.3条的规定;

 2 灯具采用自带蓄电池供电时,应急照明配电箱应切断主电源输出,其所配接的所有非持续型照明灯的光源应应急点亮、持续型灯具的光源应由节电点亮模式转入应急点亮模式,灯具光源应急点亮的响应时间应符合本标准第3.2.3条的规定。

5.5.5 根据系统设计文件的规定,对系统的手动应急启动功能进行检查并记录,系统的手动应急启动功能应符合下列规定:

 1 灯具采用集中电源供电时,手动操作集中电源的应急启动控制按钮,集中电源应转入蓄电池电源输出,其所配接的所有非持续型照明灯的光源应应急点亮、持续型灯具的光源应由节电点亮模式转入应急点亮模式,且灯具光源应急点亮的响应时间应符合本标准第3.2.3条的规定;

 2 灯具采用自带蓄电池供电时,手动操作应急照明配电箱的应急启动控制按钮,应急照明配电箱应切断主电源输出,其所配接的所有非持续型照明灯的光源应应急点亮、持续型灯具的光源应由节电点亮模式转入应急点亮模式,且灯具光源应急点亮的响应时间应符合本标准第3.2.3条的规定;

 3 照明灯设置部位地面水平最低照度应符合本标准第3.2.5条的规定;

 4 灯具应急点亮的持续工作时间应符合本标准第3.2.4条的规定。

5.6 备用照明功能调试

5.6.1 根据设计文件的规定。对系统备用照明的功能进行检查并记录,系统备用照明的功能应符合下列规定:

 1 切断为备用照明灯具供电的正常照明电源输出;

 2 消防电源专用应急回路供电应能自动投入为备用照明灯具供电。

【依据二】《消防应急照明和疏散指示系统》(GB 17945—2010)

【条文】

6.3 系统与整机性能

6.3.1 一般要求

6.3.1.1 系统的应急转换时间不应大于5s;高危险区域使用的系统的应急转换时间不应大于0.25s。

6.3.1.2 系统的应急工作时间不应小于90min,且不小于灯具本身标称的应急工作时间。

6.3.1.3 消防应急标志灯具的表面亮度应满足下述要求:

 a)仅用绿色或红色图形构成标志的标志灯,其标志表面最小亮度不应小于$50cd/m^2$,最大亮度不应大于$300cd/m^2$;

 b)用白色与绿色组合或白色与红色组合构成的图形作为标志的标志灯表面最小亮度不应小于$5cd/m^2$,最大亮度不应大于$300cd/m^2$,白色、绿色或红色本身最大亮度与最小亮度比值不应大于10。白色与相邻绿色或红色交界两边对应点的亮度比不应小于5且不大于15。

6.3.1.4 消防应急照明灯具应急状态光通量不应低于其标称的光通量,且不小于50lm。疏散用手电筒的发光色温应在 2500K 至 2700K 之间。

6.3.1.5　消防应急照明标志复合灯具应同时满足 6.3.1.3 和 6.3.1.4 的要求。

6.3.1.6　灯具在处于未接入光源、光源不能正常工作或光源规格不符合要求等异常状态时，内部元件表面最高温度不应超过 90℃，且不影响电池的正常充电。光源恢复后，灯具应能正常工作。

6.3.1.7　对于有语音提示的灯具，其语音宜使用"这里是安全（紧急）出口"、"禁止入内"等；其音量调节装置应置于设备内部；正前方 1m 处测得声压级应在 70dB～115dB 范围内（A 计权），且清晰可辨。

6.3.1.8　闪亮式标志灯的闪亮频率应为（1±10％）Hz，点亮与非点亮时间比应为 4：1。

6.3.1.9　顺序闪亮并形成导向光流的标志灯的顺序闪亮频率应在 2Hz～32Hz 范围内，但设定后的频率变动不应超过设定值的 ±10％，且其光流指向应与设定的疏散方向相同。

6.3.2　自带电源型和子母型消防应急灯具的性能

6.3.2.1　自带电源型和子母型灯具（地面安装的灯具和集中控制型灯具除外）应设主电、充电、故障状态指示灯。主电状态用绿色、充电状态用红色、故障状态用黄色；集中控制型系统中的自带电源型和子母型灯具的状态指示应集中在应急照明控制器上显示，也可以同时在灯具上设置指示灯。疏散用手电筒的电筒与充电器应可分离，手电筒应采用安全电压。

6.3.2.2　自带电源型和子母型灯具的应急状态不应受其主电供电线短路、接地的影响。

6.3.2.3　自带电源型和子母型灯具（集中控制型灯具除外）应设模拟主电源供电故障的自复式试验按钮（开关或遥控装置）和控制关断应急工作输出的自复式按钮（开关或遥控装置），不应设影响由主电工作状态自动转入应急工作状态的开关。在模拟主电源供电故障时，主电不得向光源和充电回路供电。

6.3.2.4　消防应急灯具用应急电源盒的状态指示灯、模拟主电故障及控制关断应急工作输出的自复式试验按钮（开关或遥控装置），应设置在与其组合的灯具的外露面，状态指示灯可采用一个三色指示灯，灯具处于主电工作状态时亮绿色，充电状态时亮红色，故障状态或不能完成自检功能时亮黄色。

6.3.2.5　地面安装及其他场所封闭安装的灯具还应满足以下要求：

a）状态指示灯和控制关断应急工作输出的自复式按钮（开关）应设置在灯具内部，且开盖后清晰可见；非集中控制型灯具应设置远程模拟主电故障的自复式试验按钮（开关）或遥控装置；

b）非闪亮持续型或导向光流型的标志灯具可不在表面设置状态指示灯，但灯具发生故障或不能完成自检时，光源应闪亮，闪亮频率不应小于 1Hz；导向光流型灯具在故障时的闪亮频率应与正常闪亮频率有明显区别；

c）照明灯具的状态指示灯应设置在灯具外露或透光面能明显观察到位置，状态指示灯可采用一个三色指示灯，灯具处于充电状态时亮红色，充满电时亮绿色，故障状态或不能完成自检功能时亮黄色。

6.3.2.6　子母型灯具的子母灯具之间连接线的线路压降不应超过母灯具输出端电压的 3％。

6.3.2.7　非持续型的自带电源型和子母型灯具在光源故障的条件下应点亮故障状态指示灯，正常光源接入后应能恢复到正常工作状态。

6.3.2.8　具有遥控装置的消防应急灯具，遥控器与接收装置之间的距离应不小于 3m，且不大于 15m。

6.3.3　集中电源型灯具

集中电源型灯具（地面安装的灯具和集中控制型灯具除外）应设主电和应急电源状态指示灯，主电状态用绿色，应急状态用红色。主电和应急电源共用供电线路的灯具可只用红色指示灯。

6.3.4　应急照明集中电源的性能

6.3.4.1　应急照明集中电源应设主电、充电、故障和应急状态指示灯，主电状态用绿色，故障状态用黄色，充电状态和应急状态用红色。

6.3.4.2　应急照明集中电源应设模拟主电源供电故障的自复式试验按钮（或开关），不应设影响应急功能的开关。

6.3.4.3 应急照明集中电源应显示主电电压、电池电压、输出电压和输出电流。

6.3.4.4 应急照明集中电源主电和备电不应同时输出，并能以手动、自动两种方式转入应急状态，且应设只有专业人员可操作的强制应急启动按钮，该按钮启动后，应急照明集中电源不应受过放电保护的影响。

6.3.4.5 应急照明集中电源每个输出支路均应单独保护，且任一支路故障不应影响其他支路的正常工作。

6.3.4.6 应急照明集中电源应能在空载、满载10%和超载20%条件下正常工作，输出特性应符合制造商的规定。

6.3.4.7 当串接电池组额定电压大于等于12V时，应急照明集中电源应对电池（组）分段保护，每段电池（组）额定电压不应大于12V，且在电池（组）充满电时，每段电池（组）电压均不应小于额定电压。当任一段电池电压小于额定电压时，应急照明集中电源应发出故障声、光信号并指示相应的部位。

6.3.4.8 应急照明集中电源在下述情况下应发出故障声、光信号，并指示故障的类型；故障声信号应能手动消除，当有新的故障信号时，故障声信号应再启动；故障光信号在故障排除前应保持。故障条件如下所述：

a）充电器与电池之间连接线开路；

b）应急输出回路开路；

c）在应急状态下，电池电压低于过放保护电压值。

6.3.5 应急照明配电箱的性能

6.3.5.1 双路输入型的应急照明配电箱在正常供电电源发生故障时应能自动投入到备用供电电源，并在正常供电电源恢复后自动恢复到正常供电电源供电；正常供电电源和备用供电电源不能同时输出，并应设有手动试验转换装置，手动试验转换完毕后应能自动恢复到正常供电电源供电。

6.3.5.2 应急照明配电箱应能接收应急转换联动控制信号，切断供电电源，使连接的灯具转入应急状态，并发出反馈信号。

6.3.5.3 应急照明配电箱每个输出配电回路均应设保护电器，并应符合GB 50054的有关要求。

6.3.5.4 应急照明配电箱的每路电源均应设有绿色电源状态指示灯，指示正常供电电源和备用供电电源的供电状态。

6.3.5.5 应急照明配电箱在应急转换时，应保证灯具在5s内转入应急工作状态，高危险区域的应急转换时间不大于0.25s。

6.3.6 应急照明分配电装置的性能

6.3.6.1 应能完成主电工作状态到应急工作状态的转换。

6.3.6.2 在应急工作状态、额定负载条件下，输出电压不应低于额定工作电压的85%。

6.3.6.3 在应急工作状态、空载条件下输出电压不应高于额定工作电压的110%。

6.3.6.4 输出特性和输入特性应符合制造商的要求。

6.3.7 应急照明控制器的性能

6.3.7.1 应急照明控制器应能控制并显示与其相连的所有灯具的工作状态，显示应急启动时间。

6.3.7.2 应急照明控制器应能防止非专业人员操作。

6.3.7.3 应急照明控制器在与其相连的灯具之间的连接线开路、短路（短路时灯具转入应急状态除外）时，应发出故障声、光信号，并指示故障部位。故障声信号应能手动消除，当有新的故障时，故障声信号应能再启动；故障光信号在故障排除前应保持。

6.3.7.4 应急照明控制器在与其相连的任一灯具的光源开路、短路，电池开路、短路或主电欠压时，应发出故障声、光信号，并显示、记录故障部位、故障类型和故障发生时间。故障声信号应能手动消除，当有新的故障时，应能再启动；故障光信号在故障排除前应保持。

6.3.7.5　应急照明控制器应有主、备用电源的工作状态指示，并能实现主、备用电源的自动转换。且备用电源应至少能保证应急照明控制器正常工作 3h。

6.3.7.6　应急照明控制器在下述情况下应发出故障声、光信号，并指示故障类型。故障声信号应能手动消除，故障光信号在故障排除前应保持。故障期间，灯具应能转入应急状态。

故障条件如下所述：

a）应急照明控制器的主电源欠压；

b）应急照明控制器备用电源的充电器与备用电源之间的连接线开路、短路；

c）应急照明控制器与为其供电的备用电源之间的连接线开路、短路。

6.3.7.7　应急照明控制器应能对本机及面板上的所有指示灯、显示器、音响器件进行功能检查。

6.3.7.8　应急照明控制器应能以手动、自动两种方式使与其相连的所有灯具转入应急状态；且应设强制使所有灯具转入应急状态的按钮。

6.3.7.9　当某一支路的灯具与应急照明控制器连接线开路、短路或接地时，不应影响其他支路的灯具或应急电源盒的工作。

6.3.7.10　应急照明控制器控制自带电源型灯具时，处于应急工作状态的灯具在其与应急照明控制器连线开路、短路时，应保持应急工作状态。

6.3.7.11　应急照明控制器控制自带电源型灯具时，应能显示应急照明配电箱的工作状态。

6.3.7.12　当应急照明控制器控制应急照明集中电源时，应急照明控制器还应符合下列要求：

a）显示每台应急电源的部位、主电工作状态、充电状态、故障状态、电池电压、输出电压和输出电流；

b）显示各应急照明分配电装置的工作状态；

c）控制每台应急电源转入应急工作状态；

d）在与每台应急电源和各应急照明分配电装置之间连接线开路或短路时，发出故障声、光信号，指示故障部位。

6.4　充、放电性能

6.4.1　自带电源型和子母型灯具充、放电性能

6.4.1.1　灯具应有过充电保护和充电回路开路、短路保护，充电回路开路或短路时灯具应点亮故障状态指示灯，其内部元件表面温度不应超过 90℃。重新安装电池后，灯具应能正常工作。灯具的充电时间不应大于 24h，最大连续过充电电流不应超过 $0.05C_5$ A（铅酸电池为 $0.05C_{20}$ A）。

6.4.1.2　灯具应有过放电保护。电池放电终止电压不应小于额定电压的 80%（使用铅酸电池时，电池放电终止电压不应小于额定电压的 85%），放电终止后，在未重新充电条件下，即使电池电压回复，灯具也不应重新启动，且静态泄放电流不应大于 $10^{-5}C_5$ A（铅酸电池为 $10^{-5}C_{20}$ A）。

6.4.2　应急照明集中电源充、放电性能

6.4.2.1　应急照明集中电源应有过充电保护和充电回路短路保护，充电回路短路时其内部元件表面温度不应超过 90℃。重新安装电池后，应急照明集中电源应能正常工作。充电时间不应大于 24h，使用免维护铅酸电池时最大充电电流不应大于 $0.4C_{20}$ A。

6.4.2.2　应急照明集中电源应有过放电保护。使用免维护铅酸电池时，最大放电电流不应大于 $0.6C_{20}$ A；每组电池放电终止电压不应小于电池额定电压的 85%，静态泄放电流不应大于 $10^{-5}C_{20}$ A。

6　消防工程过程验收资料示例和填表说明

消防工程过程验收资料包括检验批质量验收记录、检验批现场验收检查原始记录、分项工程质量验收记录、子分部工程质量验收记录、消防工程施工质量验收记录（DB11/T 2000 表 C.0.1）等，其内容和

要求应符合现行国家标准《建筑工程施工质量验收统一标准》（GB 50300）和相关专业验收规范的规定。本章提供了检验批质量验收记录、检验批现场验收检查原始记录、分项工程质量验收记录、子分部工程质量验收记录、消防工程质量验收报验表和消防工程施工质量验收记录的表格示例和填表说明。

6.1　检验批质量验收记录

6.1.1　检验批质量验收记录采用《建筑工程资料管理规程》（DB11/T 695）表 C7-4 编制。

6.1.2　检验批质量验收记录示例详见表 6-1。

表 6-1　消防水泵安装检验批质量验收记录

XF040103 002

单位（子单位）工程名称	北京××大厦		分部（子分部）工程名称	消防工程分部——消防给水及灭火系统子分部	分项工程名称	消防水源及供水设施分项
施工单位	北京××集团	项目负责人	吴工		检验批容量	3 台
分包单位	北京××消防工程公司	分包单位项目负责人	肖工		检验批部位	1号楼消防系统
施工依据	消防工程图纸、变更洽商（如有）、施工方案、《自动喷水灭火系统施工及验收规范》（GB 50261—2017）			验收依据	《自动喷水灭火系统施工及验收规范》（GB 50261—2017）	

验收项目			设计要求及规范规定	最小/实际抽样数量	检查记录	检查结果
主控项目	1	消防水泵的规格、型号及产品合格证和安装使用说明	第4.2.1条	全/3	共3处，全数检查，合格3处	√
	2	消防水泵的安装	第4.2.2条	全/3	共3处，全数检查，合格3处	√
	3	吸水管及其附件的安装 — 过滤器	第4.2.3条第1款	全/3	共3处，全数检查，合格3处	√
		吸水管及其附件的安装 — 控制阀	第4.2.3条第2款	全/3	共3处，全数检查，合格3处	√
		吸水管及其附件的安装 — 柔性连接管	第4.2.3条第3款	全/3	共3处，全数检查，合格3处	√
		吸水管及其附件的安装 — 水平管段和变径连接	第4.2.3条第4款	全/3	共3处，全数检查，合格3处	√
	4	阀门、仪表及缓冲装置	第4.2.4条	全/3	共3处，全数检查，合格3处	√
	5	流量压力检测装置	第4.2.5条	全/3	共3处，全数检查，合格3处	√

施工单位检查结果	所查项目全部合格 专业工长：签名 项目专业质量检查员：签名 2023 年××月××日
监理单位验收结论	验收合格 专业监理工程师：签名 2023 年××月××日

本表由施工单位填写。

6.1.3　填表依据及说明

《检验批质量验收记录》的检查记录必须依据《现场验收检查原始记录》填写。检验批里非现场验收内容，《检验批质量验收记录》中应填写依据的资料名称及编号，并给出结论。《检验批质量验收记录》作为检验批验收的成果凭据，但没有《现场验收检查原始记录》，则《检验批质量验收记录》视同作假。消防工程检验批施工质量验收应由监理工程师主持，施工单位相关专业的质量检查员参加。检验批检验合格的填写相应表格，各方签署验收意见。

1. 检验批名称及编号

（1）检验批名称：按验收规范给定的检验批名称，填写在表格名称下划线空格处。

（2）检验批编号：检验批表的编号按"消防工程的分部工程、分项工程划分"（北京市现行标准《建筑工程消防施工质量验收规范》（DB11/T 2000）的附录 B）规定的子分部工程、分项工程的代码、检验批代码和资料顺序号统一为 11 位数的数码编号，写在表的右上角，前 8 位数字均印在表上，后留下划线空格，检查验收时填写检验批的顺序号。其编号规则具体说明如下：

①第 1、2 位数字是分部工程的代码，消防工程分部编号为 XF；

②第 3、4 位数字是子分部工程的代码；

③第 5、6 位数字是分项工程的代码；

④第 7、8 位数字是检验批的代码；

⑤第 9、10、11 位数字是各检验批验收的顺序号。

施工前，应由施工单位制定分项工程和检验批的划分方案，并由监理单位审核。对于附录 B 及相关专业验收规范未涵盖的分项工程和检验批及其代码，可由建设单位组织监理、施工等单位协商确定。

2. 表头的填写

（1）单位（子单位）工程名称填写全称，如为群体工程，则按群体工程名称——单位工程名称形式填写，子单位工程标出该部分的位置。

（2）分部（子分部）工程名称按北京市现行标准《建筑工程消防施工质量验收规范》（DB11/T 2000）的附录 B 划定的分部（子分部）名称填写。

（3）分项工程名称按检验批所属分项工程名称填写，分项工程名称按北京市现行标准《建筑工程消防施工质量验收规范》（DB11/T 2000）的附录 B 规定，对于附录 B 及相关专业验收规范未涵盖的分项工程，可由建设单位组织监理、施工等单位协商确定。

（4）施工单位及项目负责人："施工单位"栏应填写总承包单位名称，或与建设单位签订合同专业承包单位名称，宜写全称，并与合同上公章名称一致，并应注意各表格填写的名称应相互一致；"项目负责人"栏填写合同中指定的项目负责人名称，表头里人名由填表人填写即可，只是标明具体的负责人，不用签字。

（5）分包单位及分包单位项目负责人："分包单位"栏应填写总包分包单位名称，即与施工单位签订合同的专业分包单位名称，宜写全称，并与合同上公章名称一致，并应注意各表格填写的名称应相互一致；"分包单位项目负责人"栏填写合同中指定的分包单位项目负责人名称，表头里人名由填表人填写即可，只是标明具体的负责人，不用签字。

（6）检验批容量：指本检验批的样本母体的总数，按工程实际填写，单位按专业验收规范里对检验批容量的规定。

（7）检验批部位是指一个分项工程中验收的检验批的抽样范围，要按实际情况标注清楚。

（8）"施工依据"栏，应填写施工执行标准的名称及编号，可以填写所采用的企业标准、地方标准、行业标准或国家标准；要将标准名称及编号填写齐全；可以是技术或施工标准、工艺规程、工法、施工方案等技术文件。

（9）"验收依据"栏，填写验收依据的标准名称及编号。

3."验收项目"的填写

"验收项目"栏制表时按4种情况印制：

（1）直接写入：当规范条文文字较少，或条文本身就是表格时，按规范条文写入。

（2）简化描述：将质量要求作简化描述主题词，作为检查提示。

（3）分主控项目和一般项目。

（4）按条文顺序排序。

4."设计要求及规范规定"栏的填写

（1）直接写入：当条文里质量要求的内容文字较少时，直接明确写入；当为混凝土、砂浆强度符合设计要求时，直接写入设计要求值。

（2）写入条文号：当文字较多时，只将条文号写入。

（3）写入允许偏差：对定量要求，将允许偏差直接写入。

5."最小/实际抽样数量"栏的填写

（1）对于材料、设备及工程试验类规范条文，非抽样项目，直接写入"/"。

（2）对于抽样项目但样本为总体时，写入"全/实际数量"，例如"全/10"，"10"指本检验批实际包括的样本总量。

（3）对于抽样项目且按容量抽样时，写入"最小/实际抽样数量"，例如"5/5"，即按容量计算最小抽样数量为5，实际抽样数量为5。

（4）本次检验批验收不涉及此验收项目时，此栏写入"/"。

（5）按验收项目的样本容量，计算最小抽样数量，并应符合《统一标准》第3.0.9条规定。

6."检查记录"栏填写

（1）对于计量检验项目，采用文字描述方式，说明实际质量验收内容及结论；此类多为对材料、设备及工程试验类结果的检查项目。

（2）对于计数检验项目，必须依据对应的《现场验收检查原始记录》中验收情况记录，按下列形式填写：

①抽样检查的项目，填写描述语，例如"抽查5处，合格4处"，或者"抽查5处，全部合格"；

②全数检查的项目，填写描述语，例如"共5处，检查5处，合格4处"，或者"共5处，检查5处，全部合格"。

（3）本次检验批验收不涉及此验收项目时，此栏写入"/"。

7.对于"明显不合格"情况的填写要求

（1）对于计量检验和计数检验中全数检查的项目，发现明显不合格的个体，此条验收就不合格。

（2）对于计数检验中抽样检验的项目，明显不合格的个体可不纳入检验批，但应进行处理，使其满足有关专业验收规范的规定，对处理的情况应予以记录并重新验收；"检查记录"栏填写要求如下：

①不存在明显不合格的个体的，不做记录；

②存在明显不合格的个体的，按《现场验收检查原始记录》中验收情况记录填写，例如"一处明显不合格，已整改，复查合格"，或"一处明显不合格，未整改，复查不合格"。

8."检查结果"栏填写

（1）采用文字描述方式的验收项目，合格打"√"，不合格打"×"。

（2）对于抽样项目且为主控项目，无论定性还是定量描述，全数合格为合格，有1处不合格即为不合格，合格打"√"，不合格打"×"。

（3）对于抽样项目且为一般项目，"检查结果"栏填写合格率，例如"100％"；定性描述项目所有抽查点全部合格（合格率为100％），此条方为合格；定量描述项目，合格率和最大偏差必须符合消防工程规范的相关规定。

（4）本次检验批验收不涉及此验收项目时，此栏写入"/"。

9．"施工单位检查结果"栏的填写

施工单位质量检查员按依据的规范、规程判定该检验批质量是否合格，填写检查结果。填写内容通常为"符合要求""不符合要求""主控项目全部合格，一般项目符合验收规范（规程）要求"等评语。

施工单位项目专业质量检查员和专业工长应签字确认并按实际填写日期。

10．"监理单位验收结论"的填写

应由专业监理工程师填写。填写前，应对"主控项目""一般项目"按照施工质量验收规范的规定逐项抽查验收，独立得出验收结论。认为验收合格，应签注"合格"或"同意验收"。如果检验批中含有混凝土、砂浆试件强度验收等内容，应待试验报告出来后再做判定。

6.2　检验批现场验收检查原始记录

6.2.1　检验批现场验收检查原始记录采用《建筑工程资料管理规程》（DB11/T 695）表 C7-5 编制。

6.2.2　检验批现场验收检查原始记录示例详见表 6-2。

表 6-2　检验批现场验收检查原始记录示例

共 6 页第 1 页

单位（子单位）工程名称	北京××大厦		验收日期	2023 年××月××日
检验批名称	消防气压给水设备和稳压泵安装检验批质量验收记录		对应检验批编号	XF040102004
编号	验收项目	验收部位	验收情况记录	备注
4.4.4	稳压泵的规格、型号及产品合格证和安装使用说明	A1 机	XBD5.5/3W-L，资料齐全	
		A2 机	XBD5.5/3W-L，资料齐全	
		A3 机	XBD5.5/3W-L，资料齐全	
		A4 机	XBD5.5/3W-L，资料齐全	
		A5 机	XBD5.5/3W-L，资料齐全	
4.4.5	稳压泵的安装	A1 机	符合 GB 50231 和 GB 50275 规定	
		A2 机	符合 GB 50231 和 GB 50275 规定	
		A3 机	符合 GB 50231 和 GB 50275 规定	
		A4 机	符合 GB 50231 和 GB 50275 规定	
		A5 机	符合 GB 50231 和 GB 50275 规定	
签字栏	专业监理工程师	专业质量检查员		专业工长
	签名	签名		签名
	制表日期	2023 年××月××日		

本表由施工单位填写。

6.2.3　填表依据及说明

（1）单位（子单位）工程名称、检验批名称及编号与对应的《检验批质量验收记录》一致。

（2）验收项目：按对应的《检验批质量验收记录》的验收项目的顺序，填写现场实际检查的验收项目及设计要求及规范规定的内容，如果对应多行检查记录，验收项目不用重复填写。

（3）编号：填写验收项目对应的条文号。

（4）验收部位：填写本条验收的各个检查点的部位，每个部位占用一格，下个部位另起一行。

（5）验收情况记录：采用文字描述、数据说明或者打"√"的方式，说明本部位的验收情况，不合格和超标的必须明确指出；对于定量描述的抽样项目，直接填写检查数据。

（6）备注：发现明显不合格的个体的，要标注是否整改、复查是否合格。

（7）签字栏：监理单位现场验收人员、施工单位专业质检员、专业工长签字。当由专业分包单位施工时，应该双签。

（8）验收日期：填写现场验收当天日期。

6.3　分项工程质量验收记录

6.3.1　分项工程质量验收记录采用《建筑工程资料管理规程》（DB11/T 695）表 C7-6 编制。

6.3.2　分项工程质量验收记录示例详见表 6-3。

表 6-3　自动喷水灭火系统分项工程质量验收记录

编号：XF0403

单位（子单位）工程名称	北京××大厦		分部（子分部）工程名称	消防工程分部/消防给水及灭火系统子分部	
分项工程工程量	1000m		检验批数量	5	
施工单位	北京××集团		项目负责人	夏××	项目技术负责人 杜××
分包单位	北京××消防工程公司		分包单位项目负责人	肖工	分包内容 消防水
序号	检验批名称	检验批容量	部位/区段	施工单位检查结果	监理单位验收结论
1	消防水泵安装	5	一层	所查项目全部合格	验收合格
2	消防水箱安装及消防水池施工	2	二层	所查项目全部合格	验收合格
3	消防气压给水设备和稳压泵安装	5	三层	所查项目全部合格	验收合格
4	消防水泵接合器安装	5	四层	所查项目全部合格	验收合格
5	管网安装	5	五层	所查项目全部合格	验收合格
6	喷头安装	500	1—5层	所查项目全部合格	验收合格
7	报警阀组安装	2	一层	所查项目全部合格	验收合格
8	其他组件安装	5	四层	所查项目全部合格	验收合格
9	系统水压试验	2	1—5层	所查项目全部合格	验收合格
10	系统调试	2	1—5层	所查项目全部合格	验收合格
说明： 　　检验批质量验收记录资料齐全完整					
施工单位检查结果	符合要求			项目专业技术负责人：签名 2023 年××月××日	
监理单位验收结论	合格			专业监理工程师：签名 2023 年××月××日	

注：本表由施工单位填写。

6.3.3 填表依据及说明

消防工程的分项工程施工质量验收应由专业监理工程师主持，施工单位项目技术负责人和相关专业的质量检查员参加。分项工程验收合格的填写相应表格，各方签署验收意见。

1. 表格名称及编号

(1) 表格名称：按验收规范给定的分项工程名称，填写在表格名称下划线空格处。

(2) 分项工程质量验收记录编号：编号按"消防工程的分部工程、分项工程划分"[北京市现行标准《建筑工程消防施工质量验收规范》（DB11/T 2000）的附录 B]规定的分部工程、子分部工程、分项工程的代码编写，写在表的右上角。对于一个工程而言，一个分项只有一个分项工程质量验收记录，所以不编写顺序号。其编号规则具体说明如下：

①第 1、2 位是分部工程的代码；

②第 3、4 位数字是子分部工程的代码；

③第 5、6 位数字是分项工程的代码。

施工前，应由施工单位制定分项工程和检验批的划分方案，并由监理单位审核。对于附录 B 及相关专业验收规范未涵盖的分项工程及其代码，可由建设单位组织监理、施工等单位协商确定。

2. 表头的填写

(1) 单位（子单位）工程名称填写全称，如为群体工程，则按群体工程名称——单位工程名称形式填写，子单位工程标出该部分的位置。

(2) 分部（子分部）工程名称按北京市现行标准《建筑工程消防施工质量验收规范》（DB11/T 2000）的附录 B 划定的分部（子分部）名称填写。

(3) 分项工程容量：指本分项工程包含的实体验收样本的总数，按工程实际填写，单位按专业验收规范对验收项目检查数量的规定。

(4) 检验批数量指本分项工程包含的实际发生的所有检验批的数量。

(5) 施工单位及项目负责人、项目技术负责人："施工单位"栏应填写总承包单位名称，或与建设单位签订合同专业承包单位名称，宜写全称，并与合同上公章名称一致，并应注意各表格填写的名称应相互一致；"项目负责人"栏填写合同中指定的项目负责人名称；"项目技术负责人"栏填写本工程项目的技术负责人姓名；表头里人名由填表人填写即可，只是标明具体的负责人，不用签字。

(6) 分包单位及分包单位项目负责人、分包单位项目技术负责人："分包单位"栏应填写分包单位名称，即与施工单位签订合同的专业分包单位名称，宜写全称，并与合同上公章名称一致，并应注意各表格填写的名称应相互一致；"分包单位项目负责人"栏填写合同中指定的分包单位项目负责人名称；表头里人名由填表人填写即可，只是标明具体的负责人，不用签字。

(7) 分包内容：指分包单位承包的本分项工程的范围。

3. "序号"栏的填写

按检验批的排列顺序依次填写，检验批项目多于一页的，增加表格，顺序排号。

4. "检验批名称、检验批容量、部位/区段、施工单位检查结果、监理单位验收结论"栏的填写

(1) 填写本分项工程汇总的所有检验批依次排序，并填写检验批名称、检验批容量及部位/区段，注意要填写齐全。

(2) "施工单位检查结果"栏，由填表人依据检验批验收记录填写，填写"符合要求"或"验收合格"。

(3) "监理单位验收结论"栏，由填表人依据检验批验收记录填写，同意项填写"合格"或"符合要求"，如有不同意项应做标记但暂不填写。

5. "说明"栏的填写

(1) 如有不同意项应做标记但暂不填写，待处理后再验收；对不同意项，监理工程师应指出问题，

明确处理意见和完成时间。

（2）应说明所含检验批的质量验收记录是否完整。

6. "施工单位检查结果"栏的填写

（1）由施工单位项目技术负责人填写，填写"符合要求"或"验收合格"，并填写日期。

（2）分包单位施工的分项工程验收时，分包单位人员不签字，但应将分包单位名称及分包单位项目负责人、分包单位项目技术负责人姓名输入到对应单元格内。

7. "监理单位验收结论"栏，专业工程监理工程师在确认各项验收合格后，填入"验收合格"，并填写日期。

8. 注意事项

（1）核对检验批的部位、区段是否全部覆盖分项工程的范围，有无遗漏的部位。

（2）检查各检验批的验收资料是否完整并作统一整理，依次登记保管，为下一步验收打下基础。

6.4 子分部工程质量验收记录

6.4.1 子分部工程质量验收记录采用《建筑工程资料管理规程》（DB11/T 695）表 C7-7 编制。

6.4.2 分项工程质量验收记录示例详见表 6-4。

表 6-4　建筑防烟排烟系统子分部工程质量验收记录

编号：XF06

单位工程名称		北京××大厦		子分部工程数量	1	分项工程数量	2
施工单位		北京××集团		项目负责人	吴工	技术（质量）负责人	杜××
专业施工单位		北京××消防工程公司		专业施工单位项目负责人	肖工	分包内容	防排烟
序号	子分部工程名称		分项工程名称	检验批数量	施工单位检查结果		监理单位验收结论
1	建筑防烟排烟系统		防烟系统	25	所查项目全部合格		验收合格
2	建筑防烟排烟系统		排烟系统	10	所查项目全部合格		验收合格
	质量控制资料				35 份，齐全有效		合格
	安全和功能检验结果				2 项，检验合格		合格
	外观质量检验结果				好		好
综合验收结论		建筑防烟排烟系统子分部工程验收合格					
签字栏	施工单位 项目负责人： 签名 2023 年××月××日		专业施工单位 项目负责人： 签名 2023 年××月××日		设计单位 项目负责人： 签名 2023 年××月××日		监理单位 总监理工程师： 签名 2023 年××月××日

本表由施工单位填写。

164

6.4.3　填表依据及说明

【依据】《建筑工程消防施工质量验收规范》（DB11/T 2000—2022）

【条文】

4.0.6　消防工程的子分部工程施工质量验收应由总监理工程师主持，专业施工单位、施工单位项目负责人、项目技术负责人和相关专业质量检查员参加，设计单位项目负责人、专业设计人员应参加。子分部工程验收合格的填写相应表格，各方签署验收意见。

【说明】

消防工程子分部工程完成，施工单位自检合格后，应填报《子分部工程质量验收记录》。

1. 表格名称及编号

（1）表格名称：按验收规范给定的子分部工程名称，填写在表格名称下划线空格处。

（2）子分部工程质量验收记录编号：编号按《建筑工程消防施工质量验收规范》（DB11/T 2000—2022）附录 B"消防工程子分部、分项工程划分"规定的子分部工程代码编写，写在表的右上角。对于一个工程而言，一个子分部只有一个子分部工程质量验收记录，所以不编写顺序号。其编号为四位。

2. 表头的填写

（1）单位（子单位）工程名称填写全称，如为群体工程，则按群体工程名称——单位工程名称形式填写，子单位工程标出该部分的位置。

（2）分项工程数量：指本子分部工程包含的实际发生的所有分项工程的总数量。

（3）施工单位及施工单位技术（质量）部门负责人："施工单位"栏应填写总包单位名称，宜写全称，并与合同上公章名称一致，并应注意各表格填写的名称应相互一致；"技术（质量）部门负责人"栏填写施工单位技术（质量）部门负责人姓名；表头里人名由填表人填写即可，只是标明具体的负责人，不用签字。

（4）专业施工单位及负责人："专业施工单位"栏应填写单位名称，即与施工单位签订合同的专业施工单位名称，宜写全称，并与合同上公章名称一致，并应注意各表格填写的名称应相互一致；"专业施工单位项目负责人"栏填写合同中指定的分包单位项目负责人名称；表头里人名由填表人填写即可，只是标明具体的负责人，不用签字。

（5）分包内容：指专业施工单位承包的本子分部工程的范围。

3. "序号"栏的填写

按检验批的排列顺序依次填写，多于一页的，增加表格，顺序排号。

4. "子分部工程名称、分项工程名称、检验批数量、施工单位检查结果、监理单位验收结论"栏的填写

（1）填写本子分部及各分项工程，依次排序，并填写其名称、检验批数量，注意要填写齐全。

（2）"施工单位检查结果"栏，由填表人依据分项工程验收记录填写，填写"符合要求"或"合格"。

（3）"监理单位验收结论"栏，由填表人依据分项工程验收记录填写，同意项填写"合格"或"符合要求"。

5. 质量控制资料

（1）"质量控制资料"栏应按《建筑工程消防施工质量验收规范》（DB11/T 2000—2022）及相关消防专业标准规定来核查。

（2）核查时，应对资料逐项核对检查，应核查下列几项：

①资料是否齐全，有无遗漏；

②资料的内容有无不合格项；

③资料横向是否相互协调一致，有无矛盾；

④资料的分类整理是否符合要求，案卷目录、份数页数及装订等有无缺漏；

⑤各项资料签字是否齐全。

（3）当确认能够基本反映工程质量情况，达到保证结构安全和使用功能的要求，该项即可通过验收。全部项目都通过验收，即可在"施工单位检查结果"栏内填写检查结果，标注"检查合格"，并说明资料份数，然后送监理单位或建设单位验收，监理单位总监理工程师组织审查，如认为符合要求，则在"验收意见"栏内签注"验收合格"意见。

6．"安全和功能检验结果"栏应根据工程实际情况填写

安全和功能检验，是指按规定或约定需要在竣工时进行抽样检测的项目。这些项目凡能在子分部工程验收时进行检测的，应在子分部工程验收时进行检测。具体检测项目可按相关消防专业标准规定在开工之前加以确定。设计有要求或合同有约定的，按要求或约定执行。

在核查时，要检查开工之前确定的检测项目是否全部进行了检测。要逐一对每份检测报告进行核查，主要核查每个检测项目的检测方法、程序是否符合有关标准规定；检测结论是否达到规范的要求；检测报告的审批程序及签字是否完整等。

如果每个检测项目都通过审查，施工单位即可在检查结果标注"检查合格"，并说明资料份数。由项目负责人送监理单位验收，总监理工程师组织审查，认为符合要求后，在"验收意见"栏内签注"验收合格"意见。

7．"观感质量验收"栏的填写应符合工程的实际情况

只作定性评判，不再作量化打分。观感质量等级分为"好""一般""差"共3档。"好""一般"均为合格；"差"为不合格，需要修理或返工。

观感质量检查的主要方法是观察。但除了检查外观外，还应对能启动、运转或打开的部位进行启动或打开检查。并注意应尽量做到全面检查，对各类有代表性的房间、部位都应查到。

观感质量检查首先由施工单位项目负责人组织施工单位人员进行现场检查，检查合格后填表，由项目负责人签字后交监理单位验收。

监理单位总监理工程师组织对观感质量进行验收，并确定观感质量等级。认为达到"好"或"一般"，均视为合格。在"观感质量"验收意见"栏内填写"好"或"一般"。评为"差"的项目，应由施工单位修理或返工。如确实无法修理，可经协商实行让步验收，并在验收表中注明。由于"让步验收"意味着工程留下永久性缺陷，故应尽量避免出现这种情况。

8．"综合验收结论"的填写

由总监理工程师与各方协商，确认符合规定，取得一致意见后，按表中各栏分项填写。可在"综合验收结论"栏填入"××子分部工程验收合格"。

当出现意见不一致时，应由总监理工程师与各方协商，对存在的问题，提出处理意见或解决办法，待问题解决后再填表。

9．签字栏

制表时已经列出了需要签字的参加工程建设的有关单位。应由各方参加验收的项目负责人亲自签名，以示负责，通常不需盖章。

监理单位作为验收方，由总监理工程师签认验收。未委托监理的工程，可由建设单位项目技术负责人签认验收。

10．注意事项

（1）核查各子分部工程所含分项工程是否齐全，有无遗漏。

（2）核查质量控制资料是否完整，分类整理是否符合要求。

（3）核查安全、功能的检测是否按规范、设计、合同要求全部完成，未做的应补做，核查检测结论是否合格。

（4）对子分部工程应进行观感质量检查验收，主要检查分项工程验收后到子分部工程验收之间，

工程实体质量有无变化，如有，应修补达到合格，才能通过验收。

6.5 消防工程质量验收报验表

6.5.1 消防工程质量验收报验表采用《建筑工程资料管理规程》（DB11/T 695）表 C7-8 编制。

6.5.2 消防工程质量验收报验表示例详见表 6-5。

表 6-5 消防工程质量验收报验表示例

消防工程质量验收报验表 表 C7-8	资料编号	XF-00-C7-×××
致：北京××建设监理有限公司（项目监理机构） 我方已完成消防工程，经自检合格，现将有关资料报上，请予以验收。 附件： 1. 所含__14__个分项工程质量均验收合格 2. 质量控制资料 3. 有关安全、节能、环境保护和主要使用功能的抽样检验结果的资料 4. 观感质量检查记录 <div align="right">施工项目经理部（盖章）（章略） 项目技术负责人（签字）签名 施工单位项目负责人（签字、加盖执业印章）签名 2023年××月××日</div>		
验收意见： 资料齐全，验收合格 <div align="right">专业监理工程师（签字）：签名 2023年××月××日</div>		
验收意见： 经验收，该工程☑合格/□不合格 附件：消防工程施工质量验收记录 <div align="right">项目监理机构（盖章）（章略） 总监理工程师（签字、加盖执业印章）签名 2023年××月××日</div>		

注：本表由施工单位填写。

6.5.3 填表依据及说明

【依据】《建设工程监理规程》（DB11/T 382—2017）

【条文】

4.4.7 总监理工程师应在分部（子分部）工程完成、施工单位自检合格、接到施工单位报验的《分部工程质量验收报验表》后，组织相关人员对分部（子分部）工程进行验收，验收合格后签认分部（子分部）工程质量验收记录。项目监理机构应对有关节能和工程结构实体质量的检验进行见证，签署《实体检验见证记录》。

《分部工程质量验收报验表》应符合本规程附录 B 中 B.2.16 的要求，《实体检验见证记录》应符合本规程附录 B 中 B.3.7 的要求。

6.6 消防工程施工质量验收记录

6.6.1 消防工程施工质量验收记录采用《建筑工程消防施工质量验收规范》（DB11/T 2000）表 C.0.1 编制。

6.6.2 消防工程施工质量验收记录示例详见表 6-6。

表 6-6 消防工程施工质量验收记录示例

单位工程名称		北京××大厦		子分部工程数量		6	分项工程数量		24
施工单位		北京××集团		项目负责人		吴工	技术（质量）负责人		杜××
专业施工单位		北京××消防工程公司		专业施工单位负责人		肖工	分包内容		消防工程
序号	子分部工程名称		分项工程名称	检验批数量		施工单位检查结果		监理单位验收结论	
1	建筑构造		防火分隔	25		所查项目全部合格		验收合格	
2	建筑构造		防烟分隔	10		所查项目全部合格		验收合格	
3	建筑构造		钢结构防火保护	20		所查项目全部合格		验收合格	
4	建筑保温与装修		建筑保温及外墙装饰	15		所查项目全部合格		验收合格	
5	建筑保温与装修		建筑内部装修	25		所查项目全部合格		验收合格	
6	消防给水及灭火系统		消防水源及供水设施	4		所查项目全部合格		验收合格	
7	消防给水及灭火系统		消火栓系统	24		所查项目全部合格		验收合格	
8	…		…	…		…		…	
质量控制资料				235 份，齐全有效				合格	
安全和功能检验结果				22 项，检验合格				合格	
外观质量检验结果				好				好	
综合验收结论		消防工程验收合格							
建设单位 项目负责人： 签名 （章略） 2023 年××月××日	施工单位 项目负责人： 签名 （章略） 2023 年××月××日	专业施工单位 项目负责人： 签名 （章略） 2023 年××月××日		技术服务机构（如有） 负责人： 签名 （章略） 2023 年××月××日		设计单位 项目负责人： 签名 （章略） 2023 年××月××日		监理单位 总监理 工程师： 签名 （章略） 2023 年××月××日	

注：消防工程施工质量验收应由总监理工程师、建设、施工、技术服务机构和设计单位项目负责人参加并签认验收结论。

6.6.3 填表依据及说明

【依据】《建筑工程消防施工质量验收规范》（DB11/T 2000—2022）

【条文】

4.0.8 消防工程各专业施工完成后，建设单位应组织验收。建设单位、设计单位、监理单位、施工单位、专业施工单位、技术服务机构的项目负责人应按规定参加验收，验收合格的按本规范附录 C 填写消防施工质量验收记录。

4.0.9 建筑工程消防施工质量验收合格应符合下列规定：

1 所含子分部及各分项工程均验收合格；

2 质量控制资料完整;

3 主要使用功能的抽样复验结果符合相关规定;

4 需要进行消防检测的分项、子分部工程经过检测合格,检测报告齐全;

5 消防设施性能、系统功能联动调试等内容调试合格;

6 外观质量符合相关要求;

7 完成涉及消防的建设工程竣工图。竣工图应与符合相关规定要求的消防设计文件及工程实际相一致,竣工图章、竣工图签的签字齐全有效。

4.0.10 工程质量控制资料应齐全完整。资料缺失时,可委托具有相应从业条件的技术服务机构按有关标准进行相应的实体检验或消防检测。

7 建筑工程消防施工质量查验记录和查验报告 资料示例和填表说明

依据《建筑工程消防施工质量验收规范》(DB11/T 2000—2022)提供的建筑工程消防施工质量查验记录和查验报告表,及其查验管理、编制要求,本章提供了查验记录和查验报告的表格示例和填表说明。

7.1 建筑总平面及平面布置查验记录

7.1.1 建筑总平面及平面布置查验记录采用《建筑工程消防施工质量验收规范》(DB11/T 2000)表 D.0.1 编制。

7.1.2 建筑总平面及平面布置查验记录示例详见表 7-1。

表 7-1 建筑总平面及平面布置查验记录示例

查验项目		内容和方法	要求	查验情况	是否合格
建筑类别与耐火等级	建筑类别	核对建筑的规模(面积、高度、层数)和性质,查阅相应资料	符合消防技术标准和消防设计文件要求	已核对	合格
		改建、扩建以及用途变更的项目,核对改建、扩建及用途变更部分的规模和性质,并核对其所在建筑整体性质		无改扩建及用途变更	合格
	耐火等级	核对建筑耐火等级,查阅相应资料,查看建筑主要构件燃烧性能和耐火极限		一级	合格
		查阅相应资料,查看钢结构构件防火处理		不涉及	
建筑总平面	防火间距	测量消防设计文件中有要求的防火间距	符合消防技术标准和消防设计文件要求,且严禁擅自改变用途或被占用,应便于使用	测量12点	合格
	消防车道	查看设置位置,车道的净宽、净高、转弯半径、树木等障碍物		符合要求	合格
		查看设置形式,坡度、承载力、回车场等		符合要求	
	消防车登高面	查看登高面的设置,是否有影响登高救援的裙房,首层是否设置楼梯出口,登高面上各楼层消防救援口的设置		符合要求	合格
	消防车登高操作场地	查看设置的长度、宽度、坡度、承载力,是否有影响登高救援的树木、架空管线等	符合消防技术标准和消防设计文件要求	符合要求	合格

查验项目		内容和方法	要求	查验情况	是否合格
建筑平面布置	安全出口	查看安全出口的设置形式、位置、数量、平面布置	符合消防技术标准和消防设计文件要求	符合要求	合格
		查看疏散楼梯间、前室（合用前室）的防烟措施		符合要求	
		查看管道穿越疏散楼梯间、前室（合用前室）处及门窗洞口等防火分隔设置情况		符合要求	
		查看地下室、半地下室与地上层共用楼梯的防火分隔		符合要求	
		核查疏散宽度、建筑疏散距离、前室面积		符合要求	
建筑平面布置	避难层（间）	查看避难层设置位置、形式、平面布置和防火分隔	符合消防技术标准和消防设计文件要求	符合要求	合格
		查看防烟条件		符合要求	
		查看疏散楼梯、消防电梯的设置位置、数量及耐火极限要求		符合要求	
		核查疏散宽度、疏散距离、有效避难面积		符合要求	
	消防控制室	查看设置位置、防火分隔、安全出口，测试应急照明	符合消防技术标准和消防设计文件要求	符合要求	合格
		查看管道布置、防淹措施	无与消防设施无关的电气线路及管路穿越	无穿越	
建筑平面布置	防烟、排烟机房	查看防排烟机房与其他机房合用情况、防火分隔	符合消防技术标准和消防设计文件要求	符合要求	合格
		测试应急照明		符合要求	合格
有特殊要求场所的建筑布局	民用建筑中其他特殊场所	查看人员密集的公共场所，歌舞娱乐放映游艺场所，儿童活动场所，老年人照料设施场所，地下或半地下商店，厨房，手术室等特殊场所的设置位置、平面布置、防火分隔、疏散通道	符合消防技术标准和消防设计文件要求	符合要求	合格
		查看变压器室，配电室，柴油发电机房，集中瓶装液化石油气间，燃气间，空调机房等设备用房，以及电动车充电区的设置位置、平面布置、防火分隔	符合消防技术标准和消防设计文件要求	符合要求	
	工业建筑中其他特殊场所	查看高危险性部位、甲乙类火灾危险性场所、中间仓库以及总控制室、员工宿舍、办公室、休息室等场所的设置位置、平面布置、防火分隔	符合消防技术标准和消防设计文件要求	符合要求	合格
	爆炸危险场所（部位）	查看使用燃油、燃气的锅炉房等爆炸危险场所的设置形式、建筑结构、设置位置、分隔设施	符合消防技术标准和消防设计文件要求	符合要求	合格
		查看泄压设施的设置位置，核对泄压口面积、泄压形式		符合要求	

续表

查验项目		内容和方法	要求	查验情况	是否合格
有特殊要求场所的建筑布局	爆炸危险场所（部位）	查看防爆区电气设备的类型、标牌和合格证明文件，现场安装情况，防静电、防积聚、防流散等措施	符合消防技术标准和消防设计文件要求	符合要求	合格
	特殊消防设计	核对现场与特殊消防设计相关的内容，查阅相应资料	符合特殊消防设计技术资料及专家评审会会议纪要要求	不涉及	/

建设单位（单位名称、职务、姓名）：北京××公司　　　　　　项目技术总监　　　　　签名
设计单位（单位名称、职务、姓名）：北京××设计院有限公司　项目负责人　　　　　签名
施工单位（单位名称、职务、姓名）：北京××集团　　　　　　项目负责人　　　　　签名
专业施工单位（单位名称、职务、姓名）：北京××消防工程公司　项目总工　　　　　签名
监理单位（单位名称、职务、姓名）：北京××建设监理有限公司　项目总监理工程师　签名
技术服务机构（单位名称、职务、姓名）：××消防科技有限公司　技术工程师　　　　签名

查验日期：2023 年××月××日

7.1.3　填表依据及说明

【依据】《建筑工程消防施工质量验收规范》（DB11/T 2000—2022）

【条文】

摘录一：

4.0.11　建设单位组织有关单位进行建筑工程竣工验收时，应对建筑工程是否符合消防要求进行查验，并应符合下列规定：

1　建设单位应在组织消防查验前制订建筑工程消防施工质量查验工作方案，明确参加查验的人员、岗位职责、查验内容、查验组织方式以及查验结论形式等内容。

2　消防查验应按本规范附录 D 记录，表中未涵盖的其他查验内容，可依据此表格式按照相关专业施工质量验收规范自行续表。查验主要内容包括：

1）完成消防设计文件的各项内容；

2）有完整的消防技术档案和施工管理资料（含消防产品的进场试验报告）；

3）建设单位对工程涉及消防的各子分部、分项工程验收合格；施工单位、专业施工单位、设计单位、监理单位、技术服务机构等单位确认消防施工质量符合有关标准；

4）消防设施性能、系统功能联动调试等内容检测合格。

经查验不符合本条规定的建筑工程，建设单位不得编制工程竣工验收报告。

3　查验完成后应形成《建筑工程消防施工质量查验报告》，并应符合本规范附录 E 的规定。

4.0.12　建筑工程竣工验收前，建设单位可委托具有相应从业条件的技术服务机构进行消防查验，并形成意见或者报告，作为建筑工程消防查验合格的参考文件。采取特殊消防设计的建筑工程，其特殊消防设计的内容可进行功能性试验验证，并应对特殊消防设计的内容进行全数查验。对消防检测和消防查验过程中发现的各类质量问题，建设单位应组织相关单位进行整改。

摘录二：

6　建筑总平面及平面布置

6.1　一般规定

6.1.1　建筑工程室外绿化、景观等的深化设计和施工，不应改变消防车道和消防车登高操作场地布置。

6.1.2　建筑规模（面积、高度、层数）和性质，应符合相关消防技术标准和消防设计文件要求，并应核对下列内容：

1　建筑规模（面积、高度、层数）和性质与设计文件的符合性；

2　改建、扩建以及用途变更的项目，其改建、扩建及用途变更部分的规模和性质符合性，其所在建筑整体性质的符合性。

6.2　建筑总平面

6.2.1　建筑物的位置应符合规划及消防安全布局的要求，同时符合消防技术标准和消防设计文件的防火间距要求，并应检查下列内容：

1　查阅相关审批文件，核查建筑物规划定位符合性；

2　对照设计文件等资料现场核查防火间距的符合性。

6.2.2　消防车道的设置应符合相关消防技术标准和消防设计文件要求，并已按设计文件施工完毕，满足消防车通行及回车要求。消防车道应便于使用，严禁擅自改变用途，并有避免被占用的措施。应检查下列内容是否满足设计文件和相关标准要求：

1　消防车道设置位置，有无障碍物和相关提示；

2　车道的净宽、净高及转弯半径；

3　消防车道设置形式、坡度、承载力、回车场等。

6.2.3　消防车登高面的设置应符合相关消防技术标准和消防设计文件要求，便于使用消防车，严禁擅自改变用途。对照总平面图，沿建筑的登高扑救面全程检查，应检查下列内容：

1　裙房是否影响登高救援；

2　首层消防疏散出口设置；

3　车库出入口、人防出入口是否影响消防登高救援；

4　登高面上各楼层消防救援口的设置情况。

6.2.4　消防车登高操作场地的设置应符合相关消防技术标准和消防设计文件要求，并重点检查下列内容：

1　消防车登高操作场地设置的长度、宽度、坡度、承载力；

2　是否有影响登高救援的树木、架空管线等障碍物。

6.3　建筑平面布置

6.3.1　安全出口的设置形式、位置、数量、平面布置、防烟措施和防火分隔等应符合消防技术标准和消防设计文件要求，并应检查下列内容：

1　安全出口的设置形式、位置、数量、平面布置；

2　疏散楼梯间、前室（合用前室）的防烟措施；

3　管道穿越疏散楼梯间、前室（合用前室）处及门窗洞口等防火分隔设置情况；

4　地下室、半地下室与地上层共用楼梯的防火分隔；

5　疏散宽度、建筑疏散距离、前室面积。

6.3.2　避难层（间）的设置应符合消防技术标准和消防设计文件要求，并应检查下列内容：

1　避难层设置位置、形式、平面布置和防火分隔；

2　防烟条件；

3　疏散楼梯、消防电梯的设置；

4　疏散宽度、疏散距离、有效避难面积。

6.3.3　消防控制室设置应符合消防技术标准和消防设计文件要求，并应检查下列内容：

1　消防控制室设置位置、防火分隔、安全出口；

2　应急照明设置；

3　管道布置、防淹措施，除消防以外的其他管道穿越。

6.3.4　消防水泵房设置应符合消防技术标准和消防设计文件要求，并应检查下列内容：

1 消防水泵房设置位置、防火分隔、安全出口；

2 应急照明设置；

3 防淹措施。

6.3.5 防烟风机机房和排烟风机机房设置应符合消防技术标准和消防技术文件要求，并应检查下列内容：

1 防排烟机房与其他机房合用情况；

2 防火分隔；

3 应急照明设置。

6.4 有特殊要求场所的建筑布局

6.4.1 民用建筑中人员密集的公共场所、歌舞娱乐放映游艺场所、儿童活动场所、老年人照料设施场所、地下或半地下商店、厨房、手术室等特殊场所的设置应符合消防技术标准和消防设计文件要求，并应重点检查上述场所的设置位置、平面布置、防火分隔、疏散通道等内容是否满足要求。

6.4.2 民用建筑中变压器室、配电室、柴油发电机房、集中瓶装液化石油气间、燃气间、空调机房等设备用房，以及电动车充电区的设置应符合消防技术标准和消防设计文件要求，并应重点检查其设置位置、平面布置、防火分隔等内容是否满足要求。

6.4.3 工业建筑中高危险性部位、甲乙类火灾危险性场所、中间仓库以及总控制室、员工宿舍、办公室、休息室等场所的设置应符合消防技术标准和消防设计文件要求，并应重点检查其设置位置、平面布置、防火分隔等内容是否满足要求。

6.4.4 建筑物内使用燃油、燃气的锅炉房等爆炸危险场所设置形式、建筑结构、设置位置、分隔设施应符合消防技术标准和消防设计文件要求；泄压设施的设置应符合消防技术标准和消防设计文件要求；电气设备的防静电、防积聚、防流散等措施应符合消防技术标准和消防设计文件要求，并应检查以下内容：

1 设置形式、建筑结构、设置位置、分隔设施；

2 泄压口设置位置，核对泄压口面积、泄压形式；

3 防爆区电气设备的类型、标牌和合格证明文件，现场安装情况。

【填写说明】

查验情况：对照查验要求，汇总本项的查验总体情况，简要记录查验结果；应优先记录结果数据。

是否合格：填写结论，"合格"或"不合格"。如果查验情况不涉及时，填写"/"。

签名栏：按单位类型，填写单位名称、查验人员职务，查验人员应签字确认。

查验日期：为本表查验完成日期。

7.2 建筑构造查验记录

7.2.1 建筑构造查验记录采用北京市现行标准《建筑工程消防施工质量验收规范》（DB11/T 2000）表 D.0.2 编制。

7.2.2 建筑构造查验记录示例详见表 7-2。

表 7-2 建筑构造查验记录示例

查验项目		内容和方法	要求	查验情况	是否合格
隐蔽工程	防火墙、楼板洞口及缝隙	查看防火墙、楼板洞口及缝隙的防火封堵，并核对其证明文件	符合消防技术标准和消防设计文件要求，并应有详细的文字记录和必要的影像资料	符合要求	合格

查验项目		内容和方法	要求	查验情况	是否合格
隐蔽工程	变形缝、伸缩缝	查看变形缝伸缩缝防火处理，并核对其证明文件	符合消防技术标准和消防设计文件要求，并应有详细的文字记录和必要的影像资料	符合要求	合格
	吊顶木龙骨	查看吊顶木龙骨的防火处理，并核对其证明文件		符合要求	合格
	窗帘盒木基层	查看窗帘盒木基层的防火处理及构造，并核对其证明文件		符合要求	合格
	其他隐蔽工程	查看其他按相关规定应做隐蔽验收的工程防火处理情况，并核对其证明文件		符合要求	合格
防火分隔	防火分区	核对防火分区位置、形式、面积及完整性	符合消防技术标准和消防设计文件要求	符合要求	合格
	防火墙	查看设置位置及方式，查看防火封堵情况	符合消防技术标准和消防设计文件要求	符合要求	合格
		核查墙的燃烧性能及耐火极限，查看防火墙上门、窗、洞口等开口情况		全部外开	
		防火墙不应有可燃气体和甲类、乙类、丙类液体的管道穿过，应无排气道		无穿过	
	防火卷帘	检查产品质量证明文件及相关资料，现场检查判定产品质量	符合消防技术标准和消防设计文件要求	齐全有效	合格
		查看设置类型、位置和防火封堵严密性，检查安装质量		封堵严密	
		测试手动、自动控制功能		易用有效	
	防火门、防火窗	检查产品质量证明文件及相关资料，现场检查判定产品质量	与消防产品市场准入证明文件一致	一致	合格
		查看设置位置、类型、开启、关闭方式，核对安装数量，检查安装质量	符合消防技术标准和消防设计文件要求	符合要求	
		测试常闭防火门的自闭功能，常开防火门、防火窗的联动控制功能		功能正常	
	竖向管道井	查看设置位置和检查门的设置	符合消防技术标准和消防设计文件要求	符合要求	合格
		查看井壁的耐火极限、防火封堵严密性		符合要求	
	其他有防火分隔要求的部位	查看窗间墙、窗槛墙、建筑幕墙、防火隔墙、防火墙两侧及转角处洞口、防火阀等的设置、分隔设施和防火封堵	符合消防技术标准和消防设计文件要求	符合要求	合格
防烟分隔	防烟分区	核对防烟分区设置位置、形式、面积及完整性	符合消防技术标准和消防设计文件要求	符合要求	合格
		防烟分区不应跨越防火分区		符合要求	
	防烟分隔设施	查看防烟分隔设施的设置情况		符合要求	合格
		查看防烟分隔材料耐火性能，测试活动挡烟垂壁的下垂功能，查看活动挡烟垂壁的手动操作按钮安装情况		符合要求	

续表

查验项目		内容和方法	要求	查验情况	是否合格
安全疏散	疏散门	查看疏散门的设置位置、形式和开启方向	符合消防技术标准和消防设计文件要求	符合要求	合格
		测量疏散宽度		符合要求	
		测试逃生门锁装置		符合要求	
	疏散走道	查看疏散走道的设置形式		符合要求	合格
		查看疏散走道的排烟条件		符合要求	
消防电梯	消防电梯	查看设置位置、数量及安装质量	符合消防技术标准和消防设计文件要求	符合要求	合格
		查看前室门的设置形式，测量前室的面积		符合要求	
		查看井壁及机房的耐火性能和防火构造等		符合要求	
		查看消防电梯载重量、电梯井的防水排水措施，测试消防电梯的运行速度		符合要求	
		查看轿厢内装修材料	应为不燃材料	不燃	
		查看消防电梯迫降功能、联动功能、对讲功能、运行时间	符合消防技术标准和消防设计文件要求	符合要求	
防火封堵	建筑缝隙防火封堵	检查防火封堵的外观，直观检查有无脱落、变形、开裂等现象	符合消防技术标准和消防设计文件要求	符合要求	合格
		测量防火封堵的宽度、深度、长度		符合要求	
		检查变形缝内的填充材料和变形缝的构造基层材料是否为不燃材料		符合要求	
	贯穿孔口防火封堵	检查防火封堵的外观		符合要求	合格
		检查防火封堵的宽度、深度		符合要求	

建设单位（单位名称、职务、姓名）：北京××公司　　　　　土建专业工程师　　　　签名

设计单位（单位名称、职务、姓名）：北京××设计院有限公司　建筑设计负责人　　　　签名

施工单位（单位名称、职务、姓名）：北京××集团　　　　　　土建专业技术负责人　　签名

专业施工单位（单位名称、职务、姓名）：北京××消防工程公司　消防工程师　　　　　签名

监理单位（单位名称、职务、姓名）：北京××建设监理有限公司　专业监理工程师　　　签名

技术服务机构（单位名称、职务、姓名）：××消防科技有限公司　技术工程师　　　　　签名

查验日期：2023 年××月××日

7.2.3 填表依据及说明

【依据】《建筑工程消防施工质量验收规范》（DB11/T 2000—2022）

【条文】

摘录一：

第 4.0.11、4.0.12 条（见《7.1 建筑总平面及平面布置查验记录》的填写依据及说明，本书第171 页）。

摘录二：

7 建筑构造

7.1 一般规定

7.1.1 建筑耐火等级应符合消防技术标准和消防设计文件要求，并应核查下列内容：

1 现场核查建筑主要构件燃烧性能和耐火极限；

2 对于钢结构建筑，还应查阅相关资料，并现场检查钢结构构件防火处理的施工质量。

7.1.2 钢结构防火涂料涂装工程应在钢结构安装分项工程检验批和钢结构防腐涂装检验批的施工质量验收合格后进行。钢结构防火保护分项工程的质量验收，应在所含检验批质量验收合格的基础上检查质量验收记录。钢结构防火保护分项工程施工质量与验收要求，应符合现行国家标准《建筑钢结构防火技术规范》GB 51249 及《钢结构工程施工质量验收规范》GB 50205 的规定。

7.1.3 施工中应对下列部位及内容进行隐蔽工程验收，并按照附录 A 的资料归档目录提供详细文字记录和必要的影像资料：

1 防火墙、楼板洞口及缝隙的防火封堵；

2 变形缝伸缩缝的防火处理；

3 吊顶木龙骨的防火处理；

4 窗帘盒木基层的防火处理及构造；

5 其他按相关规定应做隐蔽验收的工程。

7.2 防火和防烟分区

7.2.1 防火分区的设置应符合消防技术标准和消防设计文件要求，并重点核查施工记录，核对防火分区位置、形式、面积及完整性。

7.2.2 防火墙的设置应符合消防技术标准和消防设计文件要求，并应核查下列内容：

1 设置位置及方式；

2 防火封堵情况；

3 防火墙的耐火极限；

4 防火墙上门、窗洞口等开口情况；

5 不应有可燃气体和甲、乙、丙类液体的管道穿过，应无排气道。

7.2.3 防火卷帘的产品质量、安装、功能等应符合消防技术标准和消防设计文件要求，并应核查下列内容：

1 产品质量证明文件及相关资料；

2 现场检查判定产品外观质量；

3 设置类型、位置和防火封堵的严密性；

4 测试手动、自动控制功能。

7.2.4 防火门、窗的产品质量、各项性能、设置位置、类型、开启方式等应符合消防技术标准和消防设计文件要求，并应核查下列内容：

1 产品质量证明文件及相关资料；

2 现场检查判定产品外观质量；

3 设置类型、位置、开启、关闭方式；

4 安装数量，安装质量；

5 常闭防火门自闭功能，常开防火门、窗控制功能。

7.2.5 建筑内的电梯井、电缆井、管道井、排烟道、排气道、垃圾道等竖向井道应符合消防技术标准和消防设计文件要求，并应检查下列内容：

1 设置位置和检查门的设置；

2 井壁的耐火极限；

3 检查门、孔洞等防火封堵的严密性。

7.2.6 其他有防火分隔要求的部位应符合消防技术标准和消防设计文件要求，并重点检查窗间墙、窗槛墙、建筑幕墙、防火墙、防火隔墙两侧及转角处洞口、防火阀等的设置、分隔设施和防火封堵。

7.2.7 防烟分区的设置应符合消防技术标准和消防设计文件要求，并重点核查防烟分区设置位置、形式、面积及完整性，防烟分区不应跨越防火分区。

7.2.8　防烟分隔设施的设置应符合消防技术标准和消防设计文件要求，并重点核查防烟分隔材料耐火性能，测试活动挡烟垂壁的下垂功能。

7.3　疏散门、疏散走道、消防电梯

7.3.1　疏散门的设置应符合消防技术标准和消防设计文件要求，并应核查下列内容：

1　疏散门的设置位置、形式和开启方向；

2　疏散宽度；

3　逃生门锁装置。

7.3.2　疏散走道的设置应符合消防技术标准和消防设计文件要求，并重点核查疏散走道的设置形式，查看走道的排烟条件。

7.3.3　消防电梯及其前室（合用前室）的设置、消防电梯井壁及机房的设置、消防电梯的性能和功能、消防电梯轿厢内装修材料的燃烧性能、电梯井的防水排水措施、迫降功能、联动功能、对讲功能、运行时间等应符合消防技术标准和消防设计文件要求，并应核查下列内容：

1　设置位置、数量；

2　前室门的设置形式，前室的面积；

3　井壁及机房的耐火极限和防火构造；

4　电梯载重量、电梯井底的防水排水措施；

5　轿厢内装修材料；

6　消防电梯迫降功能、联动功能、对讲功能、运行时间。

7.4　防火封堵

7.4.1　防火封堵应根据建筑工程不同部位的要求，按照现行国家标准、设计文件、相应产品的技术说明书和操作规程，以及相应产品测试合格的防火封堵组件的构造节点图进行施工，施工质量应符合现行国家标准《建筑防火封堵应用技术标准》GB/T 51410 的规定。

7.4.2　建筑缝隙防火封堵的材料选用、构造做法等应符合消防技术标准和设计文件要求；变形缝内的填充材料和构造基层材料的选用应符合消防技术标准和消防设计文件要求，并应检查下列内容：

1　防火封堵的外观，直观检查有无脱落、变形、开裂等现象；

2　防火封堵的宽度、深度、长度；

3　变形缝内的填充材料和构造基层材料的燃烧性能。

7.4.3　贯穿孔口防火封堵的材料选用、构造做法等应符合消防技术标准和设计文件要求，并应检查下列内容：

1　防火封堵的外观；

2　防火封堵的宽度、深度。

【填写说明】

（见《7.1 建筑总平面及平面布置查验记录》的填写依据及说明，本书第 173 页）。

7.3　建筑保温与装修查验记录

7.3.1　建筑保温与装修查验记录采用《建筑工程消防施工质量验收规范》（DB11/T 2000）表 D.0.3 编制。

7.3.2　建筑保温与装修查验记录示例详见表 7-3。

表 7-3 建筑保温与装修查验记录示例

查验项目		内容和方法	要求	查验情况	是否合格
建筑保温及外墙装饰	隐蔽工程防火封堵	检查建筑保温隐蔽工程的防火封堵，并核对其证明文件	符合消防技术标准和消防设计文件要求	符合要求	合格
	隐蔽工程防火材料	核查建筑保温隐蔽工程的防火材料，并核对其证明文件		符合要求	合格
	其他隐蔽工程	查看其他按相关规定应做隐蔽验收的工程防火处理情况，并核对其证明文件		符合要求	合格
	建筑外墙和屋面保温	核查建筑的外墙及屋面保温系统的设置位置、形式及安装质量，查阅报告，核对保温材料的燃烧性能		符合要求	合格
		核查保温系统防火隔离带的设置		符合要求	
	建筑幕墙保温	核查建筑的幕墙保温系统的设置位置、形式及安装质量，查阅报告，核对保温材料的燃烧性能		符合要求	合格
		检查幕墙保温系统与基层墙体、装饰层之间的空腔，在每层楼板处采用防火封堵材料封堵的情况		符合要求	
	建筑外墙装饰	查阅有关防火性能的证明文件		符合要求	合格
建筑内部装修	装修材料	查看装修材料有关防火性能的证明文件、施工记录	符合消防技术标准和消防设计文件要求	符合要求	合格
	装修情况	现场核对装修范围、使用功能		符合要求	合格
	对安全疏散设施影响	查看不应有妨碍疏散走道正常使用的装饰物，测量疏散净宽度		符合要求	合格
		查看安全出口、疏散出口、疏散走道数量，不应擅自减少、改动、拆除、遮挡疏散指示标志、安全出口、疏散出口、疏散走道等		符合要求	
	对防火防烟分隔影响	不应擅自减少、改动、拆除防火分区、防烟分区等		符合要求	合格
	电气安装与装修	查看用电装置发热情况和周围材料的燃烧性能，查看防火隔热、散热措施		符合要求	合格

建设单位（单位名称、职务、姓名）：北京××公司　　　　　　　土建专业工程师　　　签名
设计单位（单位名称、职务、姓名）：北京××设计院有限公司　　建筑设计负责人　　　签名
施工单位（单位名称、职务、姓名）：北京××集团　　　　　　　土建专业技术负责人　签名
专业施工单位（单位名称、职务、姓名）：北京××消防工程公司　消防工程师　　　　　签名
监理单位（单位名称、职务、姓名）：北京××建设监理有限公司　专业监理工程师　　　签名
技术服务机构（单位名称、职务、姓名）：××消防科技有限公司　技术工程师　　　　　签名

查验日期：2023 年××月××日

7.3.3 填表依据及说明

【依据】《建筑工程消防施工质量验收规范》（DB11/T 2000—2022）

【条文】

摘录一：

第4.0.11、4.0.12条（见《7.1 建筑总平面及平面布置查验记录》的填写依据及说明，本书第171页）。

摘录二：

8 建筑保温与装修

8.1 一般规定

8.1.1 建筑保温与装修工程的消防施工质量应按《外墙外保温技术规程》JGJ 144、《建筑内部装修防火施工及验收规范》GB 50354 的规定进行验收。

8.1.2 隐蔽工程应在施工过程中或完工后按照相关消防技术标准的要求进行检查验收，并按照附录A的资料归档目录提供详细文字记录和必要的影像资料。下列部位及内容应进行隐蔽工程验收：

1 防火封堵；

2 隐蔽工程防火材料；

3 其他按相关规定应做隐蔽验收的工程。

8.2 建筑保温及外装修

8.2.1 主体结构完成后进行施工的墙体保温工程，应在基层墙体质量验收合格后施工；与主体工程同时施工的墙体保温工程，应与主体工程一同验收。

8.2.2 建筑外墙及屋面保温系统的设置应符合消防技术标准和消防设计文件要求，并应核查下列内容：

1 建筑外墙保温系统的设置位置、形式；

2 保温材料的燃烧性能；

3 保温系统防火隔离带的设置及燃烧性能。

8.2.3 建筑幕墙与建筑基层墙体间空腔的保温节能系统应符合消防技术标准和消防设计文件要求，并应核查下列内容：

1 建筑幕墙保温系统的设置位置、形式；

2 保温材料的燃烧性能；

3 幕墙保温系统与基层墙体、装饰层之间的空腔，在每层楼板处采用防火封堵材料封堵情况。

8.2.4 建筑外墙装饰材料的防火性能应符合消防技术标准和消防设计文件要求，应核查外墙装饰材料的防火性能证明文件是否符合消防技术标准和消防设计文件要求。

8.3 建筑内部装修

8.3.1 建筑室内装饰装修应符合下列规定：

1 建筑室内装饰装修不得影响消防设施的使用功能，不应擅自减少、改动、拆除、遮挡消防设施，建筑内部消火栓箱门不应被装饰物遮掩，消火栓箱门四周的装修材料颜色应与消火栓箱门的颜色有明显区别或在消火栓箱门表面设置发光标志。所采用材料的燃烧性能应符合设计要求，应有有关材料的防火性能证明文件及施工记录；

2 采用不同的装修材料分层装修时，各层装修材料的燃烧性能均应符合设计要求；

3 现场进行阻燃处理时，应检查阻燃剂的用量、适用范围、操作方法。

8.3.2 建筑内部装修范围、使用功能应符合消防技术标准和消防设计文件要求。

8.3.3 建筑内部装修不应对安全疏散设施产生影响，应检查下列内容：

1 安全出口、疏散出口、疏散走道数量，不应擅自减少、改动、拆除、遮挡安全出口、疏散出口、疏散走道、疏散指示标志等；

2 疏散宽度满足要求，不应有妨碍疏散走道正常使用的装饰物，不应减少安全出口、疏散出口或疏散走道的设计疏散所需净宽度。

8.3.4　建筑内部装修后不应对防火分区、防烟分区等产生影响，重点检查防火分区、防烟分区的设置，不应擅自减少、改动、拆除防火分区、防烟分区。

8.3.5　建筑电气装置安装位置周围材料的燃烧性能、防火隔热、散热措施应符合消防技术标准和消防设计文件要求，并应检查下列内容：

1　用电装置发热情况和周围材料的燃烧性能；

2　防火隔热、散热措施是否符合要求。

【填写说明】

（见《7.1 建筑总平面及平面布置查验记录》的填写依据及说明，本书第 173 页）。

7.4　消防给水及灭火系统查验记录

7.4.1　消防给水及灭火系统查验记录采用《建筑工程消防施工质量验收规范》（DB11/T 2000）表 D.0.4 编制。

7.4.2　消防给水及灭火系统查验记录示例详见表 7-4。

表 7-4　消防给水及灭火系统查验记录示例

查验项目		内容和方法	要求	查验情况	是否合格
消防水源及供水设施	市政给水	查验市政供水的进水管数量、管径、供水能力	符合消防技术标准和消防设计文件要求	符合要求	合格
	消防水池	查看设置位置、水位显示与报警装置		符合要求	合格
		核对有效容积		符合要求	
		查看消防控制室或值班室应能显示消防水池的高水位、低水位报警信号，以及正常水位		符合要求	
	天然水源	查看天然水源的水量、水质、枯水期技术措施、消防车取水高度、取水设施（码头、消防车道）		不涉及	—
	消防水泵	查看工作泵、备用泵、吸水管、出水管及出水管上的泄压阀、水锤消除设施、截止阀、信号阀等的规格、型号、数量，吸水管、出水管上的控制阀状态及安装质量	符合消防技术标准和消防设计文件要求，吸水管、出水管上的控制阀锁定在常开位置，并有明显标识	符合要求	合格
		查看吸水方式	自灌式引水或其他可靠的引水措施	自灌式引水	
		测试消防水泵现场手动和自动启停功能	符合消防技术标准和消防设计文件要求	正常	
		测试消防水泵远程手动和自动启停功能		正常	
		测试压力开关或流量开关自动启动消防水泵功能，水泵不应自动停止		正常	
		测试转输消防水泵或串联消防水泵的自动启动逻辑		正常	
		测试主、备电源切换，主、备泵启动及故障切换		正常	
		查看消防水泵启动控制装置		正常	

查验项目		内容和方法	要求	查验情况	是否合格
消防水源及供水设施	消防水泵	测试压力、流量（有条件时应测试在模拟系统最大流量时最不利点压力）		符合要求	合格
		测试水锤消除设施后的压力		符合要求	
		抽查消防泵组，并核对其证明文件	与消防产品市场准入证明文件一致	一致	合格
	消防水泵控制柜	查看设置位置，防护等级及安装质量，查看防止被水淹没的措施	符合消防技术标准和消防设计文件要求	符合要求	合格
		消防水泵启动控制置于自动启动挡		符合要求	
		测试机械应急启泵功能		正常	
	高位消防水箱	查看设置位置，水位显示与报警装置	符合消防技术标准和消防设计文件要求	符合要求	合格
		核对有效容积		符合要求	
		查看消防控制室或值班室应能显示高位消防水箱的高水位、低水位报警信号，以及正常水位		符合要求	
		查看确保水量的措施，管网连接		符合要求	
	消防稳压设施	查看气压罐的调节容量，稳压泵的规格、型号数量，管网连接及安装质量	符合消防技术标准和消防设计文件要求	符合要求	合格
		测试稳压泵的稳压功能		符合要求	
		抽查消防气压给水设备、增压稳压给水设备等，并核对其证明文件		符合要求	
	消防水泵接合器	查看数量、设置位置、标识及安装质量，测试充水情况	符合消防技术标准和消防设计文件要求	符合要求	合格
		抽查水泵接合器，并核对其证明文件		符合要求	
消火栓系统	管网	核实管网结构形式、供水方式	符合消防技术标准和消防设计文件要求	符合要求	合格
		查看管道的材质、管径、接头、连接方式及采取的防腐、防冻措施		符合要求	
		查看管网组件：闸阀、截止阀、减压孔板、减压阀、柔性接头、排水管、泄压阀等的设置		符合要求	
		查看消火栓系统管网试压和冲洗记录等证明文件	符合消防技术标准和消防设计文件要求，并应有详细的文字记录和必要的影像资料	齐全有效	
	室外消火栓及取水口	查看数量、设置位置、标识及安装质量	符合消防技术标准和消防设计文件要求	符合要求	合格
		测试压力、流量		符合要求	
		消防车取水口		符合要求	
		抽查室外消火栓、消防水带、消防枪等，并核对其证明文件		符合要求	
	室内消火栓	查看同层设置数量、间距、位置及安装质量	符合消防技术标准和消防设计文件要求	符合要求	合格
		查看消火栓规格、型号		符合要求	
		查看栓口设置		符合要求	

查验项目		内容和方法	要求	查验情况	是否合格
消火栓系统	室内消火栓	查看标识、消火栓箱组件	标识明显、组件齐全	符合要求	合格
		抽查室内消火栓、消防水带、消防枪、消防软管卷盘等，并核对其证明文件	符合消防技术标准和消防设计文件要求	符合要求	
	试验消火栓	查看试验消火栓的设置位置，并应带有压力表	符合消防技术标准和消防设计文件要求	符合要求	合格
	干式消火栓	测试干式消火栓系统控制功能		符合要求	合格
	系统静压	查看系统最不利点处的静水压力		符合要求	合格
	系统动压	测试最不利情况下室内消火栓栓口动压和消防水枪充实水柱		符合要求	合格
		测试最有利情况下室内消火栓栓口动压和消防水枪充实水柱		符合要求	
自动喷水灭火系统	报警阀组	查看设置位置、规格型号、组件及安装质量，应有注明系统名称和保护区域的标志牌	符合消防技术标准和消防设计文件要求	符合要求	合格
		查看控制阀状态，控制阀应全部开启，并用锁具固定手轮，启闭标志应明显；采用信号阀时，反馈信号应正确		符合要求	
		查看空气压缩机和气压控制装置状态应正常，压力表显示应符合设定值		符合要求	
		查看水力警铃设置位置		符合要求	
		排水设施设置情况	房间内装有便于使用的排水设施	符合要求	
	管网	抽查报警阀，并核对其证明文件	与消防产品市场准入证明文件一致	一致	合格
		核实管网结构形式、供水方式		符合要求	
		查看管道的材质、管径、接头、连接方式及采取的防腐、防冻措施		符合要求	
		查看管网排水坡度及辅助排水设施		符合要求	
		查看系统中的末端试水装置、试水阀的设置		符合要求	
		查看管网组件：闸阀、单向阀、电磁阀、信号阀、水流指示器、减压孔板、节流管、减压阀、柔性接头、排水管、排气阀、泄压阀等的设置	符合消防技术标准和消防设计文件要求	符合要求	
		测试干式系统、预作用系统的管道充水时间		符合要求	
		查看配水支管、配水管、配水干管设置的支架、吊架和防晃支架		符合要求	
		抽查消防闸阀、球阀、蝶阀、电磁阀、截止阀、信号阀、单向阀、水流指示器、末端试水装置等，并核对其证明文件		符合要求	
		查看自动喷水灭火系统管网试压和冲洗记录等证明文件	符合消防技术标准和消防设计文件要求，并应有详细的文字记录和必要的影像资料	齐全有效	

182

续表

查验项目		内容和方法	要求	查验情况	是否合格
自动喷水灭火系统	喷头	查看设置场所、规格、型号、公称动作温度、响应指数及安装质量	符合消防技术标准和消防设计文件要求	符合要求	合格
		查看喷头安装间距、喷头与楼板、墙、梁等障碍物的距离		符合要求	
		查看有腐蚀性气体的环境和有冰冻危险场所安装的喷头	应采取防护措施	符合要求	
		查看有碰撞危险场所安装的喷头	应加设防护罩	符合要求	
		抽查喷头，并核对其证明文件	与消防产品市场准入证明文件一致	符合要求	
	系统静压	查看系统最不利点处的静水压力	符合消防技术标准和消防设计文件要求	符合要求	合格
	系统动压	测试系统最不利点处的工作压力		符合要求	合格
	系统功能	测试湿式系统功能，查看报警阀、水力警铃动作情况，查看水流指示器、压力开关、消防水泵和其他联动设备动作及信号反馈情况，报警阀组压力开关应能连锁启动消防水泵	符合消防技术标准和消防设计文件要求	符合要求	合格
		测试干式系统功能，查看报警阀、水力警铃动作情况，查看水流指示器、加速器、压力开关、消防水泵和其他联动设备动作及信号反馈情况，报警阀组压力开关应能连锁启动消防水泵		符合要求	
		测试预作用系统功能，查看报警阀、水力警铃动作情况，查看水流指示器、电磁阀、压力开关、消防水泵和其他联动设备动作及信号反馈情况，报警阀组压力开关应能连锁启动消防水泵		符合要求	
		测试雨淋系统功能，电磁阀打开，雨淋阀应开启，并应有反馈信号显示，报警阀组压力开关应能连锁启动消防水泵		符合要求	
自动跟踪定位射流灭火系统	系统组件	查看灭火装置、探测装置、控制装置、水流指示器、模拟末端试水装置、电磁阀、排气阀等系统组件的设置位置、规格型号及安装质量，并核对其证明文件	符合消防技术标准和消防设计文件要求	符合要求	合格
	管网	查看管道及阀门的材质、管径、接头、连接方式及采取的防腐、防冻措施		符合要求	合格
		查看配水支架、配水管、配水干管设置的支架、吊架和防晃支架		符合要求	
		查看系统中的模拟末端试水装置、电磁阀、排气阀的设置		符合要求	
		查看管网试压和冲洗记录等证明文件	符合消防技术标准和消防设计文件要求，并应有详细的文字记录和必要的影像资料	齐全有效	

查验项目		内容和方法	要求	查验情况	是否合格
自动跟踪定位射流灭火系统	管网	查看系统最不利点处的静水压力	符合消防技术标准和消防设计文件要求	符合要求	合格
	系统静压	测试系统最不利点处的工作压力		符合要求	合格
	系统动压	测试系统手动控制启动功能	应正常启动	启动正常	
	系统功能	测试系统自动启动情况	应有反馈信号显示	反馈正常	合格
		测试模拟末端试水装置的系统启动功能	应正常启动	启动正常	
		测试系统自动跟踪定位射流灭火功能，灭火装置的复位状态、监视状态、扫描转动应正常，喷射水流应能覆盖火源并灭火，水流指示器、消防水泵及其他消防联动控制设备应能正常动作，信号反馈应正常，智能灭火装置控制器信号显示应正常	符合消防技术标准和消防设计文件要求	符合要求	
水喷雾灭火系统	雨淋报警阀组	查看设置位置、规格型号、组件及安装质量，应有注明系统名称和保护区域的标志牌	符合消防技术标准和消防设计文件要求	符合要求	合格
		打开手动试水阀或电磁阀时，相应雨淋报警阀动作应可靠		动作可靠	
		查看水力警铃设置位置		符合要求	
		查看排水设施设置情况	房间内装有便于使用的排水设施	符合要求	
		抽查报警阀，并核对其证明文件	与消防产品市场准入证明文件一致	一致	
	管网	查看管道的材质与规格、管径、连接方式、安装位置及采取的防冻措施	符合消防技术标准和消防设计文件要求	符合要求	合格
		查看管网放空坡度及辅助排水设施		符合要求	
		查看管网上的控制阀、压力信号反馈装置、止回阀、试水阀、泄压阀等的规格和安装位置		符合要求	
		查看管墩、管道支、吊架的固定方式、间距		符合要求	
		查看水喷雾灭火系统管网试压和冲洗记录等证明文件	符合消防技术标准和消防设计文件要求，并应有详细的文字记录和必要的影像资料	齐全有效	
	喷头	查看喷头的数量、规格、型号，安装质量、安装位置、安装高度、间距及与梁等障碍物的距离	符合消防技术标准和消防设计文件要求	符合要求	合格
		抽查喷头，并核对其证明文件	与消防产品市场准入证明文件一致	一致	
	系统功能	采用模拟火灾信号启动系统，相应的分区雨淋报警阀（或电动控制阀、启动控制阀）、压力开关和消防水泵及其他联动设备应能及时动作并发出相应的信号	符合消防技术标准和消防设计文件要求	符合要求	合格
		采用传动管启动的系统，启动1只喷头或试水装置，相应的分区雨淋报警阀、压力开关和消防水泵及其他联动设备均应能及时动作并发出相应的信号		符合要求	
		测试系统的响应时间、工作压力和流量		符合要求	

查验项目		内容和方法	要求	查验情况	是否合格
细水雾灭火系统	泵组系统水源	查看进（补）水管管径及供水能力、储水箱的容量	符合消防技术标准和消防设计文件要求	符合要求	合格
		查看水质		符合要求	
		查看过滤器的设置		符合要求	
	泵组	查看工作泵、备用泵、吸水管、出水管、出水管上的安全阀、止回阀、信号阀等的规格、型号、数量，吸水管、出水管上的检修阀应锁定在常开位置，并应有明显标记	符合消防技术标准和消防设计文件要求	符合要求	合格
		查看水泵的引水方式		符合要求	
		测试压力、流量		正常	
		测试主备电源切换，主备泵启动及故障切换		正常	
		测试当系统管网中的水压下降到设计最低压力时，稳压泵应能自动启动		正常	
		测试现场手动和自动启动功能		正常	
		测试远程手动启动功能		正常	
		查看控制柜的规格、型号、数量应符合设计要求；控制柜的图纸塑封后应牢固粘贴于柜门内侧		符合要求	
		抽查泵组，并核对其证明文件	与消防产品市场准入证明文件一致	一致	
	储气瓶组和储水瓶组	查看瓶组的数量、型号、规格、安装位置、固定方式和标志	符合消防技术标准和消防设计文件要求	符合要求	合格
		查看储水容器内水的充装量和储气容器内氮气或压缩空气的储存压力		符合要求	
		查看瓶组的机械应急操作处的标志，应急操作装置应有铅封的安全销或保护罩		符合要求	
		抽查瓶组，并核对其证明文件	与消防产品市场准入证明文件一致	一致	
	控制阀	查看控制阀的型号、规格、安装位置、固定方式和启闭标识	符合消防技术标准和消防设计文件要求	符合要求	合格
		开式系统分区控制阀组应能采用手动和自动方式可靠动作		可靠	
		闭式系统分区控制阀组应能采用手动方式可靠动作		可靠	
		查看分区控制阀前后的阀门均应处于常开位置		正常	
	管网	查看管道的材质与规格、管径、连接方式、安装位置及采取的防冻措施	符合消防技术标准和消防设计文件要求	符合要求	合格
		查看管网上的控制阀、动作信号反馈装置、止回阀、试水阀、安全阀、排气阀等，其规格和安装位置		符合要求	

续表

查验项目		内容和方法	要求	查验情况	是否合格
细水雾灭火系统	管网	查看管道固定支、吊架的固定方式、间距及其与管道间的防电化学腐蚀措施	符合消防技术标准和消防设计文件要求	符合要求	合格
		查看细水雾灭火系统管网试压和冲洗记录等证明文件	符合消防技术标准和消防设计文件要求，并应有详细的文字记录和必要的影像资料	齐全有效	
	喷头	查看喷头的数量、规格、型号以及闭式喷头的公称动作温度、安装位置、安装高度、间距及与墙体、梁等障碍物的距离	符合消防技术标准和消防设计文件要求	符合要求	合格
		抽查喷头，并核对其证明文件	与消防产品市场准入证明文件一致	一致	
	系统功能	采用模拟火灾信号启动开式系统，相应的分区控制阀、压力开关和瓶组或泵组及其他联动设备应能及时动作并发出相应的信号	符合消防技术标准和消防设计文件要求	符合要求	合格
		测试系统的流量、压力		符合要求	
		主备电源正常切换		正常	
		开式系统应进行冷喷试验，查看响应时间		符合要求	
气体灭火系统	隐蔽工程	查看防护区地板下、吊顶上或其他隐蔽区域内管网隐蔽工程验收记录	符合消防技术标准和消防设计文件要求，并应有详细的文字记录和必要的影像资料	齐全有效	合格
	防护区	查看保护对象设置位置、划分、用途、环境温度、通风及可燃物种类	符合消防技术标准和消防设计文件要求	符合要求	合格
		估算防护区几何尺寸、开口面积		符合要求	
		查看防护区围护结构耐压、耐火极限和门窗自行关闭情况		符合要求	
		查看疏散通道、标识和应急照明		符合要求	
		查看出入口处声光警报装置设置和安全标志		符合要求	
		查看排气或泄压装置设置		符合要求	
		查看专用呼吸器具配备		符合要求	
	储存装置间	查看设置位置	符合消防技术标准和消防设计文件要求	符合要求	合格
		查看通道、应急照明设置		符合要求	
		查看其他安全措施		符合要求	
	灭火剂储存装置	查看储存容器数量、型号、规格、位置、固定方式、标志及安装质量	符合消防技术标准和消防设计文件要求	符合要求	合格
		查验灭火剂充装量、压力、备用量		符合要求	
		抽查气体灭火剂，并核对其证明文件		符合要求	
	驱动装置	查看集流管的材质、规格、连接方式和布置及安装质量	符合消防技术标准和消防设计文件要求	符合要求	合格
		查看选择阀及信号反馈装置规格、型号、位置和标志及安装质量		符合要求	

续表

查验项目		内容和方法	要求	查验情况	是否合格
气体灭火系统	驱动装置	查看驱动装置规格、型号、数量和标志，驱动气瓶的充装量和压力及安装质量	符合消防技术标准和消防设计文件要求	符合要求	合格
		查看驱动气瓶和选择阀的应急手动操作处标志		符合要求	
		抽查气体灭火设备，并核对其证明文件		符合要求	
	管网	查看管道及附件材质、布置规格、型号和连接方式及安装质量	符合消防技术标准和消防设计文件要求	符合要求	合格
		查看管道的支、吊架设置		齐全牢固	
		其他防护措施		符合要求	
		查看气动驱动装置的管道气压严密性试验记录、灭火剂输送管道强度试验和气压严密性试验记录等证明文件	符合消防技术标准和消防设计文件要求，并应有详细的文字记录和必要的影像资料	齐全有效	
	喷嘴	查看规格、型号和安装位置、方向及安装质量	符合消防技术标准和消防设计文件要求	符合要求	合格
		核对设置数量		符合要求	
	系统功能	测试主备电源切换	自动切换正常	正常	合格
		测试灭火剂主备用量切换	切换正常	正常	
		模拟自动启动系统，延迟时间与设定时间相符，响应时间满足要求，有关声、光报警信号正确，联动设备动作正确，驱动装置动作可靠	电磁阀、选择阀动作正常，有信号反馈	符合要求	
泡沫灭火系统	泡沫灭火系统防护区	查看保护对象的设置位置、性质、环境温度，核对系统选型	符合消防技术标准和消防设计文件要求	符合要求	合格
	过滤器	查看过滤器的设置		符合要求	合格
	动力源、备用动力及电气设备	查看动力源、备用动力及电气设备的设置	符合消防技术标准和消防设计文件要求	符合要求	合格
	泡沫液	查验泡沫液种类和数量，并核对其证明文件	符合消防技术标准和消防设计文件要求	符合要求	合格
	泡沫产生装置	查看规格、型号及安装质量，并核对其证明文件		符合要求	合格
	泡沫比例混合器（装置）	查看规格、型号及安装质量，并核对其证明文件		符合要求	合格
		混合比不应低于所选泡沫液的混合比		符合要求	
	泡沫液储罐、盛装100%型水成膜泡沫液的压力储罐	查看设置位置、材质、规格、型号及安装质量	与消防产品市场准入证明文件一致	符合要求	合格
		查看铭牌标记应清晰，应标有泡沫液种类、型号、出厂、灌装日期、有效期及储量等内容，不同种类、不同牌号的泡沫液不得混存		符合要求	
		查看液位计、呼吸阀、人孔、出液口等附件的功能应正常		符合要求	
		抽查泡沫液储罐、压力储罐，并核对其证明文件		一致	

查验项目		内容和方法	要求	查验情况	是否合格
泡沫灭火系统	报警阀组	查看设置位置、规格型号及组件，应有注明系统名称和保护区域的标志牌	符合消防技术标准和消防设计文件要求	符合要求	合格
		查看控制阀状态，控制阀应全部开启，并用锁具固定手轮，启闭标志应明显；采用信号阀时，反馈信号应正确		符合要求	
		查看空气压缩机和气压控制装置状态应正常，压力表显示应符合设定值		符合要求	
		查看水力警铃设置位置		符合要求	
		排水设施设置情况	房间内装有便于使用的排水设施	符合要求	
		抽查报警阀，并核对其证明文件	与消防产品市场准入证明文件一致	一致	
	动力瓶组及驱动装置	查看泡沫喷雾装置动力瓶组的数量、型号和规格，位置与固定方式，油漆和标志，储存容器的安装质量、充装量和储存压力	符合消防技术标准和消防设计文件要求	符合要求	合格
		查看泡沫喷雾系统集流管的材料、规格、连接方式、布置及其泄压装置的泄压方向		符合要求	
		查看泡沫喷雾系统分区阀的数量、型号、规格、位置、标志及其安装质量		符合要求	
		查看泡沫喷雾系统驱动装置的数量、型号、规格和标志，安装位置，驱动气瓶的介质名称和充装压力，以及气动驱动装置管道的规格、布置和连接方式	符合消防技术标准和消防设计文件要求	符合要求	
		查看驱动装置和分区阀的机械应急手动操作处，均应有标明对应防护区或保护对象名称的永久标志。驱动装置的机械应急操作装置均应设安全销并加铅封，现场手动启动按钮应有防护罩		符合要求	
		抽查动力瓶组及驱动装置组件，并核对其证明文件	与消防产品市场准入证明文件一致	一致	
	管网	查看管道及管件的规格、型号、位置、坡向、坡度、连接方式及安装质量	符合消防技术标准和消防设计文件要求	符合要求	合格
		查看管网上的控制阀、压力信号反馈装置、止回阀、试水阀、泄压阀、排气阀等的设置		符合要求	
		查看固定管道的支架、吊架，管墩的位置、间距及牢固程度		符合要求	
		查看管道和系统组件的防腐		完整	
		查看管网试压和冲洗记录等证明文件	符合消防技术标准和消防设计文件要求，并应有详细的文字记录和必要的影像资料	齐全有效	

续表

查验项目		内容和方法	要求	查验情况	是否合格
泡沫灭火系统	泡沫消火栓	查看规格、型号、外观质量、安装质量、安装位置及间距	符合消防技术标准和消防设计文件要求	符合要求	合格
		查看标识、消火栓箱组件	标识明显、组件齐全	明显齐全	
		抽查消火栓箱组件，并核对其证明文件	符合消防技术标准和消防设计文件要求	符合要求	
	喷头	查看设置场所、规格、型号及安装质量	符合消防技术标准和消防设计文件要求	符合要求	合格
		查看喷头的安装位置、安装高度、间距及与梁等障碍物的距离		符合要求	
		抽查喷头，并核对其证明文件	与消防产品市场准入证明文件一致	一致	
	模拟灭火功能试验	压力信号反馈装置应能正常动作，并应能在动作后启动消防水泵及与其联动的相关设备，可正确发出反馈信号	符合消防技术标准和消防设计文件要求	符合要求	合格
		系统的分区控制阀应能正常开启，并可正确发出反馈信号		符合要求	
		查看系统的流量、压力		符合要求	
		消防水泵及其他消防联动控制设备应能正常启动，并应有反馈信号显示		符合要求	
		主备电源应能在规定时间内正常切换		正常切换	
	系统功能	查验低倍数泡沫灭火系统喷泡沫试验，并查看记录文件	符合消防技术标准和消防设计文件要求	符合要求	合格
		查验中倍数、高倍数泡沫灭火系统喷泡沫试验，并查看记录文件		符合要求	
		查验泡沫-水雨淋系统喷泡沫试验，并查看记录文件		符合要求	
		查验闭式泡沫-水喷淋系统喷泡沫试验，并查看记录文件		符合要求	
		查验泡沫喷雾系统喷洒试验，并查看记录文件		符合要求	
建筑灭火器	配置	查看灭火器类型、规格、灭火级别和配置数量	符合消防技术标准和消防设计文件要求	符合要求	合格
		抽查灭火器，并核对其证明文件	与消防产品市场准入证明文件一致	一致	
	布置	测量灭火器设置点距离	符合消防技术标准和消防设计文件要求	符合要求	合格
		查看灭火器设置点位置、摆放和使用环境		符合要求	
		查看设置点的设置数量		符合要求	

建设单位（单位名称、职务、姓名）：北京××公司　　　　　消防专业工程师　　签名
设计单位（单位名称、职务、姓名）：北京××设计院有限公司　　消防设计负责人　　签名
施工单位（单位名称、职务、姓名）：北京××集团　　　　　水暖专业技术负责人　签名
专业施工单位（单位名称、职务、姓名）：北京××消防工程公司　消防工程师　　　签名
监理单位（单位名称、职务、姓名）：北京××建设监理有限公司　专业监理工程师　签名
技术服务机构（单位名称、职务、姓名）：××消防科技有限公司　技术工程师　　　签名

查验日期：2023 年××月××日

7.4.3　填表依据及说明

【依据】《建筑工程消防施工质量验收规范》（DB11/T 2000—2022）

【条文】

摘录一：

第 4.0.11、4.0.12 条（见《7.1 建筑总平面及平面布置查验记录》的填写依据及说明，本书第171 页）。

摘录二：

9　消防给水及灭火系统

9.1　一般规定

9.1.1　消防给水及灭火系统工程验收包括消防水源及供水设施、消火栓系统、自动喷水灭火系统、自动跟踪定位射流灭火系统、水喷雾及细水雾灭火系统、气体灭火系统、泡沫灭火系统以及建筑灭火器等施工质量的检验与验收。消防给水及灭火系统子分部工程应按上述分项工程分别进行各自的施工质量检查与验收。

9.1.2　消防水源及供水设施、消火栓系统、自动喷水灭火系统、自动跟踪定位射流灭火系统、水喷雾及细水雾灭火系统、气体灭火系统、泡沫灭火系统以及建筑灭火器的施工质量验收应符合设计及消防有关技术标准的规定。

9.2　消防水源及供水设施

9.2.1　消防水源及供水设施可按消防水源、供水设施等施工内容划分检验批。

9.2.2　市政给水应符合相关消防技术标准和消防设计文件要求，并重点查验市政供水的进水管数量、管径、供水能力。

9.2.3　消防水池的设置应符合相关消防技术标准和消防设计文件要求，并应检查下列内容：

1　查看设置位置、水位显示与报警装置；

2　核对有效容积；

3　查看消防控制室或值班室，应能监控消防水池的高水位、低水位报警信号，以及正常水位。

9.2.4　消防水泵的设置及功能应符合相关消防技术标准和消防设计文件要求，并应检查下列内容：

1　查看工作泵、备用泵、吸水管、出水管及出水管上的泄压阀、水锤消除设施、截止阀、信号阀等的规格、型号、数量，吸水管、出水管上的控制阀状态及安装质量；

2　查看吸水方式，应采取自灌式引水或其他可靠的引水措施；

3　测试消防水泵现场手动启、停功能；

4　测试消防水泵远程手动启、停功能；

5　测试压力开关或流量开关自动启动消防水泵功能；

6　测试转输消防水泵或串联消防水泵的自动启动逻辑；

7　测试主、备电源切换，主、备泵启动及故障切换；

8　查看消防水泵启动控制装置；

9　测试压力、流量（有条件时应测试在模拟系统最大流量时最不利点压力）；

10　测试水锤消除设施后的压力；

11　抽查消防泵组，并核对其证明文件。

9.2.5　消防水泵控制柜的设置及功能应符合相关消防技术标准和消防设计文件要求，并应检查下列内容：

1　查看设置位置，防护等级及安装质量，查看防止被水淹没的措施；

2　消防水泵启动控制应置于自动启动挡；

3　测试机械应急启泵功能。

9.2.6　高位消防水箱的设置应符合相关消防技术标准和消防设计文件要求，并应检查下列内容：

1 查看设置位置，水位显示与报警装置；

2 核对有效容积；

3 查看消防控制室或值班室，应能监控高位消防水箱的高水位、低水位报警信号，以及正常水位；

4 查看确保水量的措施，管网连接。

9.2.7 消防稳压设施的设置及功能应符合相关消防技术标准和消防设计文件要求，并应检查下列内容：

1 查看气压罐的调节容量，稳压泵的规格、型号数量，管网连接及安装质量；

2 测试稳压泵的稳压功能；

3 抽查消防气压给水设备、增压稳压给水设备等，并核对其证明文件。

9.2.8 消防水泵接合器的设置应符合相关消防技术标准和消防设计文件要求，并应检查下列内容：

1 查看数量、设置位置、标识及安装质量，测试充水情况；

2 抽查水泵接合器，并核对其证明文件。

9.3 消火栓系统

9.3.1 消火栓系统可按供水管网、室外消火栓、室内消火栓、系统试压和冲洗以及系统调试等施工内容划分检验批。

9.3.2 消防给水及消火栓系统分项工程验收应符合下列条件：

1 消防水池、高位消防水池、高位消防水箱等蓄水和供水设施水位、出水量、已储水量等符合设计要求；

2 消防水泵、稳压泵和稳压设施等处于准工作状态；

3 系统供电正常；

4 消防给水系统管网内已经充满水；

5 湿式消火栓系统管网内已充满水，手动干式、干式消火栓系统管网内的气压符合设计要求；

6 系统自动控制处于准工作状态；

7 减压阀和阀门等处于正常工作位置。

9.3.3 消火栓系统管网的设置应符合相关消防技术标准和消防设计文件要求，并应检查下列内容：

1 核实管网结构形式、供水方式；

2 查看管道的材质、管径、接头、连接方式及采取的防腐、防冻措施；

3 查看管网组件：闸阀、截止阀、减压孔板、减压阀、柔性接头、排水管、泄压阀等的设置；

4 查看消火栓系统管网试压和冲洗记录等证明文件。

9.3.4 室外消火栓及取水口的设置及功能应符合相关消防技术标准和消防设计文件要求，并应检查下列内容：

1 查看室外消火栓的数量、设置位置、标识及安装质量；

2 测试压力、流量；

3 查看消防车取水口的数量、设置位置及标识；

4 抽查室外消火栓、消防水带、消防枪等，并核对其证明文件。

9.3.5 室内消火栓的设置应符合相关消防技术标准和消防设计文件要求，并应检查下列内容：

1 查看同层设置数量、间距、位置及安装质量；

2 查看消火栓规格、型号；

3 查看栓口设置；

4 查看标识、消火栓箱组件；

5 抽查室内消火栓、消防水带、消防枪、消防软管卷盘等，并核对其证明文件。

9.3.6 试验消火栓的设置应符合相关消防技术标准和消防设计文件要求，并重点查看试验消火栓的设置位置，并应带有压力表。

9.3.7 干式消火栓的设置及功能应符合相关消防技术标准和消防设计文件要求，并重点测试干式消火栓系统控制功能。

9.3.8 室内消火栓系统的静压应符合相关消防技术标准和消防设计文件要求，并重点查看系统最不利点处的静水压力。

9.3.9 室内消火栓系统的动压应符合相关消防技术标准和消防设计文件要求，并应测试下列内容：

1 测试最不利情况下室内消火栓栓口动压和消防水枪充实水柱；

2 测试最有利情况下室内消火栓栓口动压和消防水枪充实水柱。

9.4 自动喷水灭火系统

9.4.1 自动喷水灭火系统可按管网安装、喷头安装、报警阀组安装、其他组件安装、系统试压和冲洗以及系统调试等施工内容划分检验批。

9.4.2 报警阀组的设置及功能应符合相关消防技术标准和消防设计文件要求，并应检查下列内容：

1 查看设置位置、规格型号、组件及安装质量，应有注明系统名称和保护区域的标志牌；

2 查看控制阀状态，控制阀应全部开启，并用锁具固定手轮，启闭标志应明显；采用信号阀时，反馈信号应正确；

3 查看空气压缩机和气压控制装置状态应正常，压力表显示应符合设定值；

4 查看水力警铃设置位置；

5 查看排水设施设置情况；

6 抽查报警阀，并核对其证明文件。

9.4.3 自动喷水灭火系统管网的设置应符合相关消防技术标准和消防设计文件要求，并应检查下列内容：

1 核实管网结构形式、供水方式；

2 查看管道的材质、管径、接头、连接方式及采取的防腐、防冻措施；

3 查看管网排水坡度及辅助排水设施；

4 查看系统中的末端试水装置、试水阀的设置；

5 查看管网组件：闸阀、单向阀、电磁阀、信号阀、水流指示器、减压孔板、节流管、减压阀、柔性接头、排水管、排气阀、泄压阀等的设置；

6 测试干式系统、预作用系统的管道充水时间；

7 查看配水支管、配水管、配水干管设置的支架、吊架和防晃支架；

8 抽查消防闸阀、球阀、蝶阀、电磁阀、截止阀、信号阀、单向阀、水流指示器、末端试水装置等，并核对其证明文件；

9 查看自动喷水灭火系统管网试压和冲洗记录等证明文件。

9.4.4 喷头的设置应符合相关消防技术标准和消防设计文件要求，并应检查下列内容：

1 查看设置场所、规格、型号、公称动作温度、响应指数及安装质量；

2 查看喷头安装间距，喷头与楼板、墙、梁等障碍物的距离；

3 查看有腐蚀性气体的环境和有冰冻危险场所安装的喷头；

4 查看有碰撞危险场所安装的喷头；

5 抽查喷头，并核对其证明文件。

9.4.5 自动喷水灭火系统的静压应符合相关消防技术标准和消防设计文件要求，并重点查看系统最不利点处的静水压力。

9.4.6 自动喷水灭火系统的动压应符合相关消防技术标准和消防设计文件要求，并重点测试系统最不利点处的工作压力。

9.4.7 自动喷水灭火系统的功能应符合相关消防技术标准和消防设计文件要求，并应测试下列内容：

1　测试湿式系统功能，查看报警阀、水力警铃动作情况，查看水流指示器、压力开关、消防水泵和其他联动设备动作及信号反馈情况，报警阀组压力开关应能连锁启动消防水泵；

2　测试干式系统功能，查看报警阀、水力警铃动作情况，查看水流指示器、加速器、压力开关、消防水泵和其他联动设备动作及信号反馈情况，报警阀组压力开关应能连锁启动消防水泵；

3　测试预作用系统功能，查看报警阀、水力警铃动作情况，查看水流指示器、电磁阀、压力开关、消防水泵和其他联动设备动作及信号反馈情况，报警阀组压力开关应能连锁启动消防水泵；

4　测试雨淋系统功能，电磁阀打开，雨淋阀应开启，并应有反馈信号显示，报警阀组压力开关应能连锁启动消防水泵。

9.5　自动跟踪定位射流灭火系统

9.5.1　独立设置的自动跟踪定位射流灭火系统可按管网安装、系统组件安装、系统试压和冲洗以及系统调试等施工内容划分检验批。

9.5.2　自动跟踪定位射流灭火系统中系统组件的设置应符合相关消防技术标准和消防设计文件要求，并重点查看设置位置、规格型号及安装质量，核对其证明文件。

9.5.3　自动跟踪定位射流灭火系统管网的设置应符合相关消防技术标准和消防设计文件要求，并应检查下列内容：

1　查看管道及阀门的材质、管径、接头、连接方式及采取的防腐、防冻措施；

2　查看配水支架、配水管、配水干管设置的支架、吊架和防晃支架；

3　查看系统中的模拟末端试水装置、电磁阀、排气阀的设置；

4　查看大空间智能型主动喷水灭火系统管网试压和冲洗记录等证明文件。

9.5.4　自动跟踪定位射流灭火系统的静压应符合相关消防技术标准和消防设计文件要求，并重点查看系统最不利点处的静水压力。

9.5.5　自动跟踪定位射流灭火系统的动压应符合相关消防技术标准和消防设计文件要求，并重点测试系统最不利点处的工作压力。

9.5.6　自动跟踪定位射流灭火系统的功能应符合相关消防技术标准和消防设计文件要求，并应测试下列内容：

1　测试系统自动启动情况；

2　测试模拟灭火功能试验，灭火装置的复位状态、监视状态、扫描转动应正常，喷射水流应能覆盖火源并灭火，水流指示器、消防水泵及其他消防联动控制设备应能正常动作，信号反馈应正常，智能灭火装置控制器信号显示应正常。

9.6　水喷雾、细水雾灭火系统

9.6.1　水喷雾、细水雾灭火系统可按管网安装、系统组件的安装、系统试压和冲洗以及系统调试等施工内容划分检验批。

9.6.2　雨淋报警阀组的设置及功能应符合相关消防技术标准和消防设计文件要求，并应检查下列内容：

1　查看设置位置、规格型号、组件及安装质量，应有注明系统名称和保护区域的标志牌；

2　打开手动试水阀或电磁阀时，相应雨淋报警阀动作应可靠；

3　查看水力警铃设置位置；

4　查看排水设施设置情况；

5　抽查报警阀，并核对其证明文件。

9.6.3　细水雾灭火系统泵组系统水源的设置及功能应符合相关消防技术标准和消防设计文件要求，并应检查下列内容：

1　查看进（补）水管管径及供水能力、储水箱的容量；

2　查看水质；

3 查看过滤器的设置。

9.6.4 细水雾灭火系统泵组的设置及功能应符合相关消防技术标准和消防设计文件要求，并应检查下列内容：

1 查看工作泵、备用泵、吸水管、出水管、出水管上的安全阀、止回阀、信号阀等的规格、型号、数量，吸水管、出水管上的检修阀应锁定在常开位置，并应有明显标记；

2 自动开启水泵出水管上的泄放试验阀，查看水泵的压力和流量；

3 查看水泵的引水方式；

4 泵组在主电源下应能在规定时间内正常启动；

5 当系统管网中的水压下降到设计最低压力时，稳压泵应能自动启动；

6 测试泵组应能自动启动和手动启动；

7 查看控制柜的规格、型号、数量，控制柜的图纸塑封后应牢固粘贴于柜门内侧。

9.6.5 细水雾灭火系统储气瓶组和储水瓶组的设置及功能应符合相关消防技术标准和消防设计文件要求，并应检查下列内容：

1 查看瓶组的数量、型号、规格、安装位置、固定方式和标志；

2 查看储水容器内水的充装量和储气容器内氮气或压缩空气的储存压力；

3 查看瓶组的机械应急操作处的标志，应急操作装置应有铅封的安全销或保护罩。

9.6.6 细水雾灭火系统控制阀的设置及功能应符合相关消防技术标准和消防设计文件要求，并应检查下列内容：

1 查看控制阀的型号、规格、安装位置、固定方式和启闭标识；

2 开式系统分区控制阀组应能采用手动和自动方式可靠动作；

3 闭式系统分区控制阀组应能采用手动方式可靠动作；

4 分区控制阀前后的阀门均应处于常开位置。

9.6.7 水喷雾、细水雾灭火系统管网的设置应符合相关消防技术标准和消防设计文件要求，并应检查下列内容：

1 查看管道的材质与规格、管径、连接方式、安装位置及采取的防冻措施；

2 查看管网放空坡度及辅助排水设施；

3 查看管网上的控制阀、压力信号反馈装置、止回阀、试水阀、泄压阀等的规格和安装位置；

4 查看管墩、管道支、吊架的固定方式、间距及其与管道间的防电化学腐蚀措施；

5 查看水喷雾、细水雾灭火系统管网试压和冲洗记录等证明文件。

9.6.8 喷头的设置应符合相关消防技术标准和消防设计文件要求，并应检查下列内容：

1 查看喷头的数量、规格、型号，安装质量、安装位置、安装高度、间距及与梁等障碍物的距离；

2 抽查喷头，并核对其证明文件。

9.6.9 水喷雾、细水雾灭火系统的功能应符合相关消防技术标准和消防设计文件要求，并应测试下列内容：

1 采用模拟火灾信号启动系统，相应的分区雨淋报警阀（或电动控制阀、启动控制阀）、压力开关消防水泵、分区控制阀和泵组（或瓶组）及其他联动设备应能及时动作并发出相应的信号；

2 采用传动管启动的系统，启动任意一只喷头或试水装置，相应的分区雨淋报警阀、压力开关和消防水泵及其他联动设备均应能及时动作并发出相应的信号；

3 测试系统的响应时间、工作压力和流量；

4 主、备电源应能在规定时间内正常切换；

5 细水雾开式系统应进行冷喷试验，查看响应时间。

9.7 气体灭火系统

9.7.1 气体灭火系统可按灭火剂储存装置的安装、选择阀及信号反馈装置的安装、阀驱动装置的安装、灭火剂输送管道的安装、喷嘴的安装、预制灭火系统的安装、控制组件的安装、气体灭火系统调试等施工内容划分检验批。

9.7.2　气体灭火系统的隐蔽工程应符合相关消防技术标准和消防设计文件要求，并重点查看防护区地板下、吊顶上或其他隐蔽区域内管网隐蔽工程验收记录。

9.7.3　防护区的设置应符合相关消防技术标准和消防设计文件要求，并应检查下列内容：

1　查看保护对象设置位置、划分、用途、环境温度、通风及可燃物种类；

2　估算防护区几何尺寸、开口面积；

3　查看防护区围护结构耐压、耐火极限和门窗自行关闭情况；

4　查看疏散通道、标识和应急照明；

5　查看出入口处声光警报装置设置和安全标志；

6　查看排气或泄压装置设置；

7　查看专用呼吸器具配备。

9.7.4　储存装置间的设置应符合相关消防技术标准和消防设计文件要求，并应检查下列内容：

1　查看设置位置；

2　查看通道、应急照明设置；

3　查看其他安全措施。

9.7.5　灭火剂储存装置的设置应符合相关消防技术标准和消防设计文件要求，并应检查下列内容：

1　查看储存容器数量、型号、规格、位置、固定方式、标志及安装质量；

2　查验灭火剂充装量、压力、备用量；

3　抽查气体灭火剂，并核对其证明文件。

9.7.6　驱动装置的设置应符合相关消防技术标准和消防设计文件要求，并应检查下列内容：

1　查看集流管的材质、规格、连接方式和布置及安装质量；

2　查看选择阀及信号反馈装置规格、型号、位置和标志及安装质量；

3　查看驱动装置规格、型号、数量和标志，驱动气瓶的充装量和压力及安装质量；

4　查看驱动气瓶和选择阀的应急手动操作处标志；

5　抽查气体灭火设备，并核对其证明文件。

9.7.7　气体灭火系统管网的设置应符合相关消防技术标准和消防设计文件要求，并应检查下列内容：

1　查看管道及附件材质、布置规格、型号和连接方式及安装质量；

2　查看管道的支、吊架设置；

3　其他防护措施；

4　查看气动驱动装置的管道气压严密性试验记录、灭火剂输送管道强度试验和气压严密性试验记录等证明文件。

9.7.8　喷嘴的设置应符合相关消防技术标准和消防设计文件要求，并应检查下列内容：

1　查看规格、型号和安装位置、方向及安装质量；

2　核对设置数量。

9.7.9　气体灭火系统的功能应符合相关消防技术标准和消防设计文件要求，并应测试下列内容：

1　测试主、备电源切换；

2　测试灭火剂主、备用量切换；

3　模拟自动启动系统，延迟时间与设定时间相符，响应时间满足要求，有关声、光报警信号正确，联动设备动作正确，驱动装置动作可靠。

9.8　泡沫灭火系统

9.8.1　泡沫灭火系统可按泡沫液储罐的安装、泡沫比例混合器（装置）的安装、管道、阀门和泡沫消火栓的安装、泡沫产生装置的安装、泡沫灭火系统调试等施工内容划分检验批。

9.8.2 泡沫灭火系统防护区的设置应符合相关消防技术标准和消防设计文件要求，并重点查看保护对象的设置位置、性质、环境温度，核对系统选型。

9.8.3 泡沫液应符合相关消防技术标准和消防设计文件要求，并重点查验泡沫液种类和数量，核对其证明文件。

9.8.4 泡沫产生装置的设置应符合相关消防技术标准和消防设计文件要求，并重点查看规格、型号及安装质量，核对其证明文件。

9.8.5 泡沫比例混合器（装置）的设置应符合相关消防技术标准和消防设计文件要求，并应检查下列内容：

1 查看规格、型号及安装质量，并核对其证明文件；

2 混合比不应低于所选泡沫液的混合比。

9.8.6 泡沫液储罐、盛装100％型水成膜泡沫液的压力储罐的设置应符合相关消防技术标准和消防设计文件要求，并应检查下列内容：

1 查看设置位置、材质、规格、型号及安装质量；

2 铭牌标记应清晰，应标有泡沫液种类、型号、出厂、灌装日期、有效期及储量等内容，不同种类、不同牌号的泡沫液不得混存；

3 液位计、呼吸阀、人孔、出液口等附件的功能应正常；

4 抽查泡沫液储罐、压力储罐，并核对其证明文件。

9.8.7 报警阀组的设置及功能应符合相关消防技术标准和消防设计文件要求，并应检查下列内容：

1 查看设置位置、规格型号及组件，应有注明系统名称和保护区域的标志牌；

2 控制阀应全部开启，并用锁具固定手轮，启闭标志应明显；采用信号阀时，反馈信号应正确；

3 空气压缩机和气压控制装置状态应正常，压力表显示应符合设定值；

4 查看水力警铃设置位置；

5 查看排水设施设置情况；

6 抽查报警阀，并核对其证明文件。

9.8.8 动力瓶组及驱动装置的设置应符合相关消防技术标准和消防设计文件要求，并应检查下列内容：

1 查看泡沫喷雾装置动力瓶组的数量、型号和规格，位置与固定方式，油漆和标志，储存容器的安装质量、充装量和储存压力；

2 查看泡沫喷雾系统集流管的材料、规格、连接方式、布置及其泄压装置的泄压方向；

3 查看泡沫喷雾系统分区阀的数量、型号、规格、位置、标志及其安装质量；

4 查看泡沫喷雾系统驱动装置的数量、型号、规格和标志，安装位置，驱动气瓶的介质名称和充装压力，以及气动驱动装置管道的规格、布置和连接方式；

5 查看驱动装置和分区阀的机械应急手动操作处，均应有标明对应防护区或保护对象名称的永久标志；驱动装置的机械应急操作装置均应设安全销并加铅封，现场手动启动按钮应有防护罩；

6 抽查动力瓶组及驱动装置组件，并核对其证明文件。

9.8.9 泡沫灭火系统管网的设置应符合相关消防技术标准和消防设计文件要求，并应检查下列内容：

1 查看管道及管件的规格、型号、位置、坡向、坡度、连接方式及安装质量；

2 查看管网上的控制阀、压力信号反馈装置、止回阀、试水阀、泄压阀、排气阀等的设置；

3 查看固定管道的支架、吊架，管墩的位置、间距及牢固程度；

4 查看管道和系统组件的防腐；

5 查看管网试压和冲洗记录等证明文件。

9.8.10 泡沫消火栓的设置应符合相关消防技术标准和消防设计文件要求，并应检查下列内容：

1　查看规格、型号、外观质量、安装质量、安装位置及间距；

2　查看标识、消火栓箱组件；

3　抽查消火栓箱组件，并核对其证明文件。

9.8.11　喷头的设置应符合相关消防技术标准和消防设计文件要求，并应检查下列内容：

1　查看设置场所、规格、型号及安装质量；

2　查看喷头的安装位置、安装高度、间距及与梁等障碍物的距离；

3　抽查喷头，并核对其证明文件。

9.8.12　泡沫灭火系统模拟灭火功能试验应符合相关消防技术标准和消防设计文件要求，并应测试下列内容：

1　压力信号反馈装置应能正常动作，并应能在动作后启动消防水泵及与其联动的相关设备，可正确发出反馈信号；

2　系统的分区控制阀应能正常开启，并可正确发出反馈信号；

3　查看系统的流量、压力；

4　消防水泵及其他消防联动控制设备应能正常启动，并应有反馈信号显示；

5　主电源、备电源应能在规定时间内正常切换。

9.8.13　泡沫灭火系统喷泡沫试验应符合相关消防技术标准和消防设计文件要求，并应检查下列内容：

1　查验低倍数泡沫灭火系统喷泡沫试验，并查看记录文件；

2　查验中倍数、高倍数泡沫灭火系统喷泡沫试验，并查看记录文件；

3　查验泡沫-水喷淋系统喷泡沫试验，并查看记录文件；

4　查验闭式泡沫-水喷淋系统喷泡沫试验，并查看记录文件；

5　查验泡沫喷雾系统喷洒试验，并查看记录文件。

9.8.14　泡沫灭火系统验收合格后，应用清水冲洗放空，复原系统。

9.9　建筑灭火器

9.9.1　灭火器的配置应符合相关消防技术标准和消防设计文件要求，并应检查下列内容：

1　查看灭火器类型、规格、灭火级别和配置数量；

2　抽查灭火器，并核对其证明文件。

9.9.2　灭火器的布置应符合相关消防技术标准和消防设计文件要求，并应检查下列内容：

1　测量灭火器设置点距离；

2　查看灭火器设置点位置、摆放和使用环境；

3　查看设置点的设置数量。

【填写说明】

（见《7.1建筑总平面及平面布置查验记录》的填写依据及说明，本书第173页）。

7.5　消防电气和火灾自动报警系统查验记录

7.5.1　消防电气和火灾自动报警系统查验记录采用《建筑工程消防施工质量验收规范》（DB11/T 2000）表D.0.5编制。

7.5.2　消防电气和火灾自动报警系统查验记录示例详见表7-5。

表7-5　消防电气和火灾自动报警系统查验记录示例

查验项目		内容和方法	要求	查验情况	是否合格
消防电源及配电	消防电源	查验消防负荷等级、供电形式	应为正式供电，并符合消防技术标准和消防设计文件要求	符合要求	合格

续表

查验项目		内容和方法	要求	查验情况	是否合格
消防电源及配电	备用电源	查验备用发电机或其他备用电源的规格型号及功率	符合消防技术标准和消防设计文件要求	符合要求	合格
		查验备用发电机或其他备用电源的仪表、指示灯及开关按钮等应完好，显示应正常		符合要求	
		发电机机房内的通风换气设施应能正常运行		符合要求	
	发电机	查看发电机燃料配备、液位显示	符合消防技术标准和消防设计文件要求	符合要求	合格
		测试应急启动发电机，自动启动，发电机达到额定转速并发电的时间不应大于30s，发电机的运行及输出功率、电压、频率、相位的显示均应正常		符合要求	
	消防设备应急电源和备用电源蓄电池	查看设置类型、位置	应安装在通风良好的场所，不应安装在火灾爆炸危险场所	符合要求	合格
		核对安装数量，检查安装质量	符合消防技术标准和消防设计文件要求	符合要求	
		测试正常显示、故障报警、消声、转换功能		符合要求	
	消防配电	查看消防用电设备的配电箱及末端切换装置及断路器设置	符合消防技术标准和消防设计文件要求	符合要求	合格
		消防设备配电箱应有区别于其他配电箱的明显标志，不同消防设备的配电箱应有明显区分标志		符合要求	
		查看消防用电设备是否设置专用供电回路		是	
		查看配电线路的类别、规格型号、电压等级、敷设及相关防火防护措施		符合要求	
消防应急照明和疏散指示系统	系统形式	查看消防应急照明和疏散指示系统的设置形式	符合消防技术标准和消防设计文件要求	符合要求	合格
	布线	查看导线的类别、规格型号、电压等级、敷设方式及相关防火保护措施	符合消防技术标准和消防设计文件要求，与消防产品市场准入证明文件一致	符合要求	合格
		抽查安装质量，并核对其证明文件		一致	
	应急照明控制器	查看类别、设置部位、规格型号	符合消防技术标准和消防设计文件要求	符合要求	合格
		核对安装数量，检查安装质量		符合要求	
		测试自检功能，操作级别，主、备电源的自动转换功能，故障报警功能，消声功能，一键检查功能		符合要求	
	集中电源	查看类别、设置部位、规格型号	符合消防技术标准和消防设计文件要求	符合要求	合格
		核对安装数量，检查安装质量		符合要求	
		测试集中电源的操作级别，故障报警功能，消声功能，电源分配输出功能，集中控制型集中电源装转换手动测试功能，集中控制型集中电源通信故障连锁控制功能，集中控制型集中电源灯具应急状态保持功能		符合要求	

查验项目		内容和方法	要求	查验情况	是否合格
消防应急照明和疏散指示系统	应急照明配电箱	查看类别、设置部位、规格型号	符合消防技术标准和消防设计文件要求	符合要求	合格
		核对安装数量，检查安装质量		符合要求	
		测试主电源分配输出功能，集中控制型应急照明配电箱主电源输出关断测试功能，集中控制型应急照明配电箱通信故障连锁控制功能，集中控制型应急照明配电箱灯具应急状态保持功能		符合要求	
	消防应急照明和疏散指示灯具	查看照明灯、标志灯、备用照明等灯具的类别、规格型号、安装位置、间距	符合消防技术标准和消防设计文件要求	符合要求	合格
		核对安装数量，检查安装质量		符合要求	
		查看设置场所、测试应急功能及照度		符合要求	
	消防应急照明和疏散指示系统功能	集中控制型系统或非集中控制型系统在非火灾状态下的系统功能	符合消防技术标准和消防设计文件要求	符合要求	合格
		集中控制型系统或非集中控制型系统在火灾状态下的系统控制功能		符合要求	
		备用照明的系统功能		符合要求	
火灾自动报警系统	系统形式	查看火灾自动报警系统的设置形式	符合消防技术标准和消防设计文件要求	符合要求	
	布线	查看导线的类别、规格型号、电压等级、敷设方式及相关防火保护措施	符合消防技术标准和消防设计文件要求	符合要求	
		抽查安装质量，并核对其证明文件	与消防产品市场准入证明文件一致	一致	
	控制与显示类设备	查看火灾报警控制器、消防联动控制器、火灾显示盘、控制中心监控设备、家用火灾报警控制器、消防电话总机、可燃气体报警控制器、防火门监控器、消防控制室图形显示装置、传输设备、消防应急广播控制装置等控制与显示类设备的规格型号、数量、安装位置及安装质量	符合消防技术标准和消防设计文件要求	符合要求	
		测试控制与显示类设备的自检功能，操作级别，屏蔽功能，主备电源的自动转换功能，故障报警功能，总线隔离器的隔离保护功能，消声功能，控制器的负载功能，复位功能，控制器自动和手动工作状态转换显示功能等基本功能		符合要求	
		核对控制与显示类设备的证明文件	与消防产品市场准入证明文件一致	一致	
	探测器类设备	查看点型感烟火灾探测器、点型感温火灾探测器、一氧化碳火灾探测器、点型家用火灾探测器、独立式火灾探测报警器、线型光束感烟火灾探测器、线型感温火灾探测器、管路采样式吸气感烟火灾探测器、可燃气体探测器等探测器类设备的规格型号、数量、安装位置及安装质量	符合消防技术标准和消防设计文件要求	符合要求	
		测试探测器类设备的故障报警功能，火灾报警功能，复位功能等基本功能		符合要求	
		抽查探测器类设备，并核对其证明文件	与消防产品市场准入证明文件一致	一致	

查验项目		内容和方法	要求	查验情况	是否合格
火灾自动报警系统	系统其他部件	查看手动火灾报警按钮、消火栓按钮、防火卷帘手动控制装置、气体灭火系统手动与自动控制转换装置、气体灭火系统现场启动和停止按钮的规格型号、数量、安装位置及安装质量，并测试基本功能	符合消防技术标准和消防设计文件要求	符合要求	合格
		查看短路隔离器、模块或模块箱的规格型号、数量、安装位置及安装质量，并测试基本功能		符合要求	
		查看消防电话分机和电话插孔的规格型号、数量、安装位置及安装质量，并测试基本功能		符合要求	
		查看消防应急广播扬声器、火灾警报器、喷洒光警报器、气体灭火系统手动与自动控制状态显示装置的规格型号、数量、安装位置及安装质量，测试基本功能		符合要求	
		查看防火门监控模块与电动闭门器、释放器、门磁开关等现场部件的规格型号、数量、安装位置及安装质量，并测试基本功能		符合要求	
		查看消防电梯专用对讲电话和专用的操作按钮的规格型号、数量、安装位置及安装质量，并测试基本功能		符合要求	
		查看消防电气控制装置的规格型号、数量、安装位置及安装质量，并测试基本功能		符合要求	
		抽查系统其他部件，并核对其证明文件	与消防产品市场准入证明文件一致	一致	
	系统整体联动控制功能	使报警区域内符合火灾警报、消防应急广播系统，防火卷帘系统，防火门监控系统，防烟排烟系统，消防应急照明和疏散指示系统，电梯和非消防电源等相关系统联动触发条件的火灾探测器、手动火灾报警按钮发出火灾报警信号	联动逻辑关系和联动执行情况符合消防技术标准和消防设计文件要求	符合要求	合格
		查看消防联动控制器发出控制火灾警报、消防应急广播系统，防火卷帘系统，防火门监控系统，防烟排烟系统，消防应急照明和疏散指示系统，电梯和非消防电源等相关系统动作的启动信号，点亮启动指示灯			
		查看火灾警报和消防应急广播的联动控制功能		符合要求	
		查看防火卷帘系统的联动控制功能		符合要求	
		查看防火门监控系统的联动控制功能	联动逻辑关系和联动执行情况符合消防技术标准和消防设计文件要求	符合要求	
		查看加压送风系统的联动控制功能		符合要求	
		查看电动挡烟垂壁、排烟系统的联动控制功能		符合要求	
		查看消防应急照明和疏散指示系统的联动控制功能		符合要求	
		查看电梯、非消防电源等相关系统的联动控制功能		符合要求	

续表

查验项目		内容和方法	要求	查验情况	是否合格
火灾自动报警系统	电气火灾监控设备	查看类别、设置部位、规格型号	符合消防技术标准和消防设计文件要求	符合要求	合格
		核对安装数量，检查安装质量		符合要求	
		测试正常显示、故障报警、消声、复位等功能		符合要求	
	电气火灾监控探测器	查看类别、设置部位、规格型号	符合消防技术标准和消防设计文件要求	符合要求	合格
		核对安装数量，检查安装质量		符合要求	
		测试监控报警功能		符合要求	
	消防设备电源监控器	查看类别、设置部位、规格型号	符合消防技术标准和消防设计文件要求	符合要求	合格
		核对安装数量，检查安装质量		符合要求	
		测试正常显示、故障报警、消声、复位等功能		符合要求	
	消防设备电源监控传感器	查看类别、设置部位、规格型号	符合消防技术标准和消防设计文件要求	符合要求	合格
		核对安装数量，检查安装质量		符合要求	
		测试消防设备电源故障报警功能		符合要求	

建设单位（单位名称、职务、姓名）：北京××公司　　　　　　电气专业工程师　　　　签名

设计单位（单位名称、职务、姓名）：北京××设计院有限公司　电气设计负责人　　　　签名

施工单位（单位名称、职务、姓名）：北京××集团　　　　　　电气专业技术负责人　　签名

专业施工单位（单位名称、职务、姓名）：北京××消防工程公司　消防工程师　　　　　签名

监理单位（单位名称、职务、姓名）：北京××建设监理有限公司　专业监理工程师　　　签名

技术服务机构（单位名称、职务、姓名）：××消防科技有限公司　技术工程师　　　　　签名

查验日期：2023 年××月××日

7.5.3 填表依据及说明

【依据】《建筑工程消防施工质量验收规范》（DB11/T 2000—2022）

【条文】

摘录一：

第 4.0.11、4.0.12 条（见《7.1 建筑总平面及平面布置查验记录》的填写依据及说明，本书第 171 页）。

摘录二：

10　消防电气和火灾自动报警系统

10.1　一般规定

10.1.1　消防电源及配电施工质量验收，应查验消防负荷等级、供电形式，并符合设计文件及现行国家工程建设消防技术标准的要求。

10.1.2　消防应急照明和疏散指示系统施工质量验收，应符合现行国家标准《消防应急照明和疏散指示系统技术标准》GB 51309 和《建筑电气工程施工质量验收规范》GB 50303 的要求。

10.1.3　消防联动控制系统施工质量应符合设计文件要求，并应符合现行国家标准《火灾自动报警系统设计规范》GB 50116 和《火灾自动报警系统施工及验收标准》GB 50166 的要求。

10.2　消防电源及配电

10.2.1　备用电源的设置应符合相关标准和消防设计文件要求，并应查验下列内容：

1　备用发电机或其他备用电源的规格型号及功率；

2　备用发电机或其他备用电源的仪表、指示灯及开关按钮等应完好，显示应正常。发电机机房内的通风换气设施应能正常运行。

10.2.2 发电机的设置及功能应符合消防技术标准和消防设计文件要求，并应查验下列内容：

1 发电机燃料配备、液位显示；

2 自动启动，发电机达到额定转速并发电的时间不应大于30s，发电机的运行及输出功率、电压、频率、相位的显示均应正常。

10.2.3 消防设备应急电源和备用电源蓄电池的设置、安装质量、功能等应符合消防技术标准和消防设计文件要求，并应查验下列内容：

1 电源及蓄电池类型、位置，应安装在通风良好的场所，不应安装在火灾爆炸危险场所；

2 核对安装数量，查验安装质量；

3 测试正常显示、故障报警、消音、转换功能。

10.2.4 消防配电的设置、标志等应符合消防技术标准和消防设计文件要求，并应查验下列内容：

1 消防控制室、消防水泵房、防烟与排烟机房的消防用电设备及消防电梯等的供电，应在其配电线路的最末一级配电箱处具有主、备电源自动切换装置，切换备用电源的控制方式及操作程序应符合设计要求，主备电的切换时间应符合设计要求；

2 消防设备配电箱应有区别于其他配电箱的明显标志，不同消防设备的配电箱应有明显区分标志；

3 查验消防用电设备是否设置专用供电回路；

4 查看配电线路的类别、规格型号、电压等级、敷设方式及相关防火保护措施。

10.3 消防应急照明和疏散指示系统

10.3.1 应急照明控制器、集中电源、应急照明配电箱等控制设备及供配电设备的设置应符合消防技术标准和消防设计文件要求，并应查验下列内容：

1 设备类别、设置部位、规格型号；

2 核对安装数量，查验安装质量；

3 测试设备功能。

10.3.2 照明灯、标志灯、备用照明等灯具的设置应符合消防技术标准和消防设计文件要求，并应查验下列内容：

1 灯具类别、规格型号、安装位置、间距；

2 核对安装数量，查验安装质量；

3 查验设置场所、测试应急功能及照度。

10.3.3 系统功能应符合消防技术标准和消防设计文件要求，并应查验下列内容：

1 集中控制型系统或非集中控制型系统在非火灾状态下的系统功能；

2 集中控制型系统或非集中控制型系统在火灾状态下的系统控制功能；

3 备用照明的系统功能。

10.4 火灾自动报警系统

10.4.1 火灾自动报警系统应按控制器类设备安装、探测器类设备安装、其他现场设备安装、系统调试等分项工程分别进行施工质量验收。

10.4.2 火灾自动报警系统设备的规格、型号、性能、数量、安装位置、设置情况、功能等，应符合消防技术标准及设计文件相关规定。

10.4.3 电气火灾监控设备、消防设备电源监控器的设置应符合消防技术标准和消防设计文件要求，并应查验下列内容：

1 设备类别、设置部位、规格型号；

2 核对安装数量，查验安装质量；

3 测试正常显示、故障报警、消音、复位及自检等功能。

10.4.4 电气火灾监控探测器、消防设备电源监控传感器等设备的规格型号、数量、安装质量及功能应符合消防技术标准和消防设计文件要求，并应查验下列内容：

1 设备类别、设置部位、规格型号；

2 核对安装数量，查验安装质量；

3 测试电气火灾监控探测器的监控报警功能及消防设备电源监控传感器的消防设备电源故障报警功能。

10.4.5 火灾自动报警系统调试应按控制器类、探测器类、其他现场设备类、家用火灾安全系统、消防专用电话系统、可燃气体探测报警系统、电气火灾监控系统、消防设备电源监控系统、消防设备应急电源、火灾警报及消防应急广播系统、防火卷帘系统、防火门监控系统、气体灭火系统、自动喷水灭火系统、消火栓系统、防排烟系统、消防应急照明和疏散指示系统、电梯（含扶梯）、非消防电源等相关系统划分检验批。

10.4.6 应根据系统联动控制逻辑设计文件的规定，对火灾警报、消防应急广播系统、用于防火分隔的防火卷帘系统、防火门监控系统、防烟排烟系统、消防应急照明和疏散指示系统、电梯和非消防电源等自动消防系统的整体联动控制功能进行检查并记录。

【填写说明】

（见《7.1建筑总平面及平面布置查验记录》的填写依据及说明，本书第173页）。

7.6 建筑防烟排烟系统查验记录

7.6.1 建筑防烟排烟系统查验记录采用北京市现行标准《建筑工程消防施工质量验收规范》（DB11/T 2000）表 D.0.6 编制。

7.6.2 建筑防烟排烟系统查验记录示例详见表7-6。

表 7-6 建筑防烟排烟系统查验记录示例

查验项目		内容和方法	要求	查验情况	是否合格
防烟系统	系统设置	查看系统的设置形式	符合消防技术标准和消防设计文件要求	符合要求	合格
	自然通风	查看封闭楼梯间、防烟楼梯间、前室及消防电梯前室可开启外窗的布置方式，测量开启面积	符合消防技术标准和消防设计文件要求	符合要求	合格
		查看避难层（间）可开启外窗或百叶窗的布置方式，测量开启面积		符合要求	
		查看固定窗的设置情况		符合要求	
	加压送风机	查看设置位置、数量及安装质量	符合消防技术标准和消防设计文件要求	符合要求	合格
		查看种类、规格、型号		符合要求	
		查看供电情况	有主备电源，自动切换正常	符合要求	
		测试功能，就地手动启停风机，远程直接手动启停风机	启停控制正常，有信号反馈，复位正常	符合要求	
		抽查防烟风机，并核对其证明文件	与消防产品市场准入证明文件一致	一致	
	管道	查看管道布置、材质、保温材料及安装质量	符合消防技术标准和消防设计文件要求	符合要求	合格
	防火阀	查看设置位置、型号及安装质量	符合消防技术标准和消防设计文件要求	符合要求	合格
		测试功能	关闭和复位正常	正常	
		抽查防火阀，并核对其证明文件	与消防产品市场准入证明文件一致	一致	

续表

查验项目		内容和方法	要求	查验情况	是否合格
防烟系统	系统功能	测试常闭加压送风口的手动开启和复位功能	开启复位正常，有信号反馈	正常	合格
		测试送风机、电动窗、送风口的联动功能	动作正确	正确	
		测试楼梯间、前室及封闭避难层（间）的风压值	符合消防技术标准和消防设计文件要求	符合要求	
		测试楼梯间、前室及封闭避难层（间）疏散门的门洞断面风速值		符合要求	
排烟系统	系统设置	查看系统的设置形式	符合消防技术标准和消防设计文件要求	符合要求	合格
	自然排烟	查看设置位置	符合消防技术标准和消防设计文件要求	符合要求	合格
		查看外窗开启方式，测量开启面积		符合要求	
		查看固定窗的设置情况		符合要求	
	排烟风机排烟补风机	查看设置位置、数量及安装质量	符合消防技术标准和消防设计文件要求	符合要求	合格
		查看种类、规格、型号		符合要求	
		查看供电情况	有主备电源，自动切换正常	正常	
		测试功能，就地手动启停风机，远程直接手动启停风机，自动启动风机，280℃排烟防火阀连锁停排烟风机及补风机	启停控制正常，有信号反馈，复位正常	正常	
		抽查排烟风机、排烟补风机，并核对其证明文件	与消防产品市场准入证明文件一致	一致	
	管道	查看管道布置、材质、保温材料及安装质量	符合消防技术标准和消防设计文件要求	符合要求	合格
	防火阀排烟防火阀	查看设置位置、型号及安装质量	符合消防技术标准和消防设计文件要求	符合要求	合格
		查验同层设置数量		符合要求	
		测试功能	关闭和复位正常	正常	
		抽查防火阀、排烟防火阀，并核对其证明文件	与消防产品市场准入证明文件一致	一致	
	系统功能	测试排烟阀或排烟口、补风口的手动开启和复位功能	动作正确	正确	合格
		测试活动挡烟垂壁、自动排烟窗的手动开启和复位功能		正确	
		测试排烟风机、排烟补风机的联动启动功能		正确	
		测试排烟阀或排烟口、补风口、电动防火阀的联动控制功能		正确	
		测试活动挡烟垂壁、自动排烟窗的联动控制功能		正确	

查验项目		内容和方法	要求	查验情况	是否合格
排烟系统	系统功能	测试防烟分区内排烟口的风速，防烟分区排烟量	符合消防技术标准和消防设计文件要求	符合要求	合格
		设有补风系统的场所，测试补风口风速，补风量		符合要求	

建设单位（单位名称、职务、姓名）：北京××公司　　　　　暖通专业工程师　　　签名

设计单位（单位名称、职务、姓名）：北京××设计公司　　　暖通设计负责人　　　签名

施工单位（单位名称、职务、姓名）：北京××集团　　　　　暖通专业技术负责人　　签名

专业施工单位（单位名称、职务、姓名）：北京××消防工程公司　　消防工程师　　　签名

监理单位（单位名称、职务、姓名）：北京××建设监理有限公司　　专业监理工程师　　签名

技术服务机构（单位名称、职务、姓名）：××消防科技有限公司　　技术工程师　　　签名

查验日期：2023 年××月××日

7.6.3 填表依据及说明

【依据】《建筑工程消防施工质量验收规范》（DB11/T 2000—2022）

【条文】

摘录一：

第 4.0.11、4.0.12 条（见《7.1 建筑总平面及平面布置查验记录》的填写依据及说明，本书第 171 页）。

摘录二：

11　建筑防烟排烟系统

11.1　一般规定

11.1.1　建筑防烟排烟系统施工质量验收包括自然通风系统、机械加压送风系统、自然排烟系统、机械排烟系统以及机械排烟补风系统。

11.1.2　建筑防烟、排烟系统可按风管制作、风管安装、部件安装、风机安装、风管与设备防腐和绝热以及系统调试等施工内容划分检验批。

11.1.3　系统调试应包括设备单机调试和联动调试。设备单机调试和联动调试应符合消防技术标准和消防设计文件的要求。

11.1.4　防烟排烟系统的系统设置应符合相关消防技术标准和消防设计文件要求，并重点查看防烟排烟系统的设置形式。

11.2　防烟系统

11.2.1　自然通风设施的设置应符合相关消防技术标准和消防设计文件要求，并应检查下列内容：

1　查看封闭楼梯间、防烟楼梯间、前室及消防电梯前室可开启外窗的开启方式，测量开启面积；

2　查看避难层（间）可开启外窗或百叶窗的开启方式，测量开启面积；

3　查看固定窗的设置情况。

11.2.2　加压送风机的设置及功能应符合相关消防技术标准和消防设计文件要求，并应检查下列内容：

1　查看设置位置、数量及安装质量；

2　查看种类、规格、型号；

3　查看供电情况；

4　测试功能，就地手动启停风机，远程直接手动启停风机；

5　抽查加压送风机，并核对其质量证明文件。

11.2.3 防烟系统的管道设置应符合相关消防技术标准和消防设计文件要求，并重点查看管道布置、材质、保温材料及安装质量。

11.2.4 防火阀的设置及功能应符合相关消防技术标准和消防设计文件要求，并应检查下列内容：

1 查看设置位置、型号及安装质量；

2 测试功能；

3 抽查防火阀，并核对其质量证明文件。

11.2.5 常闭加压送风口的手动功能应符合相关消防技术标准和消防设计文件要求，并应测试下列内容：

1 测试常闭加压送风口的手动开启和复位功能；

2 消防控制设备应显示常闭加压送风口的动作状态信号。

11.2.6 防烟系统的联动功能应符合相关消防技术标准和消防设计文件要求，并应测试下列内容：

1 测试送风机的联动启动功能；

2 测试送风口的联动控制功能；

3 消防控制设备应显示送风机、常闭送风口等设施的动作状态信号。

11.2.7 防烟系统的系统性能应符合相关消防技术标准和消防设计文件要求，并应测试下列内容：

1 测试楼梯间、前室及封闭避难层（间）的风压值；

2 测试楼梯间、前室及封闭避难层（间）疏散门的门洞断面风速值。

11.3 排烟系统

11.3.1 自然排烟设施的设置应符合相关消防技术标准和消防设计文件要求，并应检查下列内容：

1 查看设置自然排烟场所的可开启外窗、排烟窗、可熔性采光带（窗）的布置方式；

2 查看外窗开启方式，测量开启面积；

3 查看固定窗的设置情况。

11.3.2 排烟风机、排烟补风机等消防风机的设置及功能应符合相关消防技术标准和消防设计文件要求，并应检查下列内容：

1 查看设置位置、数量及安装质量；

2 查看种类、规格、型号；

3 查看供电情况；

4 测试功能，就地手动启停风机，远程直接手动启停风机，自动启动风机，280℃排烟防火阀连锁停排烟风机及补风机；

5 抽查排烟风机及排烟补风机，并核对其质量证明文件。

11.3.3 排烟系统的管道设置应符合相关消防技术标准和消防设计文件要求，并重点查看管道布置、材质、保温材料及安装质量。

11.3.4 防火阀、排烟防火阀的设置及功能应符合相关消防技术标准和消防设计文件要求，并应检查下列内容：

1 查看设置位置、型号及安装质量；

2 测试功能；

3 抽查防火阀、排烟防火阀，并核对其质量证明文件。

11.3.5 排烟系统部件的手动功能应符合相关消防技术标准和消防设计文件要求，并应测试下列内容：

1 测试排烟阀或排烟口、补风口的手动开启和复位功能；

2 测试活动挡烟垂壁、自动排烟窗的手动开启和复位功能；

3 消防控制设备应显示各部件的动作状态信号。

11.3.6 排烟系统的联动功能应符合相关消防技术标准和消防设计文件要求，并应测试下列内容：

1　测试排烟风机、排烟补风机的联动启动功能；

2　测试排烟阀或排烟口、补风口、电动防火阀的联动控制功能；

3　测试活动挡烟垂壁、自动排烟窗的联动控制功能；

4　消防控制设备应显示各部件、设备的动作状态信号。

11.3.7　排烟系统的系统性能应符合相关消防技术标准和消防设计文件要求，并应测试下列内容：

1　测试防烟分区内排烟口的风速，防烟分区排烟量；

2　设有补风系统的场所，测试补风口风速，补风量。

【填写说明】

（见《7.1 建筑总平面及平面布置查验记录》的填写依据及说明，本书第 173 页）。

7.7　建筑工程消防施工质量查验报告

7.7.1　建筑工程消防施工质量查验报告采用《建筑工程消防施工质量验收规范》（DB11/T 2000）表 E.0.1 编制。

7.7.2　建筑工程消防施工质量查验报告示例详见表 7-7。

表 7-7　建筑工程消防施工质量查验报告示例

工程名称：北京××大厦　　　　　　　　　　　　　　　　　　　　查验日期：2023 年××月××日

一、项目基本情况					
建设单位	北京××公司	联系人	陈××	联系电话	135×××9043 010-68×××56
工程地址	××区××街××号	类别	☑新建　□扩建 □改建（装饰装修、改变用途、建筑保温）		
工程投资额 （万元）	50000	总建筑面积（m²）	137410		
场所类别	商场＋写字楼	使用性质	商业		
单位类别	单位名称	资质等级	法定代表人 （身份证号）	项目负责人 （身份证号）	联系电话 （移动电话和座机）
建设单位	北京××公司	—	单×× 110104197 * * * * * *37	李×× 110108196 * * * * * *33	010-53×××83 135×××2148
设计单位	北京××设计院有限公司	综合甲级	裴×× 110101197 * * * * * *23	周×× 110102198 * * * * * *55	010-59×××84 183×××1852
施工单位	北京××集团	建筑施工 总承包特级	朱×× 412822198 * * * * * *13	孙×× 220581198 * * * * * *9X	010-62×××86 151×××0658
监理单位	北京××建设监理 有限公司	房建甲级	李×× 420800197 * * * * * *5X	张×× 110102197 * * * * * *35	010-65×××88 139×××6304
技术服务 机构	××消防科技有限公司	/	蔡×× 110111197 * * * * * *14	孟×× 150404198 * * * * * *32	010-69×××37 138×××8762
《特殊建设工程消防设计审查意见书》 文号（审查意见为合格的）	1101052022 * * * * * *01		审查合格日期	2022 年××月××日	
建筑工程施工许可证号、批准开工报告 编号或证明文件编号（依法需办理的）	1101052022 * * * * * *03		制证日期	2022 年××月××日	

续表

建筑名称	结构类型	使用性质	耐火等级	层数		高度（m）	长度（m）	占地面积（m²）	建筑面积（m²）	
				地上	地下				地上	地下
A商场	框架	商业	一级	10	4	55	85	5525	55250	22100
B写字楼	框剪	办公	一级	17	4	48	65	1430	24310	5720
C写字楼	框剪	办公	一级	17	4	16	65	1430	24310	5720

☑装饰装修	装修部位	☑顶棚　☑墙面　☑地面　☑隔断　☑固定家具　☑装饰织物　☑其他		
	装修面积（m²）	103870	装修所在层数	地上所有楼层
□改变用途	使用性质	—	原有用途	—
☑建筑保温	材料类别	☑A　□B₁　□B₂	保温所在层数	地上所有楼层
	保温部位	外墙及屋面	保温材料	岩棉保温板
	防火隔离带设置	□有　☑无	隔离带材料	—

二、建筑工程消防施工质量查验情况

	查验内容	查验结果	查验结论（合格/不合格）
建设单位	不得明示或者暗示设计、施工、工程监理、技术服务等单位及其从业人员违反建筑工程法律法规和国家工程建设消防技术标准，降低建筑工程消防设计、施工质量	符合规定	合格
	依法申请建筑工程消防设计审查	是	合格
	不得在消防设计审查合格之前组织施工	符合规定	合格
	未交付使用	是	合格
	实行工程监理的建筑工程，依法将消防施工质量委托监理	是	合格
	选用具有相应资质的设计、施工、监理单位	是	合格
	按照工程消防设计要求和合同约定，选用合格的消防产品和满足防火性能要求的建筑材料、建筑构配件和设备	是	合格
	组织设计、施工、工程监理和技术服务等有关单位对建筑工程是否符合消防要求进行查验	是	合格
	工程涉及消防的各分部分项工程全部查验合格	是	合格
设计单位	按照建筑工程法律法规和国家工程建设消防技术标准进行设计，编制符合要求的消防设计文件	是	合格
	不得违反国家工程建设消防技术标准强制性条文	符合规定	合格
	在设计文件中选用的消防产品和具有防火性能要求的建筑材料、建筑构配件、设备，应注明规格、性能等技术指标，应符合国家规定的标准	符合规定	合格
	建筑工程按照经审查合格的消防设计文件实施，并已完成全部消防设计内容	是	合格
	竣工图与经审查合格的消防设计文件一致	是	合格
	建筑工程消防质量符合有关标准	是	合格
	对建筑工程消防设计质量负责	是	合格
施工单位	按照建筑工程法律法规、国家工程建设消防技术标准，以及经消防设计审查合格或者满足工程需要的消防设计文件组织施工	是	合格
	不得擅自改变消防设计进行施工，降低消防施工质量	符合规定	合格

查验内容		查验结果	查验结论 （合格/不合格）
施工单位	应按照消防设计要求、施工技术标准和合同约定检验消防产品和具有防火性能要求的建筑材料、建筑构配件和设备的质量，使用合格产品，保证消防施工质量	是	合格
	已完成工程消防设计和合同约定的消防各项内容	是	合格
	有完整的工程消防技术档案和施工管理资料（含涉及消防的建筑材料、建筑构配件和设备的进场试验报告）	是	合格
	建筑工程消防施工质量符合有关标准	是	合格
	对建筑工程消防施工质量负责	是	合格
监理单位	按照建筑工程法律法规、国家工程建设消防技术标准，以及经消防设计审查合格或者满足工程需要的消防设计文件实施工程监理	是	合格
	在消防产品和具有防火性能要求的建筑材料、建筑构配件和设备使用、安装前，应核查产品质量证明文件	是	合格
	不得同意使用或者安装不合格的消防产品和防火性能不符合要求的建筑材料、建筑构配件和设备	符合规定	合格
	有完整的工程消防技术档案和施工管理资料（含涉及消防的建筑材料、建筑构配件和设备的进场试验报告）	是	合格
	建筑工程消防质量符合有关标准	是	合格
	对建筑工程消防施工质量承担监理责任	是	合格
技术服务机构	按照建筑工程法律法规、国家工程建设消防技术标准和国家有关规定提供服务	是	合格
	已完成合同约定的技术服务各项内容	是	合格
	消防设施性能、系统功能联调联试等内容全部检测合格	是	合格
	建筑工程消防质量符合有关标准	是	合格
	对出具的意见或者报告负责	是	合格

三、建筑工程消防施工质量查验结论

查验项目		查验结论 （合格/不合格）	查验项目		查验结论 （合格/不合格）
建筑整体布局	☑建筑类别与耐火等级	合格	消防给水及灭火系统	☑消防水源及供水设施	合格
	☑建筑总平面	合格		☑消火栓系统	合格
	☑建筑平面布置	合格		☑自动喷水灭火系统	合格
	☑有特殊要求场所的建筑布局	合格		☑自动跟踪定位射流灭火系统	合格
建筑构造	☑隐蔽工程	合格		☑水喷雾灭火系统	合格
	☑防火分隔	合格		☑气体灭火系统	合格
	☑防烟分隔	合格		☑泡沫灭火系统	合格
	☑安全疏散	合格		☑建筑灭火器	合格
	☑消防电梯	合格	消防电气和火灾自动报警系统	☑消防电源及配电	合格
	☑防火封堵	合格		☑消防应急照明和疏散指示系统	合格
建筑保温与内装修	☑建筑保温及外墙装饰	合格		☑火灾自动报警系统	合格
	☑建筑内部装修	合格	建筑防烟排烟系统	☑防烟系统	合格
				☑排烟系统	合格

209

续表

四、建筑工程消防施工质量查验意见		
查验单位	设计单位	查验意见： 　　本工程消防施工质量查验项目全部合格 设计单位（盖章）（章略） 项目负责人（签字）：签名 2023 年××月××日
	施工单位	查验意见： 　　本工程消防施工质量查验项目全部合格 消防专业施工单位（盖章）（章略） 项目负责人（签字）：签名 2023 年××月××日
		查验意见： 　　本工程消防施工质量查验项目全部合格 施工单位（盖章）（章略） 项目负责人（签字）：签名 2023 年××月××日
查验单位	监理单位	查验意见： 　　本工程消防施工质量查验项目全部合格 监理单位（盖章）（章略） 项目负责人（签字）：签名 2023 年××月××日
	技术服务机构	查验意见： 　　本工程消防施工质量查验项目全部合格 技术服务机构（盖章）（章略） 项目负责人（签字）：孟×× 2023 年××月××日
	建设单位	查验意见： 　　本工程消防施工质量查验项目全部合格 建设单位（盖章）（章略） 项目负责人（签字）：签名 2023 年××月××日

7.7.3 填表依据

【依据】《建筑工程消防施工质量验收规范》（DB11/T 2000—2022）

【条文摘录】

第4.0.11、4.0.12条（见《7.1 建筑总平面及平面布置查验记录》的填写依据及说明，本书第171页）。

8 消防工程检验批验收资料示例和验收依据

消防工程检验批划分应符合北京市现行标准《建筑工程消防施工质量验收规范》（DB11/T 2000）和消防工程相关专业验收规范的规定，本章梳理了消防工程子分部、分项与检验批、规范、章节对应内容，提供全部检验批模板、示例及验收规范条文。

8.1 消防工程子分部、分项与检验批对应标准依据

消防工程子分部工程、分项工程、检验批与依据的规范详见表8-1。

表8-1 子分部、分项、检验批名称、编号、依据验收规范

序号	子分部	分项	检验批名称	检验批编号	依据标准编号	备注
1	01 建筑总平面及平面布置	01 建筑类别与耐火等级	/	/	/	不设置检验批
2		02 建筑总平面	/	/	/	
3		03 建筑平面布置	/	/	/	
4		04 有特殊要求场所的建筑布局	/	/	/	
5	02 建筑构造	01 隐蔽工程	/	/	/	不设置检验批
6		02 防火分隔	防火墙及防火隔墙检验批质量验收记录	XF020201	DB11/T 2000—2022	
7			防火卷帘安装检验批质量验收记录	XF020202	GB 50877—2014	
8			防火卷帘调试检验批质量验收记录	XF020203		
9			防火门安装检验批质量验收记录	XF020204		
10			防火门调试检验批质量验收记录	XF020205		
11			防火窗安装检验批质量验收记录	XF020206		
12			防火窗调试检验批质量验收记录	XF020207		
13		03 防烟分隔	挡烟垂壁安装检验批质量验收记录	XF020301	GB 51251—2017	
14			挡烟垂壁调试检验批质量验收记录	XF020302		

序号	子分部	分项	检验批名称	检验批编号	依据规范	备注
15		04 安全疏散	/	/	/	不设置检验批
16		05 消防电梯	/	/	/	不设置检验批
17		06 防火封堵	建筑缝隙防火封堵检验批质量验收记录	XF020601	GB/T 51410—2020	
18			贯穿孔口（管道）防火封堵检验批质量验收记录	XF020602		
19	02 建筑构造	07 钢结构防火保护	钢结构防火涂料保护检验批质量验收记录	XF020701	GB 51249—2017	新增分项
20			钢结构防火板保护检验批质量验收记录	XF020702		
21			钢结构柔性毡状材料防火保护检验批质量验收记录	XF020703		
22			钢结构混凝土（砂浆或砌体）防火保护检验批质量验收记录	XF020704		
23		08 防爆	不发火（防爆）面层检验批质量验收记录	XF020801	GB 50209—2010	
24		01 建筑保温及外墙装饰	建筑保温及外墙装饰检验批质量验收记录	XF030101	DB11/T 2000—2022	
25	03 建筑保温与装修	02 建筑内部装修	纺织物装修防火检验批质量验收记录	XF030201	GB 50354—2005	
26			木质材料装修防火检验批质量验收记录	XF030202		
27			高分子合成材料装修防火检验批质量验收记录	XF030203		
28			复合材料装修防火检验批质量验收记录	XF030204		
29			其他材料装修防火检验批质量验收记录	XF030205		
30	04 消防给水及灭火系统	01 消防水源及供水设施	消防水箱和消防水池检验批质量验收记录	XF040101	GB 50261—2017	
31			消防气压给水设备和稳压泵安装	XF040102		
32			消防水泵和稳压泵安装检验批质量验收记录	XF040103		
33			消防水泵接合器安装检验批质量验收记录	XF040104		

序号	子分部	分项	检验批名称	检验批编号	依据规范	备注
34			管沟及井室检验批质量验收记录	XF040105		
35			室外管道及配件安装、试压、冲洗检验批质量验收记录	XF040106	GB 50242—2002	
36		01 消防水源及供水设施	室内管道及配件安装、试压、冲洗检验批质量验收记录	XF040107		
37			管道及配件防腐、绝热检验批质量验收记录	XF040108		
38			试验与调试检验批质量验收记录	XF040109	GB 50261—2017	
39			室内消火栓安装检验批质量验收记录	XF040201	GB 50974—2014	
40			室外消火栓安装检验批质量验收记录	XF040202		
41		02 消火栓系统分项	管沟及井室检验批质量验收记录	XF040203	GB 50242—2002	
42	04 消防给水及灭火系统		管道及配件安装检验批质量验收记录	XF040204	GB 50974—2014	
43			管道及配件防腐、绝热检验批质量验收记录	XF040205	GB 50974—2014 GB 50242—2002	
44			试验与调试检验批质量验收记录	XF040206	GB 50974—2014	
45			管网安装检验批质量验收记录	XF040301		
46			喷头安装检验批质量验收记录	XF040302		
47			报警阀组安装检验批质量验收记录	XF040303		
48		03 自动喷水灭火系统	其他组件安装检验批质量验收记录	XF040304		
49			系统水压试验检验批质量验收记录	XF040305	GB 50261—2017	
50			系统气压试验检验批质量验收记录	XF040306		
51			系统冲洗检验批质量验收记录	XF040307		
52			自动喷水灭火系统调试检验批质量验收记录	XF040308		

续表

序号	子分部	分项	检验批名称	检验批编号	依据规范	备注
53			探测及灭火装置安装检验批质量验收记录	XF040401		
54		04 自动跟踪定位射流灭火系统分项	控制装置安装检验批质量验收记录	XF040402	GB 51427—2021	
55			管道及配件安装、试压、冲洗检验批质量验收记录	XF040403		
56			管道及配件防腐、绝热检验批质量验收记录	XF040404	GB 51427—2021 GB 50242—2002	
57			试验与调试检验批质量验收记录	XF040405	GB 51427—2021	
58			水喷雾灭火系统水雾喷头安装检验批质量验收记录	XF040501		
59			水喷雾灭火系统报警阀组安装检验批质量验收记录	XF040502	GB 50219—2014	
60			水喷雾灭火系统管道及配件安装、试压、冲洗检验批质量验收记录	XF040503		
61			水喷雾灭火系统管道及配件防腐、绝热检验批质量验收记录	XF040504	GB 50219—2014 GB 50242—2002	
62	04 消防给水及灭火系统	05 水喷雾、细水雾灭火系统分项	水喷雾灭火系统试验与调试检验批质量验收记录	XF040505	GB 50219—2014	
63			细水雾灭火系统储水、储气瓶组安装检验批质量验收记录	XF040506		
64			细水雾灭火系统喷头安装检验批质量验收记录	XF040507		
65			细水雾灭火系统阀组安装检验批质量验收记录	XF040508		
66			细水雾灭火管道及配件安装、试压、冲洗检验批质量验收记录	XF040509	GB 50898—2013	
67			细水雾灭火系统管道及配件防腐、绝热检验批质量验收记录	XF040510	GB 50242—2002	
68			细水雾灭火系统试验与调试检验批质量验收记录	XF040511	GB 50898—2013	
69			灭火剂储存装置安装检验批质量验收记录	XF040601		
70		06 气体灭火系统	选择阀及信号反馈装置安装检验批质量验收记录	XF040602	GB 50263—2007	
71			阀驱动装置安装检验批质量验收记录	XF040603		
72			灭火剂输送管道安装检验批质量验收记录	XF040604		

续表

序号	子分部	分项	检验批名称	检验批编号	依据规范	备注
73			喷嘴安装检验批质量验收记录	XF040605		
74			预制灭火系统检验批质量验收记录	XF040606		
75		06 气体灭火系统	控制组件安装检验批质量验收记录	XF040607	GB 50263—2007	
76			防护区或保护对象与储存装置间检验批质量验收记录	XF040608		
77			系统功能试验检验批质量验收记录	XF040609		
78			泡沫液储罐安装检验批质量验收记录	XF040701		
79			泡沫比例混合器安装检验批质量验收记录	XF040702		
80	04 消防给水及灭火系统	07 泡沫灭火系统	泡沫产生装置安装检验批质量验收记录	XF040703	GB 50151—2021	
81			泡沫消火栓安装检验批质量验收记录	XF040704		
82			管道及配件安装、试压、冲洗检验批质量验收记录	XF040705		
83			管道及配件防腐、绝热检验批质量验收记录	XF040706	GB 50151—2021 GB 50242—2002	
84			试验与调试检验批质量验收记录	XF040707	GB 50151—2021	
85			手提式灭火器安装设置检验批质量验收记录	XF040801		
86		08 建筑灭火器	推车式灭火器安装设置检验批质量验收记录	XF040802	GB 50444—2008	
87			灭火器配置检验批质量验收记录	XF040803		
88			成套配电柜、控制柜（屏、台）和动力、照明配电箱（盘）安装检验批质量验收记录	XF050101		
89	05 消防电气和火灾自动报警系统	01 消防电源及配电分项	柴油发电机组安装检验批质量验收记录	XF050102	GB 50303—2015	
90			不间断电源装置及应急电源装置安装检验批质量验收记录	XF050103		
91			母线槽安装检验批质量验收记录	XF050104		
92			梯架、托盘和槽盒安装检验批质量验收记录	XF050105		

续表

序号	子分部	分项	检验批名称	检验批编号	依据规范	备注
93			导管敷设检验批质量验收记录	XF050106		
94			电缆敷设检验批质量验收记录	XF050107		
95			管内穿线和槽盒内敷线检验批质量验收记录	XF050108	GB 50303—2015	
96			电缆头制作、导线连接和线路绝缘测试检验批质量验收记录	XF050109		
97		01 消防电源及配电分项	电气设备试验和试运行检验批质量验收记录	XF050110		
98			消防机房供配电系统检验批质量验收记录	XF050111	GB 50606—2010	
99			消防机房设备安装检验批质量验收记录	XF050112		
100			机房系统调试检验批质量验收记录	XF050113	GB 50339—2013	
101			抗震支吊架安装检验批质量验收记录	XF050114	DB11/T 1709—2019	
102	05 消防电气和火灾自动报警系统		成套配电柜、控制柜（屏、台）和动力、照明配电箱（盘）安装检验批质量验收记录	XF050201	GB 50303—2015	
103			梯架、支架、托盘和槽盒安装检验批质量验收记录	XF050202	GB 50303—2015 GB 51309—2018	
104			抗震支吊架安装检验批质量验收记录	XF050203	DB 11/T 1709—2019	
105			导管敷设检验批质量验收记录	XF050204		
106		02 消防应急照明和疏散指示系统	管内穿线和槽盒内敷线检验批质量验收记录	XF050205		
107			塑料护套线直敷布线检验批质量验收记录	XF050206	GB 50303—2015	
108			电缆头制作、导线连接和线路绝缘测试检验批质量验收记录	XF050207		
109			消防灯具安装检验批质量验收记录	XF050208		
110			消防应急照明和疏散指示系统调试检验批质量验收记录	XF050209	GB 51309—2018	
111			建筑照明通电试运行检验批质量验收记录	XF050210	GB 50303—2015	
112		03 火灾自动报警系统	梯架、托盘、槽盒和导管安装检验批质量验收记录	XF050301	GB 50166—2019	
113			抗震支吊架安装检验批质量验收记录	XF050302	DB11/T 1709—2019	

序号	子分部	分项	检验批名称	检验批编号	依据规范	备注
114			线缆敷设检验批质量验收记录	XF050303		
115			探测器类设备安装检验批质量验收记录	XF050304		
116			控制器类设备安装检验批质量验收记录	XF050305	GB 50166—2019	
117		03 火灾自动报警系统	其他设备安装检验批质量验收记录	XF050306		
118			软件安装检验批质量验收记录	XF050307	GB 50606—2010	
119			系统调试检验批质量验收记录	XF050308	GB 50166—2019	
120			系统试运行检验批质量验收记录	XF050309	GB 50339—2013	
121			火灾自动报警系统机房检验批质量验收记录	XF050310	GB 50606—2010	
122			梯架、托盘、槽盒和导管安装检验批质量验收记录	XF050401	GB 50166—2019	
123			支吊架安装检验批质量验收记录	XF050402	DB11/T 1709—2019	
124			线缆敷设检验批质量验收记录	XF050403		
125	05 消防电气和火灾自动报警系统	04 电气火灾监控系统	探测器类设备安装检验批质量验收记录	XF050404		
126			控制器类设备安装检验批质量验收记录	XF050405	GB 50166—2019	
127			其他设备安装检验批质量验收记录	XF050406		
128			软件安装检验批质量验收记录	XF050407	GB 50606—2010	
129			系统调试检验批质量验收记录	XF050408	GB 50166—2019	
130			系统试运行检验批质量验收记录	XF050409	GB 50339—2013	
131			梯架、托盘、槽盒和导管安装检验批质量验收记录	XF050501	GB 50166—2019	
132			支吊架安装检验批质量验收记录	XF050502	DB11/T 1709—2019	
133			线缆敷设检验批质量验收记录	XF050503		
134			探测器类设备安装检验批质量验收记录	XF050504		
135		05 消防设备电源监控系统	控制器类设备安装检验批质量验收记录	XF050505	GB 50166—2019	
136			其他设备安装检验批质量验收记录	XF050506		
137			软件安装检验批质量验收记录	XF050507	GB 50606—2010	
138			系统调试检验批质量验收记录	XF050508	GB 50166—2019	
139			系统试运行检验批质量验收记录	XF050509	GB 50339—2013	

序号	子分部	分项	检验批名称	检验批编号	依据规范	备注
140	06 建筑防烟排烟系统	06 防烟系统	封闭楼梯间、防烟楼梯间的可开启外窗或开口检验批质量验收记录	XF060101	DB11/T 2000—2022	
141			独立前室、消防电梯前室的可开启外窗或开口检验批质量验收记录	XF060102		
142			避难层（间）可开启外窗检验批质量验收记录	XF060103		
143			风管与配件制作检验批质量验收记录	XF060104	GB 50243—2016	
144			部件制作检验批质量验收记录	XF060105		
145			风管系统安装检验批质量验收记录	XF060106		
146			风机安装检验批质量验收记录	XF060107		
147			风管与设备防腐与绝热检验批质量验收记录	XF060108		
148			风阀、风口安装检验批质量验收记录	XF060109	GB 51251—2017	
149			防火风管安装检验批质量验收记录	XF060110		
150			系统调试检验批质量验收记录	XF060111	GB 50243—2016	
151		02 排烟系统	自然排烟窗（口）的面积、数量、位置检验批质量验收记录	XF060201	GB 51251—2017	
152			风管与配件制作检验批质量验收记录	XF060202	GB 50243—2016	
153			部件制作检验批质量验收记录	XF060203		
154			风管系统安装检验批质量验收记录	XF060204		
155			风机安装检验批质量验收记录	XF060205		
156			风管与设备防腐与绝热检验批质量验收记录	XF060206		
157			风阀、风口安装检验批质量验收记录	XF060207	GB 51251—2017	
158			防火风管安装检验批质量验收记录	XF060208		
159			系统调试检验批质量验收记录	XF060209	GB 50243—2016	

8.2 建筑构造子分部检验批示例和验收依据

8.2.1 防火分隔分项

一、防火墙及防火隔墙检验批质量验收记录

1. 防火墙及防火隔墙检验批质量验收记录采用《建筑工程资料管理规程》（DB11/T 695）表 C7-4 编制。

2. 防火墙及防火隔墙检验批质量验收记录示例详见表 8-2。

表 8-2 防火墙及防火隔墙检验批质量验收记录示例

XF020201 001

单位（子单位）工程名称		北京××大厦	分部（子分部）工程名称		消防工程分部——建筑构造子分部	分项工程名称	防火分隔分项
施工单位		北京××集团	项目负责人		吴工	检验批容量	5 处
分包单位		北京××消防工程公司	分包单位项目负责人		肖工	检验批部位	A 栋车库
施工依据		消防工程图纸、变更洽商（如有）、施工方案	验收依据			《建筑工程消防施工质量验收规范》（DB11/T 2000—2022）	
验收项目			设计要求及规范规定	最小/实际抽样数量	检查记录		检查结果
主控项目	1	防火分区设置	第 7.2.1 条	全/5	共 5 处，全数检查，合格 5 处		√
	2	防火墙的设置	第 7.2.2 条	全/5	共 5 处，全数检查，合格 5 处		√
	3	竖向井道	第 7.2.5 条	全/5	共 5 处，全数检查，合格 5 处		√
	4	其他有防火分隔要求的部位	第 7.2.6 条	全/5	共 5 处，全数检查，合格 5 处		√
施工单位检查结果				所查项目全部合格　　　　　　　　　　专业工长：签名　　　　　项目专业质量检查员：签名　　　　　2023 年××月××日			
监理单位验收结论				验收合格　　　　　　　　　　专业监理工程师：签名　　　　　2023 年××月××日			

注：本表由施工单位填写。

3. 验收依据

【规范名称及编号】《建筑工程消防施工质量验收规范》（DB11/T 2000—2022）

【条文摘录】

7.2.1 防火分区的设置应符合消防技术标准和消防设计文件要求，并重点核查施工记录，核对防火分区位置、形式、面积及完整性。

7.2.2 防火墙的设置应符合消防技术标准和消防设计文件要求，并应核查下列内容：

1 设置位置及方式；

2 防火封堵情况；

3 防火墙的耐火极限；

4 防火墙上门、窗洞口等开口情况；

5 不应有可燃气体和甲、乙、丙类液体的管道穿过，应无排气道。

7.2.5 建筑内的电梯井、电缆井、管道井、排烟道、排气道、垃圾道等竖向井道应符合消防技术标准和消防设计文件要求，并应检查下列内容：

1 设置位置和检查门的设置；

2 井壁的耐火极限；

3 检查门、孔洞等防火封堵的严密性。

7.2.6 其他有防火分隔要求的部位应符合消防技术标准和消防设计文件要求，并重点检查窗间墙、窗槛墙、建筑幕墙、防火墙、防火隔墙两侧及转角处洞口、防火阀等的设置、分隔设施和防火封堵。

二、防火卷帘安装检验批质量验收记录

1. 防火卷帘安装检验批质量验收记录采用《建筑工程资料管理规程》（DB11/T 695）表 C7-4编制。

2. 防火卷帘安装检验批质量验收记录示例详见表 8-3。

表 8-3 防火卷帘安装检验批质量验收记录示例

XF020202 001

单位（子单位）工程名称		北京××大厦	分部（子分部）工程名称	消防工程分部——建筑构造子分部	分项工程名称		防火分隔分项
施工单位		北京××集团	项目负责人	吴工	检验批容量		5 樘
分包单位		北京××消防工程公司	分包单位项目负责人	肖工	检验批部位		A 栋车库
施工依据		消防工程图纸、变更洽商（如有）、施工方案、《防火卷帘、防火门、防火窗施工及验收规范》（GB 50877—2014）		验收依据	《防火卷帘、防火门、防火窗施工及验收规范》（GB 50877—2014）		
		验收项目	设计要求及规范规定	最小/实际抽样数量	检查记录		检查结果
主控项目	1	防火卷帘的型号、规格、数量、安装位置等	第7.2.1条	/	进场检验合格，检验记录编号XF-02-C4-××		√
	2	产品符合市场准入制度规定的有效证明文件	第4.2.1条	/	进场检验合格，质量证明文件齐全		√
	3	产品标志	第4.2.2条	/	进场检验合格，检验记录编号XF-02-C4-××		√
	4	产品外观	第4.2.3条第4.2.4条	/	进场检验合格，检验记录编号XF-02-C4-××		√
	5	帘板（面）安装	第5.2.1条	全/5	共5处，全数检查，合格5处		√
	6	导轨安装	第5.2.2条	全/5	共5处，全数检查，合格5处		√
	7	座板安装	第5.2.3条	全/5	共5处，全数检查，合格5处		√
	8	门楣安装	第5.2.4条	全/5	共5处，全数检查，合格5处		√
	9	传动装置安装	第5.2.5条	全/5	共5处，全数检查，合格5处		√
	10	卷门机安装	第5.2.6条	全/5	共5处，全数检查，合格5处		√
	11	防护罩（箱体）安装	第5.2.7条	全/5	共5处，全数检查，合格5处		√
	12	温控释放装置安装	第5.2.8条	全/5	共5处，全数检查，合格5处		√
	13	防火卷帘封堵	第5.2.9条	全/5	共5处，全数检查，合格5处		√
	14	卷帘控制器安装	第5.2.10条	全/5	共5处，全数检查，合格5处		√
	15	探测器组安装	第5.2.11条	全/5	共5处，全数检查，合格5处		√

		验收项目	设计要求及规范规定	最小/实际抽样数量	检查记录	检查结果
主控项目	16	保护防火卷帘的自动喷水灭火系统安装	第5.2.12条	全/5	共5处，全数检查，合格5处	√
施工单位检查结果					所查项目全部合格 专业工长：签名 项目专业质量检查员：签名 2023年××月××日	
监理单位验收结论					验收合格 专业监理工程师：签名 2023年××月××日	

注：本表由施工单位填写。

3. 验收依据

【规范名称及编号】《防火卷帘、防火门、防火窗施工及验收规范》（GB 50877—2014）

【条文摘录】

摘录一：

7.2　防火卷帘验收

7.2.1　防火卷帘的型号、规格、数量、安装位置等应符合设计要求。

检查数量：全数检查。

检查方法：直观检查。

7.2.2　防火卷帘施工安装质量的验收应符合本规范第5.2节的规定。

7.2.3　防火卷帘系统功能验收应符合本规范第6.2节的规定。

摘录二：

4.2　防火卷帘检验

4.2.1　防火卷帘及与其配套的感烟和感温火灾探测器等应具有出厂合格证和符合市场准入制度规定的有效证明文件。其型号、规格及耐火性能等应符合设计要求。

检查数量：全数检查。

检查方法：核查产品的名称、型号、规格及耐火性能等是否与符合市场准入制度规定的有效证明文件和设计要求相符。

4.2.2　每樘防火卷帘及配套的卷门机、控制器、手动按钮盒、温控释放装置，均应在其明显部位设置永久性标牌，并应标明产品名称、型号、规格、耐火性能及商标、生产单位（制造商）名称、厂址、出厂日期、产品编号或生产批号、执行标准等。

检查数量：全数检查。

检查方法：直观检查。

4.2.3　防火卷帘的钢质帘面及卷门机、控制器等金属零部件的表面不应有裂纹、压坑及明显的凹凸、锤痕、毛刺等缺陷。

检查数量：全数检查。

检查方法：直观检查。

4.2.4　防火卷帘无机纤维复合帘面，不应有撕裂、缺角、挖补、倾斜、跳线、断线、经纬纱密度明显不匀及色差等缺陷。

检查数量：全数检查。

检查方法：直观检查。

摘录三：

5.2 防火卷帘安装

5.2.1 防火卷帘帘板（面）安装应符合下列规定：

1 钢质防火卷帘相邻帘板串接后应转动灵活，摆动90°不应脱落。

检查数量：全数检查。

检查方法：直观检查；直角尺测量。

2 钢质防火卷帘的帘板装配完毕后应平直，不应有孔洞或缝隙。

检查数量：全数检查。

检查方法：直观检查。

3 钢质防火卷帘帘板两端挡板或防窜机构应装配牢固，卷帘运行时，相邻帘板窜动量不应大于2mm。

检查数量：全数检查。

检查方法：直观检查；直尺或钢卷尺测量。

4 无机纤维复合防火卷帘帘面两端应安装防风钩。

检查数量：全数检查。

检查方法：直观检查。

5 无机纤维复合防火卷帘帘面应通过固定件与卷轴相连。

检查数量：全数检查。

检查方法：直观检查。

5.2.2 导轨安装应符合下列规定：

1 防火卷帘帘板或帘面嵌入导轨的深度应符合表5.2.2的规定。导轨间距大于表5.2.2的规定时，导轨间距每增加1000mm，每端嵌入深度应增加10mm，且卷帘安装后不应变形。

检查数量：全数检查。

检查方法：直观检查；直尺测量，测量点为每根导轨距其底部200mm处，取最小值。

表5.2.2 帘板或帘面嵌入导轨的深度

导轨间距 B（mm）	每端最小嵌入深度（mm）
$B<3000$	>45
$3000 \leqslant B<5000$	>50
$5000 \leqslant B<9000$	>60

2 导轨顶部应成圆弧形，其长度应保证卷帘正常运行。

检查数量：全数检查。

检查方法：直观检查。

3 导轨的滑动面应光滑、平直。帘片或帘面、滚轮在导轨内运行时应平稳顺畅，不应有碰撞和冲击现象。

检查数量：全数检查。

检查方法：直观检查；手动试验。

4 单帘面卷帘的两根导轨应互相平行，双帘面卷帘不同帘面的导轨也应互相平行，其平行度误差均不应大于5mm。

检查数量：全数检查。

检查方法：直观检查；钢卷尺测量，测量点为距导轨顶部 200mm 处、导轨长度的 1/2 处及距导轨底部 200mm 处 3 点，取最大值和最小值之差。

5　卷帘的导轨安装后相对于基础面的垂直度误差不应大于 1.5mm/m，全长不应大于 20mm。

检查数量：全数检查。

检查方法：直观检查；采用吊线方法，用直尺或钢卷尺测量。

6　卷帘的防烟装置与帘面应均匀紧密贴合，其贴合面长度不应小于导轨长度的 80%。

检查数量：全数检查。

检查方法：直观检查；塞尺测量，防火卷帘关闭后用 0.1mm 的塞尺测量帘板或帘面表面与防烟装置之间的缝隙，塞尺不能穿透防烟装置时，表明帘板或帘面与防烟装置紧密贴合。

7　防火卷帘的导轨应安装在建筑结构上，并应采用预埋螺栓、焊接或膨胀螺栓连接。导轨安装应牢固，固定点间距应为 600～1000mm。

检查数量：全数检查。

检查方法：直观检查；对照设计图纸检查；钢卷尺测量。

5.2.3　座板安装应符合下列规定：

1　座板与地面应平行，接触应均匀。座板与帘板或帘面之间的连接应牢固。

检查数量：全数检查。

检查方法：直观检查。

2　无机复合防火卷帘的座板应保证帘面下降顺畅，并应保证帘面具有适当悬垂度。

检查数量：全数检查。

检查方法：直观检查。

5.2.4　门楣安装应符合下列规定：

1　门楣安装应牢固，固定点间距应为 600～1000mm。

检查数量：全数检查。

检查方法：直观检查；对照设计、施工文件检查；钢卷尺测量。

2　门楣内的防烟装置与卷帘帘板或帘面表面应均匀紧密贴合，其贴合面长度不应小于门楣长度的 80%，非贴合部位的缝隙不应大于 2mm。

检查数量：全数检查。

检查方法：直观检查；塞尺测量，防火卷帘关闭后用 0.1mm 的塞尺测量帘板或帘面表面与防烟装置之间的缝隙，塞尺不能穿透防烟装置时，表明帘板或帘面与防烟装置紧密贴合，非贴合部分采用 2.0mm 的塞尺测量。

5.2.5　传动装置安装应符合下列规定：

1　卷轴与支架板应牢固地安装在混凝土结构或预埋钢件上。

检查数量：全数检查。

检查方法：直观检查。

2　卷轴在正常使用时的挠度应小于卷轴的 1/400。

检查数量：同一工程同类卷轴抽查 1～2 件。

检查方法：直观检查；用试块、挠度计检查。

5.2.6　卷门机安装应符合下列规定：

1　卷门机应按产品说明书要求安装，且应牢固可靠。

检查数量：全数检查。

检查方法：直观检查；对照产品说明书检查。

2　卷门机应设有手动拉链和手动速放装置，其安装位置应便于操作，并应有明显标志。手动拉链和手动速放装置不应加锁，且应采用不燃或难燃材料制作。

检查数量：全数检查。

检查方法：直观检查。

5.2.7 防护罩（箱体）安装应符合下列规定：

1 防护罩尺寸的大小应与防火卷帘洞口宽度和卷帘卷起后的尺寸相适应，并应保证卷帘卷满后与防护罩仍保持一定的距离，不应相互碰撞。

检查数量：全数检查。

检查方法：直观检查。

2 防护罩靠近卷门机处，应留有检修口。

检查数量：全数检查。

检查方法：直观检查。

3 防护罩的耐火性能应与防火卷帘相同。

检查数量：全数检查。

检查方法：直观检查；查看防护罩的检查报告。

5.2.8 温控释放装置的安装位置应符合设计和产品说明书的要求。

检查数量：全数检查。

检查方法：直观检查；对照设计图纸和产品说明书检查。

5.2.9 防火卷帘、防护罩等与楼板、梁和墙、柱之间的空隙，应采用防火封堵材料等封堵，封堵部位的耐火极限不应低于防火卷帘的耐火极限。

检查数量：全数检查。

检查方法：直观检查；查看封堵材料的检查报告。

5.2.10 防火卷帘控制器安装应符合下列规定：

1 防火卷帘的控制器和手动按钮盒应分别安装在防火卷帘内外两侧的墙壁上，当卷帘一侧为无人场所时，可安装在一侧墙壁上，且应符合设计要求。控制器和手动按钮盒应安装在便于识别的位置，且应标出上升、下降、停止等功能。

检查数量：全数检查。

检查方法：直观检查。

2 防火卷帘控制器及手动按钮盒的安装应牢固可靠，其底边距地面高度宜为 1.3～1.5m。

检查数量：全数检查。

检查方法：直观检查；尺量检查。

3 防火卷帘控制器的金属件应有接地点，且接地点应有明显的接地标志，连接地线的螺钉不应作其他紧固用。

检查数量：全数检查。

检查方法：直观检查。

5.2.11 与火灾自动报警系统联动的防火卷帘，其火灾探测器和手动按钮盒的安装应符合下列规定：

1 防火卷帘两侧均应安装火灾探测器组和手动按钮盒。当防火卷帘一侧为无人场所时，防火卷帘有人侧应安装火灾探测器组和手动按钮盒。

检查数量：全数检查。

检查方法：直观检查。

2 用于联动防火卷帘的火灾探测器的类型、数量及其间距应符合现行国家标准《火灾自动报警系统设计规范》（GB 50116）的有关规定。

检查数量：全数检查。

检查方法：检查设计、施工文件；尺量检查。

5.2.12 用于保护防火卷帘的自动喷水灭火系统的管道、喷头、报警阀等组件的安装，应符合现行国家标准《自动喷水灭火系统施工及验收规范》（GB 50261）的有关规定。

检查数量：全数检查。

检查方法：对照设计、施工图纸检查；尺量检查。

5.2.13 防火卷帘电气线路的敷设安装，除应符合设计要求外，尚应符合现行国家标准《建筑设计防火规范》（GB 50016）的有关规定。

检查数量：全数检查。

检查方法：对照有关设计、施工文件检查。

三、防火卷帘调试检验批质量验收记录

1. 防火卷帘调试检验批质量验收记录采用《建筑工程资料管理规程》（DB11/T 695）表 C7-4 编制。

2. 防火卷帘调试检验批质量验收记录示例详见表 8-4。

表 8-4　防火卷帘调试检验批质量验收记录示例

XF020203 001

单位（子单位）工程名称	北京××大厦		分部（子分部）工程名称	消防工程分部——建筑构造子分部	分项工程名称	防火分隔分项
施工单位	北京××集团		项目负责人	吴工	检验批容量	5 樘
分包单位	北京××消防工程公司		分包单位项目负责人	肖工	检验批部位	A栋车库
施工依据	消防工程图纸、变更洽商（如有）、施工方案、《防火卷帘、防火门、防火窗施工及验收规范》（GB 50877—2014）			验收依据	《防火卷帘、防火门、防火窗施工及验收规范》（GB 50877—2014）	

		验收项目	设计要求及规范规定	最小/实际抽样数量	检查记录	检查结果
主控项目	1	控制器功能调试	第 6.2.1 条	/	调试合格，记录编号 XF-02-C6-××	√
	2	卷门机功能调试	第 6.2.2 条	/	调试合格，记录编号 XF-02-C6-××	√
	3	卷帘运行功能调试	第 6.2.3 条	/	调试合格，记录编号 XF-02-C6-××	√
施工单位检查结果				所查项目全部合格 专业工长：签名 项目专业质量检查员：签名 2023 年××月××日		
监理单位验收结论				验收合格 专业监理工程师：签名 2023 年××月××日		

注：本表由施工单位填写。

3. 验收依据

【规范名称及编号】《防火卷帘、防火门、防火窗施工及验收规范》（GB 50877—2014）

【条文摘录】

6.2　防火卷帘调试

6.2.1 防火卷帘控制器应进行通电功能、备用电源、火灾报警功能、故障报警功能、自动控制功能、手动控制功能和自重下降功能调试，并应符合下列要求：

1 通电功能调试时，应将防火卷帘控制器分别与消防控制室的火灾报警控制器或消防联动控制设备、相关的火灾探测器、卷门机等连接并通电，防火卷帘控制器应处于正常工作状态。

检查数量：全数检查。

检查方法：直观检查。

2 备用电源调试时，设有备用电源的防火卷帘，其控制器应有主、备电源转换功能。主、备电源的工作状态应有指示，主、备电源的转换不应使防火卷帘控制器发生误动作。备用电源的电池容量应保证防火卷帘控制器在备用电源供电条件下能正常可靠工作1h，并应提供控制器控制卷门机速放控制装置完成卷帘自重垂降，控制卷帘降至下限位所需的电源。

检查数量：全数检查。

检查方法：切断防火卷帘控制器的主电源，观察电源工作指示灯变化情况和防火卷帘是否发生误动作。再切断卷门机主电源，使用备用电源供电，使防火卷帘控制器工作1h，用备用电源启动速放控制装置，观察防火卷帘动作、运行情况。

3 火灾报警功能调试时，防火卷帘控制器应直接或间接地接收来自火灾探测器组发出的火灾报警信号，并应发出声、光报警信号。

检查数量：全数检查。

检查方法：使火灾探测器组发出火灾报警信号，观察防火卷帘控制器的声、光报警情况。

4 故障报警功能调试时，防火卷帘控制器的电源缺相或相序有误，以及防火卷帘控制器与火灾探测器之间的连接线断线或发生故障，防火卷帘控制器均应发出故障报警信号。

检查数量：全数检查。

检查方法：任意断开电源一相或对调电源的任意两相，手动操作防火卷帘控制器按钮，观察防火卷帘动作情况及防火卷帘控制器报警情况。断开火灾探测器与防火卷帘控制器的连接线，观察防火卷帘控制器报警情况。

5 自动控制功能调试时，当防火卷帘控制器接收到火灾报警信号后，应输出控制防火卷帘完成相应动作的信号，并应符合下列要求：

1) 控制分隔防火分区的防火卷帘由上限位自动关闭至全闭。

2) 防火卷帘控制器接到感烟火灾探测器的报警信号后，控制防火卷帘自动关闭至中位（1.8m）处停止，接到感温火灾探测器的报警信号后，继续关闭至全闭。

3) 防火卷帘半降、全降的动作状态信号应反馈到消防控制室。

检查数量：全数检查。

检查方法：分别使火灾探测器组发出半降、全降信号，观察防火卷帘控制器声、光报警和防火卷帘动作、运行情况以及消防控制室防火卷帘动作状态信号显示情况。

6 手动控制功能调试时，手动操作防火卷帘控制器上的按钮和手动按钮盒上的按钮，可控制防火卷帘的上升、下降、停止。

检查数量：全数检查。

检查方法：手动试验。

7 自重下降功能调试时，应将卷门机电源设置于故障状态，防火卷帘应在防火卷帘控制器的控制下，依靠自重下降至全闭。

检查数量：全数检查。

检查方法：切断卷门机电源，按下防火卷帘控制器下降按钮，观察防火卷帘动作、运行情况。

6.2.2 防火卷帘用卷门机的调试应符合下列规定：

1 卷门机手动操作装置（手动拉链）应灵活、可靠，安装位置应便于操作。使用手动操作装置

（手动拉链）操作防火卷帘启、闭运行时，不应出现滑行撞击现象。

检查数量：全数检查。

检查方法：直观检查，拉动手动拉链，观察防火卷帘动作、运行情况。

2 卷门机应具有电动启闭和依靠防火卷帘自重恒速下降（手动速放）的功能。启动防火卷帘自重下降（手动速放）的臂力不应大于70N。

检查数量：全数检查。

检查方法：手动试验，拉动手动速放装置，观察防火卷帘动作情况，用弹簧测力计或砝码测量其启动下降臂力。

3 卷门机应设有自动限位装置，当防火卷帘启、闭至上、下限位时，应自动停止，其重复定位误差应小于20mm。

检查数量：全数检查。

检查方法：启动卷门机，运行一定时间后，关闭卷门机，用直尺测量重复定位误差。

6.2.3 防火卷帘运行功能的调试应符合下列规定：

1 防火卷帘装配完成后，帘面在导轨内运行应平稳，不应有脱轨和明显的倾斜现象。双帘面卷帘的两个帘面应同时升降，两个帘面之间的高度差不应大于50mm。

检查数量：全数检查。

检查方法：手动检查；用钢卷尺测量双帘面卷帘的两个帘面之间的高度差。

2 防火卷帘电动启闭的运行速度应为2~7.5m/min，其自重下降速度不应大于9.5m/min。

检查数量：全数检查。

检查方法：用秒表、钢卷尺测量。

3 防火卷帘启、闭运行的平均噪声不应大于85dB。

检查数量：全数检查。

检查方法：在防火卷帘运行中，用声级计在距卷帘表面的垂直距离1m、距地面的垂直距离1.5m处，水平测量三次，取其平均值。

4 安装在防火卷帘上的温控释放装置动作后，防火卷帘应自动下降至全闭。

检查数量：同一工程同类温控释放装置抽检1~2个。

检查方法：防火卷帘安装并调试完毕后，切断电源，加热温控释放装置，使其感温元件动作，观察防火卷帘动作情况。试验前，应准备备用的温控释放装置，试验后，应重新安装。

四、防火门安装检验批质量验收记录

1. 防火门安装检验批质量验收记录采用《建筑工程资料管理规程》（DB11/T 695）表C7-4编制。

2. 防火门安装墙检验批质量验收记录示例详见表8-5。

表8-5 防火门安装检验批质量验收记录示例

XF020204 001

单位（子单位） 工程名称	北京××大厦	分部（子分部） 工程名称	消防工程分部—— 建筑构造子分部	分项工程 名称	防火分隔分项
施工单位	北京××集团	项目负责人	吴工	检验批容量	5樘
分包单位	北京××消防工程公司	分包单位 项目负责人	肖工	检验批部位	A栋车库
施工依据	消防工程图纸、变更洽商（如有）、施工方案、《防火卷帘、防火门、防火窗施工及验收规范》（GB 50877—2014）		验收依据	《防火卷帘、防火门、防火窗施工及验收规范》（GB 50877—2014）	

		验收项目	设计要求及规范规定	最小/实际抽样数量	检查记录	检查结果
主控项目	1	防火门的型号、规格、数量、安装位置等	第7.3.1条	/	进场检验合格，检验记录编号 XF-02-C4-××	√
	2	产品符合市场准入制度规定的有效证明文件	第4.3.1条	/	进场检验合格，质量证明文件齐全	√
	3	产品标志	第4.3.2条	/	进场检验合格，检验记录编号 XF-02-C4-××	√
	4	产品外观	第4.3.3条	/	进场检验合格，检验记录编号 XF-02-C4-××	√
	5	防火门开启方向	第5.3.1条	全/5	共5处，全数检查，合格5处	√
	6	闭门器、顺序器	第5.3.2条	全/5	共5处，全数检查，合格5处	√
	7	自动关闭门扇装置	第5.3.3条	全/5	共5处，全数检查，合格5处	√
	8	电动控制装置	第5.3.4条	全/5	共5处，全数检查，合格5处	√
	9	防火插销安装	第5.3.5条	全/5	共5处，全数检查，合格5处	√
	10	防火门密封件安装	第5.3.6条	全/5	共5处，全数检查，合格5处	√
	11	变形缝附近防火门安装	第5.3.7条	全/5	共5处，全数检查，合格5处	√
	12	门框安装	第5.3.8条	全/5	共5处，全数检查，合格5处	√
	13	门扇与门框搭接尺寸	第5.3.9条	全/5	共5处，全数检查，合格5处	√
	14	门扇与门框活动间隙	第5.3.10条	全/5	共5处，全数检查，合格5处	√
	15	门扇启闭状况	第5.3.11条	全/5	共5处，全数检查，合格5处	√
	16	门扇开启力	第5.3.12条	全/5	共5处，全数检查，合格5处	√
施工单位 检查结果				所查项目全部合格 专业工长：签名 项目专业质量检查员：签名 2023年××月××日		
监理单位 验收结论				验收合格 专业监理工程师：签名 2023年××月××日		

注：本表由施工单位填写。

3. 验收依据

【规范名称及编号】《防火卷帘、防火门、防火窗施工及验收规范》（GB 50877—2014）

【条文摘录】

摘录一：

7.3 防火门验收

7.3.1 防火门的型号、规格、数量、安装位置等应符合设计要求。

检查数量：全数检查。

检查方法：直观检查；对照设计文件查看。

7.3.2 防火门安装质量的验收应符合本规范第5.3节的规定。

7.3.3 防火门控制功能验收应符合本规范第6.3节的规定。

摘录二：

4.3　防火门检验

4.3.1　防火门应具有出厂合格证和符合市场准入制度规定的有效证明文件，其型号、规格及耐火性能应符合设计要求。

检查数量：全数检查。

检查方法：核查产品名称、型号、规格及耐火性能是否与符合市场准入制度规定的有效证明文件和设计要求相符。

4.3.2　每樘防火门均应在其明显部位设置永久性标牌，并应标明产品名称、型号、规格、耐火性能及商标、生产单位（制造商）名称和厂址、出厂日期及产品生产批号、执行标准等。

检查数量：全数检查。

检查方法：直观检查。

4.3.3　防火门的门框、门扇及各配件表面应平整、光洁，并应无明显凹痕或机械损伤。

检查数量：全数检查。

检查方法：直观检查。

摘录三：

5.3　防火门安装

5.3.1　除特殊情况外，防火门应向疏散方向开启，防火门在关闭后应从任何一侧手动开启。

检查数量：全数检查。

检查方法：直观检查。

5.3.2　常闭防火门应安装闭门器等，双扇和多扇防火门应安装顺序器。

检查数量：全数检查。

检查方法：直观检查。

5.3.3　常开防火门，应安装火灾时能自动关闭门扇的控制、信号反馈装置和现场手动控制装置，且应符合产品说明书要求。

检查数量：全数检查。

检查方法：直观检查。

5.3.4　防火门电动控制装置的安装应符合设计和产品说明书要求。

检查数量：全数检查。

检查方法：直观检查；按设计图纸、施工文件检查。

5.3.5　防火插销应安装在双扇门或多扇门相对固定一侧的门扇上。

检查数量：全数检查。

检查方法：直观检查；查看设计图纸。

5.3.6　防火门门框与门扇、门扇与门扇的缝隙处嵌装的防火密封件应牢固、完好。

检查数量：全数检查。

检查方法：直观检查。

5.3.7　设置在变形缝附近的防火门，应安装在楼层数较多的一侧，且门扇开启后不应跨越变形缝。

检查数量：全数检查。

检查方法：直观检查。

5.3.8　钢质防火门门框内应充填水泥砂浆。门框与墙体应用预埋钢件或膨胀螺栓等连接牢固，其固定点间距不宜大于600mm。

检查数量：全数检查。

检查方法：对照设计图纸、施工文件检查；尺量检查。

5.3.9 防火门门扇与门框的搭接尺寸不应小于12mm。

检查数量：全数检查。

检查方法：使门扇处于关闭状态，用工具在门扇与门框相交的左边、右边和上边的中部画线作出标记，用钢板尺测量。

5.3.10 防火门门扇与门框的配合活动间隙应符合下列规定：

1 门扇与门框有合页一侧的配合活动间隙不应大于设计图纸规定的尺寸公差；

2 门扇与门框有锁一侧的配合活动间隙不应大于设计图纸规定的尺寸公差；

3 门扇与上框的配合活动间隙不应大于3mm；

4 双扇、多扇门的门扇之间缝隙不应大于3mm；

5 门扇与下框或地面的活动间隙不应大于9mm；

6 门扇与门框贴合面间隙、门扇与门框有合页一侧、有锁一侧及上框的贴合面间隙，均不应大于3mm。

检查数量：全数检查。

检查方法：使门扇处于关闭状态，用塞尺测量其活动间隙。

5.3.11 防火门安装完成后，其门扇应启闭灵活，并应无反弹、翘角、卡阻和关闭不严现象。

检查数量：全数检查。

检查方法：直观检查；手动试验。

5.3.12 除特殊情况外，防火门门扇的开启力不应大于80N。

检查数量：全数检查。

检查方法：用测力计测试。

五、防火门调试检验批质量验收记录

1. 防火门调试检验批质量验收记录采用《建筑工程资料管理规程》（DB11/T 695）表C7-4编制。

2. 防火门调试检验批质量验收记录示例详见表8-6。

表 8-6 防火门调试检验批质量验收记录示例

XF020205 001

单位（子单位）工程名称		北京××大厦		分部（子分部）工程名称	消防工程分部——建筑构造子分部	分项工程名称	防火分隔分项
施工单位		北京××集团		项目负责人	吴工	检验批容量	5个
分包单位		北京××消防工程公司		分包单位项目负责人	肖工	检验批部位	A栋车库
施工依据		消防工程图纸、变更洽商（如有）、施工方案、《防火卷帘、防火门、防火窗施工及验收规范》（GB 50877—2014）			验收依据	《防火卷帘、防火门、防火窗施工及验收规范》（GB 50877—2014）	

验收项目			设计要求及规范规定	最小/实际抽样数量	检查记录	检查结果
主控项目	1	常闭门启动关闭功能	第6.3.1条	/	调试合格，记录编号 XF-02-C6-××	√
	2	常开门联动控制功能	第6.3.2条	/	调试合格，记录编号 XF-02-C6-××	√
	3	常开门远程控制功能	第6.3.3条	/	调试合格，记录编号 XF-02-C6-××	√
	4	常开门现场控制功能	第6.3.4条	/	调试合格，记录编号 XF-02-C6-××	√

续表

施工单位 检查结果	所查项目全部合格	专业工长：签名 项目专业质量检查员：签名 2023年××月××日
监理单位 验收结论	验收合格	专业监理工程师：签名 2023年××月××日

注：本表由施工单位填写。

3. 验收依据

【规范名称及编号】《防火卷帘、防火门、防火窗施工及验收规范》（GB 50877—2014）

【条文摘录】

6.3 防火门调试

6.3.1 常开防火门，从门的任意一侧手动开启，应自动关闭。当装有信号反馈装置时，开、关状态信号应反馈到消防控制室。

检查数量：全数检查。

检查方法：手动试验。

6.3.2 常开防火门，其任意一侧的火灾探测器报警后，应自动关闭，并应将关闭信号反馈至消防控制室。

检查数量：全数检查。

检查方法：用专用测试工具，使常开防火门一侧的火灾探测器发出模拟火灾报警信号，观察防火门动作情况及消防控制室信号显示情况。

6.3.3 常开防火门，接到消防控制室手动发出的关闭指令后，应自动关闭，并应将关闭信号反馈至消防控制室。

检查数量：全数检查。

检查方法：在消防控制室启动防火门关闭功能，观察防火门动作情况及消防控制室信号显示情况。

6.3.4 常开防火门，接到现场手动发出的关闭指令后，应自动关闭，并应将关闭信号反馈至消防控制室。

检查数量：全数检查。

检查方法：现场手动启动防火门关闭装置，观察防火门动作情况及消防控制室信号显示情况。

六、防火窗安装检验批质量验收记录

1. 防火窗安装检验批质量验收记录采用《建筑工程资料管理规程》（DB11/T 695）表C7-4编制。

2. 防火窗安装检验批质量验收记录示例详见表8-7。

表8-7 防火窗安装检验批质量验收记录

XF020206 001

单位（子单位） 工程名称	北京××大厦	分部（子分部） 工程名称	消防工程分部—— 建筑构造子分部	分项工程 名称	防火分隔分项
施工单位	北京××集团	项目负责人	吴工	检验批容量	5樘
分包单位	北京××消防工程公司	分包单位 项目负责人	肖工	检验批部位	A栋车库
施工依据	消防工程图纸、变更洽商（如有）、施工方案、《防火卷帘、防火门、防火窗施工及验收规范》（GB 50877—2014）		验收依据	《防火卷帘、防火门、防火窗施工及验收规范》（GB 50877—2014）	

		验收项目	设计要求及规范规定	最小/实际抽样数量	检查记录	检查结果
主控项目	1	防火窗的型号、规格、数量、安装位置等	第7.4.1条	/	进场检验合格，检验记录编号 XF-02-C4-××	√
	2	产品符合市场准入制度规定的有效证明文件	第4.4.1条	/	进场检验合格，质量证明文件齐全	√
	3	产品标志	第4.4.2条	/	进场检验合格，检验记录编号 XF-02-C4-××	√
	4	产品外观	第4.4.3条	/	进场检验合格，检验记录编号 XF-02-C4-××	√
	5	防火窗密封件安装	第5.4.1条	全/5	共5处，全数检查，合格5处	√
	6	窗框安装	第5.4.2条	全/5	共5处，全数检查，合格5处	√
	7	手动启闭装置安装	第5.4.3条	全/5	共5处，全数检查，合格5处	√
	8	温控释放装置安装	第5.4.4条	全/5	共5处，全数检查，合格5处	√
施工单位检查结果					所查项目全部合格	专业工长：签名 项目专业质量检查员：签名 2023年××月××日
监理单位验收结论					验收合格	专业监理工程师：签名 2023年××月××日

注：本表由施工单位填写。

3. 验收依据

【规范名称及编号】《防火卷帘、防火门、防火窗施工及验收规范》（GB 50877—2014）

【条文摘录】

摘录一：

7.4 防火窗验收

7.4.1 防火窗的型号、规格、数量、安装位置等应符合设计要求。

检查数量：全数检查。

检查方法：直观检查；对照设计文件查看。

7.4.2 防火窗安装质量的验收应符合本规范第5.4节的规定。

7.4.3 活动式防火窗控制功能的验收应符合本规范第6.4节的规定。

摘录二：

4.4 防火窗检验

4.4.1 防火窗应具有出厂合格证和符合市场准入制度规定的有效证明文件，其型号、规格及耐火性能应符合设计要求。

检查数量：全数检查。

检查方法：核查产品名称、型号、规格及耐火性能是否与符合市场准入制度规定的有效证明文件和设计要求相符。

4.4.2 每樘防火窗均应在其明显部位设置永久性标牌，并应标明产品名称、型号、规格、生产单位（制造商）名称和地址、产品生产日期或生产编号、出厂日期、执行标准等。

检查数量：全数检查。

检查方法：直观检查。

4.4.3　防火窗表面应平整、光洁，并应无明显凹痕或机械损伤。

检查数量：全数检查。

检查方法：直观检查。

摘录三：

5.4　防火窗安装

5.4.1　有密封要求的防火窗，其窗框密封槽内镶嵌的防火密封件应牢固、完好。

检查数量：全数检查。

检查方法：直观检查。

5.4.2　钢质防火窗窗框内应充填水泥砂浆。窗框与墙体应用预埋钢件或膨胀螺栓等连接牢固，其固定点间距不宜大于600mm。

检查数量：全数检查。

检查方法：对照设计图纸、施工文件检查；尺量检查。

5.4.3　活动式防火窗窗扇启闭控制装置的安装应符合设计和产品说明书要求，并应位置明显，便于操作。

检查数量：全数检查。

检查方法：直观检查；手动试验。

5.4.4　活动式防火窗应装配火灾时能控制窗扇自动关闭的温控释放装置。温控释放装置的安装应符合设计和产品说明书要求。

检查数量：全数检查。

检查方法：直观检查；按设计图纸、施工文件检查。

七、防火窗调试检验批质量验收记录

1. 防火窗调试检验批质量验收记录采用《建筑工程资料管理规程》（DB11/T 695）表 C7-4 编制。

2. 防火窗调试检验批质量验收记录示例详见表 8-8。

表 8-8　防火窗调试检验批质量验收记录示例

XF020207 001

单位（子单位）工程名称		北京××大厦	分部（子分部）工程名称		消防工程分部——建筑构造子分部	分项工程名称	防火分隔分项
施工单位		北京××集团	项目负责人		吴工	检验批容量	5 樘
分包单位		北京××消防工程公司	分包单位项目负责人		肖工	检验批部位	A栋车库
施工依据		消防工程图纸、变更洽商（如有）、施工方案、《防火卷帘、防火门、防火窗施工及验收规范》（GB 50877—2014）	验收依据			《防火卷帘、防火门、防火窗施工及验收规范》（GB 50877—2014）	
验收项目			设计要求及规范规定	最小/实际抽样数量	检查记录		检查结果
主控项目	1	手动控制功能	第6.4.1条	/	调试合格，记录编号 XF-02-C6-××		√
	2	联动控制功能	第6.4.2条	/	调试合格，记录编号 XF-02-C6-××		√
	3	远程控制功能	第6.4.3条	/	调试合格，记录编号 XF-02-C6-××		√
	4	温控释放功能	第6.4.4条	/	调试合格，记录编号 XF-02-C6-××		√

施工单位 检查结果	所查项目全部合格	专业工长：签名 项目专业质量检查员：签名 2023年××月××日
监理单位 验收结论	验收合格	专业监理工程师：签名 2023年××月××日

注：本表由施工单位填写。

3. 验收依据

【规范名称及编号】《防火卷帘、防火门、防火窗施工及验收规范》（GB 50877—2014）

【条文摘录】

6.4 防火窗调试

6.4.1 活动式防火窗，现场手动启动防火窗窗扇启闭控制装置时，活动窗扇应灵活开启，并应完全关闭，同时应无启闭卡阻现象。

检查数量：全数检查。

检查方法：手动试验。

6.4.2 活动式防火窗，其任意一侧的火灾探测器报警后，应自动关闭，并应将关闭信号反馈至消防控制室。

检查数量：全数检查。

检查方法：用专用测试工具，使活动式防火窗任一侧的火灾探测器发出模拟火灾报警信号，观察防火窗动作情况及消防控制室信号显示情况。

6.4.3 活动式防火窗，接到消防控制室发出的关闭指令后，应自动关闭，并应将关闭信号反馈至消防控制室。

检查数量：全数检查。

检查方法：在消防控制室启动防火窗关闭功能，观察防火窗动作情况及消防控制室信号显示情况。

6.4.4 安装在活动式防火窗上的温控释放装置动作后，活动式防火窗应在60s内自动关闭。

检查数量：同一工程同类温控释放装置抽检1～2个。

检查方法：活动式防火窗安装并调试完毕后，切断电源，加热温控释放装置，使其热敏感元件动作，观察防火窗动作情况，用秒表测试关闭时间。试验前，应准备备用的温控释放装置，试验后，应重新安装。

8.2.2 防烟分隔分项

一、挡烟垂壁安装检验批质量验收记录

1. 挡烟垂壁安装检验批质量验收记录采用《建筑工程资料管理规程》（DB11/T 695）表C7-4编制。

2. 挡烟垂壁安装检验批质量验收记录示例详见表8-9。

表8-9 挡烟垂壁安装检验批质量验收记录示例

XF020301 001

单位（子单位） 工程名称	北京××大厦	分部（子分部） 工程名称	消防工程分部—— 建筑构造子分部	分项工程 名称	防火分隔分项
施工单位	北京××集团	项目负责人	吴工	检验批容量	5件

续表

分包单位	北京××消防工程公司	分包单位项目负责人		肖工	检验批部位	A栋车库
施工依据	消防工程图纸、变更洽商（如有）、施工方案、《建筑防烟排烟系统技术标准》（GB 51251—2017）			验收依据	《建筑防烟排烟系统技术标准》（GB 51251—2017）	

		验收项目	设计要求及规范规定	最小/实际抽样数量	检查记录	检查结果
主控项目	1	活动挡烟垂壁应具有火灾自动报警系统自动启动和现场手动启动功能	第5.2.5条	/	检测合格，记录编号 XF-02-C6-××	√
	2	火灾自动报警系统应在15s内联动相应防烟分区的全部活动挡烟垂壁	第5.2.5条	/	检测合格，记录编号 XF-02-C6-××	√
	3	活动挡烟垂壁开启到位的时间	第5.2.5条	/	检测合格，记录编号 XF-02-C6-××	√
	4	活动挡烟垂壁及其电动驱动装置和控制装置	第6.2.4条	1/1	抽查1处，合格1处	√
	5	挡烟垂壁型号、规格、下垂的长度和安装位置	第6.4.4条第1款	全/5	共5处，全数检查，合格5处	√
	6	活动挡烟垂壁与建筑结构（柱或墙）的缝隙	≤60mm	全/5	共5处，全数检查，合格5处	√
	7	两块及以上的挡烟垂壁组成的连续性挡烟垂壁	各块之间 不应有缝隙	全/5	共5处，全数检查，合格5处	√
	8		搭接宽度 ≥100mm	全/5	共5处，全数检查，合格5处	√
	9	活动挡烟垂壁手动操作按钮	第6.4.4条第3款	全/5	共5处，全数检查，合格5处	√

施工单位检查结果	所查项目全部合格 专业工长：签名 项目专业质量检查员：签名 2023年××月××日
监理单位验收结论	验收合格 专业监理工程师：签名 2023年××月××日

注：本表由施工单位填写。

3. 验收依据

【规范名称及编号】《建筑防烟排烟系统技术标准》（GB 51251—2017）

【条文摘录】

摘录一：

5.2.5 活动挡烟垂壁应具有火灾自动报警系统自动启动和现场手动启动功能，当火灾确认后，火灾自动报警系统应在15s内联动相应防烟分区的全部活动挡烟垂壁，60s以内挡烟垂壁应开启到位。

摘录二：

6.2.4 活动挡烟垂壁及其电动驱动装置和控制装置应符合有关消防产品标准的规定，其型号、规格、数量应符合设计要求，动作可靠。

检查数量：按批抽查10％，且不得少于1件。

检查方法：测试，直观检查，查验产品的质量合格证明文件、符合国家市场准入要求的文件。

摘录三：

6.4.4 挡烟垂壁的安装应符合下列规定：

1 型号、规格、下垂的长度和安装位置应符合设计要求；

2 活动挡烟垂壁与建筑结构（柱或墙）面的缝隙不应大于60mm，由两块或两块以上的挡烟垂帘组成的连续性挡烟垂壁，各块之间不应有缝隙，搭接宽度不应小于100mm；

3 活动挡烟垂壁的手动操作按钮应固定安装在距楼地面1.3m～1.5m之间便于操作、明显可见处。

检查数量：全数检查。

检查方法：依据设计图核对，尺量检查、动作检查。

二、挡烟垂壁调试检验批质量验收记录

1. 挡烟垂壁调试检验批质量验收记录采用《建筑工程资料管理规程》（DB11/T 695）表C7-4编制。

2. 挡烟垂壁调试检验批质量验收记录示例详见表8-10。

表8-10　挡烟垂壁调试检验批质量验收记录示例

XF020301 001

单位（子单位）工程名称	北京××大厦		分部（子分部）工程名称	消防工程分部——建筑构造子分部	分项工程名称	防烟分隔分项
施工单位	北京××集团		项目负责人	吴工	检验批容量	5件
分包单位	北京××消防工程公司		分包单位项目负责人	肖工	检验批部位	A栋车库
施工依据	消防工程图纸、变更洽商（如有）、施工方案、《建筑防烟排烟系统技术标准》（GB 51251—2017）			验收依据	《建筑防烟排烟系统技术标准》（GB 51251—2017）	
		验收项目	设计要求及规范规定	最小/实际抽样数量	检查记录	检查结果
主控项目	1	开启、复位试验	第7.2.3条第1款	/	调试合格，记录编号 XF-02-C6-××	√
	2	模拟火灾	第7.2.3条第2款	/	调试合格，记录编号 XF-02-C6-××	√
	3	信号反馈	第7.2.3条第3款	/	调试合格，记录编号 XF-02-C6-××	√
施工单位检查结果				所查项目全部合格	专业工长：签名项目专业质量检查员：签名2023年××月××日	
监理单位验收结论				验收合格	专业监理工程师：签名2023年××月××日	

本表由施工单位填写。

3．验收依据

【规范名称及编号】《建筑防烟排烟系统技术标准》（GB 51251—2017）

【条文摘录】

7.2.3 活动挡烟垂壁的调试方法及要求应符合下列规定：

1 手动操作挡烟垂壁按钮进行开启、复位试验，挡烟垂壁应灵敏、可靠地启动与到位后停止，下降高度应符合设计要求；

2 模拟火灾，相应区域火灾报警后，同一防烟分区内挡烟垂壁应在 60s 以内联动下降到设计高度；

3 挡烟垂壁下降到设计高度后应能将状态信号反馈到消防控制室。

调试数量：全数调试。

8.2.3 防火封堵分项

一、建筑缝隙防火封堵检验批质量验收记录

1．建筑缝隙防火封堵检验批质量验收记录采用《建筑工程资料管理规程》（DB11/T 695）表 C7-4 编制。

2．建筑缝隙防火封堵检验批质量验收记录示例详见表 8-11。

表 8-11 建筑缝隙防火封堵检验批质量验收记录示例

XF020601 001

单位（子单位）工程名称	北京××大厦	分部（子分部）工程名称	消防工程分部——建筑构造子分部	分项工程名称	防火封堵分项
施工单位	北京××集团	项目负责人	吴工	检验批容量	10 处
分包单位	北京××消防工程公司	分包单位项目负责人	肖工	检验批部位	A 栋车库
施工依据	消防工程图纸、变更洽商（如有）、施工方案、《建筑防火封堵应用技术标准》（GB/T 51410—2020）		验收依据	《建筑防火封堵应用技术标准》（GB/T 51410—2020）	

		验收项目	设计要求及规范规定	最小/实际抽样数量	检查记录	检查结果
主控项目	1	防火封堵材料	符合设计和施工要求	/	进场检验合格，检验记录编号 XF-02-C4-××	√
	2	防火封堵构造做法	符合设计和施工要求	全/10	共 10 处，全数检查，合格 10 处	√
一般项目	1	防火封堵外观	第 6.3.2 条第 1 款	全/10	共 10 处，全数检查，合格 10 处	100%
	2	防火封堵宽度	第 6.3.2 条第 2 款	5/5	抽查 5 处，合格 5 处	100%
	3	防火封堵深度	第 6.3.2 条第 3 款	5/5	抽查 5 处，合格 5 处	100%
	4	防火封堵长度	第 6.3.2 条第 4 款	5/5	抽查 5 处，合格 5 处	100%

续表

施工单位 检查结果	所查项目全部合格 专业工长：签名 项目专业质量检查员：签名 2023 年××月××日
监理单位 验收结论	验收合格 专业监理工程师：签名 2023 年××月××日

注：本表由施工单位填写。

3. 验收依据

【规范名称及编号】《建筑防火封堵应用技术标准》（GB/T 51410—2020）

【条文摘录】

6.3.2　建筑缝隙防火封堵的材料选用、构造做法等应符合设计和施工要求。

1　应检查防火封堵的外观。

检查数量：全数检查。

检查方法：直观检查有无脱落、变形、开裂等现象。

2　应检查防火封堵的宽度。

检查数量：每个防火分区抽查建筑缝隙封堵总数的 20%，且不少于 5 处，每处取 5 个点。当同类型防火封堵少于 5 处时，应全部检查。

检查方法：直尺测量缝隙封堵的宽度，取 5 个点的平均值。

3　应检查防火封堵的深度。

检查数量：每个防火分区抽查建筑缝隙封堵总数的 20%，且不少于 5 处，每处现场取样 5 个点。当同类型防火封堵少于 5 处时，应全部检查。

检查方法：游标卡尺测量取样的材料厚度。

4　应检查防火封堵的长度。

检查数量：每个防火分区抽查建筑缝隙封堵总数的 20%，且不少于 5 处，每处现场取样 5 个点。当同类型防火封堵少于 5 处时，应全部检查。

检查方法：直尺或卷尺测量封堵部位的长度。

二、贯穿孔口（管道）防火封堵检验批质量验收记录

1. 贯穿孔口（管道）防火封堵检验批质量验收记录采用《建筑工程资料管理规程》（DB11/T 695）表 C7-4 编制。

2. 贯穿孔口（管道）防火封堵检验批质量验收记录示例详见表 8-12。

表 8-12　贯穿孔口（管道）防火封堵检验批质量验收记录示例

XF020602 001

单位（子单位） 工程名称	北京××大厦	分部（子分部） 工程名称	消防工程分部—— 建筑构造子分部	分项工程 名称	防火封堵分项
施工单位	北京××集团	项目负责人	吴工	检验批容量	10 处
分包单位	北京××消防工程公司	分包单位 项目负责人	肖工	检验批部位	A 栋车库
施工依据	消防工程图纸、变更洽商（如有）、施工方案、 《建筑防火封堵应用技术标准》（GB/T51410-2020）	验收依据	《建筑防火封堵应用技术标准》 （GB/T 51410—2020）		

验收项目		设计要求及规范规定	最小/实际抽样数量	检查记录	检查结果
主控项目	1 防火封堵材料	符合设计和施工要求	/	进场检验合格，检验记录编号 XF-02-C4-××	√
	2 防火封堵构造做法	符合设计和施工要求	全/10	共10处，全数检查，合格10处	√
一般项目	1 防火封堵外观	第6.3.3条第1款	5/5	抽查5处，合格5处	100%
	2 防火封堵宽度	第6.3.3条第2款	5/5	抽查5处，合格5处	100%
	3 防火封堵深度	第6.3.3条第3款	5/5	抽查5处，合格5处	100%
施工单位检查结果			所查项目全部合格 专业工长：签名 项目专业质量检查员：签名 2023年××月××日		
监理单位验收结论			验收合格 专业监理工程师：签名 2023年××月××日		

注：本表由施工单位填写。

3. 验收依据

【规范名称及编号】《建筑防火封堵应用技术标准》（GB/T 51410—2020）

【条文摘录】

6.3.3 贯穿孔口防火封堵的材料选用、构造做法等应符合设计和施工要求。

1 应检查防火封堵的外观。

检查数量：全数检查。

检查方法：直观检查有无脱落、变形、开裂等现象。

2 应检查防火封堵的宽度。

检查数量：每个防火分区抽查贯穿孔口封堵总数的30%，且不少于5处，每处取3个点。当同类型防火封堵少于5个时，应全部检查。

检查方法：直尺测量贯穿孔口的宽度。

3 应检查防火封堵的深度。

检查数量：每个防火分区抽查贯穿孔口封堵总数的30%，且不少于5处，每处取3个点。当同类型防火封堵少于5处时，应全部检查。

检查方法：游标卡尺测量取样的材料厚度，取3个点的平均值。

8.2.4 钢结构防火保护分项

一、钢结构防火涂料保护检验批质量验收记录

1. 钢结构防火涂料保护检验批质量验收记录采用《建筑工程资料管理规程》（DB11/T 695）表C7-4编制。

2. 钢结构防火涂料保护检验批质量验收记录示例详见表8-13。

表 8-13　钢结构防火涂料保护检验批质量验收记录示例

XF020701 001

单位（子单位）工程名称	北京××大厦		分部（子分部）工程名称	消防工程分部——建筑构造子分部	分项工程名称	钢结构防火保护分项
施工单位	北京××集团		项目负责人	吴工	检验批容量	5件
分包单位	北京××消防工程公司		分包单位项目负责人	肖工	检验批部位	展馆
施工依据	消防工程图纸、变更洽商（如有）、施工方案、《建筑钢结构防火技术规范》（GB 51249—2017）			验收依据	《钢结构工程施工质量验收标准》（GB 50205—2020）《建筑钢结构防火技术规范》（GB 51249—2017）	

	验收项目		设计要求及规范规定	最小/实际抽样数量	检查记录	检查结果
主控项目	1	防火涂料质量	第4.11.2条	/	进场检验合格，质量证明文件齐全	√
	2	涂装基层验收	第13.4.1条	/	验收合格，检验批编号02031001×××	√
	3	强度试验	第13.4.2条	/	检验合格，报告记录编号2023-122××	√
	4	涂层厚度	第13.4.3条	/	检验合格，检验记录编号XF-02-C5-××	√
	5	表面裂纹	第13.4.4条	3/3	抽查3处，合格3处	√
	6	复合防火保护时，后一种防火保护的施工应在前一种防火保护检验批的施工质量检验合格后进行	第9.7.1条（GB 51249—2017）	/	/	/
一般项目	1	防火涂料外观及状态	第4.11.3条	/	进场检验合格，质量证明文件齐全	100%
	2	基层表面	第13.4.5条	全/5	共5处，全数检查，合格5处	100%
	3	涂层表面质量	第13.4.6条	全/5	共5处，全数检查，合格5处	100%
施工单位检查结果			所查项目全部合格 专业工长：签名 项目专业质量检查员：签名 2023年××月××日			
监理单位验收结论			验收合格 专业监理工程师：签名 2023年××月××日			

本表由施工单位填写。

3. 验收依据

【依据一】《钢结构工程施工质量验收标准》（GB 50205—2020）

【条文摘录】

摘录一：　　　　　　　　　　　　涂装材料

Ⅰ　主控项目

4.11.1　钢结构防腐涂料、稀释剂和固化剂等材料的品种、规格、性能等应符合国家现行标准的规定并满足设计要求。

　　检查数量：全数检查。

　　检验方法：检查产品的质量合格证明文件、中文产品标志及检验报告等。

4.11.2　钢结构防火涂料的品种和技术性能应满足设计要求，并应经法定的检测机构检测，检测结果应符合国家现行标准的规定。

　　检查数量：全数检查。

　　检验方法：检查产品的质量合格证明文件、中文产品标志及检验报告等。

Ⅱ　一般项目

4.11.3　防腐涂料和防火涂料的型号、名称、颜色及有效期应与其质量证明文件相符。开启后，不应存在结皮、结块、凝胶等现象。

　　检查数量：应按桶数抽查5%，且不应少于3桶。

　　检验方法：观察检查。

摘录二：

防火涂料涂装

Ⅰ　主控项目

13.4.1　防火涂料涂装前，钢材表面防腐涂装质量应满足设计要求并符合本标准的规定。

　　检查数量：全数检查。

　　检验方法：检查防腐涂装验收记录。

13.4.2　防火涂料黏结强度、抗压强度应符合现行国家标准《钢结构防火涂料》GB 14907的规定。

　　检查数量：每使用100t或不足100t薄涂型防火涂料应抽检一次黏结强度；每使用500t或不足500t厚涂型防火涂料应抽检一次黏结强度和抗压强度。

　　检验方法：检查复检报告。

13.4.3　膨胀型（超薄型、薄涂型）防火涂料、厚涂型防火涂料的涂层厚度及隔热性能应满足国家现行标准有关耐火极限的要求，且不应小于$-200\mu m$。当采用厚涂型防火涂料涂装时，80%及以上涂层面积应满足国家现行标准有关耐火极限的要求，且最薄处厚度不应低于设计要求的85%。

　　检查数量：按照构件数抽查10%，且同类构件不应少于3件。

　　检验方法：膨胀型（超薄型、薄涂型）防火涂料采用涂层厚度测量仪，涂层厚度允许偏差应为-5%。厚涂型防火涂料的涂层厚度采用本标准附录E的方法检测。

13.4.4　超薄型防火涂料涂层表面不应出现裂纹；薄涂型防火涂料涂层表面裂纹宽度不应大于0.5mm；厚涂型防火涂料涂层表面裂纹宽度不应大于1.0mm。

　　检查数量：按同类构件数抽查10%，且均不应少于3件。

　　检验方法：观察和用尺量检查。

Ⅱ　一般项目

13.4.5　防火涂料涂装基层不应有油污、灰尘和泥砂等污垢。

　　检查数量：全数检查。

　　检验方法：观察检查。

13.4.6　防火涂料不应有误涂、漏涂，涂层应闭合，无脱层、空鼓、明显凹陷、粉化松散和浮浆、乳突等缺陷。

　　检查数量：全数检查。

　　检验方法：观察检查。

【依据二】《建筑钢结构防火技术规范》（GB 51249—2017）

【条文摘录】

9.7.1 采用复合防火保护时，后一种防火保护的施工应在前一种防火保护检验批的施工质量检验合格后进行。

检查数量：全数检查。

检查方法：查验施工记录和验收记录。

二、钢结构防火板保护检验批质量验收记录

1. 钢结构防火板保护检验批质量验收记录采用《建筑工程资料管理规程》（DB11/T 695）表 C7-4 编制。

2. 钢结构防火板保护检验批质量验收记录示例详见表 8-14。

表 8-14　钢结构防火板保护检验批质量验收记录示例

XF020702 001

单位（子单位）工程名称		北京××大厦	分部（子分部）工程名称	消防工程分部——建筑构造子分部	分项工程名称	钢结构防火保护分项
施工单位		北京××集团	项目负责人	吴工	检验批容量	5件
分包单位		北京××消防工程公司	分包单位项目负责人	肖工	检验批部位	展馆
施工依据		消防工程图纸、变更洽商（如有）、施工方案、《建筑钢结构防火技术规范》（GB 51249—2017）		验收依据		《建筑钢结构防火技术规范》（GB 51249—2017）

		验收项目	设计要求及规范规定	最小/实际抽样数量	检查记录	检查结果
主控项目	1	防火板质量	第9.2.1条	/	进场检验合格，质量证明文件齐全	√
	2	防火板隔热性能见证检验	第9.2.2条	/	检验合格，检验记录编号 XF-02-C4-××	√
	3	防火板抗折强度	第9.2.4条	/	检验合格，检验记录编号 XF-02-C4-××	√
	4	防火板保护层厚度	第9.4.1条	3/3	抽查3处，合格3处	√
	5	防火板安装龙骨及固定件	第9.4.2条	3/3	抽查3处，合格3处	√
	6	防火板安装	第9.4.3条	3/3	抽查3处，合格3处	√
	7	复合防火保护时，后一种防火保护的施工应在前一种防火保护检验批的施工质量检验合格后进行	第9.7.1条	/	/	/
一般项目	1	防火板表面质量	第9.2.7条	全/5	共5处，全数检查，合格5处	100%
	2	安装允许偏差　立面垂直度	±4mm	全/5	共5处，全数检查，合格5处	100%
		表面平整度	±2mm	全/5	共5处，全数检查，合格5处	100%
		阴阳角方正	±2mm	全/5	共5处，全数检查，合格5处	100%
		接缝高低差	±1mm	全/5	共5处，全数检查，合格5处	100%
		接缝宽厚	±2mm	全/5	共5处，全数检查，合格5处	100%
	3	防火板分层安装	第9.4.5条	全/5	共5处，全数检查，合格5处	100%
	4	防火板安装接缝	第9.4.6条	全/5	共5处，全数检查，合格5处	100%
施工单位检查结果				所查项目全部合格 专业工长：签名 项目专业质量检查员：签名 2023年××月××日		

监理单位 验收结论	验收合格	专业监理工程师：签名 2023年××月××日

注：本表由施工单位填写。

3. 验收依据

【规范名称及编号】《建筑钢结构防火技术规范》（GB 51249—2017）

【条文摘录】

摘录一：

9.2　防火保护材料进场

Ⅰ　主控项目

9.2.1　防火涂料、防火板、毡状防火材料等防火保护材料的质量，应符合国家现行产品标准的规定和设计要求，并应具备产品合格证、国家权威质量监督检验机构出具的检验合格报告和型式认可证书。

检查数量：全数检查。

检验方法：查验产品合格证、检验合格报告和型式认可证书。

9.2.2　预应力钢结构、跨度大于或等于60m的大跨度钢结构、高度大于或等于100m的高层建筑钢结构所采用的防火涂料、防火板、毡状防火材料等防火保护材料，在材料进场后，应对其隔热性能进行见证检验。非膨胀型防火涂料和防火板、毡状防火材料等实测的等效热传导系数的设计取值，其允许偏差为＋10％；膨胀型防火涂料实测的等效热阻不应小于等效热阻的设计取值，其允许偏差为－10％。

检查数量：按施工进货的生产批次确定，每一批应抽检一次。

检查方法：按现行国家标准《建筑构件耐火试验方法 第1部分：通用要求》GB/T 9978.1、《建筑构件耐火试验方法 第7部分》GB/T 9978.7规定的耐火性能试验方法测试，试件采用136b工字钢，长度500mm，数量3个，试件应四面受火且不加载。对于非膨胀型防火涂料，试件的防火保护层厚度取20mm，并应按式（5.3.1）计算等效热传导系数；对于防火板、毡状防火材料，试件的防火保护层厚度取防火板、毡状防火材料的厚度，并应按式（5.3.1）计算等效热传导系数；对于膨胀型防火涂料，试件的防火保护厚度取涂料的最小使用厚度、最大使用厚度的平均值，并应按式（5.3.2）计算等效热阻。

9.2.4　防火板的抗折强度应符合产品标准的规定和设计要求，其允许偏差为－10％。

检查数量：按施工进货的生产批次确定，每一进货批次应抽检一次。

检查方法：按产品标准进行抗折试验。

9.2.7　防火板表面应平整，无孔洞、凸出物、缺损、裂痕和泛出物。有装饰要求的防火板，表面应色泽一致、无明显划痕。

检查数量：全数检查。

检查方法：直观检查。

摘录二：

9.4　防火板保护工程

Ⅰ　主控项目

9.4.1　防火板保护层的厚度不应小于设计厚度，其允许偏差应为设计厚度的±10％，且不应大于±2mm。

检查数量：按同类构件基数抽查 10%，且均不应少于 3 件。

检查方法：每一构件选取至少 5 个不同的部位，用游标卡尺分别测量其厚度；防火板保护层厚度为测点厚度的平均值。

9.4.2 防火板的安装龙骨、支撑固定件等应固定牢固，现场拉拔强度应符合设计要求，其允许偏差应为设计值的−10%。

检查数量：按同类构件基数抽查 10%，且均不应少于 3 个。

检查方法：现场手掰检查；查验进场验收记录、现场拉拔检测报告。

9.4.3 防火板安装应牢固稳定、封闭良好。

检查数量：按同类构件基数抽查 10%，且均不应少于 3 件。

检查方法：直观检查。

Ⅱ 一般项目

9.4.4 防火板的安装允许偏差应符合表 9.4.4 的规定。

检查数量：全数检查。

检查方法：用 2m 垂直检测尺、2m 靠尺、塞尺、直角检测尺、钢直尺实测。

表 9.4.4 防火板的安装允许偏差（mm）

检查项目	允许偏差	检查仪器
立面垂直度	±4	2m 垂直检测尺
表面平整度	±2	2m 靠尺、塞尺
阴阳角正方	±2	直角检测尺
接缝高低差	±1	钢直尺、塞尺
接缝宽厚	±2	钢直尺

9.4.5 防火板分层安装时，应分层固定、相互压缝。

检查数量：全数检查。

检查方法：查验隐蔽工程记录和施工记录。

9.4.6 防火板的安装接缝应严密、顺直，接缝边缘应整齐。

检查数量：全数检查。

检查方法：直观和用尺量检查。

摘录三：

第 9.7.1 条（见《钢结构防火涂料保护检验批质量验收记录》的验收依据，本书第 242 页）。

三、钢结构柔性毡状材料防火保护检验批质量验收记录

1. 钢结构柔性毡状材料防火保护检验批质量验收记录采用《建筑工程资料管理规程》（DB11/T 695）表 C7-4 编制。

2. 钢结构柔性毡状材料防火保护检验批质量验收记录示例详见表 8-15。

表 8-15 钢结构柔性毡状材料防火保护检验批质量验收记录示例

XF020703 001

单位（子单位）工程名称	北京××大厦	分部（子分部）工程名称	消防工程分部——建筑构造子分部	分项工程名称	钢结构防火保护分项
施工单位	北京××集团	项目负责人	吴工	检验批容量	5 件
分包单位	北京××消防工程公司	分包单位项目负责人	肖工	检验批部位	展馆

施工依据	消防工程图纸、变更洽商（如有）、施工方案、《建筑钢结构防火技术规范》（GB 51249—2017）		验收依据	《建筑钢结构防火技术规范》（GB 51249—2017）	

验收项目		设计要求及规范规定	最小/实际抽样数量	检查记录	检查结果
主控项目	1　柔性毡状材料质量	第9.2.1条	/	进场检验合格，质量证明文件齐全	√
	2　柔性毡状材料隔热性能见证检验	第9.2.2条	/	检验合格，检验记录编号 XF-02-C4-××	√
	3　柔性毡状材料防火保护层厚度	第9.5.1条	3/3	抽查3处，合格3处	√
	4　分层施工	第9.5.2条	3/3	抽查3处，合格3处	√
	5　复合防火保护时，后一种防火保护的施工应在前一种防火保护检验批的施工质量检验合格后进行	第9.7.1条	/	/	/
一般项目	1　柔性毡状材料捆扎	第9.5.3条	3/3	抽查3处，合格3处	100%
	2　防火保护层拼缝	第9.5.4条	3/3	抽查3处，合格3处	100%
	3　固定支撑件安装及间距	第9.5.5条	3/3	抽查3处，合格3处	100%
施工单位检查结果			所查项目全部合格 专业工长：签名 项目专业质量检查员：签名 2023年××月××日		
监理单位验收结论			验收合格 专业监理工程师：签名 2023年××月××日		

注：本表由施工单位填写。

3. 验收依据

【规范名称及编号】《建筑钢结构防火技术规范》（GB 51249—2017）

【条文摘录】

摘录一：

第9.2.1、9.2.2条（见《钢结构防火板保护检验批质量验收记录》的验收依据，本书第243页）。

摘录二：

9.5　柔性毡状材料防火保护工程

Ⅰ　主控项目

9.5.1　柔性毡状材料防火保护层的厚度应符合设计要求。厚度允许偏差为±10%，且不应大于±3mm。

检查数量：按同类构件基数抽查10%，且均不应少于3件。

检查方法：每一构件选取至少5个不同的涂层部位，用针刺、尺量检查。

9.5.2　柔性毡状材料防火保护层的厚度大于100mm时，应分层施工。

检查数量：按同类构件基数抽查10%，且均不应少于3件。

检查方法：直观和用尺量检查。

Ⅱ 一般项目

9.5.3 毡状隔热材料的捆扎应牢固、平整，捆扎间距应符合设计要求，且间距应均匀。

检查数量：按同类构件基数抽查10%，且均不应少于3件。

检查方法：直观和用尺量检查。

9.5.4 柔性毡状材料防火保护层应拼缝严实、规则；同层错缝、上下层压缝；表面应平整、错缝整齐，并应作严缝处理。

检查数量：按同类构件基数抽查10%，且均不应少于3件。

检查方法：直观和用尺量检查。

9.5.5 柔性毡状材料防火保护层的固定支撑件应垂直于钢构件表面牢固安装，安装间距应符合设计要求，且间距应均匀。

检查数量：按同类构件基数抽查10%，且均不应少于3件。

检查方法：直观和用尺量检查、手掰检查。

摘录三：

第9.7.1条（见《钢结构防火涂料保护检验批质量验收记录》的验收依据，本书第242页）。

四、钢结构混凝土（砂浆或砌体）防火保护检验批质量验收记录

1. 钢结构混凝土（砂浆或砌体）防火保护检验批质量验收记录采用《建筑工程资料管理规程》（DB11/T 695）表C7-4编制。

2. 钢结构混凝土（砂浆或砌体）防火保护检验批质量验收记录示例详见表8-16。

表8-16 钢结构混凝土（砂浆或砌体）防火保护检验批质量验收记录示例

XF020704 001

单位（子单位）工程名称	北京××大厦	分部（子分部）工程名称	消防工程分部——建筑构造子分部	分项工程名称	钢结构防火保护分项
施工单位	北京××集团	项目负责人	吴工	检验批容量	5件
分包单位	北京××消防工程公司	分包单位项目负责人	肖工	检验批部位	展馆
施工依据	消防工程图纸、变更洽商（如有）、施工方案、《建筑钢结构防火技术规范》（GB 51249—2017）			验收依据	《建筑钢结构防火技术规范》（GB 51249—2017）

		验收项目	设计要求及规范规定	最小/实际抽样数量	检查记录	检查结果
主控项目	1	混凝土抗压强度	第9.2.5条	/	C30，检验合格，报告编号2023-123××	√
		砂浆抗压强度	第9.2.5条	/	/	/
		砌块抗压强度	第9.2.5条	/	/	/
	2	混凝土保护层厚度	±10%且不应大于±5mm	3/3	抽查3处，合格3处	√
		砂浆保护层厚度	±10%且不应大于±2mm	/	/	/
		砌块保护层厚度	±10%且不应大于±5mm	/	/	/

续表

验收项目		设计要求及规范规定	最小/实际抽样数量	检查记录	检查结果
主控项目	3	复合防火保护时，后一种防火保护的施工应在前一种防火保护检验批的施工质量检验合格后进行	第9.7.1条	/	/	/
一般项目	1	混凝土保护层质量	第9.6.2条	3/3	抽查3处，合格3处	100%
	2	砂浆保护层质量	第9.6.3条	/	/	/
	3	砌块保护层质量	第9.6.4条	/	/	/
施工单位检查结果				所查项目全部合格 专业工长：签名 项目专业质量检查员：签名 2023年××月××日	
监理单位验收结论				验收合格 专业监理工程师：签名 2023年××月××日	

注：本表由施工单位填写。

3. 验收依据

【规范名称及编号】《建筑钢结构防火技术规范》（GB 51249—2017）

【条文摘录】

摘录一：

9.2.5 混凝土、砂浆、砌块的抗压强度应符合本规范第4.1.6条的规定，其允许偏差为－10％。

检查数量：混凝土按现行国家标准《混凝土结构工程施工质量验收规范》GB 50204的规定，砂浆和砌块按现行国家标准《砌体结构工程施工质量验收规范》GB 50203的规定。

检查方法：混凝土应符合现行国家标准《混凝土结构工程施工质量验收规范》GB 50204的规定；砂浆和砌块应符合现行国家标准《砌体结构工程施工质量验收规范》GB 50203的规定。

摘录二：

9.6 混凝土、砂浆和砌体防火保护工程

Ⅰ 主控项目

9.6.1 混凝土保护层、砂浆保护层和砌体保护层的厚度不应小于设计厚度。混凝土保护层、砌体保护层的允许偏差为±10％，且不应大于±5mm。砂浆保护层的允许偏差为±10％，且不应大于±2mm。

检查数量：按同类构件基数抽查10％，且均不应少于3件。

检查方法：每一构件选取至少5个不同的部位，用尺量检查。

Ⅱ 一般项目

9.6.2 混凝土保护层的表面应平整，无明显的孔洞、缺损、裂痕等缺陷。

检查数量：全数检查。

检验方法：直观检查。

9.6.3 砂浆保护层表面的裂纹宽度不应大于1mm，且1m长度内不得多于3条。

检查数量：按同类构件基数抽查10％，且均不应少于3件。检验方法：直观和用尺量检查。

9.6.4 砌体保护层应同层错缝、上下层压缝，边缘应整齐。

检查数量：按同类构件基数抽查10％，且均不应少于3件。

检查方法：直观和用尺量检查。

摘录三：

第9.7.1条（见《钢结构防火涂料保护检验批质量验收记录》的验收依据，本书第242页）。

8.2.5 防爆分项——不发火（防爆）面层检验批质量验收记录

1. 不发火（防爆）面层检验批质量验收记录采用《建筑工程资料管理规程》（DB11/T 695）表C7-4编制。

2. 不发火（防爆）面层检验批质量验收记录示例详见表8-17。

表8-17 不发火（防爆）面层检验批质量验收记录示例

XF020801 001

单位（子单位）工程名称		北京××大厦	分部（子分部）工程名称	消防工程分部——建筑构造子分部	分项工程名称	防爆分项
施工单位		北京××集团	项目负责人	吴工	检验批容量	5间
分包单位		北京××消防工程公司	分包单位项目负责人	肖工	检验批部位	专用仓库
施工依据		消防工程图纸、变更洽商（如有）、施工方案、《建筑地面工程》（DB11/T 1832.7—2022）		验收依据	《建筑地面工程施工质量验收规范》（GB 50209—2010）	

验收项目			设计要求及规范规定	最小/实际抽样数量	检查记录	检查结果
主控项目	1	材料质量	第5.7.4条	/	进场检验合格，质量证明文件齐全	√
	2	面层强度等级	设计要求 C20	/	见证检验合格，报告编号2023-052××	√
	3	面层与下一层结合	第5.7.6条	3/3	抽查3处，合格3处	√
	4	面层试件检验	第5.7.7条	/	见证检验合格，报告编号2023-033××	√
一般项目	1	面层表面质量	第5.7.8条	3/3	抽查3处，合格3处	100%
	2	踢脚线与墙面结合	第5.7.9条	3/3	抽查3处，合格3处	100%
	3	表面允许偏差 表面平整度	5mm	3/3	抽查3处，合格3处	100%
		踢脚线上口平直	4mm	3/3	抽查3处，合格3处	100%
		缝格平直	3mm	3/3	抽查3处，合格3处	100%
施工单位检查结果			所查项目全部合格		专业工长：签名 项目专业质量检查员：签名 2023年××月××日	
监理单位验收结论			验收合格		专业监理工程师：签名 2023年××月××日	

注：本表由施工单位填写。

3. 验收依据

【规范名称及编号】《建筑地面工程施工质量验收规范》（GB 50209—2010）

【条文摘录】

摘录一：

3.0.21 建筑地面工程施工质量的检验，应符合下列规定：

　　1　基层（各构造层）和各类面层的分项工程的施工质量验收应按每一层次或每层施工段（或变形缝）划分检验批，高层建筑的标准层可按每三层（不足三层按三层计）划分检验批；

　　2　每检验批应以各子分部工程的基层（各构造层）和各类面层所划分的分项工程按自然间（或标准间）检验，抽查数量应随机检验不应少于3间；不足3间，应全数检查；其中走廊（过道）应以10延长米为1间，工业厂房（按单跨计）、礼堂、门厅应以两个轴线为1间计算；

　　3　有防水要求的建筑地面子分部工程的分项工程施工质量每检验批抽查数量应按其房间总数随机检验不应少于4间，不足4间，应全数检查。

　　3.0.22　建筑地面工程的分项工程施工质量检验的主控项目，应达到本规范规定的质量标准，认定为合格；一般项目80％以上的检查点（处）符合本规范规定的质量要求，其他检查点（处）不得有明显影响使用，且最大偏差值不超过允许偏差值的50％为合格。凡达不到质量标准时，应按现行国家标准《建筑工程施工质量验收统一标准》GB 50300的规定处理。

摘录二：

　　5.1.7　整体面层的允许偏差和检验方法应符合表5.1.7的规定。

表5.1.7　整体面层的允许偏差和检验方法

项次	项目	允许偏差（mm）									检验方法
		水泥混凝土面层	水泥砂浆面层	普通水磨石面层	高级水磨石面层	硬化耐磨面层	防油渗混凝土和不发火（防爆）面层	自流平面层	涂料面层	塑胶面层	
1	表面平整度	5	4	3	2	4	5	2	2	2	用2m靠尺和楔形塞尺检查
2	踢脚线上口平直	4	4	3	3	4	4	3	3	3	拉5m线和用钢尺检查
3	缝格顺直	3	3	3	2	3	3	2	2	2	

摘录三：

5.7　不发火（防爆）面层

　　5.7.1　不发火（防爆）面层应采用水泥类拌和料及其他不发火材料铺设，其材料和厚度应符合设计要求。

　　5.7.2　不发火（防爆）各类面层的铺设应符合本规范相应面层的规定。

　　5.7.3　不发火（防爆）面层采用的材料和硬化后的试件，应按本规范附录A做不发火性试验。

Ⅰ　主控项目

　　5.7.4　不发火（防爆）面层中碎石的不发火性必须合格；砂应质地坚硬、表面粗糙，其粒径宜为0.15～5mm，含泥量不应大于3％，有机物含量不应大于0.5％；水泥应采用硅酸盐水泥、普通硅酸盐水泥；面层分格的嵌条应采用不发生火花的材料配制。配制时应随时检查，不得混入金属或其他易发生火花的杂质。

　　检验方法：观察检查和检查质量合格证明文件。

　　检查数量：按本规范第3.0.19条的规定检查。

　　5.7.5　不发火（防爆）面层的强度等级应符合设计要求。

　　检验方法：检查配合比试验报告和强度等级检测报告。

　　检查数量：配合比试验报告按同一工程、同一强度等级、同一配合比检查一次；强度等级检测报告按本规范第3.0.19条的规定检查。

　　5.7.6　面层与下一层应结合牢固，且应无空鼓和开裂。当出现空鼓时，空鼓面积不应大于

400cm²，且每自然间或标准间不应多于2处。

检验方法：用小锤轻击检查。

检查数量：按本规范第3.0.21条规定的检验批检查。

5.7.7 不发火（防爆）面层的试件应检验合格。

检验方法：检查检测报告。

检查数量：同一工程、同一强度等级、同一配合比检查一次。

Ⅱ 一般项目

5.7.8 面层表面应密实，无裂缝、蜂窝、麻面等缺陷。

检验方法：观察检查。

检查数量：按本规范第3.0.21条规定的检验批检查。

5.7.9 踢脚线与柱、墙面应紧密结合，踢脚线高度及出柱、墙厚度应符合设计要求且均匀一致。当出现空鼓时，局部空鼓长度不应大于300mm，且每自然间或标准间不应多于2处。

检验方法：用小锤轻击、钢尺和观察检查。

检查数量：按本规范第3.0.21条规定的检验批检查。

5.7.10 不发火（防爆）面层的允许偏差应符合本规范表5.1.7的规定。

检验方法：按本规范表5.1.7中的检验方法检验。

检查数量：按本规范第3.0.21条规定的检验批和第3.0.22条的规定检查。

摘录四：

附录A 不发火（防爆）建筑地面材料及其制品不发火性的试验方法

A.1 不发火性的定义

A.0.1 试验前的准备：准备直径为150mm的砂轮，在暗室内检查其分离火花的能力。如果发生清晰的火花，则该砂轮可用于不发火（防爆）建筑地面材料及其制品不发火性的试验。

A.0.2 粗骨料的试验：从不少于50个，每个重50～250g（准确度达到1g）的试件中选出10个，在暗室内进行不发火性试验。只有每个试件上磨掉不少于20g，且试验过程中未发现任何瞬时的火花，方可判定为不发火性试验合格。

A.0.3 粉状骨料的试验：粉状骨料除应试验其制造的原料外，还应将骨料用水泥或沥青胶结制成块状材料后进行试验。原料、胶结块状材料的试验方法同本规范第A.0.2条。

A.0.4 不发火水泥砂浆、水磨石和水泥混凝土的试验。试验方法同本规范第A.0.2条、A.0.3条。

8.3 建筑保温与装修子分部检验批示例和验收依据

8.3.1 建筑保温及外墙装饰分项——建筑保温及外墙装饰检验批质量验收记录

1. 建筑保温及外墙装饰检验批质量验收记录采用《建筑工程资料管理规程》（DB11/T 695）表C7-4编制。

2. 建筑保温及外墙装饰检验批质量验收记录示例详见表8-18。

表8-18 建筑保温及外墙装饰检验批质量验收记录示例

XF030101 001

单位（子单位）工程名称	北京××大厦	分部（子分部）工程名称	消防工程分部——建筑保温与装修子分部	分项工程名称	建筑保温及外墙装饰分项
施工单位	北京××集团	项目负责人	吴工	检验批容量	500m²

分包单位	北京××消防工程公司	分包单位 项目负责人		肖工	检验批部位	四层外墙
施工依据	消防工程图纸、变更洽商（如有）、施工方案、《建筑工程施工工艺规程 第12部分：保温工程》（DB11/T 1832.12—2022）		验收依据		《建筑工程消防施工质量验收规范》 （DB11/T 2000—2022）	

验收项目		设计要求及 规范规定	最小/实际 抽样数量	检查记录	检查结果
主控项目	1　墙体保温工程	第8.2.1条	/	检验合格，资料齐全	√
	2　建筑外墙及屋面 保温系统的设置	第8.2.2条	/	检验合格，资料齐全	√
	3　建筑幕墙与建筑基层墙 体间空腔的保温节能系统	第8.2.3条	/	/	/
	4　建筑外墙装饰材料 的防火性能	第8.2.4条	/	进场检验合格，质量证明文件齐全	√

施工单位 检查结果	所查项目全部合格 专业工长：签名 项目专业质量检查员：签名 2023年××月××日
监理单位 验收结论	验收合格 专业监理工程师：签名 2023年××月××日

注：本表由施工单位填写。

3. 验收依据

【规范名称及编号】《建筑工程消防施工质量验收规范》（DB11/T 2000—2022）

【条文摘录】

8.2　建筑保温及外装修

8.2.1　主体结构完成后进行施工的墙体保温工程，应在基层墙体质量验收合格后施工；与主体工程同时施工的墙体保温工程，应与主体工程一同验收。

8.2.2　建筑外墙及屋面保温系统的设置应符合消防技术标准和消防设计文件要求，并应核查下列内容：

1　建筑外墙保温系统的设置位置、形式；

2　保温材料的燃烧性能；

3　保温系统防火隔离带的设置及燃烧性能。

8.2.3　建筑幕墙与建筑基层墙体间空腔的保温节能系统应符合消防技术标准和消防设计文件要求，并应核查下列内容：

1　建筑幕墙保温系统的设置位置、形式；

2　保温材料的燃烧性能；

3　幕墙保温系统与基层墙体、装饰层之间的空腔，在每层楼板处采用防火封堵材料封堵情况。

8.2.4　建筑外墙装饰材料的防火性能应符合消防技术标准和消防设计文件要求，应核查外墙装饰材料的防火性能证明文件是否符合消防技术标准和消防设计文件要求。

8.3.2 建筑内部装修分项

一、纺织物装修防火检验批质量验收记录

1. 纺织物装修防火检验批质量验收记录采用《建筑工程资料管理规程》（DB11/T 695）表 C7-4 编制。

2. 纺织物装修防火检验批质量验收记录示例详见表 8-19。

表 8-19 纺织物装修防火检验批质量验收记录示例

XF030201 001

单位（子单位）工程名称		北京××大厦	分部（子分部）工程名称	消防工程分部——建筑保温与装修子分部	分项工程名称	建筑内部装修分项
施工单位		北京××集团	项目负责人	吴工	检验批容量	20 间
分包单位		北京××消防工程公司	分包单位项目负责人	肖工	检验批部位	三层
施工依据		消防工程图纸、变更洽商（如有）、施工方案、《建筑内部装修防火施工及验收规范》（GB 50354—2005）	验收依据		《建筑内部装修防火施工及验收规范》（GB 50354—2005）	

	验收项目		设计要求及规范规定	最小/实际抽样数量	检查记录	检查结果
主控项目	1	纺织织物燃烧性能等级	应符合设计要求	/	检验合格，资料齐全	√
	2	阻燃剂	第3.0.6条	/	检验合格，资料齐全	√
	3	现场阻燃处理	第3.0.7条	/	检验合格，资料齐全	√
一般项目	1	纺织织物进行阻燃处理过程中，应保持施工区段的洁净；现场处理的纺织织物不应受污染	第3.0.8条	/	检验合格，资料齐全	√
	2	阻燃处理后的纺织织物外观、颜色、手感等应无明显异常	第3.0.9条	全/20	共20处，全数检查，合格20处	100%

施工单位检查结果	所查项目全部合格 专业工长：签名 项目专业质量检查员：签名 2023年××月××日
监理单位验收结论	验收合格 专业监理工程师：签名 2023年××月××日

注：本表由施工单位填写。

3. 验收依据

【规范名称及编号】《建筑内部装修防火施工及验收规范》（GB 50354—2005）

【条文摘录】

3 纺织织物子分部装修工程

3.0.1 用于建筑内部装修的纺织织物可分为天然纤维织物和合成纤维织物。

3.0.2 纺织织物施工应检查下列文件和记录：

1 纺织织物燃烧性能等级的设计要求；

2 纺织织物燃烧性能型式检验报告，进场验收记录和抽样检验报告；

3 现场对纺织织物进行阻燃处理的施工记录及隐蔽工程验收记录。

3.0.3 下列材料进场应进行见证取样检验：

1 B_1、B_2 级纺织织物；

2 现场对纺织织物进行阻燃处理所使用的阻燃剂。

3.0.4 下列材料应进行抽样检验：

1 现场阻燃处理后的纺织织物，每种取 $2m^2$ 检验燃烧性能；

2 施工过程中受湿漫、燃烧性能可能受影响的纺织织物，每种取 $2m^2$ 检验燃烧性能。

Ⅰ 主控项目

3.0.5 纺织织物燃烧性能等级应符合设计要求。

检验方法：检查进场验收记录或阻燃处理记录。

3.0.6 现场进行阻燃施工时，应检查阻燃剂的用量、适用范围、操作方法。阻燃施工过程中，应使用计量合格的称量器具，并严格按使用说明书的要求进行施工。阻燃剂必须完全浸透织物纤维，阻燃剂干含量应符合检验报告或说明书的要求。

检验方法：检查施工记录。

3.0.7 现场进行阻燃处理的多层纺织织物，应逐层进行阻燃处理。

检验方法：检查施工记录。隐藏层检查隐蔽工程验收记录。

Ⅱ 一般项目

3.0.8 纺织织物进行阻燃处理过程中，应保持施工区段的洁净；现场处理的纺织织物不应受污染。

检验方法：检查施工记录。

3.0.9 阻燃处理后的纺织织物外观、颜色、手感等应无明显异常。

检验方法：观察。

二、木质材料装修防火检验批质量验收记录

1. 木质材料装修防火检验批质量验收记录采用《建筑工程资料管理规程》（DB11/T 695）表 C7-4 编制。

2. 木质材料装修防火检验批质量验收记录示例详见表 8-20。

表 8-20 木质材料装修防火检验批质量验收记录示例

XF030202 001

单位（子单位） 工程名称	北京××大厦	分部（子分部） 工程名称	消防工程分部——建 筑保温与装修子分部	分项工程 名称	建筑内部装修分项
施工单位	北京××集团	项目负责人	吴工	检验批容量	20 间
分包单位	北京××消防工程公司	分包单位 项目负责人	肖工	检验批部位	三层
施工依据	消防工程图纸、变更洽商（如有）、施工 方案、《建筑内部装修防火施工及验收 规范》（GB 50354—2005）		验收依据	《建筑内部装修防火施工及验收规范》 （GB 50354—2005）	

续表

	验收项目		设计要求及规范规定	最小/实际抽样数量	检查记录	检查结果
主控项目	1	木质材料燃烧性能等级	应符合设计要求	/	检验合格，资料齐全	√
	2	木质材料进行阻燃处理前，表面不得涂刷油漆	第4.0.6条	/	检验合格，资料齐全	√
	3	木质材料在进行阻燃处理时，木质材料含水率	不应大于12%	/	检验合格，资料齐全	√
	4	阻燃剂	第4.0.8条	/	检验合格，资料齐全	√
	5	木质材料涂刷或浸渍阻燃剂	第4.0.9条	/	检验合格，资料齐全	√
	6	木质材料阻燃处理	第4.0.10条	/	检验合格，资料齐全	√
	7	木质材料表面进行防火涂料处理	第4.0.11条	/	检验合格，资料齐全	√
一般项目	1	现场进行阻燃处理时，应保持施工区段的洁净，现场处理的木质材料不应受污染	第4.0.12条	/	检验合格，资料齐全	√
	2	木质材料在涂刷防火涂料前应清理表面，且表面不应有水、灰尘或油污	第4.0.13条	/	检验合格，资料齐全	√
	3	阻燃处理后的木质材料表面应无明显返潮及颜色异常变化	第4.0.14条	全/20	共20处，全数检查，合格20处	100%
施工单位检查结果			所查项目全部合格 专业工长：签名 项目专业质量检查员：签名 2023年××月××日			
监理单位验收结论			验收合格 专业监理工程师：签名 2023年××月××日			

注：本表由施工单位填写。

3. 验收依据

【规范名称及编号】《建筑内部装修防火施工及验收规范》（GB 50354—2005）

【条文摘录】

4 木质材料子分部装修工程

4.0.1 用于建筑内部装修的木质材料可分为天然木材和人造板材。

4.0.2 木质材料施工应检查下列文件和记录：

1 木质材料燃烧性能等级的设计要求；

2 木质材料燃烧性能型式检验报告、进场验收记录和抽样检验报告；

3　现场对木质材料进行阻燃处理的施工记录及隐蔽工程验收记录。

4.0.3　下列材料进场应进行见证取样检验：

1　B_1 级木质材料。

2　现场进行阻燃处理所使用的阻燃剂及防火涂料。

4.0.4　下列材料应进行抽样检验：

1　现场阻燃处理后的木质材料，每种取 $4m^2$ 检验燃烧性能；

2　表面进行加工后的 B_1 级木质材料，每种取 $4m^2$ 检验燃烧性能。

Ⅰ　主控项目

4.0.5　木质材料燃烧性能等级应符合设计要求。

检验方法：检查进场验收记录或阻燃处理施工记录。

4.0.6　木质材料进行阻燃处理前，表面不得涂刷油漆。

检验方法：检查施工记录。

4.0.7　木质材料在进行阻燃处理时，木质材料含水率不应大于12%。

检验方法：检查施工记录。

4.0.8　现场进行阻燃施工时，应检查阻燃剂的用量、适用范围、操作方法。阻燃施工过程中，应使用计量合格的称量器具，并严格按使用说明书的要求进行施工。

检验方法：检查施工记录。

4.0.9　木质材料涂刷或浸渍阻燃剂时，应对木质材料所有表面都进行涂刷或浸渍，涂刷或浸渍后的木材阻燃剂的干含量应符合检验报告或说明书的要求。

检验方法：检查施工记录及隐蔽工程验收记录。

4.0.10　木质材料表面粘贴装饰表面或阻燃饰面时，应先对木质材料进行阻燃处理。

检验方法：检查隐蔽工程验收记录。

4.0.11　木质材料表面进行防火涂料处理时，应对木质材料的所有表面进行均匀涂刷，且不应少于2次，第二次涂刷应在第一次涂层表面干后进行；涂刷防火涂料用量不应少于 $500g/m^2$。

检验方法：观察，检查施工记录。

Ⅱ　一般项目

4.0.12　现场进行阻燃处理时，应保持施工区段的洁净，现场处理的木质材料不应受污染。

检验方法：检查施工记录。

4.0.13　木质材料在涂刷防火涂料前应清理表面，且表面不应有水、灰尘或油污。

检验方法：检查施工记录。

4.0.14　阻燃处理后的木质材料表面应无明显返潮及颜色异常变化。

检验方法：观察。

三、高分子合成材料装修防火检验批质量验收记录

1. 高分子合成材料装修检验批质量验收记录采用《建筑工程资料管理规程》（DB11/T 695）表C7-4编制。

2. 高分子合成材料装修检验批质量验收记录示例详见表8-21。

表8-21　高分子合成材料装修防火检验批质量验收记录示例

XF030203 001

单位（子单位）工程名称	北京××大厦	分部（子分部）工程名称	消防工程分部—建筑保温与装修子分部	分项工程名称	建筑内部装修分项
施工单位	北京××集团	项目负责人	吴工	检验批容量	20 间

续表

分包单位	北京××消防工程公司	分包单位项目负责人		肖工	检验批部位	三层
施工依据	消防工程图纸、变更洽商（如有）、施工方案、《建筑内部装修防火施工及验收规范》（GB 50354—2005）		验收依据		《建筑内部装修防火施工及验收规范》（GB 50354—2005）	

		验收项目	设计要求及规范规定	最小/实际抽样数量	检查记录	检查结果
主控项目	1	高分子合成材料燃烧性能等级	应符合设计要求	/	检验合格，资料齐全	√
	2	B₁、B₂ 级高分子合成材料施工	应符合设计要求	/	检验合格，资料齐全	√
	3	阻燃处理时，应检查阻燃剂的用量、适用范围、操作方法	第5.0.7条	/	检验合格，资料齐全	√
	4	顶棚内涂刷防火涂料	第5.0.8条	/	/	/
	5	塑料电工套管的施工	第5.0.9条	/	/	/
一般项目	1	泡沫塑料进行阻燃处理时，应保持施工区段的洁净	第5.0.10条	/	检验合格，资料齐全	√
	2	泡沫塑料经阻燃处理后，不应降低其使用功能，表面不应出现明显的盐析、返潮和变硬等现象	第5.0.11条	全/20	共20处，全数检查，合格20处	100%
	3	泡沫塑料进行阻燃处理过程中，应保持施工区段的洁净，现场处理的泡沫塑料不应受污染	第5.0.12条	/	检验合格，资料齐全	√

施工单位检查结果	所查项目全部合格 专业工长：签名 项目专业质量检查员：签名 2023 年××月××日
监理单位验收结论	验收合格 专业监理工程师：签名 2023 年××月××日

注：本表由施工单位填写。

3. 验收依据

【规范名称及编号】《建筑内部装修防火施工及验收规范》（GB 50354—2005）

【条文摘录】

5 高分子合成材料子分部装修工程

5.0.1 用于建筑内部装修的高分子合成材料可分为塑料、橡胶及橡塑材料。

5.0.2 高分子合成材料施工应检查下列文件和记录：

1 高分子合成材料燃烧性能等级的设计要求；

2 高分子合成材料燃烧性能型式检验报告、进场验收记录和抽样检验报告；

3 现场对泡沫塑料进行阻燃处理的施工记录及隐蔽工程验收记录。

5.0.3 下列材料进场应进行见证取样检验：

1 B_1、B_2级高分子合成材料；

2 现场进行阻燃处理所使用的阻燃剂及防火涂料。

5.0.4 现场阻燃处理后的泡沫塑料应进行抽样检验，每种取 0.1m 检验燃烧性能。

Ⅰ 主控项目

5.0.5 高分子合成材料燃烧性能等级应符合设计要求。

检验方法：检查进场验收记录。

5.0.6 B_1、B_2级高分子合成材料，应按设计要求进行施工。

检验方法：观察。

5.0.7 对具有贯穿孔的泡沫塑料进行阻燃处理时，应检查阻燃剂的用量、适用范围、操作方法。阻燃施工过程中，应使用计量合格的称量器具，并按使用说明书的要求进行施工。必须使泡沫塑料被阻燃剂浸透，阻燃剂干含量应符合检验报告或说明书的要求。

检验方法：检查施工记录及抽样检验报告。

5.0.8 顶棚内采用泡沫塑料时，应涂刷防火涂料。防火涂料宜选用耐火极限大于 30min 的超薄型钢结构防火涂料或一级饰面型防火涂料，湿涂覆比值应大于 $500g/m^2$。涂刷应均匀，且涂刷不应少于 2 次。

检验方法：观察并检查施工记录。

5.0.9 塑料电工套管的施工应满足以下要求：

1 B_2级塑料电工套管不得明敷；

2 B_1级塑料电工套管明敷时，应明敷在 A 级材料表面；

3 塑料电工套管穿过 B_1级以下（含 B_1级）的装修材料时，应采用 A 级材料或防火封堵密封件严密封堵。

检验方法：观察并检查施工记录。

Ⅱ 一般项目

5.0.10 对具有贯穿孔的泡沫塑料进行阻燃处理时，应保持施工区段的洁净，避免其他工种施工。

检验方法：观察并检查施工记录。

5.0.11 泡沫塑料经阻燃处理后，不应降低其使用功能，表面不应出现明显的盐析、返潮和变硬等现象。

检验方法：观察。

5.0.12 泡沫塑料进行阻燃处理过程中，应保持施工区段的洁净，现场处理的泡沫塑料不应受污染。

检验方法：观察并检查施工记录。

四、复合材料装修防火检验批质量验收记录

1. 复合材料装修防火检验批质量验收记录采用《建筑工程资料管理规程》（DB11/T 695）表 C7-4 编制。

2. 复合材料装修防火检验批质量验收记录示例详见表 8-22。

表 8-22　复合材料装修防火检验批质量验收记录示例

XF030204 001

单位（子单位）工程名称		北京××大厦	分部（子分部）工程名称	消防工程分部——建筑保温与装修子分部	分项工程名称	建筑内部装修分项
施工单位		北京××集团	项目负责人	吴工	检验批容量	20 间
分包单位		北京××消防工程公司	分包单位项目负责人	肖工	检验批部位	三层
施工依据		消防工程图纸、变更洽商（如有）、施工方案、《建筑内部装修防火施工及验收规范》（GB 50354—2005）		验收依据	《建筑内部装修防火施工及验收规范》（GB 50354—2005）	

	验收项目		设计要求及规范规定	最小/实际抽样数量	检查记录	检查结果
主控项目	1	复合材料燃烧性能等级	应符合设计要求	/	检验合格，资料齐全	√
	2	复合材料应按设计要求进行施工，饰面层内的芯材不得暴露	第 6.0.6 条	全/20	共 20 处，全数检查，合格 20 处	100%
	3	复合保温材料制作的通风管道	第 6.0.7 条	/	检验合格，资料齐全	√

施工单位检查结果	所查项目全部合格 专业工长：签名 项目专业质量检查员：签名 2023 年××月××日
监理单位验收结论	验收合格 专业监理工程师：签名 2023 年××月××日

注：本表由施工单位填写。

3. 验收依据

【规范名称及编号】《建筑内部装修防火施工及验收规范》（GB 50354—2005）

【条文摘录】

6　复合材料子分部装修工程

6.0.1　用于建筑内部装修的复合材料，可包括不同种类材料按不同方式组合而成的材料组合体。

6.0.2　复合材料施工应检查下列文件和记录：

1　复合材料燃烧性能等级的设计要求；

2　复合材料燃烧性能型式检验报告、进场验收记录和抽样检验报告；

3　现场对复合材料进行阻燃处理的施工记录及隐蔽工程验收记录。

6.0.3　下列材料进场应进行见证取样检验：

1　B_1、B_2 级复合材料；

2　现场进行阻燃处理所使用的阻燃剂及防火涂料。

6.0.4　现场阻燃处理后的复合材料应进行抽样检验，每种取 4mm² 检验燃烧性能。

主控项目

6.0.5 复合材料燃烧性能等级应符合设计要求。

检验方法：检查进场验收记录。

6.0.6 复合材料应按设计要求进行施工，饰面层内的芯材不得暴露。

检验方法：观察。

6.0.7 采用复合保温材料制作的通风管道，复合保温材料的芯材不得暴露。当复合保温材料芯材的燃烧性能不能达到 B_1 级时，应在复合材料表面包覆玻璃纤维布等不燃性材料，并应在其表面涂刷饰面型防火涂料。防火涂料湿涂覆比值应大于 $500g/m^2$，且至少涂刷 2 次。

检验方法：检查施工记录。

五、其他材料装修防火检验批质量验收记录

1. 其他材料装修防火检验批质量验收记录采用《建筑工程资料管理规程》（DB11/T 695）表 C7-4 编制。

2. 其他材料装修防火检验批质量验收记录示例详见表 8-23。

表 8-23　其他材料装修防火检验批质量验收记录示例

XF030205 001

单位（子单位）工程名称		北京××大厦	分部（子分部）工程名称		消防工程分部——建筑保温与装修子分部	分项工程名称	建筑内部装修分项
施工单位		北京××集团	项目负责人		吴工	检验批容量	20 间
分包单位		北京××消防工程公司	分包单位项目负责人		肖工	检验批部位	三层
施工依据		消防工程图纸、变更洽商（如有）、施工方案、《建筑内部装修防火施工及验收规范》（GB 50354—2005）			验收依据		《建筑内部装修防火施工及验收规范》（GB 50354—2005）
验收项目			设计要求及规范规定	最小/实际抽样数量	检查记录		检查结果
主控项目	1	材料燃烧性能等级	应符合设计要求	/	检验合格，资料齐全		√
	2	防火门的表面加装贴面材料或其他装修	第7.0.6条	/	检验合格，资料齐全		√
	3	防火堵料严密封堵	第7.0.7条	/	检验合格，资料齐全		√
	4	防火增料选用及施工	第7.0.8条	/	检验合格，资料齐全		√
	5	阻火圈安装	第7.0.9条	/	检验合格，资料齐全		√
	6	电气设备及灯具的施工	第7.0.10条	/	检验合格，资料齐全		√
施工单位检查结果			所查项目全部合格				专业工长：签名 项目专业质量检查员：签名 2023年××月××日
监理单位验收结论			验收合格				专业监理工程师：签名 2023年××月××日

注：本表由施工单位填写。

259

3. 验收依据

【规范名称及编号】《建筑内部装修防火施工及验收规范》（GB 50354—2005）

【条文摘录】

7 其他材料子分部装修工程

7.0.1 其他材料可包括防火封堵材料和涉及电气设备，灯具、防火门窗、钢结构装修的材料。

7.0.2 其他材料施工应检查下列文件和记录：

1 材料燃烧性能等级的设计要求；

2 材料燃烧性能型式检验报告、进场验收记录和抽样检验报；

3 现场对材料进行阻燃处理的施工记录及隐蔽工程验收记录。

7.0.3 下列材料进场应进行见证取样检验：

1 B_1、B_2 级材料；

2 现场进行阻燃处理所使用的阻燃剂及防火涂料。

7.0.4 现场阻燃处理后的复合材料应进行抽样检验。

主控项目

7.0.5 材料燃烧性能等级应符合设计要求。

检验方法：检查进场验收记录。

7.0.6 防火门的表面加装贴面材料或其他装修时，不得减小门框和门的规格尺寸，不得降低防火门的耐火性能，所用贴面材料的燃烧性能等级不应低于 B_1 级。

检验方法：检查施工记录。

7.0.7 建筑隔墙或隔板、楼板的孔洞需要封堵时，应采用防火堵料严密封堵。采用防火堵料封堵孔洞、缝隙及管道井和电缆竖井时，应根据孔洞、缝隙及管道井和电缆竖井所在位置的墙板或楼板的耐火极限要求选用防火堵料。

检验方法：观察并检查施工记录。

7.0.8 用于其他部位的防火堵料应根据施工现场情况选用，其施工方式应与检验时的方式一致。防火堵料施工后必须严密填实孔洞、缝隙。

检验方法：观察并检查施工记录。

7.0.9 采用阻火圈的部位，不得对阻火圈进行包裹，阻火圈应安装牢固。

检验方法：观察并检查施工记录。

7.0.10 电气设备及灯具的施工应满足以下要求：

1 当有配电箱及电控设备的房间内使用了低于 B_1 级的材料进行装修时，配电箱必须采用不燃材料制作；

2 配电箱的壳体和底板应采用 A 级材料制作。配电箱不应直接安装在低于 B_1 级的装修材料上；

3 动力、照明、电热器等电气设备的高温部位靠近 B_1 级以下（含 B_1 级）材料或导线穿越 B_1 级以下（含 B_1 级）装修材料时，应采用瓷管或防火封堵密封件分隔，并用岩棉、玻璃棉等 A 级材料隔热；

4 安装在 B_1 级以下（含 B_1 级）装修材料内的配件，如插座、开关等，必须采用防火封堵密封件或具有良好隔热性能的 A 级材料隔绝；

5 灯具直接安装在 B_1 级以下（含 B_1 级）的材料上时，应采取，隔热、散热等措施；

6 灯具的发热表面不得靠近 B_1 级以下（含 B_1 级）的材料。

检验方法：观察并检查施工记录。

8.4 消防给水及灭火系统子分部检验批示例和验收依据

8.4.1 消防水源及供水设施分项

一、消防水箱和消防水池检验批质量验收记录

1. 消防水箱和消防水池检验批质量验收记录采用《建筑工程资料管理规程》（DB11/T 695）表 C7-4 编制。

2. 消防水箱和消防水池检验批质量验收记录示例详见表 8-24。

表 8-24　消防水箱和消防水池检验批质量验收记录示例

XF040101 001

单位（子单位）工程名称	北京××大厦		分部（子分部）工程名称	消防工程分部——消防给水及灭火系统子分部	分项工程名称	消防水源及供水设施分项
施工单位	北京××集团		项目负责人	吴工	检验批容量	1个
分包单位	北京××消防工程公司		分包单位项目负责人	肖工	检验批部位	1号楼消防水箱
施工依据	消防工程图纸、变更洽商（如有）、施工方案、《自动喷水灭火系统施工及验收规范》（GB 50261—2017）			验收依据	《自动喷水灭火系统施工及验收规范》（GB 50261—2017）	

验收项目			设计要求及规范规定	最小/实际抽样数量	检查记录	检查结果
主控项目	1	消防水池、消防水箱的施工和安装	第4.3.1条	全/1	共1处，全数检查，合格1处	√
	2	钢筋混凝土消防水池或消防水箱的进水管、出水管安装	第4.3.2条	全/1	共1处，全数检查，合格1处	√
一般项目	3	消防水箱、消防水池的容积、安装位置	第4.3.3条	全/1	共1处，全数检查，合格1处	100%
	4	消防水池、高位消防水箱的溢流管、泄水管间接排水	第4.3.4条	全/1	共1处，全数检查，合格1处	100%
	5	消防水池、高位消防水箱的人孔、溢流管、泄水管密闭措施	第4.3.5条	全/1	共1处，全数检查，合格1处	100%
	6	消防水量	第4.3.6条	全/1	共1处，全数检查，合格1处	100%
	7	进水管、出水管上阀门设置	第4.3.7条	全/1	共1处，全数检查，合格1处	100%
	8	止回阀设置	第4.3.8条	全/1	共1处，全数检查，合格1处	100%
施工单位检查结果			所查项目全部合格　　　　　　　　　　　　　　　　　专业工长：签名 项目专业质量检查员：签名 2023年××月××日			

监理单位 验收结论	验收合格	专业监理工程师：签名 2023年××月××日

注：本表由施工单位填写。

3. 验收依据

【规范名称及编号】《自动喷水灭火系统施工及验收规范》（GB 50261—2017）

【条文摘录】

4.3 消防水箱安装和消防水池施工

Ⅰ 主控项目

4.3.1 消防水池、高位消防水箱的施工和安装，应符合现行国家标准《给水排水构筑物工程施工及验收规范》（GB 50141）、《建筑给水排水及采暖工程施工质量验收规范》（GB 50242）的有关规定。消防水池、高位消防水箱的水位显示装置设置方式及设置位置应符合设计文件要求。

检查数量：全数检查。

检查方法：尺量和观察检查。

4.3.2 钢筋混凝土消防水池或消防水箱的进水管、出水管应加设防水套管，对有振动的管道应加设柔性接头。组合式消防水池或消防水箱的进水管、出水管接头宜采用法兰连接，采用其他连接时应做防锈处理。

检查数量：全数检查。

检查方法：观察检查。

Ⅱ 一般项目

4.3.3 高位消防水箱、消防水池的容积、安装位置应符合设计要求。安装时，池（箱）外壁与建筑本体结构墙面或其他池壁之间的净距，应满足施工或装配的需要。无管道的侧面，净距不宜小于0.7m；安装有管道的侧面，净距不宜小于1.0m，且管道外壁与建筑本体墙面之间的通道宽度不宜小于0.6m；设有人孔的池顶，顶板面与上面建筑本体板底的净空不应小于0.8m，拼装形式的高位消防水箱底与所在地坪的距离不宜小于0.5m。

检查数量：全数检查。

检查方法：对照图纸，尺量检查。

4.3.4 消防水池、高位消防水箱的溢流管、泄水管不得与生产或生活用水的排水系统直接相连，应采用间接排水方式。

检查数量：全数检查。

检查方法：观察检查。

4.3.5 高位消防水箱、消防水池的人孔宜密闭。通气管、溢流管应有防止昆虫及小动物爬入水池（箱）的措施。

检查数量：全数检查。

检查方法：对照图纸，观察检查。

4.3.6 当高位消防水箱、消防水池与其他用途的水箱、水池合用时，应复核有效的消防水量，满足设计要求，并应设有防止消防用水被他用的措施。

检查数量：全数检查。

检查方法：对照图纸，尺量检查。

4.3.7 高位消防水箱、消防水池的进水管、出水管上应设置带有指示启闭装置的阀门。

检查数量：全数检查。

检查方法：对照图纸，观察检查。

4.3.8 高位消防水箱的出水管上应设置防止消防用水倒流进入高位消防水箱的止回阀。

检查数量：全数检查。

检查方法：对照图纸，核对产品的性能检验报告和观察检查。

二、消防气压给水设备和稳压泵安装检验批质量验收记录

1. 消防气压给水设备和稳压泵检验批质量验收记录采用《建筑工程资料管理规程》（DB11/T 695）表C7-4编制。

2. 消防气压给水设备和稳压泵检验批质量验收记录示例详见表8-25。

表8-25 消防气压给水设备和稳压泵安装检验批质量验收记录示例

XF040102 001

单位（子单位）工程名称		北京××大厦	分部（子分部）工程名称	消防工程分部——消防给水及灭火系统子分部	分项工程名称	消防水源及供水设施分项
施工单位		北京××集团	项目负责人	吴工	检验批容量	3台
分包单位		北京××消防工程公司	分包单位项目负责人	肖工	检验批部位	1号楼消防系统
施工依据		消防工程图纸、变更洽商（如有）、施工方案、《自动喷水灭火系统施工及验收规范》（GB 50261—2017）		验收依据	《自动喷水灭火系统施工及验收规范》（GB 50261—2017）	

验收项目			设计要求及规范规定	最小/实际抽样数量	检查记录	检查结果
主控项目	1	消防气压给水设备的气压罐的容积、气压、水位及工作压力	第4.4.1条	/	/	/
	2	消防气压给水设备安装位置、进水管及出水管安装及预留的维修距离	第4.4.2条	/	/	/
一般项目	1	消防气压给水设备上的附件安装	第4.4.3条	/	/	/
	2	稳压泵的规格、型号及产品合格证和安装使用说明	第4.4.4条	全/3	共3处，全数检查，合格3处	100%
	3	稳压泵的安装	第4.4.5条	全/3	共3处，全数检查，合格3处	100%
施工单位检查结果			所查项目全部合格 专业工长：签名 项目专业质量检查员：签名 2023年××月××日			
监理单位验收结论			验收合格 专业监理工程师：签名 2023年××月××日			

注：本表由施工单位填写。

3. 验收依据

【规范名称及编号】《自动喷水灭火系统施工及验收规范》（GB 50261—2017）

【条文摘录】

4.4 消防气压给水设备和稳压泵安装

Ⅰ 主控项目

4.4.1 消防气压给水设备的气压罐，其容积（总容积、最大有效水容积）、气压、水位及工作压力应符合设计要求。

检查数量：全数检查。

检查方法：对照图纸，观察检查。

4.4.2 消防气压给水设备安装位置、进水管及出水管方向应符合设计要求；出水管上应设止回阀，安装时其四周应设检修通道，其宽度不宜小于 0.7m，消防气压给水设备顶部至楼板或梁底的距离不宜小于 0.6m。

检查数量：全数检查。

检查方法：对照图纸，尺量和观察检查。

Ⅱ 一般项目

4.4.3 消防气压给水设备上的安全阀，压力表、泄水管、水位指示器、压力控制仪表等的安装应符合产品使用说明书的要求。

检查数量：全数检查。

检查方法：对照图纸，观察检查。

4.4.4 稳压泵的规格、型号应符合设计要求，并应有产品合格证和安装使用说明书。

检查数量：全数检查。

检查方法：对照图纸，观察检查。

4.4.5 稳压泵的安装应符合现行国家标准《机械设备安装工程施工及验收通用规范》（GB 50231）和《风机、压缩机、泵安装工程施工及验收规范》（GB 50275）的有关规定。

检查数量：全数检查。

检查方法：尺量和观察检查。

三、消防水泵安装检验批质量验收记录

1. 消防水泵安装检验批质量验收记录采用《建筑工程资料管理规程》（DB11/T 695）表 C7-4 编制。

2. 消防水泵安装检验批质量验收记录示例详见表 8-26。

表 8-26 消防水泵安装检验批质量验收记录示例

XF040103 001

单位（子单位）工程名称	北京××大厦	分部（子分部）工程名称	消防工程分部——消防给水及灭火系统子分部	分项工程名称	消防水源及供水设施分项
施工单位	北京××集团	项目负责人	吴工	检验批容量	3 台
分包单位	北京××消防工程公司	分包单位项目负责人	肖工	检验批部位	1 号楼消防系统
施工依据	消防工程图纸、变更洽商（如有）、施工方案、《自动喷水灭火系统施工及验收规范》（GB 50261—2017）		验收依据	《自动喷水灭火系统施工及验收规范》（GB 50261—2017）	

验收项目			设计要求及规范规定	最小/实际抽样数量	检查记录	检查结果
主控项目	1	消防水泵的规格、型号及产品合格证和安装使用说明	第4.2.1条	全/3	共3处，全数检查，合格3处	√
	2	消防水泵的安装	第4.2.2条	全/3	共3处，全数检查，合格3处	√
	3	吸水管及其附件的安装	过滤器	第4.2.3条第1款	全/3	共3处，全数检查，合格3处	√
			控制阀	第4.2.3条第2款	全/3	共3处，全数检查，合格3处	√
			柔性连接管	第4.2.3条第3款	全/3	共3处，全数检查，合格3处	√
			水平管段和变径连接	第4.2.3条第4款	全/3	共3处，全数检查，合格3处	√
	4	阀门、仪表及缓冲装置	第4.2.4条	全/3	共3处，全数检查，合格3处	√
	5	流量压力检测装置	第4.2.5条	全/3	共3处，全数检查，合格3处	√
施工单位检查结果					所查项目全部合格 专业工长：签名 项目专业质量检查员：签名 2023年××月××日	
监理单位验收结论					验收合格 专业监理工程师：签名 2023年××月××日	

注：本表由施工单位填写。

3. 验收依据

【规范名称及编号】《自动喷水灭火系统施工及验收规范》（GB 50261—2017）

【条文摘录】

4.2 消防水泵安装

主控项目

4.2.1 消防水泵的规格、型号应符合设计要求，并应有产品合格证和安装使用说明书。

检查数量：全数检查。

检查方法：对照图纸观察检查。

4.2.2 消防水泵的安装，应符合现行国家标准《机械设备安装工程施工及验收通用规范》（GB 50231）、《风机、压缩机、泵安装工程施工及验收规范》（GB 50275）的有关规定。

检查数量：全数检查。

检查方法：尺量和观察检查。

4.2.3 吸水管及其附件的安装应符合下列要求：

1 吸水管上宜设过滤器，并应安装在控制阀后；

2 吸水管上的控制阀应在消防水泵固定于基础上之后再进行安装，其直径不应小于消防水泵吸水口直径，且不应采用没有可靠锁定装置的蝶阀，蝶阀应采用沟槽式或法兰式蝶阀。

检查数量：全数检查。

检查方法：观察检查。

3 当消防水泵和消防水池位于独立的两个基础上且相互为刚性连接时，吸水管上应加设柔性连接管。

检查数量：全数检查。

检查方法：观察检查。

4 吸水管水平管段上不应有气囊和漏气现象。变径连接时，应采用偏心异径管件并应采用管顶平接。

检查数量：全数检查。

检查方法：观察检查。

4.2.4 消防水泵的出水管上应安装止回阀、控制阀和压力表，或安装控制阀、多功能水泵控制阀和压力表；系统的总出水管上还应安装压力表；安装压力表时应加设缓冲装置。缓冲装置的前面应安装旋塞；压力表量程应为工作压力的2.0~2.5倍。止回阀或多功能水泵控制阀的安装方向应与水流方向一致。

检查数量：全数检查。

检查方法：观察检查。

4.2.5 在水泵出水管上，应安装由控制阀、检测供水压力、流量用的仪表及排水管道组成的系统流量压力检测装置或预留可供连接流量压力检测装置的接口，其通水能力应与系统供水能力一致。

检查数量：全数检查。

检查方法：观察检查。

四、消防水泵接合器安装检验批质量验收记录

1. 消防水泵接合器安装检验批质量验收记录采用《建筑工程资料管理规程》（DB11/T 695）表C7-4编制。

2. 消防水泵接合器安装检验批质量验收记录示例详见表8-27。

表8-27 消防水泵接合器安装检验批质量验收记录示例

XF040104 001

单位（子单位）工程名称		北京××大厦	分部（子分部）工程名称	消防工程分部——消防给水及灭火系统子分部	分项工程名称	消防水源及供水设施分项
施工单位		北京××集团	项目负责人	吴工	检验批容量	2个
分包单位		北京××消防工程公司	分包单位项目负责人	肖工	检验批部位	1号楼消防系统
施工依据		消防工程图纸、变更洽商（如有）、施工方案、《自动喷水灭火系统施工及验收规范》（GB 50261—2017）	验收依据		《自动喷水灭火系统施工及验收规范》（GB 50261—2017）	
验收项目			设计要求及规范规定	最小/实际抽样数量	检查记录	检查结果
主控项目	1	组装式消防水泵接合器安装	第4.5.1条	全/2	共2处，全数检查，合格2处	√
	2	消防水泵接合器安装	安装位置	第4.5.2条第1款	全/2	共2处，全数检查，合格2处	√
			标志	第4.5.2条第2款	全/2	共2处，全数检查，合格2处	√

续表

验收项目			设计要求及规范规定	最小/实际抽样数量	检查记录	检查结果
主控项目	2 消防水泵接合器安装	标志	第4.5.2条第2款	全/2	共2处，全数检查，合格2处	√
		铸铁井盖	第4.5.2条第3款	全/2	共2处，全数检查，合格2处	√
		墙壁消防水泵接合器安装	第4.5.2条第4款	全/2	共2处，全数检查，合格2处	√
	3	地下消防水泵接合器安装	第4.5.3条	全/2	共2处，全数检查，合格2处	√
一般项目	1	地下消防水泵接合器井的防水和排水措施	第4.5.4条	全/2	共2处，全数检查，合格2处	100%
施工单位检查结果				所查项目全部合格 专业工长：签名 项目专业质量检查员：签名 2023年××月××日		
监理单位验收结论				验收合格 专业监理工程师：签名 2023年××月××日		

注：本表由施工单位填写。

3. 验收依据

【规范名称及编号】《自动喷水灭火系统施工及验收规范》（GB 50261—2017）

【条文摘录】

4.5　消防水泵接合器安装

Ⅰ　主控项目

4.5.1　组装式消防水泵接合器的安装，应按接口、本体、连接管、止回阀、安全阀、放空管、控制阀的顺序进行，止回阀的安装方向应使消防用水能从消防水泵接合器进入系统；整体式消防水泵接合器的安装，按其使用安装说明书进行。

检查数量：全数检查。

检查方法：观察检查。

4.5.2　消防水泵接合器的安装应符合下列规定：

1　应安装在便于消防车接近的人行道或非机动车行驶地段，距室外消火栓或消防水池的距离宜为15～40m。

检查数量：全数检查。

检查方法：观察检查、尺量检查。

2　自动喷水灭火系统的消防水泵接合器应设置与消火栓系统的消防水泵接合器区别的永久性固定标志，并有分区标志。

检查数量：全数检查。

检查方法：观察检查。

3　地下消防水泵接合器应采用铸有"消防水泵接合器"标志的铸铁井盖，并应在附近设置指示其位置的永久性固定标志。

检查数量：全数检查。

检查方法：观察检查。

4 墙壁消防水泵接合器的安装应符合设计要求。设计无要求时，其安装高度距地面宜为0.7m；与墙面上的门、窗、孔、洞的净距离不应小于2.0m，且不应安装在玻璃幕墙下方。

检查数量：全数检查。

检查方法：观察检查和尺量检查。

4.5.3 地下消防水泵接合器的安装，应使进水口与井盖底面的距离不大于0.4m，且不应小于井盖的半径。

检查数量：全数检查。

检查方法：尺量检查。

Ⅱ 一般项目

4.5.4 地下消防水泵接合器井的砌筑应有防水和排水措施。

检查数量：全数检查。

检查方法：观察检查。

五、管沟及井室检验批质量验收记录

1. 管沟及井室检验批质量验收记录采用《建筑工程资料管理规程》（DB11/T 695）表C7-4 编制。

2. 管沟及井室检验批质量验收记录示例详见表8-28。

表8-28　管沟及井室检验批质量验收记录

XF040105 001

单位（子单位）工程名称		北京××大厦	分部（子分部）工程名称	消防工程分部——消防给水及灭火系统子分部	分项工程名称	消防水源及供水设施分项
施工单位		北京××集团	项目负责人	吴工	检验批容量	2个
分包单位		北京××消防工程公司	分包单位项目负责人	肖工	检验批部位	1号楼消防系统
施工依据		消防工程图纸、变更洽商（如有）、施工方案		验收依据	《建筑给水排水及采暖工程施工质量验收规范》（GB 50242—2002）	
验收项目			设计要求及规范规定	最小/实际抽样数量	检查记录	检查结果
主控项目	1	管沟的基层处理和井室的地基	设计要求	全/2	共2处，全数检查，合格2处	√
	2	各类井盖的标识应清楚，使用正确	第9.4.2条	全/2	共2处，全数检查，合格2处	√
	3	通车路面上的各类井盖安装	第9.4.3条	全/2	共2处，全数检查，合格2处	√
	4	重型井圈或墙体结合部处理	第9.4.4条	全/2	共2处，全数检查，合格2处	√
一般项目	1	管沟及各类井室的坐标，沟底标高	设计要求	全/2	共2处，全数检查，合格2处	100%
	2	管沟的回填要求	第9.4.6条	全/2	共2处，全数检查，合格2处	100%

验收项目			设计要求及规范规定	最小/实际抽样数量	检查记录	检查结果
一般项目	3	管沟岩石基底要求	第9.4.7条	全/2	共2处，全数检查，合格2处	100%
	4	管沟回填的要求	第9.4.8条	全/2	共2处，全数检查，合格2处	100%
	5	井室内施工要求	第9.4.9条	全/2	共2处，全数检查，合格2处	100%
	6	井室内应严密，不透水	第9.4.10条	全/2	共2处，全数检查，合格2处	100%
施工单位检查结果				所查项目全部合格 专业工长：签名 项目专业质量检查员：签名 2023年××月××日		
监理单位验收结论				验收合格 专业监理工程师：签名 2023年××月××日		

注：本表由施工单位填写。

3. 验收依据

【规范名称及编号】《建筑给水排水及采暖工程施工质量验收规范》（GB 50242—2002）

【条文摘录】

9.4　管沟及井室

Ⅰ　主控项目

9.4.1　管沟的基层处理和井室的地基必须符合设计要求。

检验方法：现场观察检查。

9.4.2　各类井室的井盖应符合设计要求，应有明显的文字标识，各种井盖不得混用。

检验方法：现场观察检查。

9.4.3　设在通车路面下或小区道路下的各种井室，必须使用重型井圈和井盖，井盖上表面应与路面相平，允许偏差为±5mm。绿化带上和不通车的地方可采用轻型井圈和井盖，井盖的上表面应高出地坪50mm，并在井口周围以2‰的坡度向外做水泥砂浆护坡。

检验方法：观察和尺量检查。

9.4.4　重型铸铁或混凝土井圈，不得直接放在井室的砖墙上；砖墙上应做不少于80mm厚的细石混凝土垫层。

检验方法：观察和尺量检查。

Ⅱ　一般项目

9.4.5　管沟的坐标、位置、沟底标高应符合设计要求。

检验方法：观察、尺量检查。

9.4.6　管沟的沟底层应是原土层，或是夯实的回填土，沟底应平整，坡度应顺畅，不得有尖硬的物体、块石等。

检验方法：观察检查。

9.4.7　如沟基为岩石、不易清除的块石或为砾石层时，沟底应下挖100～200mm，填铺细砂或粒径不大于5mm的细土，夯实到沟底标高后，方可进行管道敷设。

检验方法：观察和尺量检查。

9.4.8　管沟回填土，管顶上部200mm以内应用砂子或无块石及冻土块的土，并不得用机械回填；管顶上部500mm以内不得回填直径大于100mm的块石和冻土块；500mm以上部分回填土中的块石或冻土块不得集中。上部用机械回填时，机械不得在管沟上行走。

检验方法：观察和尺量检查。

9.4.9 井室的砌筑应按设计或给定的标准图施工。井室的底标高在地下水位以上时，基层应为素土夯实；在地下水位以下时，基层应打 100mm 厚的混凝土底板。砌筑应采用水泥砂浆，内表面抹灰后应严密不透水。

检验方法：观察和尺量检查。

9.4.10 管道穿过井壁处，应用水泥砂浆分二次填塞严密、抹干，不得渗漏。

检验方法：观察检查。

六、室外管道及配件安装、试压、冲洗检验批质量验收记录

1. 室外管道及配件安装、试压、冲洗检验批质量验收记录采用《建筑工程资料管理规程》（DB11/T 695）表 C7-4 编制。

2. 室外管道及配件安装、试压、冲洗检验批质量验收记录示例详见表 8-29。

表 8-29 室外管道及配件安装、试压、冲洗检验批质量验收记录

XF040106 001

单位（子单位）工程名称		北京××大厦	分部（子分部）工程名称	消防工程分部——消防给水及灭火系统子分部	分项工程名称	消防水源及供水设施分项
施工单位		北京××集团	项目负责人	吴工	检验批容量	2个
分包单位		北京××消防工程公司	分包单位项目负责人	肖工	检验批部位	1号楼消防系统
施工依据		消防工程图纸、变更洽商（如有）、施工方案、《建筑工程施工工艺规程第 13 部分：给水与排水工程》（DB11/T 1832.13—2022）	验收依据	《建筑给水排水及采暖工程施工质量验收规范》（GB 50242—2002）		

		验收项目	设计要求及规范规定	最小/实际抽样数量	检查记录	检查结果
主控项目	1	埋地管道覆土深度	第9.2.1条	全/2	共2处，全数检查，合格2处	√
	2	给水管道不得直接穿越污染源	第9.2.2条	全/2	共2处，全数检查，合格2处	√
	3	管道上可拆和易腐件，不埋在土中	第9.2.3条	全/2	共2处，全数检查，合格2处	√
	4	管井内安装与井壁的距离	第9.2.4条	全/2	共2处，全数检查，合格2处	√
	5	管道的水压试验	第9.2.5条	/	试验合格，资料齐全	√
	6	管道冲洗和消毒	第9.2.7条	/	试验合格，资料齐全	√
一般项目	1	管道和支架的涂漆	第9.2.9条	全/2	共2处，全数检查，合格2处	100%
	2	阀门、水表安装位置	第9.2.10条	全/2	共2处，全数检查，合格2处	100%
	3	给水与污水管平行铺设的最小间距	第9.2.11条	/	/	/
		铸铁管承插捻口连接的对口间隙	第9.2.12条	/	/	/
		铸铁管沿直线敷设，承插捻口连接的环型间隙	第9.2.13条	/	/	/
	4	捻口用的油麻填料必须清洁，填塞后应捻实	第9.2.14条	/	/	/
		捻口用水泥强度应不低于32.5MPa，接口水泥应密实饱满	第9.2.15条	/	/	/

验收项目				设计要求及规范规定	最小/实际抽样数量	检查记录	检查结果
一般项目	4	采用水泥捻口的给水铸铁管，在安装地点有侵蚀性的地下水时，应在接口处涂抹沥青防腐层			第9.2.16条	/	/	/
		橡胶圈接口的埋地给水管道			第9.2.17条	/	/	/
	5	管道安装允许偏差	坐标	铸铁管 埋地	100mm	/	/	/
				铸铁管 敷设在沟槽内	50mm	/	/	/
			标高	钢管、塑料管、复合管 埋地	100mm	全/2	共2处，全数检查，合格2处	100%
				钢管、塑料管、复合管 敷沟内或架空	40mm	/	/	/
			水平管纵横向弯曲	铸铁管 埋地	±50mm	/	/	/
				铸铁管 敷设在沟槽内	±30mm	/	/	/
				钢管、塑料管、复合管 埋地	±50mm	全/2	共2处，全数检查，合格2处	100%
				钢管、塑料管、复合管 敷沟内或架空	±30mm	/	/	/
				铸铁管 直段（25m以上）起点～终点	40mm	/	/	/
				钢管、塑料管、复合管 直段（25m以上）起点～终点	30mm	全/2	共2处，全数检查，合格2处	100%

施工单位检查结果	所查项目全部合格 专业工长：签名 项目专业质量检查员：签名 2023年××月××日
监理单位验收结论	验收合格 专业监理工程师：签名 2023年××月××日

注：本表由施工单位填写。

3. 验收依据

【规范名称及编号】《建筑给水排水及采暖工程施工质量验收规范》（GB 50242—2002）

【条文摘录】

9.2　给水管道安装

Ⅰ　主控项目

9.2.1　给水管道在埋地敷设时，应在当地的冰冻线以下，如必须在冰冻线以上铺设时，应做可靠的保温防潮措施。在无冰冻地区，埋地敷设时，管顶的覆土埋深不得小于500mm，穿越道路部位的埋深不得小于700mm。

检验方法：现场观察检查。

9.2.2　给水管道不得直接穿越污水井、化粪池、公共厕所等污染源。

检验方法：观察检查。

9.2.3　管道接口法兰、卡扣、卡箍等应安装在检查井或地沟内，不应埋在土壤中。

检验方法：观察检查。

9.2.4 给水系统各种井室内的管道安装。如设计无要求，井壁距法兰或承口的距离：管径小于或等于450mm时，不得小于250mm；管径大于450mm时，不得小于350mm。

检验方法：尺量检查。

9.2.5 管网必须进行水压试验，试验压力为工作压力的1.5倍，但不得小于0.6MPa。

检验方法：管材为钢管、铸铁管时，试验压力下10min内压力降不应大于0.05MPa，然后降至工作压力进行检查，压力应保持不变，不渗不漏；管材为塑料管时，试验压力下，稳压1h压力降不大于0.05MPa，然后降至工作压力进行检查，压力应保持不变，不渗不漏。

9.2.7 给水管道在竣工后，必须对管道进行冲洗，饮用水管道还要在冲洗后进行消毒，满足饮用水卫生要求。

检验方法：观察冲洗水的浊度，查看有关部门提供的检验报告。

Ⅱ 一般项目

9.2.8 管道的坐标、标高、坡度应符合设计要求，管道安装的允许偏差应符合表9.2.8的规定。

表9.2.8 室外给水管道安装的允许偏差和检验方法

项次	项目			允许偏差（mm）	检验方法
1	坐标	铸铁管	埋地	100	拉线和尺量检查
		钢管、塑料管、复合管	敷设在沟槽内	50	
			埋地	100	
		复合管	敷设在沟槽内或架空	40	
2	标高	铸铁管	埋地	±50	拉线和尺量检查
			敷设在地沟内	±30	
		钢管、塑料管、复合管	埋地	±50	
		复合管	敷设在地沟内或架空	±30	
3	水平管纵横向弯曲	铸铁管	直段（25m以上）起点～终点	40	拉线和尺量检查
		钢管、塑料管、复合管	直段（25m以上）起点～终点	30	

9.2.9 管道和金属支架的涂漆应附着良好，无脱皮、起泡、流淌和漏涂等缺陷。

检验方法：现场观察检查。

9.2.10 管道连接应符合工艺要求，阀门、水表等安装位置应正确。塑料给水管道上的水表、阀门等设施其重量或启闭装置的钮矩不得作用于管道上，当管径＞50mm时必须设独立的支承装置。

检验方法：现场观察检查。

9.2.11 给水管道与污水管道在不同标高平行敷设，其垂直间距在500mm以内时，给水管管径小于或等于200mm的，管壁水平间距不得小于1.5m；管径大于200mm的，不得小于3m。

检验方法：观察和尺量检查。

9.2.12 铸铁管承插捻口连接的对口间隙应不小于3mm，最大间隙不得大于表9.2.12的规定。

表9.2.12 铸铁管承插捻口的对口最大间隙

管径（mm）	沿直线敷设（mm）	沿曲线敷设（mm）
75	4	5
100～250	5	7～13
300～500	6	14～22

检验方法：尺量检查。

9.2.13 铸铁管沿直线敷设，承插捻口连接的环型间隙应符合表9.2.13的规定；沿曲线敷设，每个接口允许有2°转角。

表9.2.13 铸铁管承插捻口的环型间隙

管径（mm）	标准环型间隙（mm）	允许偏差（mm）
75～200	10	+3 −2
250～450	11	+4 −2
500	12	+4 −2

检验方法：尺量检查。

9.2.14 捻口用的油麻填料必须清洁，填塞后应捻实，其深度应占整个环型间隙深度的1/3。

检验方法：观察和尺量检查。

9.2.15 捻口用水泥强度应不低于32.5MPa，接口水泥应密实饱满，其接口水泥面凹入承口边缘的深度不得大于2mm。

检验方法：观察和尺量检查。

9.2.16 采用水泥捻口的给水铸铁管，在安装地点有侵蚀性的地下水时，应在接口处涂抹沥清防腐层。

检验方法：观察检查。

9.2.17 采用橡胶圈接口的埋地给水管道，在土壤或地下水对橡胶圈有腐蚀的地段，在回填土前应用沥青胶泥、沥青麻丝或沥青锯末等材料封闭橡胶圈接口。橡胶圈接口的管道，每个接口的最大偏转角不得超过表9.2.17的规定。

表9.2.17 橡胶圈接口最大允许偏转角

公称直径（mm）	100	125	150	200	250	300	350	400
允许偏转角度（°）	5	5	5	5	4	4	4	3

七、室内管道及配件安装、试压、冲洗检验批质量验收记录

1. 室内管道及配件安装、试压、冲洗检验批质量验收记录采用《建筑工程资料管理规程》（DB11/T 695）表C7-4编制。

2. 室内管道及配件安装、试压、冲洗检验批质量验收记录示例详见表8-30。

表8-30 室内管道及配件安装、试压、冲洗检验批质量验收记录示例

XF040107 001

单位（子单位）工程名称	北京××大厦	分部（子分部）工程名称	消防工程分部——消防给水及灭火系统子分部	分项工程名称	消防水源及供水设施分项
施工单位	北京××集团	项目负责人	吴工	检验批容量	2个
分包单位	北京××消防工程公司	分包单位项目负责人	肖工	检验批部位	1号楼消防系统
施工依据	消防工程图纸、变更洽商（如有）、施工方案、《建筑工程施工工艺规程 第13部分：给水与排水工程》（DB11/T 1832.13—2022）		验收依据	《建筑给水排水及采暖工程施工质量验收规范》（GB 50242—2002）	

验收项目			设计要求及规范规定	最小/实际抽样数量	检查记录	检查结果
主控项目	1	给水管道 水压试验	设计要求	/	试验合格，资料齐全	√
	2	给水系统 通水试验	第4.2.2条	/	试验合格，资料齐全	√
	3	生活给水系统管道冲洗和消毒	第4.2.3条	/	试验合格，资料齐全	√
一般项目	1	给排水管铺设的平行、垂直净距	第4.2.5条	全/2	共2处，全数检查，合格2处	100%
	2	金属给水管道及管件焊接	第4.2.6条	全/2	共2处，全数检查，合格2处	100%
	3	给水水平管道坡度坡向	第4.2.7条	全/2	共2处，全数检查，合格2处	100%
	4	管道支架、吊架	第4.2.9条	全/2	共2处，全数检查，合格2处	100%
	5	水表安装	第4.2.10条	/	/	/
	6	水平管道纵横方向弯曲允许偏差	钢管 每米	1mm	全/2	共2处，全数检查，合格2处	100%
			钢管 全长25m以上	≤25mm	/	/	/
			塑料管、复合管 每米	1.5mm	/	/	/
			塑料管、复合管 全长25m以上	≤25mm	/	/	/
			铸铁管 每米	2mm	/	/	/
			铸铁管 全长25m以上	≤25mm	/	/	/
一般项目	6	立管垂直度允许偏差	钢管 每米	3mm	全/2	共2处，全数检查，合格2处	100%
			钢管 5m以上	≤8mm	/	/	/
			塑料管、复合管 每米	2mm	/	/	/
			塑料管、复合管 5m以上	≤8mm	/	/	/
			铸铁管 每米	3mm	/	/	/
			铸铁管 5m以上	≤10mm	/	/	/
		成排管段和成排阀门	在同一平面上的间距	3mm	/	/	/
施工单位检查结果					所查项目全部合格 专业工长：签名 项目专业质量检查员：签名 2023年××月××日	
监理单位验收结论					验收合格 专业监理工程师：签名 2023年××月××日	

注：本表由施工单位填写。

3. 验收依据

【规范名称及编号】《建筑给水排水及采暖工程施工质量验收规范》（GB 50242—2002）

【条文摘录】

4 室内给水系统安装

4.1 一般规定

4.1.1 本章适用于工作压力不大于1.0MPa的室内给水和消火栓系统管道安装工程的质量检验与验收。

4.1.2 给水管道必须采用与管材相适应的管件。生活给水系统所涉及的材料必须达到饮用水卫生标准。

4.1.3　管径小于或等于100mm的镀锌钢管应采用螺纹连接，套丝扣时破坏的镀锌层表面及外露螺纹部分应做防腐处理；管径大于100mm的镀锌钢管应采用法兰或卡套式专用管件连接，镀锌钢管与法兰的焊接处应二次镀锌。

4.1.4　给水塑料管和复合管可以采用橡胶圈接口、粘接接口、热熔连接、专用管件连接及法兰连接等形式。塑料管和复合管与金属管件、阀门等的连接应使用专用管件连接，不得在塑料管上套丝。

4.1.5　给水铸铁管管道应采用水泥捻口或橡胶圈接口方式进行连接。

4.1.6　铜管连接可采用专用接头或焊接，当管径小于22mm时宜采用承插或套管焊接，承口应迎介质流向安装；当管径大于或等于22mm时宜采用对口焊接。

4.1.7　给水立管和装有3个或3个以上配水点的支管始端，均应安装可拆卸的连接件。

4.1.8　冷、热水管道同时安装应符合下列规定：

1　上、下平行安装时热水管应在冷水管上方；

2　垂直平行安装时热水管应在冷水管左侧。

4.2　给水管道及配件安装

Ⅰ　主控项目

4.2.1　室内给水管道的水压试验必须符合设计要求。当设计未注明时，各种材质的给水管道系统试验压力均为工作压力的1.5倍，但不得小于0.6MPa。

检验方法：金属及复合管给水管道系统在试验压力下观测10min，压力降不应大于0.02MPa，然后降到工作压力进行检查，应不渗不漏；塑料管给水系统应在试验压力下稳压1h，压力降不得超过0.05MPa，然后在工作压力的1.15倍状态下稳压2h，压力降不得超过0.03MPa，同时检查各连接处不得渗漏。

4.2.2　给水系统交付使用前必须进行通水试验并做好记录。

检验方法：观察和开启阀门、水嘴等放水。

4.2.3　生产给水系统管道在交付使用前必须冲洗和消毒，并经有关部门取样检验，符合国家《生活饮用水标准》方可使用。

检验方法：检查有关部门提供的检测报告。

4.2.4　室内直埋给水管道（塑料管道和复合管道除外）应做防腐处理。埋地管道防腐层材质和结构应符合设计要求。

检验方法：观察或局部解剖检查。

Ⅱ　一般项目

4.2.5　给水引入管与排水排出管的水平净距不得小于1m。室内给水与排水管道平行敷设时，两管间的最小水平净距不得小于0.5m；交叉铺设时，垂直净距不得小于0.15m。给水管应铺在排水管上面，若给水管必须铺在排水管的下面时，给水管应加套管，其长度不得小于排水管管径的3倍。

检验方法：尺量检查。

4.2.6　管道及管件焊接的焊缝表面质量应符合下列要求：

1　焊缝外形尺寸应符合图纸和工艺文件的规定，焊缝高度不得低于母材表面，焊缝与母材应圆滑过渡；

2　焊缝及热影响区表面应无裂纹、未熔合、未焊透、夹渣、弧坑和气孔等缺陷。

检验方法：观察检查。

4.2.7　给水水平管道应有2‰～5‰的坡度坡向泄水装置。

检验方法：水平尺和尺量检查。

4.2.8　给水管道和阀门安装的允许偏差应符合表4.2.8的规定。

表 4.2.8 管道和阀门安装的允许偏差和检验方法

项次	项目			允许偏差（mm）	检验方法
1	水平管道纵横方向弯曲	钢管	每米	1	用水平尺、直尺、拉线和尺量检查
			全长 25m 以上	≤25	
		塑料管、复合管	每米	1.5	
			全长 25m 以上	≤25	
		铸铁管	每米	2	
			全长 25m 以上	≤25	
2	立管垂直度	钢管	每米	3	吊线和尺量检查
			5m 以上	≤8	
		塑料管、复合管	每米	2	
			5m 以上	≤8	
		铸铁管	每米	3	
			5m 以上	≤10	
3	成排管段和成排阀门	在同一平面上间距		3	尺量检查

4.2.9 管道的支、吊架安装应平整牢固，其间距应符合本规范第 3.3.8 条、第 3.3.9 条或第 3.3.10 条的规定。

检验方法：观察、尺量及手扳检查。

4.2.10 水表应安装在便于检修、不受曝晒、污染和冻结的地方。安装螺翼式水表，表前与阀门应有不小于 8 倍水表接口直径的直线管段。表外壳距墙表面净距为 10～30mm；水表进水口中心标高按设计要求，允许偏差为±10mm。

检验方法：观察和尺量检查。

八、管道及配件防腐、绝热检验批质量验收记录

1. 管道及配件防腐、绝热检验批质量验收记录采用《建筑工程资料管理规程》（DB11/T 695）表 C7-4 编制。

2. 管道及配件防腐、绝热检验批质量验收记录示例详见表 8-31。

表 8-31 管道及配件防腐、绝热检验批质量验收记录示例

XF040108 001

单位（子单位）工程名称		北京××大厦	分部（子分部）工程名称	消防工程分部——消防给水及灭火系统子分部	分项工程名称	消防水源及供水设施分项
施工单位		北京××集团	项目负责人	吴工	检验批容量	2 路
分包单位		北京××消防工程公司	分包单位项目负责人	肖工	检验批部位	1 号楼消防系统
施工依据		消防工程图纸、变更洽商（如有）、施工方案、《建筑工程施工工艺规程 第 13 部分：给水与排水工程》（DB11/T1832.13—2022）		验收依据	《建筑给水排水及采暖工程施工质量验收规范》（GB 50242—2002）	
验收项目			设计要求及规范规定	最小/实际抽样数量	检查记录	检查结果
主控项目	1	室内直埋金属给水管道防腐	第 4.2.4 条	全/2	共 2 处，全数检查，合格 2 处	√
	2	室外给水，镀锌钢管、钢管埋地管道防腐	第 9.2.6 条	/	/	/

验收项目			设计要求及规范规定	最小/实际抽样数量	检查记录	检查结果
一般项目	1	保温层允许偏差	厚度δ	$+0.1\delta$ -0.05δ	全/2	共2处，全数检查，合格2处	100%
			表面平整度 卷材	5mm	全/2	共2处，全数检查，合格2处	100%
			表面平整度 涂料	10mm	/	/	/

施工单位检查结果	所查项目全部合格 专业工长：签名 项目专业质量检查员：签名 2023年××月××日
监理单位验收结论	验收合格 专业监理工程师：签名 2023年××月××日

注：本表由施工单位填写。

3. 验收依据

【规范名称及编号】《建筑给水排水及采暖工程施工质量验收规范》（GB 50242—2002）

【条文摘录】

摘录一：

4.2.4　室内直埋给水管道（塑料管道和复合管道除外）应做防腐处理。埋地管道防腐层材质和结构应符合设计要求。

检验方法：观察或局部解剖检查。

摘录二：

4.4.8　管道及设备保温层的厚度和平整度的允许偏差应符合表4.4.8的规定。

表4.4.8　管道及设备保温的允许偏差和检验方法

项次	项目		允许偏差（mm）	检验方法
1	厚度		$+0.1\delta$ -0.05δ	用钢针刺入
2	表面平整度	卷材	5	用2m靠尺和楔形塞尺检查
		涂抹	10	

注：δ为保温层厚度。

摘录三：

9.2.6　镀锌钢管、钢管的埋地防腐必须符合设计要求，如设计无规定时，可按表9.2.6的规定执行。卷材与管材间应粘贴牢固，无空鼓、滑移、接口不严等。

检验方法：观察和切开防腐层检查。

表9.2.6　管道防腐层种类

防腐层层次（从金属表面起）	正常防腐层	加强防腐层	特加强防腐层
1	冷底子油	冷底子油	冷底子油
2	沥青涂层	沥青涂层	沥青涂层
3	外包保护层	加强包扎层（封闭层）	加强保护层（封闭层）

防腐层层次（从金属表面起）	正常防腐层	加强防腐层	特加强防腐层
4		沥青涂层	沥青涂层
5		外保护层	加强包扎层（封闭层）
6			沥青涂层
7			外包保护层
防腐层厚度不小于（mm）	3	6	9

九、试验与调试检验批质量验收记录

1．试验与调试检验批质量验收记录采用《建筑工程资料管理规程》（DB11/T 695）表C7-4 编制。

2．试验与调试检验批质量验收记录示例详见表8-32。

表8-32　试验与调试检验批质量验收记录示例

XF040109 001

单位（子单位）工程名称		北京××大厦	分部（子分部）工程名称	消防工程分部——消防给水及灭火系统子分部	分项工程名称	消防水源及供水设施分项
施工单位		北京××集团	项目负责人	吴工	检验批容量	1个
分包单位		北京××消防工程公司	分包单位项目负责人	肖工	检验批部位	1号楼消防系统
施工依据		消防工程图纸、变更洽商（如有）、施工方案、《自动喷水灭火系统施工及验收规范》（GB 50261—2017）		验收依据	《自动喷水灭火系统施工及验收规范》（GB 50261—2017）	
验收项目			设计要求及规范规定	最小/实际抽样数量	检查记录	检查结果
主控项目	1	水源测试	第7.2.2条	/	测试合格，资料齐全	√
	2	消防水泵调试	第7.2.3条	/	测试合格，资料齐全	√
	3	稳压泵调试	第7.2.4条	/	测试合格，资料齐全	√
施工单位检查结果			所查项目全部合格 专业工长：签名 项目专业质量检查员：签名 2023 年××月××日			
监理单位验收结论			验收合格 专业监理工程师：签名 2023 年××月××日			

注：本表由施工单位填写。

3．验收依据

【规范名称及编号】《自动喷水灭火系统施工及验收规范》（GB 50261—2017）

【条文摘录】

7.2.2　水源测试应符合下列要求：

1　按设计要求核实高位消防水箱、消防水池的容积，高位消防水箱设置高度、消防水池（箱）水位显示等应符合设计要求；合用水池、水箱的消防储水应有不做他用的技术措施。

检查数量：全数检查。

检查方法：对照图纸观察和尺量检查。

2　应按设计要求核实消防水泵接合器的数量和供水能力，并应通过移动式消防水泵做供水试验进行验证。

检查数量：全数检查。

检查方法：观察检查和进行通水试验。

7.2.3 消防水泵调试应符合下列要求：

1 以自动或手动方式启动消防水泵时，消防水泵应在55s内投入正常运行。

检查数量：全数检查。

检查方法：用秒表检查。

2 以备用电源切换方式或备用泵切换启动消防水泵时，消防水泵应在1min或2min内投入正常运行。

检查数量：全数检查。

检查方法：用秒表检查。

7.2.4 稳压泵应按设计要求进行调试。当达到设计启动条件时，稳压泵应立即启动；当达到系统设计压力时，稳压泵应自动停止运行；当消防主泵启动时，稳压泵应停止运行。

检查数量：全数检查。

检查方法：观察检查。

8.4.2 消火栓系统分项

一、室内消火栓安装检验批质量验收记录

1. 室内消火栓安装检验批质量验收记录采用《建筑工程资料管理规程》（DB11/T 695）表C7-4编制。

2. 室内消火栓安装检验批质量验收记录示例详见表8-33。

表8-33 室内消火栓安装检验批质量验收记录示例

XF040201 001

单位（子单位）工程名称		北京××大厦		分部（子分部）工程名称	消防工程分部——消防给水及灭火系统子分部	分项工程名称	消火栓系统分项
施工单位		北京××集团		项目负责人	吴工	检验批容量	20个
分包单位		北京××消防工程公司		分包单位项目负责人	肖工	检验批部位	1号楼消防系统
施工依据		消防工程图纸、变更洽商（如有）、施工方案、《消防给水及消火栓技术规范》（GB 50974—2014）			验收依据	《消防给水及消火栓技术规范》（GB 50974—2014）《建筑给水排水及采暖工程施工质量验收规范》（GB 50242—2002）	
		验收项目	设计要求及规范规定	最小/实际抽样数量	检查记录		检查结果
主控项目	1	设备、材料进场检查	第12.2.1条	/	检查合格，质量证明文件齐全		√
	2	消火栓现场检验	第12.2.3条	/	检验合格，资料齐全		√
	3	消火栓设置	第13.2.13条	全/20	共20处，全数检查，合格20处		√
	4	室内消火栓试射试验	设计要求（GB 50242—2002）	/	试验合格，资料齐全		√

279

续表

		验收项目	设计要求及规范规定	最小/实际抽样数量	检查记录	检查结果
一般项目	1	室内消火栓及消防软管卷盘或轻便水龙的安装	第12.3.9条	10/10	抽查10处，合格10处	100%
	2	消火栓箱安装	第12.3.10条	10/10	抽查10处，合格10处	100%
	3	室内消火栓水龙带在箱内安放	第4.3.2条（GB 50242—2002）	全/20	共20处，全数检查，合格20处	100%
	4	栓口朝外，并不应安装在门轴侧	第4.3.3条（GB 50242—2002）	全/20	共20处，全数检查，合格20处	100%
	5	栓口中心距地面1.1m	±20mm（GB 50242—2002）	全/20	共20处，全数检查，合格20处	100%
	6	阀门中心距箱侧面140mm，距箱后内表面100mm	±5mm（GB 50242—2002）	全/20	共20处，全数检查，合格20处	100%
	7	消火栓箱体安装的垂直度	3mm（GB 50242—2002）	全/20	共20处，全数检查，合格20处	100%
施工单位检查结果				所查项目全部合格		专业工长：签名 项目专业质量检查员：签名 2023年××月××日
监理单位验收结论				验收合格		专业监理工程师：签名 2023年××月××日

本表由施工单位填写。

3. 验收依据

【依据一】《消防给水及消火栓系统技术规范》（GB 50974—2014）

【条文摘录】

摘录一：

12.2.1 消防给水及消火栓系统施工前应对采用的主要设备、系统组件、管材管件及其他设备、材料进行进场检查，并应符合下列要求：

1 主要设备、系统组件、管材管件及其他设备、材料，应符合国家现行相关产品标准的规定，并应具有出厂合格证或质量认证书；

2 消防水泵、消火栓、消防水带、消防水枪、消防软管卷盘或轻便水龙、报警阀组、电动（磁）阀、压力开关、流量开关、消防水泵接合器、沟槽连接件等系统主要设备和组件，应经国家消防产品质量监督检验中心检测合格；

3 稳压泵、气压水罐、消防水箱、自动排气阀、信号阀、止回阀、安全阀、减压阀、倒流防止器、蝶阀、闸阀、流量计、压力表、水位计等，应经相应国家产品质量监督检验中心检测合格；

4 气压水罐、组合式消防水池、屋顶消防水箱、地下水取水和地表水取水设施，以及其附件等，应符合国家现行相关产品标准的规定。

检查数量：全数检查。

检查方法：检查相关资料。

12.2.3 消火栓的现场检验应符合下列要求：

1 室外消火栓应符合现行国家标准《室外消火栓》GB 4452 的性能和质量要求；

2 室内消火栓应符合现行国家标准《室内消火栓》GB 3445 的性能和质量要求；

3 消防水带应符合现行国家标准《消防水带》GB 6246 的性能和质量要求；

4 消防水枪应符合现行国家标准《消防水枪》GB 8181 的性能和质量要求；

5 消火栓、消防水带、消防水枪的商标、制造厂等标志应齐全；

6 消火栓、消防水带、消防水枪的型号、规格等技术参数应符合设计要求；

7 消火栓外观应无加工缺陷和机械损伤；铸件表面应无结疤、毛刺、裂纹和缩孔等缺陷；铸铁阀体外部应涂红色油漆，内表面应涂防锈漆，手轮应涂黑色油漆；外部漆膜应光滑、平整、色泽一致，应无气泡、流痕、皱纹等缺陷，并应无明显碰、划等现象；

8 消火栓螺纹密封面应无伤痕、毛刺、缺丝或断丝现象；

9 消火栓的螺纹出水口和快速连接卡扣应无缺陷和机械损伤，并应能满足使用功能的要求；

10 消火栓阀杆升降或开启应平稳、灵活，不应有卡涩和松动现象；

11 旋转型消火栓其内部构造应合理，转动部件应为铜或不锈钢，并应保证旋转可靠、无卡涩和漏水现象；

12 减压稳压消火栓应保证可靠、无堵塞现象；

13 活动部件应转动灵活，材料应耐腐蚀，不应卡涩或脱扣；

14 消火栓固定接口应进行密封性能试验，应以无渗漏、无损伤为合格：试验数量宜从每批中抽查 1%，但不应少于 5 个，应缓慢而均匀地升压 1.6MPa，应保压 2min。当两个及两个以上不合格时，不应使用该批消火栓。当仅有 1 个不合格时，应再抽查 2%，但不应少于 10 个，并应重新进行密封性能试验；当仍有不合格时，亦不应使用该批消火栓；

15 消防水带的织物层应编织得均匀，表面应整洁；应无跳双经、断双经、跳纬及划伤，衬里（或覆盖层）的厚度应均匀，表面应光滑平整、无折皱或其他缺陷；

16 消防水枪的外观质量应符合本条第 4 款的有关规定，消防水枪的进出口口径应满足设计要求；

17 消火栓箱应符合现行国家标准《消火栓箱》GB 14561 的性能和质量要求；

18 消防软管卷盘和轻便水龙应符合现行国家标准《消防软管卷盘》GB 15090 和现行行业标准《轻便消防水龙》GA 180 的性能和质量要求。

外观和一般检查数量：全数检查。

检查方法：直观和尺量检查。

性能检查数量：抽查符合本条第 14 款的规定。

检查方法：直观检查及在专用试验装置上测试，主要测试设备有试压泵、压力表、秒表。

摘录二：

12.3.9 室内消火栓及消防软管卷盘或轻便水龙的安装应符合下列规定：

1 室内消火栓及消防软管卷盘和轻便水龙的选型、规格应符合设计要求；

2 同一建筑物内设置的消火栓、消防软管卷盘和轻便水龙应采用统一规格的栓口、消防水枪和水带及配件；

3 试验用消火栓栓口处应设置压力表；

4 当消火栓设置减压装置时，应检查减压装置符合设计要求，且安装时应有防止砂石等杂物进入栓口的措施；

5 室内消火栓及消防软管卷盘和轻便水龙应设置明显的永久性固定标志，当室内消火栓因美观要求需要隐蔽安装时，应有明显的标志，并应便于开启使用；

6 消火栓栓口出水方向宜向下或与设置消火栓的墙面成90°角，栓口不应安装在门轴侧；

7 消火栓栓口中心距地面应为1.1m，特殊地点的高度可特殊对待，允许偏差±20mm。

检查数量：按数量抽查30%，但不应小于10个。

检验方法：核实设计图、核对产品的性能检验报告、直观检查。

12.3.10 消火栓箱的安装应符合下列规定：

1 消火栓的启闭阀门设置位置应便于操作使用，阀门的中心距箱侧面应为140mm，距箱后内表面应为100mm，允许偏差±5mm；

2 室内消火栓箱的安装应平正、牢固，暗装的消火栓箱不应破坏隔墙的耐火性能；

3 箱体安装的垂直度允许偏差为±3mm；

4 消火栓箱门的开启不应小于120°；

5 安装消火栓水龙带，水龙带与消防水枪和快速接头绑扎好后，应根据箱内构造将水龙带放置；

6 双向开门消火栓箱应有耐火等级应符合设计要求，当设计没有要求时应至少满足1h耐火极限的要求；

7 消火栓箱门上应用红色字体注明"消火栓"字样。

检查数量：按数量抽查30%，但不应小于10个。

检验方法：直观和尺量检查。

摘录三：

13.2.11 干式消火栓系统报警阀组的验收应符合下列要求：

1 报警阀组的各组件应符合产品标准要求；

2 打开系统流量压力检测装置放水阀，测试的流量、压力应符合设计要求；

3 水力警铃的设置位置应正确。测试时，水力警铃喷嘴处压力不应小于0.05MPa，且距水力警铃3m远处警铃声声强不应小于70dB；

4 打开手动试水阀动作应可靠；

5 控制阀均应锁定在常开位置；

6 与空气压缩机或火灾自动报警系统的联锁控制，应符合设计要求。

检查数量：全数检查。

检查方法：直观检查。

13.2.13 消火栓验收应符合下列要求：

1 消火栓的设置场所、位置、规格、型号应符合设计要求和本规范第7.2节～第7.4节的有关规定；

2 室内消火栓的安装高度应符合设计要求；

3 消火栓的设置位置应符合设计要求和本规范第7章的有关规定，并应符合消防救援和火灾扑救工艺的要求；

4 消火栓的减压装置和活动部件应灵活可靠，栓后压力应符合设计要求。

检查数量：抽查消火栓数量10%，且总数每个供水分区不应少于10个，合格率应为100%。

检查方法：对照图纸尺量检查。

13.2.15 消防给水系统流量、压力的验收，应通过系统流量、压力检测装置和末端试水装置进行放水试验，系统流量、压力和消火栓充实水柱等应符合设计要求。

检查数量：全数检查。

检查方法：直观检查。

【依据二】《建筑给水排水及采暖工程施工质量验收规范》（GB 50242—2002）

【条文摘录】

4.3 室内消火栓系统安装

Ⅰ 主控项目

4.3.1 室内消火栓系统安装完成后应取屋顶层（或水箱间内）试验消火栓和首层取二处消火栓做试射试验，达到设计要求为合格。

检验方法：实地试射检查。

Ⅱ 一般项目

4.3.2 安装消火栓水龙带，水龙带与水枪和快速接头绑扎好后，应根据箱内构造将水龙带挂放在箱内的挂钉、托盘或支架上。

检验方法：观察检查。

4.3.3 箱式消火栓的安装应符合下列规定：

1 栓口应朝外，并不应安装在门轴侧。

2 栓口中心距地面为1.1m，允许偏差±20mm。

3 阀门中心距箱侧面为140mm，距箱后内表面为100mm，允许偏差±5mm。

4 消火栓箱体安装的垂直度允许偏差为3mm。

检验方法：观察和尺量检查。

二、室外消火栓安装检验批质量验收记录

1. 室外消火栓安装检验批质量验收记录采用《建筑工程资料管理规程》（DB11/T 695）表C7-4编制。

2. 室外消火栓安装检验批质量验收记录示例详见表8-34。

表8-34 室外消火栓安装检验批质量验收记录示例

XF040202 001

单位（子单位）工程名称		北京××大厦		分部（子分部）工程名称	消防工程分部——消防给水及灭火系统子分部	分项工程名称	消火栓系统分项
施工单位		北京××集团		项目负责人	吴工	检验批容量	5个
分包单位		北京××消防工程公司		分包单位项目负责人	肖工	检验批部位	1号楼消防系统
施工依据		消防工程图纸、变更洽商（如有）、施工方案、《消防给水及消火栓技术规范》（GB 50974—2014）			验收依据		《消防给水及消火栓技术规范》（GB 50974—2014）《建筑给水排水及采暖工程施工质量验收规范》（GB 50242—2002）
验收项目			设计要求及规范规定	最小/实际抽样数量	检查记录		检查结果
主控项目	1	设备、材料进场检查	第12.2.1条	/	检查合格，质量证明文件齐全		√
	2	消火栓现场检验	第12.2.3条	/	检验合格，资料齐全		√
	3	消火栓设置	第13.2.13条	全/5	共5处，全数检查，合格5处		√

	验收项目	设计要求及规范规定	最小/实际抽样数量	检查记录	检查结果
主控项目	4 系统水压试验	第9.3.1条（GB 50242—2002）	/	试验合格，资料齐全	√
	5 管道冲洗	第9.3.2条（GB 50242—2002）	/	试验合格，资料齐全	√
	6 消防水泵接合器和室外消火栓位置标识	第9.3.3条（GB 50242—2002）	全/5	共5处，全数检查，合格5处	√
一般项目	1 室外消火栓安装	第12.3.7条	5/5	抽查5处，合格5处	100%
	2 地下式消防水泵接合器、消火栓安装	第9.3.5条（GB 50242—2002）	全/5	共5处，全数检查，合格5处	100%
	3 阀门安装应方向正确，启闭灵活	第9.3.6条（GB 50242—2002）	全/5	共5处，全数检查，合格5处	100%
	4 室外消火栓和消防水泵接合器安装尺寸，栓口安装高度允许偏差	±20m（GB 50242—2002）	全/5	共5处，全数检查，合格5处	100%
施工单位检查结果			所查项目全部合格 专业工长：签名 项目专业质量检查员：签名 2023年××月××日		
监理单位验收结论			验收合格 专业监理工程师：签名 2023年××月××日		

本表由施工单位填写。

3. 验收依据

【依据一】《消防给水及消火栓技术规范》（GB 50974—2014）

【条文摘录】

摘录一：

第12.2.1、12.2.3、13.2.13条（见《室内消火栓安装检验批质量验收记录》的验收依据，本书第280页）。

摘录二：

12.3.7 市政和室外消火栓的安装应符合下列规定：

1 市政和室外消火栓的选型、规格应符合设计要求；

2 管道和阀门的施工和安装，应符合现行国家标准《给水排水管道工程施工及验收规范》GB 50268、《建筑给水排水及采暖工程施工质量验收规范》GB 50242 的有关规定；

3 地下式消火栓顶部进水口或顶部出水口应正对井口。顶部进水口或顶部出水口与消防井盖底面的距离不应大于 0.4m，井内应有足够的操作空间，并应做好防水措施；

4 地下式室外消火栓应设置永久性固定标志；

5 当室外消火栓安装部位火灾时存在可能落物危险时，上方应采取防坠落物撞击的措施；

6 市政和室外消火栓安装位置应符合设计要求，且不应妨碍交通，在易碰撞的地点应设置防撞设施。

检查数量：按数量抽查 30%，但不应小于 10 个。

检查方法：核实设计图、核对产品的性能检验报告、直观检查。

【依据二】《建筑给水排水及采暖工程施工质量验收规范》（GB 50242—2002）

【条文摘录】

主控项目

9.3.1 系统必须进行水压试验，试验压力为工作压力的 1.5 倍，但不得小于 0.6MPa。

检验方法：试验压力下，10min 内压力降不大于 0.05MPa，然后降至工作压力进行检查，压力保持不变，不渗不漏。

9.3.2 消防管道在竣工前，必须对管道进行冲洗。

检验方法：观察冲洗出水的浊度。

9.3.3 消防水泵接合器和消火栓的位置标志应明显，栓口的位置应方便操作。消防水泵接合器和室外消火栓当采用墙壁式时，如设计未要求，进出水栓口的中心安装高度距地面应为 1.10m，其上方应设有防坠落物打击的措施。

检验方法：观察和尺量检查。

一般项目

9.3.4 室外消火栓和消防水泵接合器的各项安装尺寸应符合设计要求，栓口安装高度允许偏差为 ±20mm。

检验方法：尺量检查。

9.3.5 地下式消防水泵接合器顶部进水口或地下式消火栓的顶部出水口与消防井盖底面时距离不得大于 400mm，井内应有足够的操作空间，并设爬梯。寒冷地区井内应做防冻保护。

检验方法：观察和尺量检查。

9.3.6 消防水泵接合器的安全阀及止回阀安装位置和方向应正确，阀门启闭应灵活。

检验方法：现场观察和手扳检查。

三、管沟及井室检验批质量验收记录

1. 管沟及井室检验批质量验收记录采用《建筑工程资料管理规程》（DB11/T 695）表 C7-4 编制。

2. 管沟及井室检验批质量验收记录示例详见表 8-35。

表 8-35 管沟及井室检验批质量验收记录示例

XF040203 001

单位（子单位）工程名称	北京××大厦	分部（子分部）工程名称	消防工程分部——消防给水及灭火系统子分部	分项工程名称	消火栓系统分项
施工单位	北京××集团	项目负责人	吴工	检验批容量	2 个
分包单位	北京××消防工程公司	分包单位项目负责人	肖工	检验批部位	1 号楼消防系统
施工依据	消防工程图纸、变更洽商（如有）、施工方案	验收依据		《建筑给水排水及采暖工程施工质量验收规范》（GB 50242—2002）	

续表

	验收项目	设计要求及规范规定	最小/实际抽样数量	检查记录	检查结果
主控项目	1 管沟的基层处理和井室的地基	设计要求	全/2	共2处,全数检查,合格2处	√
	2 各类井盖的标识应清楚,使用正确	第9.4.2条	全/2	共2处,全数检查,合格2处	√
	3 通车路面上的各类井盖安装	第9.4.3条	全/2	共2处,全数检查,合格2处	√
	4 重型井圈或墙体结合部处理	第9.4.4条	全/2	共2处,全数检查,合格2处	√
一般项目	1 管沟及各类井室的坐标,沟底标高	设计要求	全/2	共2处,全数检查,合格2处	100%
	2 管沟的回填要求	第9.4.6条	全/2	共2处,全数检查,合格2处	100%
	3 管沟岩石基底要求	第9.4.7条	全/2	共2处,全数检查,合格2处	100%
	4 管沟回填的要求	第9.4.8条	全/2	共2处,全数检查,合格2处	100%
	5 井室内施工要求	第9.4.9条	全/2	共2处,全数检查,合格2处	100%
	6 井室内应严密,不透水	第9.4.10条	全/2	共2处,全数检查,合格2处	100%
施工单位检查结果			所查项目全部合格 专业工长:签名 项目专业质量检查员:签名 2023年××月××日		
监理单位验收结论			验收合格 专业监理工程师:签名 2023年××月××日		

注:本表由施工单位填写。

3. 验收依据

【规范名称及编号】《建筑给水排水及采暖工程施工质量验收规范》(GB 50242—2002)

【条文摘录】

见第8.4.1条第八款《管沟及井室检验批质量验收记录》的验收依据,本书第269页。

四、管道及配件安装检验批质量验收记录

1. 管道及配件安装检验批质量验收记录采用《建筑工程资料管理规程》(DB11/T 695)表C7-4编制。

2. 管道及配件安装检验批质量验收记录示例详见表8-36。

表8-36 室内管道及配件安装检验批质量验收记录示例

XF040204 001

单位(子单位)工程名称	北京××大厦	分部(子分部)工程名称	消防工程分部——消防给水及灭火系统子分部	分项工程名称	消火栓系统分项
施工单位	北京××集团	项目负责人	吴工	检验批容量	2个
分包单位	北京××消防工程公司	分包单位项目负责人	肖工	检验批部位	1号楼消防系统室内管道

续表

施工依据		消防工程图纸、变更洽商（如有）、施工方案、《消防给水及消火栓系统技术规范》（GB 50974—2014）		验收依据	《消防给水及消火栓技术规范》（GB 50974—2014）	
验收项目			设计要求及规范规定	最小/实际抽样数量	检查记录	检查结果
主控项目	1	设备、材料进场检查	第12.2.1条	/	检查合格，质量证明文件齐全	√
	2	管材、管件现场外观检查	第12.2.5条	/	检验合格，资料齐全	√
	3	阀门及其附件现场检验	第12.2.6条	/	检验合格，资料齐全	√
	4	仪表进场检验	第12.2.8条	/	检验合格，资料齐全	√
	5	减压阀	第13.2.8条	全/2	共2处，全数检查，合格2处	√
	6	干式消火栓系统报警阀组	第13.2.11条	全/2	共2处，全数检查，合格2处	√
	7	管网安装	第13.2.12条 第1～6款	全/2	共2处，全数检查，合格2处	√
	8	消防给水系统流量、压力	第13.2.15条	/	试验合格，资料齐全	√
	9	控制柜	第13.2.16条	全/2	共2处，全数检查，合格2处	√
一般项目	1	螺纹、法兰、承插、卡压等方式连接	第12.3.11条	/	/	/
	2	沟槽连接件（卡箍）连接	第12.3.12条	全/2	共2处，全数检查，合格2处	100％
	3	埋地管道的安装、连接方式和基础支墩	第12.3.17条	/	/	/
	4	架空管道管材及连接方式	第12.3.18条	全/2	共2处，全数检查，合格2处	100％
	5	架空管道安装	第12.3.19条	2/2	抽查2处，合格2处	100％
	6	架空管道支吊架	第12.3.20条	2/2	抽查2处，合格2处	100％
	7	架空管道防晃架	第12.3.21条	2/2	抽查2处，合格2处	100％
	8	架空管道保护	第12.3.23条	2/2	抽查2处，合格2处	100％
	9	架空管道标志	第12.3.24条	全/2	共2处，全数检查，合格2处	100％
	10	阀门安装	第12.3.25条	全/2	共2处，全数检查，合格2处	100％
	11	减压阀安装	第12.3.26条	全/2	共2处，全数检查，合格2处	100％
	12	控制柜安装	第12.3.27条	全/2	共2处，全数检查，合格2处	100％
施工单位检查结果			所查项目全部合格			专业工长：签名 项目专业质量检查员：签名 2023年××月××日
监理单位验收结论			验收合格			专业监理工程师：签名 2023年××月××日

本表由施工单位填写。

3. 验收依据

【规范名称及编号】《消防给水及消火栓系统技术规范》（GB 50974—2014）

【条文摘录】

摘录一：

第12.2.1条（见第8.4.2条第一款《室内消火栓安装检验批质量验收记录》的验收依据，本书第280页）。

摘录二：

12.2.5　管材、管件应进行现场外观检查，并应符合下列要求：

1　镀锌钢管应为内外壁热镀锌钢管，钢管内外表面的镀锌层不应有脱落、锈蚀等现象，球墨铸铁管球墨铸铁内涂水泥层和外涂防腐涂层不应脱落，不应有锈蚀等现象，钢丝网骨架塑料复合管管道壁厚均匀、内外壁应无划痕，各种管材管件应符合表12.2.5所列相应标准；

表12.2.5　消防给水管材及管件标准

序号	国家现行标准	管材及管件
1	《低压流体输送用焊接钢管》GB/T 3091	低压流体输送用镀锌焊接钢管
2	《输送流体用无缝钢管》GB/T 8163	输送流体用无缝钢管
3	《柔性机械接口灰口铸铁管》GB/T 6483	柔性机械接口铸铁管和管件
4	《水及燃气用球墨铸铁管、管件和附件》GB/T 13295	离心铸造球墨铸铁管和管件
5	《流体输送用不锈钢无缝钢管》GB/T 14976	流体输送用不锈钢无缝钢管
6	《自动喷水灭火系统　第11部分：沟槽式管接件》GB 5135.11	沟槽式管接件
7	《钢丝网骨架塑料（聚乙烯）复合管材及管件》CJ/T 189	钢丝网骨架塑料（PE）复合管

2　表面应无裂纹、缩孔、夹渣、折叠和重皮；

3　管材管件不应有妨碍使用的凹凸不平的缺陷，其尺寸公差应符合本规范表12.2.5的规定；

4　螺纹密封面应完整、无损伤、无毛刺；

5　非金属密封垫片应质地柔韧、无老化变质或分层现象，表面应无折损、皱纹等缺陷；

6　法兰密封面应完整光洁，不应有毛刺及径向沟槽；螺纹法兰的螺纹应完整、无损伤；

7　不圆度应符合本规范表12.2.5的规定；

8　球墨铸铁管承口的内工作面和插口的外工作面应光滑、轮廓清晰，不应有影响接口密封性的缺陷；

9　钢丝网骨架塑料（PE）复合管内外壁应光滑、无划痕，钢丝骨料与塑料应黏结牢固等。

检查数量：全数检查。

检查方法：直观和尺量检查。

12.2.6　阀门及其附件的现场检验应符合下列要求：

1　阀门的商标、型号、规格等标志应齐全，阀门的型号、规格应符合设计要求；

2　阀门及其附件应配备齐全，不应有加工缺陷和机械损伤；

3　报警阀和水力警铃的现场检验，应符合现行国家标准《自动喷水灭火系统施工及验收规范》GB 50261的有关规定；

4　闸阀、截止阀、球阀、蝶阀和信号阀等通用阀门，应符合现行国家标准《通用阀门压力试验》GB/T 13927和《自动喷水灭火系统第6部分：通用阀门》GB 5135.6等的有关规定；

5　消防水泵接合器应符合现行国家标准《消防水泵接合器》GB 3446的性能和质量要求；

6　自动排气阀、减压阀、泄压阀、止回阀等阀门性能，应符合现行国家标准《通用阀门压力试验》GB/T 13927、《自动喷水灭火系统第6部分：通用阀门》GB 5135.6、《压力释放装置性能78试验规范》GB/T 12242、《减压阀性能试验方法》GB/T 12245、《安全阀一般要求》GB/T 12241、《阀门的检验与试验》JB/T 9092等的有关规定；

7 阀门应有清晰的铭牌、安全操作指示标志、产品说明书和水流方向的永久性标志。

检查数量：全数检查。

检查方法：直观检查及在专用试验装置上测试，主要测试设备有试压泵、压力表、秒表。

12.2.8 压力开关、流量开关、水位显示与控制开关等仪表的进场检验，应符合下列要求：

1 性能规格应满足设计要求；

2 压力开关应符合现行国家标准《自动喷水灭火系统 第 10 部分：压力开关》GB 5135.10 的性能和质量要求；

3 水位显示与控制开关应符合现行国家标准《水位测量仪器》GB/T 11828 等的有关规定；

4 流量开关应能在管道流速为 0.1～10m/s 时可靠启动，其他性能宜符合现行国家标准《自动喷水灭火系统 第 7 部分：水流指示器》GB 5135.7 的有关规定；

5 外观完整不应有损伤。

检查数量：全数检查。

检查方法：直观检查和查验认证文件。

12.3.11 当管道采用螺纹、法兰、承插、卡压等方式连接时，应符合下列要求：

1 采用螺纹连接时，热浸镀锌钢管的管件宜采用现行国家标准《可锻铸铁管路连接件》GB 3287、《可锻铸铁管路连接件验收规则》GB 3288、《可锻铸铁管路连接件型式尺寸》GB 3289 的有关规定，热浸镀锌无缝钢管的管件宜采用现行国家标准《锻钢制螺纹管件》GB/T 14626 的有关规定；

2 螺纹连接时螺纹应符合现行国家标准《55°密封管螺纹第 2 部分：圆锥内螺纹与圆锥外螺纹》GB 7306.2 的有关规定，宜采用密封胶带作为螺纹接口的密封，密封带应在阳螺纹上施加；

3 法兰连接时法兰的密封面形式和压力等级应与消防给水系统技术要求相符合；法兰类型宜根据连接形式采用平焊法兰、对焊法兰和螺纹法兰等，法兰选择应符合现行国家标准《钢制管法兰类型与参数》GB 9112、《整体钢制管法兰》GB/T 9113、《钢制对焊无缝管件》GB/T 124—59 和《管法兰用聚四氟乙烯包覆垫片》GB/T 13404 的有关规定；

4 当热浸镀锌钢管采用法兰连接时应选用螺纹法兰，当必须焊接连接时，法兰焊接应符合现行国家标准《现场设备、工业管道焊接工程施工规范》GB 50236 和《工业金属管道工程施工规范》GB 50235 的有关规定；

5 球墨铸铁管承插连接时，应符合现行国家标准《给水排水管道工程施工及验收规范》GB 50268 的有关规定；

6 钢丝网骨架塑料复合管施工安装时除应符合本规范的有关规定外，还应符合现行行业标准《埋地聚乙烯给水管道工程技术规程》CJJ 101 的有关规定；

7 管径大于 DN50 的管道不应使用螺纹活接头，在管道变径处应采用单体异径接头。

检查数量：按数量抽查 30%，但不应小于 10 个。

检验方法：直观和尺量检查。

12.3.12 沟槽连接件（卡箍）连接应符合下列规定：

1 沟槽式连接件（管接头）、钢管沟槽深度和钢管壁厚等，应符合现行国家标准《自动喷水灭火系统 第 11 部分：沟槽式管接件》GB 5135.11 的有关规定；

2 有振动的场所和埋地管道应采用柔性接头，其他场所宜采用刚性接头，当采用刚性接头时，每隔 4～5 个刚性接头应设置一个挠性接头，埋地连接时螺栓和螺母应采用不锈钢件；

3 沟槽式管件连接时，其管道连接沟槽和开孔应用专用滚槽机和开孔机加工，并应做防腐处理；连接前应检查沟槽和孔洞尺寸，加工质量应符合技术要求；沟槽、孔洞处不应有毛刺、破损性裂纹和脏物；

4 沟槽式管件的凸边应卡进沟槽后再紧固螺栓，两边应同时紧固，紧固时发现橡胶圈起皱应更换新橡胶圈；

5 机械三通连接时，应检查机械三通与孔洞的间隙，各部位应均匀，然后再紧固到位；机械三通开孔间距不应小于1m，机械四通开孔间距不应小于2m；机械三通、机械四通连接时支管的直径应满足表12.3.12的规定，当主管与支管连接不符合表12.3.12时应采用沟槽式三通、四通管件连接；

表 12.3.12 机械三通、机械四通连接时支管直径

主管直径 DN		65	80	100	125	150	200	250	300
运管直径 DN	机械三通	40	40	65	80	100	100	100	100
	机械四通	32	32	50	65	80	100	100	100

6 配水干管（立管）与配水管（水平管）连接，应采用沟槽式管件，不应采用机械三通；

7 埋地的沟槽式管件的螺栓、螺帽应做防腐处理。水泵房内的埋地管道连接应采用挠性接头；

8 采用沟槽连接件连接管道变径和转弯时，宜采用沟槽式异径管件和弯头；当需要采用补芯时，三通上可用一个，四通上不应超过二个；公称直径大于50mm的管道不宜采用活接头；

9 沟槽连接件应采用三元乙丙橡胶（EDPM）C型密封胶圈，弹性应良好，应无破损和变形，安装压紧后C型密封胶圈中间应有空隙。

检查数量：按数量抽查30%，不应少于10件。

检验方法：直观和尺量检查。

12.3.17 埋地管道的连接方式和基础支墩应符合下列要求：

1 地震烈度在7度及7度以上时宜采用柔性连接的金属管道或钢丝网骨架塑料复合管等；

2 当采用球墨铸铁时宜采用承插连接；

3 当采用焊接钢管时宜采用法兰和沟槽连接件连接；

4 当采用钢丝网骨架塑料复合管时应采用电熔连接；

5 埋地管道的施工时除符合本规范的有关规定外，还应符合现行国家标准《给水排水管道工程施工及验收规范》GB 50268的有关规定；

6 埋地消防给水管道的基础和支墩应符合设计要求，当设计对支墩没有要求时，应在管道三通或转弯处设置混凝土支墩。

检查数量：全部检查。

检验方法：直观检查。

12.3.18 架空管道应采用热浸镀锌钢管，并宜采用沟槽连接件、螺纹、法兰和卡压等方式连接；架空管道不应安装使用钢丝网骨架塑料复合管等非金属管道。

检查数量：全部检查。

检验方法：直观检查。

12.3.19 架空管道的安装位置应符合设计要求，并应符合下列规定：

1 架空管道的安装不应影响建筑功能的正常使用，不应影响和妨碍通行以及门窗等开启；

2 当设计无要求时，管道的中心线与梁、柱、楼板等的最小距离应符合表12.3.19的规定；

表 12.3.19 管道的中心线与梁、柱、楼板等的最小距离

公称直径（mm）	25	32	40	50	70	80	100	125	150	200
距离（mm）	40	40	50	60	70	80	100	125	150	200

3 消防给水管穿过地下室外墙、构筑物墙壁以及屋面等有防水要求处时，应设防水套管；

4 消防给水管穿过建筑物承重墙或基础时，应预留洞口，洞口高度应保证管顶上部净空不小于建

筑物的沉降量，不宜小于0.1m，并应填充不透水的弹性材料；

5　消防给水管穿过墙体或楼板时应加设套管，套管长度不应小于墙体厚度，或应高出楼面或地面50mm；套管与管道的间隙应采用不燃材料填塞，管道的接口不应位于套管内；

6　消防给水管必须穿过伸缩缝及沉降缝时，应采用波纹管和补偿器等技术措施；

7　消防给水管可能发生冰冻时，应采取防冻技术措施；

8　通过及敷设在有腐蚀性气体的房间内时，管外壁应刷防腐漆或缠绕防腐材料。

检查数量：按数量抽查30%，不应少于10件。

检验方法：尺量检查。

12.3.20　架空管道的支吊架应符合下列规定：

1　架空管道支架、吊架、防晃或固定支架的安装应固定牢固，其型式、材质及施工应符合设计要求；

2　设计的吊架在管道的每一支撑点处应能承受5倍于充满水的管重，且管道系统支撑点应支撑整个消防给水系统；

3　管道支架的支撑点宜设在建筑物的结构上，其结构在管道悬吊点应能承受充满水管道重量另加至少114kg的阀门、法兰和接头等附加荷载，充水管道的参考重量可按表12.3.20-1选取；

表12.3.20-1　充水管道的参考重量

公称直径（mm）	25	32	40	50	70	80	100	125	150	200
保温管道（kg/m）	15	18	19	22	27	32	41	54	66	103
不保温管道（kg/m）	5	7	7	9	1	17	22	33	42	73

4　管道支架或吊架的设置间距不应大于表12.3.20-2的要求；

表12.3.20-2　管道及配件防腐、绝热检验批质量验收记录示例

管径（mm）	25	32	40	50	70	80
间距（m）	3.5	4.0	4.5	5.0	6.0	6.0
管径（mm）	100	125	150	200	250	300
间距（m）	6.5	7.0	8.0	9.5	11.0	12.0

5　当管道穿梁安装时，穿梁处宜作为一个吊架；

6　下列部位应设置固定支架或防晃支架：

1）配水管宜在中点设一个防晃支架，但当管径小于DN50时可不设；

2）配水干管及配水管，配水支管的长度超过15m，每15m长度内应至少设1个防晃支架，但当管径不大于DN40可不设；

3）管径大于DN50的管道拐弯、三通及四通位置处应设1个防晃支架；

4）防晃支架的强度，应满足管道、配件及管内水的重量再加50%的水平方向推力时不损坏或不产生永久变形；当管道穿梁安装时，管道再用紧固件固定于混凝土结构上，宜可作为1个防晃支架处理。

检查数量：按数量抽查30%，不应少于10件。

检验方法：尺量检查。

12.3.21　架空管道每段管道设置的防晃支架不应少于1个；当管道改变方向时，应增设防晃支架；立管应在其始端和终端设防晃支架或采用管卡固定。

检查数量：按数量抽查30%，不应少于10件。

检验方法：直观检查。

12.3.23 地震烈度在 7 度及 7 度以上时，架空管道保护应符合下列要求：

1 地震区的消防给水管道宜采用沟槽连接件的柔性接头或间隙保护系统的安全可靠性；

2 应用支架将管道牢固地固定在建筑上；

3 管道应有固定部分和活动部分组成；

4 当系统管道穿越连接地面以上部分建筑物的地震接缝时，无论管径大小，均应设带柔性配件的管道地震保护装置；

5 所有穿越墙、楼板、平台以及基础的管道，包括泄水管，水泵接合器连接管及其他辅助管道的周围应留有间隙；

6 管道周围的间隙，DN25～DN80 管径的管道，不应小于 25mm，DN100 及以上管径的管道，不应小于 50mm；间隙内应填充腻子等防火柔性材料；

7 竖向支撑应符合下列规定：

1) 系统管道应有承受横向和纵向水平载荷的支撑；

2) 竖向支撑应牢固且同心，支撑的所有部件和配件应在同一直线上；

3) 对供水主管，竖向支撑的间距不应大于 24m；

4) 立管的顶部应采用四个方向的支撑固定；

5) 供水主管上的横向固定支架，其间距不应大于 12m。

检查数量：按数量抽查 30％，不应少于 10 件。

检验方法：直观检查。

12.3.24 架空管道外应刷红色油漆或涂红色环圈标志，并应注明管道名称和水流方向标识。红色环圈标志，宽度不应小于 20mm，间隔不宜大于 4m，在一个独立的单元内环圈不宜少于 2 处。

检查数量：按数量抽查 30％，不应少于 10 件。

检验方法：直观检查。

12.3.25 消防给水系统阀门的安装应符合下列要求：

1 各类阀门型号、规格及公称压力应符合设计要求；

2 阀门的设置应便于安装维修和操作，且安装空间应能满足阀门完全启闭的要求，并应作出标志；

3 阀门应有明显的启闭标志；

4 消防给水系统干管与水灭火系统连接处应设置独立阀门，并应保证各系统独立使用。

检查数量：全部检查。

检查方法：直观检查。

12.3.26 消防给水系统减压阀的安装应符合下列要求：

1 安装位置处的减压阀的型号、规格、压力、流量应符合设计要求；

2 减压阀安装应在供水管网试压、冲洗合格后进行；

3 减压阀水流方向应与供水管网水流方向一致；

4 减压阀前应有过滤器；

5 减压阀前后应安装压力表；

6 减压阀处应有压力试验用排水设施。

检查数量：全数检查。

检验方法：核实设计图、核对产品的性能检验报告、直观检查。

12.3.27 控制柜的安装应符合下列要求：

1 控制柜的基座其水平度误差不大于 ±2mm，并应做防腐处理及防水措施；

2 控制柜与基座应采用不小于±12mm 的螺栓固定，每只柜不应少于 4 只螺栓；

3 做控制柜的上下进出线口时，不应破坏控制柜的防护等级。

检查数量：全部检查。

检查方法：直观检查。

摘录三：

13.2.11 干式消火栓系统报警阀组的验收应符合下列要求：

1 报警阀组的各组件应符合产品标准要求；

2 打开系统流量压力检测装置放水阀，测试的流量、压力应符合设计要求；

3 水力警铃的设置位置应正确。测试时，水力警铃喷嘴处压力不应小于 0.05MPa，且距水力警铃 3m 远处警铃声声强不应小于 70dB；

4 打开手动试水阀动作应可靠；

5 控制阀均应锁定在常开位置；

6 与空气压缩机或火灾自动报警系统的联锁控制，应符合设计要求。

检查数量：全数检查。

检查方法：直观检查。

13.2.12 管网验收应符合下列要求：

1 管道的材质、管径、接头、连接方式及采取的防腐、防冻措施，应符合设计要求，管道标识应符合设计要求；

2 管网排水坡度及辅助排水设施，应符合设计要求；

3 系统中的试验消火栓、自动排气阀应符合设计要求；

4 管网不同部位安装的报警阀组、闸阀、止回阀、电磁阀、信号阀、水流指示器、减压孔板、节流管、减压阀、柔性接头、排水管、排气阀、泄压阀等，均应符合设计要求；

5 干式消火栓系统允许的最大充水时间不应大于 5min；

6 干式消火栓系统报警阀后的管道仅应设置消火栓和有信号显示的阀门；

7 架空管道的立管、配水支管、配水管、配水干管设置的支架，应符合本规范第 12.3.19 条～第 12.3.23 条的规定；

8 室外埋地管道应符合本规范第 12.3.17 条和第 12.3.22 条等的规定。

检查数量：本条第 7 款抽查 20%，且不应少于 5 处；本条第 1 款～第 6 款、第 8 款全数抽查。

检查方法：直观和尺量检查、秒表测量。

13.2.13 消火栓验收应符合下列要求：

1 消火栓的设置场所、位置、规格、型号应符合设计要求和本规范第 7.2 节～第 7.4 节的有关规定；

2 室内消火栓的安装高度应符合设计要求；

3 消火栓的设置位置应符合设计要求和本规范第 7 章的有关规定，并应符合消防救援和火灾扑救工艺的要求；

4 消火栓的减压装置和活动部件应灵活可靠，栓后压力应符合设计要求。

检查数量：抽查消火栓数量 10%，且总数每个供水分区不应少于 10 个，合格率应为 100%。

检查方法：对照图纸尺量检查。

13.2.14 消防水泵接合器数量及进水管位置应符合设计要求，消防水泵接合器应采用消防车车载消防水泵进行充水试验，且供水最不利点的压力、流量应符合设计要求；当有分区供水时应确定消防车的最大供水高度和接力泵的设置位置的合理性。

检查数量：全数检查。

检查方法：使用流量计、压力表和直观检查。

13.2.15　消防给水系统流量、压力的验收，应通过系统流量、压力检测装置和末端试水装置进行放水试验，系统流量、压力和消火栓充实水柱等应符合设计要求。

检查数量：全数检查。

检查方法：直观检查。

13.2.16　控制柜的验收应符合下列要求：

1　控制柜的规格、型号、数量应符合设计要求；

2　控制柜的图纸塑封后应牢固粘贴于柜门内侧；

3　控制柜的动作应符合设计要求和本规范第 11 章的有关规定；

4　控制柜的质量应符合产品标准和本规范第 12.2.7 条的要求；

5　主、备用电源自动切换装置的设置应符合设计要求。

检查数量：全数检查。

检查方法：直观检查。

五、管道及配件防腐、绝热检验批质量验收记录

1. 管道及配件防腐、绝热检验批质量验收记录采用《建筑工程资料管理规程》（DB11/T 695）表 C7-4 编制。

2. 管道及配件防腐、绝热检验批质量验收记录示例详见表 8-38。

表 8-37　管道及配件防腐、绝热检验批质量验收记录示例

XF040205 001

单位（子单位）工程名称	北京××大厦	分部（子分部）工程名称	消防工程分部——消防给水及灭火系统子分部	分项工程名称	消火栓系统分项
施工单位	北京××集团	项目负责人	吴工	检验批容量	2 路
分包单位	北京××消防工程公司	分包单位项目负责人	肖工	检验批部位	1 号楼消防系统室内管道
施工依据	消防工程图纸、变更洽商（如有）、施工方案、《消防给水及消火栓系统技术规范》（GB 50974—2014）			验收依据	《消防给水及消火栓系统技术规范》（GB 50974—2014）《建筑给水排水及采暖工程施工质量验收规范》（GB 50242—2002）

验收项目				设计要求及规范规定	最小/实际抽样数量	检查记录	检查结果
主控项目	1	埋地管道防腐		第 12.3.22 条（GB 50974—2014）	2/2	抽查 2 处，合格 2 处	√
	2	室内直埋金属给水管道防腐		第 4.2.4 条	全/2	共 2 处，全数检查，合格 2 处	√
	3	室外给水，镀锌钢管、钢管埋地管道防腐		第 9.2.6 条	/	/	/
一般项目	1	保温层允许偏差	厚度 δ	+0.1δ −0.05δ	全/2	共 2 处，全数检查，合格 2 处	100%
			表面平整度　卷材	5mm	全/2	共 2 处，全数检查，合格 2 处	100%
			涂料	10mm	/	/	/

续表

施工单位 检查结果	所查项目全部合格 专业工长：签名 项目专业质量检查员：签名 2023 年××月××日
监理单位 验收结论	验收合格 专业监理工程师：签名 2023 年××月××日

注：本表由施工单位填写。

3. 验收依据

【依据一】《消防给水及消火栓系统技术规范》（GB 50974—2014）

【条文摘录】

12.3.22 埋地钢管应做防腐处理，防腐层材质和结构应符合设计要求，并应按现行国家标准《给水排水管道工程施工及验收规范》GB50268 的有关规定施工；室外埋地球墨铸铁给水管要求外壁应刷沥青漆防腐；埋地管道连接用的螺栓、螺母以及垫片等附件应采用防腐蚀材料，或涂覆沥青涂层等防腐涂层；埋地钢丝网骨架塑料复合管不应做防腐处理。

检查数量：按数量抽查30%，不应少于10件。

检验方法：放水试验、观察、核对隐蔽工程记录，必要时局部解剖检查。

【依据二】《建筑给水排水及采暖工程施工质量验收规范》（GB 50242—2002）

【条文摘录】

第4.2.4、4.4.8、9.2.6条（见第8.4.1条第八款《管道及配件防腐、绝热检验批质量验收记录》的验收依据，本书第 277 页）。

六、试验与调试检验批质量验收记录

1. 试验与调试检验批质量验收记录采用《建筑工程资料管理规程》（DB11/T 695）表 C7-4 编制。

2. 试验与调试检验批质量验收记录示例详见表 8-38。

表 8-38　试验与调试检验批质量验收记录示例

XF040207 001

单位（子单位） 工程名称	北京××大厦	分部（子分部） 工程名称	消防工程分部——消防 给水及灭火系统子分部	分项工程 名称	消火栓系统分项
施工单位	北京××集团	项目负责人	吴工	检验批容量	2个
分包单位	北京××消防工程公司	分包单位 项目负责人	肖工	检验批部位	1号楼消防系统
施工依据	消防工程图纸、变更洽商（如有）、施工方案、《消防给水及消火栓技术规范》 （GB 50974—2014）		验收依据	《消防给水及消火栓系统技术规范》 （GB 50974—2014）	

	验收项目		设计要求及规范规定	最小/实际抽样数量	检查记录	检查结果
主控项目	1	干式消火栓系统快速启闭装置调试	第13.1.6条	/	试验合格，资料齐全	√
	2	减压阀调试	第13.1.7条	/	试验合格，资料齐全	√
	3	消火栓的调试和测试	第13.1.8条	/	试验合格，资料齐全	√
	4	系统排水设施	第13.1.9条	/	试验合格，资料齐全	√
	5	控制柜调试和测试	第13.1.10条	/	试验合格，资料齐全	√
	6	联锁试验	第13.1.11条	/	试验合格，资料齐全	√
施工单位检查结果				所查项目全部合格	专业工长：签名 项目专业质量检查员：签名 2023年××月××日	
监理单位验收结论				验收合格	专业监理工程师：签名 2023年××月××日	

注：本表由施工单位填写。

3. 验收依据

【规范名称及编号】《消防给水及消火栓系统技术规范》（GB 50974—2014）

【条文摘录】

13.1.6 干式消火栓系统快速启闭装置调试应符合下列要求：

1 干式消火栓系统调试时，开启系统试验阀或按下消火栓按钮，干式消火栓系统快速启闭装置的启动时间、系统启动压力、水流到试验装置出口所需时间，均应符合设计要求；

2 快速启闭装置后的管道容积应符合设计要求，并应满足充水时间的要求；

3 干式报警阀在充气压力下降到设定值时应能及时启动；

4 干式报警阀充气系统在设定低压点时应启动，在设定高压点时应停止充气，当压力低于设定低压点时应报警；

5 干式报警阀当设有加速排气器时，应验证其可靠工作。

检查数量：全数检查。

检查方法：使用压力表、秒表、声强计和直观检查。

13.1.7 减压阀调试应符合下列要求：

1 减压阀的阀前阀后动静压力应满足设计要求；

2 减压阀的出流量应满足设计要求，当出流量为设计流量的150%时，阀后动压不应小于额定设计工作压力的65%；

3 减压阀在小流量、设计流量和设计流量的150%时不应出现噪声明显增加；

4 测试减压阀的阀后动静压差应符合设计要求。

检查数量：全数检查。

检查方法：使用压力表、流量计、声强计和直观检查。

13.1.8 消火栓的调试和测试应符合下列规定：

1 试验消火栓动作时，应检测消防水泵是否在本规范规定的时间内自动启动；

2 试验消火栓动作时，应测试其出流量、压力和充实水柱的长度；并应根据消防水泵的性能曲线核实消防水泵供水能力；

3　应检查旋转型消火栓的性能能否满足其性能要求；

4　应采用专用检测工具，测试减压稳压型消火栓的阀后动静压是否满足设计要求。

检查数量：全数检查。

检查方法：使用压力表、流量计和直观检查。

13.1.9　调试过程中，系统排出的水应通过排水设施全部排走，并应符合下列规定：

1　消防电梯排水设施的自动控制和排水能力应进行测试；

2　报警阀排水试验管处和末端试水装置处排水设施的排水能力应进行测试，且在地面不应有积水；

3　试验消火栓处的排水能力应满足试验要求；

4　消防水泵房排水设施的排水能力应进行测试，并应符合设计要求。

检查数量：全数检查。

检查方法：使用压力表、流量计、专用测试工具和直观检查。

13.1.10　控制柜调试和测试应符合下列要求：

1　应首先空载调试控制柜的控制功能，并应对各个控制程序进行试验验证；

2　当空载调试合格后，应加负载调试控制柜的控制功能，并应对各个负载电流的状况进行试验检测和验证；

3　应检查显示功能，并应对电压、电流、故障、声光报警等功能进行试验检测和验证；

4　应调试自动巡检功能，并应对各泵的巡检动作、时间、周期、频率和转速等进行试验检测和验证；

5　应试验消防水泵的各种强制启泵功能。

检查数量：全数检查。

检查方法：使用电压表、电流表、秒表等仪表和直观检查。

13.1.11　联锁试验应符合下列要求，并应按本规范表C.0.4的要求进行记录：

1　干式消火栓系统联锁试验，当打开1个消火栓或模拟1个消火栓的排气量排气时，干式报警阀（电动阀/电磁阀）应及时启动，压力开关应发出信号或联锁启动消防防水泵，水力警铃动作应发出机械报警信号；

2　消防给水系统的试验管放水时，管网压力应持续降低，消防水泵出水干管上压力开关应能自动启动消防水泵；消防给水系统的试验管放水或高位消防水箱排水管放水时，高位消防水箱出水管上的流量开关应动作，且应能自动启动消防水泵；

3　自动启动时间应符合设计要求和本规范第11.0.3条的有关规定。

检查数量：全数检查。

检查方法：直观检查。

8.4.3　自动喷水灭火系统分项

一、管网安装检验批质量验收记录

1.管网安装检验批质量验收记录采用《建筑工程资料管理规程》（DB11/T 695）表C7-4编制。

2.管网安装检验批质量验收记录示例详见表8-39。

表8-39　管网安装检验批质量验收记录示例

XF040301 001

单位（子单位）工程名称	北京××大厦	分部（子分部）工程名称	消防工程分部——消防给水及灭火系统子分部	分项工程名称	自动喷水灭火系统分项
施工单位	北京××集团	项目负责人	吴工	检验批容量	25处
分包单位	北京××消防工程公司	分包单位项目负责人	肖工	检验批部位	1号楼消防系统

续表

施工依据			消防工程图纸、变更洽商（如有）、施工方案、《自动喷水灭火系统施工及验收规范》（GB 50261—2017）		验收依据	《自动喷水灭火系统施工及验收规范》（GB 50261—2017）
		验收项目	设计要求及规范规定	最小/实际抽样数量	检查记录	检查结果
主控项目	1	管网采用钢管时，其材质质量	第5.1.1条	/	进场检验合格，质量证明文件齐全	√
	2	管网采用不锈钢管时，其材质质量	第5.1.2条	/	/	/
	3	管网采用铜管道时，其材质质量	第5.1.3条	/	/	/
	4	管网采用涂覆钢管时，其材质质量	第5.1.4条	/	/	/
	5	管网采用氯化聚氯乙烯（PVC-C）管道时，其材质质量	第5.1.5条	/	/	/
	6	管道连接	第5.1.6条	全/25	共25处，全数检查，合格25处	√
	7	薄壁不锈钢管安装	第5.1.7条	/	/	/
	8	钢管安装	第5.1.8条	全/25	共25处，全数检查，合格25处	√
	9	氯化聚氯乙烯（PVC-C）管材与氯化聚氯乙烯（PVC-C）管件的连接	第5.1.9条	/	/	/
		氯化聚氯乙烯（PVC-C）管材与法兰式管道、阀门及管件的连接		/	/	/
		氯化聚氯乙烯（PVC-C）管材与螺纹式管道、阀门及管件的连接		/	/	/
		氯化聚氯乙烯（PVC-C）管材与沟槽式（卡箍）管道、阀门及管件连接		/	/	/
	10	管网安装前处理	第5.1.10条	/		
	11	沟槽式管件连接	沟槽式管件材质、橡胶密封圈材质	第5.1.11条第1款	/	/	/
			沟槽式管件连接	第5.1.11条第2款	/	/	/
			橡胶密封圈	第5.1.11条第3款	/	/	/
			沟槽式管件的凸边	第5.1.11条第4款	/	/	/
			机械三通连接	第5.1.11条第5款	/	/	/
			配水干管（立管）与配水管（水平管）连接	第5.1.11条第6款	/	/	/
			埋地的沟槽式管件的螺栓、螺帽应做防腐处理	第5.1.11条第7款	/	/	/
	12	螺纹连接	管道宜采用机械切割	第5.1.12条第1款	全/25	共25处，全数检查，合格25处	√
			管道变径时，宜采用异径接头	第5.1.12条第2款	全/25	共25处，全数检查，合格25处	√
			螺纹连接的密封填料	第5.1.12条第3款	全/25	共25处，全数检查，合格25处	√
	13	法兰连接	第5.1.13条	/	/	/

		验收项目	设计要求及规范规定	最小/实际抽样数量	检查记录	检查结果
一般项目	1	管道的安装位置	第5.1.14条	全/25	共25处，全数检查，合格25处	100%
	2	管道支架、吊架、防晃支架的安装	第5.1.15条	全/25	共25处，全数检查，合格25处	100%
	3	管道穿过建筑物的变形缝、墙体或楼板	第5.1.16条	全/25	共25处，全数检查，合格25处	100%
	4	管道横向安装	第5.1.17条	全/25	共25处，全数检查，合格25处	100%
	5	配水干管、配水管应做红色或红色环圈标志	第5.1.18条	全/25	共25处，全数检查，合格25处	100%
	6	管网在安装中断时，应将管道的敞口封闭	第5.1.19条	全/25	共25处，全数检查，合格25处	100%
	7	涂覆钢管的安装	第5.1.20条	/	/	/
	8	不锈钢管的安装	第5.1.21条	/	/	/
	9	铜管的安装	第5.1.22条	/	/	/
	10	氯化聚氯乙烯（PVC-C）管道的安装	第5.1.23条	/	/	/
	11	消防洒水软管的安装	第5.1.24条	/	/	/
施工单位检查结果				所查项目全部合格 专业工长：签名 项目专业质量检查员：签名 2023年××月××日		
监理单位验收结论				验收合格 专业监理工程师：签名 2023年××月××日		

注：本表由施工单位填写。

3. 验收依据

【规范名称及编号】《自动喷水灭火系统施工及验收规范》（GB 50261—2017）

【条文摘录】

5.1　管网安装

Ⅰ　主控项目

5.1.1　管网采用钢管时，其材质应符合现行国家标准《输送流体用无缝钢管》（GB/T 8163）和《低压流体输送用焊接钢管》（GB/T 3091）的要求。

检查数量：全数检查。

检查方法：查验材料质量合格证明文件、性能检测报告，尺量、观察检查。

5.1.2　管网采用不锈钢管时，其材质应符合现行国家标准《流体输送用不锈钢焊接钢管》（GB/T 12771）和《不锈钢卡压式管件组件 第2部分：连接用薄壁不锈钢管》（GB/T 19228.2）的要求。

检查数量：全数检查。

检查方法：查验材料质量合格证明文件、性能检测报告，尺量、观察检查。

5.1.3　管网采用铜管道时，其材质应符合现行国家标准《无缝铜水管和铜气管》（GB/T 18033）、《铜管接头 第1部分：钎焊式管件》（GB/T 11618.1）和《铜管接头 第2部分：卡压式管件》（GB/T 11618.2）的要求。

检查数量：全数检查。

检查方法：查验材料质量合格证明文件、性能检测报告，尺量、观察检查。

5.1.4 管网采用涂覆钢管时，其材质应符合现行国家标准《自动喷水灭火系统 第20部分：涂覆钢管》(GB/T 5135.20) 的要求。

检查数量：全数检查。

检查方法：查验材料质量合格证明文件、性能检测报告，尺量、观察检查。

5.1.5 管网采用氯化聚氯乙烯 (PVC-C) 管道时，其材质应符合现行国家标准《自动喷水灭火系统 第19部分：塑料管道及管件》(GB/T 5135.19) 的要求。

检查数量：全数检查。

检查方法：查验材料质量合格证明文件、性能检测报告，尺量、观察检查。

5.1.6 管道连接后不应减小过水横断面面积。热镀锌钢管、涂覆钢管安装应采用螺纹、沟槽式管件或法兰连接。

5.1.7 薄壁不锈钢管安装应采用环压、卡凸式、卡压、沟槽式、法兰等连接。

5.1.8 铜管安装应采用钎焊、卡套、卡压、沟槽式等连接。

5.1.9 氯化聚氯乙烯 (PVC-C) 管材与氯化聚氯乙烯 (PVC-C) 管件的连接应采用承插式粘接连接；氯化聚氯乙烯 (PVC-C) 管材与法兰式管道、阀门及管件的连接，应采用氯化聚氯乙烯 (PVC-C) 法兰与其他材质法兰对接连接；氯化聚氯乙烯 (PVC-C) 管材与螺纹式管道、阀门及管件的连接应采用内丝接头的注塑管件螺纹连接；氯化聚氯乙烯 (PVC-C) 管材与沟槽式（卡箍）管道、阀门及管件的连接，应采用沟槽（卡箍）注塑管件连接。

检查数量：抽查20%，且不得少于5处。

检查方法：观察检查，强度试验。

5.1.10 管网安装前应校直管道，并清除管道内部的杂物；在具有腐蚀性的场所，安装前应按设计要求对管道、管件等进行防腐处理；安装时应随时清除管道内部的杂物。

检查数量：抽查20%，且不得少于5处。

检查方法：观察检查和用水平尺检查。

5.1.11 沟槽式管件连接应符合下列规定：

1 选用的沟槽式管件应符合现行国家标准《自动喷水灭火系统 第11部分：沟槽式管接件》(GB 5135.11) 的要求，其材质应为球墨铸铁，并应符合现行国家标准《球墨铸铁件》(GB/T 1348) 的要求；橡胶密封圈的材质应为 EPDM（三元乙丙橡胶），并应符合《金属管道系统快速管接头的性能要求和试验方法》(ISO 6182-12：2019) 的要求。

2 沟槽式管件连接时，其管道连接沟槽和开孔应用专用滚槽机和开孔机加工，并应做防腐处理；连接前应检查沟槽和孔洞尺寸，加工质量应符合技术要求；沟槽、孔洞处不得有毛刺、破损性裂纹和脏物。

检查数量：抽查20%，且不得少于5处。

检查方法：观察和尺量检查。

3 橡胶密封圈应无破损和变形。

检查数量：抽查20%，且不得少于5处。

检查方法：观察检查。

4 沟槽式管件的凸边应卡进沟槽后再紧固螺栓，两边应同时紧固，紧固时发现橡胶圈起皱应更换新橡胶圈。

检查数量：抽查20%，且不得少于5处。

检查方法：观察检查。

5 机械三通连接时，应检查机械三通与孔洞的间隙，各部位应均匀，然后再紧固到位；机械三通开孔间距不应小于500mm，机械四通开孔间距不应小于1000mm；机械三通、机械四通连接时支管的口径应满足表5.1.11的规定。

表 5.1.11　采用支管接头（机械三通、机械四通）时支管的最大允许管径　　　（单位：mm）

主管直径 DN		50	65	80	100	125	150	200	250	300
支管直径 DN	机械三通	25	40	40	65	80	100	100	100	100
	机械四通	—	32	40	50	65	80	100	100	100

检查数量：抽查 20%，且不得少于 5 处。

检查方法：观察检查和尺量检查。

6　配水干管（立管）与配水管（水平管）连接，应采用沟槽式管件，不应采用机械三通。

检查数量：抽查 20%，且不得少于 5 处。

检查方法：观察检查。

7　埋地的沟槽式管件的螺栓、螺帽应做防腐处理。水泵房内的埋地管道连接应采用挠性接头。

检查数量：全数检查。

检查方法：观察检查或局部解剖检查。

5.1.12　螺纹连接应符合下列要求：

1　管道宜采用机械切割，切割面不得有飞边、毛刺；管道螺纹密封面应符合现行国家标准《普通螺纹 基本尺寸》（GB/T 196）、《普通螺纹 公差》（GB/T 197）和《普通螺纹 管路系列》（GB/T 1414）的有关规定。

2　当管道变径时，宜采用异径接头；在管道弯头处不宜采用补芯，当需要采用补芯时，三通上可用 1 个，四通上不应超过 2 个；公称直径大于 50mm 的管道不宜采用活接头。

检查数量：全数检查。

检查方法：观察检查。

3　螺纹连接的密封填料应均匀附着在管道的螺纹部分；拧紧螺纹时，不得将填料挤入管道内；连接后，应将连接处外部清理干净。

检查数量：抽查 20%，且不得少于 5 处。

检查方法：观察检查。

5.1.13　法兰连接可采用焊接，法兰或螺纹法兰。焊接法兰焊接处应做防腐处理，并宜重新镀锌后再连接。焊接应符合现行国家标准《工业金属管道工程施工及验收规范》（GB 50235）、《现场设备、工业管道焊接工程施工及验收规范》（GB 50236）的有关规定。螺纹法兰连接应预测对接位置，清除外露密封填料后再紧固、连接。

检查数量：抽查 20%，且不得少于 5 处。

检查方法：观察检查。

Ⅱ　一般项目

5.1.14　管道的安装位置应符合设计要求。当设计无要求时，管道的中心线与梁、柱、楼板等的最小距离应符合表 5.1.14 的规定。公称直径大于或等于 100mm 的管道其距离顶板、墙面的安装距离不宜小于 200mm。

表 5.1.14　管道的中心线与梁、柱、楼板的最小距离　　　（单位：mm）

公称直径	25	32	40	50	70	80	100	125	150	200	250	300
距离	40	40	50	60	70	80	100	125	150	200	250	300

检查数量：抽查 20%，且不得少于 5 处。

检查方法：尺量检查。

5.1.15　管道支架、吊架、防晃支架的安装应符合下列要求：

1　管道应固定牢固；管道支架或吊架之间的距离不应大于表 5.1.15-1～表 5.1.15-5 的规定。

表 5.1.15-1　镀锌钢管道、涂覆钢管道支架或吊架之间的距离

公称直径（mm）	25	32	40	50	70	80	100	125	150	200	250	300
距离（m）	3.5	4.0	4.5	5.0	6.0	6.0	6.5	7.0	8.0	9.5	11.0	12.0

表 5.1.15-2　不锈钢管道的支架或吊架之间的距离

公称直径（mm）	25	32	40	50～100	150～300
水平管（m）	1.8	2.0	2.2	2.5	3.5
立管（m）	2.2	2.5	2.8	3.0	4.0

注：1. 在距离各管件或阀门 100mm 以内应采用管卡牢固固定，特别在干管变支管处；

　　2. 阀门等组件应加设承重支架。

表 5.1.15-3　铜管道的支架或吊架之间的距离

公称直径（mm）	25	32	40	50	65	80	100	125	150	200	250	300
水平管（m）	1.8	2.4	2.4	2.4	3.0	3.0	3.0	3.0	3.5	3.5	4.0	4.0
立管（m）	2.4	3.0	3.0	3.5	3.5	3.5	3.5	3.5	4.0	4.0	4.5	4.5

表 5.1.15-4　氯化聚氯乙烯（PVG-C）管道支架或吊架之间的距离

公称外径（mm）	25	32	40	50	65	80
最大间距（m）	1.8	2.0	2.1	2.4	2.7	3.0

表 5.1.15-5　沟槽连接管道最大支承间距

公称直径（mm）	最大支承间距（m）
65～100	3.5
125～200	4.2
250～315	5.0

注：1. 横管的任何两个接头之间应有支承；

　　2. 不得支承在接头上。

检查数量：抽查 20%，且不得少于 5 处。

检查方法：尺量检查。

2　管道支架、吊架、防晃支架的型式、材质、加工尺寸及焊接质量等，应符合设计要求和国家现行有关标准的规定。

3　管道支架、吊架的安装位置不应妨碍喷头的喷水效果；管道支架、吊架与喷头之间的距离不宜小于 300mm；与末端喷头之间的距离不宜大于 750mm。

检查数量：抽查 20%，且不得少于 5 处。

检查方法：尺量检查。

4　配水支管上每一直管段、相邻两喷头之间的管段设置的吊架均不宜少于 1 个，吊架的间距不宜大于 3.6m。

检查数量：抽查 20%，且不得少于 5 处。

检查方法：观察检查和尺量检查。

5　当管道的公称直径等于或大于 50mm 时，每段配水干管或配水管设置防晃支架不应少于 1 个，且防晃支架的间距不宜大于 15m；当管道改变方向时，应增设防晃支架。

检查数量：全数检查。

检查方法：观察检查和尺量检查。

6　竖直安装的配水干管除中间用管卡固定外，还应在其始端和终端设防晃支架或采用管卡固定，其安装位置距地面或楼面的距离宜为 1.5～1.8m。

检查数量：全数检查。

检查方法：观察检查和尺量检查。

5.1.16　管道穿过建筑物的变形缝时，应采取抗变形措施。穿过墙体或楼板时应加设套管，套管长度不得小于墙体厚度，穿过楼板的套管其顶部应高出装饰地面 20mm；穿过卫生间或厨房楼板的套管，其顶部应高出装饰地面 50mm，且套管底部应与楼板底面相平。套管与管道的间隙应采用不燃材料填塞密实。

检查数量：抽查 20%，且不得少于 5 处。

检查方法：观察检查和尺量检查。

5.1.17　管道横向安装宜设 2‰～5‰的坡度，且应坡向排水管；当局部区域难以利用排水管将水排净时，应采取相应的排水措施。当喷头数量小于或等于 5 只时，可在管道低凹处加设堵头；当喷头数量大于 5 只时，宜装设带阀门的排水管。

检查数量：全数检查。

检查方法：观察检查，水平尺和尺量检查。

5.1.18　配水干管、配水管应做红色或红色环圈标志。红色环圈标志，宽度不应小于 20mm，间隔不宜大于 4m，在一个独立的单元内环圈不宜少于 2 处。

检查数量：抽查 20%，且不得少于 5 处。

检查方法：观察检查和尺量检查。

5.1.19　管网在安装中断时，应将管道的敞口封闭。

检查数量：全数检查。

检查方法：观察检查。

5.1.20　涂覆钢管的安装应符合下列有关规定：

1　涂覆钢管严禁剧烈撞击或与尖锐物品碰触，不得抛、摔、滚、拖；

2　不得在现场进行焊接操作；

3　涂覆钢管与铜管、氯化聚氯乙烯（PVC-C）管连接时应采用专用过渡接头。

5.1.21　不锈钢管的安装应符合下列有关规定：

1　薄壁不锈钢管与其他材料的管材、管件和附件相连接时，应有防止电化学腐蚀的措施。

2　公称直径为 DN25～50 的薄壁不锈钢管道与其他材料的管道连接时，应采用专用螺纹转换连接件（如环压或卡压式不锈钢管的螺纹转换接头）连接。

3　公称直径为 DN65～100 的薄壁不锈钢管道与其他材料的管道连接时，宜采用专用法兰转换连接件连接。

4　公称直径 DN≥125 的薄壁不锈钢管道与其他材料的管道连接时，宜采用沟槽式管件连接或法兰连接。

5.1.22　铜管的安装应符合下列有关规定：

1　硬钎焊可用于各种规格铜管与管件的连接；对管径不大于 DN50、需拆卸的铜管可采用卡套连接；管径不大于 DN50 的铜管可采用卡压连接；管径不小于 DN50 的铜管可采用沟槽连接；

2　管道支承件宜采用铜合金制品。当采用钢件支架时，管道与支架之间应设软性隔垫，隔垫不得对管道产生腐蚀；

3　当沟槽连接件为非铜材质时，其接触面应采取必要的防腐措施。

5.1.23　氯化聚氯乙烯（PVC-C）管道的安装应符合下列有关规定：

1　氯化聚氯乙烯（PVC-C）管材与氯化聚氯乙烯（PVC-C）管件的连接应采用承插式粘接连接；

氯化聚氯乙烯（PVC-C）管材与法兰式管道、阀门及管件的连接，应采用氯化聚氯乙烯（PVC-C）法兰与其他材质法兰对接连接；氯化聚氯乙烯（PVC-C）管材与螺纹式管道、阀门及管件的连接应采用内丝接头的注塑管件螺纹连接；氯化聚氯乙烯（PVC-C）管材与沟槽式（卡箍）管道、阀门及管件的连接，应采用沟槽（卡箍）注塑管件连接；

2 粘接连接应选用与管材、管件相兼容的粘接剂，粘接连接宜在4～38℃的环境温度下操作，接头粘接不得在雨中或水中施工，并应远离火源，避免阳光直射。

5.1.24 消防洒水软管的安装应符合下列有关规定：

1 消防洒水软管出水口的螺纹应和喷头的螺纹标准一致；

2 消防洒水软管安装弯曲时应大于软管标记的最小弯曲半径；

3 消防洒水软管应安装相应的支架系统进行固定，确保连接喷头处锁紧；

4 消防洒水软管波纹段与接头处60mm之内不得弯曲；

5 应用在洁净室区域的消防洒水软管应采用全不锈钢材料制作的编织网型式焊接软管，不得采用橡胶圈密封的组装型式的软管；

6 应用在风烟管道处的消防洒水软管应采用全不锈钢材料制作的编织网型式焊接型软管，且应安装配套防火底座和与喷头响应温度对应的自熔密封塑料袋。

二、喷头安装检验批质量验收记录

1. 喷头安装检验批质量验收记录采用《建筑工程资料管理规程》（DB11/T 695）表C7-4编制。

2. 喷头安装检验批质量验收记录示例详见表8-40。

表8-40 喷头安装检验批质量验收记录示例

XF040302 001

单位（子单位）工程名称		北京××大厦	分部（子分部）工程名称	消防工程分部——消防给水及灭火系统子分部	分项工程名称	自动喷水灭火系统分项
施工单位		北京××集团	项目负责人	吴工	检验批容量	25个
分包单位		北京××消防工程公司	分包单位项目负责人	肖工	检验批部位	1号楼消防系统
施工依据		消防工程图纸、变更洽商（如有）、施工方案、《自动喷水灭火系统施工及验收规范》（GB 50261—2017）		验收依据	《自动喷水灭火系统施工及验收规范》（GB 50261—2017）	
验收项目			设计要求及规范规定	最小/实际抽样数量	检查记录	检查结果
主控项目	1	喷头安装应在系统试压、冲洗合格后进行	第5.2.1条	/	试验合格，资料齐全	√
	2	喷头安装时，不应对喷头进行拆装、改动，并严禁给喷头、隐蔽式喷头的装饰盖板附加任何装饰性涂层	第5.2.2条	全/25	共25处，全数检查，合格25处	√
	3	喷头安装应使用专用扳手，严禁利用喷头的框架施拧；喷头的框架、溅水盘产生变形或释放原件损伤时，应采用规格、型号相同的喷头更换	第5.2.3条	全/25	共25处，全数检查，合格25处	√
	4	安装在易受机械损伤处的喷头，应加设喷头防护罩	第5.2.4条	全/25	共25处，全数检查，合格25处	√
	5	喷头安装时，溅水盘与吊顶、门、窗、洞口或障碍物的距离	第5.2.5条	全/25	共25处，全数检查，合格25处	√
	6	喷头的型号、规格、使用场所	第5.2.6条	全/25	共25处，全数检查，合格25处	√

		验收项目	设计要求及规范规定	最小/实际抽样数量	检查记录	检查结果
一般项目	1	喷头的公称直径小于10mm时	第5.2.7条	全/25	共25处，全数检查，合格25处	100%
	2	喷头溅水盘高于附近梁底或高于宽度小于1.2m的通风管道、排管、桥梁腹面时	第5.2.8条	/	/	/
	3	梁、通风管、排管、桥梁宽度大于1.2m时，增设的喷头安装部位	第5.2.9条	/	/	/
	4	喷头安装在不到顶的隔断附近时，喷头与隔断的水平距离和最小垂直距离	第5.2.10条	全/25	共25处，全数检查，合格25处	100%
	5	下垂式早期抑制快速响应（ESFR）喷头溅水盘与顶板的距离	第5.2.11条	/	/	/
	6	直立式早期抑制快速响应（ESFR）喷头溅水盘与顶板的距离		/	/	/
	7	顶板处的障碍物与任何喷头的相对位置	第5.2.12条	/	/	/
	8	早期抑制快速响应（ESFR）喷头与喷头下障碍物的距离	第5.2.13条	/	/	/
		直立式早期抑制快速响应（ESFR）喷头下的障碍物	第5.2.14条	/	/	/

施工单位检查结果	所查项目全部合格 专业工长：签名 项目专业质量检查员：签名 2023年××月××日
监理单位验收结论	验收合格 专业监理工程师：签名 2023年××月××日

注：本表由施工单位填写。

3. 验收依据

【规范名称及编号】《自动喷水灭火系统施工及验收规范》（GB 50261—2017）

【条文摘录】

5.2　喷头安装

Ⅰ　主控项目

5.2.1　喷头安装必须在系统试压、冲洗合格后进行。

检查数量：全数检查。

检查方法：检查系统试压、冲洗记录表。

5.2.2　喷头安装时，不应对喷头进行拆装、改动，并严禁给喷头、隐蔽式喷头的装饰盖板附加任何装饰性涂层。

检查数量：全数检查。

检查方法：观察检查。

5.2.3　喷头安装应使用专用扳手，严禁利用喷头的框架施拧；喷头的框架、溅水盘产生变形或释放原件损伤时，应采用规格、型号相同的喷头更换。

检查数量：全数检查。

检查方法：观察检查。

5.2.4 安装在易受机械损伤处的喷头，应加设喷头防护罩。

检查数量：全数检查。

检查方法：观察检查。

5.2.5 喷头安装时，溅水盘与吊顶、门、窗、洞口或障碍物的距离应符合设计要求。

检查数量：抽查20%，且不得少于5处。

检查方法：对照图纸，尺量检查。

5.2.6 安装前检查喷头的型号、规格、使用场所应符合设计要求。系统采用隐蔽式喷头时，配水支管的标高和吊顶的开口尺寸应准确控制。

检查数量：全数检查。

检查方法：对照图纸，观察检查。

Ⅱ 一般项目

5.2.7 当喷头的公称直径小于10mm时，应在配水干管或配水管上安装过滤器。

检查数量：全数检查。

检查方法：观察检查。

5.2.8 当喷头溅水盘高于附近梁底或高于宽度小于1.2m的通风管道、排管、桥架腹面时，喷头溅水盘高于梁底、通风管道、排管、桥架腹面的最大垂直距离应符合表5.2.8-1～表5.2.8-9的规定（图5.2.8）。

检查数量：全数检查。

检查方法：尺量检查。

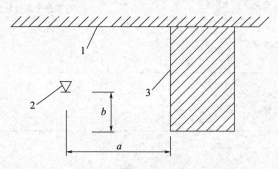

图5.2.8 喷头与梁等障碍物的距离

1—天花板或屋顶；2—喷头；3—障碍物

表5.2.8-1 喷头溅水盘高于梁底、通风管道腹面的最大垂直距离（标准直立与下垂喷头）

喷头与梁、通风管道、排管、桥架的水平距离 a（mm）	喷头溅水盘高于梁底、通风管道、排管、桥架腹面的最大垂直距离 b（mm）
$a<300$	0
$300{\leqslant}a<600$	60
$600{\leqslant}a<900$	140
$900{\leqslant}a<1200$	240
$1200{\leqslant}a<1500$	350
$1500{\leqslant}a<1800$	450
$1800{\leqslant}a<2100$	600
$a{\geqslant}2100$	880

表 5.2.8-2　喷头溅水盘高于梁底、通风管道腹面的最大垂直距离（边墙型喷头，与障碍物平行）

喷头与梁、通风管道、排管、桥架的水平距离 a（mm）	喷头溅水盘高于梁底、通风管道、排管、桥架腹面的最大垂直距离 b（mm）
a＜300	30
300≤a＜600	80
600≤a＜900	140
900≤a＜1200	200
1200≤a＜1500	250
1500≤a＜1800	320
1800≤a＜2100	380
2100≤a＜2250	440

表 5.2.8-3　喷头溅水盘高于梁底、通风管道腹面的最大垂直距离（边墙型喷头，与障碍物垂直）

喷头与梁、通风管道、排管、桥架的水平距离 a（mm）	喷头溅水盘高于梁底、通风管道、排管、桥架腹面的最大垂直距离 b（mm）
a＜1200	不允许
1200≤a＜1500	30
1500≤a＜1800	50
1800≤a＜2100	100
2100≤a＜2400	180
a≥2400	280

表 5.2.8-4　喷头溅水盘高于梁底、通风管道腹面的最大垂直距离（扩大覆盖面直立与下垂喷头）

喷头与梁、通风管道、排管、桥架的水平距离 a（mm）	喷头溅水盘高于梁底、通风管道、排管、桥架腹面的最大垂直距离 b（mm）
a＜300	0
300≤a＜600	0
600≤a＜900	30
900≤a＜1200	80
1200≤a＜1500	130
1500≤a＜1800	180
1800≤a＜2100	230
2100≤a＜2400	350
2400≤a＜2700	380
2700≤a＜3000	480

表 5.2.8-5　喷头溅水盘高于梁底、通风管道腹面的最大垂直距离（扩大覆盖面边墙型喷头，与障碍物平行）

喷头与梁、通风管道、排管、桥架的水平距离 a（mm）	喷头溅水盘高于梁底、通风管道、排管、桥架腹面的最大垂直距离 b（mm）
a＜450	0
450≤a＜900	30
900≤a＜1200	80
1200≤a＜1350	130
1350≤a＜1800	180
1800≤a＜1950	230
1950≤a＜2100	280
2100≤a＜2250	350

表 5.2.8-6　喷头溅水盘高于梁底、通风管道腹面的最大垂直距离（扩大覆盖面边墙型喷头，与障碍物垂直）

喷头与梁、通风管道、排管、桥架的水平距离 a（mm）	喷头溅水盘高于梁底、通风管道、排管、桥架腹面的最大垂直距离 b（mm）
$a<2400$	不允许
$2400\leqslant a<3000$	30
$3000\leqslant a<3300$	50
$3300\leqslant a<3600$	80
$3600\leqslant a<3900$	100
$3900\leqslant a<4200$	150
$4200\leqslant a<4500$	180
$4500\leqslant a<4800$	230
$4800\leqslant a<5100$	280
$a\geqslant5100$	350

表 5.2.8-7　喷头溅水盘高于梁底、通风管道腹面的最大垂直距离（特殊应用喷头）

喷头与梁、通风管道、排管、桥架的水平距离 a（mm）	喷头溅水盘高于梁底、通风管道、排管、桥架腹面的最大垂直距离 b（mm）
$a<300$	0
$300\leqslant a<600$	40
$600\leqslant a<900$	140
$900\leqslant a<1200$	250
$1200\leqslant a<1500$	380
$1500\leqslant a<1800$	550
$a\geqslant1800$	780

表 5.2.8-8　喷头溅水盘高于梁底、通风管道腹面的最大垂直距离（ESFR 喷头）

喷头与梁、通风管道、排管、桥架的水平距离 a（mm）	喷头溅水盘高于梁底、通风管道、排管、桥架腹面的最大垂直距离 b（mm）
$a<300$	0
$300\leqslant a<600$	40
$600\leqslant a<900$	140
$900\leqslant a<1200$	250
$1200\leqslant a<1500$	380
$1500\leqslant a<1800$	550
$a\geqslant1800$	780

表 5.2.8-9　喷头溅水盘高于梁底、通风管道腹面的最大垂直距离（直立和下垂型家用喷头）

喷头与梁、通风管道、排管、桥架的水平距离 a（mm）	喷头溅水盘高于梁底、通风管道、排管、桥架腹面的最大垂直距离 b（mm）
$a<450$	0
$450\leqslant a<900$	30
$900\leqslant a<1200$	80
$1200\leqslant a<1350$	130
$1350\leqslant a<1800$	180
$1350\leqslant a<1950$	230

喷头与梁、通风管道、排管、桥架的水平距离 a（mm）	喷头溅水盘高于梁底、通风管道、排管、桥架腹面的最大垂直距离 b（mm）
1950≤a＜2100	280
a≥2100	350

5.2.9　当梁、通风管道、排管、桥架宽度大于 1.2m 时，增设的喷头应安装在其腹面以下部位。

检查数量：全数检查。

检查方法：观察检查。

5.2.10　当喷头安装在不到顶的隔断附近时，喷头与隔断的水平距离和最小垂直距离应符合表 5.2.10 的规定（图 5.2.10）。

检查数量：全数检查。

检查方法：尺量检查。

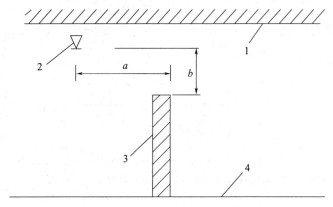

图 5.2.10　喷头与隔断障碍物的距离

1—天花板或屋顶；2—喷头；3—障碍物；4—地板

表 5.2.10　喷头与隔断的水平距离和最小垂直距离　　　　（单位：mm）

喷头与隔断的水平距离 a	喷头与隔断的最小垂直距离 b
a＜150	80
150≤a＜300	150
300≤a＜450	240
450≤a＜600	310
600≤a＜750	390
a≥750	450

5.2.11　下垂式早期抑制快速响应（ESFR）喷头溅水盘与顶板的距离应为 150～360mm。直立式早期抑制快速响应（ESFR）喷头溅水盘与顶板的距离应为 100～150mm。

5.2.12　顶板处的障碍物与任何喷头的相对位置，应使喷头到障碍物底部的垂直距离（H）以及到障碍物边缘的水平距离（L）满足图 5.2.12 所示的要求。当无法满足要求时，应满足下列要求之一。

1　当顶板处实体障碍物宽度不大于 0.6m 时，应在障碍物的两侧都安装喷头，且两侧喷头到该障碍物的水平距离不应大于所要求喷头间距的一半；

2　对顶板处非实体的建筑构件，喷头与构件侧缘应保持不小于 0.3m 的水平距离。

5.2.13　早期抑制快速响应（ESFR）喷头与喷头下障碍物的距离应满足本规范图 5.2.12 所示的要求。当无法满足要求时，喷头下障碍物的宽度与位置应满足本规范表 5.2.13 的规定。

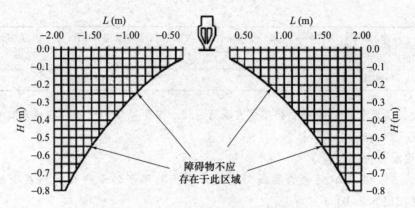

图 5.2.12 喷头与障碍物的相对位置

表 5.2.13 喷头下障碍物的宽度与位置

喷头下障碍物宽度 W（cm）	障碍物位置或其他要求	
	障碍物边缘距喷头溅水盘最小允许水平距离 L（m）	障碍物顶端距喷头溅水盘最小允许垂直距离 H（m）
$W \leqslant 2$	任意	0.1
$2 < W \leqslant 5$	任意	0.6
	0.3	任意
$5 < W \leqslant 30$	0.3	任意
$30 < W \leqslant 60$	0.6	任意
$W > 60$	障碍物位置任意。障碍物以下应加装同类喷头，喷头最大间距应为 2.4m。若障碍物底面不是平面（例如圆形风管）或不是实体（例如一组电缆），应在障碍物下安装一层宽度相同或稍宽的不燃平板，再按要求在这层平板下安装喷头	

5.2.14 直立式早期抑制快速响应（ESFR）喷头下的障碍物，满足下列任一要求时，可以忽略不计。

1 腹部通透的屋面托架或桁架，其下弦宽度或直径不大于 10cm；

2 其他单独的建筑构件，其宽度或直径不大于 10cm；

3 单独的管道或线槽等，其宽度或直径不大于 10cm，或者多根管道或线槽，总宽度不大于 10cm。

三、报警阀组安装检验批质量验收记录

1. 报警阀组安装检验批质量验收记录采用《建筑工程资料管理规程》（DB11/T 695）表 C7-4 编制。

2. 报警阀组安装检验批质量验收记录示例详见表 8-41。

表 8-41 报警阀组安装检验批质量验收记录示例

XF040303 001

单位（子单位）工程名称	北京××大厦	分部（子分部）工程名称	消防工程分部——消防给水及灭火系统子分部	分项工程名称	自动喷水灭火系统分项
施工单位	北京××集团	项目负责人	吴工	检验批容量	2 组
分包单位	北京××消防工程公司	分包单位项目负责人	肖工	检验批部位	1 号楼消防系统
施工依据	消防工程图纸、变更洽商（如有）、施工方案、《自动喷水灭火系统施工及验收规范》（GB 50261—2017）			验收依据	《自动喷水灭火系统施工及验收规范》（GB 50261—2017）

		验收项目	设计要求及规范规定	最小/实际抽样数量	检查记录	检查结果
主控项目	1	报警阀组的安装应在供水管网试压、冲洗合格后进行	第5.3.1条	/	试验合格，资料齐全	√
	2	安装时应先装水源控制阀、报警阀，然后进行报警阀辅助管道的连接	第5.3.1条	全/2	共2处，全数检查，合格2处	√
	3	水源控制阀、报警阀与配水管的连接，应使水流方向一致	第5.3.1条	全/2	共2处，全数检查，合格2处	√
	4	报警阀组安装位置 便于操作的明显位置	第5.3.1条	全/2	共2处，全数检查，合格2处	√
	5	距室内地面高度	宜为1.2m	全/2	共2处，全数检查，合格2处	√
	6	两侧与墙的距离	不小于0.5m	全/2	共2处，全数检查，合格2处	√
	7	正面与墙的距离	不小于1.2m	全/2	共2处，全数检查，合格2处	√
	8	凸出部位之间的距离	不小于0.5m	全/2	共2处，全数检查，合格2处	√
	9	安装报警阀组的室内地面应有排水设施	第5.3.1条	全/2	共2处，全数检查，合格2处	√
	10	报警阀组附件的安装 压力表安装	第5.3.2条第1款	全/2	共2处，全数检查，合格2处	√
		排水管和试验阀安装	第5.3.2条第2款	全/2	共2处，全数检查，合格2处	√
		水源控制阀安装	第5.3.2条第3款	全/2	共2处，全数检查，合格2处	√
	11	湿式报警阀组的安装 报警阀组前后的管道充满水	第5.3.3条第1款	/		/
		报警水流通路上的过滤器安装	第5.3.3条第2款	/	/	/
	12	干式报警阀组安装 安装在不发生冰冻的场所	第5.3.4条第1款	全/2	共2处，全数检查，合格2处	√
		安装完成，报警阀气室注水	第5.3.4条第2款	全/2	共2处，全数检查，合格2处	√
		充气连接管	第5.3.4条第3款	全/2	共2处，全数检查，合格2处	√
		气源设备的安装	第5.3.4条第4款	全/2	共2处，全数检查，合格2处	√
		安全排气阀安装	第5.3.4条第5款	全/2	共2处，全数检查，合格2处	√
		加速器安装	第5.3.4条第6款	全/2	共2处，全数检查，合格2处	√
		低气压报警装置安装	第5.3.4条第7款	全/2	共2处，全数检查，合格2处	√

		验收项目	设计要求及规范规定	最小/实际抽样数量	检查记录	检查结果
主控项目	12 干式报警阀组安装	压力表安装部位	第5.3.4条第8款	全/2	共2处，全数检查，合格2处	√
		管网充气压力	第5.3.4条第9款	全/2	共2处，全数检查，合格2处	√
	13 雨淋阀组的安装	雨淋阀组的开启控制装置安装	第5.3.5条第1款	/	/	/
		水传动管的安装		/		
		预作用系统雨淋阀组后的管道如需充气的安装	第5.3.5条第2款			
		雨淋阀组的观测仪表和操作阀门安装	第5.3.5条第3款			
		雨淋阀组手动开启装置安装	第5.3.5条第4款			
		压力表安装	第5.3.5条第5款	/	/	/
施工单位检查结果					所查项目全部合格 专业工长：签名 项目专业质量检查员：签名 2023年××月××日	
监理单位验收结论					验收合格 专业监理工程师：签名 2023年××月××日	

注：本表由施工单位填写。

3. 验收依据

【规范名称及编号】《自动喷水灭火系统施工及验收规范》（GB 50261—2017）

【条文摘录】

5.3 报警阀组安装

主控项目

5.3.1 报警阀组的安装应在供水管网试压、冲洗合格后进行。安装时应先安装水源控制阀、报警阀，然后进行报警阀辅助管道的连接。水源控制阀、报警阀与配水干管的连接，应使水流方向一致。报警阀组安装的位置应符合设计要求；当设计无要求时，报警阀组应安装在便于操作的明显位置，距室内地面高度宜为1.2m；两侧与墙的距离不应小于0.5m；正面与墙的距离不应小于1.2m；报警阀组凸出部位之间的距离不应小于0.5m。安装报警阀组的室内地面应有排水设施，排水能力应满足报警阀调试、验收和利用试水阀门泄空系统管道的要求。

检查数量：全数检查。

检查方法：检查系统试压、冲洗记录表，观察检查和尺量检查。

5.3.2 报警阀组附件的安装应符合下列要求：

1 压力表应安装在报警阀上便于观测的位置。

检查数量：全数检查。

检查方法：观察检查。

2　排水管和试验阀应安装在便于操作的位置。

检查数量：全数检查。

检查方法：观察检查。

3　水源控制阀安装应便于操作，且应有明显开闭标志和可靠的锁定设施。

检查数量：全数检查。

检查方法：观察检查。

5.3.3　湿式报警阀组的安装应符合下列要求：

1　应使报警阀前后的管道中能顺利充满水；压力波动时，水力警铃不应发生误报警。

检查数量：全数检查。

检查方法：观察检查和开启阀门以小于一个喷头的流量放水。

2　报警水流通路上的过滤器应安装在延迟器前，且便于排渣操作的位置。

检查数量：全数检查。

检查方法：观察检查。

5.3.4　干式报警阀组的安装应符合下列要求：

1　应安装在不发生冰冻的场所。

2　安装完成后，应向报警阀气室注入高度为 50～100mm 的清水。

3　充气连接管接口应在报警阀气室充注水位以上部位，且充气连接管的直径不应小于 15mm；止回阀、截止阀应安装在充气连接管上。

检查数量：全数检查。

检查方法：观察检查和尺量检查。

4　气源设备的安装应符合设计要求和国家现行有关标准的规定。

5　安全排气阀应安装在气源与报警阀之间，且应靠近报警阀。

检查数量：全数检查。

检查方法：观察检查。

6　加速器应安装在靠近报警阀的位置，且应有防止水进入加速器的措施。

检查数量：全数检查。

检查方法：观察检查。

7　低气压预报警装置应安装在配水干管一侧。

检查数量：全数检查。

检查方法：观察检查。

8　下列部位应安装压力表：

(1)　报警阀充水一侧和充气一侧；

(2)　空气压缩机的气泵和储气罐上；

(3)　加速器上。

检查数量：全数检查。

检查方法：观察检查。

9　管网充气压力应符合设计要求。

5.3.5　雨淋阀组的安装应符合下列要求：

1　雨淋阀组可采用电动开启、传动管开启或手动开启，开启控制装置的安装应安全可靠。水传动管的安装应符合湿式系统有关要求。

2　预作用系统雨淋阀组后的管道若需充气，其安装应按干式报警阀组有关要求进行。

3 雨淋阀组的观测仪表和操作阀门的安装位置应符合设计要求，并应便于观测和操作。

检查数量：全数检查。

检查方法：观察检查。

4 雨淋阀组手动开启装置的安装位置应符合设计要求，且在发生火灾时应能安全开启和便于操作。

检查数量：全数检查。

检查方法：对照图纸观察检查和开启阀门检查。

5 压力表应安装在雨淋阀的水源一侧。

检查数量：全数检查。

检查方法：观察检查。

四、其他组件安装检验批质量验收记录

1. 其他组件安装检验批质量验收记录采用《建筑工程资料管理规程》（DB11/T 695）表 C7-4 编制。

2. 其他组件安装检验批质量验收记录示例详见表 8-42。

表 8-42 其他组件安装检验批质量验收记录示例

XF040304 001

单位（子单位）工程名称			北京××大厦	分部（子分部）工程名称	消防工程分部——消防给水及灭火系统子分部	分项工程名称	自动喷水灭火系统分项
施工单位			北京××集团	项目负责人	吴工	检验批容量	2组
分包单位			北京××消防工程公司	分包单位项目负责人	肖工	检验批部位	1号楼消防系统
施工依据			消防工程图纸、变更洽商（如有）、施工方案、《自动喷水灭火系统施工及验收规范》（GB 50261—2017）		验收依据		《自动喷水灭火系统施工及验收规范》（GB 50261—2017）
验收项目			设计要求及规范规定	最小/实际抽样数量	检查记录		检查结果
主控项目	1	水流指示器的安装	应在管道试压和冲洗合格后进行	第5.4.1条第1款	/	试验合格，资料齐全	√
			水流指示器的规格、型号	全/2	共2处，全数检查，合格2处		√
			水流指示器安装	第5.4.1条第2款	全/2	共2处，全数检查，合格2处	√
	2	控制阀的规格、型号和安装位置		第5.4.2条	全/2	共2处，全数检查，合格2处	√
	3	压力开关安装		第5.4.3条	全/2	共2处，全数检查，合格2处	√
	4	水力警钟安装		第5.4.4条	全/2	共2处，全数检查，合格2处	√
		水力警铃和报警阀连接			全/2	共2处，全数检查，合格2处	√
		水力警钟启动时的警铃声强度		不小于70dB	全/2	共2处，全数检查，合格2处	√
	5	末端试水装置和试水阀的安装		第5.4.5条	全/2	共2处，全数检查，合格2处	√
一般项目	1	信号阀安装		第5.4.6条	全/2	共2处，全数检查，合格2处	100%
	2	排气阀的安装		第5.4.7条	全/2	共2处，全数检查，合格2处	100%
	3	节流管和减压孔板安装		第5.4.8条	全/2	共2处，全数检查，合格2处	100%
	4	压力开关、信号阀、水流指示器的引出线		第5.4.9条	全/2	共2处，全数检查，合格2处	100%

		验收项目		设计要求及规范规定	最小/实际抽样数量	检查记录	检查结果
一般项目	5	减压阀的安装	应在供水管网试压、冲洗合格后进行	第5.4.10条第1款	全/2	共2处，全数检查，合格2处	100%
			安装前检查	第5.4.10条第2款	全/2	共2处，全数检查，合格2处	100%
			减压阀水流方向应与供水管网水流方向一致	第5.4.10条第3款	全/2	共2处，全数检查，合格2处	100%
			在进水侧安装过滤器	第5.4.10条第4款	全/2	共2处，全数检查，合格2处	100%
			可调式减压阀安装	第5.4.10条第5款	全/2	共2处，全数检查，合格2处	100%
			比例式减压阀安装	第5.4.10条第6款	全/2	共2处，全数检查，合格2处	100%
			安装自身不带压力表的减压阀	第5.4.10条第7款	全/2	共2处，全数检查，合格2处	100%
	6	多功能水泵控制阀安装	安装应在供水管网试压、冲洗合格后进行	第5.4.11条第1款	/	/	/
			安装前检查	第5.4.11条第2款	/	/	/
			水流方向应与供水管网水流方向一致	第5.4.11条第3款	/	/	/
			出口安装其他控制阀时应保持一定间距，以便于维修和管理	第5.4.11条第4款	/	/	/
			宜水平安装，且阀盖向上	第5.4.11条第5款	/	/	/
			安装自身不带压力表的多功能水泵控制阀	第5.4.11条第6款	/	/	/
			进口端不宜安装柔性接头	第5.4.11条第7款	/	/	/
	7	倒流防止器的安装	应在管道冲洗合格以后进行	第5.4.12条第1款	全/2	共2处，全数检查，合格2处	100%
			倒流防止器的进口	第5.4.12条第2款	全/2	共2处，全数检查，合格2处	100%
			倒流防止器安装位置	第5.4.12条第3款	全/2	共2处，全数检查，合格2处	100%
			倒流防止器两端	第5.4.12条第4款	全/2	共2处，全数检查，合格2处	100%
			倒流防止器上的泄水阀	第5.4.12条第5款	全/2	共2处，全数检查，合格2处	100%
			首次启动使用时	第5.4.12条第6款	全/2	共2处，全数检查，合格2处	100%

施工单位 检查结果	所查项目全部合格 专业工长：签名 项目专业质量检查员：签名 2023 年××月××日
监理单位 验收结论	验收合格 专业监理工程师：签名 2023 年××月××日

注：本表由施工单位填写。

3. 验收依据

【规范名称及编号】《自动喷水灭火系统施工及验收规范》（GB 50261—2017）

【条文摘录】

5.4　其他组件安装

Ⅰ　主控项目

5.4.1　水流指示器的安装应符合下列要求：

1　水流指示器的安装应在管道试压和冲洗合格后进行，水流指示器的规格、型号应符合设计要求。

检查数量：全数检查。

检查方法：对照图纸观察检查和检查管道试压和冲洗记录。

2　水流指示器应使电器元件部位竖直安装在水平管道上侧，其动作方向应和水流方向一致；安装后的水流指示器桨片、膜片应动作灵活，不应与管壁发生碰擦。

检查数量：全数检查。

检查方法：观察检查和开启阀门放水检查。

5.4.2　控制阀的规格、型号和安装位置均应符合设计要求；安装方向应正确，控制阀内应清洁、无堵塞、无渗漏；主要控制阀应加设启闭标志；隐蔽处的控制阀应在明显处设有指示其位置的标志。

检查数量：全数检查。

检查方法：观察检查。

5.4.3　压力开关应竖直安装在通往水力警铃的管道上，且不应在安装中拆装改动。管网上的压力控制装置的安装应符合设计要求。

检查数量：全数检查。

检查方法：观察检查。

5.4.4　水力警铃应安装在公共通道或值班室附近的外墙上，且应安装检修、测试用的阀门。水力警铃和报警阀的连接应采用热镀锌钢管，当镀锌钢管的公称直径为 20mm 时，其长度不宜大于 20m；安装后的水力警铃启动时，警铃声强度应不小于 70dB。

检查数量：全数检查。

检查方法：观察检查、尺量检查和开启阀门放水，水力警铃启动后检查压力表的数值。

5.4.5　末端试水装置和试水阀的安装位置应便于检查、试验，并应有相应排水能力的排水设施。

检查数量：全数检查。

检查方法：观察检查。

Ⅱ　一般项目

5.4.6　信号阀应安装在水流指示器前的管道上，与水流指示器之间的距离不宜小于 300mm。

检查数量：全数检查。

检查方法：观察检查和尺量检查。

5.4.7 排气阀的安装应在系统管网试压和冲洗合格后进行；排气阀应安装在配水干管顶部、配水管的末端，且应确保无渗漏。

检查数量：全数检查。

检查方法：观察检查和检查管道试压和冲洗记录。

5.4.8 节流管和减压孔板的安装应符合设计要求。

检查数量：全数检查。

检查方法：对照图纸观察检查和尺量检查。

5.4.9 压力开关、信号阀、水流指示器的引出线应用防水套管锁定。

检查数量：全数检查。

检查方法：观察检查。

5.4.10 减压阀的安装应符合下列要求：

1 减压阀安装应在供水管网试压、冲洗合格后进行。

检查数量：全数检查。

检查方法：检查管道试压和冲洗记录。

2 减压阀安装前应进行检查：其规格型号应与设计相符；阀外控制管路及导向阀各连接件不应有松动；外观应无机械损伤，并应清除阀内异物。

检查数量：全数检查。

检查方法：对照图纸观察检查和手扳检查。

3 减压阀水流方向应与供水管网水流方向一致。

检查数量：全数检查。

检查方法：观察检查。

4 应在进水侧安装过滤器，并宜在其前后安装控制阀。

检查数量：全数检查。

检查方法：观察检查。

5 可调式减压阀宜水平安装，阀盖应向上。

检查数量：全数检查。

检查方法：观察检查。

6 比例式减压阀宜垂直安装；当水平安装时，单呼吸孔减压阀其孔口应向下，双呼吸孔减压阀其孔口应呈水平位置。

检查数量：全数检查。

检查方法：观察检查。

7 安装自身不带压力表的减压阀时，应在其前后相邻部位安装压力表。

检查数量：全数检查。

检查方法：观察检查。

5.4.11 多功能水泵控制阀的安装应符合下列要求：

1 安装应在供水管网试压、冲洗合格后进行。

检查数量：全数检查。

检查方法：检查管道试压和冲洗记录。

2 安装前应进行检查：其规格型号应与设计相符；主阀各部件应完好；紧固件应齐全，无松动；各连接管路应完好，接头紧固；外观应无机械损伤，并应清除阀内异物。

检查数量：全数检查。

检查方法：对照图纸观察检查和手扳检查。

3 水流方向应与供水管网水流方向一致。

检查数量：全数检查。

检查方法：观察检查。

4 出口安装其他控制阀时应保持一定间距，以便于维修和管理。

检查数量：全数检查。

检查方法：观察检查。

5 宜水平安装，且阀盖向上。

检查数量：全数检查。

检查方法：观察检查。

6 安装自身不带压力表的多功能水泵控制阀时，应在其前后相邻部位安装压力表。

检查数量：全数检查。

检查方法：观察检查。

7 进口端不宜安装柔性接头。

检查数量：全数检查。

检查方法：观察检查。

5.4.12 倒流防止器的安装应符合下列要求：

1 应在管道冲洗合格以后进行。

检查数量：全数检查。

检查方法：检查管道试压和冲洗记录。

2 不应在倒流防止器的进口前安装过滤器或者使用带过滤器的倒流防止器。

检查数量：全数检查。

检查方法：观察检查。

3 宜安装在水平位置，当竖直安装时，排水口应配备专用弯头。倒流防止器宜安装在便于调试和维护的位置。

检查数量：全数检查。

检查方法：观察检查。

4 倒流防止器两端应分别安装闸阀，而且至少有一端应安装挠性接头。

检查数量：全数检查。

检查方法：观察检查。

5 倒流防止器上的泄水阀不宜反向安装，泄水阀应采取间接排水方式，其排水管不应直接与排水管（沟）连接。

检查数量：全数检查。

检查方法：观察检查。

6 安装完毕后首次启动使用时，应关闭出水闸阀，缓慢打开进水闸阀。待阀腔充满水后，缓慢打开出水闸阀。

检查数量：全数检查。

检查方法：观察检查。

五、系统水压试验检验批质量验收记录

1. 系统水压试验检验批质量验收记录采用《建筑工程资料管理规程》（DB11/T 695）表 C7-4 编制。

2. 系统水压试验检验批质量验收记录示例详见表 8-43。

表 8-43 系统水压试验检验批质量验收记录示例

XF040305 001

单位（子单位）工程名称	北京××大厦	分部（子分部）工程名称	消防工程分部——消防给水及灭火系统子分部	分项工程名称	自动喷水灭火系统分项
施工单位	北京××集团	项目负责人	吴工	检验批容量	2个
分包单位	北京××消防工程公司	分包单位项目负责人	肖工	检验批部位	1号楼消防系统
施工依据	消防工程图纸、变更洽商（如有）、施工方案、《自动喷水灭火系统施工及验收规范》（GB 50261—2017）		验收依据	《自动喷水灭火系统施工及验收规范》（GB 50261—2017）	

验收项目			设计要求及规范规定	最小/实际抽样数量	检查记录	检查结果
主控项目	1	系统设计工作压力等于或小于1.0MPa	设计工作压力的1.5倍，并不应低于1.4MPa	/	试验合格，资料齐全	√
		系统设计工作压力大于1.0MPa	工作压力加0.4MPa	/	试验合格，资料齐全	√
	2	水压强度试验	第6.2.2条	/	试验合格，资料齐全	√
	3	水压严密性试验	第6.2.3条	/	试验合格，资料齐全	√
一般项目	1	水压试验时环境温度	第6.2.4条	/	试验合格，资料齐全	√
	2	自动喷水灭火系统的水源干管、进户管和室内埋地管道 水压强度试验	第6.2.5条	/	试验合格，资料齐全	√
		水压严密性试验		/	试验合格，资料齐全	√

施工单位检查结果	所查项目全部合格 专业工长：签名 项目专业质量检查员：签名 2023年××月××日
监理单位验收结论	验收合格 专业监理工程师：签名 2023年××月××日

注：本表由施工单位填写。

3. 验收依据

【规范名称及编号】《自动喷水灭火系统施工及验收规范》（GB 50261—2017）

【条文摘录】

6 系统试压和冲洗

6.1 一般规定

6.1.1 管网安装完毕后，必须对其进行强度试验、严密性试验和冲洗。

检查数量：全数检查。

检查方法：检查强度试验、严密性试验、冲洗记录表。

6.1.2 强度试验和严密性试验宜用水进行。干式喷水灭火系统、预作用喷水灭火系统应做水压试验和气压试验。

检查数量：全数检查。

检查方法：检查水压试验和气压试验记录表。

6.1.3　系统试压完成后，应及时拆除所有临时盲板及试验用的管道，并应与记录核对无误，且应按本规范附录 C 表 C.0.2 的格式填写记录。

检查数量：全数检查。

检查方法：观察检查。

6.1.4　管网冲洗应在试压合格后分段进行。冲洗顺序应先室外，后室内；先地下，后地上；室内部分的冲洗应按配水干管、配水管、配水支管的顺序进行。

检查数量：全数检查。

检查方法：观察检查。

6.1.5　系统试压前应具备下列条件：

1　埋地管道的位置及管道基础、支墩等经复查应符合设计要求。

检查数量：全数检查。

检查方法：对照图纸观察、尺量检查。

2　试压用的压力表不应少于 2 只；精度不应低于 1.5 级，量程应为试验压力值的 1.5～2.0 倍。

检查数量：全数检查。

检查方法：观察检查。

3　试压冲洗方案已经批准。

4　对不能参与试压的设备、仪表、阀门及附件应加以隔离或拆除；加设的临时盲板应具有突出于法兰的边耳，且应做明显标志，并记录临时盲板的数量。

检查数量：全数检查。

检查方法：观察检查。

6.1.6　系统试压过程中，当出现泄漏时，应停止试压，并应放空管网中的试验介质，消除缺陷后重新再试。

6.1.7　管网冲洗宜用水进行。冲洗前，应对系统的仪表采取保护措施。

检查数量：全数检查。

检查方法：观察检查。

6.1.8　管网冲洗前，应对管道支架、吊架进行检查，必要时应采取加固措施。

检查数量：全数检查。

检查方法：观察、手扳检查。

6.1.9　对不能经受冲洗的设备和冲洗后可能存留脏物、杂物的管段，应进行清理。

检查数量：全数检查。

检查方法：观察检查。

6.1.10　冲洗直径大于 100mm 的管道时，应对其死角和底部进行敲打，但不得损伤管道。

6.1.11　管网冲洗合格后，应按本规范附录 C 表 C.0.3 的要求填写记录。

6.1.12　水压试验和水冲洗宜采用生活用水进行，不得使用海水或含有腐蚀性化学物质的水。

检查数量：全数检查。

检查方法：观察检查。

6.2　水压试验

Ⅰ　主控项目

6.2.1　当系统设计工作压力等于或小于 1.0MPa 时，水压强度试验压力应为设计工作压力的 1.5

倍，并不应低于1.4MPa；当系统设计工作压力大于1.0MPa时，水压强度试验压力应为该工作压力加0.4MPa。

检查数量：全数检查。

检查方法：观察检查。

6.2.2 水压强度试验的测试点应设在系统管网的最低点。对管网注水时应将管网内的空气排净，并应缓慢升压，达到试验压力后稳压30min后，管网应无泄漏、无变形，且压力降不应大于0.05MPa。

检查数量：全数检查。

检查方法：观察检查。

6.2.3 水压严密性试验应在水压强度试验和管网冲洗合格后进行。试验压力应为设计工作压力，稳压24h，应无泄漏。

检查数量：全数检查。

检查方法：观察检查。

Ⅱ 一般项目

6.2.4 水压试验时环境温度不宜低于5℃，当低于5℃时，水压试验应采取防冻措施。

检查数量：全数检查。

检查方法：用温度计检查。

6.2.5 自动喷水灭火系统的水源干管、进户管和室内埋地管道，应在回填前单独或与系统一起进行水压强度试验和水压严密性试验。

检查数量：全数检查。

检查方法：观察和检查水压强度试验和水压严密性试验记录。

六、系统气压试验检验批质量验收记录

1. 系统气压试验检验批质量验收记录采用《建筑工程资料管理规程》（DB11/T 695）表 C7-4 编制。

2. 系统气压试验检验批质量验收记录示例详见表 8-44。

表 8-44 系统气压试验检验批质量验收记录示例

XF040306 001

单位（子单位）工程名称		北京××大厦	分部（子分部）工程名称	消防工程分部——消防给水及灭火系统子分部	分项工程名称	自动喷水灭火系统分项
施工单位		北京××集团	项目负责人	吴工	检验批容量	2个
分包单位		北京××消防工程公司	分包单位项目负责人	肖工	检验批部位	1号楼消防系统
施工依据		消防工程图纸、变更洽商（如有）、施工方案、《自动喷水灭火系统施工及验收规范》（GB 50261—2017）		验收依据	《自动喷水灭火系统施工及验收规范》（GB 50261—2017）	
验收项目			设计要求及规范规定	最小/实际抽样数量	检查记录	检查结果
主控项目	1	气压严密性试验压力	第6.3.1条	/	试验合格，资料齐全	√
	2	气压试验的介质	第6.3.2条	/	试验合格，资料齐全	√

施工单位 检查结果	所查项目全部合格 专业工长：签名 项目专业质量检查员：签名 2023 年××月××日
监理单位 验收结论	验收合格 专业监理工程师：签名 2023 年××月××日

注：本表由施工单位填写。

3. 验收依据

【规范名称及编号】《自动喷水灭火系统施工及验收规范》（GB 50261—2017）

【条文摘录】

6.3 气压试验

Ⅰ 主控项目

6.3.1 气压严密性试验压力应为 0.28MPa，且稳压 24h，压力降不应大于 0.01MPa。

检查数量：全数检查。

检查方法：观察检查。

Ⅱ 一般项目

6.3.2 气压试验的介质宜采用空气或氮气。

检查数量：全数检查。

检查方法：观察检查。

七、系统冲洗检验批质量验收记录

1. 系统冲洗检验批质量验收记录采用《建筑工程资料管理规程》（DB11/T 695）表 C7-4 编制。

2. 系统冲洗检验批质量验收记录示例详见表 8-45。

表 8-45　系统冲洗检验批质量验收记录示例

XF040307.001

单位（子单位） 工程名称	北京××大厦	分部（子分部） 工程名称	消防工程分部——消防 给水及灭火系统子分部	分项工程 名称	自动喷水灭火 系统分项
施工单位	北京××集团	项目负责人	吴工	检验批容量	2 个
分包单位	北京××消防工程公司	分包单位 项目负责人	肖工	检验批部位	1 号楼消防系统
施工依据	消防工程图纸、变更洽商（如有）、施工方案、《自动 喷水灭火系统施工及验收规范》（GB 50261—2017）		验收依据	《自动喷水灭火系统施工及验收 规范》（GB 50261—2017）	

验收项目			设计要求及 规范规定	最小/实际 抽样数量	检查记录	检查结果
主控 项目	1	管网 冲洗 水流流速、流量	第 6.4.1 条	/	试验合格，资料齐全	√
		分区、分段进行	第 6.4.1 条	/	试验合格，资料齐全	√
		水平管网冲洗时，其排水 管位置	第 6.4.1 条	/	试验合格，资料齐全	√

		验收项目	设计要求及规范规定	最小/实际抽样数量	检查记录	检查结果
主控项目	2	管网冲洗的水流方向	第6.4.2条	/	试验合格，资料齐全	√
	3	管网冲洗质量	第6.4.3条	/	试验合格，资料齐全	√
一般项目	1	管网冲洗设置临时专用排水管道，排水管道的截面面积不得小于被冲洗管道截面面积的60%	第6.4.4条	/	试验合格，资料齐全	√
	2	管网的地上管道与地下管道连接前，应在配水干管底部加设堵头后对地下管道进行冲洗	第6.4.5条	/	试验合格，资料齐全	√
	3	管网冲洗结束后处理	第6.4.6条	/	试验合格，资料齐全	√
施工单位检查结果				所查项目全部合格 专业工长：签名 项目专业质量检查员：签名 2023年××月××日		
监理单位验收结论				验收合格 专业监理工程师：签名 2023年××月××日		

注：本表由施工单位填写。

3. 验收依据

【规范名称及编号】《自动喷水灭火系统施工及验收规范》（GB 50261—2017）

【条文摘录】

6.4 冲洗

Ⅰ 主控项目

6.4.1 管网冲洗的水流流速、流量不应小于系统设计的水流流速、流量；管网冲洗宜分区、分段进行；水平管网冲洗时，其排水管位置应低于配水支管。

检查数量：全数检查。

检查方法：使用流量计和观察检查。

6.4.2 管网冲洗的水流方向应与灭火时管网的水流方向一致。

检查数量：全数检查。

检查方法：观察检查。

6.4.3 管网冲洗应连续进行。当出口处水的颜色、透明度与入口处水的颜色、透明度基本一致时冲洗方可结束。

检查数量：全数检查。

检查方法：观察检查。

Ⅱ 一般项目

6.4.4 管网冲洗宜设临时专用排水管道，其排放应畅通和安全。排水管道的截面面积不得小于被冲洗管道截面面积的60%。

检查数量：全数检查。

检查方法：观察和尺量、试水检查。

6.4.5 管网的地上管道与地下管道连接前，应在配水干管底部加设堵头后对地下管道进行冲洗。

检查数量：全数检查。

检查方法：观察检查。

6.4.6 管网冲洗结束后，应将管网内的水排除干净，必要时可采用压缩空气吹干。

检查数量：全数检查。

检查方法：观察检查。

八、自动喷水灭火系统调试检验批质量验收记录

1. 自动喷水灭火系统调试检验批质量验收记录采用《建筑工程资料管理规程》（DB11/T 695）表 C7-4 编制。

2. 自动喷水灭火系统调试检验批质量验收记录示例详见表 8-46。

表 8-46　自动喷水灭火系统调试检验批质量验收记录示例

XF040308 001

单位（子单位）工程名称			北京××大厦	分部（子分部）工程名称	消防工程分部——消防给水及灭火系统子分部	分项工程名称	自动喷水灭火系统分项
施工单位			北京××集团	项目负责人	吴工	检验批容量	2个
分包单位			北京××消防工程公司	分包单位项目负责人	肖工	检验批部位	1号楼消防系统
施工依据			消防工程图纸、变更洽商（如有）、施工方案、《自动喷水灭火系统施工及验收规范》（GB 50261—2017）		验收依据	《自动喷水灭火系统施工及验收规范》（GB 50261—2017）	
验收项目				设计要求及规范规定	最小/实际抽样数量	检查记录	检查结果
主控项目	1	水源测试	消防水箱、消防水池	第7.2.2条第1款	/	试验合格，资料齐全	√
			消防水泵接合器的数量和供水能力的验证	第7.2.2条第2款	/	试验合格，资料齐全	√
	2	消防水泵调试	自动或手动方式启动消防水泵时	第7.2.3条第1款	/	调试合格，资料齐全	√
			以备用电源切换方式或备用泵切换启动消防水泵时	第7.2.3条第2款	/	调试合格，资料齐全	√
	3	稳压泵调试	当达到设计启动条件时，稳压泵应立即启动	第7.2.4条第1款	/	调试合格，资料齐全	√
			当达到系统设计压力时，稳压泵应自动停止运行	第7.2.4条第2款	/	调试合格，资料齐全	√
			当消防主泵启动时，稳压泵应停止运行	第7.2.4条第3款	/	调试合格，资料齐全	√

验收项目			设计要求及规范规定	最小/实际抽样数量	检查记录	检查结果
主控项目	4	湿式报警阀调试	在末端装置处放水，测试湿式报警阀进口水压、放水流量	第7.2.5条第1款	/	调试合格，资料齐全	√
			带延迟器的水力警铃		/	调试合格，资料齐全	√
			不带延迟器的水力警铃		/	调试合格，资料齐全	√
			压力开关		/	调试合格，资料齐全	√
		干式报警阀调试	开启系统试验阀，报警阀的启动时间	第7.2.5条第2款	/	调试合格，资料齐全	√
			启动点压力		/	调试合格，资料齐全	√
			水流到试验装置出口所需时间		/	调试合格，资料齐全	√
		雨淋阀调试	启动时间	自动和手动方式启动的雨淋阀	第7.2.5条第3款	/	调试合格，资料齐全	√
				公称直径大于200mm的雨淋阀调试		/	调试合格，资料齐全	√
			雨淋阀调试时的报警水压		/	调试合格，资料齐全	√
	5	调试过程中系统排出的水的处理		第7.2.6条	/	调试合格，资料齐全	√
	6	湿式系统的联动试验		第7.2.7条第1款	/	调试合格，资料齐全	√
		预作用系统、雨淋系统、水幕系统的联动试验		第7.2.7条第2款	/	调试合格，资料齐全	√
		干式系统的联动试验		第7.2.7条第3款	/	调试合格，资料齐全	√
施工单位检查结果					所查项目全部合格 专业工长：签名 项目专业质量检查员：签名 2023年××月××日	
监理单位验收结论					验收合格 专业监理工程师：签名 2023年××月××日	

注：本表由施工单位填写。

3. 验收依据

【规范名称及编号】《自动喷水灭火系统施工及验收规范》（GB 50261—2017）

【条文摘录】

7.2 调试内容和要求

Ⅰ 主控项目

7.2.1 系统调试应包括下列内容：

1 水源测试；

2 消防水泵调试；

3　稳压泵调试；

4　报警阀调试；

5　排水设施调试；

6　联动试验。

7.2.2　水源测试应符合下列要求：

1　按设计要求核实高位消防水箱、消防水池的容积，高位消防水箱设置高度、消防水池（箱）水位显示等应符合设计要求；合用水池、水箱的消防储水应有不做他用的技术措施。

检查数量：全数检查。

检查方法：对照图纸观察和尺量检查。

2　应按设计要求核实消防水泵接合器的数量和供水能力，并应通过移动式消防水泵做供水试验进行验证。

检查数量：全数检查。

检查方法：观察检查和进行通水试验。

7.2.3　消防水泵调试应符合下列要求：

1　以自动或手动方式启动消防水泵时，消防水泵应在55s内投入正常运行。

检查数量：全数检查。

检查方法：用秒表检查。

2　以备用电源切换方式或备用泵切换启动消防水泵时，消防水泵应在1min或2min内投入正常运行。

检查数量：全数检查。

检查方法：用秒表检查。

7.2.4　稳压泵应按设计要求进行调试。当达到设计启动条件时，稳压泵应立即启动；当达到系统设计压力时，稳压泵应自动停止运行；当消防主泵启动时，稳压泵应停止运行。

检查数量：全数检查。

检查方法：观察检查。

7.2.5　报警阀调试应符合下列要求：

1　湿式报警阀调试时，在末端装置处放水，当湿式报警阀进口水压大于0.14MPa、放水流量大于1L/s时，报警阀应及时启动；带延迟器的水力警铃应在5~90s内发出报警铃声，不带延迟器的水力警铃应在15s内发出报警铃声；压力开关应及时动作，启动消防泵并反馈信号。

检查数量：全数检查。

检查方法：使用压力表，流量计、秒表和观察检查。

2　干式报警阀调试时，开启系统试验阀，报警阀的启动时间、启动点压力、水流到试验装置出口所需时间，均应符合设计要求。

检查数量：全数检查。

检查方法：使用压力表、流量计、秒表、声强计和观察检查。

3　雨淋阀调试宜利用检测、试验管道进行。自动和手动方式启动的雨淋阀，应在15s之内启动；公称直径大于200mm的雨淋阀调试时，应在60s之内启动。雨淋阀调试时，当报警水压为0.05MPa时，水力警铃应发出报警铃声。

检查数量：全数检查。

检查方法：使用压力表、流量计、秒表、声强计和观察检查。

Ⅱ　一般项目

7.2.6　调试过程中，系统排出的水应通过排水设施全部排走。

检查数量：全数检查。

检查方法：观察检查。

7.2.7　联动试验应符合下列要求，并应按本规范附录C表C.0.4的要求进行记录：

1　湿式系统的联动试验，启动一只喷头或以0.94～1.5L/s的流量从末端试水装置处放水时，水流指示器、报警阀、压力开关、水力警铃和消防水泵等应及时动作，并发出相应的信号。

检查数量：全数检查。

检查方法：打开阀门放水，使用流量计和观察检查。

2　预作用系统、雨淋系统、水幕系统的联动试验，可采用专用测试仪表或其他方式，对火灾自动报警系统的各种探测器输入模拟火灾信号，火灾自动报警控制器应发出声光报警信号，并启动自动喷水灭火系统；采用传动管启动的雨淋系统、水幕系统联动试验时，启动1只喷头，雨淋阀打开，压力开关动作，水泵启动。

检查数量：全数检查。

检查方法：观察检查。

3　干式系统的联动试验，启动1只喷头或模拟1只喷头的排气量排气，报警阀应及时启动，压力开关、水力警铃动作并发出相应信号。

检查数量：全数检查。

检查方法：观察检查。

8.4.4　自动跟踪定位射流灭火系统分项

一、探测及灭火装置安装检验批质量验收记录

1. 探测及灭火装置安装检验批质量验收记录采用《建筑工程资料管理规程》（DB11/T 695）表C7-4编制。

2. 探测及灭火装置安装检验批质量验收记录示例详见表8-47。

表8-47　探测及灭火装置安装检验批质量验收记录示例

XF040401 001

单位（子单位）工程名称		北京××大厦	分部（子分部）工程名称		消防工程分部——消防给水及灭火系统子分部	分项工程名称	自动跟踪定位射流灭火系统分项
施工单位		北京××集团	项目负责人		吴工	检验批容量	2组
分包单位		北京××消防工程公司	分包单位项目负责人		肖工	检验批部位	2号楼消防系统
施工依据		消防工程图纸、变更洽商（如有）、施工方案、《自动跟踪定位射流灭火系统技术标准》（GB 51427—2021）			验收依据		《自动跟踪定位射流灭火系统技术标准》（GB 51427—2021）
验收项目			设计要求及规范规定	最小/实际抽样数量	检查记录		检查结果
主控项目	1	灭火装置的安装	在管道试压、冲洗合格后进行	第5.3.1条第1款	/	试验合格，资料齐全	√
			安装应固定可靠	第5.3.1条第2款	全/2	共2处，全数检查，合格2处	√
			水平和俯仰回转范围	第5.3.1条第3款	全/2	共2处，全数检查，合格2处	√
			连接的管线	第5.3.1条第4款	全/2	共2处，全数检查，合格2处	√

验收项目			设计要求及规范规定	最小/实际抽样数量	检查记录	检查结果
主控项目	2	探测装置的安装	探测盲区	第5.3.2条第1款	全/2	共2处，全数检查，合格2处	√
			接地保护	第5.3.2条第2款	全/2	共2处，全数检查，合格2处	√
			电缆或导线	第5.3.2条第3款	全/2	共2处，全数检查，合格2处	√
施工单位检查结果					所查项目全部合格 专业工长：签名 项目专业质量检查员：签名 2023年××月××日	
监理单位验收结论					验收合格 专业监理工程师：签名 2023年××月××日	

注：本表由施工单位填写。

3. 验收依据

【规范名称及编号】《自动跟踪定位射流灭火系统技术标准》（GB 51427—2021）

【条文摘录】

5.3.1 灭火装置的安装应符合下列规定：

1 应在管道试压、冲洗合格后进行。

检查数量：全数检查。

检查方法：现场检查，检验施工记录。

2 安装应固定可靠。

检查数量：全数检查。

检查方法：观察检查。

3 灭火装置安装后，其在设计规定的水平和俯仰回转范围内不应与周围的构件触碰。

检查数量：全数检查。

检查方法：观察检查。

4 与灭火装置连接的管线应安装牢固，且不得阻碍回转机构的运动。

检查数量：全数检查。

检查方法：观察检查。

5.3.2 探测装置的安装应符合下列规定：

1 探测装置的安装不应产生探测盲区；

2 探测装置及配线金属管或线槽应做接地保护，接地应牢靠并有明显标志；

3 进入探测装置的电缆或导线应配线整齐、固定牢固，电缆线芯和导线的端部均应标明编号。

检查数量：全数检查。

检查方法：观察检查。

二、控制装置安装检验批质量验收记录

1. 控制装置安装检验批质量验收记录采用《建筑工程资料管理规程》（DB11/T 695）表C7-4编制。

2. 控制装置安装检验批质量验收记录示例详见表 8-48。

表 8-48 控制装置安装检验批质量验收记录示例

XF040402 001

单位（子单位）工程名称		北京××大厦		分部（子分部）工程名称	消防工程分部——消防给水及灭火系统子分部	分项工程名称	自动跟踪定位射流灭火系统分项
施工单位		北京××集团		项目负责人	吴工	检验批容量	2组
分包单位		北京××消防工程公司		分包单位项目负责人	肖工	检验批部位	2号楼消防系统
施工依据		消防工程图纸、变更洽商（如有）、施工方案、《自动跟踪定位射流灭火系统技术标准》（GB 51427—2021）			验收依据	《自动跟踪定位射流灭火系统技术标准》（GB 51427—2021）	
验收项目			设计要求及规范规定	最小/实际抽样数量	检查记录	检查结果	
主控项目	1	功能检查	第5.3.3条第1款	全/2	共2处，全数检查，合格2处	√	
	2	安装应牢固可靠	第5.3.3条第2款	全/2	共2处，全数检查，合格2处	√	
	3	接地应安全可靠	第5.3.3条第3款	全/2	共2处，全数检查，合格2处	√	
施工单位检查结果				所查项目全部合格 专业工长：签名 项目专业质量检查员：签名 2023年××月××日			
监理单位验收结论				验收合格 专业监理工程师：签名 2023年××月××日			

注：本表由施工单位填写。

3. 验收依据

【规范名称及编号】《自动跟踪定位射流灭火系统技术标准》（GB 51427—2021）

【条文摘录】

5.3.3 控制装置的安装应符合下列规定：

1 控制装置在安装前应进行功能检查，不合格者，不得安装；

2 控制装置的安装应牢固可靠；

3 控制装置的接地应安全可靠。

检查数量：全数检查。

检查方法：观察检查。

三、管道及配件安装、试压、冲洗检验批质量验收记录

1. 管道及配件安装、试压、冲洗检验批质量验收记录采用《建筑工程资料管理规程》（DB11/T 695）表 C7-4 编制。

2. 管道及配件安装、试压、冲洗检验批质量验收记录示例详见表 8-49。

表 8-49　管道及配件安装、试压、冲洗检验批质量验收记录示例

XF040403 001

单位（子单位）工程名称		北京××大厦	分部（子分部）工程名称	消防工程分部——消防给水及灭火系统子分部	分项工程名称	自动跟踪定位射流灭火系统分项
施工单位		北京××集团	项目负责人	吴工	检验批容量	2组
分包单位		北京××消防工程公司	分包单位项目负责人	肖工	检验批部位	2号楼消防系统
施工依据		消防工程图纸、变更洽商（如有）、施工方案、《自动跟踪定位射流灭火系统技术标准》（GB 51427—2021）		验收依据	《自动跟踪定位射流灭火系统技术标准》（GB 51427—2021）	

验收项目			设计要求及规范规定	最小/实际抽样数量	检查记录	检查结果
主控项目	1	安装压力表	第5.3.15条	全/2	共2处，全数检查，合格2处	√
	2	阀门的安装	第5.3.16条	全/2	共2处，全数检查，合格2处	√
	3	管道的安装	第5.3.17条	全/2	共2处，全数检查，合格2处	√
	4	管道的施工与安装	第5.3.18条	全/2	共2处，全数检查，合格2处	√
	5	试压和冲洗	第5.3.19条	/	试验合格，资料齐全	√

施工单位检查结果	所查项目全部合格 专业工长：签名 项目专业质量检查员：签名 2023年××月××日
监理单位验收结论	验收合格 专业监理工程师：签名 2023年××月××日

注：本表由施工单位填写。

3. 验收依据

【规范名称及编号】《自动跟踪定位射流灭火系统技术标准》（GB 51427—2021）

【条文摘录】

5.3.15　安装压力表时应加设缓冲装置，压力表和缓冲装置之间应安装三通阀。

检查数量：全数检查。

检查方法：观察检查。

5.3.16　阀门的安装应符合下列规定：

1　应按相关标准进行安装。

检查数量：全数检查。

检查方法：按相关标准的要求检查。

2　自动排气阀应在系统试压、冲洗合格后立式安装。

检查数量：全数检查。

检查方法：观察检查。

3　放空阀应安装在管道的最低处。

检查数量：全数检查。

检查方法：观察检查。

5.3.17　管道的安装应符合下列规定：

1　水平管道安装时，其坡度、坡向应符合设计要求，当出现U形管时应有放空措施。

检查数量：干管抽查 1 条；支管抽查 2 条；分支管抽查 10%，且不得少于 1 条。

检查方法：观察检查和用水平仪检查。

2　立管应用卡箍固定在支架上，卡箍的间距不应大于设计值。

检查数量：全数检查。

检查方法：尺量和观察检查。

3　埋地管道安装前应做好防腐处理，安装时不应损坏防腐层；埋地管道采用焊接时，焊缝部位应在试压合格后进行防腐处理；埋地管道在回填前应进行隐蔽工程验收，合格后及时回填，分层夯实，并应按本标准附录 D 表 D.0.2 进行记录。

检查数量：全数检查。

检查方法：观察检查。

4　管道安装的允许偏差应符合表 5.3.17 的要求。

注：L 为管段有效长度；DN 为管道公称直径。

检查数量：干管抽查 1 条；支管抽查 2 条；分支管抽查 10%，且不得少于 1 条。

检查方法：坐标用经纬仪或拉线和尺量检查；标高用水准仪或拉线和尺量检查；水平管道平直度用水平仪、直尺、拉线和尺量检查；立管垂直度用吊线和尺量检查；与其他管道成排布置间距及与其他管道交叉时外壁或绝热层间距用尺量检查。

5　管道支架和吊架安装应平整牢固，管墩的砌筑应规整，其间距应符合设计要求。

检查数量：按安装总数的 5%抽查，且不得少于 5 个。

检查方法：观察和尺量检查。

6　当管道穿过防火墙、楼板时，应安装套管。穿防火墙套管的长度不应小于防火墙的厚度，穿楼板套管的长度应高出楼板 50mm，底部应与楼板底面相平；管道与套管间的空隙应采用防火材料封堵；管道穿过建筑物的变形缝时，应采取保护措施。

检查数量：全数检查。

检查方法：观察和尺量检查。

5.3.18　管道的施工与安装除应符合本标准的规定外，还应符合现行国家标准《工业金属管道工程施工规范》（GB 50235）、《现场设备、工业管道焊接工程施工规范》（GB 50236）的有关规定。

5.3.19　钢筋混凝土消防水池或高位消防水箱的进水管、出水管应加设防水套管，对有振动的管道应加设柔性接头。组合式消防水池或高位消防水箱的进水管、出水管接头宜采用法兰连接，采用其他连接时应做防锈处理。

检查数量：全数检查。

检查方法：观察检查。

四、管道及配件防腐、绝热检验批质量验收记录

1. 管道及配件防腐、绝热检验批质量验收记录采用《建筑工程资料管理规程》（DB11/T 695）表 C7-4 编制。

2. 管道及配件防腐、绝热检验批质量验收记录示例详见表 8-50。

表 8-50　管道及配件防腐、绝热检验批质量验收记录示例

XF040404 001

单位（子单位）工程名称	北京××大厦	分部（子分部）工程名称	消防工程分部——消防给水及灭火系统子分部	分项工程名称	自动跟踪定位射流灭火系统分项
施工单位	北京××集团	项目负责人	吴工	检验批容量	2 路
分包单位	北京××消防工程公司	分包单位项目负责人	肖工	检验批部位	1 号楼消防系统

施工依据	消防工程图纸、变更洽商（如有）、施工方案、《自动跟踪定位射流灭火系统技术标准》（GB 51427—2021）			验收依据	《自动跟踪定位射流灭火系统技术标准》（GB 51427—2021）	
验收项目			设计要求及规范规定	最小/实际抽样数量	检查记录	检查结果
主控项目	1	室内直埋金属给水管道防腐	第4.2.4条	全/2	共2处，全数检查，合格2处	√
	2	室外给水，镀锌钢管、钢管埋地管道防腐	第9.2.6条	/	/	/
	3	埋地管道防腐	第5.3.17条 第3款 （GB 51427— 2021）	全/2	共2处，全数检查，合格2处	√
一般项目	1	保温层允许偏差 厚度δ	$+0.1\delta$ -0.05δ	全/2	共2处，全数检查，合格2处	100%
		表面平整度 卷材	5mm	全/2	共2处，全数检查，合格2处	100%
		涂料	10mm	/	/	/
施工单位 检查结果				所查项目全部合格 专业工长：签名 项目专业质量检查员：签名 2023 年××月××日		
监理单位 验收结论				验收合格 专业监理工程师：签名 2023 年××月××日		

注：本表由施工单位填写。

3. 验收依据

【依据一】《建筑给水排水及采暖工程施工质量验收规范》（GB 50242—2002）

【条文摘录】

第4.2.4、4.4.8、9.2.6条（见第8.4.1条第八款《管道及配件防腐、绝热检验批质量验收记录》的验收依据，本书第 277 页）。

【依据二】《自动跟踪定位射流灭火系统技术标准》（GB 51427—2021）

【条文摘录】

5.3.17 管道的安装应符合下列规定：

3 埋地管道安装前应做好防腐处理，安装时不应损坏防腐层；埋地管道采用焊接时，焊缝部位应在试压合格后进行防腐处理；埋地管道在回填前应进行隐蔽工程验收，合格后及时回填，分层夯实，并应按本标准附录 D 表 D.0.2 进行记录。

检查数量：全数检查。

检查方法：观察检查。

五、试验与调试检验批质量验收记录

1. 试验与调试检验批质量验收记录采用《建筑工程资料管理规程》（DB11/T 695）表 C7-4 编制。

2. 试验与调试检验批质量验收记录示例详见表 8-51。

表 8-51　试验与调试检验批质量验收记录示例

XF040405 001

单位（子单位）工程名称	北京××大厦		分部（子分部）工程名称	消防工程分部——消防给水及灭火系统子分部	分项工程名称	自动跟踪定位射流灭火系统分项
施工单位	北京××集团		项目负责人	吴工	检验批容量	1个
分包单位	北京××消防工程公司		分包单位项目负责人	肖工	检验批部位	1号楼消防系统
施工依据	消防工程图纸、变更洽商（如有）、施工方案、《自动跟踪定位射流灭火系统技术标准》（GB 51427—2021）			验收依据	《自动跟踪定位射流灭火系统技术标准》（GB 51427—2021）	

		验收项目	设计要求及规范规定	最小/实际抽样数量	检查记录	检查结果
主控项目	1	强度试验	第5.4.1条	/	试验合格，资料齐全	√
	2	冲洗试验	第5.4.1条	/	试验合格，资料齐全	√
	3	严密性试验	第5.4.1条	/	试验合格，资料齐全	√
	4	水源调试和试验	第5.5.4条	/	试验合格，资料齐全	√
	5	消防水泵调试	第5.5.5条	/	调试合格，资料齐全	√
	6	气压稳压装置调试	第5.5.6条	/	调试合格，资料齐全	√
	7	自动控制阀和灭火装置手动控制功能调试	第5.5.7条	/	调试合格，资料齐全	√
	8	系统主电源和备用电源切换测试	第5.5.8条	/	试验合格，资料齐全	√
	9	系统自动跟踪定位灭火模拟调试	第5.5.9条	/	调试合格，资料齐全	√
	10	模拟末端试水装置调试	第5.5.10条	/	调试合格，资料齐全	√
	11	系统自动跟踪定位射流灭火试验	第5.5.11条	/	试验合格，资料齐全	√
	12	联动控制调试	第5.5.12条	/	调试合格，资料齐全	√
施工单位检查结果				所查项目全部合格 专业工长：签名 项目专业质量检查员：签名 2023年××月××日		
监理单位验收结论				验收合格 专业监理工程师：签名 2023年××月××日		

注：本表由施工单位填写。

3. 验收依据

【规范名称及编号】《自动跟踪定位射流灭火系统技术标准》（GB 51427—2021）

【条文摘录】

5.4　试压和冲洗

5.4.1　管网安装完毕后，必须对其进行强度试验、冲洗和严密性试验。

检查数量：全数检查。

检查方法：检查强度试验、冲洗、严密性试验记录表。

5.4.2　强度试验、冲洗和严密性试验宜采用生活用水，不得使用海水或含有腐蚀性化学物质的水。

检查数量：全数检查。

检查方法：检查强度试验、冲洗、严密性试验记录表。

5.4.3　系统试压前应具备以下条件：

1　埋地管道的位置及管道基础、支墩等经复查应符合设计要求。

检查数量：全数检查。

检查方法：对照图纸观察、尺量检查。

2　试压用的压力表不少于2只；精度不应低于1.5级，量程应为试验压力值的1.5～2.0倍。

检查数量：全数检查。

检查方法：观察检查。

3　试压方案应已经批准。

4　对不能参与试压的设备、阀门、仪表及附件应加以隔离或拆除；加设的临时盲板应具有凸出于法兰的边耳，且应有明显标志，并记录临时盲板的数量。

检查数量：全数检查。

检查方法：观察检查。

5.4.4　压力管道水压强度试验的试验压力应符合表5.4.4的规定。

检查数量：全数检查。

检查方法：观察检查。

表 5.4.4　压力管道水压强度试验的试验压力（MPa）

管材类型	系统工作压力 P	试验压力
钢管、钢丝网骨架塑料管	$\leqslant 1.0$	$1.5P$，且不应小于1.4
	> 1.0	$P+0.4$
球墨铸铁管	$\leqslant 0.5$	$2P$
	> 0.5	$P+0.5$

5.4.5　水压强度试验的测试点应设在系统管网的最低点。对管网注水时，应将管网内的空气排净，并应缓慢升压，达到试验压力后，稳压30min，管道应无损伤、变形，且压力降不应大于0.05MPa。

检查数量：全数检查。

检查方法：观察检查。

5.4.6　水压严密性试验应在管网水压强度试验和冲洗合格后进行。试验压力应为系统工作压力，稳压24h，应无泄漏。

检查数量：全数检查。

检查方法：观察检查。

5.4.7　系统试压过程中，当出现泄漏时，应停止试压，并应放空管网中的试验介质，消除缺陷后，重新再试。

5.4.8　水压试验时环境温度不宜低于5℃，当低于5℃时，水压试验应采取防冻措施。

检查数量：全数检查。

检查方法：用温度计检查。

5.4.9　系统的埋地管道应在回填前单独或与系统一起进行水压强度试验和严密性试验。

检查数量：全数检查。

检查方法：观察和检查水压强度试验和水压严密性试验记录。

5.4.10 系统试压完成后，应及时拆除所有临时盲板及试验用的管道，并按本标准附录 D 表 D.0.3 的格式填写记录。

检查数量：全数检查。

检查方法：观察检查。

5.4.11 管网冲洗前，应对系统的仪表采取保护措施；应对管道支架、吊架进行检查，必要时应采取加固措施；冲洗直径大于 100mm 的管道时，应对其死角和底部进行敲打，但不得损伤管道；冲洗后，应清理可能存留脏物、杂物的管段。

检查数量：全数检查。

检查方法：观察检查、手扳检查。

5.4.12 管网冲洗的水流流速、流量不应小于系统设计的水流流速、流量，管网冲洗宜分区、分段进行，冲洗的水流方向应与灭火时管道的水流方向一致。

检查数量：全数检查。

检查方法：使用流量计和观察检查。

5.4.13 管网冲洗应连续进行，当出口处水的颜色、透明度与入口处水的颜色、透明度基本一致且无杂物排出时，冲洗方可结束。

检查数量：全数检查。

检查方法：观察检查。

5.4.14 管道冲洗合格后，应将管道内的水排除干净，并应按本标准附录 D 表 D.0.4 的格式填写记录。

检查数量：全数检查。

检查方法：观察检查。

5.5 调试

5.5.1 系统调试应在系统施工完成后进行，并应具备下列条件：

1 设计施工文件、系统组件的使用维护说明书及其他调试必备的技术资料；

2 系统的水源、电源满足调试要求，电气设备具备与系统联动调试的条件；

3 与系统配套的火灾自动报警系统处于工作状态。

5.5.2 调试前应将需要临时安装在系统上，并经校验合格的仪器、仪表安装完毕；调试时所需要的检查设备应准备齐全。

5.5.3 系统调试应包括下列内容：

1 水源调试和测试；

2 消防水泵调试；

3 气压稳压装置调试；

4 自动控制阀和灭火装置手动控制功能调试；

5 系统的主电源和备用电源切换测试；

6 系统自动跟踪定位灭火模拟调试；

7 模拟末端试水装置调试；

8 系统自动跟踪定位射流灭火试验；

9 联动控制调试。

5.5.4 水源调试和测试应符合下列规定：

1 按设计要求核实高位消防水箱、消防水池（箱）的容积，高位消防水箱设置高度、消防水池

（箱）水位显示等应符合设计要求；合用水池、水箱的消防储水应有不做他用的技术措施。

检查数量：全数检查。

检查方法：对照图纸观察和尺量检查。

2 应按设计要求核实消防水泵接合器的数量和供水能力，并通过移动式消防水泵做供水试验进行验证。

检查数量：全数检查。

检查方法：观察检查和进行通水试验。

5.5.5 消防水泵调试应符合下列规定：

1 以自动或手动方式启动消防水泵时，消防水泵应在55s内投入正常运行。

检查数量：全数检查。

检查方法：用秒表检查。

2 以备用电源切换方式或备用泵切换启动消防水泵时，消防水泵应在1min内投入正常运行。

检查数量：全数检查。

检查方法：用秒表检查。

3 消防水泵运行调试试验，其性能应符合设计和产品标准的要求。

检查数量：全数检查。

检查方法：按系统设计要求，启动消防水泵，观察该消防水泵及相关设备动作应正常，消防水泵在设计负荷下，连续运转不小于2h，采用压力表、流量计、秒表、温度计进行计量。

5.5.6 气压稳压装置应按设计要求进行调试。当管网压力达到稳压泵设计启泵压力时，稳压泵应立即启动；当管网压力达到稳压泵设计停泵压力时，稳压泵应自动停止运行；人为设置主稳压泵故障，备用稳压泵应立即启动；当消防水泵启动时，稳压泵应停止运行。

检查数量：全数检查。

检查方法：观察检查。

5.5.7 自动控制阀和灭火装置手动控制功能的调试应符合下列规定：

1 进行自动控制阀开启、关闭功能试验，其启、闭动作、反馈信号等应符合设计要求；

2 进行灭火装置动作功能试验，其俯仰回转角度、水平回转角度、直流-喷雾转换及反馈信号等指标应符合设计要求，灭火装置动作时不应与周围的构件触碰。

检查数量：全数检查。

检查方法：使系统电源处于接通状态，系统控制主机、现场控制箱处于手动控制状态。分别通过系统控制主机和现场控制箱，逐个手动操作每台自动控制阀的开启、关闭，观察自动控制阀的启、闭动作、反馈信号应正常；逐个手动操作每台灭火装置（自动消防炮和喷射型自动射流灭火装置）俯仰和水平回转，观察灭火装置的动作及反馈信号应正常，且在设计规定的回转范围内与周围构件应无触碰；对具有直流-喷雾转换功能的灭火装置，逐个手动操作检验其直流-喷雾动作功能。

5.5.8 系统的主电源和备用电源切换测试应正常。

检查数量：全数检查。

检查方法：使系统主电源、备用电源处于正常状态。在系统处于手动控制状态下，以手动的方式进行主电源、备用电源切换试验，结果应正常；在系统处于自动控制状态下，在主电源上设置一个故障，备用电源应能自动投入运行，在备用电源上设置一个故障，主电源应能自动投入运行。手动切换试验和自动切换试验应各进行1～2次。

5.5.9 系统自动跟踪定位灭火模拟调试应正常。

检查数量：全数检查。

检查方法：使系统处于自动控制状态，关闭消防水泵出水总管控制阀，打开消防水泵试水管上的试水阀。在系统保护区内的任意位置上，放置一个油盘试验火，系统应能在本标准第4.3.2条规定的定位时间内自动完成火灾探测、火灾报警、启动相应的灭火装置瞄准火源、启动消防水泵、打开相应的自动控制阀，完成自动跟踪定位灭火模拟动作。

用来诱发系统启动的油盘试验火可以采用直径为570mm、高度为70mm的油盘内加入30mm高的清水，再加入500mL的车用汽油，点燃油盘内的汽油开始燃烧。用准确度不低于±0.1s的电子秒表测量从试验火开始燃烧至灭火装置开始射流的时间，即为定位时间。在本条规定的系统自动跟踪定位灭火模拟调试试验中，定位时间为从试验火开始燃烧至自动控制阀门打开的时间。

5.5.10　模拟末端试水装置调试应正常。

检查数量：全数检查。

检查方法：使系统处于自动控制状态，在模拟末端试水装置探测范围内，放置油盘试验火，系统应能在规定时间内自动完成火灾探测、火灾报警、启动消防水泵、打开该模拟末端试水装置的自动控制阀。打开手动试水阀，观察检查模拟末端试水装置出水的压力和流量应符合设计要求。

5.5.11　系统自动跟踪定位射流灭火试验应正常。

检查数量：每个保护区的试验应不少于1次。

检查方法：使系统处于自动控制状态，在该保护区内的任意位置上，放置1A级别火试模型，在火试模型预燃阶段使系统处于非跟踪定位状态。预燃结束，恢复系统的跟踪定位状态进行自动定位射流灭火。系统从自动射流开始，自动消防炮灭火系统、喷射型自动射流灭火系统应在5min内扑灭1A级别火灾，喷洒型自动射流灭火系统应在10min内扑灭1A级别火灾。系统灭火完成后，应自动关闭自动控制阀，并采取人工手动停止消防水泵。火试模型、试验条件、试验步骤等应符合现行国家标准《手提式灭火器　第1部分：性能和结构要求》（GB 4351.1）的规定。

5.5.12　联动控制调试应符合设计要求。

检查数量：全数检查。

检查方法：在系统自动跟踪定位射流灭火试验中，当系统确认火灾后，声、光警报器应动作，火灾现场视频实时监控和记录应启动；系统动作后，控制主机上消防水泵、水流指示器、自动控制阀等的状态显示应正常；系统的火灾报警信息应传送给火灾自动报警系统，并应按设计要求完成有关消防联动功能。

5.5.13　系统调试完成后应按本标准附录D表D.0.5规定的内容填写调试报告，调试报告的内容可根据具体情况进行增减。

8.4.5　水喷雾、细水雾灭火系统分项

一、水喷雾灭火系统水雾喷头安装检验批质量验收记录

1. 水喷雾灭火系统水雾喷头安装检验批质量验收记录采用《建筑工程资料管理规程》（DB11/T 695）表C7-4编制。

2. 水喷雾灭火系统水雾喷头安装检验批质量验收记录示例

水喷雾灭火系统水雾喷头安装检验批质量验收记录示例详见表8-52。

表8-52　水喷雾灭火系统水雾喷头安装检验批质量验收记录示例

XF040501 001

单位（子单位）工程名称	北京××大厦	分部（子分部）工程名称	消防工程分部——消防给水及灭火系统子分部	分项工程名称	水喷雾、细水雾灭火系统分项
施工单位	北京××集团	项目负责人	吴工	检验批容量	20只
分包单位	北京××消防工程公司	分包单位项目负责人	肖工	检验批部位	1号楼水喷雾系统

施工依据	消防工程图纸、变更洽商（如有）、施工方案、《水喷雾灭火系统技术规范》（GB 50219—2014）		验收依据	《水喷雾灭火系统技术规范》（GB 50219—2014）	
验收项目		设计要求及规范规定	最小/实际抽样数量	检查记录	检查结果
主控项目	1 规格、型号应符合设计要求	第8.3.18条第1款	/	进场检验合格，质量证明文件齐全	√
	2 在系统试压、冲洗、吹扫合格后进行安装	第8.3.18条第1款	/	试验合格，资料齐全	√
	3 安装牢固、规整	第8.3.18条第2款	全/20	共20处，全数检查，合格20处	√
	4 顶部设置喷头安装坐标偏差	第8.3.18条第3款	全/20	共20处，全数检查，合格20处	√
	5 侧向安装喷头距离偏差	第8.3.18条第4款	全/20	共20处，全数检查，合格20处	√
	6 喷头与吊顶、门、窗、洞口或障碍物的距离	第8.3.18条第5款	全/20	共20处，全数检查，合格20处	√
	7 喷头的数量、备用量	第9.0.12条	全/20	共20处，全数检查，合格20处	√
施工单位检查结果			所查项目全部合格 专业工长：签名 项目专业质量检查员：签名 2023 年××月××日		
监理单位验收结论			验收合格 专业监理工程师：签名 2023 年××月××日		

注：本表由施工单位填写。

3. 验收依据

【规范名称及编号】《水喷雾灭火系统技术规范》（GB 50219—2014）

【条文摘录】

摘录一：

8.3.18 喷头的安装应符合下列规定：

1 喷头的规格、型号应符合设计要求，并应在系统试压、冲洗、吹扫合格后进行安装。

检查数量：全数检查。

检查方法：直观检查和检查系统试压、冲洗记录。

2 喷头应安装牢固、规整，安装时不得拆卸或损坏喷头上的附件。

检查数量：全数检查。

检查方法：直观检查。

3 顶部设置的喷头应安装在被保护物的上部，室外安装坐标偏差不应大于20mm，室内安装坐标偏差不应大于10mm；标高的允许偏差，室外安装为±20mm，室内安装为±10mm。

检查数量：按安装总数的10%抽查，且不得少于4只，即支管两侧的分支管的始端及末端各1只。

检查方法：尺量检查。

4 侧向安装的喷头应安装在被保护物体的侧面并应对准被保护物体，其距离偏差不应大于20mm。

检查数量：按安装总数的10%抽查，且不得少于4只。

检查方法：尺量检查。

5　喷头与吊顶、门、窗、洞口或障碍物的距离应符合设计要求。

检查数量：全数检查。

检查方法：尺量检查。

摘录二：

9.0.12　喷头的验收应符合下列规定：

1　喷头的数量、规格、型号应符合设计要求。

检查数量：全数检查。

检查方法：直观检查。

2　喷头的安装位置、安装高度、间距及与梁等障碍物的距离偏差均应符合设计要求和本规范第8.3.18条的相关规定。

检查数量：抽查设计喷头数量的5%，总数不少于20个，合格率不小于95%时为合格。

检查方法：对照图纸尺量检查。

3　不同型号、规格的喷头的备用量不应小于其实际安装总数的1%，且每种备用喷头数不应少于5只。

检查数量：全数检查。

检查方法：计数检查。

二、水喷雾灭火系统报警阀组安装检验批质量验收记录

1. 水喷雾灭火系统报警阀组安装检验批质量验收记录采用《建筑工程资料管理规程》（DB11/T 695）表C7-4编制。

2. 水喷雾灭火系统报警阀组安装检验批质量验收记录示例详见表8-53。

表8-53　水喷雾灭火系统报警阀组安装检验批质量验收记录示例

XF040502 001

单位（子单位）工程名称	北京××大厦	分部（子分部）工程名称	消防工程分部——消防给水及灭火系统子分部	分项工程名称	水喷雾、细水雾灭火系统分项
施工单位	北京××集团	项目负责人	吴工	检验批容量	2组
分包单位	北京××消防工程公司	分包单位项目负责人	肖工	检验批部位	1号楼水喷雾系统
施工依据	消防工程图纸、变更洽商（如有）、施工方案、《水喷雾灭火系统技术规范》（GB 50219—2014）			验收依据	《水喷雾灭火系统技术规范》（GB 50219—2014）

		验收项目	设计要求及规范规定	最小/实际抽样数量	检查记录	检查结果
主控项目	1	阀规格、型号应符合设计要求	第8.2.5、8.2.6条	/	进场检验合格，质量证明文件齐全	√
	2	雨淋报警阀组、水源控制阀	第8.3.8条	全/2	共2处，全数检查，合格2处	√
	3	控制阀	第8.3.9条	全/2	共2处，全数检查，合格2处	√
	4	压力开关	第8.3.10条	全/2	共2处，全数检查，合格2处	√
	5	水力警铃	第8.3.11条	全/2	共2处，全数检查，合格2处	√
	6	雨淋报警阀组安装及与火灾自动报警系统和手动启动装置的联动控制	第9.0.10条	全/2	共2处，全数检查，合格2处	√

施工单位 检查结果	所查项目全部合格	专业工长：签名 项目专业质量检查员：签名 2023 年××月××日
监理单位 验收结论	验收合格	专业监理工程师：签名 2023 年××月××日

注：本表由施工单位填写。

3. 验收依据

【规范名称及编号】《水喷雾灭火系统技术规范》（GB 50219—2014）

【条文摘录】

摘录一：

8.2.5　消防泵组、雨淋报警阀、气动控制阀、电动控制阀、沟槽式管接件、阀门、水力警铃、压力开关、压力表、管道过滤器、水雾喷头、水泵接合器等系统组件的外观质量应符合下列要求：

1　应无变形及其他机械性损伤；

2　外露非机械加工表面保护涂层应完好；

3　无保护涂层的机械加工面应无锈蚀；

4　所有外露接口应无损伤，堵、盖等保护物包封应良好；

5　铭牌标记应清晰、牢固。

检查数量：全数检查。

检查方法：直观检查。

8.2.6　消防泵组、雨淋报警阀、气动控制阀、电动控制阀、沟槽式管接件、阀门、水力警铃、压力开关、压力表、管道过滤器、水雾喷头、水泵接合器等系统组件的规格、型号、性能参数应符合国家现行产品标准和设计要求。

检查数量：全数检查。

检查方法：核查组件的规格、型号、性能参数等是否与相关准入制度要求的有效证明文件、产品出厂合格证及设计要求相符。

摘录二：

8.3.8　雨淋报警阀组的安装应符合下列要求：

1　雨淋报警阀组的安装应在供水管网试压、冲洗合格后进行。安装时应先安装水源控制阀、雨淋报警阀，再进行雨淋报警阀辅助管道的连接。水源控制阀、雨淋报警阀与配水干管的连接应使水流方向一致。雨淋报警阀组的安装位置应符合设计要求。

检查数量：全数检查。

检查方法：检查系统试压、冲洗记录表，直观检查和尺量检查。

2　水源控制阀的安装应便于操作，且应有明显开闭标志和可靠的锁定设施；压力表应安装在报警阀上便于观测的位置；排水管和试验阀应安装在便于操作的位置。

检查数量：全数检查。

检查方法：直观检查。

3　雨淋报警阀手动开启装置的安装位置应符合设计要求，且在发生火灾时应能安全开启和便于操作。

检查数量：全数检查。

检查方法：对照图纸核查和开启阀门检查。

4　在雨淋报警阀的水源一侧应安装压力表。

检查数量：全数检查。

检查方法：直观检查。

8.3.9　控制阀的规格、型号和安装位置均应符合设计要求；安装方向应正确，控制阀内应清洁、无堵塞、无渗漏；主要控制间应加设启闭标志；隐蔽处的控制阀应在明显处设有指示其位置的标志。

检查数量：全数检查。

检查方法：直观检查。

8.3.10　压力开关应竖直安装在通往水力警铃的管道上，且不应在安装中拆装改动。压力开关的引出线应用防水套管锁定。

检查数量：全数检查。

检查方法：直观检查。

8.3.11　水力警铃的安装应符合设计要求，安装后的水力警铃启动时，警铃响度应不小于70dB（A）。

检查数量：全数检查。

检查方法：直观检查；开启阀门放水，水力警铃启动后用声级计测量声强。

摘录三：

9.0.10　雨淋报警阀组的验收应符合下列要求：

1　雨淋报警阀组的各组件应符合国家现行相关产品标准的要求。

检查数量：全数检查。

检查方法：直观检查。

2　打开手动试水阀或电磁阀时，相应雨淋报警阀动作应可靠。

3　打开系统流量压力检测装置放水阀，测试的流量、压力应符合设计要求。

检查数量：全数检查。

检查方法：使用流量计、压力表检查。

4　水力警铃的安装位置应正确。测试时，水力警铃喷嘴处压力不应小于0.05MPa，且距水力警铃3m远处警铃的响度不应小于70dB（A）。

检查数量：全数检查。

检查方法：打开阀门放水，使用压力表、声级计和尺量检查。

5　控制阀均应锁定在常开位置。

检查数量：全数检查。

检查方法：直观检查。

6　与火灾自动报警系统和手动启动装置的联动控制应符合设计要求。

三、水喷雾灭火系统管道及配件安装、试压、冲洗检验批质量验收记录

1. 水喷雾灭火系统管道及配件安装、试压、冲洗检验批质量验收记录采用《建筑工程资料管理规程》（DB11/T 695）表 C7-4 编制。

2. 水喷雾灭火系统管道及配件安装、试压、冲洗检验批质量验收记录示例详见表 8-54。

表 8-54　水喷雾灭火系统管道及配件安装、试压、冲洗检验批质量验收记录示例

XF040503 001

单位（子单位）工程名称	北京××大厦	分部（子分部）工程名称	消防工程分部——消防给水及灭火系统子分部	分项工程名称	水喷雾、细水雾灭火系统分项
施工单位	北京××集团	项目负责人	吴工	检验批容量	2组

续表

分包单位	北京××消防工程公司	分包单位 项目负责人		肖工	检验批部位	1号楼水喷雾系统
施工依据	消防工程图纸、变更洽商（如有）、施工方案、 《水喷雾灭火系统技术规范》（GB 50219—2014）			验收依据	《水喷雾灭火系统技术规范》 （GB 50219—2014）	

	验收项目		设计要求及 规范规定	最小/实际 抽样数量	检查记录	检查结果
主控项目	1	管材及管件的材质、规格、型号、质量	第8.2.2条	/	进场检验合格，质量证明文件齐全	√
	2	管材及管件外观质量	第8.2.3条	/	进场检验合格，资料齐全	√
	3	管材及管件的规格尺寸、壁厚及允许偏差	第8.2.4条	/	进场检验合格，资料齐全	√
	4	节流管和减压孔板安装	第8.3.12条	全/2	共2处，全数检查，合格2处	√
	5	减压阀的安装	第8.3.13条	全/2	共2处，全数检查，合格2处	√
	6	管道的安装	第8.3.14条	全/2	共2处，全数检查，合格2处	√
	7	管道水压试验	第8.3.15条	/	试验合格，资料齐全	√
	8	管道冲洗	第8.3.16条	/	试验合格，资料齐全	√
	9	管网放空坡度及辅助排水设施	第9.0.11条 第2款	全/2	共2处，全数检查，合格2处	√
	10	阀和压力信号反馈装置规格和安装位置	第9.0.11条 第3款	全/2	共2处，全数检查，合格2处	√
	11	管墩、管道支、吊架的固定方式、间距	第9.0.11条 第4款	全/2	共2处，全数检查，合格2处	√
施工单位 检查结果				所查项目全部合格	专业工长：签名 项目专业质量检查员：签名 2023年××月××日	
监理单位 验收结论				验收合格	专业监理工程师：签名 2023年××月××日	

本表由施工单位填写。

3. 验收依据

【规范名称及编号】《水喷雾灭火系统技术规范》（GB 50219—2014）

【条文摘录】

摘录一：

8.2.2　管材及管件的材质、规格、型号、质量等应符合国家现行有关产品标准和设计要求。

检查数量：全数检查。

检查方法：检查出厂检验报告与合格证。

8.2.3　管材及管件的外观质量除应符合其产品标准的规定外，尚应符合下列要求：

1　表面应无裂纹、缩孔、夹渣、折叠、重皮，且不应有超过壁厚负偏差的锈蚀或凹陷等缺陷；

2　螺纹表面应完整无损伤，法兰密封面应平整光洁，无毛刺及径向沟槽；

3　垫片应无老化变质或分层现象，表面应无折皱等缺陷。

检查数量：全数检查。

检查方法：直观检查。

8.2.4 管材及管件的规格尺寸、壁厚及允许偏差应符合其产品标准和设计要求。

检查数量：每一规格、型号的产品按件数抽查20％，且不得少于1件。

检查方法：用钢尺和游标卡尺测量。

摘录二：

8.3.12 节流管和减压孔板的安装应符合设计要求。

检查数量：全数检查。

检查方法：对照图纸核查和尺量检查。

8.3.13 减压阀的安装应符合下列要求：

1 减压阀的安装应在供水管网试压、冲洗合格后进行。

检查数量：全数检查。

检查方法：检查管道试压和冲洗记录。

2 减压阀的规格、型号应与设计相符，阀外控制管路及导向阀各连接件不应有松动，减压阀的外观应无机械损伤，阀内应无异物。

检查数量：全数检查。

检查方法：对照图纸核查和手扳检查。

3 减压阀水流方向应与供水管网水流方向一致。

检查数量：全数检查。

检查方法：直观检查。

4 应在减压阀进水侧安装过滤器，并宜在其前后安装控制阀。

检查数量：全数检查。

检查方法：直观检查。

5 可调式减压阀宜水平安装，阀盖应向上。

检查数量：全数检查。

检查方法：直观检查。

6 比例式减压阀宜垂直安装；当水平安装时，单呼吸孔减压阀的孔口应向下，双呼吸孔减压阀的孔口应呈水平。

检查数量：全数检查。

检查方法：直观检查。

7 安装自身不带压力表的减压阀时，应在其前后相邻部位安装压力表。

检查数量：全数检查。

检查方法：直观检查。

8.3.14 管道的安装应符合下列规定：

1 水平管道安装时，其坡度、坡向应符合设计要求。

检查数量：干管抽查1条；支管抽查2条；分支管抽查5％，且不得少于1条。

检查方法：用水平仪检查。

2 立管应用管卡固定在支架上，其间距不应大于设计值。

检查数量：全数检查。

检查方法：尺量检查和直观检查。

3 埋地管道安装应符合下列要求：

1) 埋地管道的基础应符合设计要求；

2）埋地管道安装前应做好防腐，安装时不应损坏防腐层；

3）埋地管道采用焊接时，焊缝部位应在试压合格后进行防腐处理；

4）埋地管道在回填前应进行隐蔽工程验收，合格后应及时回填，分层夯实，并应按本规范表 D.0.7 进行记录。

检查数量：全数检查。

检查方法：直观检查。

4　管道支、吊架应安装平整牢固，管墩的砌筑应规整，其间距应符合设计要求。

检查数量：按安装总数的 20％抽查，且不得少于 5 个。

检查方法：直观检查和尺量检查。

5　管道支、吊架与水雾喷头之间的距离不应小于 0.3m，与末端水雾喷头之间的距离不宜大于 0.5m。

检查数量：按安装总数的 10％抽查，且不得少于 5 个。

检查方法：尺量检查。

6　管道安装前应分段进行清洗。施工过程中，应保证管道内部清洁，不得留有焊渣、焊瘤、氧化皮、杂质或其他异物。

7　同排管道法兰的间距应方便拆装，且不宜小于 100mm。

8　管道穿过墙体、楼板处应使用套管；穿过墙体的套管长度不应小于该墙体的厚度，穿过楼板的套管长度应高出楼地面 50mm，底部应与楼板底面相平；管道与套管间的空隙应采用防火封堵材料填塞密实；管道穿过建筑物的变形缝时，应采取保护措施。

检查数量：全数检查。

检查方法：直观检查和尺量检查。

9　管道焊接的坡口形式、加工方法和尺寸等均应符合现行国家标准《气焊、焊条电弧焊、气体保护焊和高能束焊的推荐坡口》GB/T 985.1、《埋弧焊的推荐坡口》GB/T 985.2 的规定，管道之间或与管接头之间的焊接应采用对口焊接。

10　管道采用沟槽式连接时，管道末端的沟槽尺寸应满足现行国家标准《自动喷水灭火系统　第 11 部分：沟槽式管接件》GB 5135.11 的规定。

11　对于镀锌钢管，应在焊接后再镀锌，且不得对镀锌后的管道进行气割作业。

8.3.15　管道安装完毕应进行水压试验，并应符合下列规定：

1　试验宜采用清水进行，试验时，环境温度不宜低于 5℃，当环境温度低于 5℃时，应采取防冻措施；

2　试验压力应为设计压力的 1.5 倍；

3　试验的测试点宜设在系统管网的最低点，对不能参与试压的设备、阀门及附件，应加以隔离或拆除；

4　试验合格后，应按本规范表 D.0.4 记录。

检查数量：全数检查。

检查方法：管道充满水，排净空气，用试压装置缓慢升压，当压力升至试验压力后，稳压 10min，管道无损坏、变形，再将试验压力降至设计压力，稳压 30min，以压力不降、无渗漏为合格。

8.3.16　管道试压合格后，宜用清水冲洗，冲洗合格后，不得再进行影响管内清洁的其他施工，并应按本规范表 D.0.5 记录。

检查数量：全数检查。

检查方法：宜采用最大设计流量，流速不低于 1.5m/s，以排出水色和透明度与入口水目测一致为合格。

摘录二：

9.0.11　管网验收应符合下列规定：

1　管道的材质与规格、管径、连接方式、安装位置及采取的防冻措施应符合设计要求和本规范第

8.3.14 条的相关规定。

　　检查数量：全数检查。

　　检查方法：直观检查和核查相关证明材料。

　　2　管网放空坡度及辅助排水设施应符合设计要求。

　　检查数量：全数检查。

　　检查方法：水平尺和尺量检查。

　　3　管网上的控制阀、压力信号反馈装置、止回阀、试水阀、泄压阀等，其规格和安装位置均应符合设计要求。

　　检查数量：全数检查。

　　检查方法：直观检查。

　　4　管墩、管道支、吊架的固定方式、间距应符合设计要求。

　　检查数量：按总数抽查 20％，且不得少于 5 处。

　　检查方法：尺量检查和直观检查。

　　四、水喷雾灭火系统管道及配件防腐、绝热检验批质量验收记录

　　1. 水喷雾灭火系统管道及配件防腐、绝热检验批质量验收记录采用《建筑工程资料管理规程》（DB11/T 695）表 C7-4 编制。

　　2. 水喷雾灭火系统管道及配件防腐、绝热检验批质量验收记录示例详见表 8-55。

表 8-55　水喷雾灭火系统管道及配件防腐、绝热检验批质量验收记录示例

XF040504 001

单位（子单位）工程名称		北京××大厦	分部（子分部）工程名称	消防工程分部——消防给水及灭火系统子分部		分项工程名称	水喷雾、细水雾灭火系统分项
施工单位		北京××集团	项目负责人	吴工		检验批容量	2 组
分包单位		北京××消防工程公司	分包单位项目负责人	肖工		检验批部位	1 号楼水喷雾系统
施工依据		消防工程图纸、变更洽商（如有）、施工方案、《水喷雾灭火系统技术规范》（GB 50219—2014）			验收依据		《建筑给水排水及采暖工程施工质量验收规范》（GB 50242—2002）《水喷雾灭火系统技术规范》（GB 50219—2014）
验收项目			设计要求及规范规定	最小/实际抽样数量	检查记录		检查结果
主控项目	1	室内直埋金属给水管道防腐	第 4.2.4 条	/	/		/
	2	室外给水，镀锌钢管、钢管埋地管道防腐	第 9.2.6 条	/	/		/
	3	埋地管道安装前应做好防腐，安装时不应损坏防腐层	第 8.3.14 条第 3 款（GB 50219—2014）	/	/		/
	4	地上管道应在试压、冲洗合格后进行涂漆防腐	第 8.3.17 条第 3 款（GB 50219—2014）	全/2	共 2 处，全数检查，合格 2 处		√

续表

验收项目			设计要求及规范规定	最小/实际抽样数量	检查记录	检查结果
一般项目	1 保温层允许偏差	厚度δ	$+0.1\delta$ -0.05δ	全/2	共2处，全数检查，合格2处	100%
		表面平整度 卷材	5mm	全/2	共2处，全数检查，合格2处	100%
		表面平整度 涂料	10mm	/	/	/
施工单位检查结果					所查项目全部合格 专业工长：签名 项目专业质量检查员：签名 2023年××月××日	
监理单位验收结论					验收合格 专业监理工程师：签名 2023年××月××日	

本表由施工单位填写。

3. 验收依据

【依据一】《建筑给水排水及采暖工程施工质量验收规范》（GB 50242—2002）

【条文摘录】

第4.2.4、4.4.8、9.2.6条（见第8.4.1条第八款《管道及配件防腐、绝热检验批质量验收记录》的验收依据，本书第277页）。

【依据二】《水喷雾灭火系统技术规范》（GB 50219—2014）

【条文摘录】

8.3.14 管道的安装应符合下列规定：

3 埋地管道安装应符合下列要求：

1）埋地管道的基础应符合设计要求；

2）埋地管道安装前应做好防腐，安装时不应损坏防腐层；

3）埋地管道采用焊接时，焊缝部位应在试压合格后进行防腐处理；

4）埋地管道在回填前应进行隐蔽工程验收，合格后应及时回填，分层夯实，并应按本规范表D.0.7进行记录。

检查数量：全数检查。

检查方法：直观检查。

8.3.17 地上管道应在试压、冲洗合格后进行涂漆防腐。

检查数量：全数检查。

检查方法：直观检查。

五、水喷雾灭火系统试验与调试检验批质量验收记录

1. 水喷雾灭火系统试验与调试检验批质量验收记录采用《建筑工程资料管理规程》（DB11/T 695）表C7-4编制。

2. 水喷雾灭火系统试验与调试检验批质量验收记录示例详见表8-56。

表 8-56　水喷雾灭火系统试验与调试检验批质量验收记录示例

XF040505 001

单位（子单位）工程名称	北京××大厦	分部（子分部）工程名称	消防工程分部——消防给水及灭火系统子分部	分项工程名称	水喷雾、细水雾灭火系统分项
施工单位	北京××集团	项目负责人	吴工	检验批容量	2组
分包单位	北京××消防工程公司	分包单位项目负责人	肖工	检验批部位	1号楼水喷雾系统
施工依据	消防工程图纸、变更洽商（如有）、施工方案、《水喷雾灭火系统技术规范》（GB 50219—2014）		验收依据	《水喷雾灭火系统技术规范》（GB 50219—2014）	

验收项目		设计要求及规范规定	最小/实际抽样数量	检查记录	检查结果
主控项目	1　雨淋报警阀调试	第 8.4.8 条	/	调试合格，资料齐全	√
	2　电动控制阀和气动控制阀自动开启	第 8.4.9 条	/	试验合格，资料齐全	√
	3　系统排水设施	第 8.4.10 条	/	试验合格，资料齐全	√
	4　联动试验	第 8.4.11 条	/	试验合格，资料齐全	√
	5　模拟灭火功能试验	第 9.0.14 条	/	试验合格，资料齐全	√
	6　冷喷试验	第 9.0.15 条	/	试验合格，资料齐全	√
施工单位检查结果			所查项目全部合格　专业工长：签名　项目专业质量检查员：签名　2023 年××月××日		
监理单位验收结论			验收合格　专业监理工程师：签名　2023 年××月××日		

本表由施工单位填写。

3. 验收依据

【规范名称及编号】《水喷雾灭火系统技术规范》（GB 50219—2014）

【条文摘录】

摘录一

8.4.8　雨淋报警阀调试宜利用检测、试验管道进行。自动和手动方式启动的雨淋报警阀应在 15s 之内启动；公称直径大于 200mm 的雨淋报警阀调试时，应在 60s 之内启动；雨淋报警阀调试时，当报警水压为 0.05MPa 时，水力警铃应发出报警铃声。

检查数量：全数检查。

检查方法：使用压力表、流量计、秒表、声强计测量检查，直观检查。

8.4.9　电动控制阀和气动控制阀自动开启时开启时间应满足设计要求；手动开启或关闭应灵活、无卡涩。

检查数量：全数检查。

检查方法：使用秒表测量，手动启闭试验。

8.4.10　调试过程中，系统排出的水应能通过排水设施全部排走。

检查数量：全数检查。

检查方法：直观检查。

8.4.11 联动试验应符合下列规定：

1 采用模拟火灾信号启动系统，相应的分区雨淋报警阀（或电动控制阀、气动控制阀）、压力开关和消防水泵及其他联动设备均应能及时动作并发出相应的信号。

检查数量：全数检查。

检查方法：直观检查。

2 采用传动管启动的系统，启动1只喷头，相应的分区雨淋报警阀、压力开关和消防水泵及其他联动设备均应能及时动作并发出相应的信号。

检查数量：全数检查。

检查方法：直观检查。

3 系统的响应时间、工作压力和流量应符合设计要求。

检查数量：全数检查。

检查方法：当为手动控制时，以手动方式进行1～2次试验；当为自动控制时，以自动和手动方式各进行1～2次试验，并用压力表、流量计、秒表计量。

8.4.12 系统调试合格后. 应按本规范表D.0.6填写调试检查记录，并应用清水冲洗后放空，复原系统。

摘录二：

9.0.14 每个系统应进行模拟灭火功能试验，并应符合下列要求：

1 压力信号反馈装置应能正常动作，并应能在动作后启动消防水泵及与其联动的相关设备，可正确发出反馈信号。

检查数量：全数检查。

检查方法：利用模拟信号试验检查。

2 系统的分区控制阀应能正常开启，并可正确发出反馈信号。

检查数量：全数检查。

检查方法：利用模拟信号试验检查。

3 系统的流量、压力均应符合设计要求。

检查数量：全数检查。

检查方法：利用系统流量、压力检测装置通过泄放试验检查。

4 消防水泵及其他消防联动控制设备应能正常启动，并应有反馈信号显示。

检查数量：全数检查。

检查方法：直观检查。

5 主、备电源应能在规定时间内正常切换。

检查数量：全数检查。

检查方法：模拟主、备电源切换，采用秒表计时检查。

9.0.15 系统应进行冷喷试验，除应符合本规范第9. 0. 14条的规定外，其响应时间应符合设计要求，并应检查水雾覆盖保护对象的情况。

检查数量：至少1个系统、1个防火区或1个保护对象。

检查方法：自动启动系统，采用秒表等检查。

六、细水雾灭火系统储水、储气瓶组安装检验批质量验收记录

1. 细水雾灭火系统储水、储气瓶组安装检验批质量验收记录采用《建筑工程资料管理规程》（DB11/T 695）表C7-4编制。

2. 细水雾灭火系统储水、储气瓶组安装检验批质量验收记录示例详见表8-57。

表 8-57 细水雾灭火系统储水、储气瓶组安装检验批质量验收记录示例

XF040506 001

单位（子单位）工程名称	北京××大厦	分部（子分部）工程名称	消防工程分部——消防给水及灭火系统子分部	分项工程名称	水喷雾、细水雾灭火系统分项
施工单位	北京××集团	项目负责人	吴工	检验批容量	2组
分包单位	北京××消防工程公司	分包单位项目负责人	肖工	检验批部位	1号楼细水雾系统
施工依据	消防工程图纸、变更洽商（如有）、施工方案、《细水雾灭火系统技术规范》（GB 50898—2013）		验收依据	《细水雾灭火系统技术规范》（GB 50898—2013）	

		验收项目	设计要求及规范规定	最小/实际抽样数量	检查记录	检查结果
主控项目	1	储水、储气瓶组规格、型号符合设计要求	第4.2.5条	/	进场检验合格，质量证明文件齐全	√
	2	储气瓶组驱动装置动作检查	第4.2.8条	/	检测合格，资料齐全	√
	3	瓶组的安装位置	第4.3.3-1条	全/2	共2处，全数检查，合格2处	√
	4	安装、固定和支撑	第4.3.3-2条	全/2	共2处，全数检查，合格2处	√
	5	压力表	第4.3.3-3条	全/2	共2处，全数检查，合格2处	√
	6	储存压力	第5.0.5条第2款	全/2	共2处，全数检查，合格2处	√
	7	应急操作装置	第5.0.5条第3款	全/2	共2处，全数检查，合格2处	√
施工单位检查结果				所查项目全部合格 专业工长：签名 项目专业质量检查员：签名 2023年××月××日		
监理单位验收结论				验收合格 专业监理工程师：签名 2023年××月××日		

本表由施工单位填写。

3. 验收依据

【规范名称及编号】《细水雾灭火系统技术规范》（GB 50898—2013）

【条文摘录】

摘录一：

4.2.5 储水瓶组、储气瓶组、泵组单元、控制柜（盘）、储水箱、控制阀、过滤器、安全阀、减压装置、信号反馈装置等系统组件的规格、型号，应符合国家现行有关产品标准和设计要求，外观应符合下列规定：

1 应无变形及其他机械性损伤；

2 外露非机械加工表面保护涂层应完好；

3 所有外露口均应设有保护堵盖，且密封应良好；

4 铭牌标记应清晰、牢固、方向正确。

检查数量：全数检查。

检查方法：直观检查，并检查产品出厂合格证和市场准入制度要求的有效证明文件。

4.2.8 储气瓶组进场时，驱动装置应按产品使用说明规定的方法进行动作检查，动作应灵活无卡阻现象。

检查数量：全数检查。

检查方法：直观检查。

摘录二：

4.3.3 储水瓶组、储气瓶组的安装应符合下列规定：

1 应按设计要求确定瓶组的安装位置；

2 瓶组的安装、固定和支撑应稳固，且固定支框架应进行防腐处理；

3 瓶组容器上的压力表应朝向操作面，安装高度和方向应一致。

检查数量：全数检查。

检查方法：尺量和直观检查。

摘录三：

5.0.5 储气瓶组和储水瓶组的验收应符合下列规定：

1 瓶组的数量、型号、规格、安装位置、固定方式和标志，应符合设计要求和本规范第4.3.3条的规定。

检查数量：全数检查。

检查方法：观察和测量检查。

2 储水容器内水的充装量和储气容器内氮气或压缩空气的储存压力应符合设计要求。

检查数量：称重检查按储水容器全数（不足5个按5个计）的20％检查；储存压力检查按储气容器全数检查。

检查方法：称重、用液位计或压力计测量。

3 瓶组的机械应急操作处的标志应符合设计要求。应急操作装置应有铅封的安全销或保护罩。

检查数量：全数检查。

检查方法：直观检查、测量检查。

七、细水雾灭火系统喷头安装检验批质量验收记录

1. 细水雾灭火系统喷头安装检验批质量验收记录采用《建筑工程资料管理规程》（DB11/T 695）表C7-4编制。

2. 细水雾灭火系统喷头安装检验批质量验收记录示例详见表8-58。

表8-58 细水雾灭火系统喷头安装检验批质量验收记录示例

XF040507 001

单位（子单位）工程名称	北京××大厦	分部（子分部）工程名称	消防工程分部——消防给水及灭火系统子分部	分项工程名称	水喷雾、细水雾灭火系统分项
施工单位	北京××集团	项目负责人	吴工	检验批容量	25个
分包单位	北京××消防工程公司	分包单位项目负责人	肖工	检验批部位	1号楼细水雾系统
施工依据	消防工程图纸、变更洽商（如有）、施工方案、《细水雾灭火系统技术规范》（GB 50898—2013）		验收依据	《细水雾灭火系统技术规范》（GB 50898—2013）	

续表

验收项目		设计要求及规范规定	最小/实际抽样数量	检查记录	检查结果
主控项目	1 细水雾喷头进场检验	第4.2.6条	/	进场检验合格，质量证明文件齐全	√
	2 管道试压、吹扫合格	第4.3.11条	/	试验合格，资料齐全	√
	3 标志、型号、规格和喷孔方向	第4.3.11-1条	全/25	共25处，全数检查，合格25处	√
	4 专用扳手	第4.3.11-2条	全/25	共25处，全数检查，合格25处	√
	5 安装高度、间距	第4.3.11-3条	全/25	共25处，全数检查，合格25处	√
	6 连接管、装饰罩、外置式过滤网	第4.3.11-4条	全/25	共25处，全数检查，合格25处	√
	7 喷头与管道的连接	第4.3.11-5条	全/25	共25处，全数检查，合格25处	√
	8 喷头安装	第5.0.8条	全/25	共25处，全数检查，合格25处	√
施工单位检查结果				所查项目全部合格 专业工长：签名 项目专业质量检查员：签名 2023年××月××日	
监理单位验收结论				验收合格 专业监理工程师：签名 2023年××月××日	

本表由施工单位填写。

3. 验收依据

【规范名称及编号】《细水雾灭火系统技术规范》（GB 50898—2013）

【条文摘录】

摘录一：

4.2.6　细水雾喷头的进场检验应符合下列要求：

1　喷头的商标、型号、制造厂及生产时间等标志应齐全、清晰；

2　喷头的数量等应满足设计要求；

3　喷头外观应无加工缺陷和机械损伤；

4　喷头螺纹密封面应无伤痕、毛刺、缺丝或断丝现象。

检查数量：分别按不同型号规格抽查1%，且不得少于5只；少于5只时，全数检查。

检查方法：直观检查，并检查喷头出厂合格证和市场准入制度要求的有效证明文件。

摘录二：

4.3.11　喷头的安装应在管道试压、吹扫合格后进行，并应符合下列规定：

1　应根据设计文件逐个核对其生产厂标志、型号、规格和喷孔方向，不得对喷头进行拆装、改动；

2　应采用专用扳手安装；

3　喷头安装高度、间距，与吊顶、门、窗、洞口、墙或障碍物的距离应符合设计要求；

4　不带装饰罩的喷头，其连接管管端螺纹不应露出吊顶；带装饰罩的喷头应紧贴吊顶；带有外置式过滤网的喷头，其过滤网不应伸入支干管内；

5　喷头与管道的连接宜采用端面密封或O型圈密封，不应采用聚四氟乙烯、麻丝、黏结剂等作密封材料。

检查数量：全数检查。

检查方法：直观检查。

摘录三：

5.0.8 喷头验收应符合下列规定：

1 喷头的数量、规格、型号以及闭式喷头的公称动作温度等，应符合设计要求。

检查数量：全数核查。

检查方法：直观检查。

2 喷头的安装位置、安装高度、间距及与墙体、梁等障碍物的距离，均应符合设计要求和本规范第4.3.11条的有关规定，距离偏差不应大于±15mm。

检查数量：全数核查。

检查方法：对照图纸尺量检查。

3 不同型号规格喷头的备用量不应小于其实际安装总数的1%，且每种备用喷头数不应少于5只。

检查数量：全数检查。

检查方法：计数检查。

八、细水雾灭火系统阀组安装检验批质量验收记录

1. 细水雾灭火系统阀组安装检验批质量验收记录采用《建筑工程资料管理规程》（DB11/T 695）表C7-4编制。

2. 细水雾灭火系统阀组安装检验批质量验收记录示例详见表8-59。

表8-59 细水雾灭火系统阀组安装检验批质量验收记录示例

XF040508 001

单位（子单位）工程名称		北京××大厦	分部（子分部）工程名称	消防工程分部——消防给水及灭火系统子分部	分项工程名称	水喷雾、细水雾灭火系统分项
施工单位		北京××集团	项目负责人	吴工	检验批容量	2组
分包单位		北京××消防工程公司	分包单位项目负责人	肖工	检验批部位	1号楼细水雾系统
施工依据		消防工程图纸、变更洽商（如有）、施工方案、《细水雾灭火系统技术规范》（GB 50898—2013）		验收依据	《细水雾灭火系统技术规范》（GB 50898—2013）	
验收项目			设计要求及规范规定	最小/实际抽样数量	检查记录	检查结果
主控项目	1	阀组进场检验	第4.2.7条	/	进场检验合格，质量证明文件齐全	√
	2	阀组安装	第4.3.6条	全/2	共2处，全数检查，合格2处	√
	3	观测仪表和操作阀门的安装位置、启闭标志、	第4.3.6-1条	全/2	共2处，全数检查，合格2处	√
	4	分区控制阀的安装高度	第4.3.6-2条	全/2	共2处，全数检查，合格2处	√
	5	分区控制阀	第4.3.6-3条	全/2	共2处，全数检查，合格2处	√
	6	闭式系统试水阀的安装	第4.3.6-4条	全/2	共2处，全数检查，合格2处	√
	7	开式系统分区控制阀组应能采用手动和自动方式可靠动作	第5.0.6条第2款	全/2	共2处，全数检查，合格2处	√
	8	闭式系统分区控制阀组应能采用手动方式可靠动作	第5.0.6条第3款	/	/	
	9	分区控制阀前后的阀门均应处于常开位置	第5.0.6条第4款	全/2	共2处，全数检查，合格2处	√

施工单位 检查结果	所查项目全部合格	专业工长：签名 项目专业质量检查员：签名 2023 年××月××日
监理单位 验收结论	验收合格	专业监理工程师：签名 2023 年××月××日

本表由施工单位填写。

3. 验收依据

【规范名称及编号】《细水雾灭火系统技术规范》（GB 50898—2013）

【条文摘录】

摘录一：

4.2.7　阀组的进场检验应符合下列要求：

1　各阀门的商标、型号、规格等标志应齐全；

2　各阀门及其附件应配备齐全，不得有加工缺陷和机械损伤；

3　控制阀的明显部位应有标明水流方向的永久性标志；

4　控制阀的阀瓣及操作机构应动作灵活、无卡涩现象，阀体内应清洁、无异物堵塞，阀组进出口应密封完好。

检查数量：全数检查。

检查方法：直观检查及在专用试验装置上测试，主要测试设备有试压泵、压力表。

摘录二：

4.3.6　阀组的安装除应符合现行国家标准《工业金属管道工程施工规范》（GB 50235）的有关规定外，尚应符合下列规定：

1　应按设计要求确定阀组的观测仪表和操作阀门的安装位置，并应便于观测和操作。阀组上的启闭标志应便于识别，控制阀上应设置标明所控制防护区的永久性标志牌。

检查数量：全数检查。

检查方法：直观检查和尺量检查。

2　分区控制阀的安装高度宜为 1.2～1.6m，操作面与墙或其他设备的距离不应小于 0.8m，并应满足安全操作要求。

检查数量：全数检查。

检查方法：对照图纸尺量检查和操作阀门检查。

3　分区控制阀应有明显启闭标志和可靠的锁定设施，并应具有启闭状态的信号反馈功能。

检查数量：全数检查。

检查方法：直观检查。

4　闭式系统试水阀的安装位置应便于安全的检查、试验。

检查数量：全数检查。

检查方法：尺量和直观检查，必要时可操作试水阀检查。

摘录三：

5.0.6　控制阀的验收应符合下列规定：

1　控制阀的型号、规格、安装位置、固定方式和启闭标识等，应符合设计要求和本规范第 4.3.6 条的规定。

检查数量：全数检查。

检查方法：直观检查。

2 开式系统分区控制阀组应能采用手动和自动方式可靠动作。

检查数量：全数检查。

检查方法：手动和电动启动分区控制阀，直观检查阀门启闭反馈情况。

3 闭式系统分区控制阀组应能采用手动方式可靠动作。

检查数量：全数检查。

检查方法：将处于常开位置的分区控制阀手动关闭，直观检查。

4 分区控制阀前后的阀门均应处于常开位置。

检查数量：全数检查。

检查方法：直观检查。

九、细水雾灭火管道及配件安装、试压、冲洗检验批质量验收记录

1. 细水雾灭火管道及配件安装、试压、冲洗检验批质量验收记录采用《建筑工程资料管理规程》（DB11/T 695）表 C7-4 编制。

2. 细水雾灭火管道及配件安装、试压、冲洗检验批质量验收记录示例详见表 8-60。

表 8-60 细水雾灭火系统管道及配件安装、试压、冲洗检验批质量验收记录示例

XF040509 001

单位（子单位）工程名称		北京××大厦		分部（子分部）工程名称	消防工程分部——消防给水及灭火系统子分部	分项工程名称	水喷雾、细水雾灭火系统分项
施工单位		北京××集团		项目负责人	吴工	检验批容量	2组
分包单位		北京××消防工程公司		分包单位项目负责人	肖工	检验批部位	1号楼细水雾系统
施工依据		消防工程图纸、变更洽商（如有）、施工方案、《细水雾灭火系统技术规范》（GB 50898—2013）			验收依据	《细水雾灭火系统技术规范》（GB 50898—2013）	
验收项目			设计要求及规范规定	最小/实际抽样数量	检查记录		检查结果
主控项目	1	管材及管件的材质、规格、型号、质量	第4.2.2条	/	进场检验合格，质量证明文件齐全		√
	2	管材及管件的外观	第4.2.3条	/	进场检验合格，资料齐全		√
	3	管材及管件的规格、尺寸和壁厚及允许偏差	第4.2.4条	/	进场检验合格，资料齐全		√
	4	管道和管件的安装	第4.3.7条	全/2	共2处，全数检查，合格2处		√
	5	管道冲洗	第4.3.8条	/	试验合格，资料齐全		√
	6	压力试验	第4.3.9条	/	试验合格，资料齐全		√
	7	压缩空气或氮气进行吹扫	第4.3.10条	/	试验合格，资料齐全		√
	8	阀门和动作信号反馈装置规格和安装位置	第5.0.7条第2款	全/2	共2处，全数检查，合格2处		√
	9	管道固定支、吊架	第5.0.7条第3款	全/2	共2处，全数检查，合格2处		√

施工单位 检查结果	所查项目全部合格	专业工长：签名 项目专业质量检查员：签名 2023 年××月××日
监理单位 验收结论	验收合格	专业监理工程师：签名 2023 年××月××日

本表由施工单位填写。

3. 验收依据

【规范名称及编号】《细水雾灭火系统技术规范》（GB 50898—2013）

【条文摘录】

摘录一：

4.2.2　管材及管件的材质、规格、型号、质量等应符合设计要求和现行国家标准《流体输送用不锈钢无缝钢管》（GB/T 14976）、《流体输送用不锈钢焊接钢管》（GB/T 12771）和《工业金属管道工程施工规范》（GB 50235）等的有关规定。

检查数量：全数检查。

检查方法：检查出厂合格证或质量认证书。

4.2.3　管材及管件的外观应符合下列规定：

1　表面应无明显的裂纹、缩孔、夹渣、折叠、重皮等缺陷；

2　法兰密封面应平整光洁，不应有毛刺及径向沟槽；螺纹法兰的螺纹表面应完整无损伤；

3　密封垫片表面应无明显折损、皱纹、划痕等缺陷。

检查数量：全数检查。

检查方法：直观检查。

4.2.4　管材及管件的规格、尺寸和壁厚及允许偏差，应符合国家现行有关产品标准和设计要求。

检查数量：每一规格、型号产品按件数抽查 20%，且不得少于 1 件。

检查方法：用钢尺和游标卡尺测量。

摘录二：

4.3.7　管道和管件的安装除应符合现行国家标准《工业金属管道工程施工规范》（GB 50235）和《现场设备、工业管道焊接工程施工规范》（GB 50236）的有关规定外，尚应符合下列规定：

1　管道安装前应分段进行清洗。施工过程中，应保证管道内部清洁，不得留有焊渣、焊瘤、氧化皮、杂质或其他异物，施工过程中的开口应及时封闭；

2　并排管道法兰应方便拆装，间距不宜小于 100mm；

3　管道之间或管道与管接头之间的焊接应采用对口焊接、系统管道焊接时，应使用氩弧焊工艺，并应使用性能相容的焊条；

管道焊接的坡口形式、加工方法和尺寸等，均应符合现行国家标准《气焊、焊条电弧焊、气体保护焊和高能束焊的推荐坡口》（GB/T 985.1）的有关规定；

4　管道穿越墙体、楼板处应使用套管；穿过墙体的套管长度不应小于该墙体的厚度，穿过楼板的套管长度应高出楼地面 50mm。管道与套管间的空隙应采用防火封堵材料填塞密实。设置在行爆炸危险场所的管道应采取导除静电的措施；

5　管道的固定应符合本规范第 3.3.9 条的规定。

检查数量：全数检查。

检查方法：尺量和直观检查。

4.3.8 管道安装固定后，应进行冲洗，并应符合下列规定：

1 冲洗前，应对系统的仪表采取保护措施，并应对管道支、吊架进行检查，必要时应采取加固措施；

2 冲洗用水的水质宜满足系统的要求；

3 冲洗流速不应低于设计流速；

4 冲洗合格后，应按本规范表D.0.3填写管道冲洗记录。

检查数量：全数检查。

检查方法：宜采用最大设计流量，沿灭火时管网内的水流方向分区、分段进行，用白布检查无杂质为合格。

4.3.9 管道冲洗合格后，管道应进行压力试验，并应符合下列规定：

1 试验用水的水质应与管道的冲洗水一致；

2 试验压力应为系统工作压力的1.5倍；

3 试验的测试点宜设在系统管网的最低点，对不能参与试压的设备、仪表、阀门及附件应加以隔离或在试验后安装；

4 试验合格后，应按本规范表0.0.4填写试验记录。

检查数量：全数检查。

检查方法：管道充满水、排净空气，用试压装置缓慢升压，当压力升至试验压力后，稳压5min，管道无损坏、变形，再将试验压力降至设计压力，稳压120min，以压力不降、无渗漏、目测管道无变形为合格。

4.3.10 压力试验合格后，系统管道宜采用压缩空气或氮气进行吹扫，吹扫压力不应大于管道的设计压力，流速不宜小于20m/s。

检查数量：全数检查。

检查方法：在管道末端设置贴有白布或涂白漆的靶板，以5min内靶板上无锈渣、灰尘、水渍及其他杂物为合格。

摘录三：

5.0.7 管网验收应符合下列规定：

1 管道的材质与规格、管径、连接方式、安装位置及采取的防冻措施，应符合设计要求和本规范第4.3.7条的有关规定。

检查数量：全数检查。

检查方法：直观检查和核查相关证明材料。

2 管网上的控制阀、动作信号反馈装置、止回阀、试水阀、安全阀、排气阀等，其规格和安装位置均应符合设计要求。

检查数量：全数检查。

检查方法：直观检查。

3 管道固定支、吊架的固定方式、间距及其与管道间的防电化学腐蚀措施，应符合设计要求。

检查数量：按总数抽查20%，且不得少于5处。

检查方法：尺量和直观检查。

十、细水雾灭火系统管道及配件防腐、绝热检验批质量验收记录

1. 细水雾灭火系统管道及配件防腐、绝热检验批质量验收记录

细水雾灭火系统管道及配件防腐、绝热检验批质量验收记录采用北京市现行标准《建筑工程资料管理规程》（DB11/T 695）表C7-4编制。

2. 细水雾灭火系统管道及配件防腐、绝热检验批质量验收记录示例详见表8-61。

表 8-61　细水雾灭火系统管道及配件防腐、绝热检验批质量验收记录示例

XF040510 001

单位（子单位）工程名称	北京××大厦	分部（子分部）工程名称	消防工程分部——消防给水及灭火系统子分部	分项工程名称	水喷雾、细水雾灭火系统分项
施工单位	北京××集团	项目负责人	吴工	检验批容量	2 组
分包单位	北京××消防工程公司	分包单位项目负责人	肖工	检验批部位	1 号楼细水雾系统
施工依据	消防工程图纸、变更洽商（如有）、施工方案、《细水雾灭火系统技术规范》（GB 50898—2013）		验收依据	《细水雾灭火系统技术规范》（GB 50898—2013）	

		验收项目		设计要求及规范规定	最小/实际抽样数量	检查记录	检查结果
主控项目	1	室内直埋金属给水管道防腐		第 4.2.4 条	/	/	/
	2	室外给水，镀锌钢管、钢管埋地管道防腐		第 9.2.6 条	/	/	/
一般项目	1	保温层允许偏差	厚度 δ	+0.1δ −0.05δ	全/2	共 2 处，全数检查，合格 2 处	100%
		表面平整度	卷材	5mm	全/2	共 2 处，全数检查，合格 2 处	100%
			涂料	10mm	/	/	/

施工单位检查结果	所查项目全部合格　专业工长：签名　项目专业质量检查员：签名　2023 年××月××日
监理单位验收结论	验收合格　专业监理工程师：签名　2023 年××月××日

注：本表由施工单位填写。

3. 验收依据

【规范名称及编号】《建筑给水排水及采暖工程施工质量验收规范》（GB 50242—2002）

【条文摘录】

第 4.2.4、4.4.8、9.2.6 条（见第 8.4.1 条第八款《管道及配件防腐、绝热检验批质量验收记录》的验收依据，本书第 277 页）。

十一、细水雾灭火系统试验与调试检验批质量验收记录

1. 细水雾灭火系统试验与调试检验批质量验收记录采用《建筑工程资料管理规程》（DB11/T 695）表 C7-4 编制。

2. 细水雾灭火系统试验与调试检验批质量验收记录示例详见表 8-62。

表 8-62　细水雾灭火系统试验与调试检验批质量验收记录示例

XF040511 001

单位（子单位）工程名称	北京××大厦	分部（子分部）工程名称	消防工程分部——消防给水及灭火系统子分部	分项工程名称	水喷雾、细水雾灭火系统分项
施工单位	北京××集团	项目负责人	吴工	检验批容量	2 组

分包单位	北京××消防工程公司	分包单位项目负责人		肖工	检验批部位	1号楼细水雾系统
施工依据	消防工程图纸、变更洽商（如有）、施工方案、《细水雾灭火系统技术规范》（GB 50898—2013）		验收依据		《细水雾灭火系统技术规范》（GB 50898—2013）	

验收项目		设计要求及规范规定	最小/实际抽样数量	检查记录	检查结果
主控项目	1 分区控制阀调试	第4.4.5条	/	调试合格，资料齐全	√
	2 联动试验	第4.4.6条	/	试验合格，资料齐全	√
	3 开式系统的联动试验	第4.4.7条	/	试验合格，资料齐全	√
	4 闭式系统的联动试验	第4.4.8条	/	试验合格，资料齐全	√
	5 与火灾自动报警系统联动	第4.4.9条	/	试验合格，资料齐全	√
	6 模拟联动功能试验	第5.0.9条	/	试验合格，资料齐全	√
	7 开式系统冷喷试验	第5.0.10条	/	试验合格，资料齐全	√
施工单位检查结果			所查项目全部合格 专业工长：签名 项目专业质量检查员：签名 2023年××月××日		
监理单位验收结论			验收合格 专业监理工程师：签名 2023年××月××日		

注：本表由施工单位填写。

3. 验收依据

【规范名称及编号】《细水雾灭火系统技术规范》（GB 50898—2013）

【条文摘录】

摘录一：

4.4.5 分区控制阀调试应符合下列规定：

1 对于开式系统，分区控制阀应能在接到动作指令后立即启动，并应发出相应的阀门动作信号。

检查数量：全数检查。

检查方法：采用自动和手动方式选动分区控制阀，水通过泄放试验阀排出，直观检查。

2 对于闭式系统，当分区控制阀采用信号阀时，应能反馈阀门的启闭状态和故障信号。

检查数量：全数检查。

检查方法：在试水阀处放水或手动关闭分区控制阀，直观检查。

4.4.6 系统应进行联动试验，对于允许喷雾的防护区或保护对象，应至少在1个区进行实际细水雾喷放试验；对于不允许喷雾的防护区或保护对象，应进行模拟细水雾喷放试验。

4.4.7 开式系统的联动试验应符合下列规定：

1 进行实际细水雾喷放试验时，可采用模拟火灾信号启动系统，分区控制阀、泵组或瓶组应能及时动作并发出相应的动作信号，系统的动作信号反馈装置应能及时发出系统启动的反馈信号，相应防护区或保护对象保护面积内的喷头应喷出细水雾。

检查数量：全数检查。

检查方法：直观检查。

2　进行模拟细水雾喷放试验时，应手动开启泄放试验阀，采用模拟火灾信号启动系统时，泵组或瓶组应能及时动作并发出相应的动作信号，系统的动作信号反馈装置应能及时发出系统启动的反馈信号。

检查数量：全数检查。

检查方法：直观检查。

3　相应场所入口处的警示灯应动作。

检查数量：全数检查。

检查方法：直观检查。

4.4.8　闭式系统的联动试验可利用试水阀放水进行模拟。打开试水阀后，泵组应能及时启动并发出相应的动作信号；系统的动作信号反馈装置应能及时发出系统启动的反馈信号。

检查数量：全数检查。

检查方法：打开试水阀放水，直观检查。

4.4.9　当系统需与火灾自动报警系统联动时，可利用模拟火灾信号进行试验。在模拟火灾信号下，火灾报警装置应能自动发出报警信号，系统应动作，相关联动控制装置应能发出自动关断指令，火灾时需要关闭的相关可燃气体或液体供给源关闭等设施应能联动关断。

检查数量：全数检查。

检查方法：模拟火灾信号，直观检查。

摘录二：

5.0.9　每个系统应进行模拟联动功能试验，并应符合下列规定：

1　动作信号反馈装置应能正常动作，并应能在动作后启动泵组或开启瓶组及与其联动的相关设备，可正确发出反馈信号。

检查数量：全数检查。

检查方法：利用模拟信号试验，直观检查。

2　开式系统的分区控制阀应能正常开启，并可正确发出反馈信号。

检查数量：全数检查。

检查方法：利用模拟信号试验，直观检查。

3　系统的流量、压力均应符合设计要求。

检查数量：全数检查。

检查方法：利用系统流量压力检测装置通过泄放试验，直观检查。

4　泵组或瓶组及其他消防联动控制设备应能正常启动，并应有反馈信号显示。

检查数量：全数检查。

检查方法：直观检查。

5　主、备电源应能在规定时间内正常切换。

检查数量：全数检查。

检查方法：模拟主备电切换，采用秒表计时检查。

5.0.10　开式系统应进行冷喷试验，除应符合本规范第5.0.9条的规定外，其响应时间应符合设计要求。

检查数量：至少一个系统、一个防护区或一个保护对象。

检查方法：自动启动系统，采用秒表等直观检查。

8.4.6　气体灭火系统分项

一、灭火剂储存装置安装检验批质量验收记录

1. 灭火剂储存装置安装检验批质量验收记录采用《建筑工程资料管理规程》（DB11/T 695）表C7-4编制。

2. 灭火剂储存装置安装检验批质量验收记录示例详见表 8-63。

表 8-63 灭火剂储存装置安装检验批质量验收记录示例

XF040601 001

单位（子单位）工程名称		北京××大厦	分部（子分部）工程名称	消防工程分部——消防给水及灭火系统子分部	分项工程名称	气体灭火系统分项
施工单位		北京××集团	项目负责人	吴工	检验批容量	2组
分包单位		北京××消防工程公司	分包单位项目负责人	肖工	检验批部位	1号楼气体灭火系统
施工依据		消防工程图纸、变更洽商（如有）、施工方案、《气体灭火系统施工及验收规范》（GB 50263—2007）		验收依据	《气体灭火系统施工及验收规范》（GB 50263—2007）	

		验收项目	设计要求及规范规定	最小/实际抽样数量	检查记录	检查结果
主控项目	1	灭火剂复试	第4.2.4条	/	试验合格，资料齐全	√
	2	灭火剂储存容器外观质量	第4.3.1条	/	进场检验合格，质量证明文件齐全	√
主控项目	3	品种、规格、性能	第4.3.2条	/	进场检验合格，质量证明文件齐全	√
	4	灭火剂储存容器内的充装量、充装压力及充装系数、装量系数	第4.3.3条	/	进场检验合格，质量证明文件齐全	√
	5	低压二氧化碳灭火系统储存装置	第4.3.5条	/	进场检验合格，质量证明文件齐全	√
	6	安装位置	第5.2.1条	全/2	共2处，全数检查，合格2处	√
	7	泄压装置	第5.2.2条	全/2	共2处，全数检查，合格2处	√
	8	压力计、液位计、称重显示装置	第5.2.3条	全/2	共2处，全数检查，合格2处	√
	9	支、框架	第5.2.4条	全/2	共2处，全数检查，合格2处	√
	10	灭火剂名称和储存容器的编号	第5.2.5条	全/2	共2处，全数检查，合格2处	√
	11	安装集流管前应检查内腔	第5.2.6条	全/2	共2处，全数检查，合格2处	√
	12	集流管上的泄压装置	第5.2.7条	全/2	共2处，全数检查，合格2处	√
	13	单向阀的流向指示箭头	第5.2.8条	全/2	共2处，全数检查，合格2处	√
	14	集流管	第5.2.9条	全/2	共2处，全数检查，合格2处	√
	15	集流管外表面宜涂红色油漆	第5.2.10条	全/2	共2处，全数检查，合格2处	√
施工单位检查结果				所查项目全部合格 专业工长：签名 项目专业质量检查员：签名 2023年××月××日		
监理单位验收结论				验收合格 专业监理工程师：签名 2023年××月××日		

注：本表由施工单位填写。

3. 验收依据

【规范名称及编号】《气体灭火系统施工及验收规范》（GB 50263—2007）

【条文摘录】

摘录一：

4.2.4 对属于下列情况之一的灭火剂、管材及管道连接件，应抽样复验，其复验结果应符合国家现行产品标准和设计要求。

1 设计有复验要求的；

2 对质量有疑义的。

检查数量：按送检需要量。

检查方法：核查复验报告。

摘录二：

4.3.1 灭火剂储存容器及容器阀、单向阀、连接管、集流管、安全泄放装置、选择阀、阀驱动装置、喷嘴、信号反馈装置、检漏装置、减压装置等系统组件的外观质量应符合下列规定：

1 系统组件无碰撞变形及其他机械性损伤；

2 组件外露非机械加工表面保护涂层完好；

3 组件所有外露接口均设有防护堵、盖，且封闭良好，接口螺纹和法兰密封面无损伤；

4 铭牌清晰、牢固、方向正确；

5 同一规格的灭火剂储存容器，其高度差不宜超过20mm；

6 同一规格的驱动气体储存容器，其高度差不宜超过10mm。

检查数量：全数检查。

检查方法：观察检查或用尺测量。

4.3.2 灭火剂储存容器及容器阀、单向阀、连接管、集流管、安全泄放装置、选择阀、阀驱动装置、喷嘴、信号反馈装置、检漏装置、减压装置等系统组件应符合下列规定：

1 品种、规格、性能等应符合国家现行产品标准和设计要求。

检查数量：全数检查。

检查方法：核查产品出厂合格证和市场准入制度要求的法定机构出具的有效证明文件。

2 设计有复验要求或对质量有疑义时，应抽样复验，复验结果应符合国家现行产品标准和设计要求。

检查数量：按送检需要量。

检查方法：核查复验报告。

4.3.3 灭火剂储存容器内的充装量、充装压力及充装系数、装量系数，应符合下列规定：

1 灭火剂储存容器内的充装量、充装压力应符合设计要求，充装系数或装量系数应符合设计规范规定；

2 不同温度下灭火剂的储存压力应按相应标准确定。

检查数量：全数检查。

检查方法：称重、液位计或压力计测量。

4.3.4 阀驱动装置应符合下列规定：

1 电磁驱动器的电源电压应符合系统设计要求。通电检查电磁铁芯，其行程应能满足系统启动要求，且动作灵活，无卡阻现象；

2 气动驱动装置储存容器内气体压力不应低于设计压力，且不得超过设计压力的5%。气体驱动管道上的单向阀应启闭灵活，无卡阻现象；

3 机械驱动装置应传动灵活，无卡阻现象。

检查数量：全数检查。

检查方法：观察检查和用压力计测量。

4.3.5 低压二氧化碳灭火系统储存装置、柜式气体灭火装置、热气溶胶灭火装置等预制灭火系统产品应进行检查。

检查数量：全数检查。

检查方法：观察外观、核查出厂合格证。

摘录三：

5 灭火剂储存装置的安装

5.2.1 储存装置的安装位置应符合设计文件的要求。

检查数量：全数检查。

检查方法：观察检查、用尺测量。

5.2.2 灭火剂储存装置安装后，泄压装置的泄压方向不应朝向操作面。低压二氧化碳灭火系统的安全阀应通过专用的泄压管接到室外。

检查数量：全数检查。

检查方法：观察检查。

5.2.3 储存装置上压力计、液位计、称重显示装置的安装位置应便于人员观察和操作。

检查数量：全数检查。

检查方法：观察检查。

5.2.4 储存容器的支架、框架应固定牢靠，并应做防腐处理。

检查数量：全数检查。

检查方法：观察检查。

5.2.5 储存容器宜涂红色油漆，正面应标明设计规定的灭火剂名称和储存容器的编号。

检查数量：全数检查。

检查方法：观察检查。

5.2.6 安装集流管前应检查内腔，确保清洁。

检查数量：全数检查。

检查方法：观察检查。

5.2.7 集流管上的泄压装置的泄压方向不应朝向操作面。

检查数量：全数检查。

检查方法：观察检查。

5.2.8 连接储存容器与集流管间的单向阀的流向指示箭头应指向介质流动方向。

检查数量：全数检查。

检查方法：观察检查。

5.2.9 集流管应固定在支架、框架上。支架、框架应固定牢靠，并做防腐处理。

检查数量：全数检查。

检查方法：观察检查。

5.2.10 集流管外表面宜涂红色油漆。

检查数量：全数检查。

检查方法：观察检查。

二、选择阀及信号反馈装置安装检验批质量验收记录

1. 选择阀及信号反馈装置安装检验批质量验收记录采用《建筑工程资料管理规程》（DB11/T 695）表 C7-4 编制。

2. 选择阀及信号反馈装置安装检验批质量验收记录示例详见表 8-64。

表 8-64 选择阀及信号反馈装置安装检验批质量验收记录示例

XF040602 001

单位（子单位）工程名称	北京××大厦	分部（子分部）工程名称	消防工程分部——消防给水及灭火系统子分部	分项工程名称	气体灭火系统分项
施工单位	北京××集团	项目负责人	吴工	检验批容量	2组
分包单位	北京××消防工程公司	分包单位项目负责人	肖工	检验批部位	1号楼气体灭火系统
施工依据	消防工程图纸、变更洽商（如有）、施工方案、《气体灭火系统施工及验收规范》（GB 50263—2007）			验收依据	《气体灭火系统施工及验收规范》（GB 50263—2007）

	验收项目	设计要求及规范规定	最小/实际抽样数量	检查记录	检查结果
主控项目	1 灭火剂储存容器外观质量	第4.3.1条	/	进场检验合格，质量证明文件齐全	√
	2 品种、规格、性能	第4.3.2条	/	进场检验合格，质量证明文件齐全	√
	3 选择阀操作手柄	第5.3.1条	全/2	共2处，全数检查，合格2处	√
	4 螺纹连接的选择阀	第5.3.2条	全/2	共2处，全数检查，合格2处	√
	5 选择阀流向指示箭头	第5.3.3条	全/2	共2处，全数检查，合格2处	√
	6 永久性标志牌	第5.3.4条	全/2	共2处，全数检查，合格2处	√
	7 信号反馈装置的安装	第5.3.5条	全/2	共2处，全数检查，合格2处	√
施工单位检查结果			所查项目全部合格	专业工长：签名 项目专业质量检查员：签名 2023年××月××日	
监理单位验收结论			验收合格	专业监理工程师：签名 2023年××月××日	

注：本表由施工单位填写。

3. 验收依据

【规范名称及编号】《气体灭火系统施工及验收规范》（GB 50263—2007）

【条文摘录】

摘录一：

4.3.1 灭火剂储存容器及容器阀、单向阀、连接管、集流管、安全泄放装置、选择阀、阀驱动装置、喷嘴、信号反馈装置、检漏装置、减压装置等系统组件的外观质量应符合下列规定：

1 系统组件无碰撞变形及其他机械性损伤；

2 组件外露非机械加工表面保护涂层完好；

3 组件所有外露接口均设有防护堵、盖，且封闭良好，接口螺纹和法兰密封面无损伤；

4 铭牌清晰、牢固、方向正确；

5 同一规格的灭火剂储存容器，其高度差不宜超过20mm；

6 同一规格的驱动气体储存容器，其高度差不宜超过10mm。

检查数量：全数检查。

检查方法：观察检查或用尺测量。

4.3.2　灭火剂储存容器及容器阀、单向阀、连接管、集流管、安全泄放装置、选择阀、阀驱动装置、喷嘴、信号反馈装置、检漏装置、减压装置等系统组件应符合下列规定：

1　品种、规格、性能等应符合国家现行产品标准和设计要求。

检查数量：全数检查。

检查方法：核查产品出厂合格证和市场准入制度要求的法定机构出具的有效证明文件。

2　设计有复验要求或对质量有疑义时，应抽样复验，复验结果应符合国家现行产品标准和设计要求。

检查数量：按送检需要量。

检查方法：核查复验报告。

摘录二：

5.3　选择阀及信号反馈装置的安装

5.3.1　选择阀操作手柄应安装在操作面一侧，当安装高度超过1.7m时应采取便于操作的措施。

检查数量：全数检查。

检查方法：观察检查。

5.3.2　采用螺纹连接的选择阀，其与管网连接处宜采用活接。

检查数量：全数检查。

检查方法：观察检查。

5.3.3　选择阀的流向指示箭头应指向介质流动方向。

检查数量：全数检查。

检查方法：观察检查。

5.3.4　选择阀上应设置标明防护区或保护对象名称或编号的永久性标志牌，并应便于观察。

检查数量：全数检查。

检查方法：观察检查。

5.3.5　信号反馈装置的安装应符合设计要求。

检查数量：全数检查。

检查方法：观察检查。

三、阀驱动装置安装检验批质量验收记录

1. 阀驱动装置安装检验批质量验收记录采用《建筑工程资料管理规程》（DB11/T 695）表 C7-4 编制。

2. 阀驱动装置安装检验批质量验收记录示例详见表 8-65。

表 8-65　阀驱动装置安装检验批质量验收记录示例

XF040603 001

单位（子单位）工程名称	北京××大厦	分部（子分部）工程名称	消防工程分部——消防给水及灭火系统子分部	分项工程名称	气体灭火系统分项
施工单位	北京××集团	项目负责人	吴工	检验批容量	2组
分包单位	北京××消防工程公司	分包单位项目负责人	肖工	检验批部位	1号楼气体灭火系统
施工依据	消防工程图纸、变更洽商（如有）、施工方案、《气体灭火系统施工及验收规范》（GB 50263—2007）		验收依据	《气体灭火系统施工及验收规范》（GB 50263—2007）	

	验收项目		设计要求及规范规定	最小/实际抽样数量	检查记录	检查结果
主控项目	1	阀驱动装置	第4.3.4条	/	进场检验合格，质量证明文件齐全	√
	2	拉索式机械驱动装置的安装	第5.4.1条	全/2	共2处，全数检查，合格2处	√
	3	重力式机械驱动装置的安装	第5.4.2条	全/2	共2处，全数检查，合格2处	√
	4	电磁驱动装置驱动器的电气连接线	第5.4.3条	全/2	共2处，全数检查，合格2处	√
	5	气动驱动装置的安装	第5.4.4条	全/2	共2处，全数检查，合格2处	√
主控项目	6	气动驱动装置的管道安装	第5.4.5条	全/2	共2处，全数检查，合格2处	√
	7	气动驱动装置的管道气压严密性试验	第5.4.6条	/	试验合格，资料齐全	√
施工单位检查结果				所查项目全部合格 专业工长：签名 项目专业质量检查员：签名 2023年××月××日		
监理单位验收结论				验收合格 专业监理工程师：签名 2023年××月××日		

注：本表由施工单位填写。

3. 验收依据

【规范名称及编号】《气体灭火系统施工及验收规范》（GB 50263—2007）

【条文摘录】

摘录一：

4.3.4 阀驱动装置应符合下列规定：

1 电磁驱动器的电源电压应符合系统设计要求。通电检查电磁铁芯，其行程应能满足系统启动要求，且动作灵活，无卡阻现象；

2 气动驱动装置储存容器内气体压力不应低于设计压力，且不得超过设计压力的5%。气体驱动管道上的单向阀应启闭灵活，无卡阻现象；

3 机械驱动装置应传动灵活，无卡阻现象。

检查数量：全数检查。

检查方法：观察检查和用压力计测量。

摘录二：

5.4 阀驱动装置的安装

5.4.1 拉索式机械驱动装置的安装应符合下列规定：

1 拉索除必要外露部分外，应采用经内外防腐处理的钢管防护；

2 拉索转弯处应采用专用导向滑轮；

3 拉索末端拉手应设在专用的保护盒内；

4 拉索套管和保护盒应固定牢靠。

检查数量：全数检查。

检查方法：观察检查。

5.4.2 安装以重力式机械驱动装置时，应保证重物在下落行程中无阻挡，其下落行程应保证驱动所需距离，且不得小于25mm。

检查数量：全数检查。

检查方法：观察检查和用尺测量。

5.4.3 电磁驱动装置驱动器的电气连接线应沿固定灭火剂储存容器的支架、框架或墙面固定。

检查数量：全数检查。

检查方法：观察检查。

5.4.4 气动驱动装置的安装应符合下列规定：

1 驱动气瓶的支架、框架或箱体应固定牢靠，并做防腐处理；

2 驱动气瓶上应有标明驱动介质名称、对应防护区或保护对象名称或编号的永久性标志，并应便于观察。

检查数量：全数检查。

检查方法：观察检查。

5.4.5 气动驱动装置的管道安装应符合下列规定：

1 管道布置应符合设计要求；

2 竖直管道应在其始端和终端设防晃支架或采用管卡固定；

3 水平管道应采用管卡固定。管卡的间距不宜大于0.6m。转弯处应增设1个管卡。

检查数量：全数检查。

检查方法：观察检查和用尺测量。

5.4.6 气动驱动装置的管道安装后应做气压严密性试验，并合格。

检查数量：全数检查。

检查方法：按本规范第E.1节的规定执行。

四、灭火剂输送管道安装检验批质量验收记录

1. 灭火剂输送管道安装检验批质量验收记录采用《建筑工程资料管理规程》（DB11/T 695）表C7-4编制。

2. 灭火剂输送管道安装检验批质量验收记录示例详见表8-66。

表8-66 灭火剂输送管道安装检验批质量验收记录示例

XF040604 001

单位（子单位）工程名称	北京××大厦		分部（子分部）工程名称	消防工程分部——消防给水及灭火系统子分部	分项工程名称	气体灭火系统分项
施工单位	北京××集团		项目负责人	吴工	检验批容量	2组
分包单位	北京××消防工程公司		分包单位项目负责人	肖工	检验批部位	1号楼气体灭火系统
施工依据	消防工程图纸、变更洽商（如有）、施工方案、《气体灭火系统施工及验收规范》（GB 50263—2007）			验收依据	《气体灭火系统施工及验收规范》（GB 50263—2007）	
验收项目			设计要求及规范规定	最小/实际抽样数量	检查记录	检查结果
主控项目	1	管材、管道连接件的品种、规格、性能	第4.2.1条	/	进场检验合格，质量证明文件齐全	√

验收项目			设计要求及规范规定	最小/实际抽样数量	检查记录	检查结果
主控项目	2	管材、管道连接件的外观质量	第4.2.2条	/	进场检验合格，质量证明文件齐全	√
	3	管材、管道连接件规格尺寸、厚度及允许偏差	第4.2.3条	/	进场检验合格，质量证明文件齐全	√
	4	灭火剂、管材及管道连接件抽样复验	第4.2.4条	/	试验合格，资料齐全	√
	5	灭火剂输送管道连接	第5.5.1条	全/2	共2处，全数检查，合格2处	√
	6	管道穿过墙壁、楼板处应安装套管	第5.5.2条	全/2	共2处，全数检查，合格2处	√
	7	管道支、吊架的安装	第5.5.3条	全/2	共2处，全数检查，合格2处	√
	8	强度试验和气压严密性试验	第5.5.4条	/	试验合格，资料齐全	√
	9	外表面涂饰和色环	第5.5.5条	全/2	共2处，全数检查，合格2处	√
施工单位检查结果				所查项目全部合格 专业工长：签名 项目专业质量检查员：签名 2023年××月××日		
监理单位验收结论				验收合格 专业监理工程师：签名 2023年××月××日		

注：本表由施工单位填写。

3. 验收依据

【规范名称及编号】《气体灭火系统施工及验收规范》（GB 50263—2007）

【条文摘录】

摘录一：

4.2 材料

4.2.1 管材、管道连接件的品种、规格、性能等应符合相应产品标准和设计要求。

检查数量：全数检查。

检查方法：核查出厂合格证与质量检验报告。

4.2.2 管材、管道连接件的外观质量除应符合设计规定外，尚应符合下列规定：

1 镀锌层不得有脱落、破损等缺陷；

2 螺纹连接管道连接件不得有缺纹、断纹等现象；

3 法兰盘密封面不得有缺损、裂痕；

4 密封垫片应完好无划痕。

检查数量：全数检查。

检查方法：观察检查。

4.2.3 管材、管道连接件的规格尺寸、厚度及允许偏差应符合其产品标准和设计要求。

检查数量：每一品种、规格产品按20%计算。

检查方法：用钢尺和游标卡尺测量。

4.2.4 对属于下列情况之一的灭火剂、管材及管道连接件，应抽样复验，其复验结果应符合国家现行产品标准和设计要求。

1　设计有复验要求的；

2　对质量有疑义的。

检查数量：按送检需要量。

检查方法：核查复验报告。

摘录二：

5.5　灭火剂输送管道的安装

5.5.1　灭火剂输送管道连接应符合下列规定：

1　采用螺纹连接时，管材宜采用机械切割；螺纹不得有缺纹、断纹等现象；螺纹连接的密封材料应均匀附着在管道的螺纹部分，拧紧螺纹时，不得将填料挤入管道内；安装后的螺纹根部应有2～3条外露螺纹；连接后，应将连接处外部清理干净并做防腐处理；

2　采用法兰连接时，衬垫不得凸入管内，其外边缘宜接近螺栓，不得放双垫或偏垫。连接法兰的螺栓，直径和长度应符合标准，拧紧后，凸出螺母的长度不应大于螺杆直径的1/2且保证有不少于2条外露螺纹；

3　已经防腐处理的无缝钢管不宜采用焊接连接，与选择阀等个别连接部位需采用法兰焊接连接时，应对被焊接损坏的防腐层进行二次防腐处理。

检查数量：外观全数检查，隐蔽处抽查。

检查方法：观察检查。

5.5.2　管道穿过墙壁、楼板处应安装套管。套管公称直径比管道公称直径至少应大2级，穿墙套管长度应与墙厚相等，穿楼板套管长度应高出地板50mm。管道与套管间的空隙应采用防火封堵材料填塞密实。当管道穿越建筑物的变形缝时，应设置柔性管段。

检查数量：全数检查。

检查方法：观察检查和用尺测量。

5.5.3　管道支、吊架的安装应符合下列规定：

1　管道应固定牢靠，管道支、吊架的最大间距应符合表5.5.3的规定；

2　管道末端应采用防晃支架固定，支架与末端喷嘴间的距离不应大于500mm；

表5.5.3　支架、吊架之间最大间距

DN (mm)	15	20	25	32	40	50	65	80	100	150
最大间距（m）	1.5	1.8	2.1	2.4	2.7	3.1	3.4	3.7	4.3	5.2

3　公称直径不小于50mm的主干管道，垂直方向和水平方向至少应各安装1个防晃支架，当穿过建筑物楼层时，每层应设1个防晃支架。当水平管道改变方向时，应增设防晃支架。

检查数量：全数检查。

检查方法：观察检查和用尺测量。

5.5.4　灭火剂输送管道安装完毕后，应进行强度试验和气压严密性试验，并合格。

检查数量：全数检查。

检查方法：按本规范第E.1节的规定执行。

5.5.5　灭火剂输送管道的外表面宜涂红色油漆。在吊顶内、活动地板下等隐蔽场所内的管道，可涂红色油漆色环，色环宽度不应小于50mm。每个防护区或保护对象的色环宽度应一致，间距应均匀。

检查数量：全数检查。

检查方法：观察检查。

五、喷嘴安装检验批质量验收记录

1. 喷嘴安装检验批质量验收记录采用《建筑工程资料管理规程》（DB11/T 695）表 C7-4 编制。

2. 喷嘴安装检验批质量验收记录示例详见表 8-67。

表 8-67　喷嘴安装检验批质量验收记录示例

XF040605 001

单位（子单位）工程名称		北京××大厦	分部（子分部）工程名称	消防工程分部——消防给水及灭火系统子分部		分项工程名称	气体灭火系统分项
施工单位		北京××集团	项目负责人	吴工		检验批容量	25 个
分包单位		北京××消防工程公司	分包单位项目负责人	肖工		检验批部位	1 号楼气体灭火系统
施工依据		消防工程图纸、变更洽商（如有）、施工方案、《气体灭火系统施工及验收规范》（GB 50263—2007）		验收依据		《气体灭火系统施工及验收规范》（GB 50263—2007）	
验收项目		验收项目	设计要求及规范规定	最小/实际抽样数量	检查记录		检查结果
主控项目	1	外观质量	第 4.3.1 条	/	进场检验合格，质量证明文件齐全		√
	2	品种、规格、性能	第 4.3.2 条	/	进场检验合格，质量证明文件齐全		√
	3	型号、规格及喷孔方向	第 5.6.1 条	全/25	共 25 处，全数检查，合格 25 处		√
	4	吊顶下安装	第 5.6.2 条	全/25	共 25 处，全数检查，合格 25 处		√
施工单位检查结果				所查项目全部合格　　　　　　　　　专业工长：签名　　　　　　　　项目专业质量检查员：签名　　　　　　　　2023 年××月××日			
监理单位验收结论				验收合格　　　　　　　　　专业监理工程师：签名　　　　　　　　2023 年××月××日			

注：本表由施工单位填写。

3. 验收依据

【规范名称及编号】《气体灭火系统施工及验收规范》（GB 50263—2007）

【条文摘录】

摘录一：

4.3.1　灭火剂储存容器及容器阀、单向阀、连接管、集流管、安全泄放装置、选择阀、阀驱动装置、喷嘴、信号反馈装置、检漏装置、减压装置等系统组件的外观质量应符合下列规定：

1　系统组件无碰撞变形及其他机械性损伤；

2　组件外露非机械加工表面保护涂层完好；

3　组件所有外露接口均设有防护堵、盖，且封闭良好，接口螺纹和法兰密封面无损伤；

4　铭牌清晰、牢固、方向正确；

5　同一规格的灭火剂储存容器，其高度差不宜超过 20mm；

6　同一规格的驱动气体储存容器，其高度差不宜超过 10mm。

检查数量：全数检查。

检查方法：观察检查或用尺测量。

4.3.2　灭火剂储存容器及容器阀、单向阀、连接管、集流管、安全泄放装置、选择阀、阀驱动装置、喷嘴、信号反馈装置、检漏装置、减压装置等系统组件应符合下列规定：

1 品种、规格、性能等应符合国家现行产品标准和设计要求。

检查数量：全数检查。

检查方法：核查产品出厂合格证和市场准入制度要求的法定机构出具的有效证明文件。

2 设计有复验要求或对质量有疑义时，应抽样复验，复验结果应符合国家现行产品标准和设计要求。

检查数量：按送检需要量。

检查方法：核查复验报告。

摘录二：

5.6 喷嘴的安装

5.6.1 安装喷嘴时，应按设计要求逐个核对其型号、规格及喷孔方向。

检查数量：全数检查。

检查方法：观察检查。

5.6.2 安装在吊顶下的不带装饰罩的喷嘴，其连接管管端螺纹不应露出吊顶；安装在吊顶下的带装饰罩的喷嘴，其装饰罩应紧贴吊顶。

检查数量：全数检查。

检查方法：观察检查。

六、预制灭火系统检验批质量验收记录

1. 预制灭火系统检验批质量验收记录采用《建筑工程资料管理规程》（DB11/T 695）表 C7-4 编制。

2. 预制灭火系统检验批质量验收记录示例详见表 8-68。

表 8-68 预制灭火系统检验批质量验收记录示例

XF040606 001

单位（子单位）工程名称	北京××大厦	分部（子分部）工程名称	消防工程分部——消防给水及灭火系统子分部	分项工程名称	气体灭火系统分项
施工单位	北京××集团	项目负责人	吴工	检验批容量	2组
分包单位	北京××消防工程公司	分包单位项目负责人	肖工	检验批部位	1号楼气体灭火系统
施工依据	消防工程图纸、变更洽商（如有）、施工方案、《气体灭火系统施工及验收规范》（GB 50263—2007）			验收依据	《气体灭火系统施工及验收规范》（GB 50263—2007）

		验收项目	设计要求及规范规定	最小/实际抽样数量	检查记录	检查结果
主控项目	1	低压二氧化碳灭火系统储存装置、柜式气体灭火装置、热气溶胶灭火装置等预制灭火系统产品	第4.3.5条	/	进场检验合格，质量证明文件齐全	√
	2	设备安装位置和固定	第5.7.1条	全/2	共2处，全数检查，合格2处	√
	3	装置周围空间环境	第5.7.2条	全/2	共2处，全数检查，合格2处	√
施工单位检查结果			所查项目全部合格			
			专业工长：签名 项目专业质量检查员：签名 2023年××月××日			

监理单位 验收结论	验收合格	专业监理工程师：签名 2023 年××月××日

注：本表由施工单位填写。

3. 验收依据

【规范名称及编号】《气体灭火系统施工及验收规范》（GB 50263—2007）

【条文摘录】

摘录一：

4.3.5　低压二氧化碳灭火系统储存装置、柜式气体灭火装置、热气溶胶灭火装置等预制灭火系统产品应进行检查。

检查数量：全数检查。

检查方法：观察外观、核查出厂合格证。

摘录二：

5.7　预制灭火系统的安装

5.7.1　柜式气体灭火装置、热气溶胶灭火装置等预制灭火系统及其控制器、声光报警器的安装位置应符合设计要求，并固定牢靠。

检查数量：全数检查。

检查方法：观察检查。

5.7.2　柜式气体灭火装置、热气溶胶灭火装置等预制灭火系统装置周围空间环境应符合设计要求。

检查数量：全数检查。

检查方法：观察检查。

七、控制组件安装检验批质量验收记录

1. 控制组件安装检验批质量验收记录采用《建筑工程资料管理规程》（DB11/T 695）表 C7-4 编制。

2. 控制组件安装检验批质量验收记录示例详见表 8-69。

表 8-69　控制组件安装检验批质量验收记录示例

XF040607 001

单位（子单位） 工程名称		北京××大厦	分部（子分部） 工程名称	消防工程分部——消防 给水及灭火系统子分部	分项工程 名称	气体灭火系统分项
施工单位		北京××集团	项目负责人	吴工	检验批容量	2 组
分包单位		北京××消防工程公司	分包单位 项目负责人	肖工	检验批部位	1 号楼气体灭火系统
施工依据		消防工程图纸、变更洽商（如有）、施工 方案、《气体灭火系统施工及验收规范》 （GB 50263—2007）		验收依据	《气体灭火系统施工及验收规范》 （GB 50263—2007）	
验收项目			设计要求及 规范规定	最小/实际 抽样数量	检查记录	检查结果
主控 项目	1	外观质量	第 4.3.1 条	/	进场检验合格，质量证明文件齐全	√
	2	品种、规格、性能	第 4.3.2 条	/	进场检验合格，质量证明文件齐全	√
	3	灭火控制装置的安装	第 5.8.1 条	全/2	共 2 处，全数检查，合格 2 处	√
	4	设置在防护区处的手动、 自动转换开关安装	第 5.8.2 条	全/2	共 2 处，全数检查，合格 2 处	√

		验收项目	设计要求及规范规定	最小/实际抽样数量	检查记录	检查结果
主控项目	5	手动启动、停止按钮、防护区的声光报警装置安装	第5.8.3条	全/2	共2处，全数检查，合格2处	√
	6	气体喷放指示灯安装	第5.8.4条	全/2	共2处，全数检查，合格2处	√
施工单位检查结果					所查项目全部合格 专业工长：签名 项目专业质量检查员：签名 2023年××月××日	
监理单位验收结论					验收合格 专业监理工程师：签名 2023年××月××日	

注：本表由施工单位填写。

3. 验收依据

【规范名称及编号】《气体灭火系统施工及验收规范》（GB 50263—2007）

【条文摘录】

摘录一：

4.3.1 灭火剂储存容器及容器阀、单向阀、连接管、集流管、安全泄放装置、选择阀、阀驱动装置、喷嘴、信号反馈装置、检漏装置、减压装置等系统组件的外观质量应符合下列规定：

1 系统组件无碰撞变形及其他机械性损伤；

2 组件外露非机械加工表面保护涂层完好；

3 组件所有外露接口均设有防护堵、盖，且封闭良好，接口螺纹和法兰密封面无损伤；

4 铭牌清晰、牢固、方向正确；

5 同一规格的灭火剂储存容器，其高度差不宜超过20mm；

6 同一规格的驱动气体储存容器，其高度差不宜超过10mm。

检查数量：全数检查。

检查方法：观察检查或用尺测量。

4.3.2 灭火剂储存容器及容器阀、单向阀、连接管、集流管、安全泄放装置、选择阀、阀驱动装置、喷嘴、信号反馈装置、检漏装置、减压装置等系统组件应符合下列规定：

1 品种、规格、性能等应符合国家现行产品标准和设计要求。

检查数量：全数检查。

检查方法：核查产品出厂合格证和市场准入制度要求的法定机构出具的有效证明文件。

2 设计有复验要求或对质量有疑义时，应抽样复验，复验结果应符合国家现行产品标准和设计要求。

检查数量：按送检需要量。

检查方法：核查复验报告。

摘录二：

5.8 控制组件的安装

5.8.1 灭火控制装置的安装应符合设计要求，防护区内火灾探测器的安装应符合现行国家标准《火灾自动报警系统施工及验收规范》（GB 50166）的规定。

检查数量：全数检查。

检查方法：观察检查。

5.8.2　设置在防护区处的手动、自动转换开关应安装在防护区入口便于操作的部位，安装高度为中心点距地（楼）面1.5m。

检查数量：全数检查。

检查方法：观察检查。

5.8.3　手动启动、停止按钮应安装在防护区入口便于操作的部位，安装高度为中心点距地（楼）面1.5m；防护区的声光报警装置安装应符合设计要求，并应安装牢固，不得倾斜。

检查数量：全数检查。

检查方法：观察检查。

5.8.4　气体喷放指示灯宜安装在防护区入口的正上方。

检查数量：全数检查。

检查方法：观察检查。

八、防护区或保护对象与储存装置间检验批质量验收记录

1. 防护区或保护对象与储存装置间检验批质量验收记录采用《建筑工程资料管理规程》（DB11/T 695）表C7-4编制。

2. 防护区或保护对象与储存装置间检验批质量验收记录示例详见表8-70。

表8-70　防护区或保护对象与储存装置间检验批质量验收记录示例

XF040609 001

单位（子单位）工程名称	北京××大厦		分部（子分部）工程名称	消防工程分部——消防给水及灭火系统子分部	分项工程名称	气体灭火系统分项
施工单位	北京××集团		项目负责人	吴工	检验批容量	2组
分包单位	北京××消防工程公司		分包单位项目负责人	肖工	检验批部位	1号楼气体灭火系统
施工依据	消防工程图纸、变更洽商（如有）、施工方案、《气体灭火系统施工及验收规范》（GB 50263—2007）			验收依据	《气体灭火系统施工及验收规范》（GB 50263—2007）	

验收项目			设计要求及规范规定	最小/实际抽样数量	检查记录	检查结果
主控项目	1	防护区或保护对象的位置、用途、划分、几何尺寸、开口、通风、环境温度、可燃物的种类、防护区围护结构的耐压、耐火极限及门、窗可自行关闭装置		第7.2.1条	全/2	共2处，全数检查，合格2处	√
	2	防护区安全设施的设置	疏散通道、疏散指示标志和应急照明装置	第7.2.2条	全/2	共2处，全数检查，合格2处	√
			防护区内和入口处的声光报警装置、气体喷放指示灯、入口处的安全标志	第7.2.2条	全/2	共2处，全数检查，合格2处	√
			无窗或固定窗扇的地上防护区和地下防护区的排气装置	第7.2.2条	全/2	共2处，全数检查，合格2处	√
			门窗设有密封条的防护区的泄压装置	第7.2.2条	全/2	共2处，全数检查，合格2处	√
			专用的空气呼吸器或氧气呼吸器	第7.2.2条	全/2	共2处，全数检查，合格2处	√

		验收项目	设计要求及规范规定	最小/实际抽样数量	检查记录	检查结果
主控项目	3	储存装置间的位置、通道、耐火等级、应急照明装置、火灾报警控制装置及地下储存装置间机械排风装置	第7.2.3条	全/2	共2处，全数检查，合格2处	√
	4	火灾报警控制装置及联动设备	第7.2.4条	全/2	共2处，全数检查，合格2处	√
施工单位检查结果					所查项目全部合格 专业工长：签名 项目专业质量检查员：签名 2023年××月××日	
监理单位验收结论					验收合格 专业监理工程师：签名 2023年××月××日	

注：本表由施工单位填写。

3. 验收依据

【规范名称及编号】《气体灭火系统施工及验收规范》（GB 50263—2007）

【条文摘录】

7.2 防护区或保护对象与储存装置间验收

7.2.1 防护区或保护对象的位置、用途、划分、几何尺寸、开口、通风、环境温度、可燃物的种类、防护区围护结构的耐压、耐火极限及门、窗可自行关闭装置应符合设计要求。

检查数量：全数检查。

检查方法：观察检查、测量检查。

7.2.2 防护区下列安全设施的设置应符合设计要求。

1 防护区的疏散通道、疏散指示标志和应急照明装置；

2 防护区内和入口处的声光报警装置、气体喷放指示灯、入口处的安全标志；

3 无窗或固定窗扇的地上防护区和地下防护区的排气装置；

4 门窗设有密封条的防护区的泄压装置；

5 专用的空气呼吸器或氧气呼吸器。

检查数量：全数检查。

检查方法：观察检查。

7.2.3 储存装置间的位置、通道、耐火等级、应急照明装置、火灾报警控制装置及地下储存装置间机械排风装置应符合设计要求。

检查数量：全数检查。

检查方法：观察检查、功能检查。

7.2.4 火灾报警控制装置及联动设备应符合设计要求。

检查数量：全数检查。

检查方法：观察检查、功能检查。

九、系统功能试验检验批质量验收记录

1. 系统功能试验检验批质量验收记录采用《建筑工程资料管理规程》（DB11/T 695）表 C7-4 编制。

2. 系统功能试验检验批质量验收记录示例详见表 8-71。

表 8-71 系统功能试验检验批质量验收记录示例

XF040608 <u>001</u>

单位（子单位）工程名称	北京××大厦	分部（子分部）工程名称	消防工程分部——消防给水及灭火系统子分部	分项工程名称	气体灭火系统分项
施工单位	北京××集团	项目负责人	吴工	检验批容量	2组
分包单位	北京××消防工程公司	分包单位项目负责人	肖工	检验批部位	1号楼气体灭火系统
施工依据	消防工程图纸、变更洽商（如有）、施工方案、《气体灭火系统施工及验收规范》（GB 50263—2007）		验收依据	《气体灭火系统施工及验收规范》（GB 50263—2007）	

		验收项目	设计要求及规范规定	最小/实际抽样数量	检查记录	检查结果
主控项目	1	模拟启动试验	第7.4.1条	/	试验合格，资料齐全	√
	2	模拟喷气试验	第7.4.2条	/	试验合格，资料齐全	√
	3	模拟切换操作试验	第7.4.3条	/	试验合格，资料齐全	√
	4	主用、备用电源进行切换试验	第7.4.4条	/	试验合格，资料齐全	√

施工单位检查结果	所查项目全部合格 专业工长：签名 项目专业质量检查员：签名 2023年××月××日
监理单位验收结论	验收合格 专业监理工程师：签名 2023年××月××日

注：本表由施工单位填写。

3. 验收依据

【规范名称及编号】《气体灭火系统施工及验收规范》（GB 50263—2007）

【条文摘录】

7.4 系统功能验收

7.4.1 系统功能验收时，应进行模拟启动试验，并合格。

检查数量：按防护区或保护对象总数（不足5个按5个计）的20％检查。

检查方法：按本规范第E.2节的规定执行。

7.4.2 系统功能验收时，应进行模拟喷气试验，并合格。

检查数量：组合分配系统不应少于1个防护区或保护对象，柜式气体灭火装置、热气溶胶灭火装置等预制灭火系统应各取1套。

检查方法：按本规范第E.3节或按产品标准中有关联动试验的规定执行。

7.4.3 系统功能验收时，应对设有灭火剂备用量的系统进行模拟切换操作试验，并合格。

检查数量：全数检查。

检查方法：按本规范第E.4节的规定执行。

7.4.4 系统功能验收时，应对主用、备用电源进行切换试验，并合格。

检查方法：将系统切换到备用电源，按本规范第E.2节的规定执行。

8.4.7 泡沫灭火系统分项

一、泡沫液储罐安装检验批质量验收记录

1. 泡沫液储罐安装检验批质量验收记录采用《建筑工程资料管理规程》（DB11/T 695）表 C7-4 编制。

2. 泡沫液储罐安装检验批质量验收记录示例详见表 8-72。

表 8-72 泡沫液储罐安装检验批质量验收记录示例

XF040701 <u>001</u>

单位（子单位）工程名称	北京××大厦	分部（子分部）工程名称	消防工程分部——消防给水及灭火系统子分部	分项工程名称	泡沫灭火系统分项
施工单位	北京××集团	项目负责人	吴工	检验批容量	2 组
分包单位	北京××消防工程公司	分包单位项目负责人	肖工	检验批部位	园区泡沫灭火系统
施工依据	消防工程图纸、变更洽商（如有）、施工方案、《泡沫灭火系统技术标准》（GB 50151—2021）			验收依据	《泡沫灭火系统技术标准》（GB 50151—2021）

		验收项目	设计要求及规范规定	最小/实际抽样数量	检查记录	检查结果
主控项目	1	泡沫液储罐安装	第 9.3.10 条	全/2	共 2 处，全数检查，合格 2 处	√
	2	常压泡沫液储罐	第 9.3.11 条	全/2	共 2 处，全数检查，合格 2 处	√
	3	泡沫液压力储罐安装	第 9.3.12 条	全/2	共 2 处，全数检查，合格 2 处	√
	4	泡沫液储罐防晒、防冻和防腐等措施	第 9.3.13 条	全/2	共 2 处，全数检查，合格 2 处	√

施工单位检查结果	所查项目全部合格 专业工长：签名 项目专业质量检查员：签名 2023 年××月××日
监理单位验收结论	验收合格 专业监理工程师：签名 2023 年××月××日

注：本表由施工单位填写。

3. 验收依据

【规范名称及编号】《泡沫灭火系统技术标准》（GB 50151—2021）

【条文摘录】

9.3.11 常压泡沫液储罐的制作、安装和防腐应符合下列规定：

1 常压钢质泡沫液储罐出液口和吸液口的设置应符合设计要求。

检查数量：全数检查。

检查方法：用尺测量。

2 常压钢质泡沫液储罐应进行盛水试验，试验压力应为储罐装满后的静压力，试验前应将焊接接头的外表面清理干净，并使之干燥，试验时间不应小于 1h，目测应无渗漏。

检查数量：全数检查。

检查方法：观察检查，检查全部焊缝、焊接接头和连接部位，以无渗漏为合格。

3　常压钢质泡沫液储罐内、外表面应按设计要求进行防腐处理，并应在盛水试验合格后进行。

检查数量：全数检查。

检查方法：观察检查。

4　常压泡沫液储罐应根据其形式按立式或卧式安装在支架或支座上，支架应与基础固定，安装时不得损坏其储罐上的配管和附件。

检查数量：全数检查。

检查方法：观察检查。

5　常压钢质泡沫液储罐与支座接触部位的防腐，应按加强防腐层的做法施工。

检查数量：全数检查。

检查方法：观察检查，必要时可切开防腐层检查。

9.3.12　泡沫液压力储罐安装时，支架应与基础牢固固定，且不应拆卸和损坏配管、附件；储罐的安全阀出口不应朝向操作面。

检查数量：全数检查。

检查方法：观察检查。

9.3.13　泡沫液储罐应根据环境条件采取防晒、防冻和防腐等措施。

检查数量：全数检查。

检查方法：观察检查。

二、泡沫比例混合器安装检验批质量验收记录

1. 泡沫比例混合器安装检验批质量验收记录采用《建筑工程资料管理规程》（DB11/T 695）表 C7-4 编制。

2. 泡沫比例混合器安装检验批质量验收记录示例详见表 8-73。

表 8-73　泡沫比例混合器安装检验批质量验收记录示例

XF040702 001

单位（子单位）工程名称		北京××大厦	分部（子分部）工程名称	消防工程分部——消防给水及灭火系统子分部	分项工程名称	泡沫灭火系统分项
施工单位		北京××集团	项目负责人	吴工	检验批容量	2组
分包单位		北京××消防工程公司	分包单位项目负责人	肖工	检验批部位	园区泡沫灭火系统
施工依据		消防工程图纸、变更洽商（如有）、施工方案、《泡沫灭火系统技术标准》（GB 50151—2021）		验收依据	《泡沫灭火系统技术标准》（GB 50151—2021）	
验收项目			设计要求及规范规定	最小/实际抽样数量	检查记录	检查结果
主控项目	1	泡沫比例混合器（装置）的安装	第9.3.14条	全/2	共2处，全数检查，合格2处	√
	2	压力式比例混合装置	第9.3.15条	全/2	共2处，全数检查，合格2处	√
	3	平衡式比例混合装置	第9.3.16条	全/2	共2处，全数检查，合格2处	√
	4	管线式比例混合器	第9.3.17条	全/2	共2处，全数检查，合格2处	√
	5	机械泵入式比例混合装置	第9.3.18条	全/2	共2处，全数检查，合格2处	√
施工单位检查结果				所查项目全部合格 专业工长：签名 项目专业质量检查员：签名 2023 年××月××日		

续表

	验收合格	
监理单位 验收结论		专业监理工程师：签名 2023年××月××日

注：本表由施工单位填写。

3. 验收依据

【规范名称及编号】《泡沫灭火系统技术标准》（GB 50151—2021）

【条文摘录】

9.3.14 泡沫比例混合器（装置）的安装应符合下列规定：

1 泡沫比例混合器（装置）的标注方向应与液流方向一致。

检查数量：全数检查。

检查方法：观察检查。

2 泡沫比例混合器（装置）与管理连接处的安装应严密。

检查数量：全数检查。

检查方法：调试时观察检查。

9.3.15 压力式比例混合装置应整体安装，并应与基础牢固固定。

检查数量：全数检查。

检查方法：观察检查。

9.3.16 平衡式比例混合装置的进水管道上应安装压力表，且其安装位置应便于观测。

检查数量：全数检查。

检查方法：观察检查。

9.3.17 管线式比例混合器应安装在压力水的水平管道上，或串接在消防水带上，并应靠近储罐或防护区，其吸液口与泡沫液储罐或泡沫液桶最低液面的高度不得大于 1.0m。

检查数量：全数检查。

检查方法：尺量和观察检查。

9.3.18 机械泵入式比例混合装置的安装应符合下列规定：

1 应整体安装在基础座架上，安装时应以底座水平面为基准进行找平、找正，安装方向应和水轮机上的箭头指示方向一致，安装过程中不得随意拆卸、替换组件。

检查数量：全数检查。

检查方法：尺量和观察检查。

2 与进水管和出液管道连接时，应以比例混合装置水轮机进、出口的法兰（沟槽）为基准进行测量和安装。

检查数量：全数检查。

检查方法：尺量和观察检查。

3 应在水轮机进、出口管道上靠近水轮机进、出口的法兰（沟槽）处安装压力表，压力表的安装位置应便于观察。

检查数量：全数检查。

检查方法：观察检查。

三、泡沫产生装置安装检验批质量验收记录

1. 泡沫产生装置安装检验批质量验收记录采用《建筑工程资料管理规程》（DB11/T 695）表 C7-4 编制。

2. 泡沫产生装置安装检验批质量验收记录示例详见表 8-74。

表 8-74 泡沫产生装置安装检验批质量验收记录示例

XF040703 001

单位（子单位） 工程名称	北京××大厦		分部（子分部） 工程名称	消防工程分部——消防 给水及灭火系统子分部	分项工程 名称	泡沫灭火 系统分项
施工单位	北京××集团		项目负责人	吴工	检验批容量	2组
分包单位	北京××消防工程公司		分包单位 项目负责人	肖工	检验批部位	园区泡沫 灭火系统
施工依据	消防工程图纸、变更洽商（如有）、施工方案、 《泡沫灭火系统技术标准》（GB 50151—2021）			验收依据	《泡沫灭火系统技术标准》 （GB 50151—2021）	

		验收项目	设计要求及 规范规定	最小/实际 抽样数量	检查记录	检查结果
主控 项目	1	低倍数泡沫产生器	第9.3.32条	全/2	共2处，全数检查，合格2处	√
	2	中倍数、高倍数泡沫产生器	第9.3.33条	全/2	共2处，全数检查，合格2处	√
施工单位 检查结果				所查项目全部合格 专业工长：签名 项目专业质量检查员：签名 2023 年××月××日		
监理单位 验收结论				验收合格 专业监理工程师：签名 2023 年××月××日		

注：本表由施工单位填写。

3. 验收依据

【规范名称及编号】《泡沫灭火系统技术标准》（GB 50151—2021）

【条文摘录】

9.3.32 低倍数泡沫产生器的安装应符合下列规定：

1 液上喷射的泡沫产生器应根据产生器类型安装，并应符合设计要求；用于外浮顶储罐时，立式泡沫产生器的吸气口应位于罐壁顶之下，横式泡沫产生器应安装于罐壁顶之下，且横式泡沫产生器出口应有不小于 1m 的直管段。

检查数量：全数检查。

检查方法：观察检查。

2 液下喷射的高背压泡沫产生器应水平安装在防火堤外的泡沫混合液管道上。

检查数量：全数检查。

检查方法：观察检查。

3 在高背压泡沫产生器进口侧设置的压力表接口应竖直安装；其出口侧设置的压力表、背压调节阀和泡沫取样口的安装尺寸应符合设计要求，环境测试为 0℃ 及以下的地区，背压调节阀和泡沫取样口上的控制阀应选用钢质阀门。

检查数量：按安装总数的 10％ 抽查，且不得少于 1 个储罐的安装数量。

检查方法：尺量和观察检查。

4 液上喷射泡沫产生器或泡沫导流罩沿罐周均匀布置时，其间距偏差不宜大于 100mm。

检查数量：按间距总数的 10％ 抽查，且不得少于 1 个储罐的数量。

检查方法：用拉线和尺量检查。

5 外浮顶储罐泡沫堰板的高度及与罐壁的间距应符合设计要求。

检查数量：按储罐总数的10％抽查，且不得少于1个储罐。

检查方法：尺量检查。

6 泡沫堰板的最低部位设置排水孔的数量和尺寸应符合设计要求，并应沿泡沫堰板周长均布，其间距偏差不宜大于20mm。

检查数量：按排水孔总数的5％抽查，且不得少于4个孔。

检查方法：尺量检查。

7 单式、双盘式内浮顶储罐泡沫堰板的高度及与罐壁的间距应符合设计要求。

检查数量：按储罐总数的10％抽查，且不得少于1个储罐。

检查方法：尺量检查。

8 当一个储罐所需的高背压泡沫产生器并联安装时，应将其并列固定在支架上，且应符合本条第2款和第3款的有关规定。

检查数量：按储罐总数的10％抽查，且不得少于1个储罐。

检查方法：观察和尺量检查。

9 泡沫产生器密封玻璃的划痕面应背向泡沫混合液流向，并应有备用量。外浮顶储罐的泡沫产生器安装时应拆除密封玻璃。固定顶和内浮顶储罐的泡沫产生器应在调试完成后更换密封玻璃。

检查数量：全数检查。

检查方法：观察检查。

9.3.33 中倍数、高倍数泡沫产生器的安装应符合下列规定：

1 中倍数、高倍数泡沫产生器的安装应符合设计要求。

检查数量：全数检查。

检查方法：用拉线和尺量检查。

2 中倍数、高位数泡沫产生器的进气端0.3m范围内不应有遮挡物。

检查数量：全数检查。

检查方法：尺量和观察检查。

3 中位数、高倍数泡沫产生器的发泡网前1.0m范围内不应有影响泡沫喷放的障碍物。

检查数量：全数检查。

检查方法：尺量和观察检查。

4 中倍数、高倍数泡沫产生器应整体安装，不得拆卸，并应牢固固定。

检查数量：全数检查。

检查方法：观察检查。

四、泡沫消火栓安装检验批质量验收记录

1. 泡沫消火栓安装检验批质量验收记录采用《建筑工程资料管理规程》（DB11/T 695）表 C7-4 编制。

2. 泡沫消火栓安装检验批质量验收记录示例详见表 8-75。

表 8-75　泡沫消火栓安装检验批质量验收记录示例

XF040704 001

单位（子单位）工程名称	北京××大厦	分部（子分部）工程名称	消防工程分部——消防给水及灭火系统子分部	分项工程名称	泡沫灭火系统分项
施工单位	北京××集团	项目负责人	吴工	检验批容量	20组
分包单位	北京××消防工程公司	分包单位项目负责人	肖工	检验批部位	园区泡沫灭火系统

施工依据	消防工程图纸、变更洽商（如有）、施工方案、《泡沫灭火系统技术标准》（GB 50151—2021）		验收依据	《泡沫灭火系统技术标准》（GB 50151—2021）	
验收项目		设计要求及规范规定	最小/实际抽样数量	检查记录	检查结果
主控项目	1　泡沫消火栓的安装	第9.3.25条	2/2	抽查2处，合格2处	√
	2　公路隧道泡沫消火栓箱	第9.3.26条	2/2	抽查2处，合格2处	√
施工单位检查结果			所查项目全部合格 专业工长：签名 项目专业质量检查员：签名 2023年××月××日		
监理单位验收结论			验收合格 专业监理工程师：签名 2023年××月××日		

注：本表由施工单位填写。

3. 验收依据

【规范名称及编号】《泡沫灭火系统技术标准》（GB 50151—2021）

【条文摘录】

9.3.25　泡沫消火栓的安装应符合下列规定：

1　泡沫混合液管道上设置泡沫消火栓的规格、型号、数量、位置、安装方式、间距应符合设计要求。

检查数量：按安装总数的10%抽查，且不得少于1个储罐区的数量。

检查方法：观察和尺量检查。

2　泡沫消火栓应垂直安装。

检查数量：按安装总数的10%抽查，且不得少于1个。

检查方法：路线和尺量检查。

3　泡沫消火栓的大口径出液口应朝向消防车道。

检查数量：按安装总数的10%抽查，且不得少于1个。

检查方法：观察检查。

4　室内泡沫消火栓的栓口方向宜向下，或与设置泡沫消火栓的墙面成90°，栓口离地面或操作基面的高度宜为1.1m，允许偏差为±20mm，坐标的允许偏差20mm。

检查数量：按安装总数的10%抽查，且不得少于1个。

检查方法：观察和尺量检查。

9.3.26　公路隧道泡沫消火栓箱的安装应符合下列规定：

1　泡沫消火栓箱应垂直安装，且应固定牢固；当安装在轻质隔墙上时应有加固措施。

检查数量：全数检查。

检查方法：观察和尺量检查。

2　消火栓栓口应朝外，且不应安装在门轴侧，栓口中心距地面宜为1.1m，允许偏差宜为±20mm。

检查数量：按安装总数的10%抽查，且不得少于1个。

检查方法：观察和尺量检查。

五、管道及配件安装、试压、冲洗检验批质量验收记录

1. 管道及配件安装、试压、冲洗检验批质量验收记录采用《建筑工程资料管理规程》（DB11/T 695）表 C7-4 编制。

2. 管道及配件安装、试压、冲洗检验批质量验收记录示例详见表 8-76。

表 8-76　管道及配件安装、试压、冲洗检验批质量验收记录示例

XF040705 001

单位（子单位）工程名称	北京××大厦	分部（子分部）工程名称	消防工程分部——消防给水及灭火系统子分部	分项工程名称	泡沫灭火系统分项
施工单位	北京××集团	项目负责人	吴工	检验批容量	2组
分包单位	北京××消防工程公司	分包单位项目负责人	肖工	检验批部位	园区泡沫灭火系统
施工依据	消防工程图纸、变更洽商（如有）、施工方案、《泡沫灭火系统技术标准》（GB 50151—2021）		验收依据	《泡沫灭火系统技术标准》（GB 50151—2021）	

验收项目			设计要求及规范规定	最小/实际抽样数量	检查记录	检查结果
主控项目	1	管道的安装	第9.3.19条	全/2	共2处，全数检查，合格2处	√
		水压试验	第9.3.19条	/	试验合格，资料齐全	√
		冲洗	第9.3.19条	/	试验合格，资料齐全	√
	2	泡沫混合液管道的安装	第9.3.20条	全/2	共2处，全数检查，合格2处	√
	3	液下喷射泡沫管道的安装	第9.3.21条	全/2	共2处，全数检查，合格2处	√
	4	泡沫液管道冲洗及放空管	第9.3.22条	全/2	共2处，全数检查，合格2处	√
	5	泡沫-水喷淋管道的安装	第9.3.23条	全/2	共2处，全数检查，合格2处	√
	6	阀门的安装	第9.3.24条	全/2	共2处，全数检查，合格2处	√
施工单位检查结果				所查项目全部合格 专业工长：签名 项目专业质量检查员：签名 2023年××月××日		
监理单位验收结论				验收合格 专业监理工程师：签名 2023年××月××日		

注：本表由施工单位填写。

3. 验收依据

【规范名称及编号】《泡沫灭火系统技术标准》（GB 50151—2021）

【条文摘录】

9.3.19　管道的安装应符合下列规定：

1　水平管道安装时，其坡度、坡向应符合设计要求，且坡度不应小于设计值，当出现 U 形管时应有放空措施。

检查数量：全数检查。

检查方法：用水平仪检查。

2　立管应用管卡固定在支架上，其间距不应大于设计值。

检查数量：全数检查。

检查方法：尺量和观察检查。

3 埋地管道安装应符合下列规定：

1）埋地管道的基础应符合设计要求；

2）埋地管道安装前应做好防腐，安装时不应损坏防腐层；

3）埋地管道采用焊接时，焊缝部位应在试压合格后进行防腐处理；

4）埋地管道在回填前应进行隐蔽工程验收，合格后应及时回填，分层夯实，并应按本标准附录 B 表 B.0.3 进行记录。

检查数量：全数检查。

检查方法：观察检查。

4 管道安装的允许偏差应符合表 9.3.19 的规定。

检查数量：干管抽查 1 条；支管抽查 2 条；分支管抽查 10%，且不得少于 1 条；泡沫-水喷淋分支管抽查 5%，且不得少于 1 条。

检查方法：坐标用经纬仪或拉线和尺量检查；标高用水准仪或拉线和尺量检查；水平管道平直度用水平仪、直尺、拉线和尺量检查；立管垂直度用吊线和尺量检查；与其他管道成排布置间距及与其他管道交叉时外壁或绝热层间距用尺量检查。

表 9.3.19 管道安装的允许偏差 （单位：mm）

项目			允许偏差
坐标	地上、架空及地沟	室外	25
		室内	15
	泡沫-水喷淋	室外	15
		室内	10
	埋地		60
标高	地上、架空及地沟	室外	±20
		室内	±15
	泡沫-水喷淋	室外	±15
		室内	±10
	埋地		±25
水平管道平直度		$DN \leqslant 100$	$2L‰$，最大 50
		$DN > 100$	$3L‰$，最大 80
立管垂直度			$5L‰$，最大 30
与其他管道成排布置间距			15
与其他管道交叉时外壁或绝热层间距			20

注：L—管段有效长度；DN—管子公称直径。

5 管道支架、吊架安装应平整牢固，管墩的砌筑应调整，其间距应符合设计要求。

检查数量：按安装总数的 5% 抽查，且不得少于 5 个。

检查方法：观察和尺量检查。

6 当管道穿过防火墙、楼板时，应安装套管。穿防火墙套管的长度不应小于防火墙的厚度，穿楼板套管长度应高出楼板 50mm，底部应与楼板底面相平；管道与套管间的空隙应采用防火材料封堵；管道穿过建筑物的变形缝时应采取保护措施。

检查数量：全数检查。

检查方法：观察和尺量检查。

7 管道安装完毕应进行水压试验，并应符合下列规定：

1）试验应采用清水进行，试验时环境温度不应低于5℃，当环境温度低于5℃时，应采取防冻措施；

2）试验压力应为设计压力的1.5倍；

3）试验前应将泡沫产生装置、泡沫比例混合器（装置）隔离；

4）试验合格后，应按本标准附录B表B.0.2-4进行记录。

检查数量：全数检查。

检查方法：管道充满水，排净空气，用试压装置缓慢升压，当压力升至试验压力后稳压10min，管道无损坏、变形，再将试验压力降至设计压力，稳压30min，以压力不降、无渗漏为合格。

8 管道试压合格后，应用清水冲洗，冲洗合格后不得再进行影响管内清洁的其他施工，并应按本标准附录B表B.0.2-5进行记录。

检查数量：全数检查。

检查方法：宜采用最大设计流量，流速不低于1.5m/s，以排出水色和透明度与入口水目测一致为合格。

9 地上管道应在试压、冲洗合格后进行涂漆防腐。

检查数量：全数检查。

检查方法：观察检查。

9.3.20 泡沫混合液管道的安装除应满足本标准第9.3.19条的规定外，尚应符合下列规定：

1 当储罐上的泡沫混合液立管与防火堤内地上水平管道或埋地管道用金属软管连接时，不得损坏其纺织网，并应在金属软管与地上水平管道的连接处设置管道支架或管墩，且管道支架或管墩不应支撑在金属软管上。

检查数量：全数检查。

检查方法：观察检查。

2 储罐上泡沫混合液立管下端设置的锈渣清扫口与储罐基础或地面的距离为0.3～0.5m；锈渣清扫口可采用闸阀或盲板封堵，当采用闸阀时，应竖直安装。

检查数量：全数检查。

检查方法：观察和尺量检查。

3 外浮顶储罐梯子平台上设置的二分水器，应靠近平台栏杆安装，并宜高出平台1.0m，其接口应朝向储罐；引至防火堤外设置的相应管牙接口，应面向道路或朝下。

检查数量：全数检查。

检查方法：观察和尺量检查。

4 连接泡沫产生装置的泡沫混合液管道上设置的压力表接口宜靠近防火堤外侧，并应竖直安装。

检查数量：全数检查。

检查方法：观察检查。

5 泡沫产生装置入口处的管道应用管卡固定在支架上，其出口管道在储罐上的武器位置和尺寸应满足设计及产品要求。

检查数量：按安装总数的10%抽查，且不得少于1处。

检查方法：观察和尺量检查。

6 泡沫混合液主管道上留出的流量检测仪器安装位置应符合设计要求。

检查数量：全数检查。

检查方法：观察检查。

7 泡沫混合液管道上试验检测口的设置和数量应符合设计要求。

检查数量：全数检查。

检查方法：观察检查。

9.3.21　液下喷射泡沫管道的安装除应符合本标准第9.3.19条的规定外，尚应符合下列规定：

1　液下喷射泡沫喷射管的长度和泡沫喷射口的安装高度，应符合设计要求。当液下喷射1个喷射口设在储罐中心时，其泡沫喷射管应固定在支架上；当液下喷射设有2个及以上喷射口，并沿罐周均匀设置时，其间距偏差不宜大于100mm。

检查数量：按安装总数的10％抽查，且不得少于1个储罐的安装数量。

检查方法：观察和尺量检查。

2　半固定式系统的泡沫管道，在防火堤外设置的高背压泡沫产生器快装接口应水平安装。

检查数量：全数检查。

检查方法：观察检查。

3　液下喷射泡沫管道上的防油品渗漏设施宜安装在止回阀出口或泡沫喷射口处；安装应按设计要求进行，且不应损坏密封膜。

检查数量：全数检查。

检查方法：观察检查。

9.3.22　泡沫液管道的安装除应符合本标准第9.3.19条的规定外，其冲洗及放空管道应设置在泡沫液管道的最低处。

检查数量：全数检查。

检查方法：观察检查。

9.3.23　泡沫-水喷淋管道的安装除应符合本标准第9.3.19条的规定外，尚应符合下列规定：

1　泡沫-水喷淋管道支架、吊架与喷头之间的距离不应小于0.3m；与末端喷头之间的距离不宜大于0.5m。

检查数量：按安装总数的10％抽查，且不得少于5个。

检查方法：尺量检查。

2　泡沫-水喷淋分支管上每一直管段、相邻两泡沫喷头之间的管段设置的支架、吊架均不宜少于1个，且支架、吊架的间距不宜大于3.6m；当喷头的设置高度大于10m时，支架、吊架的间距不宜大于3.2m。

检查数量：按安装总数的10％抽查，且不得少于5个。

检查方法：尺量检查。

9.3.24　阀门的安装应符合下列规定：

1　泡沫混合液管道采用的阀门应按相关标准进行安装，并应有明显的启闭标志。

检查数量：全数检查。

检查方法：按相关标准的要求检查。

2　具有遥控、自动控制功能的阀门安装应符合设计要求；当设置在有爆炸和火灾危险的环境时，应按相关标准安装。

检查数量：全数检查。

检查方法：按相关标准的要求观察检查。

3　液下喷射泡沫灭火系统泡沫管道进储罐处设置的钢质明杆闸阀和止回阀应水平安装，其止回阀上标注的方向应与泡沫的流动方向一致。

检查数量：全数检查。

检查方法：观察检查。

4　高倍数泡沫产生器进口端泡沫混合液管道上设置的压力表、管道过滤器、控制阀宜安装在水平支管上。

检查数量：全数检查。

检查方法：观察检查。

5 泡沫混合液管道上设置的自动排气阀应在系统试压、冲洗合格后立式安装。

检查数量：全数检查。

检查方法：观察检查。

6 连接泡沫产生装置的泡沫混合液管道上控制阀的安装，应符合下列规定：

1）控制阀应安装在防火堤外压力表接口的外侧，并应有明显的启闭标志；

2）泡沫混合液管道设置在地上时，控制阀的安装高度宜为 1.1～1.5m；

3）当环境温度为 0℃及以下的地区采用铸铁控制阀时，若管道设置在地上，铸铁控制阀应安装在立管上；若管道埋地或地沟内设置，铸铁控制阀应安装在阀门井内或地沟内，并应采取防冻措施。

检查数量：全数检查。

检查方法：观察和尺量检查。

7 当储罐区固定式泡沫灭火系统同时又具备半固定系统功能时，应在防火堤外泡沫混合液管道上安装控制阀和带闷盖的管牙接口，并应符合本条第 6 款的有关规定。

检查数量：全数检查。

检查方法：观察检查。

8 泡沫混合液立管上设置的控制阀，其安装高度宜为 1.1～1.5m，并应有明显的启闭标志；当控制阀的安装高度大于 1.8m 时，应设置操作平台或操作凳。

检查数量：全数检查。

检查方法：观察和尺量检查。

9 泡沫消防水泵的出液管上设置的带控制阀的回流管，应符合设计要求，控制阀的安装高度距地面宜为 0.6～1.2m。

检查数量：全数检查。

检查方法：尺量检查。

10 管道上的放空阀应安装在最低处，埋地管道的放空阀阀井应有排水措施。

检查数量：全数检查。

检查方法：观察检查。

六、泡沫-水喷淋系统、泡沫喷雾系统、固定式泡沫炮系统安装检验批质量验收记录

1. 泡沫-水喷淋系统、泡沫喷雾系统、固定式泡沫炮系统安装检验批质量验收记录采用《建筑工程资料管理规程》（DB11/T 695）表 C7-4 编制。

2. 泡沫-水喷淋系统、泡沫喷雾系统、固定式泡沫炮系统安装检验批质量验收记录示例详见表 8-77。

表 8-77 泡沫-水喷淋系统、泡沫喷雾系统、固定式泡沫炮系统安装检验批质量验收记录示例

XF040706 001

单位（子单位）工程名称	北京××大厦	分部（子分部）工程名称	消防工程分部——消防给水及灭火系统子分部	分项工程名称	泡沫灭火系统分项
施工单位	北京××集团	项目负责人	吴工	检验批容量	2组
分包单位	北京××消防工程公司	分包单位项目负责人	肖工	检验批部位	园区泡沫灭火系统
施工依据	消防工程图纸、变更洽商（如有）、施工方案、《泡沫灭火系统技术标准》（GB 50151—2021）		验收依据	《泡沫灭火系统技术标准》（GB 50151—2021）	

验收项目			设计要求及规范规定	最小/实际抽样数量	检查记录	检查结果
主控项目	1	泡沫-水喷淋系统	第9.3.2条	全/2	共2处，全数检查，合格2处	√
	2	报警阀组的安装	第9.3.27条	全/2	共2处，全数检查，合格2处	√
	3	报警阀组附件的安装	第9.3.28条	全/2	共2处，全数检查，合格2处	√
主控项目	4	湿式报警阀组的安装	第9.3.29条	全/2	共2处，全数检查，合格2处	√
	5	干式报警阀组的安装	第9.3.30条	全/2	共2处，全数检查，合格2处	√
	6	雨淋阀组的安装	第9.3.31条	全/2	共2处，全数检查，合格2处	√
	7	喷头的安装	第9.3.34条	全/2	共2处，全数检查，合格2处	√
	8	固定式泡沫炮的安装	第9.3.35条	全/2	共2处，全数检查，合格2处	√
	9	泡沫喷雾系统　泄压装置	第9.3.36条	全/2	共2处，全数检查，合格2处	√
	10	装置仪表位置	第9.3.37条	全/2	共2处，全数检查，合格2处	√
	11	瓶组容器涂色编号	第9.3.38条	全/2	共2处，全数检查，合格2处	√
	12	集流管	第9.3.39条	全/2	共2处，全数检查，合格2处	√
	13	单向阀	第9.3.40条	全/2	共2处，全数检查，合格2处	√
	14	分区阀	第9.3.41条	全/2	共2处，全数检查，合格2处	√
	15	瓶组固定防腐	第9.3.42条	全/2	共2处，全数检查，合格2处	√
	16	气动装置管道安装	第9.3.43条	全/2	共2处，全数检查，合格2处	√
	17	水压密封试验	第9.3.44条	/	试验合格，资料齐全	√
	18	保护变压器时喷头安装	第9.3.45条	全/2	共2处，全数检查，合格2处	√
施工单位检查结果				所查项目全部合格 专业工长：签名 项目专业质量检查员：签名 2023年××月××日		
监理单位验收结论				验收合格 专业监理工程师：签名 2023年××月××日		

注：本表由施工单位填写。

3. 验收依据

【规范名称及编号】《泡沫灭火系统技术标准》（GB 50151—2021）

【条文摘录】

9.3.2　泡沫-水喷淋系统的安装，除应符合本标准的规定外，尚应符合现行国家标准《自动喷水灭火系统施工及验收规范》（GB 50261）的有关规定。

9.3.27　报警阀组的安装应在供水管网试压、冲洗合格后进行，并应符合下列规定：

1　安装时应先安装水源控制阀、报警阀，然后安装泡沫比例混合装置、泡沫液控制阀、压力泄放阀，最后进行报警阀辅助管道的连接。

2　水源控制阀、报警阀与配水干管的连接，应使用水流方向一致。

检查数量：全数检查。

检查方法：检查系统试压、冲洗记录表，观察检查。

3　报警阀组应安装在便于操作的明显位置，距室内地面高度宜为1.2m，两侧与墙的距离不应小于0.5m，正面与墙的距离不应小于1.2m；报警阀组凸出部位之间的距离不应小于0.5m。

检查数量：全数检查。

检查方法：观察检查和尺量检查。

4　安装报警阀组的室内地面应有排水设施。

检查数量：全数检查。

检查方法：观察检查。

9.3.28　报警阀组附件的安装应符合下列规定：

1　压力表应安装在报警阀上便于观测的位置。

检查数量：全数检查。

检查方法：观察检查。

2　排水管和试验阀应安装在便于操作的位置。

检查数量：全数检查。

检查方法：观察检查。

3　水源控制阀安装应便于操作，且应有明显开闭标志和可靠的锁定设施。

检查数量：全数检查。

检查方法：观察检查。

4　在泡沫比例混合器与管网之间的供水干管上，应安装由控制阀、供水压力和流量检测仪表及排水管道组成的系统流量压力检测装置，其过水能力应与系统设计的过水能力一致。

检查数量：全数检查。

检查方法：观察检查。

9.3.29　湿式报警阀组的安装应符合下列规定：

1　报警水流通路上的过滤器应安装在延迟器前，且便于排渣操作的位置。

检查数量：全数检查。

检查方法：观察检查。

2　压力波动时，水力警铃不应发生误报警。

检查数量：全数检查。

检查方法：观察检查和开启阀门，以小于1个喷头的流量放水。

9.3.30　干式报警阀组的安装应符合下列规定：

1　安装完成后应向报警阀气室注入底水，并使其处于伺应状态。

2　充气连接管接口应在报警阀气室充注水位以上部位，且充气连接管的直径不应小于15mm；止回阀、截止阀应安装在充气连接管上。

检查数量：全数检查。

检查方法：观察检查和尺量检查。

3　气源设备的安装应符合设计要求和国家现行有关标准的规定。

4　安全排气阀应安装在气源与报警阀之间，且应靠近报警阀。

检查数量：全数检查。

检查方法：观察检查。

5　加速器应安装在靠近报警阀的位置，且应有防止水进入加速器的措施。

检查数量：全数检查。

检查方法：观察检查。

6　低气压预报警装置应安装在配水干管一侧。

检查数量：全数检查。

检查方法：观察检查。

7　应在报警阀充水一侧和充气一侧、空气压缩机的气泵和储气罐及加速器安装压力表。

检查数量：全数检查。

检查方法：观察检查。

8　管网充气压力应符合设计要求。

检查数量：全数检查。

检查方法：观察检查。

9.3.31　雨淋阀组的安装应符合下列规定：

1　开启控制装置的安装应安全可靠。

2　预作用系统雨淋阀组后的管道若需充气，其安装应按干式报警阀组有关要求进行。

3　雨淋阀组的观测仪表和操作阀门的安装位置应符合设计要求，并应便于观测和操作。

检查数量：全数检查。

检查方法：观察检查。

4　雨淋阀组手动开启装置的安装位置应符合设计要求，且在发生火灾时应能安全开启和便于操作。

检查数量：全数检查。

检查方法：对照图纸观察检查和开启阀门检查。

5　压力表应安装在雨淋阀的水源一侧。

检查数量：全数检查。

检查方法：观察检查。

9.3.32　低倍数泡沫产生器的安装应符合下列规定：

1　液上喷射的泡沫产生器应根据产生器类型安装，并应符合设计要求；用于外浮顶储罐时，立式泡沫产生器的吸气口应位于罐壁顶之下，横式泡沫产生器应安装于罐壁顶之下，且横式泡沫产生器出口应有不小于1m的直管段。

检查数量：全数检查。

检查方法：观察检查。

2　液下喷射的高背压泡沫产生器应水平安装在防火堤外的泡沫混合液管道上。

检查数量：全数检查。

检查方法：观察检查。

3　在高背压泡沫产生器进口侧设置的压力表接口应竖直安装；其出口侧设置的压力表、背压调节阀和泡沫取样口的安装尺寸应符合设计要求，环境温度为0℃及以下的地区，背压调节阀和泡沫取样口上的控制阀应选用钢质阀门。

检查数量：按安装总数的10%抽查，且不得少于1个储罐的安装数量。

检查方法：尺量和观察检查。

4　液上喷射泡沫产生器或泡沫导游罩沿罐周均匀布置时，其间距偏差不宜大于100mm。

检查数量：按间距总数的10%抽查，且不得小于1个储罐的数量。

检查方法：用拉线和尺量检查。

5　外浮顶储罐泡沫堰板的高度及与罐壁的间距应符合设计要求。

检查数量：按储罐总数的10%抽查，且不得少于1个储罐。

检查方法：尺量检查。

6　泡沫堰板的最低部位设置排水孔的数量和尺寸应符合设计要求，并应沿泡沫堰板周长均布，其间距偏差不宜大于20mm。

检查数量：按排水孔总数的5%抽查，且不得少于4个孔。

检查方法：尺量检查。

7　单、双盘式内浮顶储罐泡沫堰板的高度及与罐壁的间距应符合设计要求。

检查数量：按储罐总数的10％抽查，且不得少于1个储罐。

检查方法：尺量检查。

8　当一个储罐所需高背压泡沫产生器并联安装时，应将其并列固定在支架上，且应符合本条第2款和第3款的有关规定。

检查数量：按储罐总数的10％抽查，且不得少于1个储罐。

检查方法：观察和尺量检查。

9　泡沫产生器密封玻璃的划痕面应背向泡沫混合液流向，并应有备用量。外浮顶储罐的泡沫产生器安装时应拆除密封玻璃。固定顶和内浮顶储罐的泡沫产生器应在调试完成后更换密封玻璃。

检查数量：全数检查。

检查方法：观察检查。

9.3.33　中位数、高位数泡沫产生器的安装应符合下列规定：

1　中倍数、高倍数泡沫产生器的安装应符合设计要求。

检查数量：全数检查。

检查方法：用位线和尺量检查。

2　中位数、高倍数泡沫产生器的进气端0.3m范围内不应有遮挡物。

检查数量：全数检查。

检查方法：尺量和观察检查。

3　中倍数、高倍数泡沫产生器的发泡网前1.0m范围内不应有影响泡沫喷放的障碍物。

检查数量：全数检查。

检查方法：尺量和观察检查。

4　中倍数、高倍数泡沫产生器应整体安装，不得拆卸，并应牢固固定。

检查数量：全数检查。

检查方法：观察检查。

9.3.34　喷头的安装应符合下列规定：

1　喷头的规格、型号应符合设计要求，并应在系统试压、冲洗合格后安装。

检查数量：全数检查。

检查方法：观察和检查系统试压、冲洗记录。

2　喷头的安装应牢固、规整，安装时不得拆卸或损坏喷头上的附件。

检查数量：全数检查。

3　顶部安装的喷头应安装在被保护物的上部，其坐标的允许偏差，室外安装为15mm，室内安装为10mm；标高的允许偏差，室外安装为±15mm，室内安装为±10mm。

检查数量：按安装总数10％抽查，且不得少于4只，即支管两侧的分支管的始端及末端各1只。

检查方法：尺量检查。

4　侧向安装的喷头应安装在被保护物的侧面，并应对准被保护物体，其距离允许偏差为20mm。

检查数量：按安装总数的10％抽查，且不得少于4只。

检查方法：尺量检查。

5　地下安装的喷头应安装在被保护物的下方，并应在地面以下；在未喷射泡沫时，其顶部应低于地面10～15mm。

检查数量：按安装总数的10％抽查，且不得少于4只。

检查方法：尺量检查。

9.3.35　固定式泡沫炮的安装除应符合现行国家标准《固定消防炮灭火系统施工与验收规范》（GB 50498）外，尚应符合下列规定：

1　固定式泡沫炮的立管应垂直安装，炮口应朝向防护区，并不应有影响泡沫喷射的障碍物。

检查数量：全数检查。

检查方法：观察检查。

2　安装在炮塔或支架上的泡沫炮应牢固固定。

检查数量：全数检查。

检查方法：观察检查。

3　电动泡沫炮的控制设备、电源线、控制线的规格、型号及设置位置、敷设方式、接线等应符合设计要求。

检查数量：按安装总数 10% 抽查，且不得少于 1 个。

检查方法：观察检查。

9.3.36　泡沫喷雾系统泄压装置的泄压方向不应朝向操作面。

检查数量：全数检查。

检查方法：观察检查。

9.3.37　泡沫喷雾系统动力瓶组、驱动装置、减压装置上的压力表及储液罐上的液位计应安装在便于人员观察和操作的位置。

检查数量：全数检查。

检查方法：观察检查。

9.3.38　泡沫喷雾系统动力瓶组、驱动装置的储存容器外表面宜涂黑色，正面应标明动力瓶组、驱动装置和储存容器的编号。

检查数量：全数检查。

检查方法：观察检查。

9.3.39　泡沫喷雾系统集流管外表面宜涂红色，安装前应确保内腔清洁。

检查数量：全数检查。

检查方法：观察检查。

9.3.40　泡沫喷雾系统连接减压装置与集流管间的单向阀的流向指示箭头应指向介质流动方向。

检查数量：全数检查。

检查方法：观察检查。

9.3.41　泡沫喷雾系统分区阀的安装应符合下列规定：

1　分区阀操作手柄应安装在便于操作的位置，当安装高度超过 1.7m 时，应采取便于操作的措施。

检查数量：全数检查。

检查方法：观察检查。

2　分区阀与管网间宜采用法兰或沟槽连接。

检查数量：全数检查。

检查方法：观察检查。

3　分区阀上应设置标明防护区或保护对象名称或编号的永久性标志牌，并应便于观察。

检查数量：全数检查。

检查方法：观察检查。

9.3.42　泡沫喷雾系统动力瓶组、驱动气瓶的支、框架或箱体应固定牢靠，并做防腐处理；气瓶上应有标明气体介质名称和贮存压力的永久性标志，并应便于观察。

检查数量：全数检查。

检查方法：观察检查。

9.3.43 泡沫喷雾系统气动驱动装置的管道安装应符合下列规定：

1 管道布置应符合设计要求。

检查数量：全数检查。

检查方法：观察检查和用尺测量。

2 竖直管道应在其终端和终端设防晃支架或采用管卡固定。

检查数量：全数检查。

检查方法：观察检查和用尺测量。

3 水平管道应采用管卡固定，管卡的间距不宜大于0.6m，转弯处应增设1个管卡。

检查数量：全数检查。

检查方法：观察检查和用尺测量。

4 气动驱动装置的管道安装后应做气压严密性试验。

检查数量：全数检查。

检查方法：气动驱动装置的管道进行气压严密性试验时，应以不大于0.5MPa/s的升压速率缓慢升压至驱动气体储存压力，关断试验气源3min内压力降不超过压力的10%为合格。

9.3.44 泡沫喷雾系统动力瓶组和储罐之间的管道应在隔离储液罐后进行水压密封试验。

检查数量：全数检查。

检查方法：进行水压密封试验时，应以不大于0.5MPa/s的升压速率缓慢升压至动力瓶组的最大工作压力，保压5min，管道应无渗漏。

9.3.45 泡沫喷雾系统用于保护变压器时，喷头的安装应符合下列规定：

1 应保证有专门的喷头指向变压器绝缘子升高座孔口。

检查数量：全数检查。

检查方法：冷喷试验时，观察喷头的喷雾锥是否喷洒绝缘子升高座孔口。

2 喷头距带电体的距离应符合设计要求。

检查数量：全数检查。

检查方法：尺量检查。

七、管道及配件防腐、绝热检验批质量验收记录

1. 管道及配件防腐、绝热检验批质量验收记录采用《建筑工程资料管理规程》（DB11/T 695）表C7-4编制。

2. 管道及配件防腐、绝热检验批质量验收记录示例详见表8-78。

表8-78 管道及配件防腐、绝热检验批质量验收记录示例

XF040707 001

单位（子单位）工程名称	北京××大厦	分部（子分部）工程名称	消防工程分部——消防给水及灭火系统子分部	分项工程名称	水喷雾、细水雾灭火系统分项
施工单位	北京××集团	项目负责人	吴工	检验批容量	2组
分包单位	北京××消防工程公司	分包单位项目负责人	肖工	检验批部位	1号楼细水雾系统
施工依据	消防工程图纸、变更洽商（如有）、施工方案、《泡沫灭火系统技术标准》（GB 50151—2021）		验收依据		《建筑给水排水及采暖工程施工质量验收规范》（GB 50242—2002）《泡沫灭火系统技术标准》（GB 50151—2021）

续表

验收项目			设计要求及规范规定	最小/实际抽样数量	检查记录	检查结果
主控项目	1	室内直埋金属给水管道防腐	第4.2.4条	/	/	/
	2	室外给水，镀锌钢管、钢管埋地管道防腐	第9.2.6条	/	/	/
	3	埋地管道防腐	第9.3.19条第3款（GB 50151—2021）	/	/	/
	4	地上管道防腐	第9.3.19条第9款（GB 50151—2021）	全/2	共2处，全数检查，合格2处	√
一般项目	1	保温层允许偏差 厚度δ	$+0.1\delta$ -0.05δ	全/2	共2处，全数检查，合格2处	100%
		表面平整度 卷材	5mm	全/2	共2处，全数检查，合格2处	100%
		表面平整度 涂料	10mm	/	/	/

施工单位检查结果	所查项目全部合格 专业工长：签名 项目专业质量检查员：签名 2023年××月××日
监理单位验收结论	验收合格 专业监理工程师：签名 2023年××月××日

注：本表由施工单位填写。

3. 验收依据

【依据一】《建筑给水排水及采暖工程施工质量验收规范》（GB 50242—2002）

【条文摘录】

第4.2.4、4.4.8、9.2.6条（见第8.4.1条第八款《管道及配件防腐、绝热检验批质量验收记录》的验收依据，本书第277页）。

【依据二】《泡沫灭火系统技术标准》（GB 50151—2021）

【条文摘录】

9.3.19　管道的安装应符合下列规定：

3　埋地管道安装应符合下列规定：

1）埋地管道的基础应符合设计要求；

2）埋地管道安装前应做好防腐，安装时不应损坏防腐层；

3）埋地管道采用焊接时，焊缝部位应在试压合格后进行防腐处理；

4）埋地管道在回填前应进行隐蔽工程验收，合格后应及时回填，分层夯实，并应按本标准附录B表B.0.3进行记录。

检查数量：全数检查。

检查方法：观察检查。

9　地上管道应在试压、冲洗合格后进行涂漆防腐。

检查数量：全数检查。

检查方法：观察检查。

八、试验与调试检验批质量验收记录

1. 试验与调试检验批质量验收记录采用《建筑工程资料管理规程》（DB11/T 695）表C7-4编制。

2. 试验与调试检验批质量验收记录示例详见表8-79。

表8-79　试验与调试检验批质量验收记录示例

XF040708 001

单位（子单位）工程名称		北京××大厦		分部（子分部）工程名称	消防工程分部——消防给水及灭火系统子分部	分项工程名称	泡沫灭火系统分项
施工单位		北京××集团		项目负责人	吴工	检验批容量	2组
分包单位		北京××消防工程公司		分包单位项目负责人	肖工	检验批部位	园区泡沫灭火系统
施工依据		消防工程图纸、变更洽商（如有）、施工方案、《泡沫灭火系统技术标准》（GB 50151—2021）			验收依据	《泡沫灭火系统技术标准》（GB 50151—2021）	
		验收项目	设计要求及规范规定	最小/实际抽样数量	检查记录		检查结果
主控项目	1	泡沫比例混合器（装置）调试	第9.4.13条	/	调试合格，资料齐全		√
	2	泡沫产生装置的调试	第9.4.14条	/	调试合格，资料齐全		√
	3	报警阀的调试	第9.4.15条	/	调试合格，资料齐全		√
	4	泡沫消火栓冷喷试验	第9.4.16条	/	试验合格，资料齐全		√
	5	泡沫消火栓箱泡沫喷射试验	第9.4.17条	/	试验合格，资料齐全		√
	6	泡沫灭火系统的调试	第9.4.18条	/	调试合格，资料齐全		√
施工单位检查结果				所查项目全部合格 专业工长：签名 项目专业质量检查员：签名 2023年××月××日			
监理单位验收结论				验收合格 专业监理工程师：签名 2023年××月××日			

注：本表由施工单位填写。

3. 验收依据

【规范名称及编号】《泡沫灭火系统技术标准》（GB 50151—2021）

【条文摘录】

9.4.13　泡沫比例混合器（装置）调试时，应与系统喷泡沫试验同时进行，其混合比不应低于所选泡沫液的混合比。

检查数量：全数检查。

检查方法：用手持电导率测量仪测量。

9.4.14　泡沫产生装置的高度应符合下列规定：

1　低倍数泡沫产生器应进行喷水试验，其进口压力应符合设计要求。

检查数量：选择距离泡沫泵站最远的储罐和流量最大的储罐上设置的泡沫产生器进行试验。

检查方法：用压力表检查。当被保护储罐不允许喷水时，喷水口可设在靠近储罐的水平管道上。

关闭非试验储罐阀门，调节压力使之符合设计要求。

2 固定式泡沫炮应进行喷水试验，其进口压力、射程、射高、仰俯角度、水平回转角度等指标应符合设计要求。

检查数量：全数检查。

检查方法：用手动或电动实际操作，并用压力表、尺量和观察检查。

3 泡沫枪应进行喷水试验，其进口压力和射程应符合设计要求。

检查数量：全数检查。

检查方法：用压力表、尺量检查。

4 中倍数、高倍数泡沫产生器应进行喷水试验，其进口压力不应小于设计值，每台泡沫产生器发泡网的喷水状态应正常。

检查数量：全数检查。

检查方法：关闭非试验防护区的阀门，用压力表测量后进行计算和观察检查。

9.4.15 报警阀的调试应符合下列规定：

1 湿式报警阀调试时，在末端试水装置处放水，当湿式报警阀进口水压大于0.14MPa、放水流量大于1L/s时，报警阀应及时启动；带延迟器的水力警铃在5~90s内发出报警铃声，不带延迟器的水力警铃应在15s内发出报警铃声；压力开关应及时动作，启动消防泵并反馈信号。

检查数量：全数检查。

检查方法：使用压力表、流量计、秒表和观察检查。

2 干式报警阀调试时，开启系统试验阀，报警阀的启动时间、启动点压力、水流到试验装置出口所需时间均应符合设计要求。

检查数量：全数检查。

检查方法：使用压力表、流量计、秒表、声级计和观察检查。

3 雨淋阀调试宜利用检测、试验管道进行；雨淋阀的启动时间不应大于15s；当报警水压为0.05MPa时，水力警铃应发出报警铃声。

检查数量：全数检查。

检查方法：使用压力表、流量计、秒表、声级计和观察检查。

9.4.16 泡沫消火栓应进行冷喷试验，其出口压力应符合设计要求，冷喷试验应与系统调试试验同时进行。

检查数量：选择保护最远储罐和所需泡沫混合液流量最大储罐的消火栓，按设计使用数量检测。

检查方法：用压力表测量。

9.4.17 泡沫消火栓箱应进行泡沫喷射试验，其射程应符合设计要求，发泡倍数应符合相关产品标准的要求。

检查数量：按10%抽查，且不少于2个。

检查方法：射程用尺检查，发泡倍数按本准附录C的方法测量。

9.4.18 泡沫灭火系统的调试应符合下列规定：

1 当为手动灭火系统时，应以手动控制的方式进行一次喷水试验；当为自动灭火系统时，应以手动和自动控制的方式各进行一次喷水试验，系统流量、泡沫产生装置的工作压力、比例混合装置的工作压力、系统的响应时间均应达到设计要求。

检查数量：当为手动灭火系统时，选择最远的防护区或储罐；当为自动灭火系统时，选择所需泡沫混合液流量最大和最远的两个防护区或储罐分别以手动和自动的方式进行试验。

检查方法：用压力表、流量计、秒表测量。

2 低倍数泡沫灭火系统按本条第1款的规定喷水试验完毕，将水放空后进行喷泡沫试验；当为自动灭火系统时，应以自动控制的方式进行；喷射泡沫的时间不宜小于1min；实测泡沫混合液的流量、发泡倍数及到达最远防护区或储罐的时间应符合设计要求，混合比不应低于所选泡沫液的混合比。

检查数量：选择最远的防护区或储罐，进行一次试验。

检查方法：泡沫混合液的流量用流量计测量；混合比按本标准第9.4.13条的检查方法测量发泡倍数按本标准附录C的方法测量；喷射泡沫的时间和泡沫混合液或泡沫到达最远防护区或储罐的时间用秒表测量。

3　中倍数、高倍数泡沫灭火系统按本条第1款的规定喷水试验完毕，将水放空后进行喷泡沫试验，当为自动灭火系统时，应以自动控制的方式对防护区进行喷泡沫试验，喷射泡沫的时间不宜小于30s，实测泡沫供给速率及自接到火灾模拟信号至开始喷泡沫的时间应符合设计要求，混合比不应低于所选泡沫液的混合比。

检查数量：全数检查。

检查方法：泡沫混合液的混合比按本标准第9.4.13条的检查方法测量；泡沫供给速率的检查方法应记录各泡沫产生器进口端压力表读数，用秒表测量喷射泡沫的时间，然后按制造商给出的曲线查出对应的发泡量，经计算得出泡沫供给速率，泡沫供给速率不应小于设计要求的最小供给速率；喷射泡沫的时间和自接到火灾模拟信号至开始喷泡沫的时间，用秒表测量。

4　泡沫-水雨淋系统系统按本条第1款的规定喷水试验完毕，将水放空后，应以自动控制的方式对防护区进行喷泡沫试验，喷洒稳定后的喷泡沫时间不宜小于1min，实测泡沫试验，喷洒稳定后的喷泡沫时间不宜小于1min，实测泡沫混合液发泡倍数及自接到火灾模拟信号至开始喷泡沫的时间，应符合设计要求，混合比不应低于所选泡沫液的混合比。

检查数量：选择最远防护区进行一次试验。

检查方法：泡沫混合液的混合比按本标准第9.4.13条的检查方法测量；泡沫混合液的发泡倍数按本标准附录C的方法测量；喷射泡沫的时间和自接到火灾模拟信号至开始喷泡沫的时间，用秒表测量。

5　闭式泡沫-水喷淋系统按本条第1款的规定喷水试验完毕后，应以手动方式分别进行最大流量和8L/s流量的喷泡沫试验，喷洒稳定后的喷泡沫时间不宜小于1min，自系统手动启动至开始喷泡沫的时间应符合设计要求，混合比不应低于所选泡沫液的混合比。

检查数量：按最大流量和8L/s流量各进行一次试验，按8L/s流量进行试验时应选择最远端试水装置进行。

检查方法：泡沫混合液的混合比按本标准第9.4.13条的检查方法测量；喷射泡沫的时间和自系统手动启动至开始喷泡沫的时间，用秒表测量。

6　泡沫喷雾系统的调试应符合下列规定：

1）采用比例混合装置的泡沫喷雾系统，应以自动控制的方式对防护区进行一次喷泡沫试验。喷洒稳定后的喷泡沫时间不宜小于1min，自系统启动至开始喷泡沫的时间应符合设计要求，混合比不应低于所选泡沫液的混合比。对于保护变压器的泡沫喷雾系统，应观察喷头的喷雾锥是否喷洒到绝缘子升高座孔口。

检查数量：选择最远防护区进行试验。

检查方法：泡沫混合液的混合比按本标准第9.4.13的检查方法测量，时间用秒表测量，喷雾情况通过观察检查。

2）采用压缩氮气瓶组驱动的泡沫喷雾系统，应以手动和自动控制的方式分别对防护区各进行一次喷水试验。以自动控制的方式进行喷水试验时，随机启动两个动力瓶组，系统接到火灾模拟信号后应能准确开启对应防护区的阀门，系统自接到火灾模拟信号至开始喷水的时间应符合设计要求；以手动控制的方式进行喷水试验时，按设计瓶组数开启，系统自接到手动开启信号至开始喷水的时间、系统流量和连续喷射时间应符合设计要求。对于保护变压器的泡沫喷雾系统，应观察喷头的喷雾锥是否喷洒到绝缘子升高座孔口。

　　检查数量：选择最远防护区进行试验。

　　检查方法：系统流量用流量计测量，时间用秒表测量，喷雾情况通过观察检查。

8.4.8　建筑灭火器分项

一、手提式灭火器安装设置检验批质量验收记录

　　1. 手提式灭火器安装检验批质量验收记录采用《建筑工程资料管理规程》（DB11/T 695）表 C7-4 编制。

　　2. 手提式灭火器安装检验批质量验收记录示例详见表 8-80。

表 8-80　手提式灭火器安装设置检验批质量验收记录示例

XF040801 001

单位（子单位）工程名称		北京××大厦	分部（子分部）工程名称	消防工程分部——消防给水及灭火系统子分部	分项工程名称	建筑灭火器分项
施工单位		北京××集团	项目负责人	吴工	检验批容量	25 组
分包单位		北京××消防工程公司	分包单位项目负责人	肖工	检验批部位	1 号楼
施工依据		消防工程图纸、变更洽商（如有）、施工方案		验收依据	《建筑灭火器配置验收及检查规范》（GB 50444—2008）	
验收项目			设计要求及规范规定	最小/实际抽样数量	检查记录	检查结果
主控项目	1	手提式灭火器安装设置位置	第 3.2.1 条	全/25	共 25 处，全数检查，合格 25 处	√
	2	灭火器箱不应被遮挡、上锁或拴系	第 3.2.2 条	全/25	共 25 处，全数检查，合格 25 处	√
	3	灭火器箱箱门翻盖	第 3.2.3 条	全/25	共 25 处，全数检查，合格 25 处	√
	4	挂钩托架承载能力	第 3.2.4 条	全/25	共 25 处，全数检查，合格 25 处	√
	5	挂钩托架安装	第 3.2.5 条	全/25	共 25 处，全数检查，合格 25 处	√
	6	设夹持带的挂钩托架	第 3.2.6 条	全/25	共 25 处，全数检查，合格 25 处	√
	7	嵌墙式灭火器箱及挂钩托架安装高度	第 3.2.7 条	全/25	共 25 处，全数检查，合格 25 处	√
	8	有视线障碍的设置点	第 3.4.1 条	全/25	共 25 处，全数检查，合格 25 处	√
	9	箱体正面及墙面标志	第 3.4.2 条	全/25	共 25 处，全数检查，合格 25 处	√
	10	室外设置保护措施	第 3.4.3 条	全/25	共 25 处，全数检查，合格 25 处	√
	11	防湿防腐蚀措施	第 3.4.4 条	全/25	共 25 处，全数检查，合格 25 处	√
施工单位检查结果				所查项目全部合格 专业工长：签名 项目专业质量检查员：签名 2023 年××月××日		
监理单位验收结论				验收合格 专业监理工程师：签名 2023 年××月××日		

注：本表由施工单位填写。

3. 验收依据

【规范名称及编号】《建筑灭火器配置验收及检查规范》（GB 50444—2008）

【条文摘录】

3.2 手提式灭火器的安装设置

3.2.1 手提式灭火器宜设置在灭火器箱内或挂钩、托架上。对于环境干燥、洁净的场所，手提式灭火器可直接放置在地面上。

检查数量：全数检查。

检查方法：观察检查。

3.2.2 灭火器箱不应被遮挡、上锁或拴系。

检查数量：全数检查。

检查方法：观察检查。

3.2.3 灭火器箱的箱门开启应方便灵活，其箱门开启后不得阻挡人员安全疏散。除不影响灭火器取用和人员疏散的场合外，开门型灭火器箱的箱门开启角度不应小于175°，翻盖型灭火器箱的翻盖开启角度不应小于100°。

检查数量：全数检查。

检查方法：观察检查与实测。

3.2.4 挂钩、托架安装后应能承受一定的静载荷，不应出现松动、脱落、断裂和明显变形。

检查数量：随机抽查20%，但不少于3个；总数少于3个时，全数检查。

检查方法：以5倍的手提式灭火器的载荷悬挂于挂钩、托架上，作用5min，观察是否出现松动、脱落、断裂和明显变形等现象；当5倍的手提式灭火器质量小于45kg时，应按45kg进行检查。

3.2.5 挂钩、托架安装应符合下列要求：

1 应保证可用徒手的方式便捷地取用设置在挂钩、托架上的手提式灭火器；

2 当两具及两具以上的手提式灭火器相邻设置在挂钩、托架上时，应可任意地取用其中一具。

检查数量：随机抽查20%，但不少于3个；总数少于3个时，全数检查。

检查方法：观察检查和实际操作。

3.2.6 设有夹持带的挂钩、托架，夹持带的打开方式应从正面可以看到。当夹持带打开时，灭火器不应掉落。

检查数量：随机抽查20%，但不少于3个；总数少于3个时，全数检查。

检查方法：观察检查与实际操作。

3.2.7 嵌墙式灭火器箱及挂钩、托架的安装高度应满足手提式灭火器顶部离地面距离不大于1.50m，底部离地面距离不小于0.08m的规定。

检查数量：随机抽查20%，但不少于3个；总数少于3个时，全数检查。

检查方法：观察检查与实测。

3.4 其他

3.4.1 在有视线障碍的设置点安装设置灭火器时，应在醒目的地方设置指示灭火器位置的发光标志。

检查数量：全数检查。

检查方法：观察检查。

3.4.2 在灭火器箱的箱体正面和灭火器设置点附近的墙面上应设置指示灭火器位置的标志，并宜选用发光标志。

检查数量：全数检查。

检查方法：观察检查。

3.4.3 设置在室外的灭火器应采取防湿、防寒、防晒等相应保护措施。

检查数量：全数检查。

检查方法：观察检查。

3.4.4 当灭火器设置在潮湿性或腐蚀性的场所时,应采取防湿或防腐蚀措施。

检查数量:全数检查。

检查方法:观察检查。

二、推车式灭火器安装设置检验批质量验收记录

1. 推车式灭火器安装检验批质量验收记录采用《建筑工程资料管理规程》(DB11/T 695)表C7-4编制。

2. 推车式灭火器安装检验批质量验收记录示例详见表8-81。

表8-81 推车式灭火器安装设置检验批质量验收记录示例

XF040802 001

单位(子单位)工程名称		北京××大厦		分部(子分部)工程名称	消防工程分部——消防给水及灭火系统子分部	分项工程名称	建筑灭火器分项
施工单位		北京××集团	项目负责人	吴工		检验批容量	2组
分包单位		北京××消防工程公司	分包单位项目负责人	肖工		检验批部位	1号楼
施工依据		消防工程图纸、变更洽商(如有)、施工方案			验收依据	《建筑灭火器配置验收及检查规范》(GB 50444—2008)	

		验收项目	设计要求及规范规定	最小/实际抽样数量	检查记录	检查结果
主控项目	1	推车式灭火器设置位置	第3.3.1条	全/2	共2处,全数检查,合格2处	√
	2	推车式灭火器设置和固定措施	第3.3.2条	全/2	共2处,全数检查,合格2处	√
	3	有视线障碍的设置点	第3.4.1条	全/2	共2处,全数检查,合格2处	√
	4	室外设置保护措施	第3.4.3条	全/2	共2处,全数检查,合格2处	√
	5	防湿防腐蚀措施	第3.4.4条	全/2	共2处,全数检查,合格2处	√

施工单位检查结果	所查项目全部合格 专业工长:签名 项目专业质量检查员:签名 2023年××月××日
监理单位验收结论	验收合格 专业监理工程师:签名 2023年××月××日

注:本表由施工单位填写。

3. 验收依据

【规范名称及编号】《建筑灭火器配置验收及检查规范》(GB 50444—2008)

【条文摘录】

3.3 推车式灭火器的设置

3.3.1 推车式灭火器宜设置在平坦场地,不得设置在台阶上。在没有外力作用下,推车式灭火器不得自行滑动。

检查数量:全数检查。

检查方法:观察检查。

3.3.2 推车式灭火器的设置和防止自行滑动的固定措施等均不得影响其操作使用和正常行驶移动。

检查数量:全数检查。

检查方法:观察检查。

3.4 其他

3.4.1 在有视线障碍的设置点安装设置灭火器时，应在醒目的地方设置指示灭火器位置的发光标志。

检查数量：全数检查。

检查方法：观察检查。

3.4.2 在灭火器箱的箱体正面和灭火器设置点附近的墙面上应设置指示灭火器位置的标志，并宜选用发光标志。

检查数量：全数检查。

检查方法：观察检查。

3.4.3 设置在室外的灭火器应采取防湿、防寒、防晒等相应保护措施。

检查数量：全数检查。

检查方法：观察检查。

3.4.4 当灭火器设置在潮湿性或腐蚀性的场所时，应采取防湿或防腐蚀措施。

检查数量：全数检查。

检查方法：观察检查。

三、灭火器配置检验批质量验收记录

1. 灭火器配置检验批质量验收记录采用《建筑工程资料管理规程》（DB11/T 695）表C7-4编制。

2. 灭火器配置检验批质量验收记录示例详见表8-82。

表8-82 灭火器配置检验批质量验收记录示例

XF040803 001

单位（子单位）工程名称		北京××大厦	分部（子分部）工程名称	消防工程分部——消防给水及灭火系统子分部	分项工程名称	建筑灭火器分项
施工单位		北京××集团	项目负责人	吴工	检验批容量	25组
分包单位		北京××消防工程公司	分包单位项目负责人	肖工	检验批部位	1号楼
施工依据		消防工程图纸、变更洽商（如有）、施工方案		验收依据	《建筑灭火器配置验收及检查规范》（GB 50444—2008）	
验收项目			设计要求及规范规定	最小/实际抽样数量	检查记录	检查结果
主控项目	1	类型、规格、灭火级别和配置数量	第4.2.1条	全/25	共25处，全数检查，合格25处	√
	2	产品质量	第4.2.2条	全/25	共25处，全数检查，合格25处	√
	3	同一灭火器配置单元灭火剂相容	第4.2.3条	全/25	共25处，全数检查，合格25处	√
	4	灭火器的保护距离	第4.2.4条	全/25	共25处，全数检查，合格25处	√
	5	灭火器设置点	第4.2.5条	全/25	共25处，全数检查，合格25处	√
	6	灭火器箱	第4.2.6条	全/25	共25处，全数检查，合格25处	√
	7	灭火器的挂钩、托架	第4.2.7条	全/25	共25处，全数检查，合格25处	√
	8	灭火器的设置高度	第4.2.8条	全/25	共25处，全数检查，合格25处	√
	9	推车式灭火器的设置	第4.2.9条	全/25	共25处，全数检查，合格25处	√
	10	灭火器的位置标识	第4.2.10条	全/25	共25处，全数检查，合格25处	√
	11	灭火器设置点环境	第4.2.11条	全/25	共25处，全数检查，合格25处	√

续表

施工单位 检查结果	所查项目全部合格
	专业工长：签名
	项目专业质量检查员：签名
	2023年××月××日
监理单位 验收结论	验收合格
	专业监理工程师：签名
	2023年××月××日

注：本表由施工单位填写。

3. 验收依据

【规范名称及编号】《建筑灭火器配置验收及检查规范》（GB 50444—2008）

【条文摘录】

4.2 配置验收

4.2.1 灭火器的类型、规格、灭火级别和配置数量应符合建筑灭火器配置设计要求。

检查数量：按照灭火器配置单元的总数，随机抽查20％，并不得少于3个；少于3个配置单元的，全数检查。歌舞娱乐放映游艺场所、甲乙类火灾危险性场所、文物保护单位，全数检查。

验收方法：对照建筑灭火器配置设计图进行。

4.2.2 灭火器的产品质量必须符合国家有关产品标准的要求。

检查数量：随机抽查20％，查看灭火器的外观质量。全数检查灭火器的合格手续。

验收方法：现场直观检查，查验产品有关质量证书。

4.2.3 在同一灭火器配置单元内，采用不同类型灭火器时，其灭火剂应能相容。

检查数量：随机抽查20％。

验收方法：对照建筑灭火器配置设计文件和灭火器铭牌，现场核实。

4.2.4 灭火器的保护距离应符合现行国家标准《建筑灭火器配置设计规范》（GB 50140）的有关规定，灭火器的设置应保证配置场所的任一点都在灭火器设置点的保护范围内。

检查数量：按照灭火器配置单元的总数，随机抽查20％；少于3个配置单元的，全数检查。

验收方法：用尺丈量。

4.2.5 灭火器设置点附近应无障碍物，取用灭火器方便，且不得影响人员安全疏散。

检查数量：全数检查。

验收方法：观察检查。

4.2.6 灭火器箱应符合本规范第3.2.2、3.2.3条的规定。

检查数量：随机抽查20％，但不少于3个；少于3个全数检查。

验收方法：观察检查与实测。

4.2.7 灭火器的挂钩、托架应符合本规范第3.2.4～3.2.6条的规定。

检查数量：随机抽查5％，但不少于3个；少于3个全数检查。

验收方法：观察检查与实测。

4.2.8 灭火器采用挂钩、托架或嵌墙式灭火器箱安装设置时，灭火器的设置高度应符合现行国家标准《建筑灭火器配置设计规范》（GB 50140）的要求，其设置点与设计点的垂直偏差不应大于0.01m。

检查数量：随机抽查20％，但不少于3个；少于3个全数检查。

验收方法：观察检查与实测。

4.2.9 推车式灭火器的设置，应符合本规范第3.3.1、3.3.2条的规定。

检查数量：全数检查。

验收方法：观察检查。

4.2.10 灭火器的位置标识，应符合本规范第 3.4.1、3.4.2 条的规定。

检查数量：全数检查。

验收方法：观察检查。

4.2.11 灭火器的摆放应稳固。灭火器的设置点应通风、干燥、洁净，其环境温度不得超出灭火器的使用温度范围。设置在室外和特殊场所的灭火器应采取相应的保护措施。

检查数量：全数检查。

验收方法：观察检查。

8.5 消防电气和火灾自动报警系统子分部检验批示例和验收依据

8.5.1 消防电源及配电分项

一、成套配电柜、控制柜（屏、台）和动力、照明配电箱（盘）安装检验批质量验收记录

1. 成套配电柜、控制柜（屏、台）和动力、照明配电箱（盘）安装检验批质量验收记录采用《建筑工程资料管理规程》（DB11/T 695）表 C7-4 编制。

2. 成套配电柜、控制柜（屏、台）和动力、照明配电箱（盘）安装检验批质量验收记录示例详见表 8-83。

表 8-83 成套配电柜、控制柜（屏、台）和动力、照明配电箱（盘）安装检验批质量验收记录示例

XF050101 001

单位（子单位）工程名称	北京××大厦	分部（子分部）工程名称	消防工程分部——消防电气和火灾自动报警系统子分部	分项工程名称	消防电源及配电分项
施工单位	北京××集团	项目负责人	吴工	检验批容量	2 台
分包单位	北京××消防工程公司	分包单位项目负责人	肖工	检验批部位	消防配电间
施工依据	消防工程图纸、变更洽商（如有）、施工方案、《建筑工程施工工艺规程 第17部分：电气动力安装工程》（DB11/T 1832.17—2021）		验收依据	《建筑电气工程施工质量验收规范》（GB 50303—2015）	

		验收项目	设计要求及规范规定	最小/实际抽样数量	检查记录	检查结果
主控项目	1	金属框架及基础型钢的接地或接零	第 5.1.1 条	/	试验合格，资料齐全	√
	2	电击保护和保护导体截面积	第 5.1.2 条	/	试验合格，资料齐全	√
	3	手车抽出式柜的推拉和动、静触头检查	第 5.1.3 条	/	/	/
	4	高压成套配电柜的交接试验	第 5.1.4 条	/	/	/
	5	低压成套配电柜的交接试验	第 5.1.6 条	/	试验合格，资料齐全	√
	6	柜间线路绝缘电阻测试	第 5.1.6 条	/	试验合格，资料齐全	√
	7	直流柜、直流屏、整流器	第 5.1.7 条	/	试验合格，资料齐全	√
	8	回路末端检查	第 5.1.8 条	/	试验合格，资料齐全	√

续表

验收项目					设计要求及规范规定	最小/实际抽样数量	检查记录	检查结果
主控项目	9	剩余动作电流测试			第5.1.9条	/	试验合格，资料齐全	√
	10	电涌保护器安装			第5.1.10条	/	试验合格，资料齐全	√
	11	IT系统绝缘监测器报警功能应符合设计要求			第5.1.11条	/	试验合格，资料齐全	√
	12	照明配电箱（盘）安装符合规范规定			第5.1.12条	/	试验合格，资料齐全	√
	13	送至变送器电量信号和断路器动作			第5.1.13条	/	试验合格，资料齐全	√
一般项目	1	基础型钢安装	不直度（mm）	每米	≤1	1/1	抽查1处，合格1处	100%
				全长	≤5	/	/	/
			水平度（mm）	每米	≤1	1/1	抽查1处，合格1处	100%
				全长	≤5	/	/	/
			不平行度（mm/全长）		≤5	/	/	/
	2	柜、台、箱、盘的布置及安全间距符合设计要求			第5.2.2条	全/2	共2处，全数检查，合格2处	100%
	3	柜、台、箱、盘间或与基础型钢的连接及进出口防火封堵			第5.2.3条	1/1	抽查1处，合格1处	100%
	4	室外安装落地式配电（控制）柜、箱的基础应符合规范要求			第5.2.4条	全/2	共2处，全数检查，合格2处	100%
	5	柜、台、箱、盘安装	牢固且不应设置在水管的正下方		第5.2.5条	1/1	抽查1处，合格1处	100%
			垂直度		1.5‰	1/1	抽查1处，合格1处	100%
			相互间接缝		2mm	1/1	抽查1处，合格1处	100%
			成列盘面		5mm	1/1	抽查1处，合格1处	100%
	6	柜、台、箱、盘内部检查试验			第5.2.6条	1/1	抽查1处，合格1处	100%
	7	低压电器组合			第5.2.7条	1/1	抽查1处，合格1处	100%
	8	柜、台、箱、盘间配线			第5.2.8条	1/1	抽查1处，合格1处	100%
	9	柜、台、箱、盘面板上的电器及电线导线			第5.2.9条	1/1	抽查1处，合格1处	100%
	10	照明配电箱（盘）安装	箱体质量		第5.2.10条	1/1	抽查1处，合格1处	100%
			箱（盘）内回路编号、标识		第5.2.10条	1/1	抽查1处，合格1处	100%
			箱（盘）制作材料		第5.2.10条	1/1	抽查1处，合格1处	100%
			安装质量		第5.2.10条	1/1	抽查1处，合格1处	100%
			垂直度		1.5‰	1/1	抽查1处，合格1处	100%

施工单位检查结果	所查项目全部合格 专业工长：签名 项目专业质量检查员：签名 2023年××月××日

监理单位 验收结论	验收合格 专业监理工程师：签名 2023年××月××日

注：本表由施工单位填写。

3. 验收依据

【规范名称及编号】《建筑电气工程施工质量验收规范》（GB 50303—2015）

【条文摘录】

5 成套配电柜、控制柜（台、箱）和配电箱（盘）安装

5.1 主控项目

5.1.1 柜、台、箱的金属框架及基础型钢应与保护导体可靠连接对于装有电器的可开启门，门和金属框架的接地端子间应选用截面积不小于 $4mm^2$ 的黄绿色绝缘铜芯软导线连接，并应有标识。

检查数量：全数检查。

检查方法：观察检查。

5.1.2 柜、台、箱、盘等配电装置应有可靠的防电击保护装置内保护接地导体（PE）排应有裸露的连接外部保护接地导体的端子，并应可靠连接。当设计未做要求时，连接导体最小截面积应符合现行国家标准《低压配电设计规范》（GB 50054）的规定。

检查数量：全数检查。

检查方法：观察检查并采用力矩扳手检查。

5.1.3 手车、抽屉式成套配电柜推拉应灵活，无卡阻碰撞现象。动触头与静触头的中心线应一致，且触头接触应紧密，投入时，接地触头应先于主触头接触退出时，接地触头应后于主触头脱开。

检查数量：全数检查。

检查方法：观察检查。

5.1.4 高压成套配电柜应按本规范第3.1.5条的规定进行交接试验，并应合格，且应符合下列规定：

1 继电保护元器件、逻辑元件、变送器和控制用计算机等单体校验应合格，整组试验动作应正确，整定参数应符合设计要求；

2 新型高压电气设备和继电保护装置投入使用前，应按产品技术文件要求进行交接试验。

检查数量：全数检查。

检查方法：模拟试验检查或查阅交接试验记录。

5.1.5 低压成套配电柜交接试验应符合本规范第4.1.6条第3款的规定。

检查数量：全数检查。

检查方法：用绝缘电阻测试仪测试、试验时观察检查或查阅交接试验记录。

5.1.6 对于低压成套配电柜、箱及控制柜（台、箱）间线路的线间和线对地间绝缘电阻值，馈电线路不应小于 $0.5M\Omega$，二次回路不应小于 $1M\Omega$ 二次回路的耐压试验电压应为1000V，当回路绝缘电阻值大于 $10M\Omega$ 时，应采用2500V兆欧表代替，试验持续时间应为1min或符合产品技术文件要求。

检查数量：按每个检验批的配线回路数量抽查20％，且不得少于1个回路。

检查方法：用绝缘电阻测试仪测试或试验、测试时观察检查或查阅绝缘电阻测试记录。

5.1.7 直流柜试验时，应将屏内电子器件从线路上退出，主回路线间和线对地间绝缘电阻值不应小于 $0.5M\Omega$，直流屏所附蓄电池组的充、放电应符合产品技术文件要求整流器的控制调整和输出特性试验应符合产品技术文件要求。

检查数量：全数检查。

检查方法：用绝缘电阻测试仪测试，调整试验时观察检查或查阅试验记录。

5.1.8　低压成套配电柜和配电箱（盘）内末端用电回路中，所设过电流保护电器兼作故障防护时，应在回路末端测量接地故障回路阻抗，且回路阻抗应满足下式要求：

$$Z_s(m) \leqslant \frac{2}{3} \times \frac{U_0}{I_a}$$

式中　$Z_s(m)$——实测接地故障回路阻抗（Ω）；

$\quad\quad U_0$——相导体对接地的中性导体的电压（V）；

$\quad\quad I_a$——保护电器在规定时间内切断故障回路的动作电流（A）。

检查数量：按末级配电箱（盘、柜）总数量抽查 20%，每个被抽查的末级配电箱至少应抽查 1 个回路，且不应少于 1 个末级配电箱。

检查方法：仪表测试并查阅试验记录。

5.1.9　配电箱（盘）内的剩余电流动作保护器（RCD）应在施加额定剩余动作电流（I）的情况下测试动作时间，且测试值应符合设计要求。

检查数量：每个配电箱（盘）不少于 1 个。

检查方法：仪表测试并查阅试验记录。

5.1.10　柜、箱、盘内电涌保护器（SPD）安装应符合下列规定：

1　SPD 的型号规格及安装布置应符合设计要求；

2　SPD 的接线形式应符合设计要求，接地导线的位置不宜靠近出线位置；

3　SPD 的连接导线应平直、足够短，且不宜大于 0.5m。

检查数量：按每个检验批电涌保护器（SPD）的数量抽查 20%，且不得少于 1 个。

检查方法：观察检查。

5.1.11　IT 系统绝缘监测器（IMD）的报警功能应符合设计要求。

检查数量：全数检查。

检查方法：仪表测试。

5.1.12　照明配电箱（盘）安装应符合下列规定：

1　箱（盘）内配线应整齐、无绞接现象导线连接应紧密、不伤线芯、不断股垫圈下螺丝两侧压的导线截面积应相同，同一电器器件端子上的导线连接不应多于 2 根，防松垫圈等零件应齐全；

2　箱（盘）内开关动作应灵活可靠；

3　箱（盘）内宜分别设置中性导体（N）和保护接地导体（PE）汇流排，汇流排上同一端子不应连接不同回路的 N 或 PE。

检查数量：按照明配电箱（盘）数量抽查 10%，且不得少于 1 台。

检查方法：观察检查及操作检查，螺丝刀拧紧检查。

5.1.13　送至建筑智能化工程变送器的电量信号精度等级应符合设计要求，状态信号应正确接收建筑智能化工程的指令应使建筑电气工程的断路器动作符合指令要求，且手动、自动切换功能均应正常。

检查数量：全数检查。

检查方法：模拟试验时观察检查或查阅检查记录。

5.2　一般项目

5.2.1　基础型钢安装允许偏差应符合表 5.2.1 的规定。

检查数量：按总数抽查 20%，且不得少于 1 台。

检查方法：水平仪或拉线尺量检查。

表 5.2.1 基础型钢安装允许偏差

项目	允许偏差（mm）	
	每米	全长
不直度	1.0	5.0
水平度	1.0	5.0
不平行度	—	5.0

5.2.2 柜、台、箱、盘的布置及安全间距应符合设计要求。

检查数量：全数检查。

检查方法：尺量检查。

5.2.3 柜、台、箱相互间或与基础型钢间应用镀锌螺栓连接，且防松零件应齐全。当设计有防火要求时，柜、台、箱的进出口应做防火封堵，并应封堵严密。

检查数量：按柜、台、箱总数抽查10%，且各不得少于1台。

检查方法：观察检查。

5.2.4 室外安装的落地式配电（控制）柜、箱的基础应高于地坪，周围排水应通畅，其底座周围应采取封闭措施。

检查数量：全数检查。

检查方法：观察检查。

5.2.5 柜、台、箱、盘应安装牢固，且不应设置在水管的正下方。柜、台、箱、盘安装垂直度允许偏差不应大于1.5‰，相互间接缝不应大于2mm，成列盘面偏差不应大于5mm。

检查数量：按总数抽查10%，且不得少于1台。

检查方法：线坠尺量检查、塞尺检查、拉线尺量检查。

5.2.6 柜、台、箱、盘内检查试验应符合下列规定：

1 控制开关及保护装置的规格、型号应符合设计要求；

2 闭锁装置动作应准确、可靠；

3 主开关的辅助开关切换动作应与主开关动作一致；

4 柜、台、箱、盘上的标识器件应标明被控设备编号及名称或操作位置，接线端子应有编号，且清晰、工整、不易脱色；

5 回路中的电子元件不应参加交流工频耐压试验，50V及以下回路可不做交流工频耐压试验。

检查数量：按柜、台、箱、盘总数抽查10%，且不得少于1台。

检查方法：观察检查并按设计图核对规格型号。

5.2.7 低压电器组合应符合下列规定：

1 发热元件应安装在散热良好的位置；

2 熔断器的熔体规格、断路器的整定值应符合设计要求；

3 切换压板应接触良好，相邻压板间应有安全距离，切换时不应触及相邻的压板；

4 信号回路的信号灯、按钮、光字牌、电铃、电笛、事故电钟等动作和信号显示应准确；

5 金属外壳需做电击防护时，应与保护导体可靠连接；

6 端子排应安装牢固，端子应有序号，强电、弱电端子应隔离布置，端子规格应与导线截面积大小适配。

检查数量：按低压电器组合完成后的总数抽查10%，且不得少于1台。

检查方法：观察检查并按设计图核对电器技术参数。

5.2.8　柜、台、箱、盘间配线应符合下列规定：

1　二次回路接线应符合设计要求，除电子元件回路或类似回路外，回路的绝缘导线额定电压不应低于450/750V对于铜芯绝缘导线或电缆的导体截面积，电流回路不应小于2.5mm²，其他回路不应小于1.5mm²；

2　二次回路连线应成束绑扎，不同电压等级、交流、直流线路及计算机控制线路应分别绑扎，且应有标识固定后不应妨碍手车开关或抽出式部件的拉出或推入；

3　线缆的弯曲半径不应小于线缆允许弯曲半径；

4　导线连接不应损伤线芯。

检查数量：按柜、台、箱、盘总数抽查10%，且不得少于1台。

检查方法：观察检查。

5.2.9　柜、台、箱、盘面板上的电器连接导线应符合下列规定：

1　连接导线应采用多芯铜芯绝缘软导线，敷设长度应留有适当裕量；

2　线束宜有外套塑料管等加强绝缘保护层；

3　与电器连接时，端部应绞紧、不松散、不断股，其端部可采用不开口的终端端子或搪锡；

4　可转动部位的两端应采用卡子固定。

检查数量：按柜、台、箱、盘总数抽查10%，且不得少于1台。

检查方法：观察检查。

5.2.10　照明配电箱（盘）安装应符合下列规定：

1　箱体开孔应与导管管径适配，暗装配电箱箱盖应紧贴墙面，箱（盘）涂层应完整；

2　箱（盘）内回路编号应齐全，标识应正确；

3　箱（盘）应采用不燃材料制作；

4　箱（盘）应安装牢固、位置正确、部件齐全，安装高度应符合设计要求，垂直度允许偏差不应大于1.5‰。

检查数量：按照明配电箱（盘）总数抽查10%，且不得少于1台。

检查方法：观察检查并用线坠尺量检查。

二、柴油发电机组安装检验批质量验收记录

1.柴油发电机组安装检验批质量验收记录采用《建筑工程资料管理规程》（DB11/T 695）表C7-4编制。

2.柴油发电机组安装检验批质量验收记录示例详见表8-84。

表8-84　柴油发电机组安装检验批质量验收记录示例

XF050102 001

单位（子单位）工程名称	北京××大厦	分部（子分部）工程名称	消防工程分部——消防电气和火灾自动报警系统子分部	分项工程名称	消防电源及配电分项
施工单位	北京××集团	项目负责人	吴工	检验批容量	2台
分包单位	北京××消防工程公司	分包单位项目负责人	肖工	检验批部位	消防配电间
施工依据	消防工程图纸、变更洽商（如有）、施工方案、《建筑工程施工工艺规程 第17部分：电气动力安装工程》（DB11/T 1832.17-2021）		验收依据	《建筑电气工程施工质量验收规范》（GB 50303—2015）	

续表

验收项目			设计要求及规范规定	最小/实际抽样数量	检查记录	检查结果
主控项目	1	发电机交接试验	第7.1.1条	/	试验合格，资料齐全	√
	2	馈电线路的绝缘电阻和耐压试验	第7.1.2条	/	试验合格，资料齐全	√
	3	柴油发电机馈电线路连接后，两端的相序应与原供电系统的相序一致	第7.1.3条	全/2	共2处，全数检查，合格2处	√
	4	柴油发电机并列运行	第7.1.4条	全/2	共2处，全数检查，合格2处	√
	5	中性点接地及接地电阻值	第7.1.5条	/	试验合格，资料齐全	√
	6	外露可导电部分应与保护导体连接	第7.1.6条	全/2	共2处，全数检查，合格2处	√
	7	燃油系统的设备及管道的防静电接地	第7.1.7条	全/2	共2处，全数检查，合格2处	√
一般项目	1	发电机组随机的配电柜、控制柜	第7.2.1条	全/2	共2处，全数检查，合格2处	100%
	2	受电侧配电柜的开关设备、自动或手动切换装置和保护装置等的试验	第7.2.2条	/	试验合格，资料齐全	√
施工单位检查结果				所查项目全部合格 专业工长：签名 项目专业质量检查员：签名 2023年××月××日		
监理单位验收结论				验收合格 专业监理工程师：签名 2023年××月××日		

注：本表由施工单位填写。

3. 验收依据

【规范名称及编号】《建筑电气工程施工质量验收规范》（GB 50303—2015）

【条文摘录】

7 柴油发电机组安装柴油发电机组安装

7.1 主控项目

7.1.1 发电机的试验应符合本规范附录B的规定。

检查数量：全数检查。

检查方法：试验时观察检查并查阅发电机交接试验记录。

7.1.2 对于发电机组至配电柜馈电线路的相间、相对地间的绝缘电阻值，低压馈电线路不应小于 0.5MΩ，高压馈电线路不应小于1MΩ/kV 绝缘电缆馈电线路直流耐压试验应符合现行国家标准《电气装置安装工程 电气设备交接试验标准》（GB 50150）的规定。

检查数量：全数检查。

检查方法：用绝缘电阻测试仪测试检查，试验时观察检查并查阅测试、试验记录。

7.1.3 柴油发电机馈电线路连接后，两端的相序应与原供电系统的相序一致。

检查数量：全数检查。

检查方法：核相时观察检查并查阅核相记录。

7.1.4 当柴油发电机并列运行时，应保证其电压、频率和相位一致。

检查数量：全数检查。

检查方法：观察检查并查阅运行记录。

7.1.5 发电机的中性点接地连接方式及接地电阻值应符合设计要求，接地螺栓防松零件齐全，且有标识。

检查数量：全数检查。

检查方法：观察检查并用接地电阻测试仪测试。

7.1.6 发电机本体和机械部分的外露可导电部分应分别与保护导体可靠连接，并应有标识。

检查数量：全数检查。

检查方法：观察检查。

7.1.7 燃油系统的设备及管道的防静电接地应符合设计要求。

检查数量：全数检查。

检查方法：观察检查。

7.2 一般项目

7.2.1 发电机组随机的配电柜、控制柜接线应正确，紧固件紧固状态良好，无遗漏脱落。开关、保护装置的型号、规格正确，验证出厂试验的锁定标记应无位移，有位移的应重新试验标定。

检查数量：全数检查。

检查方法：观察检查。

7.2.2 受电侧配电柜的开关设备、自动或手动切换装置和保护装置等的试验应合格，并应按设计的自备电源使用分配预案进行负荷试验，机组应连续运行无故障。

检查数量：全数检查。

检查方法：试验时观察检查并查阅电器设备试验记录和发电机负荷试运行记录。

三、不间断电源装置及应急电源装置安装检验批质量验收记录

1. 不间断电源装置及应急电源装置安装检验批质量验收记录采用《建筑工程资料管理规程》（DB11/T 695）表 C7-4 编制。

2. 不间断电源装置及应急电源装置安装检验批质量验收记录示例详见表 8-85。

表 8-85 不间断电源装置及应急电源装置安装检验批质量验收记录示例

XF050103 001

单位（子单位）工程名称		北京××大厦	分部（子分部）工程名称	消防工程分部——消防电气和火灾自动报警系统子分部	分项工程名称	消防电源及配电分项
施工单位		北京××集团	项目负责人	吴工	检验批容量	2 台
分包单位		北京××消防工程公司	分包单位项目负责人	肖工	检验批部位	消防配电间
施工依据		消防工程图纸、变更洽商（如有）、施工方案、《建筑工程施工工艺规程 第 17 部分：电气动力安装工程 》（DB11/T 1832.17-2021）		验收依据	《建筑电气工程施工质量验收规范》（GB 50303—2015）	
		验收项目	设计要求及规范规定	最小/实际抽样数量	检查记录	检查结果
主控项目	1	UPS 及 EPS 的规格、型号，内部接线检查	第 8.1.1 条	/	进场检验合格，质量证明文件齐全	√
	2	UPS 及 EPS 技术性能指标	第 8.1.2 条	/	进场检验合格，质量证明文件齐全	√
	3	EPS 检查	第 8.1.3 条	全/2	共 2 处，全数检查，合格 2 处	√
	4	UPS 及 EPS 的绝缘电阻值	第 8.1.4 条	/	试验合格，资料齐全	√
	5	UPS 输出端系统接地连接方式	第 8.1.5 条	全/2	共 2 处，全数检查，合格 2 处	√

验收项目		设计要求及规范规定	最小/实际抽样数量	检查记录	检查结果
一般项目	1 安放 UPS 的机架或金属底座的组装	第 8.2.1 条	1/1	抽查 1 处，合格 1 处	100%
	2 管线敷设	第 8.2.2 条	1/1	抽查 1 处，合格 1 处	100%
	3 外露可导电部分应与保护导体可靠连接，并应有标识	第 8.2.3 条	1/1	抽查 1 处，合格 1 处	100%
	4 UPS 正常运行时产生的 A 声级噪声测量	第 8.2.4 条	全/2	共 2 处，全数检查，合格 2 处	100%
施工单位检查结果				所查项目全部合格 专业工长：签名 项目专业质量检查员：签名 2023 年××月××日	
监理单位验收结论				验收合格 专业监理工程师：签名 2023 年××月××日	

注：本表由施工单位填写。

3. 验收依据

【规范名称及编号】《建筑电气工程施工质量验收规范》（GB 50303—2015）

【条文摘录】

8 UPS 及 EPS 安装

8.1 主控项目

8.1.1 UPS 及 EPS 的整流、逆变、静态开关、储能电池或蓄电池组的规格、型号应符合设计要求。内部接线应正确、可靠不松动，紧固件应齐全。

检查数量：全数检查。

检查方法：核对设计图并观察检查。

8.1.2 UPS 及 EPS 的极性应正确，输入、输出各级保护系统的动作和输出的电压稳定性、波形畸变系数及频率、相位、静态开关的动作等各项技术性能指标试验调整应符合产品技术文件要求，当以现场的最终试验替代出厂试验时，应根据产品技术文件进行试验调整，且应符合设计文件要求。

检查数量：全数检查。

检查方法：试验调整时观察检查并查阅设计文件和产品技术文件及试验调整记录。

8.1.3 EPS 应按设计或产品技术文件的要求进行下列检查：

1 核对初装容量，并应符合设计要求；

2 核对输入回路断路器的过载和短路电流整定值，并应符合设计要求；

3 核对各输出回路的负荷量，且不应超过 EPS 的额定最大输出功率；

4 核对蓄电池备用时间及应急电源装置的允许过载能力，并应符合设计要求；

5 当对电池性能、极性及电源转换时间有异议时，应由制造商负责现场测试，并应符合设计要求；

6 控制回路的动作试验，并应配合消防联动试验合格。

检查数量：全数检查。

检查方法：按设计或产品技术文件核对相关技术参数，查阅相关试验记录。

8.1.4 UPS 及 EPS 的绝缘电阻值应符合下列规定：

1 UPS 的输入端、输出端对地间绝缘电阻值不应小于 2MΩ；

2 UPS 及 EPS 连线及出线的线间、线对地间绝缘电阻值不应小于 0.5MΩ。

检查数量：第 1 款全数检查第 2 款按回路数各抽查 20％，且各不得少于 1 个回路。

检查方法：用绝缘电阻测试仪测试并查阅绝缘电阻测试记录。

8.1.5 UPS 输出端的系统接地连接方式应符合设计要求。

检查数量：全数检查。

检查方法：按设计图核对检查。

8.2 一般项目

8.2.1 安放 UPS 的机架或金属底座的组装应横平竖直、紧固件齐全，水平度、垂直度允许偏差不应大于 1.5‰。

检查数量：按设备总数抽查 20％，且各不得少于 1 台。

检查方法：观察检查并用拉线尺量检查、线坠尺量检查。

8.2.2 引入或引出 UPS 及 EPS 的主回路绝缘导线、电缆和控制绝缘导线、电缆应分别穿钢导管保护，当在电缆支架上或在梯架、托盘和线槽内平行敷设时，其分隔间距应符合设计要求绝缘导线、电缆的屏蔽护套接地应连接可靠、紧固件齐全，与接地干线应就近连接。

检查数量：按装置的主回路总数抽查 10％，且不得少于 1 个回路。

检查方法：观察检查并用尺量检查，查阅相关隐蔽工程检查记录。

8.2.3 UPS 及 EPS 的外露可导电部分应与保护导体可靠连接，并应有标识。

检查数量：按设备总数抽查 20％，且不得少于 1 台。

检查方法：观察检查。

8.2.4 UPS 正常运行时产生的 A 声级噪声应符合产品技术文件要求。

检查数量：全数检查。

检查方法：用 A 声级计测量检查。

四、母线槽安装检验批质量验收记录

1. 母线槽安装检验批质量验收记录采用《建筑工程资料管理规程》(DB11/T 695) 表 C7-4 编制。

2. 母线槽安装检验批质量验收记录示例详见表 8-86。

表 8-86 母线槽安装检验批质量验收记录示例

XF050104 001

单位（子单位）工程名称	北京××大厦	分部（子分部）工程名称	消防工程分部——消防电气和火灾自动报警系统子分部	分项工程名称	消防电源及配电分项
施工单位	北京××集团	项目负责人	吴工	检验批容量	5 个
分包单位	北京××消防工程公司	分包单位项目负责人	肖工	检验批部位	竖井
施工依据	消防工程图纸、变更洽商（如有）、施工方案、《建筑工程施工工艺规程 第 17 部分：电气动力安装工程》(DB11/T 1832.17-2021)		验收依据	《建筑电气工程施工质量验收规范》(GB 50303—2015)	

	验收项目		设计要求及规范规定	最小/实际抽样数量	检查记录	检查结果
主控项目	1	金属外壳等外露可导电部分与保护导体可靠连接	第 10.1.1 条	全/5	共 5 处，全数检查，合格 5 处	√
	2	金属外壳作为保护接地导体应符合规定	第 10.1.2 条	/	进场检验合格，质量证明文件齐全	√

续表

验收项目			设计要求及规范规定	最小/实际抽样数量	检查记录	检查结果
主控项目	3	母线与母线、母线与电器或设备接线端子的螺栓搭接	第10.1.3条	2/2	抽查2处，合格2处	√
	4	母线槽安装 不宜安装在水管正下方	第10.1.4.1款	全/5	共5处，全数检查，合格5处	√
		应与外壳同心	±5mm	全/5	共5处，全数检查，合格5处	√
		段与段连接	第10.1.4.3款	全/5	共5处，全数检查，合格5处	√
		母线的连接方法	第10.1.4.4款	全/5	共5处，全数检查，合格5处	√
		连接用部件的防护等级	第10.1.4.5款	全/5	共5处，全数检查，合格5处	√
	5	母线槽通电运行前的检验或试验	第10.1.5条	/	试验合格，资料齐全	√
一般项目	1	母线支架的安装	第10.2.1条	全/5	共5处，全数检查，合格5处	100%
	2	于母线与母线、母线与电器或设备接线端子搭接，搭接面处理	第10.2.2条	1/1	抽查1处，合格1处	100%
	3	母线采用螺栓搭接，连接处距绝缘子的支持夹板边缘的距离	≥50mm	1/1	抽查1处，合格1处	100%
	4	母线的相序排列及涂色	第10.2.4条	全/5	共5处，全数检查，合格5处	100%
	5	封闭、插接式母线的组装和固定 水平或垂直敷设的母线槽固定点设置	第10.2.5.1款	1/1	抽查1处，合格1处	100%
		母线槽段与段的连接口	第10.2.5.2款	1/1	抽查1处，合格1处	100%
		母线槽跨越建筑物变形缝	第10.2.5.3款	全/5	共5处，全数检查，合格5处	100%
		母线槽直线段安装	第10.2.5.4款	1/1	抽查1处，合格1处	100%
		外壳与底座间、外壳各连接部位及母线的连接螺栓	第10.2.5.5款	1/1	抽查1处，合格1处	100%
		母线槽上无插接部件的接插口及母线端部	第10.2.5.6款	全/5	共5处，全数检查，合格5处	100%
		母线槽与各类管道平行或交叉的净距	第10.2.5.7款	全/5	共5处，全数检查，合格5处	100%

施工单位 检查结果	所查项目全部合格 专业工长：签名 项目专业质量检查员：签名 2023年××月××日
监理单位 验收结论	验收合格 专业监理工程师：签名 2023年××月××日

注：本表由施工单位填写。

3. 验收依据

【规范名称及编号】《建筑电气工程施工质量验收规范》（GB 50303—2015）

【条文摘录】

10 母线槽安装

10.1 主控项目

10.1.1 母线槽的金属外壳等外露可导电部分应与保护导体可靠连接，并应符合下列规定：

1 每段母线槽的金属外壳间应连接可靠，且母线槽全长与保护导体可靠连接不应少于2处；

2 分支母线槽的金属外壳末端应与保护导体可靠连接3连接导体的材质、截面积应符合设计要求。

检查数量：全数检查。

检查方法：观察检查并用尺量检查。

10.1.2 当设计将母线槽的金属外壳作为保护接地导体（PE）时，其外壳导体应具有连续性且应符合现行国家标准《低压成套开关设备和控制设备 第1部分：总则》（GB/T 7251.1）的规定。

检查数量：全数检查。

检查方法：观察检查并查验材料合格证明文件、CCC型式试验报告和材料进场验收记录。

10.1.3 当母线与母线、母线与电器或设备接线端子采用螺栓搭接连接时，应符合下列规定：

1 母线的各类搭接连接的钻孔直径和搭接长度应符合本规范附录D的规定，连接螺栓的力矩值应符合本规范附录E的规定当一个连接处需要多个螺栓连接时，每个螺栓的拧紧力矩值应一致。

2 母线接触面应保持清洁，宜涂抗氧化剂，螺栓孔周边应无毛刺。

3 连接螺栓两侧应有平垫圈，相邻垫圈间应有大于3mm的间隙，螺母侧应装有弹簧垫圈或锁紧螺母。

4 螺栓受力应均匀，不应使电器或设备的接线端子受额外应力。

检查数量：按每检验批的母线连接端数量抽查20%，且不得少于2个连接端。

检查方法：观察检查并用尺量检查和用力矩测试仪测试紧固度。

10.1.4 母线槽安装应符合下列规定：

1 母线槽不宜安装在水管正下方；

2 母线应与外壳同心，允许偏差应为±5mm；

3 当母线槽段与段连接时，两相邻段母线及外壳宜对准，相序应正确，连接后不应使母线及外壳受额外应力；

4 母线的连接方法应符合产品技术文件要求；

5 母线槽连接用部件的防护等级应与母线槽本体的防护等级一致。

检查数量：第1款全数检查，其余按每检验批的母线连接端数量抽查20%，且不得少于2个连接端。

检查方法：观察检查并用尺量检查，查阅母线槽安装记录。

10.1.5 母线槽通电运行前应进行检验或试验，并应符合下列规定：

1 高压母线交流工频耐压试验应按本规范第3.1.5条的规定交接试验合格；

2 低压母线绝缘电阻值不应小于0.5MΩ；

3 检查分接单元插入时，接地触头应先于相线触头接触，且触头连接紧密，退出时，接地触头应后于相线触头脱开；

4 检查母线槽与配电柜、电气设备的接线相序应一致。

检查数量：全数检查。

检查方法：用绝缘电阻测试仪测试，试验时观察检查并查阅交接试验记录、绝缘电阻测试记录。

10.2 一般项目

10.2.1 母线槽支架安装应符合下列规定：

1 除设计要求外，承力建筑钢结构构件上不得熔焊连接母线槽支架，且不得热加工开孔；

2 与预埋铁件采用焊接固定时，焊缝应饱满采用膨胀螺栓固定时，选用的螺栓应适配，连接应牢固；

3 支架应安装牢固、无明显扭曲，采用金属吊架固定时应有防晃支架，配电母线槽的圆钢吊架直径不得小于8mm照明母线槽的圆钢吊架直径不得小于6mm；

4 金属支架应进行防腐，位于室外及潮湿场所的应按设计要求做处理。

检查数量：第 1 款全数检查，第 24 款按每个检验批的支架总数抽查 10％，且各不得少于 1 处并应覆盖支架的不同固定形式。

检查方法：观察检查并用尺量或卡尺检查。

10.2.2　对于母线与母线、母线与电器或设备接线端子搭接，搭接面的处理应符合下列规定：

1　铜与铜：当处于室外、高温且潮湿的室内时，搭接面应搪锡或镀银干燥的室内，可不搪锡、不镀银；

2　铝与铝：可直接搭接；

3　钢与钢：搭接面应搪锡或镀锌；

4　铜与铝：在干燥的室内，铜导体搭接面应搪锡在潮湿场所，铜导体搭接面应搪锡或镀银，且应采用铜铝过渡连接；

5　钢与铜或铝：钢搭接面应镀锌或搪锡。

检查数量：按每个检验批的母线搭接端子总数抽查 10％，且各不得少于 1 处，并应覆盖不同材质的不同连接方式。

检查方法：观察检查。

10.2.3　当母线采用螺栓搭接时，连接处距绝缘子的支持夹板边缘不应小于 50mm。

检查数量：连接头总数量抽查 20％，且不得少于 1 处。

检查方法：观察检查并用尺量检查。

10.2.4　当设计无要求时，母线的相序排列及涂色应符合下列规定：

1　对于上、下布置的交流母线，由上至下或由下至上排列应分别为 L1、L2、L3 直流母线应正极在上、负极在下；

2　对于水平布置的交流母线，由柜后向柜前或由柜前向柜后排列应分别为 L1、L2、L3 直流母线应正极在后、负极在前；

3　对于面对引下线的交流母线，由左至右排列应分别为 L1、L2、L3 直流母线应正极在左、负极在右；

4　对于母线的涂色，交流母线 L1、L2、L3 应分别为黄色、绿色和红色，中性导体应为淡蓝色直流母线应正极为赭色、负极为蓝色保护接地导体 PE 应为黄绿双色组合色，保护中性导体（PEN）应为全长黄-绿双色、终端用淡蓝色或全长淡蓝色、终端用黄-绿双色在连接处或支持件边缘两侧 10mm 以内不应涂色。

检查数量：按直流和交流的不同布置形式回路各抽查 20％，且各不得少于 1 个回路。

检查方法：观察检查。

10.2.5　母线槽安装应符合下列规定：

1　水平或垂直敷设的母线槽固定点应每段设置一个，且每层不得少于一个支架，其间距应符合产品技术文件的要求，距拐弯 0.4～0.6m 处应设置支架，固定点位置不应设置在母线槽的连接处或分接单元处；

2　母线槽段与段的连接口不应设置在穿越楼板或墙体处，垂直穿越楼板处应设置与建（构）筑物固定的专用部件支座，其孔洞四周应设置高度为 50mm 及以上的防水台，并应采取防火封堵措施；

3　母线槽跨越建筑物变形缝处时，应设置补偿装置母线槽直线敷设长度超过 80m，每 50～60m 宜设置伸缩节；

4　母线槽直线段安装应平直，水平度与垂直度偏差不宜大于 1.5‰，全长最大偏差不宜大于 20mm 照明用母线槽水平偏差全长不应大于 5mm，垂直偏差不应大于 10mm；

5　外壳与底座间、外壳各连接部位及母线的连接螺栓应按产品技术文件要求选择正确、连接紧固；

6　母线槽上无插接部件的接插口及母线端部应采用专用的封板封堵完好；

7　母线槽与各类管道平行或交叉的净距应符合本规范附录F的规定。

检查数量：第3款、第6款、第7款全数检查，其余按每个检验批的母线槽数量抽查20％，且各不得少于1处，并应覆盖不同的敷设形式。

检查方法：观察检查并用水平仪、线坠尺量检查。

五、梯架、托盘和槽盒安装检验批质量验收记录

1. 梯架、托盘和槽盒安装检验批质量验收记录采用《建筑工程资料管理规程》（DB11/T 695）表C7-4编制。

2. 梯架、托盘和槽盒安装检验批质量验收记录示例详见表8-87。

表8-87　梯架、托盘和槽盒安装检验批质量验收记录示例

XF050105 001

单位（子单位）工程名称	北京××大厦		分部（子分部）工程名称	消防工程分部——消防电气和火灾自动报警系统子分部	分项工程名称	消防电源及配电分项
施工单位	北京××集团		项目负责人	吴工	检验批容量	5个
分包单位	北京××消防工程公司		分包单位项目负责人	肖工	检验批部位	竖井
施工依据	消防工程图纸、变更洽商（如有）、施工方案、《建筑工程施工工艺规程 第17部分：电气动力安装工程 》（DB11/T 1832.17-2021）			验收依据	《建筑电气工程施工质量验收规范》（GB 50303—2015）	

验收项目			设计要求及规范规定	最小/实际抽样数量	检查记录	检查结果
主控项目	1	金属梯架、托盘或槽盒本体之间的连接应牢固可靠	第11.1.1条	全/5	共5处，全数检查，合格5处	√
	2	金属梯架、托盘或槽盒与保护导体的连接	全长不大于30m	第11.1.1.1款	/	/	/
			全长大于30m	第11.1.1.1款	2/2	抽查2处，合格2处	√
			非镀锌	第11.1.1.2款	/	/	/
			镀锌梯	第11.1.1.3款	2/2	抽查2处，合格2处	√
	3	电缆梯架、托盘和槽盒转弯、分支处	第11.1.2条	1/1	抽查1处，合格1处	√
一般项目	1	伸缩节、补偿装置设置	第11.2.1条	全/5	共5处，全数检查，合格5处	100％
	2	梯架、托盘和槽盒与支架间及与连接板的固定	第11.2.2条	2/2	抽查2处，合格2处	100％
	3	当设计无要求时，梯架、托盘、槽盒及支架安装	敷设在易燃易爆气体管道和热力管道的下方时，与各类管道最小净距	第11.2.3.1款	全/5	共5处，全数检查，合格5处	100％
			遇水管、热水管、蒸气管时，位置和最小距离规定	第11.2.3.2款 第11.2.3.3款	/	/	/

		验收项目	设计要求及规范规定	最小/实际抽样数量	检查记录	检查结果
一般项目	3	当设计无要求时，梯架、托盘、槽盒及支架安装	在电气竖井内穿楼板处和穿越不同防火区敷设	第11.2.3.3款	全/5	共5处，全数检查，合格5处	100%
			在电气竖井内敷设时固定支架安装	第11.2.3.4款	全/5	共5处，全数检查，合格5处	100%
			室外进入室内或配电箱（柜）时应设防雨水措施，槽盒底部应有泄水孔	第11.2.3.5款	全/5	共5处，全数检查，合格5处	100%
			承力建筑钢结构构件上不得熔焊支架且不得热加工开孔	第11.2.3.6款	1/1	抽查1处，合格1处	100%
			水平安装的支架间距宜为	1.5～3m	1/1	抽查1处，合格1处	100%
			垂直安装支架间距不应大于	2m	1/1	抽查1处，合格1处	100%
			金属吊架固定安装	第11.2.3.8款	1/1	抽查1处，合格1处	100%
	4	支吊架设置、安装、固定		第11.2.4条	1/1	抽查1处，合格1处	100%
	5	金属支架防腐处理		第11.2.5条	1/1	抽查1处，合格1处	100%
施工单位检查结果					所查项目全部合格 专业工长：签名 项目专业质量检查员：签名 2023年××月××日	
监理单位验收结论					验收合格 专业监理工程师：签名 2023年××月××日	

注：本表由施工单位填写。

3. 验收依据

【规范名称及编号】《建筑电气工程施工质量验收规范》（GB 50303—2015）

【条文摘录】

11 梯架、托盘和槽盒安装

11.1 主控项目

11.1.1 金属梯架、托盘或槽盒本体之间的连接应牢固可靠，与保护导体的连接应符合下列规定：

1 梯架、托盘和槽盒全长不大于30m时，不应少于2处与保护导体可靠连接全长大于30m时，每隔20～30m应增加一个连接点。起始端和终点端均应可靠接地；

2 非镀锌梯架、托盘和槽盒本体之间连接板的两端应跨接保护联结导体，保护联结导体的截面积应符合设计要求；

3 镀锌梯架、托盘和槽盒本体之间不跨接保护联结导体时，连接板每端不应少于2个有防松螺帽或防松垫圈的连接固定螺栓。

检查数量：第 1 款全数检查，第 2 款和第 3 款按每个检验批的梯架或托盘或槽盒的连接点数量各抽查 10%，且各不得少于 2 个点。

检查方法：观察检查并用尺量检查。

11.1.2　电缆梯架、托盘和槽盒转弯、分支处宜采用专用连接配件，其弯曲半径不应小于梯架、托盘和槽盒内电缆最小允许弯曲半径，电缆最小允许弯曲半径应符合表 11.1.2 的规定。

表 11.1.2　电缆最小允许弯曲半径

电缆形式		电缆外径（mm）	多芯电缆	单芯电缆
塑料绝缘电缆	无铠装		15D	20D
	有铠装		12D	15D
橡皮绝缘电缆		—	10D	
控制电缆	非铠装型、屏蔽型软电缆		6D	
	铠装型、铜屏蔽型		12D	—
	其他		10D	
铝合金导体电力电缆		—	7D	
氧化镁绝缘刚性矿物绝缘电缆		<7	2D	
		≥7，且<12	3D	
		≥12，且<15	4D	
		≥15	6D	
其他矿物绝缘电缆		—	15D	

注：D—电缆外径。

检查数量：按每个检验批的梯架、托盘或槽盒的弯头数量各抽查 10%，且各不得少于 1 个弯头。

检查方法：观察检查并用尺量检查。

11.2　一般项目

11.2.1　当直线段钢制或塑料梯架、托盘和槽盒长度超过 30m，铝合金或玻璃钢制梯架、托盘和槽盒长度超过 15m 时，应设置伸缩节当梯架、托盘和槽盒跨越建筑物变形缝处时，应设置补偿装置。

检查数量：全数检查。

检查方法：观察检查并用尺量检查。

11.2.2　梯架、托盘和槽盒与支架间及与连接板的固定螺栓应紧固无遗漏，螺母应位于梯架、托盘和槽盒外侧当铝合金梯架、托盘和槽盒与钢支架固定时，应有相互间绝缘的防电化腐蚀措施。

检查数量：按每个检验批的梯架或托盘或槽盒的固定点数量各抽查 10%，且各不得少于 2 个点。

检查方法：观察检查。

11.2.3　当设计无要求时，梯架、托盘、槽盒及支架安装应符合下列规定：

1　电缆梯架、托盘和槽盒宜敷设在易燃易爆气体管道和热力管道的下方，与各类管道的最小净距应符合本规范附录 F 的规定；

2　配线槽盒与水管同侧上下敷设时，宜安装在水管的上方；与热水管、蒸气管平行上下敷设时，应敷设在热水管、蒸气管的下方，当有困难时，可敷设在热水管、蒸气管的上方相互间的最小距离宜符合本规范附录 G 的规定；

3　敷设在电气竖井内穿楼板处和穿越不同防火区的梯架、托盘和槽盒，应有防火隔堵措施；

4　敷设在电气竖井内的电缆梯架或托盘，其固定支架不应安装在固定电缆的横担上，且每隔 3～5 层应设置承重支架；

5　对于敷设在室外的梯架、托盘和槽盒，当进入室内或配电箱（柜）时应有防雨水措施，槽盒底部应有泄水孔；

    6 承力建筑钢结构构件上不得熔焊支架，且不得热加工开孔；

    7 水平安装的支架间距宜为 1.5～3.0m，垂直安装的支架间距不应大于 2m；

    8 采用金属吊架固定时，圆钢直径不得小于 8mm，并应有防晃支架，在分支处或端部 0.3～0.5m 处应有固定支架。

    检查数量：第 1～第 5 款全数检查，其余按每个检验批的支架总数抽查 10%，且各不得少于 1 处并应覆盖支架的安装形式。

    检查方法：观察检查并用尺量和卡尺检查。

11.2.4 支吊架设置应符合设计或产品技术文件要求，支吊架安装应牢固、无明显扭曲与预埋件焊接固定时，焊缝应饱满膨胀螺栓固定时，螺栓应选用适配、防松零件齐全、连接紧固。

    检查数量：按每个检验批的支架总数抽查 10%，且各不得少于 1 处，并应覆盖支架的安装形式。

    检查方法：观察检查。

11.2.5 金属支架应进行防腐，位于室外及潮湿场所的应按设计要求做处理。

    检查数量：按每个检验批的金属支架总数抽查 10%，且不得少于 1 处。

    检查方法：观察检查。

六、导管敷设检验批质量验收记录

1. 导管敷设检验批质量验收记录采用《建筑工程资料管理规程》(DB11/T 695) 表 C7-4 编制。

2. 导管敷设检验批质量验收记录示例详见表 8-88。

表 8-88 导管敷设检验批质量验收记录示例

XF050106 001

单位（子单位）工程名称		北京××大厦	分部（子分部）工程名称	消防工程分部——消防电气和火灾自动报警系统子分部	分项工程名称	消防电源及配电分项
施工单位		北京××集团	项目负责人	吴工	检验批容量	5 个
分包单位		北京××消防工程公司	分包单位项目负责人	肖工	检验批部位	一层墙体
施工依据		消防工程图纸、变更洽商（如有）、施工方案、《建筑工程施工工艺规程 第 17 部分：电气动力安装工程 》(DB11/T 1832.17-2021)		验收依据	《建筑电气工程施工质量验收规范》(GB 50303—2015)	

验收项目			设计要求及规范规定	最小/实际抽样数量	检查记录	检查结果
主控项目	1	金属导管、金属线槽的接地或接零	第 12.1.1 条	1/1	抽查 1 处，合格 1 处	√
	2	金属导管的连接	第 12.1.2 条	1/1	抽查 1 处，合格 1 处	√
	3	塑料导管的保护	第 12.1.3 条	1/1	抽查 1 处，合格 1 处	√
	4	预埋套管的检查	第 12.1.4 条	1/1	抽查 1 处，合格 1 处	√
一般项目	1	导管的弯曲半径	第 12.2.1 条	1/1	抽查 1 处，合格 1 处	100%
	2 导管支架安装	承力建筑钢结构构件上安装	第 12.2.2.1 款	/	/	/
		金属吊架安装固定	第 12.2.2.2 款	/	/	/
		防腐及按设计要求做处理	第 12.2.2.3 款	/	/	/
		应安装牢固、无明显扭曲	第 12.2.2.4 款	/	/	/
	3	暗配管的埋设深度	第 12.2.3 条	1/1	抽查 1 处，合格 1 处	100%
	4	柜、台、箱、盘内导管管口高度	第 12.2.4 条	1/1	抽查 1 处，合格 1 处	100%
	5	室外导管敷设	第 12.2.5 条	/	/	/

验收项目			设计要求及规范规定	最小/实际抽样数量	检查记录	检查结果
一般项目	6	明配管的安装	第12.2.6条	/	/	/
	7 塑料导管敷设	管口及插入法连接	第12.2.7.1款	/	/	/
		刚性塑料导管出地面或楼板段保护措施	第12.2.7.2款	/	/	/
		埋设在墙内或混凝土内的塑料导管的导管	第12.2.7.3款	/	/	/
		温度补偿装置	第12.2.7.4款	/	/	/
	8 可弯曲金属导管及柔性导管敷设	刚性导管经柔性导管与电气设备、器具连接	第12.2.8.1款	1/1	抽查1处，合格1处	100%
		与刚性导管或电气设备、器具间的连接	第12.2.8.2款	1/1	抽查1处，合格1处	100%
		防重物压力或明显机械撞击的保护措施	第12.2.8.3款	全/5	共5处，全数检查，合格5处	100%
		固定点设置	第12.2.8.4款	1/1	抽查1处，合格1处	100%
		不应做保护导体的接续导体	第12.2.8.5款	1/1	抽查1处，合格1处	100%
	9 导管敷设	导管穿越外墙时应设置防水套管，且应做好防水处理	第12.2.9.1款	/	/	/
		跨越建筑物变形缝处应设置补偿装置	第12.2.9.2款	/	/	/
		防腐处理	第12.2.9.3款	/	/	/
		与热水管、蒸气管相对位置及最小距离	第12.2.9.4款	/	/	/

施工单位检查结果	所查项目全部合格 专业工长：签名 项目专业质量检查员：签名 2023年××月××日
监理单位验收结论	验收合格 专业监理工程师：签名 2023年××月××日

注：本表由施工单位填写。

3. 验收依据

【规范名称及编号】《建筑电气工程施工质量验收规范》（GB 50303—2015）

【条文摘录】

12 导管敷设

12.1 主控项目

12.1.1 金属导管应与保护导体可靠连接，并应符合下列规定：

1 镀锌钢导管、可弯曲金属导管和金属柔性导管不得熔焊连接；

2 当非镀锌钢导管采用螺纹连接时，连接处的两端应熔焊焊接保护联结导体；

3 镀锌钢导管、可弯曲金属导管和金属柔性导管连接处的两端宜采用专用接地卡固定保护联结导体；

4 机械连接的金属导管，管与管、管与盒（箱）体的连接配件应选用配套部件，其连接应符合产品技术文件要求，当连接处的接触电阻值符合现行国家标准《电气安装用导管系统 第1部分：通用要求》（GB/T 20041.1）的相关要求时，连接处可不设置保护联结导体，但导管不应作为保护导体的接续导体；

5 金属导管与金属梯架、托盘连接时，镀锌材质的连接端宜用专用接地卡固定保护联结导体，非镀锌材质的连接处应熔焊焊接保护联结导体；

6 以专用接地卡固定的保护联结导体应为铜芯软导线，截面积不应小于4mm²，以熔焊焊接的保护联结导体宜为圆钢，直径不应小于6mm，其搭接长度应为圆钢直径的6倍。

检查数量：按每个检验批的导管连接头总数抽查10%，且各不得少于1处，并应能覆盖不同的检查内容。

检查方法：施工时观察检查并查阅隐蔽工程检查记录。

12.1.2 钢导管不得采用对口熔焊连接镀锌钢导管或壁厚小于或等于2mm的钢导管，不得采用套管熔焊连接。

检查数量：按每个检验批的钢导管连接头总数抽查20%，并应能覆盖不同的连接方式，且各不得少于1处。

检查方法：施工时观察检查。

12.1.3 当塑料导管在砌体上剔槽埋设时，应采用强度等级不小于M10的水泥砂浆抹面保护，保护层厚度不应小于15mm。

检查数量：按每个检验批的配管回路数量抽查20%，且不得少于1个回路。

检查方法：观察检查并用尺量检查，查阅隐蔽工程检查记录。

12.1.4 导管穿越密闭或防护密闭隔墙时，应设置预埋套管，预埋套管的制作和安装应符合设计要求，套管两端伸出墙面的长度宜为30～50mm，导管穿越密闭穿墙套管的两侧应设置过线盒，并应做好封堵。

检查数量：按套管数量抽查20%，且不得少于1个。

检查方法：观察检查，查阅隐蔽工程检查记录。

12.2 一般项目

12.2.1 导管的弯曲半径应符合下列规定：

1 明配导管的弯曲半径不宜小于管外径的6倍，当两个接线盒间只有一个弯曲时，其弯曲半径不宜小于管外径的4倍；

2 埋设于混凝土内的导管的弯曲半径不宜小于管外径的6倍，当直埋于地下时，其弯曲半径不宜小于管外径的10倍；

3 电缆导管的弯曲半径不应小于电缆最小允许弯曲半径，电缆最小允许弯曲半径应符合本规范表11.1.2的规定。

检查数量：按每个检验批的导管弯头总数抽查10%，且各不得少于1个弯头，并应覆盖不同规格和不同敷设方式的导管。

检查方法：观察检查并用尺量检查，查阅隐蔽工程检查记录。

12.2.2 导管支架安装应符合下列规定：

1 除设计要求外，承力建筑钢结构构件上不得熔焊导管支架，且不得热加工开孔；

2 当导管采用金属吊架固定时，圆钢直径不得小于8mm，并应设置防晃支架，在距离盒（箱）、分支处或端部0.3～0.5m处应设置固定支架；

3 金属支架应进行防腐，位于室外及潮湿场所的应按设计要求做处理；

4 导管支架应安装牢固、无明显扭曲。

检查数量：第1款全数检查，第2~4款按每个检验批的支吊架总数抽查10％，且各不得少于1处。

检查方法：观察检查并用尺量检查。

12.2.3 除设计要求外，对于暗配的导管，导管表面埋设深度与建（构）筑物表面的距离不应小于15mm。

检查数量：按每个检验批的配管回路数量抽查10％，且不得少于1个回路。

检查方法：观察检查并用尺量检查。

12.2.4 进入配电（控制）柜、台、箱内的导管管口，当箱底无封板时，管口应高出柜、台、箱、盘的基础面50~80mm。

检查数量：按每个检验批的落地式柜、台、箱、盘总数抽查10％，且不得少于1台。

检查方法：观察检查并用尺量检查，查阅隐蔽工程检查记录。

12.2.5 室外导管敷设应符合下列规定：

1 对于埋地敷设的钢导管，埋设深度应符合设计要求，钢导管的壁厚应大于2mm；

2 导管的管口不应敞口垂直向上，导管管口应在盒、箱内或导管端部设置防水弯；

3 由箱式变电所或落地式配电箱引向建筑物的导管，建筑物一侧的导管管口应设在建筑物内；

4 导管的管口在穿入绝缘导线、电缆后应做密封处理。

检查数量：按每个检验批各种敷设形式的总数抽查20％，且各不得少于1处。

检查方法：观察检查并用尺量检查，查阅隐蔽工程检查记录。

12.2.6 明配的电气导管应符合下列规定：

1 导管应排列整齐、固定点间距均匀、安装牢固；

2 在距终端、弯头中点或柜、台、箱、盘等边缘150~500mm范围内应设有固定管卡，中间直线段固定管卡间的最大距离应符合表12.2.6的规定。

3 明配管采用的接线或过渡盒（箱）应选用明装盒（箱）。

检查数量：按每个检验批的导管固定点或盒（箱）的总数各抽查20％，且各不得少于1处。

检查方法：观察检查并用尺量检查。

表 12.2.6 管卡间的最大距离

敷设方式	导管种类	导管直径（mm）			
		15~20	25~32	40~50	65以上
		管卡间最大距离（m）			
支架或沿墙明敷	壁厚大于2mm刚性钢导管	1.5	2.0	2.5	3.5
	壁厚不大于2mm刚性钢导管	1.0	1.5	2.0	—
	刚性塑料导管	1.0	1.5	2.0	2.0

12.2.7 塑料导管敷设应符合下列规定：

1 管口应平整光滑，管与管、管与盒（箱）等器件采用插入法连接时，连接处结合面应涂专用胶合剂，接口应牢固密封；

2 直埋于地下或楼板内的刚性塑料导管，在穿出地面或楼板易受机械损伤的一段应采取保护措施；

3 当设计无要求时，埋设在墙内或混凝土内的塑料导管应采用中型及以上的导管；

4 沿建（构）筑物表面和在支架上敷设的刚性塑料导管，应按设计要求装设温度补偿装置。

检查数量：第2款、第4款全数检查，其余按每个检验批的接头或导管数量各抽查10%，且各不得少于1处。

检查方法：观察检查和手感检查，查阅隐蔽工程检查记录，核查材料合格证明文件和材料进场验收记录。

12.2.8 可弯曲金属导管及柔性导管敷设应符合下列规定：

1 刚性导管经柔性导管与电气设备、器具连接时，柔性导管的长度在动力工程中不宜大于0.8m，在照明工程中不宜大于1.2m；

2 可弯曲金属导管或柔性导管与刚性导管或电气设备、器具间的连接应采用专用接头防液型可弯曲金属导管或柔性导管的连接处应密封良好，防液覆盖层应完整无损；

3 当可弯曲金属导管有可能受重物压力或明显机械撞击时，应采取保护措施；

4 明配的金属、非金属柔性导管固定点间距应均匀，不应大于1m，管卡与设备、器具、弯头中点、管端等边缘的距离应小于0.3m；

5 可弯曲金属导管和金属柔性导管不应做保护导体的接续导体。

检查数量：第1款、第2款、第5款按每个检验批的导管连接点或导管总数抽查10%，且各不得少于1处第3款全数检查第4款按每个检验批的导管固定点总数抽查10%，且各不得少于1处并应能覆盖不同的导管和不同的固定部位。

检查方法：观察检查并用尺量检查，查阅隐蔽工程检查记录。

12.2.9 导管敷设应符合下列规定：

1 导管穿越外墙时应设置防水套管，且应做好防水处理；

2 钢导管或刚性塑料导管跨越建筑物变形缝处应设置补偿装置；

3 除埋设于混凝土内的钢导管内壁应防腐处理，外壁可不防腐处理外，其余场所敷设的钢导管内、外壁均应做防腐处理；

4 导管与热水管、蒸气管平行敷设时，宜敷设在热水管、蒸气管的下面，当有困难时，可敷设在其上面相互间的最小距离宜符合本规范附录G的规定。

检查数量：第1款、第2款全数检查，第3款、第4款按每个检验批的导管总数抽查10%，且各不得少于1根（处），并应覆盖不同的敷设场所及不同规格的导管。

检查方法：观察检查并查阅隐蔽工程检查记录。

七、电缆敷设检验批质量验收记录

1. 电缆敷设检验批质量验收记录采用《建筑工程资料管理规程》（DB11/T 695）表C7-4编制。

2. 电缆敷设检验批质量验收记录示例详见表8-89。

表8-89 电缆敷设检验批质量验收记录

XF050107 001

单位（子单位）工程名称	北京××大厦	分部（子分部）工程名称	消防工程分部——消防电气和火灾自动报警系统子分部	分项工程名称	消防电源及配电分项
施工单位	北京××集团	项目负责人	吴工	检验批容量	5处
分包单位	北京××消防工程公司	分包单位项目负责人	肖工	检验批部位	竖井
施工依据	消防工程图纸、变更洽商（如有）、施工方案、《建筑工程施工工艺规程 第17部分：电气动力安装工程》（DB11/T 1832.17-2021）		验收依据	《建筑电气工程施工质量验收规范》（GB 50303—2015）	

续表

<table>
<tr><th colspan="2">验收项目</th><th>设计要求及
规范规定</th><th>最小/实际
抽样数量</th><th>检查记录</th><th>检查结果</th></tr>
<tr><td rowspan="7">主控
项目</td><td>1</td><td>金属电缆支架必须与保护体可靠接零</td><td>第13.1.1条</td><td>全/5</td><td>共5处，全数检查，合格5处</td><td>√</td></tr>
<tr><td>2</td><td>电缆缺陷检查</td><td>第13.1.2条</td><td>全/5</td><td>共5处，全数检查，合格5处</td><td>√</td></tr>
<tr><td>3</td><td>电缆防损害的保护措施</td><td>第13.1.3条</td><td>全/5</td><td>共5处，全数检查，合格5处</td><td>√</td></tr>
<tr><td>4</td><td>并联使用的电力电缆</td><td>第13.1.4条</td><td>全/5</td><td>共5处，全数检查，合格5处</td><td>√</td></tr>
<tr><td>5</td><td>交流单芯电缆或分相后的每相电缆穿管和固定</td><td>第13.1.5条</td><td>全/5</td><td>共5处，全数检查，合格5处</td><td>√</td></tr>
<tr><td>6</td><td>电缆敷设穿过零序电流互感器</td><td>第13.1.6条</td><td>全/5</td><td>共5处，全数检查，合格5处</td><td>√</td></tr>
<tr><td>7</td><td>电缆敷设和排列布置</td><td>第13.1.7条</td><td>全/5</td><td>共5处，全数检查，合格5处</td><td>√</td></tr>
<tr><td rowspan="10">一般
项目</td><td rowspan="6">1</td><td rowspan="6">电缆
支架
安装</td><td>承力建筑钢结构构件上安装</td><td>第13.2.1.1款</td><td>/</td><td>/</td><td>/</td></tr>
<tr><td>电缆支架层间最小距离和层间净距</td><td>第13.2.1.2款</td><td>1/1</td><td>抽查1处，合格1处</td><td>100%</td></tr>
<tr><td>最上层电缆支架距构筑物顶板或梁底、其他设备的最小净距</td><td>第13.2.1.3款</td><td>1/1</td><td>抽查1处，合格1处</td><td>100%</td></tr>
<tr><td>最下层电缆支架距沟底、地面的最小距离</td><td>第13.2.1.4款</td><td>1/1</td><td>抽查1处，合格1处</td><td>100%</td></tr>
<tr><td>支架与预埋件固定</td><td>第13.2.1.5款</td><td>1/1</td><td>抽查1处，合格1处</td><td>100%</td></tr>
<tr><td>金属支架防腐处理</td><td>第13.2.1.6款</td><td>1/1</td><td>抽查1处，合格1处</td><td>100%</td></tr>
<tr><td>2</td><td colspan="2">电缆敷设规定</td><td>第13.2.2条</td><td>1/1</td><td>抽查1处，合格1处</td><td>100%</td></tr>
<tr><td>3</td><td colspan="2">直埋电缆的覆盖</td><td>第13.2.3条</td><td>/</td><td>/</td><td>/</td></tr>
<tr><td>4</td><td colspan="2">电缆标志牌和标示桩</td><td>第13.2.4条</td><td>/</td><td>/</td><td>/</td></tr>
<tr><td colspan="4">施工单位
检查结果</td><td colspan="2">所查项目全部合格

专业工长：签名
项目专业质量检查员：签名
2023年××月××日</td></tr>
<tr><td colspan="4">监理单位
验收结论</td><td colspan="2">验收合格

专业监理工程师：签名
2023年××月××日</td></tr>
</table>

注：本表由施工单位填写。

3. 验收依据

【规范名称及编号】《建筑电气工程施工质量验收规范》（GB 50303—2015）

【条文摘录】

13 电缆敷设

13.1 主控项目

13.1.1 金属电缆支架必须与保护导体可靠连接。

检查数量：明敷的全数检查，暗敷的按每个检验批抽查20％，且不得少于2处。

检查方法：观察检查并查阅隐蔽工程检查记录。

13.1.2 电缆敷设不得存在绞拧、铠装压扁、护层断裂和表面严重划伤等缺陷。

检查数量：全数检查。

检查方法：观察检查。

13.1.3 当电缆敷设存在可能受到机械外力损伤、振动、浸水及腐蚀性或污染物质等损害时，应采取防护措施。

检查数量：全数检查。

检查方法：观察检查。

13.1.4 除设计要求外，并联使用的电力电缆的型号、规格、长度应相同。

检查数量：全数检查。

检查方法：核对设计图观察检查。

13.1.5 交流单芯电缆或分相后的每相电缆不得单根独穿于钢导管内，固定用的夹具和支架不应形成闭合磁路。

检查数量：全数检查。

检查方法：核对设计图观察检查。

13.1.6 当电缆穿过零序电流互感器时，电缆金属护层和接地线应对地绝缘。对穿过零序电流互感器后制作的电缆头，其电缆接地线应回穿互感器后接地对尚未穿过零序电流互感器的电缆接地线应在零序电流互感器前直接接地。

检查数量：按电缆穿过零序电流互感器的总数抽查 5%，且不得少于 1 处。

检查方法：观察检查。

13.1.7 电缆的敷设和排列布置应符合设计要求，矿物绝缘电缆敷设在温度变化大的场所、振动场所或穿越建筑物变形缝时应采取"S"或"Ω"弯。

检查数量：全数检查。

检查方法：观察检查。

13.2 一般项目

13.2.1 电缆支架安装应符合下列规定：

1 除设计要求外，承力建筑钢结构构件上不得熔焊支架，且不得热加工开孔；

2 当设计无要求时，电缆支架层间最小距离不应小于表 13.2.1-1 的规定，层间净距不应小于 2 倍电缆外径加 10mm，35kV 电缆不应小于 2 倍电缆外径加 50mm；

表 13.2.1-1 电缆支架层间最小距离 （单位：mm）

电缆种类		支架上敷设	梯架、托盘内敷设
控制电缆明敷		120	200
电力电缆明敷	10kV 及以下电力电缆（除 6~10kV 交联聚乙烯绝缘电力电缆）	150	250
电力电缆明敷	6~10kV 交联聚乙烯绝缘电力电缆	200	300
	35kV 单芯电力电缆	250	300
	35kV 三芯电力电缆	300	350
电缆敷设在槽盒内		h+100	

注：h 为槽盒高度。

3 最上层电缆支架距构筑物顶板或梁底的最小净距应满足电缆引接至上方配电柜、台、箱、盘时电缆弯曲半径的要求，且不宜小于表 13.2.1-1 所列数再加 80~150mm 距其他设备的最小净距不应小于 300mm，当无法满足要求时应设置防护板；

4 当设计无要求时，最下层电缆支架距沟底、地面的最小距离不应小于表13.2.1-2的规定；

表13.2.1-2 最下层电缆支架距沟底、地面的最小净距 (mm)

电缆敷设场所及其特征		垂直净距
电缆沟		50
隧道		100
电缆夹层	非通道处	200
	至少在一侧不小于800mm宽通道处	1400
公共廊道中电缆支架无围栏防护		1500
室内机房或活动区间		2000
室外	无车辆通过	2500
	有车辆通过	4500
屋面		200

5 当支架与预埋件焊接固定时，焊缝应饱满当采用膨胀螺栓固定时，螺栓应适配、连接紧固、防松零件齐全，支架安装应牢固、无明显扭曲；

6 金属支架应进行防腐，位于室外及潮湿场所的应按设计要求做处理。

检查数量：第1款全数检查，第2～6款按每个检验批的支架总数抽查10％，且各不得少于1处。

检查方法：观察检查，并用尺量检查。

13.2.2 电缆敷设应符合下列规定：

1 电缆的敷设排列应顺直、整齐，并宜少交叉；

2 电缆转弯处的最小弯曲半径应符合表11.1.2的规定；

3 在电缆沟或电气竖井内垂直敷设或大于45°倾斜敷设的电缆应在每个支架上固定；

4 在梯架、托盘或槽盒内大于45°倾斜敷设的电缆应每隔2m固定，水平敷设的电缆，首尾两端、转弯两侧及每隔5～10m处应设固定点5 当设计无要求时，电缆支持点间距不应大于表13.2.2的规定；

表13.2.2 电缆支持点间距 (mm)

电缆种类		电缆外径	敷设方式	
			水平	垂直
电力电缆	全塑型	—	400	1000
	除全塑型外的中低压电缆		800	1500
	35kV高压电缆		1500	2000
	铝合金带联销铠装的铝合金电缆		1800	1800
控制电缆			800	1000
矿物绝缘电缆		<9	600	800
		≥9，且<15	900	1200
		≥15，且<20	1500	2000
		≥20	2000	2500

5 当设计无要求时，电缆与管道的最小净距应符合本规范附录F的规定；

6 无挤塑外护层电缆金属护套与金属支（吊）架直接接触的部位应采取防电化腐蚀的措施；

7 电缆出入电缆沟，电气竖井，建筑物，配电（控制）柜、台、箱处以及管子管口处等部位应采取防火或密封措施；

8 电缆出入电缆梯架、托盘、槽盒及配电（控制）柜、台、箱、盘处应做固定；

9 当电缆通过墙、楼板或室外敷设穿导管保护时，导管的内径不应小于电缆外径的1.5倍。

检查数量：按每检验批电缆线路抽查20%，且不得少于1条电缆线路并应能覆盖上述不同的检查内容。

检查方法：观察检查并用尺量检查，查阅电缆敷设记录。

13.2.3 直埋电缆的上、下应有细沙或软土，回填土应无石块、砖头等尖锐硬物。

检查数量：全数检查。

检查方法：施工中观察检查并查阅隐蔽工程检查记录。

13.2.4 电缆的首端、末端和分支处应设标志牌，直埋电缆应设标示桩。

检查数量：按每检验批的电缆线路抽查20%，且不得少于1条电缆线路。

检查方法：观察检查。

八、管内穿线和槽盒内敷线检验批质量验收记录

1. 管内穿线和槽盒内敷线检验批质量验收记录采用《建筑工程资料管理规程》（DB11/T 695）表C7-4编制。

2. 管内穿线和槽盒内敷线检验批质量验收记录示例详见表8-90。

表8-90 管内穿线和槽盒内敷线检验批质量验收记录示例

XF050108 001

单位（子单位）工程名称	北京××大厦		分部（子分部）工程名称	消防工程分部——消防电气和火灾自动报警系统子分部	分项工程名称	消防电源及配电分项
施工单位	北京××集团		项目负责人	吴工	检验批容量	5个
分包单位	北京××消防工程公司		分包单位项目负责人	肖工	检验批部位	一层墙体
施工依据	消防工程图纸、变更洽商（如有）、施工方案、《建筑工程施工工艺规程 第17部分：电气动力安装工程》（DB11/T 1832.17-2021）			验收依据	《建筑电气工程施工质量验收规范》（GB 50303—2015）	

验收项目			设计要求及规范规定	最小/实际抽样数量	检查记录	检查结果
主控项目	1	同一交流回路的绝缘导线敷设	第14.1.1条	1/1	抽查1处，合格1处	√
	2	不同回路、不同电压等级和交流与直流线路的绝缘导线不应穿于同一导管内	第14.1.2条	1/1	抽查1处，合格1处	√
	3	绝缘导线接头设置	第14.1.3条	1/1	抽查1处，合格1处	√
一般项目	1	除护套线外，其他绝缘导线敷设	第14.2.1条	1/1	抽查1处，合格1处	100%
	2	穿管前，管内清理并设护线口	第14.2.2条	1/1	抽查1处，合格1处	100%
	3	接线盒箱设置	第14.2.3条	1/1	抽查1处，合格1处	100%
	4	多相供电时，同一建（构）筑物的绝缘导线绝缘层颜色应一致	第14.2.4条	1/1	抽查1处，合格1处	100%
	5	槽盒内敷线	第14.2.5条	1/1	抽查1处，合格1处	100%

续表

施工单位 检查结果	所查项目全部合格 专业工长：签名 项目专业质量检查员：签名 2023年××月××日
监理单位 验收结论	验收合格 专业监理工程师：签名 2023年××月××日

注：本表由施工单位填写。

3. 验收依据

【规范名称及编号】《建筑电气工程施工质量验收规范》（GB 50303—2015）

【条文摘录】

14 导管内穿线和槽盒内敷线

14.1 主控项目

14.1.1 同一交流回路的绝缘导线不应敷设于不同的金属槽盒内或穿于不同金属导管内。

检查数量：按每个检验批的配线总回路数抽查20%，且不得少于1个回路。

检查方法：观察检查。

14.1.2 除设计要求以外，不同回路、不同电压等级和交流与直流线路的绝缘导线不应穿于同一导管内。

检查数量：按每个检验批的配线总回路数抽查20%，且不得少于1个回路。

检查方法：观察检查。

14.1.3 绝缘导线接头应设置在专用接线盒（箱）或器具内，不得设置在导管和槽盒内，盒（箱）的设置位置应便于检修。

检查数量：按每个检验批的配线回路总数抽查10%，且不得少于1个回路。

检查方法：观察检查并用尺量检查。

14.2 一般项目

14.2.1 除塑料护套线外，绝缘导线应采取导管或槽盒保护，不可外露明敷。

检查数量：按每个检验批的绝缘导线配线回路数抽查10%，且不得少于1个回路。

检查方法：观察检查。

14.2.2 绝缘导线穿管前，应清除管内杂物和积水，绝缘导线穿入导管的管口在穿线前应装设护线口。

检查数量：按每个检验批的绝缘导线穿管数抽查10%，且不得少于1根导管。

检查方法：施工中观察检查。

14.2.3 与槽盒连接的接线盒（箱）应选用明装盒（箱）配线工程完成后，盒（箱）盖板应齐全、完好。

检查数量：全数检查。

检查方法：观察检查。

14.2.4 当采用多相供电时，同一建（构）筑物的绝缘导线绝缘层颜色应一致。

检查数量：按每个检验批的绝缘导线配线总回路数抽查10%，且不得少于1个回路。

检查方法：观察检查。

14.2.5 槽盒内敷线应符合下列规定：

1 同一槽盒内不宜同时敷设绝缘导线和电缆；

2 同一路径无防干扰要求的线路，可敷设于同一槽盒内的绝缘导线总截面积（包括外护套）不应超过槽盒内截面积的 40%，且载流导体不宜超过 30 根；

3 当控制和信号等非电力线路数设于同一槽盒内时，绝缘导线的总截面积不应超过槽盒内截面积的 50%；

4 分支接头处绝缘导线的总截面面积（包括外护层）不应大于该点盒（箱）内截面积的 75%；

5 绝缘导线在槽盒内应留有一定余量，并应按回路分段绑扎，绑扎点间距不应大于 1.5m 当垂直或大于 45°倾斜数设时，应将绝缘导线分段固定在槽盒内的专用部件上，每段至少应有一个固定点当直线段长度大于 3.2m 时，其固定点间距不应大于 1.6m 槽盒内导线排列应整齐、有序；

6 数线完成后，槽盒盖板应复位，盖板应齐全、平整、牢固。

检查数量：按每个检验批的槽盒总长度抽查 10%，且不得少于 1m。

检查方法：观察检查并用尺量检查。

九、电缆头制作、导线连接和线路绝缘测试检验批质量验收记录

1. 电缆头制作、导线连接和线路绝缘测试检验批质量验收记录采用《建筑工程资料管理规程》（DB11/T 695）表 C7-4 编制。

2. 电缆头制作、导线连接和线路绝缘测试检验批质量验收记录示例详见表 8-91。

表 8-91 电缆头制作、导线连接和线路绝缘测试检验批质量验收记录示例

XF050109 001

单位（子单位）工程名称		北京××大厦	分部（子分部）工程名称	消防工程分部——消防电气和火灾自动报警系统子分部	分项工程名称	消防电源及配电分项
施工单位		北京××集团	项目负责人	吴工	检验批容量	5 台
分包单位		北京××消防工程公司	分包单位项目负责人	肖工	检验批部位	消防配电间
施工依据		消防工程图纸、变更洽商（如有）、施工方案、《建筑工程施工工艺规程 第 17 部分：电气动力安装工程 》（DB11/T 1832.17-2021）		验收依据	《建筑电气工程施工质量验收规范》（GB 50303—2015）	
验收项目			设计要求及规范规定	最小/实际抽样数量	检查记录	检查结果
主控项目	1	电力电缆耐压试验	第 17.1.1 条	/	试验合格，资料齐全	√
	2	低压或特低电压电线和矿物绝缘电缆绝缘电阻测试	第 17.1.2 条	/	试验合格，资料齐全	√
	3	电力电缆的铜屏蔽层和铠装护套及矿物绝缘电缆的金属护套和金属配件与保护导体连接	第 17.1.3 条	1/1	抽查 1 处，合格 1 处	√
	4	电缆端子与设备或器具连接	第 17.1.4 条	1/1	抽查 1 处，合格 1 处	√
一般项目	1	电缆头固定	第 17.2.2 条	1/1	抽查 1 处，合格 1 处	100%
	2	导线与设备或器具的连接	第 17.2.3 条	1/1	抽查 1 处，合格 1 处	100%
	3	截面积 6mm² 及以下铜芯导线间的连接	第 17.2.4 条	1/1	抽查 1 处，合格 1 处	100%
	4	铝/铝合金电缆头及端子压接	第 17.2.4 条	1/1	抽查 1 处，合格 1 处	100%
	5	螺纹型接线端子与导线连接	第 17.2.5 条	1/1	抽查 1 处，合格 1 处	100%

续表

		验收项目	设计要求及规范规定	最小/实际抽样数量	检查记录	检查结果
一般项目	6	绝缘导线、电缆的线芯连接金具	第17.2.6条	2/2	抽查2处，合格2处	100%
	7	当接线端子规格与电气器具规格不配套时，不应采取降容的转接措施	第17.2.7条	1/1	抽查1处，合格1处	100%
施工单位检查结果				所查项目全部合格 专业工长：签名 项目专业质量检查员：签名 2023年××月××日		
监理单位验收结论				验收合格 专业监理工程师：签名 2023年××月××日		

注：本表由施工单位填写。

3. 验收依据

【规范名称及编号】《建筑电气工程施工质量验收规范》（GB 50303—2015）

【条文摘录】

17　电缆头制作、导线连接和线路绝缘测试

17.1　主控项目

17.1.1　电力电缆通电前应按现行国家标准《电气装置安装工程电气设备交接试验标准》（GB 50150）的规定进行耐压试验，并应合格。

检查数量：全数检查。

检查方法：试验时观察检查并查阅交接试验记录。

17.1.2　低压或特低电压配电线路线间和线对地间的绝缘电阻测试电压及绝缘电阻值不应小于表17.1.2的规定，矿物绝缘电缆线间和线对地间的绝缘电阻应符合国家现行有关产品标准的规定。

表 17.1.2　低压或特低电压配电线路绝缘电阻测试电压及绝缘电阻最小值

标称回路电压（V）	直流测试电压（V）	绝缘电阻（MΩ）
SELV 和 PELV	250	0.5
500V 及以下，包括 FELV	500	0.5
500V 以上	1000	1.0

检查数量：按每检验批的线路数量抽查20%，且不得少于1条线路，并应覆盖不同型号的电缆或电线。

检查方法：用绝缘电阻测试仪测试并查阅绝缘电阻测试记录。

17.1.3　电力电缆的铜屏蔽层和铠装护套及矿物绝缘电缆的金属护套和金属配件应采用铜绞线或镀锡铜编织线与保护导体做连接，其连接导体的截面积不应小于表17.1.3的规定。当铜屏蔽层和铠装护套及矿物绝缘电缆的金属护套和金属配件作保护导体时，其连接导体的截面积应符合设计要求。

表 17.1.3　电缆终端保护联结导体的截面　　（单位：mm²）

电缆相导体截面积	保护联结导体截面积
≤16	与电缆导体截面相同
>16，且≤120	16
≥50	25

检查数量：按每检验批的电缆线路数量抽查 20%，且不得少于 1 条电缆线路并应覆盖不同型号的电缆。

检查方法：观察检查。

17.1.4　电缆端子与设备或器具连接应符合本规范第 10.1.3 条和第 10.2.2 条的规定。

检查数量：按每检验批的电缆线路数量抽查 20%，且不得少于 1 条电缆线路。

检查方法：观察检查并用力矩测试仪测试紧固度。

17.2　一般项目

17.2.1　电缆头应可靠固定，不应使电器元器件或设备端子承受额外应力。

检查数量：按每检验批的电缆线路数量抽查 20%，且不得少于 1 条电缆线路。

检查方法：观察检查。

17.2.2　导线与设备或器具的连接应符合下列规定：

1　截面积在 10mm² 及以下的单股铜芯线和单股铝/铝合金芯线可直接与设备或器具的端子连接；

2　截面积在 2.5mm² 及以下的多芯铜芯线应接续端子或拧紧搪锡后再与设备或器具的端子连接；

3　截面积大于 2.5mm² 的多芯铜芯线，除设备自带插接式端子外，应接续端子后与设备或器具的端子连接多芯铜芯线与插接式端子连接前，端部应拧紧搪锡；

4　多芯铝芯线应接续端子后与设备、器具的端子连接，多芯铝芯线接续端子前应去除氧化层并涂抗氧化剂，连接完成后应清洁干净；

5　每个设备或器具的端子接线不多于 2 根导线或 2 个导线端子。

检查数量：按每检验批的配线回路数量抽查 5%，且不得少于 1 条配线回路，并应覆盖不同型号和规格的导线。

检查方法：观察检查。

17.2.3　截面积 6mm² 及以下铜芯导线间的连接应采用导线连接器或缠绕搪锡连接，并应符合下列规定：

1　导线连接器应符合现行国家标准《家用和类似用途低压电路用的连接器件》（GB 13140）的相关规定，并应符合下列规定：

1）导线连接器应与导线截面相匹配；

2）单芯导线与多芯软导线连接时，多芯软导线宜搪锡处理；

3）与导线连接后不应明露线芯；

4）采用机械压紧方式制作导线接头时，应使用确保压接力的专用工具；

5）多尘场所的导线连接应选用 IP5X 及以上的防护等级连接器潮湿场所的导线连接应选用 IPX5 及以上的防护等级连接器。

2　导线采用缠绕搪锡连接时，连接头缠绕搪锡后应采取可靠绝缘措施。

检查数量：按每检验批的线间连接总数抽查 5%，且各不得少于 1 个型号及规格的导线，并应覆盖其连接方式。

检查方法：观察检查。

17.2.4　铝/铝合金电缆头及端子压接应符合下列规定：

1　铝/铝合金电缆的联锁铠装不应作为保护接地导体（PE）使用，联锁铠装应与保护接地导体（PE）连接；

2　线芯压接面应去除氧化层并涂抗氧化剂，压接完成后应清洁表面；

3　线芯压接工具及模具应与附件相匹配。

检查数量：按每个检验批电缆头数量抽查 20%，且不得少于 1 个。

检查方法：观察检查。

17.2.5　当采用螺纹型接线端子与导线连接时，其拧紧力矩值应符合产品技术文件的要求，当无要求时，应符合本规范附录 H 的规定。

检查数量：按每检验批的螺纹型接线端子的数量抽查 10%，且不得少于 1 个端子，并应覆盖不同的导线。

检查方法：核对产品技术文件，观察检查并用力矩测试仪测试紧固度。

17.2.6　绝缘导线、电缆的线芯连接金具（连接管和端子），其规格应与线芯的规格适配，且不得采用开口端子，其性能应符合国家现行有关产品标准的规定。

检查数量：按每检验批的线芯连接数量抽查 10%，且不得少于 2 个连接点。

检查方法：观察检查，并查验材料合格证明文件和材料进场验收记录。

17.2.7　当接线端子规格与电气器具规格不配套时，不应采取降容的转接措施。

检查数量：按每个检验批的不同接线端子规格的总数量抽查 20%，且各不得少于 1 个。

检查方法：观察检查。

十、电气设备试验和试运行检验批质量验收记录

1. 电气设备试验和试运行检验批质量验收记录采用《建筑工程资料管理规程》（DB11/T 695）表 C7-4 编制。

2. 电气设备试验和试运行检验批质量验收记录示例详见表 8-92。

表 8-92　电气设备试验和试运行检验批质量验收记录示例

XF050110 001

单位（子单位）工程名称		北京××大厦	分部（子分部）工程名称	消防工程分部——消防电气和火灾自动报警系统子分部	分项工程名称	消防电源及配电分项
施工单位		北京××集团	项目负责人	吴工	检验批容量	2 台
分包单位		北京××消防工程公司	分包单位项目负责人	肖工	检验批部位	消防配电间
施工依据		消防工程图纸、变更洽商（如有）、施工方案、《建筑工程施工工艺规程 第 17 部分：电气动力安装工程》（DB11/T 1832.17-2021）		验收依据		《建筑电气工程施工质量验收规范》（GB 50303—2015）
验收项目			设计要求及规范规定	最小/实际抽样数量	检查记录	检查结果
主控项目	1	试运行前，相关电气设备和线路的试验	第 9.1.1 条	/	试验合格，资料齐全	√
	2	现场单独安装的低压电器交接试验	第 9.1.2 条	/	试验合格，资料齐全	√
	3	电动机试运行	第 9.1.3 条	/	试验合格，资料齐全	√
一般项目	1	电气动力设备的运行	第 9.2.1 条	/	试验合格，资料齐全	√
	2	电动执行机构的动作方向及指示	第 9.2.2 条	1/1	抽查 1 处，合格 1 处	100%
施工单位检查结果			所查项目全部合格 专业工长：签名 项目专业质量检查员：签名 2023 年××月××日			
监理单位验收结论			验收合格 专业监理工程师：签名 2023 年××月××日			

注：本表由施工单位填写。

3. 验收依据

【规范名称及编号】《建筑电气工程施工质量验收规范》（GB 50303—2015）

【条文摘录】

9 电气设备试验和试运行

9.1 主控项目

9.1.1 试运行前，相关电气设备和线路应按本规范的规定试验合格。

检查数量：全数检查。

检查方法：试验时观察检查并查阅相关试验、测试记录。

9.1.2 现场单独安装的低压电器交接试验项目应符合本规范附录C的规定。

检查数量：全数检查。

检查方法：试验时观察检查并查阅交接试验检验记录。

9.1.3 电动机应试通电，并应检查转向和机械转动情况，电动机试运行应符合下列规定：

1 空载试运行时间宜为2h，机身和轴承的温升、电压和电流等应符合建筑设备或工艺装置的空载状态运行要求，并应记录电流、电压、温度、运行时间等有关数据；

2 空载状态下可启动次数及间隔时间应符合产品技术文件的要求无要求时，连续启动2次的时间间隔不应小于5min，并应在电动机冷却至常温下进行再次启动。

检查数量：按设备总数抽查10%，且不得少于1台。

检查方法：轴承温度采用测温仪测量，其他参数可在试验时观察检查并查阅电动机空载试运行记录。

9.2 一般项目

9.2.1 电气动力设备的运行电压、电流应正常，各种仪表指示应正常。

检查数量：全数检查。

检查方法：观察检查。

9.2.2 电动执行机构的动作方向及指示应与工艺装置的设计要求保持一致。

检查数量：按设备总数抽查10%，且不得少于1台。

检查方法：观察检查。

十一、消防机房供配电系统检验批质量验收记录

1. 消防机房供配电系统检验批质量验收记录采用《建筑工程资料管理规程》（DB11/T 695）表C7-4编制。

2. 消防机房供配电系统检验批质量验收记录示例详见表8-93。

表8-93 消防机房供配电系统检验批质量验收记录示例

XF050111 001

单位（子单位）工程名称	北京××大厦	分部（子分部）工程名称	消防工程分部——消防电气和火灾自动报警系统子分部	分项工程名称	消防电源及配电分项
施工单位	北京××集团	项目负责人	吴工	检验批容量	1个
分包单位	北京××消防工程公司	分包单位项目负责人	肖工	检验批部位	消防配电间
施工依据	消防工程图纸、变更洽商（如有）、施工方案、《智能建筑工程施工规范》（GB 50606—2010）		验收依据	《智能建筑工程施工规范》（GB 50606—2010）	

续表

验收项目				设计要求及规范规定	最小/实际抽样数量	检查记录	检查结果
主控项目	1	材料、器具、设备进场质量检测		第3.5.1条	/	进场检验合格，质量证明文件齐全	√
	2	系统测试应符合设计要求	电气装置与其他系统的联锁动作的正确性、响应时间及顺序	第17.2.2条	全/5	共5处，全数检查，合格5处	√
			电线、电缆及电气装置的相序的正确性	第17.2.2条	全/5	共5处，全数检查，合格5处	√
			柴油发电机组的启动时间、输出电压、电流及频率	第17.2.2条	全/5	共5处，全数检查，合格5处	√
			不间断电源的输出电压、电流、波形参数及切换时间	第17.2.2条	全/5	共5处，全数检查，合格5处	√
一般项目	1	配电柜和配电箱安装支架的制作尺寸应与配电柜和配电箱的尺寸匹配，安装应牢固，并应可靠接地		第17.2.2条第1款	全/5	共5处，全数检查，合格5处	100%
	2	线槽、线管和线缆的施工应符合本规范规定		第17.2.2条第2款	全/5	共5处，全数检查，合格5处	100%
	3	灯具、开关和各种电气控制装置以及各种插座安装	灯具、开关和插座安装应牢固，位置准确，开关位置应与灯位相对应		全/5	共5处，全数检查，合格5处	100%
			同一房间，同一平面高度的插座面板应水平		全/5	共5处，全数检查，合格5处	100%
			灯具的支架、吊架、固定点位置的确定应符合牢固安全、整齐美观的原则	第17.2.2条第3款	全/5	共5处，全数检查，合格5处	100%
			灯具、配电箱安装完毕后，每条支路进行绝缘摇测，绝缘电阻应大于1MΩ并应做好记录		全/5	共5处，全数检查，合格5处	100%
			机房地板应满足电池组的承重要求		全/5	共5处，全数检查，合格5处	100%
	4	不间断电源设备的安装	主机和电池柜应按设计要求和产品技术要求进行固定		全/5	共5处，全数检查，合格5处	100%
			各类线缆的接线应牢固，正确，并应作标识	第17.2.2条第4款	全/5	共5处，全数检查，合格5处	100%
			不间断电源电池组应接直流接地		全/5	共5处，全数检查，合格5处	100%

施工单位 检查结果	所查项目全部合格 专业工长：签名 项目专业质量检查员：签名 2023 年××月××日
监理单位 验收结论	验收合格 专业监理工程师：签名 2023 年××月××日

注：本表由施工单位填写。

3. 验收依据

【规范名称及编号】《智能建筑工程施工规范》（GB 50606—2010）

【条文摘录】

摘录一：

3.5.1 材料、器具、设备进场质量检测应符合下列规定：

1 需要进行质量检查的产品应包括智能建筑工程各子系统中使用的材料、硬件设备、软件产品和工程中应用的各种系统接口；列入中华人民共和国实施强制性产品认证的产品目录或实施生产许可证和上网许可证管理的产品应进行产品质量检查，未列入的产品也应按规定程序通过产品质量检测后方可使用；

2 材料及主要设备的检测应符合下列规定：

1）按照合同文件和工程设计文件进行的进场验收，应有书面记录和参加人签字，并应经监理工程师或建设单位验收人员确认；

2）应对材料、设备的外观、规格、型号、数量及产地等进行检查复核；

3）主要设备、材料应有生产厂家的质量合格证明文件及性能的检测报告。

3 设备及材料的质量检查应包括安全性、可靠性及电磁兼容性等项目，并应由生产厂家出具相应检测报告。

摘录二：

17.2.2 机房供配电系统工程的施工除应执行国家现行标准《电子信息系统机房施工及验收规范》（GB 50462）第 3 章的规定外，尚应符合下列规定：

1 配电柜和配电箱安装支架的制作尺寸应与配电柜和配电箱的尺寸匹配，安装应牢固，并应可靠接地。

2 线槽、线管和线缆的施工应符合本规范第 4 章的规定。

3 灯具、开关和各种电气控制装置以及各种插座安装应符合下列规定：

1）灯具、开关和插座安装应牢固，位置准确，开关位置应与灯位相对应；

2）同一房间，同一平面高度的插座面板应水平；

3）灯具的支架、吊架、固定点位置的确定应符合牢固安全、整齐美观的原则；

4）灯具、配电箱安装完毕后，每条支路进行绝缘摇测，绝缘电阻应大于 1MΩ 并应做好记录；

5）机房地板应满足电池组的符合承重要求。

4 不间断电源设备的安装应符合下列规定：

1）主机和电池柜应按设计要求和产品技术要求进行固定；

2）各类线缆的接线应牢固，正确，并应做标识；

3）不间断电源电池组应接直流接地。

十二、消防机房设备安装检验批质量验收记录

1. 消防机房设备安装检验批质量验收记录采用《建筑工程资料管理规程》（DB11/T 695）表 C7-4 编制。

2. 消防机房设备安装检验批质量验收记录示例详见表 8-94。

表 8-94　消防机房设备安装检验批质量验收记录示例

XF050112 001

单位（子单位）工程名称	北京××大厦		分部（子分部）工程名称	消防工程分部——消防电气和火灾自动报警系统子分部	分项工程名称	消防电源及配电分项
施工单位	北京××集团		项目负责人	吴工	检验批容量	1个
分包单位	北京××消防工程公司		分包单位项目负责人	肖工	检验批部位	消防配电间
施工依据	消防工程图纸、变更洽商（如有）、施工方案、《智能建筑工程施工规范》（GB 50606—2010）			验收依据	《智能建筑工程施工规范》（GB 50606—2010）	

		验收项目	设计要求及规范规定	最小/实际抽样数量	检查记录	检查结果
主控项目	1	电气装置应安装牢固、整齐、标识明确、内外清洁	第17.3.1条第1款	全/5	共5处，全数检查，合格5处	√
	2	机房内的地面、活动地板的防静电施工应符合规定	第17.3.1条第2款	全/5	共5处，全数检查，合格5处	√
	3	电源线、信号线入口处的浪涌保护器安装位置正确、牢固	第17.3.1条第3款	全/5	共5处，全数检查，合格5处	√
	4	接地线和等电位连接带连接正确，安装牢固。接地电阻应符合本规范第16.4.1条的规定	第17.3.1条第4款	全/5	共5处，全数检查，合格5处	√
一般项目	1	吊顶内电气装置应安装在便于维修处	第17.3.2条第1款	全/5	共5处，全数检查，合格5处	100%
	2	配电装置应有明显标志，并应注明容量、电压、频率等	第17.3.2条第2款	全/5	共5处，全数检查，合格5处	100%
	3	落地式电气装置的底座与楼地面应安装牢固	第17.3.2条第3款	全/5	共5处，全数检查，合格5处	100%
	4	电源线、信号线应分别铺设，并应排列整齐，捆扎固定，长度应留有余量	第17.3.2条第4款	全/5	共5处，全数检查，合格5处	100%
	5	成排安装的灯具应平直、整齐	第17.3.2条第5款	全/5	共5处，全数检查，合格5处	100%
施工单位检查结果			所查项目全部合格 专业工长：签名 项目专业质量检查员：签名 2023年××月××日			
监理单位验收结论			验收合格 专业监理工程师：签名 2023年××月××日			

注：本表由施工单位填写。

3. 验收依据

【规范名称及编号】《智能建筑工程施工规范》（GB 50606—2010）

【条文摘录】

17.3.1 主控项目应符合下列规定：

1 电气装置应安装牢固、整齐、标识明确、内外清洁；

2 机房内的地面、活动地板的防静电施工应符合行业现行标准《民用建筑电气规范》（JGJ 16）第23.2节的要求；

3 电源线、信号线入口处的浪涌保护器安装位置正确、牢固；

4 接地线和等电位连接带连接正确，安装牢固。接地电阻应符合本规范第16.4.1条的规定。

17.3.2 一般项目应符合下列规定：

1 吊顶内电气装置应安装在便于维修处；

2 配电装置应有明显标志，并应注明容量、电压、频率等；

3 落地式电气装置的底座与楼地面应安装牢固；

4 电源线、信号线应分别铺设，并应排列整齐，捆扎固定，长度应留有余量；

5 成排安装的灯具应平直、整齐。

十三、机房系统调试检验批质量验收记录

1. 机房系统调试检验批质量验收记录采用《建筑工程资料管理规程》（DB11/T 695）表 C7-4 编制。

2. 机房系统调试检验批质量验收记录示例详见表 8-95。

表 8-95 机房系统调试检验批质量验收记录示例

XF050113 001

单位（子单位）工程名称	北京××大厦		分部（子分部）工程名称	消防工程分部——消防电气和火灾自动报警系统子分部	分项工程名称	消防电源及配电分项
施工单位	北京××集团		项目负责人	吴工	检验批容量	1个
分包单位	北京××消防工程公司		分包单位项目负责人	肖工	检验批部位	机房
施工依据	消防工程图纸、变更洽商（如有）、施工方案、《智能建筑工程施工规范》（GB 50606—2010）			验收依据	《智能建筑工程质量验收规范》（GB 50339—2013）	
验收项目			设计要求及规范规定	最小/实际抽样数量	检查记录	检查结果
主控项目	1	供配电系统的输出电能质量	第21.0.4条	/	调试合格，资料齐全	√
	2	不间断电源的供电时延	第21.0.5条	/	调试合格，资料齐全	√
	3	静电防护措施	第21.0.6条	/	调试合格，资料齐全	√
	4	弱电间检测	第21.0.7条	/	调试合格，资料齐全	√
	5	机房供配电系统、防雷与接地系统、空气调节系统、给水排水系统、综合布线系统、监控与安全防范系统、消防系统、室内装饰装修和电磁屏蔽等系统检测	第21.0.8条	/	调试合格，资料齐全	√

施工单位 检查结果	所查项目全部合格 专业工长：签名 项目专业质量检查员：签名 2023 年××月××日
监理单位 验收结论	验收合格 专业监理工程师：签名 2023 年××月××日

注：本表由施工单位填写。

3. 验收依据

【规范名称及编号】《智能建筑工程质量验收规范》（GB 50339—2013）

【条文摘录】

21 机房工程

21.0.1 机房工程宜包括供配电系统、防雷与接地系统、空气调节系统、给水排水系统、综合布线系统、监控与安全防范系统、消防系统、室内装饰装修和电磁屏蔽等。检测和验收的范围应根据设计要求确定。

21.0.2 机房工程实施的质量控制除应符合本规范第 3 章的规定外，有防火性能要求的装饰装修材料还应检查防火性能证明文件和产品合格证。

21.0.3 机房下程系统检测前，宜检查机房工程的引入电源质量的检测记录。

21.0.4 机房工程验收时，应检测供配电系统的输出电能质量，检测结果符合设计要求的应判定为合格。

21.0.5 机房工程验收时，应检测不间断电源的供电时延，检测结果符合设计要求的应判定为合格。

21.0.6 机房工程验收时，应检测静电防护措施，检测结果符合设计要求的应判定为合格。

21.0.7 弱电间检测应符合下列规定：

1 室内装饰装修应检测下列内容，检测结果符合设计要求的应判定为合格：

1）房间面积，门的宽度及高度和室内顶棚净高；

2）墙、顶和地的装修面层材料；

3）地板铺装；

4）降噪隔声措施。

2 线缆路由的冗余应符合设计要求。

3 供配电系统的检测应符合下列规定：

1）电气装置的型号、规格和安装方式应符合设计要求；

2）电气装置与其他系统联锁动作的顺序及响应时间应符合设计要求；

3）电线、电缆的相序、敷设方式、标志和保护等应符合设计要求；

4）不间断电源装置支架应安装平整、稳固，内部接线应连接正确，紧固件应齐全、可靠不松动，焊接连接不应有脱落现象；

5）配电柜（屏）的金属框架及基础型钢接地应可靠；

6）不同回路、不回电压等级和交流与直流的电线的敷设应符合设计要求；

7）工作面水平照度应符合设计要求。

4 空调通风系统应检测下列内容，检测结果符合设计要求的应判定为合格：

1）室内温度和湿度；

2）室内洁净度；

3）房间内与房间外的压差值。

5 防雷与接地的检测应按本规范第22章的规定执行。

6 消防系统的检测应按本规范第18章的规定执行。

21.0.8 对于本规范第21.0.17条规定的弱电间以外的机房，应按现行国家标准《电子信息系统机房施工及验收规范》（GB 50462）中有关供配电系统、防雷与接地系统、空气调节系统、给水排水系统、综合布线系统、监控与安全防范系统、消防系统、室内装饰装修和电磁屏蔽等系统的检验项目、检验要求及测试方法的规定执行，检测结果符合设计要求的应判定为合格。

21.0.9 机房工程验收文件除应符合本规范第3.4.4条的规定外，尚应包括机柜设备装配图。

十四、抗震支吊架安装检验批质量验收记录

1. 抗震支吊架安装检验批质量验收记录采用《建筑工程资料管理规程》（DB11/T 695）表 C7-4 编制。

2. 抗震支吊架安装检验批质量验收记录示例详见表 8-96。

表 8-96 抗震支吊架安装检验批质量验收记录示例

XF050114 001

单位（子单位）工程名称	北京××大厦		分部（子分部）工程名称	消防工程分部——消防电气和火灾自动报警系统子分部	分项工程名称	消防电源及配电分项
施工单位	北京××集团		项目负责人	吴工	检验批容量	30 个
分包单位	北京××消防工程公司		分包单位项目负责人	肖工	检验批部位	消防配电间
施工依据	消防工程图纸、变更洽商（如有）、施工方案、《装配式建筑设备与电气工程施工质量及验收规程》（DB11/T 1709—2019）			验收依据	《装配式建筑设备与电气工程施工质量及验收规程》（DB11/T 1709—2019）	

验收项目			设计要求及规范规定	最小/实际抽样数量	检查记录	检查结果
主控项目	1	抗震支吊架的安装	对建筑电气工程直径不小于65mm的保护导管，重力不小于150N/m的电缆梯架、托盘、槽盒，以及母线槽，宜选用抗震支吊架	第6.9.1条第1款	10/10	抽查10处，合格10处	√
			抗震支吊架的产品质量	第6.9.1条第2款	10/10	抽查10处，合格10处	√
			抗震支吊架的设计与选型		10/10	抽查10处，合格10处	√
			锚栓的选用、性能		10/10	抽查10处，合格10处	√
			抗震连接构件与装配式建筑混凝土结构连接的锚栓应使用具有机械锁键效应的后扩底锚栓，不得使用膨胀锚栓	第6.9.1条第3款	10/10	抽查10处，合格10处	√
			后扩底锚栓开孔质量		10/10	抽查10处，合格10处	√
			电缆梯架、托盘、槽盒及母线槽应采用内衬氟橡胶限位卡将电缆梯架、托盘、槽盒及母线槽锁定在横担上，防止位移	第6.9.1条第4款	10/10	抽查10处，合格10处	√

验收项目			设计要求及规范规定	最小/实际抽样数量	检查记录	检查结果
一般项目	1	安装允许偏差	安装位置	应符合设计要求	10/10	抽查10处,合格10处	100%
			安装间距	±0.2m	10/10	抽查10处,合格10处	100%
			斜撑的垂直安装角度	符合设计要求,且不得小于30°	10/10	抽查10处,合格10处	100%
			斜撑的偏心距	不应大于100mm	10/10	抽查10处,合格10处	100%
			斜撑的安装角度	不应偏离其中心线2.5°	10/10	抽查10处,合格10处	100%
		观感质量		第6.9.2条第2款	10/10	抽查10处,合格10处	100%
施工单位检查结果				所查项目全部合格 专业工长：签名 项目专业质量检查员：签名 2023年××月××日			
监理单位验收结论				验收合格 专业监理工程师：签名 2023年××月××日			

注：本表由施工单位填写。

3. 验收依据

【规范名称及编号】《装配式建筑设备与电气工程施工质量及验收规程》(DB11/T 1709—2019)

【条文摘录】

4.8.12　抗震支吊架安装的允许偏差应符合下列规定：

1　抗震支吊架的安装位置应符合设计要求，安装间距允许偏差应为±0.2m；

2　斜撑的垂直安装角度应符合设计要求，且不得小于30°；斜撑的偏心距不应大于100mm，斜撑的安装角度不应偏离其中心线2.5°。

检查数量：按总数抽查30%，且不得少于10处。

检查方法：观察检查，且用尺量检查。

4.8.13　抗震支吊架安装后应对抗震支吊架的立杆、横担进行调正、调平，且防松附件应齐全、连续坚固。

检查数量：按总数抽查30%，且不得少于10处。

检查方法：观察检查，且用水准仪、拉线和尺量检查。

6.9　抗震支吊架安装
主控项目

6.9.1　抗震支吊架的安装应符合下列规定：

1　对建筑电气工程直径不小于65mm的保护导管，重力不小于150N/m的电缆梯架、托盘、槽盒，以及母线槽，宜选用抗震吊架；

2　抗震支吊架的产品质量、选型、锚栓性能等应符合本规程第4.8.10条第2款、第3款及第4

款的规定；

3 抗震支吊架的后扩底锚栓应符合本规程第4.8.10条第5款及第6款的规定；

4 建筑电气工程的电缆梯架、托盘、槽盒及母线槽应采用内衬氟橡胶限位卡将电缆梯架、托盘、槽盒及母线槽锁定在横担上，防止电缆梯架、托盘、槽盒及母线发生位移。

检查数量：按总数抽查30%，且不得少于10处。

检查方法：观察检查，且用尺检查，查阅材料质量证明文件、材料进场检验记录。

一般项目

6.9.2 抗震支吊架安装质量应符合下列规定：

1 抗震支吊架安装的允许偏差应符合本规程第4.8.12条的规定；

2 抗震支吊架的观感质量应符合本规程第4.8.13条的规定。

检查数量：按总数抽查30%，且不得少于10处。

检查方法：观察检查，且用水准仪、拉线和尺量检查。

8.5.2 消防应急照明和疏散指示系统分项

一、成套配电柜、控制柜（屏、台）和动力、照明配电箱（盘）安装检验批质量验收记录

1. 成套配电柜、控制柜（屏、台）和动力、照明配电箱（盘）安装检验批质量验收记录采用《建筑工程资料管理规程》（DB11/T 695）表C7-4编制。

2. 成套配电柜、控制柜（屏、台）和动力、照明配电箱（盘）安装检验批质量验收记录示例详见表8-97。

表8-97 成套配电柜、控制柜（屏、台）和动力、照明配电箱（盘）安装检验批质量验收记录示例

XF050201 001

单位（子单位）工程名称	北京××大厦	分部（子分部）工程名称	消防工程分部——消防电气和火灾自动报警系统子分部	分项工程名称	消防应急照明和疏散指示系统分项
施工单位	北京××集团	项目负责人	吴工	检验批容量	2台
分包单位	北京××消防工程公司	分包单位项目负责人	肖工	检验批部位	消防配电间
施工依据	消防工程图纸、变更治商（如有）、施工方案、《建筑工程施工工艺规程 第17部分：电气动力安装工程》（DB11/T 1832.17-2021）			验收依据	《建筑电气工程施工质量验收规范》（GB 50303—2015）

	验收项目		设计要求及规范规定	最小/实际抽样数量	检查记录	检查结果
主控项目	1	金属框架及基础型钢的接地或接零	第5.1.1条	/	试验合格，资料齐全	√
	2	电击保护和保护导体截面积	第5.1.2条	/	试验合格，资料齐全	√
	3	手车抽出式柜的推拉和动、静触头检查	第5.1.3条	/	/	/
	4	高压成套配电柜的交接试验	第5.1.4条	/	/	/
	5	低压成套配电柜的交接试验	第5.1.6条	/	试验合格，资料齐全	√
	6	柜间线路绝缘电阻测试	第5.1.6条	/	试验合格，资料齐全	√
	7	直流柜、直流屏、整流器	第5.1.7条	/	试验合格，资料齐全	√

续表

验收项目				设计要求及规范规定	最小/实际抽样数量	检查记录	检查结果
主控项目	8	回路末端检查		第5.1.8条	/	试验合格,资料齐全	√
	9	剩余动作电流测试		第5.1.9条	/	试验合格,资料齐全	√
	10	电涌保护器安装		第5.1.10条	/	试验合格,资料齐全	√
	11	IT系统绝缘监测器报警功能应符合设计要求		第5.1.11条	/	试验合格,资料齐全	√
	12	照明配电箱(盘)安装符合规范规定		第5.1.12条	/	试验合格,资料齐全	√
	13	送至变送器电量信号和断路器动作		第5.1.13条	/	试验合格,资料齐全	√
一般项目	1	基础型钢安装	不直度(mm) 每米	≤1	1/1	抽查1处,合格1处	100%
			全长	≤5	/	/	/
			水平度(mm) 每米	≤1	1/1	抽查1处,合格1处	100%
			全长	≤5	/	/	/
			不平行度(mm/全长)	≤5	/	/	/
	2	柜、台、箱、盘的布置及安全间距符合设计要求		第5.2.2条	全/2	共2处,全数检查,合格2处	100%
	3	柜、台、箱、盘间或与基础型钢的连接及进出口防火封堵		第5.2.3条	1/1	抽查1处,合格1处	100%
	4	室外安装落地式配电(控制)柜、箱的基础应符合规范要求		第5.2.4条	全/2	共2处,全数检查,合格2处	100%
	5	柜、台、箱、盘安装	牢固且不应设置在水管的正下方	第5.2.5条	1/1	抽查1处,合格1处	100%
			垂直度	1.5‰	1/1	抽查1处,合格1处	100%
			相互间接缝	2mm	1/1	抽查1处,合格1处	100%
			成列盘面	5mm	1/1	抽查1处,合格1处	100%
	6	柜、台、箱、盘内部检查试验		第5.2.6条	1/1	抽查1处,合格1处	100%
	7	低压电器组合		第5.2.7条	1/1	抽查1处,合格1处	100%
	8	柜、台、箱、盘间配线		第5.2.8条	1/1	抽查1处,合格1处	100%
	9	柜、台、箱、盘面板上的电器及电线导线		第5.2.9条	1/1	抽查1处,合格1处	100%
	10	照明配电箱(盘)安装	箱体质量	第5.2.10条	1/1	抽查1处,合格1处	100%
			箱(盘)内回路编号、标识	第5.2.10条	1/1	抽查1处,合格1处	100%
			箱(盘)制作材料	第5.2.10条	1/1	抽查1处,合格1处	100%
			安装质量	第5.2.10条	1/1	抽查1处,合格1处	100%
			垂直度	1.5‰	1/1	抽查1处,合格1处	100%
施工单位检查结果				所查项目全部合格 专业工长:签名 项目专业质量检查员:签名 2023年××月××日			

监理单位 验收结论	验收合格 专业监理工程师：签名 2023年××月××日

注：本表由施工单位填写。

3. 验收依据

【规范名称及编号】《建筑电气工程施工质量验收规范》（GB 50303—2015）

【条文摘录】

见第8.5.1条第一款《成套配电柜、控制柜（屏、台）和动力、照明配电箱（盘）安装检验批质量验收记录》的验收依据，本书第404页。

二、梯架、支架、托盘和槽盒安装检验批质量验收记录

1. 梯架、支架、托盘和槽盒安装检验批质量验收记录采用《建筑工程资料管理规程》（DB11/T 695）表C7-4编制。

2. 梯架、支架、托盘和槽盒安装检验批质量验收记录示例详见表8-98。

表 8-98　梯架、支架、托盘和槽盒安装检验批质量验收记录示例

XF050202 001

单位（子单位） 工程名称		北京××大厦	分部（子分部） 工程名称	消防工程分部—— 消防电气和火灾自 动报警系统子分部	分项工程 名称	消防应急照明 和疏散指示系 统分项
施工单位		北京××集团	项目负责人	吴工	检验批容量	5个
分包单位		北京××消防工程公司	分包单位项目负责人	肖工	检验批部位	竖井
施工依据		消防工程图纸、变更洽商（如有）、施工方案、 《建筑工程施工工艺规程 第17部分：电气动力 安装工程》（DB11/T 1832.17-2021）、《消防应急 照明和疏散指示系统技术标准》（GB 51309—2018）		验收依据	《建筑电气工程施工质量验收规范》 （GB 50303—2015） 《消防应急照明和疏散指示系统 技术标准》（GB 51309—2018）	
验收项目			设计要求及 规范规定	最小/实际 抽样数量	检查记录	检查结果
主控 项目	1	金属梯架、托盘或槽盒本体之 间的连接应牢固可靠	第11.1.1条	全/5	共5处，全数检查，合格5处	√
	2	金属梯架、托盘或槽盒与保护导体的连接	全长不大于30m	第11.1.1.1款	/	/	/
			全长大于30m	第11.1.1.1款	2/2	抽查2处，合格2处	√
			非镀锌	第11.1.1.2款	/	/	/
			镀锌梯	第11.1.1.3款	2/2	抽查2处，合格2处	√
	3	电缆梯架、托盘和槽盒转弯、 分支处	第11.1.2条	1/1	抽查1处，合格2处	√
一般 项目	1	伸缩节、补偿装置设置	第11.2.1条	全/5	共5处，全数检查，合格5处	100%
	2	梯架、托盘和槽盒与支架间及 与连接板的固定	第11.2.2条	2/2	抽查2处，合格2处	100%

续表

验收项目			设计要求及规范规定	最小/实际抽样数量	检查记录	检查结果
一般项目	3 当设计无要求时，梯架、托盘、槽盒及支架安装	敷设在易燃易爆气体管道和热力管道的下方时，与各类管道最小净距	第11.2.3.1款	全/5	共5处，全数检查，合格5处	100％
		遇水管、热水管、蒸气管时，位置和最小距离规定	第11.2.3.2款 第11.2.3.3款	/	/	/
		在电气竖井内穿楼板处和穿越不同防火区敷设	第11.2.3.3款	全/5	共5处，全数检查，合格5处	100％
		在电气竖井内敷设时固定支架安装	第11.2.3.4款	全/5	共5处，全数检查，合格5处	100％
		室外进入室内或配电箱（柜）时应设防雨水措施，槽盒底部应有泄水孔	第11.2.3.5款	全/5	共5处，全数检查，合格5处	100％
		承力建筑钢结构构件上不得熔焊支架且不得热加工开孔	第11.2.3.6款	1/1	抽查1处，合格1处	100％
		水平安装的支架间距宜为	1.5～3m	1/1	抽查1处，合格1处	100％
		垂直安装支架间距不应大于	2m	1/1	抽查1处，合格1处	100％
		金属吊架固定安装	第11.2.3.8款	1/1	抽查1处，合格1处	100％
	4	支吊架设置、安装、固定	第11.2.4条	1/1	抽查1处，合格1处	100％
	5	金属支架防腐处理	第11.2.5条	1/1	抽查1处，合格1处	100％
	6	槽盒敷设	第4.3.8条 GB 51309—2018	全/5	共5处，全数检查，合格5处	100％
	7	槽盒接口	第4.3.9条 GB 51309—2018	全/5	共5处，全数检查，合格5处	100％
施工单位检查结果					所查项目全部合格	专业工长：签名 项目专业质量检查员：签名 2023年××月××日
监理单位验收结论					验收合格	专业监理工程师：签名 2023年××月××日

注：本表由施工单位填写。

3. 验收依据

【依据一】《建筑电气工程施工质量验收规范》(GB 50303—2015)

【条文摘录】

见第 8.5.1 条第五款《梯架、托盘和槽盒安装检验批质量验收记录》的验收依据,本书第 416 页。

【依据二】《消防应急照明和疏散指示系统技术标准》(GB 51309—2018)

【条文摘录】

4.3.8　槽盒敷设时,应在下列部位设置吊点或支点,吊杆直径不应小于 6mm:

1　槽盒始端、终端及接头处;

2　槽盒转角或分支处;

3　直线段不大于 3m 处。

4.3.9　槽盒接口应平直、严密,槽盖应齐全、平整、无翘角。并列安装时,槽盖应便于开启。

三、抗震支吊架安装检验批质量验收记录

1. 抗震支吊架安装检验批质量验收记录采用《建筑工程资料管理规程》(DB11/T 695)表 C7-4 编制。

2. 抗震支吊架安装检验批质量验收记录示例详见表 8-99。

表 8-99　抗震支吊架安装检验批质量验收记录示例

XF050203 001

单位(子单位)工程名称	北京××大厦		分部(子分部)工程名称	消防工程分部——消防电气和火灾自动报警系统子分部	分项工程名称	消防应急照明和疏散指示系统分项
施工单位	北京××集团		项目负责人	吴工	检验批容量	30 个
分包单位	北京××消防工程公司		分包单位项目负责人	肖工	检验批部位	消防配电间
施工依据	消防工程图纸、变更洽商(如有)、施工方案、《装配式建筑设备与电气工程施工质量及验收规程》(DB11/T 1709—2019)			验收依据	《装配式建筑设备与电气工程施工质量及验收规程》(DB11/T 1709—2019)	
验收项目			设计要求及规范规定	最小/实际抽样数量	检查记录	检查结果
主控项目	1	抗震支吊架的安装	对建筑电气工程直径≥65mm 的保护导管,重力不小于 150N/m 的电缆梯架、托盘、槽盒,以及母线槽,宜选用抗震支吊架	第 6.9.1 条第 1 款	10/10	抽查 10 处,合格 10 处	√
			抗震支吊架的产品质量	第 6.9.1 条第 2 款	10/10	抽查 10 处,合格 10 处	√
			抗震支吊架的设计与选型		10/10	抽查 10 处,合格 10 处	√
			锚栓的选用、性能		10/10	抽查 10 处,合格 10 处	√
			抗震连接构件与装配式建筑混凝土结构连接的锚栓应使用具有机械锁键效应的后扩底锚栓,不得使用膨胀锚栓	第 6.9.1 条第 3 款	10/10	抽查 10 处,合格 10 处	√
			后扩底锚栓开孔质量		10/10	抽查 10 处,合格 10 处	√
			电缆梯架、托盘、槽盒及母线槽应采用内衬氟橡胶限位卡将电缆梯架、托盘、槽盒及母线槽锁定在横担上,防止位移	第 6.9.1 条第 4 款	10/10	抽查 10 处,合格 10 处	√

		验收项目		设计要求及 规范规定	最小/实际 抽样数量	检查记录	检查结果
一般项目	1	安装允许偏差	安装位置	应符合 设计要求	10/10	抽查10处，合格10处	100%
			安装间距	±0.2m	10/10	抽查10处，合格10处	100%
			斜撑的垂直安装角度	符合设计要求，且不得小于30°	10/10	抽查10处，合格10处	100%
			斜撑的偏心距	不应大于100mm	10/10	抽查10处，合格10处	100%
			斜撑的安装角度	不应偏离其中心线2.5°	10/10	抽查10处，合格10处	100%
		观感质量		第6.9.2条第2款	10/10	抽查10处，合格10处	100%
施工单位 检查结果				所查项目全部合格 专业工长：签名 项目专业质量检查员：签名 2023年××月××日			
监理单位 验收结论				验收合格 专业监理工程师：签名 2023年××月××日			

注：本表由施工单位填写。

3. 验收依据

【规范名称及编号】《装配式建筑设备与电气工程施工质量及验收规程》（DB11/T 1709—2019）

【条文摘录】

见第8.5.1条第十四款《抗震支吊架安装检验批质量验收记录》的验收依据，本书第439页。

四、导管敷设检验批质量验收记录

1. 导管敷设检验批质量验收记录采用《建筑工程资料管理规程》（DB11/T 695）表C7-4编制。

2. 导管敷设检验批质量验收记录示例详见表8-100。

表8-100 导管敷设检验批质量验收记录示例

XF050204 001

单位（子单位） 工程名称	北京××大厦	分部（子分部） 工程名称	消防工程分部—— 消防电气和火灾 自动报警系统子分部	分项工程 名称	消防应急照明 和疏散指示 系统分项
施工单位	北京××集团	项目负责人	吴工	检验批容量	5个
分包单位	北京××消防工程公司	分包单位项目负责人	肖工	检验批部位	一层墙体
施工依据	消防工程图纸、变更洽商（如有）、施工方案、 《建筑工程施工工艺规程 第17部分：电气动力 安装工程 》（DB11/T 1832.17-2021）		验收依据	《建筑电气工程施工质量验收规范》 （GB 50303—2015）	

续表

验收项目			设计要求及规范规定	最小/实际抽样数量	检查记录	检查结果
主控项目	1	金属导管、金属线槽的接地或接零	第12.1.1条	1/1	抽查1处，合格1处	√
	2	金属导管的连接	第12.1.2条	1/1	抽查1处，合格1处	√
	3	塑料导管的保护	第12.1.3条	1/1	抽查1处，合格1处	√
	4	预埋套管的检查	第12.1.4条	1/1	抽查1处，合格1处	√
一般项目	1	导管的弯曲半径	第12.2.1条	1/1	抽查1处，合格1处	100%
	2	导管支架安装 承力建筑钢结构构件上安装	第12.2.2.1款	/	/	/
		金属吊架安装固定	第12.2.2.2款	/	/	/
		防腐及按设计要求做处理	第12.2.2.3款	/	/	/
		应安装牢固、无明显扭曲	第12.2.2.4款	/	/	/
	3	暗配管的埋设深度	第12.2.3条	1/1	抽查1处，合格1处	100%
	4	柜、台、箱、盘内导管管口高度	第12.2.4条	1/1	抽查1处，合格1处	100%
	5	室外导管敷设	第12.2.5条	/		
	6	明配管的安装	明配管的安装	/		
	7	塑料导管敷设 管口及插入法连接	第12.2.7.1款	/	/	/
		刚性塑料导管出地面或楼板段保护措施	第12.2.7.2款	/	/	/
		埋设在墙内或混凝土内的塑料导管的导管	第12.2.7.3款	/	/	/
		温度补偿装置	第12.2.7.4款	/	/	/
	8	可弯曲金属导管及柔性导管敷设 刚性导管经柔性导管与电气设备、器具连接	第12.2.8.1款	1/1	抽查1处，合格1处	100%
		与刚性导管或电气设备、器具间的连接	第12.2.8.2款	1/1	抽查1处，合格1处	100%
		防重物压力或明显机械撞击的保护措施	第12.2.8.3款	全/5	共5处，全数检查，合格5处	100%
		固定点设置	第12.2.8.4款	1/1	抽查1处，合格1处	100%
		固定点设置	第12.2.8.5款	1/1	抽查1处，合格1处	100%
	9	导管敷设 导管穿越外墙时应设置防水套管，且应做好防水处理	第12.2.9.1款	/	/	/
		跨越建筑物变形缝处应设置补偿装置	第12.2.9.2款	/	/	/
		防腐处理	第12.2.9.3款	/	/	/
		与热水管、蒸气管相对位置及最小距离	第12.2.9.4款	/	/	/

续表

施工单位 检查结果	所查项目全部合格 <div align="right">专业工长：签名 项目专业质量检查员：签名 2023 年××月××日</div>
监理单位 验收结论	验收合格 <div align="right">专业监理工程师：签名 2023 年××月××日</div>

注：本表由施工单位填写。

3. 验收依据

【规范名称及编号】《建筑电气工程施工质量验收规范》（GB 50303—2015）

【条文摘录】

见第 8.5.1 条第六款《导管敷设检验批质量验收记录》的验收依据，本书第 419 页。

五、管内穿线和槽盒内敷线检验批质量验收记录

1. 管内穿线和槽盒内敷线检验批质量验收记录采用《建筑工程资料管理规程》（DB11/T 695）表 C7-4 编制。

2. 管内穿线和槽盒内敷线检验批质量验收记录示例详见表 8-101。

表 8-101　管内穿线和槽盒内敷线检验批质量验收记录示例

XF050205 001

单位（子单位） 工程名称		北京××大厦	分部（子分部） 工程名称	消防工程分部—— 消防电气和火灾自 动报警系统子分部	分项工程 名称	消防应急照明 和疏散指示系 统分项
施工单位		北京××集团	项目负责人	吴工	检验批容量	5 个
分包单位		北京××消防工程公司	分包单位 项目负责人	肖工	检验批部位	一层墙体
施工依据		消防工程图纸、变更洽商（如有）、施工方案、 《建筑工程施工工艺规程 第 17 部分：电气动力 安装工程》（DB11/T 1832.17-2021）		验收依据	《建筑电气工程施工质量验收规范》 （GB 50303—2015）	
验收项目			设计要求及 规范规定	最小/实际 抽样数量	检查记录	检查结果
主控 项目	1	同一交流回路的绝缘导线敷设	第 14.1.1 条	1/1	抽查 1 处，合格 1 处	√
	2	不同回路、不同电压等级和交流 与直流线路的绝缘导线不应穿于同 一导管内	第 14.1.2 条	1/1	抽查 1 处，合格 1 处	√
	3	绝缘导线接头设置	第 14.1.3 条	1/1	抽查 1 处，合格 1 处	√
一般 项目	1	除护套线外，其他绝缘导线敷设	第 14.2.1 条	1/1	抽查 1 处，合格 1 处	100%
	2	穿管前，管内清理并设护线口	第 14.2.2 条	1/1	抽查 1 处，合格 1 处	100%
	3	接线盒箱设置	第 14.2.3 条	1/1	抽查 1 处，合格 1 处	100%
	4	多相供电时，同一建（构）筑物 的绝缘导线绝缘层颜色应一致	第 14.2.4 条	1/1	抽查 1 处，合格 1 处	100%
	5	槽盒内敷线	第 14.2.5 条	1/1	抽查 1 处，合格 1 处	100%

447

续表

施工单位 检查结果	所查项目全部合格 专业工长：签名 项目专业质量检查员：签名 2023年××月××日
监理单位 验收结论	验收合格 专业监理工程师：签名 2023年××月××日

注：本表由施工单位填写。

3. 验收依据

【规范名称及编号】《建筑电气工程施工质量验收规范》（GB 50303—2015）

【条文摘录】

见第8.5.1条第八款《管内穿线和槽盒内敷线检验批质量验收记录》的验收依据，本书第427页。

六、塑料护套线直敷布线检验批质量验收记录

1. 塑料护套线直敷布线检验批质量验收记录采用《建筑工程资料管理规程》（DB11/T 695）表C7-4编制。

2. 塑料护套线直敷布线检验批质量验收记录示例详见表8-102。

表8-102　塑料护套线直敷布线检验批质量验收记录示例

XF050206 001

单位（子单位） 工程名称		北京××大厦	分部（子分部） 工程名称	消防工程分部—— 消防电气和火灾自 动报警系统子分部	分项工程 名称	消防应急照明 和疏散指示系 统分项
施工单位		北京××集团	项目负责人	吴工	检验批容量	5个
分包单位		北京××消防工程公司	分包单位 项目负责人	肖工	检验批部位	消防配电间
施工依据		消防工程图纸、变更洽商（如有）、施工方案、 《建筑工程施工工艺规程 第17部分：电气动力 安装工程》（DB11/T 1832.17-2021）		验收依据	《建筑电气工程施工质量验收规范》 （GB 50303—2015）	

验收项目			设计要求及 规范规定	最小/实际 抽样数量	检查记录	检查结果
主控项目	1	塑料护套线敷设位置要求	第15.1.1条	全/5	共5处，全数检查，合格5处	√
	2	易受机械损伤的部位，应采取保护措施	第15.1.2条	全/5	共5处，全数检查，合格5处	√
	3	塑料护套线敷设高度及设置要求	第15.1.3条	全/5	共5处，全数检查，合格5处	√
一般项目	1	塑料护套线侧弯和平弯	第15.2.1条	1/1	抽查1处，合格1处	100%
	2	塑料护套线进入盒（箱）或与设备、器具连接	第15.2.2条	全/5	共5处，全数检查，合格5处	100%
	3	塑料护套线的固定	第15.2.3条	1/1	抽查1处，合格1处	100%
	4	多根塑料护套线平行敷设	第15.2.4条	1/1	抽查1处，合格1处	100%

续表

施工单位 检查结果	所查项目全部合格 专业工长：签名 项目专业质量检查员：签名 2023 年××月××日
监理单位 验收结论	验收合格 专业监理工程师：签名 2023 年××月××日

注：本表由施工单位填写。

3. 验收依据

【规范名称及编号】《建筑电气工程施工质量验收规范》（GB 50303—2015）

【条文摘录】

15　塑料护套线直敷布线

15.1　主控项目

15.1.1　塑料护套线严禁直接敷设在建筑物顶棚内、墙体内、抹灰层内、保温层内或装饰面内。

检查数量：全数检查。

检查方法：施工中观察检查。

15.1.2　塑料护套线与保护导体或不发热管道等紧贴和交叉处及穿梁、墙、楼板处等易受机械损伤的部位，应采取保护措施。

检查数量：全数检查。

检查方法：观察检查。

15.1.3　塑料护套线在室内沿建筑物表面水平敷设高度距地面不应小于 2.5m，垂直敷设时距地面高度 1.8m 以下的部分应采取保护措施。

检查数量：全数检查。

检查方法：观察检查并用尺量检查。

15.2　一般项目

15.2.1　当塑料护套线侧弯或平弯时，其弯曲处护套和导线绝缘层均应完整无损伤，侧弯和平弯弯曲半径应分别不小于护套线宽度和厚度的 3 倍。

检查数量：按侧弯及平弯的总数量抽查 20%，且各不得少于 1 处。

检查方法：尺量检查、观察检查。

15.2.2　塑料护套线进入盒（箱）或与设备、器具连接，其护套层应进入盒（箱）或设备、器具内，护套层与盒（箱）入口处应密封。

检查数量：全数检查。

检查方法：观察检查。

15.2.3　塑料护套线的固定应符合下列规定：

1　固定应顺直、不松弛、不扭绞；

2　护套线应采用线卡固定，固定点间距应均匀、不松动，固定点间距宜为 150～200mm；

3　在终端、转弯和进入盒（箱）、设备或器具等处，均应装设线卡固定，线卡距终端、转弯中点、盒（箱）、设备或器具边缘的距离宜为 50～100mm；

4　塑料护套线的接头应设在明装盒（箱）或器具内，多尘场所应采用 IP5X 等级的密闭式盒（箱），潮湿场所应采用 IPX5 等级的密闭式盒（箱），盒（箱）的配件应齐全，固定应可靠。

检查数量：按每检验批的配线回路数量抽查 20%，且不得少于 1 处。

检查方法：观察检查。

15.2.4 多根塑料护套线平行敷设的间距应一致，分支和弯头处应整齐，弯头应一致。

检查数量：按多根塑料护套线平行敷设的数量抽查20%，且不得少于1处。

检查方法：观察检查。

七、电缆头制作、导线连接和线路绝缘测试检验批质量验收记录

1. 电缆头制作、导线连接和线路绝缘测试检验批质量验收记录采用《建筑工程资料管理规程》（DB11/T 695）表C7-4编制。

2. 电缆头制作、导线连接和线路绝缘测试检验批质量验收记录示例详见表8-103。

表8-103 电缆头制作、导线连接和线路绝缘测试检验批质量验收记录示例

XF050207 001

单位（子单位）工程名称	北京××大厦		分部（子分部）工程名称	消防工程分部——消防电气和火灾自动报警系统子分部	分项工程名称	消防应急照明和疏散指示系统分项
施工单位	北京××集团		项目负责人	吴工	检验批容量	5台
分包单位	北京××消防工程公司		分包单位项目负责人	肖工	检验批部位	消防配电间
施工依据	消防工程图纸、变更洽商（如有）、施工方案、《建筑工程施工工艺规程 第17部分：电气动力安装工程》（DB11/T 1832.17-2021）				验收依据	《建筑电气工程施工质量验收规范》（GB 50303—2015）

验收项目			设计要求及规范规定	最小/实际抽样数量	检查记录	检查结果
主控项目	1	电力电缆耐压试验	第17.1.1条	/	试验合格，资料齐全	√
	2	低压或特低电压电线和矿物绝缘电缆绝缘电阻测试	第17.1.2条	/	试验合格，资料齐全	√
	3	电力电缆的铜屏蔽层和铠装护套及矿物绝缘电缆的金属护套和金属配件与保护导体连接	第17.1.3条	1/1	抽查1处，合格1处	√
	4	电缆端子与设备或器具连接	第17.1.4条	1/1	抽查1处，合格1处	√
一般项目	1	电缆头固定	第17.2.2条	1/1	抽查1处，合格1处	100%
	2	导线与设备或器具的连接	第17.2.3条	1/1	抽查1处，合格1处	100%
	3	截面积6mm² 及以下铜芯导线间的连接	第17.2.4条	1/1	抽查1处，合格1处	100%
	4	铝/铝合金电缆头及端子压接	第17.2.4条	1/1	抽查1处，合格1处	100%
	5	螺纹型接线端子与导线连接	第17.2.5条	1/1	抽查1处，合格1处	100%
	6	绝缘导线、电缆的线芯连接金具	第17.2.6条	2/2	抽查2处，合格2处	100%
	7	当接线端子规格与电气器具规格不配套时，不应采取降容的转接措施	第17.2.7条	1/1	抽查1处，合格1处	100%
施工单位检查结果			所查项目全部合格 专业工长：签名 项目专业质量检查员：签名 2023年××月××日			

续表

监理单位 验收结论	验收合格 专业监理工程师：签名 2023年××月××日

注：本表由施工单位填写。

3. 验收依据

【规范名称及编号】《建筑电气工程施工质量验收规范》（GB 50303—2015）

【条文摘录】

见第 8.5.1 条第九款《电缆头制作、导线连接和线路绝缘测试检验批质量验收记录》的验收依据，本书第 429 页。

八、消防灯具安装检验批质量验收记录

1. 消防灯具安装检验批质量验收记录采用《建筑工程资料管理规程》（DB11/T 695）表 C7-4 编制。

2. 消防灯具安装检验批质量验收记录示例详见表 8-104。

表 8-104　消防灯具安装检验批质量验收记录示例

XF050208 001

单位（子单位）工程名称		北京××大厦	分部（子分部）工程名称		消防工程分部——消防电气和火灾自动报警系统子分部	分项工程名称	消防应急照明和疏散指示系统分项
施工单位		北京××集团	项目负责人		吴工	检验批容量	5 个
分包单位		北京××消防工程公司	分包单位项目负责人		肖工	检验批部位	1 号楼
施工依据		消防工程图纸、变更洽商（如有）、施工方案、《消防应急照明和疏散指示系统技术标准》（GB 51309—2018）	验收依据			《消防应急照明和疏散指示系统技术标准》（GB 51309—2018）	

验收项目			设计要求及规范规定	最小/实际抽样数量	检查记录	检查结果
主控项目	1	应固定在不燃性墙体或不燃性装修材料上	第 4.5.1 条	全/5	共 5 处，全数检查，合格 5 处	√
	2	安装后无遮挡易观察	第 4.5.2 条	全/5	共 5 处，全数检查，合格 5 处	√
	3	顶棚、疏散走道或通道上方安装	第 4.5.3 条	全/5	共 5 处，全数检查，合格 5 处	√
	4	侧面墙或柱面上安装	第 4.5.4 条	全/5	共 5 处，全数检查，合格 5 处	√
	5	非集中控制系统，自带电源型灯具插头连接	第 4.5.5 条	全/5	共 5 处，全数检查，合格 5 处	√
一般项目	1	照明灯安装 宜安装在顶棚上	第 4.5.6 条	/	/	/
	2	在走道侧面墙上安装	第 4.5.7 条	/	/	/
	3	不应安装在地面上	第 4.5.8 条	/	/	/
	4	标志灯安装 标志面宜与疏散方向垂直	第 4.5.9 条	全/5	共 5 处，全数检查，合格 5 处	100%
	5	出口标志灯安装	第 4.5.10 条	全/5	共 5 处，全数检查，合格 5 处	100%
	6	方向标志灯安装	第 4.5.11 条	全/5	共 5 处，全数检查，合格 5 处	100%
	7	楼层标志灯安装	第 4.5.12 条	全/5	共 5 处，全数检查，合格 5 处	100%
	8	多信息复合标志灯安装	第 4.5.13 条	全/5	共 5 处，全数检查，合格 5 处	100%

施工单位 检查结果	所查项目全部合格
	专业工长：签名 项目专业质量检查员：签名 2023年××月××日
监理单位 验收结论	验收合格
	专业监理工程师：签名 2023年××月××日

注：本表由施工单位填写。

3. 验收依据

【规范名称及编号】《消防应急照明和疏散指示系统技术标准》（GB 51309—2018）

【条文摘录】

4.5　灯具安装

Ⅰ　一般规定

4.5.1　灯具应固定安装在不燃性墙体或不燃性装修材料上，不应安装在门、窗或其他可移动的物体上。

4.5.2　灯具安装后不应对人员正常通行产生影响，灯具周围应无遮挡物，并应保证灯具上的各种状态指示灯易于观察。

4.5.3　灯具在顶棚、疏散走道或通道的上方安装时，应符合下列规定：

1　照明灯可采用嵌顶、吸顶和吊装式安装；

2　标志灯可采用吸顶和吊装式安装；室内高度大于3.5m的场所，特大型、大型、中型标志灯宜采用吊装式安装；

3　灯具采用吊装式安装时，应采用金属吊杆或吊链，吊杆或吊链上端应固定在建筑构件上。

4.5.4　灯具在侧面墙或柱上安装时，应符合下列规定：

1　可采用壁挂式或嵌入式安装；

2　安装高度距不大于1m时，灯具表面凸出墙面或柱面的部分不应有尖锐角、毛刺等突出物，凸出墙面或柱面最大水平距离不应超过20mm。

4.5.5　非集中控制型系统中，自带电源型灯具采用插头连接时，应采用专用工具方可拆卸。

Ⅱ　照明灯安装

4.5.6　照明灯宜安装在顶棚上。

4.5.7　当条件限制时，照明灯可安装在走道侧面墙上，并应符合下列规定：

1　安装高度不应在距地面1~2m之间；

2　在距地面1m以下侧面墙上安装时，应保证光线照射在灯具的水平线以下。

4.5.8　照明灯不应安装在地面上。

Ⅲ　标志灯安装

4.5.9　标志灯的标志面宜与疏散方向垂直。

4.5.10　出口标志灯的安装应符合下列规定：

1　应安装在安全出口或疏散门内侧上方居中的位置；受安装条件限制标志灯无法安装在门框上侧时，可安装在门的两侧，但门完全开启时标志灯不能被遮挡；

2　室内高度不大于3.5m的场所，标志灯底边离门框距离不应大于200mm；室内高度大于3.5m的场所，特大型、大型、中型标志灯底边距地面高度不宜小于3m，且不宜大于6m；

3　采用吸顶或吊装式安装时，标志灯距安全出口或疏散门所在墙面的距离不宜大于50mm。

4.5.11 方向标志灯的安装应符合下列规定：

1 应保证标志灯的箭头指示方向与疏散方案一致；

2 安装在疏散走道、通道两侧的墙面或柱面上时，标志灯底边距地面的高度应小于 1m；

3 安装在疏散走道、通道上方时：

1）室内高度不大于 3.5m 的场所，标志灯底边距地面的高度宜为 2.2～2.5m；

2）室内高度大于 3.5m 的场所，特大型、大型、中型标志灯底边距地面高度不宜小于 3m，且不宜大于 6m。

4 当安装在疏散走道、通道转角处的上方或两侧时，标志灯与转角处边墙的距离不应大于 1m。

5 当安全出口或疏散走道侧边时，在疏散走道增设的方向标志灯应安装在疏散走道的顶部，且标志灯的标志面应与疏散方向垂直、箭头应指向安全出口或疏散门。

6 当安装在疏散走道、通道的地面上时，应符合下列规定：

1）标志灯应安装在疏散走道、通道的中心位置；

2）标志灯的所有金属构件应采用耐腐蚀构件或防腐处理，标志灯配电、通信线路的连接应采用密封胶密封；

3）标志灯表面应与地面平行，高于地面距离不应大于 3mm，标志灯边缘与地面垂直距离高度不应大于 1mm。

4.5.12 楼层标志灯应安装在楼梯间内朝向楼梯的正面墙上，标志灯底边距地面的高度宜为 2.2～2.5m。

4.5.13 多信息复合标志灯的安装应符合下列规定：

1 在安全出口、疏散出口附近设置的标志灯，应安装在安全出口、疏散出口附近疏散走道、疏散通道的顶部；

2 标志灯的标志面应与疏散方向垂直、指示疏散方向的箭头应指向安全出口、疏散出口。

九、消防应急照明和疏散指示系统调试检验批质量验收记录

1. 消防应急照明和疏散指示系统调试检验批质量验收记录采用《建筑工程资料管理规程》（DB11/T 695）表 C7-4 编制。

2. 消防应急照明和疏散指示系统调试检验批质量验收记录示例详见表 8-105。

表 8-105 消防应急照明和疏散指示系统调试检验批质量验收记录

XF050209 001

单位（子单位）工程名称		北京××大厦	分部（子分部）工程名称	消防工程分部——消防电气和火灾自动报警系统子分部		分项工程名称	消防应急照明和疏散指示系统分项
施工单位		北京××集团	项目负责人	吴工		检验批容量	5 个
分包单位		北京××消防工程公司	分包单位项目负责人	肖工		检验批部位	1 号楼
施工依据		消防工程图纸、变更洽商（如有）、施工方案、《消防应急照明和疏散指示系统技术标准》（GB 51309—2018）			验收依据		《消防应急照明和疏散指示系统技术标准》（GB 51309—2018）
验收项目			设计要求及规范规定	最小/实际抽样数量	检查记录		检查结果
主控项目	1	应急照明控制器	正常监视状态	第 5.3.1 条	/	调试合格，资料齐全	√
	2		控制器功能	第 5.3.2 条	/	调试合格，资料齐全	√
	3	集中电源	正常工作状态	第 5.3.3 条	/	调试合格，资料齐全	√
	4		集中电源功能	第 5.3.4 条	/	调试合格，资料齐全	√

	验收项目		设计要求及规范规定	最小/实际抽样数量	检查记录	检查结果
主控项目	5	应急照明配电箱	正常工作状态	第5.3.5条	/	调试合格，资料齐全	√
	6		应急照明配电箱功能	第5.3.6条	/	调试合格，资料齐全	√
	7	集中控制型系统 · 非火灾状态下	充电24h	第5.4.1条	/	调试合格，资料齐全	√
	8		正常工作模式	第5.4.2条	/	调试合格，资料齐全	√
	9		主电源断电控制功能	第5.4.3条	/	调试合格，资料齐全	√
	10		正常照明断电控制功能	第5.4.4条	/	调试合格，资料齐全	√
	11	火灾状态下	正常监视状态	第5.4.5条	/	调试合格，资料齐全	√
	12		自动应急启动	第5.4.6条	/	调试合格，资料齐全	√
	13		借用防火分区疏散，标志灯具指示状态改变功能	第5.4.7条	/	调试合格，资料齐全	√
	14		不同疏散预案下标志灯具指示状态改变功能	第5.4.8条	/	调试合格，资料齐全	√
	15		手动应急启动功能	第5.4.9条	/	调试合格，资料齐全	√
	16	非集中控制型系统 · 非火灾状态下	充电24h	第5.5.1条	/	调试合格，资料齐全	√
	17		正常工作模式	第5.5.2条	/	调试合格，资料齐全	√
	18		非持续型照明灯具	第5.5.3条	/	调试合格，资料齐全	√
	19	火灾状态下	系统自动应急启动功能	第5.5.4条	/	调试合格，资料齐全	√
	20		系统手动应急启动功能	第5.5.5条	/	调试合格，资料齐全	√
	21	系统备用照明功能		第5.6.1条	/	调试合格，资料齐全	√
施工单位检查结果					所查项目全部合格 专业工长：签名 项目专业质量检查员：签名 2023年××月××日	
监理单位验收结论					验收合格 专业监理工程师：签名 2023年××月××日	

注：本表由施工单位填写。

3. 验收依据

【规范名称及编号】《消防应急照明和疏散指示系统技术标准》（GB 51309—2018）

【条文摘录】

5.3 应急照明控制器、集中电源和应急照明配电箱的调试

Ⅰ 应急照明控制器调试

5.3.1 应将应急照明控制器与配接的集中电源、应急照明配电箱、灯具相连接后，接通电源，使控制器处于正常监视状态。

5.3.2 应对控制器进行下列主要功能进行检查并记录，控制器的功能应符合现行国家标准《消防应急照明和疏散指示系统》（GB 17945）的规定：

1　自检功能；

2　操作级别；

3　主备电源的自动转换功能；

4　故障报警功能；

5　消音功能；

6　一键检查功能。

Ⅱ　集中电源调试

5.3.3　应将集中电源与灯具相连接后，接通电源，集中电源应处于正常工作状态。

5.3.4　应对集中电源下列主要功能进行检查并记录，集中电源的功能应符合现行国家标准《消防应急照明和疏散指示系统》（GB 17945）的规定：

1　操作级别；

2　故障报警功能；

3　消音功能；

4　电源分配输出功能；

5　集中控制型集中电源转换手动测试功能；

6　集中控制型集中电源通信故障连锁控制功能；

7　集中控制型集中电源灯具应急状态状态保持功能。

Ⅲ　应急照明配电箱调试

5.3.5　应接通应急照明配电箱的电源，使应急照明配电箱处于正常工作状态。

5.3.6　应对应急照明配电箱进行下列主要功能检查并记录，应急照明配电箱的功能应符合现行国家标准《消防应急照明和疏散指示系统》（GB 17945）的规定：

1　主电源分配输出功能；

2　集中控制型应急照明配电箱主电源输出关断测试功能；

3　集中控制型应急照明配电箱通信故障连锁控制功能；

4　集中控制型应急照明配电箱灯具应急状态保持功能。

5.4　集中控制型系统的系统功能调试

Ⅰ　非火灾状态下的系统功能调试

5.4.1　系统功能调试前，集中电源的蓄电池组、灯具自带的蓄电池应连续充电24h。

5.4.2　根据系统设计文件的规定，应对系统的正常工作模式进行检查并记录，系统的正常工作模式应符合下列规定：

1　灯具采用集中电源供电时，集中电源应保持主电源输出；灯具采用自带蓄电池供电时，应急照明配电箱应保持主电源输出。

2　系统内所有照明灯的工作状态应符合设计文件的规定；

3　系统内所有标志灯的工作状态应符合本标准第3.6.5（3）（款）的规定。

5.4.3　切断集中电源、应急照明配电箱的主电源，根据系统设计文件的规定，对系统的主电源断电控制功能进行检查并记录，系统的主电源断电控制功能应符合下列规定：

1　集中电源应转入蓄电池电源输出、应急照明配电箱应切断主电源输入；

2　应急照明控制器应开始主电源断电持续应急时间计时；

3　集中电源、应急照明配电箱配接的非持续型照明灯的光源应应急点亮、持续型灯具的光源应由节电点亮模式转入应急点亮模式；

4　恢复集中电源、应急照明配电箱的主电源供电，集中电源、应急照明配电箱配接灯具的光源应恢复原工作状态；

5 使灯具持续应急点亮时间达到设计文件规定的时间,集中电源、应急照明配电箱配接灯具的光源应熄灭。

5.4.4 切断防火分区、楼层、隧道区间、地铁站台和站厅正常照明配电箱的电源,根据系统设计文件的规定,对系统的正常照明断电控制功能进行检查并记录,系统的正常照明断电控制功能应符合下列规定:

1 该区域非持续型照明灯的光源应应急点亮、持续型灯具的光源应由节电点亮模式转入应急点亮模式;

2 恢复正常照明应急照明配电箱的电源供电,该区域所有灯具的光源应恢复原工作状态。

Ⅱ 火灾状态下的系统控制功能调试

5.4.5 系统功能调试前,应将应急照明控制器与火灾报警控制器、消防联动控制器相连,使应急照明控制器处于正常监视状态。

5.4.6 根据系统设计文件的规定,使火灾报警控制器发出火灾报警输出信号,对系统的自动应急启动功能进行检查并记录,系统的自动应急启动功能应符合下列规定:

1 应急照明控制器应发出系统自动应急启动信号,显示启动时间;

2 系统内所有的非持续型照明灯的光源应应急点亮、持续型灯具的光源应由节电点亮模式转入应急点亮模式,灯具光源应急点亮的响应时间应符合本标准第3.2.3条的规定;

3 B型集中电源应转入蓄电池电源输入、B型应急照明配电箱应切断主电源输出;

4 A型集中电源、A型应急照明配电箱应保持主电源输出;切断集中电源的主电源,集中电源应自动输入蓄电池电源输出。

5.4.7 根据系统设计文件的规定,使消防联动控制器发出被借用防火分区的火灾报警区域信号,对需要借用相邻防火分区疏散的防火分区中标志灯指示状态的改变功能进行检查并记录,标志灯具的指示状态改变功能应符合下列规定:

1 应急照明控制器应发出控制标志灯指示状态改变的启动信号,显示启动时间;

2 该防火分区内,按不可借用相邻防火分区疏散工况条件对应的疏散指示方案,需要变换指示方向的方向标志灯应改变箭头指示方向,通向被借用防火分区入口的出口标志灯的"出口指示标志"的光源应熄灭、"禁止入内"指示标志的光源应应急点亮;灯具改变指示状态响应时间应符合本标准第3.2.3条的规定;

3 该防火分区内其他标志灯的工作状态应保持不变。

5.4.8 根据系统设计文件的规定,使消防联动控制器发出代表相应疏散预案的消防联动控制信号,对需要采用不同疏散预案的交通隧道、地铁隧道、地铁站台和站厅等场所中标志灯指示状态的改变功能进行检查并记录,标志灯具的指示状态改变功能应符合下列规定:

1 应急照明控制器应发出控制标志灯指示状态改变的启动信号,显示启动时间;

2 该区域内,按照对应的疏散指示方案需要变换指示方向的方向标志灯应改变箭头指示方向,通向需要关闭的疏散出口处设置的出口标志灯"出口指示标志"的光源应熄灭、"禁止入内"指示标志的光源应应急点亮;灯具改变指示状态的响应时间应符合本标准第3.2.3条的规定;

3 该区域内其他标志灯的工作状态应保持不变。

5.4.9 手动操作应急照明控制器的一键启动按钮,对系统的手动应急启动功能进行检查并记录,系统的手动应急启动功能应符合下列规定:

1 应急照明控制器应发出手动应急启动信号,显示启动时间;

2 系统内所有的非持续型照明灯的光源应应急点亮、持续型灯具的光源应由节电点亮模式转入应急点亮模式;

3 集中电源应转入蓄电池电源输出、应急照明配电箱应切断主电源的输出;

4　照明灯设置部位地面水平最低照底应符合本标准第3.2.5条的规定；

5　灯具点亮的持续工作时间应符合本标准第3.2.4条的规定。

5.5　非集中控制型系统的系统功能调试

Ⅰ　非火灾状态下的系统功能调试

5.5.1　系统功能调试前，集中电源的蓄电池组、灯具自带的蓄电池应连续充电24h。

5.5.2　根据系统设计文件的规定，对系统的正常工作模式进行检查并记录，系统的正常工作模式应符合下列规定：

1　集中电源应保持主电源输出、应急照明配电箱应保持主电源输出；

2　系统灯具的工作状态应符合设计文件的规定。

5.5.3　非持续型照明灯具有人体、声控等感应方式点亮功能时，根据系统设计文件的规定，使灯具处于主电供电状态下，对非持续型灯具的感应点亮功能进行检查并记录，灯具的感应点亮功能应符合下列规定：

1　按照产品使用说明书的规定，使灯具的设置场所满足点亮所需的条件；

2　非持续型照明灯应点亮。

Ⅱ　火灾状态下的系统控制功能调试

5.5.4　在设置区域火灾报警系统的场所，使集中电源或应急照明配电箱与火灾报警控制器相连，根据系统设计文件的规定，使火灾报警控制器发出火灾报警输出信号，对系统的自动应急启动功能进行检查并记录，系统的自动应急启动功能应符合下列规定：

1　灯具采用集中电源供电时，集中电源应转入蓄电池电源输出，其所配接的所有非持续型照明灯的光源应应急点亮、持续型灯具的光源应由节电点亮模式转入应急点亮模式，灯具光源应急点亮的响应时间应符合本标准第3.2.3条的规定；

2　灯具采用自带蓄电池供电时，应急照明配电箱应切断主电源输出，其所配接的所有非持续型照明灯的光源应应急点亮、持续型灯具的光源应由节电点亮模式转入应急点亮模式，灯具光源应急点亮的响应时间应符合本标准第3.2.3条的规定。

5.5.5　根据系统设计文件的规定，对系统的手动应急启动功能进行检查并记录，系统的手动应急启动功能应符合下列规定：

1　灯具采用集中电源供电时，手动操作集中电源的应急启动控制按钮，集中电源应转入蓄电池电源输出，其所配接的所有非持续型照明灯的光源应应急点亮、持续型灯具的光源应由节电点亮模式转入应急点亮模式，且灯具光源应急点亮的响应时间应符合本标准第3.2.3条的规定；

2　灯具采用自带蓄电池供电时，手动操作应急照明配电箱的应急启动控制按钮，应急照明配电箱应切断主电源输出，其所配接的所有非持续型照明灯的光源应应急点亮、持续型灯具的光源应由节电点亮模式转入应急点亮模式，且灯具光源应急点亮的响应时间应符合本标准第3.2.3条的规定；

3　照明灯设置部位地面水平最低照度应符合本标准第3.2.5条的规定；

4　灯具应急点亮的持续工作时间应符合本标准第3.2.4条的规定。

5.6　备用照明功能调试

5.6.1　根据设计文件的规定，对系统备用照明的功能进行检查并记录，系统备用照明的功能应符合下列规定：

1　切断为备用照明灯具供电的正常照明电源输出；

2　消防电源专用应急回路供电应能自动投入为备用照明灯具供电。

十、建筑照明通电试运行检验批质量验收记录

1.建筑照明通电试运行检验批质量验收记录采用《建筑工程资料管理规程》（DB11/T 695）表C7-4

编制。

2. 建筑照明通电试运行检验批质量验收记录示例详见表8-106。

表8-106　建筑照明通电试运行检验批质量验收记录示例

XF050210 001

单位（子单位）工程名称	北京××大厦		分部（子分部）工程名称	消防工程分部——消防电气和火灾自动报警系统子分部	分项工程名称	消防应急照明和疏散指示系统分项
施工单位	北京××集团		项目负责人	吴工	检验批容量	5个
分包单位	北京××消防工程公司		分包单位项目负责人	肖工	检验批部位	1号楼
施工依据	消防工程图纸、变更洽商（如有）、施工方案、《消防应急照明和疏散指示系统技术标准》（GB 51309—2018）			验收依据	《建筑电气工程施工质量验收规范》（GB 50303—2015）	

验收项目			设计要求及规范规定	最小/实际抽样数量	检查记录	检查结果
主控项目	1	灯具回路控制应符合设计要求，且应与照明控制柜、箱（盘）及回路的标识一致，开关宜与灯具控制顺序相对应，风扇的转向及调速开关应正常	第21.1.1条	1/1	抽查1处，合格1处	√
	2	公共建筑照明系统通电连续试运行时间应为24h，住宅照明系统通电连续试运行时间应为8h。所有照明灯具均应同时开启，且应每2h按回路记录运行参数，连续试运行时间内应无故障	第21.1.2条	/	试验合格，资料齐全	√
	3	对设计有照度测试要求的场所，试运行时应检测照度，并应符合设计要求	第21.1.3条	/	试验合格，资料齐全	√

施工单位检查结果	所查项目全部合格 专业工长：签名 项目专业质量检查员：签名 2023年××月××日
监理单位验收结论	验收合格 专业监理工程师：签名 2023年××月××日

注：本表由施工单位填写。

3. 验收依据

【规范名称及编号】《建筑电气工程施工质量验收规范》（GB 50303—2015）

【条文摘录】

21　建筑物照明通电试运行

21.1　主控项目

21.1.1　灯具回路控制应符合设计要求，且应与照明控制柜、箱（盘）及回路的标识一致，开关宜与灯具控制顺序相对应，风扇的转向及调速开关应正常。

检查数量：按每检验批的末级照明配电箱数量抽查20％，且不得少于1台配电箱及相应回路。

检查方法：核对技术文件，观察检查并操作检查。

21.1.2　公共建筑照明系统通电连续试运行时间应为24h，住宅照明系统通电连续试运行时间应为8h。所有照明灯具均应同时开启，且应每2h按回路记录运行参数，连续试运行时间内应无故障。

检查数量：按每检验批的末级照明配电箱总数抽查5％，且不得少于1台配电箱及相应回路。

检查方法：试验运行时观察检查或查阅建筑照明通电试运行记录。

21.1.3　对设计有照度测试要求的场所，试运行时应检测照度，并应符合设计要求。

检查数量：全数检查。

检查方法：用照度测试仪测试，并查阅照度测试记录。

8.5.3　火灾自动报警系统分项

一、梯架、托盘、槽盒和导管安装检验批质量验收记录

1. 梯架、托盘、槽盒和导管安装检验批质量验收记录采用《建筑工程资料管理规程》（DB11/T 695）表C7-4编制。

2. 梯架、托盘、槽盒和导管安装检验批质量验收记录示例详见表8-107。

表8-107　梯架、托盘、槽盒和导管安装检验批质量验收记录示例

XF050301 001

单位（子单位）工程名称	北京××大厦		分部（子分部）工程名称	消防工程分部——消防电气和火灾自动报警系统子分部		分项工程名称	火灾自动报警系统分项
施工单位	北京××集团		项目负责人	吴工		检验批容量	5个
分包单位	北京××消防工程公司		分包单位项目负责人	肖工		检验批部位	竖井
施工依据	消防工程图纸、变更洽商（如有）、施工方案、《火灾自动报警系统施工及验收标准》（GB 50166—2019）				验收依据	《火灾自动报警系统施工及验收标准》（GB 50166—2019）	

验收项目			设计要求及规范规定	最小/实际抽样数量	检查记录	检查结果
主控项目	1	材料进场检验	第2.2.1条	/	进场检验合格，质量证明文件齐全	√
	2	材料表面质量	第2.2.5条	全/5	共5处，全数检查，合格5处	√
	3	吊装固定	第3.2.1条	全/5	共5处，全数检查，合格5处	√
	4	管路暗敷	第3.2.2条	全/5	共5处，全数检查，合格5处	√
	5	跨越变形缝补偿	第3.2.3条	全/5	共5处，全数检查，合格5处	√
	6	连接处密封处理	第3.2.4条	全/5	共5处，全数检查，合格5处	√
一般项目	1	装设接线盒	第3.2.5条	全/5	共5处，全数检查，合格5处	100％
	2	管入盒	第3.2.6条	全/5	共5处，全数检查，合格5处	100％
	3	槽盒固定	第3.2.7条	全/5	共5处，全数检查，合格5处	100％
	4	槽盒安装	第3.2.8条	全/5	共5处，全数检查，合格5处	100％
施工单位检查结果				所查项目全部合格 专业工长：签名 项目专业质量检查员：签名 2023 年××月××日		

监理单位 验收结论	验收合格	
		专业监理工程师：签名 2023年××月××日

注：本表由施工单位填写。

3. 验收依据

【规范名称及编号】《火灾自动报警系统施工及验收标准》（GB 50166—2019）

【条文摘录】

2.2.1 材料、设备及配件进入施工现场应具有清单、使用说明书、质量合格证明文件、国家法定质检机构的检验报告等文件，火灾自动报警系统中的强制认证产品还应有认证证书和认证标识。

2.2.5 系统设备及配件表面应无明显划痕、毛刺等机械损伤，紧固部位应无松动。

3.2 布线

3.2.1 各类管路明敷时，应采用单独的卡具吊装或支撑物固定，吊杆直径不应小于6mm。

3.2.2 各类管路暗敷时，应敷设在不燃结构内，且保护层厚度不应小于30mm。

3.2.3 管路经过建筑物的沉降缝、伸缩缝、抗震缝等变形缝处，应采取补偿措施，线缆跨越变形缝的两侧应固定，并应留有适当余量。

3.2.4 敷设在多尘或潮湿场所管路的管口和管路连接处，均应做密封处理。

3.2.5 符合下列条件时，管路应在便于接线处装设接线盒：

1 管路长度每超过30m且无弯曲时；

2 管路长度每超过20m且有1个弯曲时；

3 管路长度每超过10m且有2个弯曲时；

4 管路长度每超过8m且有3个弯曲时。

3.2.6 金属管路入盒外侧应套锁母，内侧应装护口，在吊顶内敷设时，盒的内外侧均应套锁母。塑料管入盒应采取相应固定措施。

3.2.7 槽盒敷设时，应在下列部位设置吊点或支点，吊杆直径不应小于6mm：

1 槽盒始端、终端及接头处；

2 槽盒转角或分支处；

3 直线段不大于3m处。

3.2.8 槽盒接口应平直、严密，槽盖应齐全、平整、无翘角。并列安装时，槽盖应便于开启。

二、抗震支吊架安装检验批质量验收记录

1. 抗震支吊架安装检验批质量验收记录采用《建筑工程资料管理规程》（DB11/T 695）表C7-4编制。

2. 抗震支吊架安装检验批质量验收记录示例详见表8-108。

表8-108 抗震支吊架安装检验批质量验收记录示例

XF050302 001

单位（子单位） 工程名称	北京××大厦	分部（子分部） 工程名称	消防工程分部—— 消防电气和火灾自 动报警系统子分部	分项工程 名称	火灾自动报警 系统分项
施工单位	北京××集团	项目负责人	吴工	检验批容量	30个
分包单位	北京××消防工程公司	分包单位 项目负责人	肖工	检验批部位	消防配电间

续表

施工依据			消防工程图纸、变更洽商（如有）、施工方案、《装配式建筑设备与电气工程施工质量及验收规程》（DB11/T 1709—2019）			验收依据	《装配式建筑设备与电气工程施工质量及验收规程》（DB11/T 1709—2019）	
验收项目			设计要求及规范规定	最小/实际抽样数量	检查记录		检查结果	
主控项目	1	抗震支吊架的安装	对建筑电气工程直径≥65mm的保护导管，重力不小于150N/m的电缆梯架、托盘、槽盒，以及母线槽，宜选用抗震支吊架	第6.9.1条第1款	10/10	抽查10处，合格10处	√	
			抗震支吊架的产品质量	第6.9.1条第2款	10/10	抽查10处，合格10处	√	
			抗震支吊架的设计与选型		10/10	抽查10处，合格10处	√	
			锚栓的选用、性能		10/10	抽查10处，合格10处	√	
			抗震连接构件与装配式建筑混凝土结构连接的锚栓应使用具有机械锁键效应的后扩底锚栓，不得使用膨胀锚栓	第6.9.1条第3款	10/10	抽查10处，合格10处	√	
			后扩底锚栓开孔质量		10/10	抽查10处，合格10处	√	
			电缆梯架、托盘、槽盒及母线槽应采用内衬氟橡胶限位卡将电缆梯架、托盘、槽盒及母线槽锁定在横担上，防止位移	第6.9.1条第4款	10/10	抽查10处，合格10处	√	
一般项目	1	安装允许偏差	安装位置	应符合设计要求	10/10	抽查10处，合格10处	100%	
			安装间距	±0.2m	10/10	抽查10处，合格10处	100%	
			斜撑的垂直安装角度	符合设计要求，且不得小于30°	10/10	抽查10处，合格10处	100%	
			斜撑的偏心距	不应大于100mm	10/10	抽查10处，合格10处	100%	
			斜撑的安装角度	不应偏离其中心线2.5°	10/10	抽查10处，合格10处	100%	
			观感质量	第6.9.2条第2款	10/10	抽查10处，合格10处	100%	
施工单位检查结果					所查项目全部合格 专业工长：签名 项目专业质量检查员：签名 2023年××月××日			
监理单位验收结论					验收合格 专业监理工程师：签名 2023年××月××日			

注：本表由施工单位填写。

3. 验收依据

【规范名称及编号】《装配式建筑设备与电气工程施工质量及验收规程》（DB11/T 1709—2019）

【条文摘录】

见第 8.5.1 条第十四款《抗震支吊架安装检验批质量验收记录》的验收依据，本书第 439 页。

三、线缆敷设检验批质量验收记录

1. 线缆敷设检验批质量验收记录采用《建筑工程资料管理规程》（DB11/T 695）表 C7-4 编制。

2. 线缆敷设检验批质量验收记录示例详见表 8-109。

表 8-109　线缆敷设检验批质量验收记录示例

XF050303 001

单位（子单位）工程名称		北京××大厦		分部（子分部）工程名称	消防工程分部——消防电气和火灾自动报警系统子分部	分项工程名称	火灾自动报警系统分项
施工单位		北京××集团		项目负责人	吴工	检验批容量	5 个
分包单位		北京××消防工程公司		分包单位项目负责人	肖工	检验批部位	消防配电间
施工依据		消防工程图纸、变更洽商（如有）、施工方案《火灾自动报警系统施工及验收标准》（GB 50166—2019）				验收依据	《火灾自动报警系统施工及验收标准》（GB 50166—2019）
验收项目			设计要求及规范规定	最小/实际抽样数量	检查记录		检查结果
主控项目	1	线缆进场检验	第 3.2.9 条	/	进场检验合格，质量证明文件齐全		√
	2	绝缘电阻检测	第 3.2.16 条	/	试验合格，资料齐全		√
一般项目	1	分色	第 3.2.10 条	全/5	共 5 处，全数检查，合格 5 处		100%
	2	管路及槽盒不应有积水及杂物	第 3.2.11 条	全/5	共 5 处，全数检查，合格 5 处		100%
	3	系统应单独布线	第 3.2.12 条	全/5	共 5 处，全数检查，合格 5 处		100%
	4	线缆连接	第 3.2.13 条	全/5	共 5 处，全数检查，合格 5 处		100%
	5	可弯曲金属电气导管	第 3.2.14 条	全/5	共 5 处，全数检查，合格 5 处		100%
	6	系统布线敷设	第 3.2.15 条	全/5	共 5 处，全数检查，合格 5 处		100%
施工单位检查结果				所查项目全部合格　　　　　　　　专业工长：签名　　　　项目专业质量检查员：签名　　　　2023 年××月××日			
监理单位验收结论				验收合格　　　　　　　　专业监理工程师：签名　　　　2023 年××月××日			

注：本表由施工单位填写。

3. 验收依据

【规范名称及编号】《火灾自动报警系统施工及验收标准》（GB 50166—2019）

【条文摘录】

3.2.9　导线的种类、电压等级应符合设计文件和现行国家标准《火灾自动报警系统设计规范》（GB 50116）的规定。

3.2.10　同一工程中的导线，应根据不同用途选择不同颜色加以区分，相同用途的导线颜色应一致。电源线正极应为红色，负极应为蓝色或黑色。

3.2.11 在管内或槽盒内的布线，应在建筑抹灰及地面工程结束后进行，管内或槽盒内不应有积水及杂物。

3.2.12 系统应单独布线。除设计要求以外，系统不同回路、不同电压等级和交流与直流的线路，不应布在同一管内或槽盒的同一槽孔内。

3.2.13 线缆在管内或槽盒内不应有接头或扭结。导线应在接线盒内采用焊接、压接、接线端子可靠连接。

3.2.14 从接线盒、槽盒等处引到探测器底座、控制设备、扬声器的线路，当采用可弯曲金属电气导管保护时，其长度不应大于2m。可弯曲金属电气导管应入盒，盒外侧应套锁母，内侧应装护口。

3.2.15 系统的布线除应符合本标准上述规定外，还应符合现行国家标准《建筑电气工程施工质量验收规范》（GB 50303）的相关规定。

3.2.16 系统导线敷设结束后，应用500V兆欧表测量每个回路导线对地的绝缘电阻，且绝缘电阻值不应小于20MΩ。

四、探测器类设备安装检验批质量验收记录

1. 探测器类设备安装检验批质量验收记录采用《建筑工程资料管理规程》（DB11/T 695）表C7-4编制。

2. 探测器类设备安装检验批质量验收记录示例详见表8-110。

表8-110 探测器类设备安装检验批质量验收记录示例

XF050304 001

单位（子单位）工程名称	北京××大厦		分部（子分部）工程名称	消防工程分部——消防电气和火灾自动报警系统子分部	分项工程名称	火灾自动报警系统分项
施工单位	北京××集团		项目负责人	吴工	检验批容量	25个
分包单位	北京××消防工程公司		分包单位项目负责人	肖工	检验批部位	六层
施工依据	消防工程图纸、变更洽商（如有）、施工方案、《火灾自动报警系统施工及验收标准》（GB 50166—2019）			验收依据	《火灾自动报警系统施工及验收标准》（GB 50166—2019）	

		验收项目	设计要求及规范规定	最小/实际抽样数量	检查记录	检查结果
主控项目	1	设备及配件进场检验	第2.2.1条	/	进场检验合格，质量证明文件齐全	√
	2	国家强制认证产品	第2.2.2条	/	进场检验合格，质量证明文件齐全	√
	3	非国家强制认证产品	第2.2.3条	/	进场检验合格，质量证明文件齐全	√
	4	设备及配件规格型号	第2.2.4条	/	进场检验合格，质量证明文件齐全	√
	5	设备及配件表面质量	第2.2.5条	/	进场检验合格，质量证明文件齐全	√
	6	点型感烟火灾探测器、点型感温火灾探测器、一氧化碳火灾探测器、点型家用火灾探测器、独立式火灾探测报警器安装	第3.3.6条	/	/	/
	7	线性光束感烟火灾探测器安装	第3.3.7条	全/5	共5处，全数检查，合格5处	√
	8	线型感温火灾探测器安装	第3.3.8条	全/5	共5处，全数检查，合格5处	√
	9	管路采样式吸气感烟火灾探测器安装	第3.3.9条	全/5	共5处，全数检查，合格5处	√

	验收项目		设计要求及规范规定	最小/实际抽样数量	检查记录	检查结果
主控项目	10	点型火焰探测器和图像型火灾探测器安装	第3.3.10条	/	/	/
	11	可燃气体探测器安装	第3.3.11条	全/5	共5处，全数检查，合格5处	√
	12	电气火灾监控探测器安装	第3.3.12条	全/5	共5处，全数检查，合格5处	√
	13	探测器底座安装	第3.3.13条	全/25	共25处，全数检查，合格25处	√
	14	报警确认灯朝向	第3.3.14条	全/25	共25处，全数检查，合格25处	√
	15	保管及防尘防潮防腐蚀措施	第3.3.15条	全/25	共25处，全数检查，合格25处	√
	16	系统接地及专用接地线安装	第3.4.1条	全/25	共25处，全数检查，合格25处	√
	17	金属外壳接地保护	第3.4.2条	/	/	/
施工单位检查结果					所查项目全部合格 专业工长：签名 项目专业质量检查员：签名 2023年××月××日	
监理单位验收结论					验收合格 专业监理工程师：签名 2023年××月××日	

注：本表由施工单位填写。

3. 验收依据

【规范名称及编号】《火灾自动报警系统施工及验收标准》（GB 50166—2019）

【条文摘录】

2.2 材料、设备进场检查

2.2.1 材料、设备及配件进入施工现场应具有清单、使用说明书、质量合格证明文件、国家法定质检机构的检验报告等文件，火灾自动报警系统中的强制认证产品还应有认证证书和认证标识。

2.2.2 系统中国家强制认证产品的名称、型号、规格应与认证证书和检验报告一致。

2.2.3 系统中非国家强制认证的产品名称、型号、规格应与检验报告一致，检验报告中未包括的配接产品接入系统时，应提供系统组件兼容性检验报告。

2.2.4 系统设备及配件的规格、型号应符合设计文件的规定。

2.2.5 系统设备及配件表面应无明显划痕、毛刺等机械损伤，紧固部位应无松动。

Ⅱ 探测器安装

3.3.6 点型感烟火灾探测器、点型感温火灾探测器、一氧化碳火灾探测器、点型家用火灾探测器、独立式火灾探测报警器的安装，应符合下列规定：

1 探测器至墙壁、梁边的水平距离不应小于0.5m；

2 探测器周围水平距离0.5m内不应有遮挡物；

3 探测器至空调送风口最近边的水平距离不应小于1.5m，至多孔送风顶棚孔口的水平距离不应小于0.5m；

4 在宽度小于3m的内走道顶棚上安装探测器时，宜居中安装，点型感温火灾探测器的安装间距不应超过10m，点型感烟火灾探测器的安装间距不应超过15m，探测器至端墙的距离不应大于安装间距的一半；

5 探测器宜水平安装，当确需倾斜安装时，倾斜角不应大于45°。

3.3.7 线形光束感烟火灾探测器的安装应符合下列规定：

1 探测器光束轴线至顶棚的垂直距离宜为 0.3～1.0m，高度大于 12m 的空间场所所增设的探测器的安装高度应符合设计文件和现行国家标准《火灾自动报警系统设计规范》(GB 50116) 的规定；

2 发射器和接收器 (反射式探测器的探测器和反射板) 之间的距离不宜超过 100m；

3 相邻两组探测器光束轴线的水平距离不应大于 14m，探测器光束轴线至侧墙水平距离不应大于 7m，且不应小于 0.5m；

4 发射器接收器 (反射式探测器的探测器和反射板) 应安装在固定结构上，且应安装牢固，确需安装在钢架等容易发生位移形变的结构上时，结构的位移不应影响探测器的正常运行；

5 发射器和接收器 (反射式探测器的探测器和反射板) 之间的光路上应无遮挡物；

6 应保证接收器 (反射式探测器的探测器) 避开日光和人工光源直接照射。

3.3.8 线型感温火灾探测器的安装应符合下列规定：

1 敷设在顶棚下方的线型差温火灾探测器至顶棚距离宜为 0.1m，相邻探测器之间的水平距离不宜大于 5m，探测器至墙壁距离宜为 1.0～1.5m；

2 在电缆桥架、变压器等设备上安装时，宜采用接触式布置，在各种皮带输送装置上敷设时，宜敷设在装置的过热点附近；

3 探测器敏感部件应采用产品配套的固定装置固定，固定装置的间距不宜大于 2m；

4 缆式线型感温火灾探测器的敏感部件应采用连续无接头方式安装，如确需中间接线，应采用专用接线盒连接，敏感部件安装敷设时应避免重力挤压冲击，不应硬性折弯、扭转，探测器弯曲半径宜大于 0.2m；

5 分布式线型光纤感温火灾探测器的感温光纤不应打结，光纤弯曲时，弯曲半径应大于 50mm，每个光通道配接的感温光纤的始端及末端应各设置不小于 8m 的余量段，感温光纤穿越相邻的报警区域时，两侧应分别设置不小于 8m 的余量段；

6 光栅光纤线型感温火灾探测器的信号处理单元安装位置不应受强光直射，光纤光栅感温段的弯曲半径应大于 0.3m。

3.3.9 管路采样式吸气感烟火灾探测器的安装应符合下列规定：

1 高灵敏度吸气式感烟火灾探测器当设置为高灵敏度时，可安装在天棚高度大于 16m 的场所，并应保证至少有两个采样孔低于 16m；

2 非高灵敏度的吸气式感烟火灾探测器不宜安装在天棚高度大于 16m 的场所；

3 采样管应牢固安装在过梁、空间支架等建筑结构上；

4 在大空间场所安装时，每个采样孔的保护面积、保护半径应满足点型感烟火灾探测器的保护面积、保护半径的要求，当采样管道布置形式为垂直采样时，每 2℃温差间隔或 3m 间隔 (取最小者) 应设置一个采样孔，采样孔不应背对气流方向；

5 采样孔的直径应根据采样管的长度及敷设方式、采样孔的数量等因素确定，并应满足设计文件和产品使用说明书的要求，采样孔需要现场加工时，应采用专用打孔工具；

6 当采样管道采用毛细管布置方式时，毛细管长度不宜超过 4m；

7 采样管和采样孔应设置明显的火灾探测器标识。

3.3.10 点型火焰探测器和图像型火灾探测器的安装应符合下列规定：

1 安装位置应保证其视场角覆盖探测区域，并应避免光源直接照射在探测器的探测窗口；

2 探测器的探测视角内不应存在遮挡物；

3 在室外或交通隧道场所安装时，应采取防尘、防水措施。

3.3.11 可燃气体探测器的安装应符合下列规定：

1 安装位置应根据探测气体密度确定，若其密度小于空气密度，探测器应位于可能出现泄漏点的上方或探测气体的最高可能聚集点上方，若其密度大于或等于空气密度，探测器应位于可能出现泄漏点的下方；

2 在探测器周围应适当留出更换和标定的空间；

3 线型可燃气体探测器在安装时，应使发射器和接收器的窗口避免日光直射，且在发射器与接收器之间不应有遮挡物，发射器和接收器的距离不宜大于60m，两组探测器之间的轴线距离不应大于14m。

3.3.12 电气火灾监控探测器的安装应符合下列规定：

1 探测器周围应适当留出更换与标定的作业空间；

2 剩余电流式电气火灾监控探测器负载侧的中性线不应与其他回路共用，且不应重复接地；

3 测温式电气火灾监控探测器应采用产品配套的固定装置固定在保护对象上。

3.3.13 探测器底座的安装应符合下列规定：

1 应安装牢固，与导线连接应可靠压接或焊接，当采用焊接时，不应使用带腐蚀性的助焊剂；

2 连接导线应留有不小于150mm的余量，且在其端部应设置明显的永久性标识；

3 穿线孔宜封堵，安装完毕的探测器底座应采取保护措施。

3.3.14 探测器报警确认灯应朝向便于人员观察的主要入口方向。

3.3.15 探测器在即将调试时方可安装，在调试前应妥善保管并应采取防尘、防潮、防腐蚀措施。

五、控制器类设备安装检验批质量验收记录

1. 控制器类设备安装检验批质量验收记录采用《建筑工程资料管理规程》（DB11/T 695）表C7-4编制。

2. 控制器类设备安装检验批质量验收记录示例详见表8-111。

表8-111 控制器类设备安装检验批质量验收记录示例

XF050305 001

单位（子单位）工程名称	北京××大厦	分部（子分部）工程名称	消防工程分部——消防电气和火灾自动报警系统子分部		分项工程名称	火灾自动报警系统分项
施工单位	北京××集团	项目负责人	吴工		检验批容量	25个
分包单位	北京××消防工程公司	分包单位项目负责人	肖工		检验批部位	六层
施工依据	消防工程图纸、变更洽商（如有）、施工方案、《火灾自动报警系统施工及验收标准》（GB 50166—2019）			验收依据	《火灾自动报警系统施工及验收标准》（GB 50166—2019）	

		验收项目	设计要求及规范规定	最小/实际抽样数量	检查记录	检查结果
主控项目	1	设备安装	第3.3.1条	全/25	共25处，全数检查，合格25处	√
	2	引入线缆	第3.3.2条	全/25	共25处，全数检查，合格25处	√
	3	电源及标识	第3.3.3条	全/25	共25处，全数检查，合格25处	√
	4	蓄电池安装	第3.3.4条	全/25	共25处，全数检查，合格25处	√
	5	接地及标识	第3.3.5条	全/25	共25处，全数检查，合格25处	√
施工单位检查结果				所查项目全部合格 专业工长：签名 项目专业质量检查员：签名 2023年××月××日		

续表

监理单位 验收结论	验收合格 专业监理工程师：签名 2023 年××月××日

注：本表由施工单位填写。

3. 验收依据

【规范名称及编号】《火灾自动报警系统施工及验收标准》（GB 50166—2019）

【条文摘录】

Ⅰ　控制与显示类设备安装

3.3.1　火灾报警控制器、消防联动控制器、火灾显示盘、控制中心监控设备、家用火灾报警控制器、消防电话总机、可燃气体报警控制器、电气火灾监控设备、防火门监控器、消防设备电源监控器、消防控制室图形显示装置、传输设备、消防应急广播控制装置等控制与显示类设备的安装应符合下列规定：

1　应安装牢固，不应倾斜；

2　安装在轻质墙上时，应采取加固措施；

3　落地安装时，其底边宜高出地（楼）面 100～200mm。

3.3.2　控制与显示类设备的引入线缆应符合下列规定：

1　配线应整齐，不宜交叉，并应固定牢靠；

2　线缆芯线的端部均应标明编号，并应与设计文件一致，字迹应清晰且不易褪色；

3　端子板的每个接线端接线不应超过 2 根；

4　线缆应留有不小于 200mm 的余量；

5　线缆应绑扎成束；

6　线缆穿管、槽盒后，应将管口、槽口封堵。

3.3.3　控制与显示类设备应与消防电源、备用电源直接连接，不应使用电源插头。主电源应设置明显的永久性标识。

3.3.4　控制与显示类设备的蓄电池需进行现场安装时，应核对蓄电池的规格、型号、容量，并应符合设计文件的规定，蓄电池的安装应满足产品使用说明书的要求。

3.3.5　控制与显示类设备的接地应牢固，并应设置明显的永久性标识。

六、其他设备安装检验批质量验收记录

1. 其他设备安装检验批质量验收记录采用《建筑工程资料管理规程》（DB11/T 695）表 C7-4编制。

2. 其他设备安装检验批质量验收记录示例详见表 8-112。

表 8-112　其他设备安装检验批质量验收记录示例

XF050306 001

单位（子单位） 工程名称	北京××大厦	分部（子分部） 工程名称	消防工程分部—— 消防电气和火灾自 动报警系统子分部	分项工程 名称	火灾自动报警 系统分项
施工单位	北京××集团	项目负责人	吴工	检验批容量	25 个
分包单位	北京××消防工程公司	分包单位 项目负责人	肖工	检验批部位	2 号楼

施工依据	消防工程图纸、变更洽商（如有）、施工方案、《火灾自动报警系统施工及验收标准》（GB 50166—2019）			验收依据	《火灾自动报警系统施工及验收标准》（GB 50166—2019）	

验收项目		设计要求及规范规定	最小/实际抽样数量	检查记录		检查结果
主控项目	1 手动火灾报警按钮、消火栓按钮、防火卷帘手动控制装置、气体灭火系统手动与自动控制转换装置、气体灭火系统现场启动和停止按钮安装	第3.3.16条	全/5	共5处，全数检查，合格5处		√
	2 模块或模块箱安装	第3.3.17条	全/5	共5处，全数检查，合格5处		√
	3 消防电话分机和电话插孔安装	第3.3.18条	全/5	共5处，全数检查，合格5处		√
	4 消防应急广播扬声器、火灾警报器、喷洒光警报器、气体灭火系统手动与自动控制状态显示装置安装	第3.3.19条	全/5	共5处，全数检查，合格5处		√
	5 消防设备应急电源和备用电源蓄电池安装	第3.3.20条	全/5	共5处，全数检查，合格5处		√
	6 消防设备电源监控系统传感器安装	第3.3.21条	全/25	共25处，全数检查，合格25处		√
	7 现场部件安装	第3.3.22条	全/25	共25处，全数检查，合格25处		√
	8 消防电气控制装置安装	第3.3.23条	全/25	共25处，全数检查，合格25处		√
	9 系统接地及专用接地线安装	第3.4.1条	全/25	共25处，全数检查，合格25处		√
	10 金属外壳接地保护	第3.4.2条	/	/		/
施工单位检查结果				所查项目全部合格 专业工长：签名 项目专业质量检查员：签名 2023年××月××日		
监理单位验收结论				验收合格 专业监理工程师：签名 2023年××月××日		

注：本表由施工单位填写。

3. 验收依据

【规范名称及编号】《火灾自动报警系统施工及验收标准》（GB 50166—2019）

【条文摘录】

Ⅲ 系统其他部件安装

3.3.16 手动火灾报警按钮、消火栓按钮、防火卷帘手动控制装置、气体灭火系统手动与自动控制转换装置、气体灭火系统现场启动和停止按钮的安装，应符合下列规定：

1 手动火灾报警按钮、防火卷帘手动控制装置、气体灭火系统手动与自动控制转换装置、气体灭火系统现场启动和停止按钮应设置在明显和便于操作的部位，其底边距地（楼）面的高度宜为1.3～1.5m，且应设置明显的永久性标识，消火栓按钮应设置在消火栓箱内，疏散通道上设置的防火卷帘两侧均应设置手动控制装置；

2　应安装牢固，不应倾斜；

3　连接导线应留有不小于150mm的余量，且在其端部应设置明显的永久性标识。

3.3.17　模块或模块箱的安装应符合下列规定：

1　同一报警区域内的模块宜集中安装在金属箱内，不应安装在配电柜、箱或控制柜、箱内；

2　应独立安装在不燃材料或墙体上，安装牢固，并应采取防潮、防腐蚀等措施；

3　模块的连接导线应留有不小于150mm的余量，其端部应有明显的永久性标识；

4　模块的终端部件应靠近连接部件安装；

5　隐蔽安装时在安装处附近应设置检修孔和尺寸不小于100mm×100mm的永久性标识。

3.3.18　消防电话分机和电话插孔的安装应符合下列规定：

1　宜安装在明显、便于操作的位置，采用壁挂方式安装时，其底边距地（楼）面的高度宜为1.3m～1.5m；

2　避难层中，消防专用电话分机或电话插孔的安装间距不应大于20m；

3　应设置明显的永久性标识；

4　电话插孔不应设置在消火栓箱内。

3.3.19　消防应急广播扬声器、火灾警报器、喷洒光警报器、气体灭火系统手动与自动控制状态显示装置的安装，应符合下列规定：

1　扬声器和火灾声警报装置宜在报警区域内均匀安装，扬声器在走道内安装时，距走道末端的距离不应大于12.5m；

2　火灾光警报装置应安装在楼梯口、消防电梯前室、建筑内部拐角等处的明显部位，且不宜与消防应急疏散指示标志灯具安装在同一面墙上，确需安装在同一面墙上时，距离不应小于1m；

3　气体灭火系统手动与自动控制状态显示装置应安装在防护区域内的明显部位，喷洒光警报器应安装在防护区域外，且应安装在出口门的上方；

4　采用壁挂方式安装时，底边距地面高度应大于2.2m；

5　应安装牢固，表面不应有破损。

3.3.20　消防设备应急电源和备用电源蓄电池的安装，应符合下列规定：

1　应安装在通风良好的场所，当安装在密封环境中时应有通风措施，电池安装场所的环境温度不应超出电池标称的工作温度范围；

2　不应安装在火灾爆炸危险场所；

3　酸性电池不应安装在带有碱性介质的场所，碱性电池不应安装在带有酸性介质的场所。

3.3.21　消防设备电源监控系统传感器的安装应符合下列规定：

1　传感器与裸带电导体应保证安全距离，金属外壳的传感器应有保护接地；

2　传感器应独立支撑或固定，应安装牢固，并应采取防潮、防腐蚀等措施；

3　传感器输出回路的连接线应采用截面积不小于$1.0mm^2$的双绞铜芯导线，并应留有不小于150mm的余量，其端部应设置明显的永久性标识；

4　传感器的安装不应破坏被监控线路的完整性，不应增加线路接点。

3.3.22　防火门监控模块与电动闭门器、释放器、门磁开关等现场部件的安装应符合下列规定：

1　防火门监控模块至电动闭门器、释放器、门磁开关等现场部件之间连接线的长度不应大于3m；

2　防火门监控模块、电动闭门器、释放器、门磁开关等现场部件应安装牢固；

3　门磁开关的安装不应破坏门扇与门框之间的密闭性。

3.3.23　消防电气控制装置的安装应符合下列规定：

1　消防电气控制装置在安装前应进行功能检查，检查结果不合格的装置不应安装；

2　消防电气控制装置外接导线的端部应设置明显的永久性标识；

3 消防电气控制装置应安装牢固，不应倾斜，安装在轻质墙体上时应采取加固措施。

3.4.1 系统接地及专用接地线的安装应满足设计要求。

3.4.2 交流供电和36V以上直流供电的消防用电设备的金属外壳应有接地保护，其接地线应与电气保护接地干线（PE）相连接。

七、软件安装检验批质量验收记录

1. 软件安装检验批质量验收记录采用《建筑工程资料管理规程》（DB11/T 695）表C7-4 编制。

2. 软件安装检验批质量验收记录示例详见表8-113。

表8-113 软件安装检验批质量验收记录示例

XF050307 001

单位（子单位）工程名称		北京××大厦		分部（子分部）工程名称	消防工程分部——消防电气和火灾自动报警系统子分部		分项工程名称	火灾自动报警系统分项
施工单位		北京××集团		项目负责人	吴工		检验批容量	5套
分包单位		北京××消防工程公司		分包单位项目负责人	肖工		检验批部位	火灾自动报警系统
施工依据		消防工程图纸、变更洽商（如有）、施工方案、《智能建筑工程施工规范》（GB 50606—2010）			验收依据		《智能建筑工程施工规范》（GB 50606—2010）	
验收项目			设计要求及规范规定	最小/实际抽样数量	检查记录			检查结果
主控项目	1	软件产品质量	第3.5.5条	全/5	共5处，全数检查，合格5处			√
	2	软件系统安装	第6.2.2条	全/5	共5处，全数检查，合格5处			√
	3	软件修改后，应通过系统测试和回归测试	第11.4.1条	全/5	共5处，全数检查，合格5处			√
	4	集成子系统安装	第15.3.1条	全/5	共5处，全数检查，合格5处			√
一般项目	1	软件系统功能和界面	第6.3.2条	全/5	共5处，全数检查，合格5处			100%
	2	软件安装安全措施	第11.3.7条	全/5	共5处，全数检查，合格5处			100%
	3	软件配置	第11.4.2条	全/5	共5处，全数检查，合格5处			100%
	4	集成子系统运行和配置	第15.3.2条	全/5	共5处，全数检查，合格5处			100%
施工单位检查结果					所查项目全部合格 专业工长：签名 项目专业质量检查员：签名 2023年××月××日			
监理单位验收结论					验收合格 专业监理工程师：签名 2023年××月××日			

本表由施工单位填写。

3. 验收依据

【规范名称及编号】《智能建筑工程施工规范》（GB 50606—2010）

【条文摘录】

摘录一：

3.5.5 软件产品质量检查应符合下列规定：

1 应核查使用许可证及使用范围；

2 用户应用软件，设计的软件组态及接口软件等，应进行功能测试和系统测试，并应提供包括程序结构说明、安装调试说明、使用和维护说明书等的完整文档。

摘录二：

6.2.2 软件系统的安装应符合下列规定：

1 应按设计文件为设备安装相应的软件系统，系统安装应完整；

2 应提供正版软件技术手册；

3 服务器不应安装与本系统无关的软件；

4 操作系统、防病毒软件应设置为自动更新方式；

5 软件系统安装后应能够正常启动、运行和退出；

6 在网络安全检验后，服务器方可以在安全系统的保护下与互联网相联，并应对操作系统、防病毒软件升级及更新相应的补丁程序。

摘录三：

6.3.2 一般项目应符合下列规定：

1 计算机网络的容错功能和网络管理等功能应符合现行国家标准《智能建筑工程质量验收规范》（GB 50339）中第5.3.5、5.3.6条的规定实施检测，并应认真填写记录；

2 应检验软件系统的操作界面，操作命令不得有二义性；

3 应检验软件系统的可扩展性、可容错性和可维护性；

4 应检验网络安全管理制度、机房的环境条件、防泄露与保密措施。

摘录四：

11.3.7 软件安装的安全措施应符合下列规定：

1 服务器和工作站上应安装防病毒软件，应使其始终处于启用状态；

2 操作系统、数据库、应用软件的用户密码应符合下列规定：

1）密码长度不应少于8位；

2）密码宜为大写字母、小写字母、数字、标点符号的组合。

3 多台服务器与工作站之间或多个软件之间不得使用完全相同的用户名和密码组合；

4 应定期对服务器和工作站进行病毒查杀和恶意软件查杀操作。

摘录五：

11.4 质量控制

11.4.1 主控项目的质量控制应符合下列规定：

1 应为操作系统、数据库、防病毒软件安装最新版本的补丁程序；

2 软件和设备在启动、运行和关闭过程中不应出现运行时错误；

3 软件修改后，应通过系统测试和回归测试。

11.4.2 一般项目的质量控制应符合下列规定：

1 应依据网络规划和配置方案，配置服务器、工作站等设备的网络地址；

2 操作系统、数据库等基础平台软件、防病毒软件应具有正式软件使用（授权）许可证；

3 服务器、工作站的操作系统和防病毒软件应设置为自动更新的运行方式；

4 应记录服务器、工作站等设备的配置参数。

摘录六：

15.3 质量控制

15.3.1 主控项目应符合下列规定：

1 集成子系统的硬线连接和设备接口连接应符合国家标准《智能建筑工程质量验收规范》（GB 50339）第 10.3.6 条的规定；

2 软件和设备在启动、运行和关闭过程中不应出现运行时错误；

3 通信接口软件修改后，应通过系统测试和回归测试；

4 应根据集成子系统的通信接口、工程资料和设备实际运行情况，对运行数据进行核对；

5 系统应能正确实现经会审批准的智能化集成系统的联动功能。

15.3.2 一般项目应符合下列规定：

1 应依据网络规划和配置方案，配置服务器、工作站、通信接口转换器、视频编解码器等设备的网络地址；

2 操作系统、数据库等基础平台软件、防病毒软件应具有正式软件使用（授权）许可证；

3 服务器、工作站的操作系统应设置为自动更新的运行方式；

4 服务器、工作站上应安装防病毒软件，并应设置为自动更新的运行方式；

5 应记录服务器、工作站、通信接口转换器、视频编解码器等设备的配置参数。

八、系统调试检验批质量验收记录

1. 系统调试检验批质量验收记录采用《建筑工程资料管理规程》（DB11/T 695）表 C7-4 编制。

2. 系统调试检验批质量验收记录示例详见表 8-114。

表 8-114　系统调试检验批质量验收记录示例

XF050308 001

单位（子单位）工程名称		北京××大厦	分部（子分部）工程名称	消防工程分部——消防电气和火灾自动报警系统子分部	分项工程名称	火灾自动报警系统分项
施工单位		北京××集团	项目负责人	吴工	检验批容量	5套
分包单位		北京××消防工程公司	分包单位项目负责人	肖工	检验批部位	火灾自动报警系统
施工依据		消防工程图纸、变更洽商（如有）、施工方案、《火灾自动报警系统施工及验收标准》（GB 50166—2019）		验收依据	《火灾自动报警系统施工及验收标准》（GB 50166—2019）	
验收项目			设计要求及规范规定	最小/实际抽样数量	检查记录	检查结果
主控项目	1	火灾报警控制器及其现场部件	第4.3节	/	调试合格，资料齐全	√
	2	家用火灾安全系统	第4.4节	/	调试合格，资料齐全	√
	3	消防联动控制器及其现场部件	第4.5节	/	调试合格，资料齐全	√
	4	消防专用电话系统	第4.6节	/	调试合格，资料齐全	√
	5	可燃气体探测报警系统	第4.7节	/	调试合格，资料齐全	√
	6	电气火灾监控系统	第4.8节	/	调试合格，资料齐全	√
	7	消防设备电源监控系统	第4.9节	/	调试合格，资料齐全	√
	8	消防设备应急电源	第4.10节	/	调试合格，资料齐全	√
	9	消防控制室图形显示装置和传输设备	第4.11节	/	调试合格，资料齐全	√
	10	火灾警报、消防应急广播系统	第4.12节	/	调试合格，资料齐全	√

	验收项目	设计要求及规范规定	最小/实际抽样数量	检查记录	检查结果
主控项目	11　防火卷帘系统	第4.13节	/	调试合格，资料齐全	√
	12　防火门监控系统	第4.14节	/	调试合格，资料齐全	√
	13　气体、干粉灭火系统	第4.15节	/	调试合格，资料齐全	√
	14　自动喷水灭火系统	第4.16节	/	调试合格，资料齐全	√
	15　消火栓系统	第4.17节	/	调试合格，资料齐全	√
	16　防排烟系统	第4.18节	/	调试合格，资料齐全	√
	17　消防应急照明和疏散指示系统	第4.19节	/	调试合格，资料齐全	√
	18　电梯、非消防电源等相关系统	第4.20节	/	调试合格，资料齐全	√
	19　系统整体联动控制	第4.21节	/	调试合格，资料齐全	√
施工单位检查结果			所查项目全部合格　　　　　　　　　　　　　　专业工长：签名　　　　　项目专业质量检查员：签名　　　　　　　　　　2023年××月××日		
监理单位验收结论			验收合格　　　　　　　　　　　　　　专业监理工程师：签名　　　　　　　　2023年××月××日		

注：本表由施工单位填写。

3. 验收依据

【规范名称及编号】《火灾自动报警系统施工及验收标准》（GB 50166—2019）

【条文摘录】

火灾报警控制器及其现场部件调试

Ⅰ　火灾报警控制器调试

4.3.1　应切断火灾报警控制器的所有外部控制连线，并将任意一个总线回路的火灾探测器、手动火灾报警按钮等部件相连接后接通电源，使控制器处于正常监视状态。

4.3.2　应对火灾报警控制器下列主要功能进行检查并记录。控制器的功能应符合现行国家标准《火灾报警控制器》GB 4717的规定：

1　自检功能。

2　操作级别。

3　屏蔽功能。

4　主、备电源的自动转换功能。

5　故障报警功能：

1）备用电源连线故障报警功能；

2）配接部件连线故障报警功能。

6　短路隔离保护功能。

7　火警优先功能。

8　消音功能。

9　二次报警功能。

10　负载功能。

11　复位功能。

4.3.3　火灾报警控制器应依次与其他回路相连接，使控制器处于正常监视状态，在备电工作状态下，按本标准第4.3.2条第5款第2项、第6款、第10款、第11款的规定对火灾报警控制器进行功能检查并记录，控制器的功能应符合现行国家标准《火灾报警控制器》GB 4717的规定。

Ⅱ　火灾探测器调试

4.3.4　应对探测器的离线故障报警功能进行检查并记录，探测器的离线故障报警功能应符合下列规定：

1　探测器由火灾报警控制器供电的，应使探测器处于离线状态；探测器不由火灾报警控制器供电的，应使探测器电源线和通信线分别处于断开状态；

2　火灾报警控制器的故障报警和信息显示功能应符合本标准第4.1.2条的规定。

4.3.5　应对点型感烟、点型感温、点型一氧化碳火灾探测器的火灾报警功能、复位功能进行检查并记录，探测器的火灾报警功能、复位功能应符合下列规定：

1　对可恢复探测器，应采用专用的检测仪器或模拟火灾的方法，使探测器监测区域的烟雾浓度、温度、气体浓度达到探测器的振警设定阈值；对不可恢复的探测器，应采取模拟报警方法使探测器处于火灾报警状态，当有备品时，可抽样检查其报警功能；探测器的火警确认灯应点亮并保持；

2　火灾报警控制器火灾报警和信息显示功能应符合本标准第4.1.2条的规定；

3　应使可恢复探测器监测区域的环境恢复正常，使不可恢复探测器恢复正常，手动操作控制器的复位键后，控制器应处于正常监视状态，探测器的火警确认灯应熄灭。

4.3.6　应对线型光束感烟火灾探测器的火灾报警功能、复位功能进行检查并记录，探测器的火灾报警功能、复位功能应符合下列规定：

1　应调整探测器的光路调节装置，使探测器处于正常监视状态；

2　应采用减光率为0.9dB的减光片或等效设备遮挡光路，探测器不应发出火灾报警信号；

3　应采用产品生产企业设定的减光率为1.0～10.0dB的减光片或等效设备遮挡光路，探测器的火警确认灯应点亮并保持，火灾报警控制器的火灾报警和信息显示功能应符合本标准第4.1.2条的规定；

4　应采用减光率为11.5dB的减光片或等效设备遮挡光路，探测器的火警或故障确认灯应点亮，火灾报警控制器的火灾报警、故障报警和信息显示功能应符合本标准第4.1.2条的规定；

5　选择反射式探测器时，应在探测器正前方0.5m处按本标准第4.3.6条第2款～第4款的规定对探测器的火灾报警功能进行检查；

6　应撤除减光片或等效设备，手动操作控制器的复位键后，控制器应处于正常监视状态，探测器的火警确认灯应熄灭。

4.3.7　应对线型感温火灾探测器的敏感部件故障功能进行检查并记录，探测器的敏感部件故障功能应符合下列规定：

1　应使线型感温火灾探测器的信号处理单元和敏感部件间处于断路状态，探测器信号处理单元的故障指示灯应点亮；

2　火灾报警控制器的故障报警和信息显示功能应符合本标准第4.1.2条的规定。

4.3.8　应对线型感温火灾探测器的火灾报警功能、复位功能进行检查并记录，探测器的火灾报警功能、复位功能应符合下列规定：

1　对可恢复探测器，应采用专用的检测仪器或模拟火灾的方法，使任一段长度为标准报警长度的敏感部件周围温度达到探测器报警设定阈值；对不可恢复的探测器，应采取模拟报警方法使探测器处于火灾报警状态，当有备品时，可抽样检查其报警功能；探测器的火警确认灯应点亮并保持；

2　火灾报警控制器的火灾报警和信息显示功能应符合本标准第4.1.2条的规定；

3　应使可恢复探测器敏感部件周围的温度恢复正常，使不可恢复探测器恢复正常监视状态，手动操作控制器的复位键后，控制器应处于正常监视状态，探测器的火警确认灯应熄灭。

4.3.9 应对标准报警长度小于1m的线型感温火灾探测器的小尺寸高温报警响应功能进行检查并记录，探测器的小尺寸高温报警响应功能应符合下列规定：

1 应在探测器末端采用专用的检测仪器或模拟火灾的方法，使任一段长度为100mm的敏感部件周围温度达到探测器小尺寸高温报警设定阈值，探测器的火警确认灯应点亮并保持；

2 火灾报警控制器的火灾报警和信息显示功能应符合本标准第4.1.2条的规定；

3 应使探测器监测区域的环境恢复正常，剪除试验段敏感部件，恢复探测器的正常连接，手动操作控制器的复位键后，控制器应处于正常监视状态，探测器的火警确认灯应熄灭。

4.3.10 应对管路采样式吸气感烟火灾探测器的采样管路气流故障报警功能进行检查并记录，探测器的采样管路气流故障报警功能应符合下列规定：

1 应根据产品说明书改变探测器的采样管路气流，使探测器处于故障状态，探测器或其控制装置的故障指示灯应点亮；

2 火灾报警控制器的故障报警和信息显示功能应符合本标准第4.1.2条的规定；

3 应恢复探测器的正常采样管路气流，使探测器和控制器处于正常监视状态。

4.3.11 应对管路采样式吸气感烟火灾探测器的火灾报警功能、复位功能进行检查并记录，探测器的火灾报警功能、复位功能应符合下列规定：

1 应在采样管最末端采样孔加入试验烟，使监测区域的烟雾浓度达到探测器报警设定阈值，探测器或其控制装置的火警确认灯应在120s内点亮并保持；

2 火灾报警控制器的火灾报警和信息显示功能应符合本标准第4.1.2条的规定；

3 应使探测器监测区域的环境恢复正常，手动操作控制器的复位键后，控制器应处于正常监视状态，探测器或其控制装置的火警确认灯应熄灭。

4.3.12 应对点型火焰探测器和图像型火灾探测器的火灾报警功能、复位功能进行检查并记录，探测器的火灾报警功能、复位功能应符合下列规定：

1 在探测器监视区域内最不利处应采用专用检测仪器或模拟火灾的方法，向探测器释放试验光波，探测器的火警确认灯应在30s点亮并保持；

2 火灾报警控制器的火灾报警和信息显示功能应符合本标准第4.1.2条的规定；

3 应使探测器监测区域的环境恢复正常，手动操作控制器的复位键后，控制器应处于正常监视状态，探测器的火警确认灯应熄灭。

Ⅲ 火灾报警控制器其他现场部件调试

4.3.13 应对手动火灾报警按钮的离线故障报警功能进行检查并记录，手动火灾报警按钮的离线故障报警功能应符合下列规定：

1 应使手动火灾报警按钮处于离线状态；

2 火灾报警控制器的故障报警和信息显示功能应符合本标准第4.1.2条的规定。

4.3.14 应对手动火灾报警按钮的火灾报警功能进行检查并记录，报警按钮的火灾报警功能应符合下列规定：

1 使报警按钮动作后，报警按钮的火警确认灯应点亮并保持；

2 火灾报警控制器的火灾报警和信息显示功能应符合本标准第4.1.2条的规定；

3 应使报警按钮恢复正常，手动操作控制器的复位键后，控制器应处于正常监视状态，报警按钮的火警确认灯应熄灭。

4.3.15 应对火灾显示盘下列主要功能进行检查并记录，火灾显示盘的功能应符合现行国家标准《火灾显示盘》GB 17429 的规定：

1 接收和显示火灾报警信号的功能；

2 消音功能；

3 复位功能;

4 操作级别;

5 非火灾报警控制器供电的火灾显示盘,主、备电源的自动转换功能。

4.3.16 应对火灾显示盘的电源故障报警功能进行检查并记录,火灾显示盘的电源故障报警功能应符合下列规定:

1 应使火灾显示盘的主电源处于故障状态;

2 火灾报警控制器的故障报警和信息显示功能应符合本标准第4.1.2条的规定。

家用火灾安全系统调试

Ⅰ 控制中心监控设备调试

4.4.1 应切断控制中心监控设备的所有外部控制连线,并将家用火灾报警控制器等部件相连接后接通电源,使控制中心监控设备处于正常监视状态。

4.4.2 应对控制中心监控设备下列主要功能进行检查并记录,控制中心监控设备的功能应符合现行国家标准《家用火灾安全系统》GB 22370的规定:

1 操作级别;

2 接收和显示家用火灾报警控制器发出的火灾报警信号的功能;

3 消音功能;

4 复位功能。

Ⅱ 家用火灾报警控制器调试

4.4.3 应将任一个总线回路的家用火灾探测器、手动报警开关等部件与家用火灾报警控制器相连接后接通电源,使控制器处于正常监视状态。

4.4.4 应对家用火灾报警控制器下列主要功能进行检查并记录,控制器的功能应符合现行国家标准《家用火灾安全系统》GB 22370的规定:

1 自检功能。

2 主、备电源的自动转换功能。

3 故障报警功能:

1)备用电源连线故障报警功能;

2)配接部件通信故障报警功能。

4 火警优先功能。

5 消音功能。

6 二次报警功能。

7 复位功能。

4.4.5 应依次将其他回路与家用火灾报警控制器相连接,按本标准第4.4.4条第3款第2项、第4款、第7款的规定,对家用火灾报警控制器进行功能检查并记录,控制器的功能应符合现行国家标准《家用火灾安全系统》GB 22370的规定。

Ⅲ 家用安全系统现场部件调试

4.4.6 应对点型家用感烟火灾探测器、点型家用感温火灾探测器、独立式感烟火灾探测报警器、独立式感温火灾探测报警器的火灾报警功能、复位功能进行检查并记录,探测器的火灾报警功能、复位功能应符合下列规定:

1 应采用专用的检测仪器或模拟火灾的方法,使监测区域的烟雾浓度、温度达到探测器的报警设定阈值;

2 探测器应发出火灾报警声信号,声报警信号的A计权声压级应在45～75dB之间,并应采用逐渐增大的方式,初始声压级不应大于45dB;

3 家用火灾报警控制器的火灾报警和信息显示功能应符合本标准第4.1.2条的规定。

消防联动控制器及其现场部件调试

Ⅰ 消防联动控制器调试

4.5.1 消防联动控制器调试时，应在接通电源前按以下顺序做好准备工作：

1 应将消防联动控制器与火灾报警控制器连接；

2 应将任一备调回路的输入/输出模块与消防联动控制器连接；

3 应将备调回路的模块与其控制的受控设备连接；

4 应切断各受控现场设备的控制连线；

5 应接通电源，使消防联动控制器处于正常监视状态。

4.5.2 应对消防联动控制器下列主要功能进行检查并记录，控制器的功能应符合现行国家标准《消防联动控制系统》GB 16806的规定：

1 自检功能。

2 操作级别。

3 屏蔽功能。

4 主、备电源的自动转换功能。

5 故障报警功能：

1）备用电源连线故障报警功能；

2）配接部件连线故障报警功能。

6 总线隔离器的隔离保护功能。

7 消音功能。

8 控制器的负载功能。

9 复位功能。

10 控制器自动和手动工作状态转换显示功能。

4.5.3 应依次将其他备调回路的输入/输出模块与消防联动控制器连接、模块与受控设备连接，切断所有受控现场设备的控制连线，使控制器处于正常监视状态，在备电工作状态下，按本标准第4.5.2条第5款第2项、第6款、第8款、第9款的规定对控制器进行功能检查并记录，控制器的功能应符合现行国家标准《消防联动控制系统》GB 16806的规定。

4.5.4 火灾报警控制器（联动型）的调试应符合本标准第4.3.1条～第4.3.3条和本标准第4.5.1条～第4.5.3条的规定。

Ⅱ 消防联动控制器现场部件调试

4.5.5 应对模块的离线故障报警功能进行检查并记录，模块的离线故障报警功能应符合下列规定：

1 应使模块与消防联动控制器的通信总线处于离线状态，消防联动控制器应发出故障声、光信号；

2 消防联动控制器应显示故障部件的类型和地址注释信息，且控制器显示的地址注释信息应符合本标准第4.2.2条的规定。

4.5.6 应对模块的连接部件断线故障报警功能进行检查并记录，模块的连接部件断线故障报警功能应符合下列规定：

1 应使模块与连接部件之间的连接线断路，消防联动控制器应发出故障声、光信号；

2 消防联动控制器应显示故障部件的类型和地址注释信息，且控制器显示的地址注释信息应符合本标准第4.2.2条的规定。

4.5.7 应对输入模块的信号接收及反馈功能、复位功能进行检查并记录，输入模块的信号接收及反馈功能、复位功能应符合下列规定：

　　1　应核查输入模块和连接设备的接口是否兼容；

　　2　应给输入模块提供模拟的输入信号，输入模块应在 3s 内动作并点亮动作指示灯；

　　3　消防联动控制器应接收并显示模块的动作反馈信息，显示设备的名称和地址注释信息，且控制器显示的地址注释信息应符合本标准第 4.2.2 条的规定；

　　4　应撤除模拟输入信号，手动操作控制器的复位键后，控制器应处于正常监视状态，输入模块的动作指示灯应熄灭。

　　4.5.8　应对输出模块的启动、停止功能进行检查并记录，输出模块的启动、停止功能应符合下列规定：

　　1　应核查输出模块和受控设备的接口是否兼容；

　　2　应操作消防联动控制器向输出模块发出启动控制信号，输出模块应在 3s 内动作，并点亮动作指示灯；

　　3　消防联动控制器应有启动光指示，显示启动设备的名称和地址注释信息，且控制器显示的地址注释信息应符合本标准第 4.2.2 条的规定；

　　4　应操作消防联动控制器向输出模块发出停止控制信号，输出模块应在 3s 内动作，并熄灭动作指示灯。

消防专用电话系统调试

　　4.6.1　应接通电源，使消防电话总机处于正常工作状态，对消防电话总机下列主要功能进行检查并记录，电话总机的功能应符合现行国家标准《消防联动控制系统》GB 16806 的规定：

　　1　自检功能；

　　2　故障报警功能；

　　3　消音功能；

　　4　电话分机呼叫电话总机功能；

　　5　电话总机呼叫电话分机功能。

　　4.6.2　应对消防电话分机进行下列主要功能检查并记录，电话分机的功能应符合现行国家标准《消防联动控制系统》GB 16806 的规定：

　　1　呼叫电话总机功能；

　　2　接受电话总机呼叫功能。

　　4.6.3　应对消防电话插孔的通话功能进行检查并记录，电话插孔的通话功能应符合现行国家标准《消防联动控制系统》GB 16806 的规定。

可燃气体探测报警系统调试
Ⅰ　可燃气体报警控制器调试

　　4.7.1　对多线制可燃气体报警控制器，应将所有回路的可燃气体探测器与控制器相连接；对总线制可燃气体报警控制器，应将任一回路的可燃气体探测器与控制器相连接。应切断可燃气体报警控制器的所有外部控制连线，接通电源，使控制器处于正常监视状态。

　　4.7.2　应对可燃气体报警控制器下列主要功能进行检查并记录，控制器的功能应符合现行国家标准《可燃气体报警控制器》GB 16808 的规定：

　　1　自检功能。

　　2　操作级别。

　　3　可燃气体浓度显示功能。

　　4　主、备电源的自动转换功能。

　　5　故障报警功能：

1）备用电源连线故障报警功能；

2）配接部件连线故障报警功能。

6 总线制可燃气体报警控制器的短路隔离功能。

7 可燃气体报警功能。

8 消音功能。

9 控制器负载功能。

10 复位功能。

4.7.3 对总线制可燃气体报警控制器，应依次将其他回路与可燃气体报警控制器相连接，使控制器处于正常监视状态，在备电工作状态下，按本标准第4.7.2条第5款第2项、第6款、第9款、第10款的规定对可燃气体报警控制器进行功能检查并记录，控制器的功能应符合现行国家标准《可燃气体报警控制器》GB 16808的规定。

Ⅱ 可燃气体探测器调试

4.7.4 应对可燃气体探测器的可燃气体报警功能、复位功能进行检查并记录，探测器的可燃气体报警功能、复位功能应符合下列规定：

1 应对探测器施加浓度为探测器报警设定值的可燃气体标准样气，探测器的报警确认灯应在30s内点亮并保持；

2 控制器的可燃气体报警和信息显示功能应符合本标准第4.1.2条的规定；

3 应清除探测器内的可燃气体，手动操作控制器的复位键后，控制器应处于正常监视状态，探测器的报警确认灯应熄灭。

4.7.5 应对线型可燃气体探测器的遮挡故障报警功能进行检查并记录，探测器的遮挡故障报警功能应符合下列规定：

1 应将线型可燃气体探测器发射器发出的光全部遮挡，探测器或其控制装置的故障指示灯应在100s内点亮；

2 控制器的故障报警和信息显示功能应符合本标准第4.1.2条的规定。

电气火灾监控系统调试

Ⅰ 电气火灾监控设备调试

4.8.1 应切断电气火灾监控设备的所有外部控制连线，将任一备调总线回路的电气火灾探测器与监控设备相连接，接通电源，使监控设备处于正常监视状态。

4.8.2 应对电气火灾监控设备下列主要功能进行检查并记录，监控设备的功能应符合现行国家标准《电气火灾监控系统 第1部分：电气火灾监控设备》GB 14287.1的规定：

1 自检功能；

2 操作级别；

3 故障报警功能；

4 监控报警功能；

5 消音功能；

6 复位功能。

4.8.3 应依次将其他回路的电气火灾探测器与监控设备相连接，使监控设备处于正常监视状态，按本标准第4.8.2条第3款、第4款、第6款的规定对监控设备进行功能检查并记录，监控设备的功能应符合现行国家标准《电气火灾监控系统 第1部分：电气火灾监控设备》GB 14287.1的规定。

Ⅱ 电气火灾监控探测器调试

4.8.4 应对剩余电流式电气火灾监控探测器的监控报警功能进行检查并记录，探测器的监控报警功能应符合下列规定：

1 应按设计文件的规定进行报警值设定；

2 应采用剩余电流发生器对探测器施加报警设定值的剩余电流，探测器的报警确认灯应在30s内点亮并保持；

3 监控设备的监控报警和信息显示功能应符合本标准第4.1.2条的规定，同时监控设备应显示发出报警信号探测器的报警值。

4.8.5 应对测温式电气火灾监控探测器的监控报警功能进行检查并记录，探测器的监控报警功能应符合下列规定：

1 应按设计文件的规定进行报警值设定；

2 应采用发热试验装置给监控探测器加热至设定的报警温度，探测器的报警确认灯应在40s内点亮并保持；

3 监控设备的监控报警和信息显示功能应符合本标准第4.1.2条的规定，同时监控设备应显示发出报警信号探测器的报警值。

4.8.6 应对故障电弧探测器的监控报警功能进行检查并记录，探测器的监控报警功能应符合下列规定：

1 应切断探测器的电源线和被监测线路，将故障电弧发生装置接入探测器，接通探测器的电源，使探测器处于正常监视状态；

2 应操作故障电弧发生装置，在1s内产生9个及以下半周期故障电弧，探测器不应发出报警信号；

3 应操作故障电弧发生装置，在1s内产生14个及以上半周期故障电弧，探测器的报警确认灯应在30s内点亮并保持；

4 监控设备的监控报警和信息显示功能应符合本标准第4.1.2条的规定。

4.8.7 应对具有指示报警部位功能的线型感温火灾探测器的监控报警功能进行检查并记录，探测器的监控报警功能应符合下列规定：

1 应在线型感温火灾探测器的敏感部件随机选取3个非连续检测段，每个检测段的长度为标准报警长度，采用专用的检测仪器或模拟火灾的方法，分别给每个检测段加热至设定的报警温度，探测器的火警确认灯应点亮并保持，并指示报警部位。

2 监控设备的监控报警和信息显示功能应符合本标准第4.1.2条的规定。

消防设备电源监控系统调试

Ⅰ 消防设备电源监控器调试

4.9.1 应将任一备调总线回路的传感器与消防设备电源监控器相连接，接通电源，使监控器处于正常监视状态。

4.9.2 对消防设备电源监控器下列主要功能进行检查并记录，监控器的功能应符合现行国家标准《消防设备电源监控系统》GB28184的规定：

1 自检功能。

2 消防设备电源工作状态实时显示功能。

3 主、备电源的自动转换功能。

4 故障报警功能：

1）备用电源连线故障报警功能；

2）配接部件连线故障报警功能。

5 消音功能。

6 消防设备电源故障报警功能。

7 复位功能。

4.9.3 应依次将其他回路的传感器与监控器相连接，使监控器处于正常监视状态，在备电工作状态下，按本标准第4.9.2条第4款第2项、第6款、第7款的规定，对监控器进行功能检查并记录，监控器的功能应符合现行国家标准《消防设备电源监控系统》GB28184的规定。

Ⅱ 传感器调试

4.9.4 应对传感器的消防设备电源故障报警功能进行检查并记录，传感器的消防设备电源故障报警功能应符合下列规定：

1 应切断被监控消防设备的供电电源；

2 监控器的消防设备电源故障报警和信息显示功能应符合本标准第4.1.2条的规定。

消防设备应急电源调试

4.10.1 应将消防设备与消防设备应急电源相连接，接通消防设备应急电源的主电源，使消防设备应急电源处于正常工作状态。

4.10.2 应对消防设备应急电源下列主要功能进行检查并记录，消防设备应急电源的功能应符合现行国家标准《消防联动控制系统》GB 16806的规定：

1 正常显示功能；

2 故障报警功能；

3 消音功能；

4 转换功能。

消防控制室图形显示装置和传输设备调试
Ⅰ 消防控制室图形显示装置调试

4.11.1 应将消防控制室图形显示装置与火灾报警控制器、消防联动控制器等设备相连接，接通电源，使消防控制室图形显示装置处于正常监视状态。应对消防控制室图形显示装置下列主要功能进行检查并记录，消防控制室图形显示装置的功能应符合现行国家标准《消防联动控制系统》GB 16806的规定：

1 图形显示功能：

1）建筑总平面图显示功能；

2）保护对象的建筑平面图显示功能；

3）系统图显示功能。

2 通信故障报警功能。

3 消音功能。

4 信号接收和显示功能。

5 信息记录功能。

6 复位功能。

Ⅱ 传输设备调试

4.11.2 应将传输设备与火灾报警控制器相连接，接通电源，使传输设备处于正常监视状态。应对传输设备下列主要功能进行检查并记录，传输设备的功能应符合现行国家标准《消防联动控制系统》GB 16806的规定：

1 自检功能；

2 主、备电源的自动转换功能；

3 故障报警功能；

4 消音功能；

5 信号接收和显示功能；

6 手动报警功能；

7 复位功能。

火灾警报、消防应急广播系统调试

Ⅰ 火灾警报器调试

4.12.1 应对火灾声警报器的火灾声警报功能进行检查并记录，警报器的火灾声警报功能应符合下列规定：

1 应操作控制器使火灾声警报器启动；

2 在警报器生产企业声称的最大设置间距、距地面1.5～1.6m处，声警报的A计权声压级应大于60dB，环境噪声大于60dB时，声警报的A计权声压级应高于背景噪声15dB；

3 带有语音提示功能的声警报应能清晰播报语音信息。

4.12.2 应对火灾光警报器的火灾光警报功能进行检查并记录，警报器的火灾光警报功能应符合下列规定：

1 应操作控制器使火灾光警报器启动；

2 在正常环境光线下，警报器的光信号在警报器生产企业声称的最大设置间距处应清晰可见。

4.12.3 应对火灾声光警报器的火灾声警报、光警报功能分别进行检查并记录，警报器的火灾声警报、光警报功能应分别符合本标准第4.12.1条和第4.12.2条的规定。

Ⅱ 消防应急广播控制设备调试

4.12.4 应将各广播回路的扬声器与消防应急广播控制设备相连接，接通电源，使广播控制设备处于正常工作状态，对广播控制设备下列主要功能进行检查并记录，广播控制设备的功能应符合现行国家标准《消防联动控制系统》GB 16806的规定：

1 自检功能；

2 主、备电源的自动转换功能；

3 故障报警功能；

4 消音功能；

5 应急广播启动功能；

6 现场语言播报功能；

7 应急广播停止功能。

Ⅲ 扬声器调试

4.12.5 应对扬声器的广播功能进行检查并记录，扬声器的广播功能应符合下列规定：

1 应操作消防应急广播控制设备使扬声器播放应急广播信息；

2 语音信息应清晰；

3 在扬声器生产企业声称的最大设置间距、距地面1.5～1.6m处，应急广播的A计权声压级应大于60dB，环境噪声大于60dB时，应急广播的A计权声压级应高于背景噪声15dB。

Ⅳ 火灾警报、消防应急广播控制调试

4.12.6 应将广播控制设备与消防联动控制器相连接，使消防联动控制器处于自动状态，根据系统联动控制逻辑设计文件的规定，对火灾警报和消防应急广播系统的联动控制功能进行检查并记录，火灾警报和消防应急广播系统的联动控制功能应符合下列规定：

1 应使报警区域内符合联动控制触发条件的两只火灾探测器，或一只火灾探测器和一只手动火灾报警按钮发出火灾报警信号。

2 消防联动控制器应发出火灾警报装置和应急广播控制装置动作的启动信号，点亮启动指示灯。

3 消防应急广播系统与普通广播或背景音乐广播系统合用时，消防应急广播控制装置应停止正常广播。

4 报警区域内所有的火灾声光警报器和扬声器应按下列规定交替工作：

1）报警区域内所有的火灾声光警报器应同时启动，持续工作8～20s后，所有的火灾声光警报器应同时停止警报；

2）警报停止后，所有的扬声器应同时进行1～2次消防应急广播，每次广播10～30s后，所有的扬声器应停止播放广播信息。

5　消防控制器图形显示装置应显示火灾报警控制器的火灾报警信号、消防联动控制器的启动信号，且显示的信息应与控制器的显示一致。

4.12.7　联动控制控制功能检查过程中，应在报警区域内所有的火灾声光警报器或扬声器持续工作时，对系统的手动插入操作优先功能进行检查并记录，系统的手动插入操作优先功能应符合下列规定：

1　应手动操作消防联动控制器总线控制盘上火灾警报或消防应急广播停止控制按钮、按键，报警区域内所有的火灾声光警报器或扬声器应停止正在进行的警报或应急广播；

2　应手动操作消防联动控制器总线控制盘上火灾警报或消防应急广播启动控制按钮、按键，报警区域内所有的火灾声光警报器或扬声器应恢复警报或应急广播。

防火卷帘系统调试

Ⅰ　防火卷帘控制器调试

4.13.1　应将防火卷帘控制器与防火卷帘卷门机、手动控制装置、火灾探测器相连接，接通电源，使防火卷帘控制器处于正常监视状态。应对防火卷帘控制器下列主要功能进行检查并记录，控制器的功能应符合现行公共安全行业标准《防火卷帘控制器》GA 386的规定：

1　自检功能；

2　主、备电源的自动转换功能；

3　故障报警功能；

4　消音功能；

5　手动控制功能；

6　速放控制功能。

Ⅱ　防火卷帘控制器现场部件调试

4.13.2　应对防火卷帘控制器配接的点型感烟、感温火灾探测器的火灾报警功能，卷帘控制器的控制功能进行检查并记录，探测器的火灾报警功能、卷帘控制器的控制功能应符合下列规定：

1　应采用专用的检测仪器或模拟火灾的方法，使探测器监测区域的烟雾浓度、温度达到探测器的报警设定阈值，探测器的火警确认灯应点亮并保持；

2　防火卷帘控制器应在3s内发出卷帘动作声、光信号，控制防火卷帘下降至距楼板面1.8m处或楼板面。

4.13.3　应对防火卷帘手动控制装置的控制功能进行检查并记录，手动控制装置的控制功能应符合下列规定：

1　应手动操作手动控制装置的防火卷帘下降、停止、上升控制按键（钮）；

2　防火卷帘控制器应发出卷帘动作声、光信号，并控制卷帘执行相应的动作。

Ⅲ　疏散通道上设置的防火卷帘系统联动控制调试

4.13.4　应使防火卷帘控制器与卷门机相连接，使防火卷帘控制器与消防联动控制器相连接，接通电源，使防火卷帘控制器处于正常监视状态，使消防联动控制器处于自动控制工作状态。

4.13.5　应根据系统联动控制逻辑设计文件的规定，对防火卷帘控制器不配接火灾探测器的防火卷帘系统的联动控制功能进行检查并记录，防火卷帘系统的联动控制功能应符合下列规定：

1　应使一只专门用于联动防火卷帘的感烟火灾探测器，或报警区域内符合联动控制触发条件的两只感烟火灾探测器发出火灾报警信号，系统设备的功能应符合下列规定：

1）消防联动控制器应发出控制防火卷帘下降至距楼板面1.8m处的启动信号，点亮启动指示灯；

2) 防火卷帘控制器应控制防火卷帘下降至距楼板面1.8m处。

2 应使一只专门用于联动防火卷帘的感温火灾探测器发出火灾报警信号，系统设备的功能应符合下列规定：

1) 消防联动控制器应发出控制防火卷帘下降至楼板面的启动信号；

2) 防火卷帘控制器应控制防火卷帘下降至楼板面。

3 消防联动控制器应接收并显示防火卷帘下降至距楼板面1.8m处、楼板面的反馈信号。

4 消防控制器图形显示装置应显示火灾报警控制器的火灾报警信号、消防联动控制器的启动信号和设备动作的反馈信号，且显示的信息应与控制器的显示一致。

4.13.6 应根据系统联动控制逻辑设计文件的规定，对防火卷帘控制器配接火灾探测器的防火卷帘系统的联动控制功能进行检查并记录，防火卷帘系统的联动控制功能应符合下列规定：

1 应使一只专门用于联动防火卷帘的感烟火灾探测器发出火灾报警信号；防火卷帘控制器应控制防火卷帘下降至距楼板面1.8m处；

2 应使一只专门用于联动防火卷帘的感温火灾探测器发出火灾报警信号；防火卷帘控制器应控制防火卷帘下降至楼板面；

3 消防联动控制器应接收并显示防火卷控制器配接的火灾探测器的火灾报警信号、防火卷帘下降至距楼板面1.8m处、楼板面的反馈信号；

4 消防控制器图形显示装置应显示火灾探测器的火灾报警信号和设备动作的反馈信号，且显示的信息应与消防联动控制器的显示一致。

IV 非疏散通道上设置的防火卷帘系统控制调试

4.13.7 应使防火卷帘控制器与卷门机相连接，使防火卷帘控制器与消防联动控制器相连接，接通电源，使防火卷帘控制器处于正常监视状态，使消防联动控制器处于自动控制工作状态。

4.13.8 应根据系统联动控制逻辑设计文件的规定，对防火卷帘系统的联动控制功能进行检查并记录，防火卷帘系统的联动控制功能应符合下列规定：

1 应使报警区域内符合联动控制触发条件的两只火灾探测器发出火灾报警信号；

2 消防联动控制器应发出控制防火卷帘下降至楼板面的启动信号，点亮启动指示灯；

3 防火卷帘控制器应控制防火卷帘下降至楼板面；

4 消防联动控制器应接收并显示防火卷帘下降至楼板面的反馈信号；

5 消防控制器图形显示装置应显示火灾报警控制器的火灾报警信号、消防联动控制器的启动信号和设备动作的反馈信号，且显示的信息应与控制器的显示一致。

4.13.9 应使消防联动控制器处于手动控制工作状态，对防火卷帘的手动控制功能进行检查并记录，防火卷帘的手动控制功能应符合下列规定：

1 手动操作消防联动控制器总线控制盘上的防火卷帘下降控制按钮、按键，对应的防火卷帘控制器应控制防火卷帘下降；

2 消防联动控制器应接收并显示防火卷帘下降至楼板面的反馈信号。

防火门监控系统调试

I 防火门监控器调试

4.14.1 应将任一备调总线同路的监控模块与防火门监控器相连接，接通电源，使防火门监控器处于正常监视状态。

4.14.2 应对防火门监控器下列主要功能进行检查并记录，防火门监控器的功能应符合现行国家标准《防火门监控器》GB 29364的规定：

1 自检功能。

2 主、备电源的自动转换功能。

3　故障报警功能：

1）备用电源连线故障报警功能；

2）配接部件连线故障报警功能。

4　消音功能。

5　启动、反馈功能。

6　防火门故障报警功能。

4.14.3　应依次将其他总线回路的监控模块与监控器相连接，使监控器处于正常监视状态，在备电工作状态下，按本标准第4.14.2条第3款第2项、第5款、第6款的规定，对监控器进行功能检查并记录，监控器的功能应符合现行国家标准《防火门监控器》GB 29364的规定。

Ⅱ　防火门监控器现场部件调试

4.14.4　应对防火门监控器配接的监控模块的离线故障报警功能进行检查并记录，现场部件的离线故障报警功能应符合下列规定：

1　应使监控模块处于离线状态；

2　监控器应发出故障声、光信号；

3　监控器应显示故障部件的类型和地址注释信息，且监控器显示的地址注释信息应符合本标准第4.2.2条的规定。

4.14.5　应对监控模块的连接部件断线故障报警功能进行检查并记录，监控模块的连接部件断线故障报警功能应符合下列规定：

1　应使监控模块与连接部件之间的连接线断路；

2　监控器应发出故障声、光信号；

3　监控器应显示故障部件的类型和地址注释信息，且监控器显示的地址注释信息应符合本标准第4.2.2条的规定。

4.14.6　应对常开防火门监控模块的启动功能、反馈功能进行检查并记录，常开防火门监控模块的启动功能、反馈功能应符合下列规定：

1　应操作防火门监控器，使监控模块动作；

2　监控模块应控制防火门定位装置和释放装置动作，常开防火门应完全闭合；

3　监控器应接收并显示常开防火门定位装置的闭合反馈信号、释放装置的动作反馈信号，显示发送反馈信号部件的类型和地址注释信息，且监控器显示的地址注释信息应符合本标准第4.2.2条的规定。

4.14.7　应对常闭防火门监控模块的防火门故障报警功能进行检查并记录，常闭防火门监控模块的防火门故障报警功能应符合下列规定：

1　应使常闭防火门处于开启状态；

2　监控器应发出防火门故障报警声、光信号，显示故障防火门的地址注释信息，且监控器显示的地址注释信息应符合本标准第4.2.2条的规定。

Ⅲ　防火门监控系统联动控制调试

4.14.8　应使防火门监控器与消防联动控制器相连接，使消防联动控制器处于自动控制工作状态。

4.14.9　应根据系统联动控制逻辑设计文件的规定，对防火门监控系统的联动控制功能进行检查并记录，防火门监控系统的联动控制功能应符合下列规定：

1　应使报警区域内符合联动控制触发条件的两只火灾探测器，或一只火灾探测器和一只手动火灾报警按钮发出火灾报警信号；

2　消防联动控制器应发出控制防火门闭合的启动信号，点亮启动指示灯；

3　防火门监控器应控制报警区域内所有常开防火门关闭；

4 防火门监控器应接收并显示每一樘常开防火门完全闭合的反馈信号；

5 消防控制器图形显示装置应显示火灾报警控制器的火灾报警信号、消防联动控制器的启动信号、受控设备的动作反馈信号，且显示的信息应与控制器的显示一致。

气体、干粉灭火系统调试

Ⅰ 气体、干粉灭火控制器调试

4.15.1 对不具有火灾报警功能的气体、干粉灭火控制器，应切断驱动部件与气体灭火装置间的连接，使气体、干粉灭火控制器和消防联动控制器相连接，接通电源，使气体、干粉灭火控制器处于正常监视状态。对气体、干粉灭火控制器下列主要功能进行检查并记录，控制器的功能应符合现行国家标准《消防联动控制系统》GB 16806 的规定：

1 自检功能；

2 主、备电源的自动转换功能；

3 故障报警功能；

4 消音功能；

5 延时设置功能；

6 手、自动转换功能；

7 手动控制功能；

8 反馈信号接收和显示功能；

9 复位功能。

4.15.2 对具有火灾报警功能的气体、干粉灭火控制器，应切断驱动部件与气体灭火装置间的连接，使控制器与火灾探测器相连接，接通电源，使控制器处于正常监视状态。对控制器下列主要功能进行检查并记录，控制器的功能应符合现行国家标准《火灾报警控制器》GB 4717 和《消防联动控制系统》GB 16806 的规定：

1 自检功能；

2 操作级别；

3 屏蔽功能；

4 主、备电源的自动转换功能；

5 故障报警功能；

6 短路隔离保护功能；

7 火警优先功能；

8 消音功能；

9 二次报警功能；

10 延时设置功能；

11 手、自动转换功能；

12 手动控制功能；

13 反馈信号接收和显示功能；

14 复位功能。

Ⅱ 气体、干粉灭火控制器现场部件调试

4.15.3 应对具有火灾报警功能的气体、干粉灭火控制器配接的火灾探测器的主要功能和性能进行检查并记录，火灾探测器的主要功能和性能应符合本标准第 4.3 节的规定。

4.15.4 应对气体、干粉灭火控制器配接的火灾声光警报器的主要功能和性能进行检查并记录，火灾声光警报器的主要功能和性能应符合本标准第 4.12 节的规定。

4.15.5 应对现场启动和停止按钮的离线故障报警功能进行检查并记录，现场启动和停止按钮的离线故障报警功能应符合下列规定：

1　应使现场启动和停止按钮处于离线状态；

2　气体、干粉灭火控制器应发出故障声、光信号；

3　气体、干粉灭火控制器的报警信息显示功能应符合本标准第4.1.2条的规定。

4.15.6　应对手动与自动控制转换装置的转换功能、手动与自动控制状态显示装置的显示功能进行检查并记录，转换装置的转换功能、显示装置的显示功能应符合下列规定：

1　应手动操作手动与自动控制转换装置；

2　手动与自动控制状态显示装置应能准确显示系统的控制方式；

3　气体、干粉灭火控制器应能准确显示手动与自动控制转换装置的工作状态。

Ⅲ　气体、干粉灭火控制器不具有火灾报警功能的气体、干粉灭火系统控制调试

4.15.7　应切断驱动部件与气体、干粉灭火装置间的连接，使气体、干粉灭火控制器与火灾报警控制器、消防联动控制器相连接，使气体、干粉灭火控制器和消防联动控制器处于自动控制工作状态。

4.15.8　应根据系统联动控制逻辑设计文件的规定，对气体、干粉灭火系统的联动控制功能进行检查并记录，气体、干粉灭火系统的联动控制功能应符合下列规定：

1　应使防护区域内符合联动控制触发条件的一只火灾探测器或一只手动火灾报警按钮发出火灾报警信号，系统设备的功能应符合下列规定：

1)　消防联动控制器应发出控制灭火系统动作的首次启动信号，点亮启动指示灯；

2)　灭火控制器应控制启动防护区域内设置的声光警报器。

2　应使防护区域内符合联动控制触发条件的另一只火灾探测器或另一只手动火灾报警按钮发出火灾报警信号，系统设备的功能应符合下列规定：

1)　消防联动控制器应发出控制灭火系统动作的第二次启动信号；

2)　灭火控制器应进入启动延时，显示延时时间；

3)　灭火控制器应控制关闭该防护区域的电动送排风阀门、防火阀、门、窗；

4)　延时结束，灭火控制器应控制启动灭火装置和防护区域外设置的火灾声光警报器、喷洒光警报器；

5)　灭火控制器应接收并显示受控设备动作的反馈信号。

3　消防联动控制器应接收并显示灭火控制器的启动信号、受控设备动作的反馈信号。

4　消防控制器图形显示装置应显示灭火控制器的控制状态信息、火灾报警控制器的火灾报警信号、消防联动控制器的启动信号、灭火控制器的启动信号、受控设备的动作反馈信号，且显示的信息应与控制器的显示一致。

4.15.9　在联动控制进入启动延时阶段，应对系统的手动插入操作优先功能进行检查并记录，系统的手动插入操作优先功能应符合下列规定：

1　应操作灭火控制器对应该防护区域的停止按钮、按键，灭火控制器应停止正在进行的操作；

2　消防联动控制器应接收并显示灭火控制器的手动停止控制信号；

3　消防控制室图形显示装置应显示灭火控制器的手动停止控制信号。

4.15.10　应对系统的现场紧急启动、停止功能进行检查并记录，系统的现场紧急启动、停止功能应符合下列规定：

1　应手动操作防护区域内设置的现场启动按钮；

2　灭火控制器应控制启动防护区域内设置的火灾声光警报器；

3　灭火控制器应进入启动延时，显示延时时间；

4　灭火控制器应控制关闭该防护区域的电动送排风阀门、防火阀、门、窗；

5　延时期间，手动操作防护区域内设置的现场停止按钮、灭火控制器应停止正在进行的操作；

6 消防联动控制器应接收并显示灭火控制器的启动信号、停止信号；

7 消防控制器图形显示装置应显示灭火控制器的启动信号、停止信号，且显示的信息应与控制器的显示一致。

Ⅳ 气体、干粉灭火控制器具有火灾报警功能的气体、干粉灭火系统控制调试

4.15.11 应切断驱动部件与气体、干粉灭火装置间的连接，使气体、干粉灭火控制器与火灾探测器、手动火灾报警按钮、消防控制室图形显示装置相连接，使气体、干粉灭火控制器处于自动控制工作状态。

4.15.12 应根据系统联动控制逻辑设计文件的规定，对气体、干粉灭火系统的联动控制功能进行检查并记录，气体、干粉灭火系统的联动控制功能应符合下列规定：

1 应使防护区域内符合联动控制触发条件的一只火灾探测器或一只手动火灾报警按钮发出火灾报警信号，系统设备的功能应符合下列规定：

1) 灭火控制器应发出火灾报警声、光信号，记录报警时间；

2) 灭火控制器的报警信息显示功能应符合本标准第4.1.2条的规定；

3) 灭火控制器应控制启动防护区域内设置的声光警报器。

2 应使防护区域内符合联动控制触发条件的另一只火灾探测器或另一只手动火灾报警按钮发出火灾报警信号，系统设备的功能应符合下列规定：

1) 灭火控制器应再次记录现场部件火灾报警时间；

2) 灭火控制器的报警信息显示功能应符合本标准第4.1.2条的规定；

3) 灭火控制器应进入启动延时，显示延时时间；

4) 灭火控制器应控制关闭该防护区域的电动送排风阀门、防火阀、门、窗；

5) 延时结束，灭火控制器应控制启动灭火装置和防护区域外设置的火灾声光警报器、喷洒光警报器；

6) 灭火控制器应接收并显示受控设备动作的反馈信号。

3 消防控制器图形显示装置应显示灭火控制器的控制状态信息、火灾报警信号、启动信号和受控设备的动作反馈信号，显示的信息应与灭火控制器的显示一致。

4.15.13 在联动控制进入启动延时过程中，应对系统的手动插入操作优先功能进行检查并记录，系统的手动插入操作优先功能应符合下列规定：

1 操作灭火控制器对应该防护区域的停止按钮，灭火控制器应停止正在进行的操作；

2 消防控制室图形显示装置应显示灭火控制器的手动停止控制信号。

4.15.14 对系统的现场紧急启动、停止功能进行检查并记录，系统的现场紧急启动、停止功能应符合下列规定：

1 应手动操作防护区域内设置的现场启动按钮；

2 灭火控制器应控制启动防护区域内设置的火灾声光警报器；

3 灭火控制器应进入启动延时，显示延时时间；

4 灭火控制器应控制关闭该防护区域的电动送排风阀门、防火阀、门、窗；

5 延时期间，手动操作防护区域内设置的现场停止按钮，灭火控制器应停止正在进行的操作；

6 消防控制器图形显示装置应显示灭火控制器的启动信号、停止信号，且显示的信息应与控制器的显示一致。

自动喷水灭火系统调试

Ⅰ 消防泵控制箱、柜调试

4.16.1 应使消防泵控制箱、柜与消防泵相连接，接通电源，使消防泵控制箱、柜处于正常监视状态。应对消防泵控制箱、柜下列主要功能进行检查并记录，消防泵控制箱、柜的功能应符合现行国家标准《消防联动控制系统》GB 16806的规定：

1 操作级别；

2 自动、手动工作状态转换功能；

3 手动控制功能；

4 自动启泵功能；

5 主、备泵自动切换功能；

6 手动控制插入优先功能。

Ⅱ 系统联动部件调试

4.16.2 应对水流指示器、压力开关、信号阀的动作信号反馈功能进行检查并记录，水流指示器、压力开关、信号阀的动作信号反馈功能应符合下列规定：

1 应使水流指示器、压力开关、信号阀动作；

2 消防联动控制器应接收并显示设备的动作反馈信号，显示设备的名称和地址注释信息，且控制器显示的地址注释信息应符合本标准第4.2.2条的规定。

4.16.3 应对消防水箱、池液位探测器的低液位报警功能进行检查并记录，液位探测器的低液位报警功能应符合下列规定：

1 应调整消防水箱、池液位探测器的水位信号，模拟设计文件规定的水位，液位探测器应动作；

2 消防联动控制器应接收并显示设备的动作信号，显示设备的名称和地址注释信息，且控制器显示的地址注释信息应符合本标准第4.2.2条的规定。

Ⅲ 湿式、干式喷水灭火系统控制调试

4.16.4 应使消防联动控制器与消防泵控制箱、柜等设备相连接，接通电源，使消防联动控制器处于自动控制工作状态。

4.16.5 应根据系统联动控制逻辑设计文件的规定，对湿式、干式喷水灭火系统的联动控制功能进行检查并记录，湿式、干式喷水灭火系统的联动控制功能应符合下列规定：

1 应使报警阀防护区域内符合联动控制触发条件的一只火灾探测器或一只手动火灾报警按钮发出火灾报警信号、使报警阀的压力开关动作；

2 消防联动控制器应发出控制消防水泵启动的启动信号，点亮启动指示灯；

3 消防泵控制箱、柜应控制启动消防泵；

4 消防联动控制器应接收并显示干管水流指示器的动作反馈信号，显示设备的名称和地址注释信息，且控制器显示的地址注释信息应符合本标准第4.2.2条的规定；

5 消防控制器图形显示装置应显示火灾报警控制器的火灾报警信号、消防联动控制器的启动信号、受控设备的动作反馈信号，且显示的信息应与控制器的显示一致。

4.16.6 应根据系统联动控制逻辑设计文件的规定，在消防控制室对消防泵的直接手动控制功能进行检查并记录，消防泵的直接手动控制功能应符合下列规定：

1 应手动操作消防联动控制器直接手动控制单元的消防泵启动控制按钮、按键，对应的消防泵控制箱、柜应控制消防泵启动；

2 应手动操作消防联动控制器直接手动控制单元的消防泵停止控制按钮、按键，对应的消防泵控制箱、柜应控制消防泵停止运转；

3 消防控制室图形显示装置应显示消防联动控制器的直接手动启动、停止控制信号。

Ⅳ 预作用式喷水灭火系统控制调试

4.16.7 应使消防联动控制器与消防泵控制箱、柜及预作用阀组等设备相连接，接通电源，使消防联动控制器处于自动控制工作状态。

4.16.8 应根据系统联动控制逻辑设计文件的规定，对预作用式灭火系统的联动控制功能进行检查并记录，预作用式喷水灭火系统的联动控制功能应符合下列规定：

1 应使报警阀防护区域内符合联动控制触发条件的两只火灾探测器，或一只火灾探测器和一只手动火灾报警按钮发出火灾报警信号；

2 消防联动控制器应发出控制预作用阀组开启的启动信号，系统设有快速排气装置时，消防联动控制器应同时发出控制排气阀前电动阀开启的启动信号，点亮启动指示灯；

3 预作用阀组、排气阀前的电动阀应开启；

4 消防联动控制器应接收并显示预作用阀组、排气阀前电动阀的动作反馈信号，显示设备的名称和地址注释信息，且控制器显示的地址注释信息应符合本标准第4.2.2条的规定；

5 开启预作用式灭火系统的末端试水装置，消防联动控制器应接收并显示干管水流指示器的动作反馈信号，显示设备的名称和地址注释信息，且控制器显示的地址注释信息应符合本标准第4.2.2条的规定；

6 消防控制器图形显示装置应显示火灾报警控制器的火灾报警信号、消防联动控制器的启动信号、受控设备的动作反馈信号，且显示的信息应与控制器的显示一致。

4.16.9 应根据系统联动控制逻辑设计文件的规定，在消防控制室对预作用阀组、排气阀前电动阀的直接手动控制功能进行检查并记录，预作用阀组、排气阀前电动阀的直接手动控制功能应符合下列规定：

1 应手动操作消防联动控制器直接手动控制单元的预作用阀组、排气阀前电动阀的开启控制按钮、按键，对应的预作用阀组、排气阀前电动阀应开启；

2 应手动操作消防联动控制器直接手动控制单元的预作用阀组、排气阀前电动阀的关闭控制按钮、按键，对应的预作用阀组、排气阀前电动阀应关闭；

3 消防控制室图形显示装置应显示消防联动控制器的直接手动启动、停止控制信号。

4.16.10 应根据系统联动控制逻辑设计文件的规定，在消防控制室对消防泵的直接手动控制功能进行检查并记录，消防泵的直接手动控制功能应符合本标准第4.16.6条的规定。

Ⅴ 雨淋系统控制调试

4.16.11 应使消防联动控制器与消防泵控制箱、柜及雨淋阀组等设备相连接，接通电源，使消防联动控制器处于自动控制工作状态。

4.16.12 应根据系统联动控制逻辑设计文件的规定，对雨淋系统的联动控制功能进行检查并记录，雨淋系统的联动控制功能应符合下列规定：

1 应使雨淋阀组防护区域内符合联动控制触发条件的两只感温火灾探测器，或一只感温火灾探测器和一只手动火灾报警按钮发出火灾报警信号；

2 消防联动控制器应发出控制雨淋阀组开启的启动信号，点亮启动指示灯；

3 雨淋阀组应开启；

4 消防联动控制器应接收并显示雨淋阀组、干管水流指示器的动作反馈信号，显示设备的名称和地址注释信息，且控制器显示的地址注释信息应符合本标准第4.2.2条的规定；

5 消防控制器图形显示装置应显示火灾报警控制器的火灾报警信号、消防联动控制器的启动信号、受控设备的动作反馈信号，且显示的信息应与控制器的显示一致。

4.16.13 应根据系统联动控制逻辑设计文件的规定，在消防控制室对雨淋阀组的直接手动控制功能进行检查并记录，雨淋阀组的直接手动控制功能应符合下列规定：

1 应手动操作消防联动控制器直接手动控制单元的雨淋阀组的开启控制按钮、按键，对应的雨淋阀组应开启；

2 应手动操作消防联动控制器直接手动控制单元的雨淋阀组的关闭控制按钮、按键，对应的雨淋阀组应关闭；

3 消防控制室图形显示装置应显示消防联动控制器的直接手动启动、停止控制信号。

4.16.14 应根据系统联动控制逻辑设计文件的规定，在消防控制室对消防泵的直接手动控制功能进行检查并记录，消防泵的直接手动控制功能应符合本标准第4.16.6条的规定。

Ⅵ 自动控制的水幕系统控制调试

4.16.15 应使消防联动控制器与消防泵控制箱、柜及雨淋阀组等设备相连接，接通电源，使消防联动控制器处于自动控制工作状态。

4.16.16 自动控制的水幕系统用于防火卷帘保护时，应根据系统联动控制逻辑设计文件的规定，对水幕系统的联动控制功能进行检查并记录，水幕系统的联动控制功能应符合下列规定：

1 应使防火卷帘所在报警区域内符合联动控制触发条件的一只火灾探测器或一只手动火灾报警按钮发出火灾报警信号，使防火卷帘下降至楼板面；

2 消防联动控制器应发出控制雨淋阀组开启的启动信号，点亮启动指示灯；

3 雨淋阀组应开启；

4 消防联动控制器应接收并显示防火卷帘下降至楼板面的限位反馈信号和雨淋阀组、干管水流指示器的动作反馈信号，显示设备的名称和地址注释信息，且控制器显示的地址注释信息应符合本标准第4.2.2条的规定；

5 消防控制器图形显示装置应显示火灾报警控制器的火灾报警信号、防火卷帘下降至楼板面的限位反馈信号、消防联动控制器的启动信号、受控设备的动作反馈信号，且显示的信息应与控制器的显示一致。

4.16.17 自动控制的水幕系统用于防火分隔时，应根据系统联动控制逻辑设计文件的规定，对水幕系统的联动控制功能进行检查并记录，水幕系统的联动控制功能应符合下列规定：

1 应使报警区域内符合联动控制触发条件的两只感温火灾探测器发出火灾报警信号；

2 消防联动控制器应发出控制雨淋阀组开启的启动信号，点亮启动指示灯；

3 雨淋阀组应开启；

4 消防联动控制器应接收并显示雨淋阀组、干管水流指示器的动作反馈信号，显示设备的名称和地址注释信息，且控制器显示的地址注释信息应符合本标准第4.2.2条的规定；

5 消防控制器图形显示装置应显示火灾报警控制器的火灾报警信号、消防联动控制器的启动信号、受控设备的动作反馈信号，且显示的信息应与控制器的显示一致。

4.16.18 应根据系统联动控制逻辑设计文件的规定，在消防控制室对雨淋阀组的直接手动控制功能进行检查并记录，雨淋阀组的直接手动控制功能应符合本标准第4.16.13条的规定。

4.16.19 应根据系统联动控制逻辑设计文件的规定，在消防控制室对消防泵的直接手动控制功能进行检查并记录，消防泵的直接手动控制功能应符合本标准第4.16.6条的规定。

消火栓系统调试

Ⅰ 系统联动部件调试

4.17.1 应对消防泵控制箱、柜的主要功能和性能进行检查并记录，消防泵控制箱、柜的主要功能和性能应符合本标准第4.16.1条的规定。

4.17.2 应对水流指示器，压力开关，信号阀，消防水箱、池液位探测器的主要功能和性能进行检查并记录，设备的主要功能和性能应符合本标准第4.16.2条和第4.16.3条的规定。

4.17.3 应对消火栓按钮的离线故障报警功能进行检查并记录，消火栓按钮的离线故障报警功能应符合下列规定：

1 使消火栓按钮处于离线状态，消防联动控制器应发出故障声、光信号；

2 消防联动控制器的报警信息显示功能应符合本标准第4.1.2条的规定。

4.17.4 对消火栓按钮的启动、反馈功能进行检查并记录，消火栓按钮的启动、反馈功能应符合下列规定：

1 使消火栓按钮动作，消火栓按钮启动确认灯应点亮并保持，消防联动控制器应发出声、光报警信号，记录启动时间；

2 消防联动控制器应显示启动设备名称和地址注释信息，且控制器显示的地址注释信息应符合本标准第4.2.2条的规定；

3 消防泵启动后，消火栓按钮回答确认灯应点亮并保持。

Ⅱ 消火栓系统控制调试

4.17.5 应使消防联动控制器与消防泵控制箱、柜等设备相连接，接通电源，使消防联动控制器处于自动控制工作状态。

4.17.6 应根据系统联动控制逻辑设计文件的规定，对消火栓系统的联动控制功能进行检查并记录，消火栓系统的联动控制功能应符合下列规定：

1 应使任一报警区域的两只火灾探测器，或一只火灾探测器和一只手动火灾报警按钮发出火灾报警信号，同时使消火栓按钮动作；

2 消防联动控制器应发出控制消防泵启动的启动信号，点亮启动指示灯；

3 消防泵控制箱、柜应控制消防泵启动；

4 消防联动控制器应接收并显示干管水流指示器的动作反馈信号，显示设备的名称和地址注释信息，且控制器显示的地址注释信息应符合本标准第4.2.2条的规定；

5 消防控制器图形显示装置应显示火灾报警控制器的火灾报警信号、消火栓按钮的启动信号、消防联动控制器的启动信号、受控设备的动作反馈信号，且显示的信息应与控制器的显示一致。

4.17.7 应根据系统联动控制逻辑设计文件的规定，在消防控制室对消防泵的直接手动控制功能进行检查并记录，消防泵的直接手动控制功能应符合本标准第4.16.6条的规定。

防排烟系统调试

Ⅰ 风机控制箱、柜调试

4.18.1 应使风机控制箱、柜与加压送风机或排烟风机相连接，接通电源，使风机控制箱、柜处于正常监视状态。对风机控制箱、柜下列主要功能进行检查并记录，风机控制箱、柜的功能应符合现行国家标准《消防联动控制系统》GB 16806的规定：

1 操作级别；

2 自动、手动工作状态转换功能；

3 手动控制功能；

4 自动启动功能；

5 手动控制插入优先功能。

Ⅱ 系统联动部件调试

4.18.2 应对电动送风口、电动挡烟垂壁、排烟口、排烟阀、排烟窗、电动防火阀的动作功能、动作信号反馈功能进行检查并记录，设备的动作功能、动作信号反馈功能应符合下列规定：

1 手动操作消防联动控制器总线控制单元电动送风口、电动挡烟垂壁、排烟口、排烟阀、排烟窗、电动防火阀的控制按钮、按键，对应的受控设备应灵活启动；

2 消防联动控制器应接收并显示受控设备的动作反馈信号，显示动作设备的名称和地址注释信息，且控制器显示的地址注释信息应符合本标准第4.2.2条的规定。

4.18.3 应对排烟风机入口处的总管，设置的280℃排烟防火阀的动作信号反馈功能进行检查并记录，排烟防火阀的动作信号反馈功能应符合下列规定：

1 排烟风机处于运行状态时，使排烟防火阀关闭，风机应停止运转；

2 消防联动控制器应接收排烟防火阀关闭、风机停止的动作反馈信号，显示动作设备的名称和地址注释信息，且控制器显示的地址注释信息应符合本标准第4.2.2条的规定。

Ⅲ　加压送风系统控制调试

4.18.4　应使消防联动控制器与风机控制箱（柜）等设备相连接，接通电源，使消防联动控制器处于自动控制工作状态。

4.18.5　应根据系统联动控制逻辑设计文件的规定，对加压送风系统的联动控制功能进行检查并记录，加压送风系统的联动控制功能应符合下列规定：

1　应使报警区域内符合联动控制触发条件的两只火灾探测器，或一只火灾探测器和一只手动火灾报警按钮发出火灾报警信号；

2　消防联动控制器应按设计文件的规定发出控制电动送风口开启、加压送风机启动的启动信号，点亮启动指示灯；

3　相应的电动送风口应开启，风机控制箱、柜应控制加压送风机启动；

4　消防联动控制器应接收并显示电动送风口、加压送风机的动作反馈信号，显示设备的名称和地址注释信息，且控制器显示的地址注释信息应符合本标准第4.2.2条的规定；

5　消防控制室图形显示装置应显示火灾报警控制器的火灾报警信号、消防联动控制器的启动信号、受控设备的动作反馈信号，且显示的信息应与控制器的显示一致。

4.18.6　应根据系统联动控制逻辑设计文件的规定，在消防控制室对加压送风机的直接手动控制功能进行检查并记录，加压送风机的直接手动控制功能应符合下列规定：

1　手动操作消防联动控制器直接手动控制单元的加压送风机开启控制按钮、按键，对应的风机控制箱、柜应控制加压送风机启动；

2　手动操作消防联动控制器直接手动控制单元的加压送风机停止控制按钮、按键，对应的风机控制箱、柜应控制加压送风机停止运转；

3　消防控制室图形显示装置应显示消防联动控制器的直接手动启动、停止控制信号。

Ⅳ　电动挡烟垂壁、排烟系统控制调试

4.18.7　应使消防联动控制器与风机控制箱、柜等设备相连接，接通电源，使消防联动控制器处于自动控制工作状态。

4.18.8　应根据系统联动控制逻辑设计文件的规定，对电动挡烟垂壁、排烟系统的联动控制功能进行检查并记录，电动挡烟垂壁、排烟系统的联动控制功能应符合下列规定：

1　应使防烟分区内符合联动控制触发条件的两只感烟火灾探测器发出火灾报警信号；

2　消防联动控制器应按设计文件的规定发出控制电动挡烟垂壁下降，控制排烟口、排烟阀、排烟窗开启，控制空气调节系统的电动防火阀关闭的启动信号，点亮启动指示灯；

3　电动挡烟垂壁、排烟口、排烟阀、排烟窗、空气调节系统的电动防火阀应动作；

4　消防联动控制器应接收并显示电动挡烟垂壁、排烟口、排烟阀、排烟窗、空气调节系统电动防火阀的动作反馈信号，显示设备的名称和地址注释信息，且控制器显示的地址注释信息应符合本标准第4.2.2条的规定；

5　消防联动控制器接收到排烟口、排烟阀的动作反馈信号后，应发出控制排烟风机启动的启动信号；

6　风机控制箱、柜应控制排烟风机启动；

7　消防联动控制器应接收并显示排烟分机启动的动作反馈信息，显示设备的名称和地址注释信息，且控制器显示的地址注释信息应符合本标准第4.2.2条的规定；

8　消防控制器图形显示装置应显示火灾报警控制器的火灾报警信号、消防联动控制器的启动信号、受控设备的动作反馈信号，且显示的信息应与控制器的显示一致。

4.18.9　应根据系统联动控制逻辑设计文件的规定，在消防控制室对排烟风机的直接手动控制功能进行检查并记录，排烟风机的直接手动控制功能应符合下列规定：

1 手动操作消防联动控制器直接手动控制单元的排烟风机开启控制按钮、按键，对应的风机控制箱、柜应控制排烟风机启动；

2 手动操作消防联动控制器直接手动控制单元的排烟风机停止控制按钮、按键，对应的风机控制箱、柜应控制排烟风机停止运转；

3 消防控制室图形显示装置应显示消防联动控制器的直接手动启动、停止控制信号。

消防应急照明和疏散指示系统控制调试

Ⅰ 集中控制型消防应急照明和疏散指示系统控制调试

4.19.1 应使消防联动控制器与应急照明控制器等设备相连接，接通电源，使消防联动控制器处于自动控制工作状态。应根据系统设计文件的规定，对消防应急照明和疏散指示系统的控制功能进行检查并记录，系统的控制功能应符合下列规定：

1 应使报警区域内任两只火灾探测器，或一只火灾探测器和一只手动火灾报警按钮发出火灾报警信号；

2 火灾报警控制器的火警控制输出触点应动作，或消防联动控制器应发出相应联动控制信号，点亮启动指示灯；

3 应急照明控制器应按预设逻辑控制配接的消防应急灯具光源的应急点亮、系统蓄电池电源的转换；

4 消防联动控制器应接收并显示应急照明控制器应急启动的动作反馈信号，显示设备的名称和地址注释信息，且控制器显示的地址注释信息应符合本标准第4.2.2条的规定；

5 消防控制器图形显示装置应显示火灾报警控制器的火灾报警信号、消防联动控制器的启动信号、受控设备的动作反馈信号，且显示的信息应与控制器的显示一致。

Ⅱ 非集中控制型消防应急照明和疏散指示系统控制调试

4.19.2 应使火灾报警控制器与应急照明集中电源、应急照明配电箱等设备相连接，接通电源。应根据设计文件的规定，对消防应急照明和疏散指示系统的应急启动控制功能进行检查并记录，系统的应急启动控制功能应符合下列规定：

1 应使报警区域内任两只火灾探测器，或一只火灾探测器和一只手动火灾报警按钮发出火灾报警信号；

2 火灾报警控制器的火警控制输出触点应动作，控制系统蓄电池电源的转换、消防应急灯具光源的应急点亮。

电梯、非消防电源等相关系统联动控制调试

4.20.1 应使消防联动控制器与电梯、非消防电源等相关系统的控制设备相连接，接通电源，使消防联动控制器处于自动控制工作状态。

4.20.2 应根据系统联动控制逻辑设计文件的规定，对电梯、非消防电源等相关系统的联动控制功能进行检查并记录，电梯、非消防电源等相关系统的联动控制功能应符合下列规定：

1 应使报警区域符合电梯、非消防电源等相关系统联动控制触发条件的火灾探测器、手动火灾报警按钮发出火灾报警信号；

2 消防联动控制器应按设计文件的规定发出控制电梯停于首层或转换层，切断相关非消防电源、控制其他相关系统设备动作的启动信号，点亮启动指示灯；

3 电梯应停于首层或转换层，相关非消防电源应切断，其他相关系统设备应动作；

4 消防联动控制器应接收并显示电梯停于首层或转换层、相关非消防电源切断、其他相关系统设备动作的动作反馈信号，显示设备的名称和地址注释信息，且控制器显示的地址注释信息应符合本标准第4.2.2条的规定；

5 消防控制器图形显示装置应显示火灾报警控制器的火灾报警信号、消防联动控制器的启动信号、受控设备的动作反馈信号，且显示的信息应与控制器的显示一致。

系统整体联动控制功能调试

4.21.1　应按设计文件的规定将所有分部调试合格的系统部件、受控设备或系统相连接并通电运行，在连续运行120h无故障后，使消防联动控制器处于自动控制工作状态。

4.21.2　应根据系统联动控制逻辑设计文件的规定，对火灾警报、消防应急广播系统、用于防火分隔的防火卷帘系统、防火门监控系统、防烟排烟系统、消防应急照明和疏散指示系统、电梯和非消防电源等自动消防系统的整体联动控制功能进行检查并记录，系统整体联动控制功能应符合下列规定：

1　应使报警区域内符合火灾警报、消防应急广播系统，防火卷帘系统，防火门监控系统，防烟排烟系统，消防应急照明和疏散指示系统，电梯和非消防电源等相关系统联动触发条件的火灾探测器、手动火灾报警按钮发出火灾报警信号；

2　消防联动控制器应发出控制火灾警报、消防应急广播系统，防火卷帘系统，防火门监控系统，防烟排烟系统，消防应急照明和疏散指示系统，电梯和非消防电源等相关系统动作的启动信号，点亮启动指示灯；

3　火灾警报和消防应急广播的联动控制功能应符合本标准第4.12.5条的规定；

4　防火卷帘系统的联动控制功能应符合第4.13.8条的规定；

5　防火门监控系统的联动控制功能应符合本标准第4.14.9的规定；

6　加压送风系统的联动控制功能应符合本标准第4.18.5条的规定；

7　电动挡烟垂壁、排烟系统的联动控制功能应符合本标准第4.18.8条的规定；

8　消防应急照明和疏散指示系统的联动控制功能应符合本标准第1.19.1条的规定；

9　电梯、非消防电源等相关系统的联动控制功能应符合本标准第4.20.2条的规定。

九、系统试运行检验批质量验收记录

1. 系统试运行检验批质量验收记录采用《建筑工程资料管理规程》（DB11/T 695）表 C7-4 编制。

2. 系统试运行检验批质量验收记录示例详见表 8-115。

表 8-115　系统试运行检验批质量验收记录示例

XF050309 001

单位（子单位）工程名称	北京××大厦		分部（子分部）工程名称	消防工程分部——消防电气和火灾自动报警系统子分部	分项工程名称	火灾自动报警系统分项
施工单位	北京××集团		项目负责人	吴工	检验批容量	1个
分包单位	北京××消防工程公司		分包单位项目负责人	肖工	检验批部位	火灾自动报警系统
施工依据	消防工程图纸、变更洽商（如有）、施工方案、《火灾自动报警系统施工及验收标准》（GB 50166—2019）			验收依据	《智能建筑工程质量验收规范》（GB 50339—2013）	

验收项目			设计要求及规范规定	最小/实际抽样数量	检查记录	检查结果
主控项目	1	系统试运行应连续进行120h	第3.1.3条	/	试运行120h	√
	2	试运行中出现系统故障时，应重新开始计时，直至连续运行满120h	第3.1.3条	/	/	/
	3	系统功能符合设计要求	设计要求	/	通过试运行，各项功能检验合格，资料齐全	√

施工单位检查结果	所查项目全部合格 专业工长：签名 项目专业质量检查员：签名 2023年××月××日

监理单位 验收结论	验收合格	专业监理工程师：签名 2023年××月××日

注：本表由施工单位填写。

3. 验收依据

【规范名称及编号】《智能建筑工程质量验收规范》（GB 50339—2013）

【条文摘录】

3.1.3 系统试运行应连续进行120h。试运行中出现系统故障时，应重新开始计时，直至连续运行满120h。

十、火灾自动报警系统机房检验批质量验收记录

1. 火灾自动报警系统机房检验批质量验收记录采用《建筑工程资料管理规程》（DB11/T 695）表C7-4 编制。

2. 火灾自动报警系统机房检验批质量验收记录示例详见表8-116。

表8-116 火灾自动报警系统机房检验批质量验收记录示例

XF050310 001

单位（子单位） 工程名称		北京××大厦	分部（子分部） 工程名称	消防工程分部—— 消防电气和火灾自 动报警系统子分部	分项工程 名称	火灾自动报警 系统分项
施工单位		北京××集团	项目负责人	吴工	检验批容量	1个
分包单位		北京××消防工程公司	分包单位 项目负责人	肖工	检验批部位	火灾自动报警 系统机房
施工依据		消防工程图纸、变更洽商（如有）、施工方案、 《智能建筑工程施工规范》（GB 50606—2010）		验收依据	《智能建筑工程施工规范》 （GB 50606—2010）	
验收项目			设计要求及 规范规定	最小/实际 抽样数量	检查记录	检查结果
主控项目	1	材料、器具、设备进场质量检测	第3.5.1条	/	进场检验合格，质量证明文件齐全	√
	2	火灾自动报警与消防联动控制系统安装及功能应符合设计要求和规范规定	第17.2.9条	全/5	共5处，全数检查，合格5处	√
	3	气体灭火系统安装及功能应符合设计要求和规范规定	第17.2.9条	全/5	共5处，全数检查，合格5处	√
	4	自动喷水灭火系统安装及功能应符合设计要求和规范规定	第17.2.9条	全/5	共5处，全数检查，合格5处	√
	5	电气装置应安装牢固、整齐、标识明确、内外清洁	第17.3.1条第1款	全/5	共5处，全数检查，合格5处	√
	6	机房内的地面、活动地板的防静电施工应符合规定	第17.3.1条第2款	全/5	共5处，全数检查，合格5处	√
	7	电源线、信号线入口处的浪涌保护器安装位置正确、牢固	第17.3.1条第3款	全/5	共5处，全数检查，合格5处	√
	8	接地线和等电位连接带连接正确，安装牢固	第17.3.1条第4款	全/5	共5处，全数检查，合格5处	√

续表

验收项目			设计要求及规范规定	最小/实际抽样数量	检查记录	检查结果
一般项目	1	吊顶内电气装置应安装在便于维修处	第17.3.2条第1款	全/5	共5处，全数检查，合格5处	100%
	2	配电装置应有明显标志，并应注明容量、电压、频率等	第17.3.2条第2款	全/5	共5处，全数检查，合格5处	100%
	3	落地式电气装置的底座与楼地面应安装牢固	第17.3.2条第3款	全/5	共5处，全数检查，合格5处	100%
	4	电源线、信号线应分别铺设，并应排列整齐，捆扎固定，长度应留有余量	第17.3.2条第4款	全/5	共5处，全数检查，合格5处	100%
	5	成排安装的灯具应平直、整齐	第17.3.2条第5款	全/5	共5处，全数检查，合格5处	100%
施工单位检查结果				所查项目全部合格 专业工长：签名 项目专业质量检查员：签名 2023年××月××日		
监理单位验收结论				验收合格 专业监理工程师：签名 2023年××月××日		

注：本表由施工单位填写。

3. 验收依据

【规范名称及编号】《智能建筑工程施工规范》（GB 50606—2010）

【条文摘录】

摘录一：

3.5.1 材料、器具、设备进场质量检测应符合下列规定：

1 需要进行质量检查的产品应包括智能建筑工程各子系统中使用的材料、硬件设备、软件产品和工程中应用的各种系统接口；列入中华人民共和国实施强制性产品认证的产品目录或实施生产许可证和上网许可证管理的产品应进行产品质量检查，未列入的产品也应按规定程序通过产品质量检测后方可使用；

2 材料及主要设备的检测应符合下列规定：

1）按照合同文件和工程设计文件进行的进场验收，应有书面记录和参加人签字，并应经监理工程师或建设单位验收人员确认；

2）应对材料、设备的外观、规格、型号、数量及产地等进行检查复核；

3）主要设备、材料应有生产厂家的质量合格证明文件及性能的检测报告。

3 设备及材料的质量检查应包括安全性、可靠性及电磁兼容性等项目，并应由生产厂家出具相应检测报告。

摘录二：

17.3.1 主控项目应符合下列规定：

1 电气装置应安装牢固、整齐、标识明确、内外清洁；

2 机房内的地面、活动地板的防静电施工应符合现行行业标准《民用建筑电气规范》JGJ16-2008第23.2节的要求；

3 电源线、信号线入口处的浪涌保护器安装位置正确、牢固；

4　接地线和等电位连接带连接正确，安装牢固。接地电阻应符合本规范第 16.4.1 的规定。

17.3.2　一般项目应符合下列规定：

1　吊顶内电气装置应安装在便于维修处；

2　配电装置应有明显标志，并应注明容量、电压、频率等；

3　落地式电气装置的底座与楼地面应安装牢固；

4　电源线、信号线应分别铺设，并应排列整齐，捆扎固定，长度应留有余量；

5　成排安装的灯具应平直、整齐。

8.5.4　电气火灾监控系统分项

一、梯架、托盘、槽盒和导管安装检验批质量验收记录

1. 梯架、托盘、槽盒和导管安装检验批质量验收记录采用《建筑工程资料管理规程》（DB11/T 695）表 C7-4 编制。

2. 梯架、托盘、槽盒和导管安装检验批质量验收记录示例详见表 8-117。

表 8-117　梯架、托盘、槽盒和导管安装检验批质量验收记录示例

XF050401 001

单位（子单位）工程名称		北京××大厦	分部（子分部）工程名称	消防工程分部——消防电气和火灾自动报警系统子分部	分项工程名称	电气火灾监控系统分项
施工单位		北京××集团	项目负责人	吴工	检验批容量	5 个
分包单位		北京××消防工程公司	分包单位项目负责人	肖工	检验批部位	竖井
施工依据		消防工程施工方案、消防工程图纸、《火灾自动报警系统施工及验收标准》（GB 50166—2019）		验收依据	《火灾自动报警系统施工及验收标准》（GB 50166—2019）	
验收项目			设计要求及规范规定	最小/实际抽样数量	检查记录	检查结果
主控项目	1	材料进场检验	第 2.2.1 条	/	进场检验合格，质量证明文件齐全	√
	2	材料表面质量	第 2.2.5 条	全/5	共 5 处，全数检查，合格 5 处	√
	3	吊装固定	第 3.2.1 条	全/5	共 5 处，全数检查，合格 5 处	√
	4	管路暗敷	第 3.2.2 条	全/5	共 5 处，全数检查，合格 5 处	√
	5	跨越变形缝补偿	第 3.2.3 条	全/5	共 5 处，全数检查，合格 5 处	√
	6	连接处密封处理	第 3.2.4 条	全/5	共 5 处，全数检查，合格 5 处	√
一般项目	1	装设接线盒	第 3.2.5 条	全/5	共 5 处，全数检查，合格 5 处	100%
	2	管入盒	第 3.2.6 条	全/5	共 5 处，全数检查，合格 5 处	100%
	3	槽盒固定	第 3.2.7 条	全/5	共 5 处，全数检查，合格 5 处	100%
	4	槽盒安装	第 3.2.8 条	全/5	共 5 处，全数检查，合格 5 处	100%
施工单位检查结果				所查项目全部合格　　　　　　专业工长：签名项目专业质量检查员：签名2023 年××月××日		
监理单位验收结论				验收合格　　　　　　专业监理工程师：签名2023 年××月××日		

注：本表由施工单位填写。

3. 验收依据

【规范名称及编号】《火灾自动报警系统施工及验收标准》（GB 50166—2019）

【条文摘录】

见第 8.5.3 条第一款《梯架、托盘、槽盒和导管安装检验批质量验收记录》的验收依据，本书第 460 页。

二、抗震支吊架安装检验批质量验收记录

1. 抗震支吊架安装检验批质量验收记录采用《建筑工程资料管理规程》（DB11/T 695）表 C7-4 编制。

2. 抗震支吊架安装检验批质量验收记录示例详见表 8-118。

表 8-118 抗震支吊架安装检验批质量验收记录示例

XF050402 <u>001</u>

单位（子单位）工程名称	北京××大厦		分部（子分部）工程名称	消防工程分部——消防电气和火灾自动报警系统子分部	分项工程名称	电气火灾监控系统分项
施工单位	北京××集团		项目负责人	吴工	检验批容量	30 个
分包单位	北京××消防工程公司		分包单位项目负责人	肖工	检验批部位	消防配电间
施工依据	消防工程图纸、变更洽商（如有）、施工方案、《装配式建筑设备与电气工程施工质量及验收规程》（DB11/T 1709—2019）			验收依据	《装配式建筑设备与电气工程施工质量及验收规程》（DB11/T 1709—2019）	

		验收项目	设计要求及规范规定	最小/实际抽样数量	检查记录	检查结果
主控项目	1	抗震支吊架的安装	对建筑电气工程直径不小于 65mm 的保护导管，重力不小于 150N/m 的电缆梯架、托盘、槽盒，以及母线槽，宜选用抗震支吊架	第 6.9.1 条第 1 款	10/10	抽查 10 处，合格 10 处	√
			抗震支吊架的产品质量	第 6.9.1 条第 2 款	10/10	抽查 10 处，合格 10 处	√
			抗震支吊架的设计与选型		10/10	抽查 10 处，合格 10 处	√
			锚栓的选用、性能		10/10	抽查 10 处，合格 10 处	√
			抗震连接构件与装配式建筑混凝土结构连接的锚栓应使用具有机械锁键效应的后扩底锚栓，不得使用膨胀锚栓	第 6.9.1 条第 3 款	10/10	抽查 10 处，合格 10 处	√
			后扩底锚栓开孔质量		10/10	抽查 10 处，合格 10 处	√
			电缆梯架、托盘、槽盒及母线槽应采用内衬氟橡胶限位卡将电缆梯架、托盘、槽盒及母线槽锁定在横担上，防止位移	第 6.9.1 条第 4 款	10/10	抽查 10 处，合格 10 处	√

续表

验收项目			设计要求及规范规定	最小/实际抽样数量	检查记录	检查结果
一般项目	1	安装允许偏差	安装位置	应符合设计要求	10/10	抽查10处，合格10处	100%
			安装间距	±0.2m	10/10	抽查10处，合格10处	100%
			斜撑的垂直安装角度	符合设计要求，且不得小于30°	10/10	抽查10处，合格10处	100%
			斜撑的偏心距	不应大于100mm	10/10	抽查10处，合格10处	100%
			斜撑的安装角度	不应偏离其中心线2.5°	10/10	抽查10处，合格10处	100%
		观感质量		第6.9.2条第2款	10/10	抽查10处，合格10处	100%
施工单位检查结果					所查项目全部合格 专业工长：签名 项目专业质量检查员：签名 2023年××月××日	
监理单位验收结论					验收合格 专业监理工程师：签名 2023年××月××日	

注：本表由施工单位填写。

3. 验收依据

【规范名称及编号】《装配式建筑设备与电气工程施工质量及验收规程》（DB11/T 1709—2019）

【条文摘录】

见第8.5.1条第十四款《抗震支吊架安装检验批质量验收记录》的验收依据，本书第439页。

三、线缆敷设检验批质量验收记录

1. 线缆敷设检验批质量验收记录采用《建筑工程资料管理规程》（DB11/T 695）表 C7-4 编制。

2. 线缆敷设检验批质量验收记录示例详见表 8-119。

表 8-119 线缆敷设检验批质量验收记录示例

XF050403 001

单位（子单位）工程名称	北京××大厦	分部（子分部）工程名称	消防工程分部——消防电气和火灾自动报警系统子分部	分项工程名称	电气火灾监控系统分项
施工单位	北京××集团	项目负责人	吴工	检验批容量	5个
分包单位	北京××消防工程公司	分包单位项目负责人	肖工	检验批部位	消防配电间
施工依据	消防工程图纸、变更洽商（如有）、施工方案、《火灾自动报警系统施工及验收标准》（GB 50166—2019）			验收依据	《火灾自动报警系统施工及验收标准》（GB 50166—2019）

续表

		验收项目	设计要求及规范规定	最小/实际抽样数量	检查记录	检查结果
主控项目	1	线缆进场检验	第3.2.9条	/	进场检验合格，质量证明文件齐全	√
	2	绝缘电阻检测	第3.2.16条	/	试验合格，资料齐全	√
一般项目	1	分色	第3.2.10条	全/5	共5处，全数检查，合格5处	100%
	2	管路及槽盒不应有积水及杂物	第3.2.11条	全/5	共5处，全数检查，合格5处	100%
	3	系统应单独布线	第3.2.12条	全/5	共5处，全数检查，合格5处	100%
	4	线缆连接	第3.2.13条	全/5	共5处，全数检查，合格5处	100%
	5	可弯曲金属电气导管	第3.2.14条	全/5	共5处，全数检查，合格5处	100%
	6	系统布线敷设	第3.2.15条	全/5	共5处，全数检查，合格5处	100%
施工单位检查结果				所查项目全部合格 专业工长：签名 项目专业质量检查员：签名 2023年××月××日		
监理单位验收结论				验收合格 专业监理工程师：签名 2023年××月××日		

注：本表由施工单位填写。

3. 验收依据

【规范名称及编号】《火灾自动报警系统施工及验收标准》（GB 50166—2019）

【条文摘录】

见第8.5.3条第三款《线缆敷设检验批质量验收记录》的验收依据，本书第462页。

四、探测器类设备安装检验批质量验收记录

1. 探测器类设备安装检验批质量验收记录采用《建筑工程资料管理规程》（DB11/T 695）表C7-4编制。

2. 探测器类设备安装检验批质量验收记录示例详见表8-120。

表8-120　探测器类设备安装检验批质量验收记录示例

XF050404 001

单位（子单位）工程名称	北京××大厦	分部（子分部）工程名称	消防工程分部——消防电气和火灾自动报警系统子分部	分项工程名称	电气火灾监控系统分项
施工单位	北京××集团	项目负责人	吴工	检验批容量	25个
分包单位	北京××消防工程公司	分包单位项目负责人	肖工	检验批部位	六层
施工依据	消防工程图纸、变更洽商（如有）、施工方案、《火灾自动报警系统施工及验收标准》（GB 50166—2019）		验收依据	《火灾自动报警系统施工及验收标准》（GB 50166—2019）	

	验收项目		设计要求及规范规定	最小/实际抽样数量	检查记录	检查结果
主控项目	1	设备及配件进场检验	第2.2.1条	/	进场检验合格，质量证明文件齐全	√
	2	国家强制认证产品	第2.2.2条	/	进场检验合格，质量证明文件齐全	√
	3	非国家强制认证产品	第2.2.3条	/	进场检验合格，质量证明文件齐全	√
	4	设备及配件规格型号	第2.2.4条	/	进场检验合格，质量证明文件齐全	√
	5	设备及配件表面质量	第2.2.5条	/	进场检验合格，质量证明文件齐全	√
	6	点型感烟火灾探测器、点型感温火灾探测器、一氧化碳火灾探测器、点型家用火灾探测器、独立式火灾探测报警器安装	第3.3.6条	/	/	/
	7	线性光束感烟火灾探测器安装	第3.3.7条	全/5	共5处，全数检查，合格5处	√
	8	线型感温火灾探测器安装	第3.3.8条	全/5	共5处，全数检查，合格5处	√
	9	管路采样式吸气感烟火灾探测器安装	第3.3.9条	全/5	共5处，全数检查，合格5处	√
	10	点型火焰探测器和图像型火灾探测器安装	第3.3.10条	/	/	/
	11	可燃气体探测器安装	第3.3.11条	全/5	共5处，全数检查，合格5处	√
	12	电气火灾监控探测器安装	第3.3.12条	全/5	共5处，全数检查，合格5处	√
	13	探测器底座安装	第3.3.13条	全/25	共25处，全数检查，合格25处	√
	14	报警确认灯朝向	第3.3.14条	全/25	共25处，全数检查，合格25处	√
	15	保管及防尘防潮防腐蚀措施	第3.3.15条	全/25	共25处，全数检查，合格25处	√
	16	系统接地及专用接地线安装	第3.4.1条	全/25	共25处，全数检查，合格25处	√
	17	金属外壳接地保护	第3.4.2条	/	/	/
施工单位检查结果					所查项目全部合格 专业工长：签名 项目专业质量检查员：签名 2023年××月××日	
监理单位验收结论					验收合格 专业监理工程师：签名 2023年××月××日	

注：本表由施工单位填写。

3. 验收依据

【规范名称及编号】《火灾自动报警系统施工及验收标准》（GB 50166—2019）

【条文摘录】

见第8.5.3条第四款《探测器类设备安装检验批质量验收记录》的验收依据，本书第464页。

五、控制器类设备安装检验批质量验收记录

1. 控制器类设备安装检验批质量验收记录采用《建筑工程资料管理规程》（DB11/T 695）表C7-4编制。

2. 控制器类设备安装检验批质量验收记录示例详见表 8-121。

表 8-121　控制器类设备安装检验批质量验收记录示例

XF050405 001

单位（子单位）工程名称		北京××大厦	分部（子分部）工程名称		消防工程分部——消防电气和火灾自动报警系统子分部	分项工程名称	电气火灾监控系统分项
施工单位		北京××集团	项目负责人		吴工	检验批容量	25 个
分包单位		北京××消防工程公司	分包单位项目负责人		肖工	检验批部位	六层
施工依据		消防工程图纸、变更洽商（如有）、施工方案、《火灾自动报警系统施工及验收标准》（GB 50166—2019）		验收依据		《火灾自动报警系统施工及验收标准》（GB 50166—2019）	
验收项目			设计要求及规范规定	最小/实际抽样数量	检查记录		检查结果
主控项目	1	设备安装	第 3.3.1 条	全/25	共 25 处，全数检查，合格 25 处		√
	2	引入线缆	第 3.3.2 条	全/25	共 25 处，全数检查，合格 25 处		√
	3	电源及标识	第 3.3.3 条	全/25	共 25 处，全数检查，合格 25 处		√
	4	蓄电池安装	第 3.3.4 条	全/25	共 25 处，全数检查，合格 25 处		√
	5	接地及标识	第 3.3.5 条	全/25	共 25 处，全数检查，合格 25 处		√
施工单位检查结果			所查项目全部合格 专业工长：签名 项目专业质量检查员：签名 2023 年××月××日				
监理单位验收结论			验收合格 专业监理工程师：签名 2023 年××月××日				

注：本表由施工单位填写。

3. 验收依据

【规范名称及编号】《火灾自动报警系统施工及验收标准》（GB 50166—2019）

【条文摘录】

见第 8.5.3 条第五款《控制器类设备安装检验批质量验收记录》的验收依据，本书第 467 页。

六、其他设备安装检验批质量验收记录

1. 其他设备安装检验批质量验收记录采用《建筑工程资料管理规程》（DB11/T 695）表 C7-4 编制。

2. 其他设备安装检验批质量验收记录示例详见表 8-122。

表 8-122　其他设备安装检验批质量验收记录示例

XF050406 001

单位（子单位）工程名称	北京××大厦	分部（子分部）工程名称	消防工程分部——消防电气和火灾自动报警系统子分部	分项工程名称	电气火灾监控系统分项
施工单位	北京××集团	项目负责人	吴工	检验批容量	25 个
分包单位	北京××消防工程公司	分包单位项目负责人	肖工	检验批部位	2 号楼

施工依据		消防工程图纸、变更洽商（如有）、施工方案			验收依据	《火灾自动报警系统施工及验收标准》（GB 50166—2019）
验收项目			设计要求及规范规定	最小/实际抽样数量	检查记录	检查结果
主控项目	1	手动火灾报警按钮、消火栓按钮、防火卷帘手动控制装置、气体灭火系统手动与自动控制转换装置、气体灭火系统现场启动和停止按钮安装	第3.3.16条	全/5	共5处，全数检查，合格5处	√
	2	模块或模块箱安装	第3.3.17条	全/5	共5处，全数检查，合格5处	√
	3	消防电话分机和电话插孔安装	第3.3.18条	全/5	共5处，全数检查，合格5处	√
	4	消防应急广播扬声器、火灾警报器、喷洒光警报器、气体灭火系统手动与自动控制状态显示装置安装	第3.3.19条	全/5	共5处，全数检查，合格5处	√
	5	消防设备应急电源和备用电源蓄电池安装	第3.3.20条	全/5	共5处，全数检查，合格5处	√
	6	消防设备电源监控系统传感器安装	第3.3.21条	全/25	共25处，全数检查，合格25处	√
	7	现场部件安装	第3.3.22条	全/25	共25处，全数检查，合格25处	√
	8	消防电气控制装置安装	第3.3.23条	全/25	共25处，全数检查，合格25处	√
	9	系统接地及专用接地线安装	第3.4.1条	全/25	共25处，全数检查，合格25处	√
	10	金属外壳接地保护	第3.4.2条	/	/	/
施工单位检查结果					所查项目全部合格 专业工长：签名 项目专业质量检查员：签名 2023年××月××日	
监理单位验收结论					验收合格 专业监理工程师：签名 2023年××月××日	

注：本表由施工单位填写。

3. 验收依据

【规范名称及编号】《火灾自动报警系统施工及验收标准》（GB 50166—2019）

【条文摘录】

见第8.5.3条第六款《其他设备安装检验批质量验收记录》的验收依据，本书第468页。

七、软件安装检验批质量验收记录

1. 软件安装检验批质量验收记录采用《建筑工程资料管理规程》（DB11/T 695）表C7-4编制。

2. 软件安装检验批质量验收记录示例详见表8-123。

表8-123 软件安装检验批质量验收记录示例

XF050407 001

单位（子单位）工程名称	北京××大厦	分部（子分部）工程名称	消防工程分部——消防电气和火灾自动报警系统子分部	分项工程名称	电气火灾监控系统分项

施工单位	北京××集团	项目负责人	吴工	检验批容量	5套
分包单位	北京××消防工程公司	分包单位 项目负责人	肖工	检验批部位	电气火灾 监控系统
施工依据	消防工程图纸、变更洽商（如有）、施工方案、 《智能建筑工程施工规范》（GB 50606—2010）		验收依据	《智能建筑工程施工规范》 （GB 50606—2010）	

验收项目			设计要求及 规范规定	最小/实际 抽样数量	检查记录	检查结果
主控 项目	1	软件产品质量	第3.5.5条	全/5	共5处，全数检查，合格5处	√
	2	软件系统安装	第6.2.2条	全/5	共5处，全数检查，合格5处	√
	3	软件修改后，应通过系统测试和回归测试	第11.4.1条	全/5	共5处，全数检查，合格5处	√
	4	集成子系统安装	第15.3.1条	全/5	共5处，全数检查，合格5处	√
一般 项目	1	软件系统功能和界面	第6.3.2条	全/5	共5处，全数检查，合格5处	100%
	2	软件安装安全措施	第11.3.7条	全/5	共5处，全数检查，合格5处	100%
	3	软件配置	第11.4.2条	全/5	共5处，全数检查，合格5处	100%
	4	集成子系统运行和配置	第15.3.2条	全/5	共5处，全数检查，合格5处	100%
施工单位 检查结果				所查项目全部合格 专业工长：签名 项目专业质量检查员：签名 2023年××月××日		
监理单位 验收结论				验收合格 专业监理工程师：签名 2023年××月××日		

本表由施工单位填写。

3. 验收依据

【规范名称及编号】《智能建筑工程施工规范》（GB 50606—2010）

【条文摘录】

见第8.5.3条第七款《软件安装检验批质量验收记录》的验收依据，本书第470页。

八、系统调试检验批质量验收记录

1. 系统调试检验批质量验收记录采用北京市现行标准《建筑工程资料管理规程》（DB11/T 695）表C7-4编制。

2. 系统调试检验批质量验收记录示例详见表8-124。

表 8-124　系统调试检验批质量验收记录示例

XF050408 001

单位（子单位） 工程名称	北京××大厦	分部（子分部） 工程名称	消防工程分部—— 消防电气和火灾自 动报警系统子分部	分项工程 名称	电气火灾监控 系统分项
施工单位	北京××集团	项目负责人	吴工	检验批容量	5套
分包单位	北京××消防工程公司	分包单位 项目负责人	肖工	检验批部位	电气火灾 监控系统

施工依据	消防工程图纸、变更洽商（如有）、施工方案、《火灾自动报警系统施工及验收标准》（GB 50166—2019）			验收依据	《火灾自动报警系统施工及验收标准》（GB 50166—2019）
	验收项目	设计要求及规范规定	最小/实际抽样数量	检查记录	检查结果
主控项目	1 监控设备正常监视状态	第4.8.1条	/	调试合格，资料齐全	√
	2 电气火灾监控设备功能检查	第4.8.2条	/	调试合格，资料齐全	√
	3 电气火灾探测器与设备相连调试	第4.8.3条	/	调试合格，资料齐全	√
	4 剩余电流式探测器监测报警功能	第4.8.4条	/	调试合格，资料齐全	√
	5 测温式探测器监测报警功能	第4.8.5条	/	调试合格，资料齐全	√
	6 故障电弧探测器监测报警功能	第4.8.6条	/	调试合格，资料齐全	√
	7 具有指示报警部位功能的线型感温火灾探测器的监控报警功能	第4.8.7条	/	调试合格，资料齐全	√
施工单位检查结果				所查项目全部合格 专业工长：签名 项目专业质量检查员：签名 2023 年××月××日	
监理单位验收结论				验收合格 专业监理工程师：签名 2023 年××月××日	

注：本表由施工单位填写。

3. 验收依据

【规范名称及编号】《火灾自动报警系统施工及验收标准》（GB 50166—2019）

【条文摘录】

4.8 电气火灾监控系统调试

Ⅰ 电气火灾监控设备调试

4.8.1 应切断电气火灾监控设备的所有外部控制连线，将任一备调总线回路的电气火灾探测器与监控设备相连接，接通电源，使监控设备处于正常监视状态。

4.8.2 应对电气火灾监控设备下列主要功能进行检查并记录，监控设备的功能应符合现行国家标准《电气火灾监控系统 第1部分：电气火灾监控设备》（GB 14285.1）的规定；

1 自检功能；

2 操作级别；

3 故障报警功能；

4 监控报警功能；

5 消音功能；

6 复位功能。

4.8.3 应依次将其他回路的电气火灾探测器与监控设备相连接，使监控设备处于正常监视状态，按本标准第4.8.2条第3款、第4款、第6款的规定对监控设备进行功能检查并记录，监控设备的功能应符合现行国家标准《电气火灾监控系统 第1部分：电气火灾监控设备》（GB 14287.1）的规定。

Ⅱ 电气火灾监控探测器调试

4.8.4 应对剩余电流式电气火灾监控探测器的监控报警功能进行检查并记录，探测器的监控报警功能应符合下列规定：

1　应按设计文件的规定进行报警值设定；

2　应采用剩余电流发生器对探测器施加报警设定值的剩余电流，探测器的报警确认灯应在30s内点亮并保持；

3　监控设备的监控报警和信息显示功能应符合本标准第4.1.2条的规定，同时监控设备应显示发现报警信号探测器的报警值。

4.8.5　应对测温式电气火灾监控探测器的监控报警功能进行检查并记录，探测器的监控报警功能应符合下列规定：

1　应按设计文件的规定进行报警值设定；

2　应采用发热试验装置给监控探测器加热至设定的报警温度，探测器的报警确认灯应在40s内点亮并保持；

3　监控设备的监控报警和信息显示功能应符合本标准第4.1.2条的规定，同时监控设备应显示发出报警信号探测器的报警值。

4.8.6　应对故障电弧探测器的监控报警功能进行检查并记录，探测器的监控报警功能应符合下列规定：

1　应切断探测器的电源线和被监测线路，将故障电弧发生装置接入探测器，接通探测器的电源，使探测器处于正常监视状态；

2　应操作故障电弧发生装置，在1s内产生9个及以下半周期故障电弧，探测器不应发出报警信号；

3　应操作故障电弧发生装置，在1s内产生14个及以上半周期故障电弧，探测器的报警确认灯应在30s内点亮并保持；

4　监控设备的监控报警和信息显示功能应符合本标准第4.1.2条的规定。

4.8.7　应对具有指示报警部位功能的线型感温火灾探测器的监控报警功能进行检查并记录，探测器的监控报警功能应符合下列规定：

1　应在线型感温火灾探测器的敏感部件随机选取3个非连续检测段，每个检测段的长度为标准报警长度，采用专用的检测仪器或模拟火灾的方法，分别给每个检测段加热至设定的报警温度，探测器的火警确认灯应点亮并保持，并指示报警部位。

2　监控设备的监控报警和信息显示功能应符合本标准第4.1.2条的规定。

九、系统试运行检验批质量验收记录

1. 系统试运行检验批质量验收记录采用《建筑工程资料管理规程》（DB11/T 695）表C7-4编制。

2. 系统试运行检验批质量验收记录示例详见表8-125。

表8-125　系统试运行检验批质量验收记录示例

XF050409 001

单位（子单位）工程名称	北京××大厦	分部（子分部）工程名称	消防工程分部——消防电气和火灾自动报警系统子分部	分项工程名称	电气火灾监控系统分项
施工单位	北京××集团	项目负责人	吴工	检验批容量	1个
分包单位	北京××消防工程公司	分包单位项目负责人	肖工	检验批部位	电气火灾监控系统
施工依据	消防工程图纸、变更洽商（如有）、施工方案、《火灾自动报警系统施工及验收标准》（GB 50166—2019）		验收依据	《智能建筑工程质量验收规范》（GB 50339—2013）	

验收项目			设计要求及规范规定	最小/实际抽样数量	检查记录	检查结果
主控项目	1	系统试运行应连续进行120h	第3.1.3条	/	试运行120h	√
	2	试运行中出现系统故障时，应重新开始计时，直至连续运行满120h	第3.1.3条	/	/	/
	3	系统功能符合设计要求	设计要求	/	通过试运行，各项功能检验合格，资料齐全	√
施工单位检查结果					所查项目全部合格 专业工长：签名 项目专业质量检查员：签名 2023年××月××日	
监理单位验收结论					验收合格 专业监理工程师：签名 2023年××月××日	

注：本表由施工单位填写。

3. 验收依据

【规范名称及编号】《智能建筑工程质量验收规范》（GB 50339—2013）

【条文摘录】

3.1.3　系统试运行应连续进行120h。试运行中出现系统故障时，应重新开始计时，直至连续运行满120h。

8.5.5　消防设备电源监控系统分项

一、梯架、托盘、槽盒和导管安装检验批质量验收记录

1. 梯架、托盘、槽盒和导管安装检验批质量验收记录采用《建筑工程资料管理规程》（DB11/T 695）表C7-4编制。

2. 梯架、托盘、槽盒和导管安装检验批质量验收记录示例详见表8-126。

表8-126　梯架、托盘、槽盒和导管安装检验批质量验收记录示例

XF050501 001

单位（子单位）工程名称	北京××大厦	分部（子分部）工程名称	消防工程分部——消防电气和火灾自动报警系统子分部	分项工程名称	消防设备电源监控系统分项
施工单位	北京××集团	项目负责人	吴工	检验批容量	5个
分包单位	北京××消防工程公司	分包单位项目负责人	肖工	检验批部位	竖井
施工依据	消防工程图纸、变更洽商（如有）、施工方案、《火灾自动报警系统施工及验收标准》（GB 50166—2019）		验收依据	《火灾自动报警系统施工及验收标准》（GB 50166—2019）	

验收项目			设计要求及规范规定	最小/实际抽样数量	检查记录	检查结果
主控项目	1	材料进场检验	第2.2.1条	/	进场检验合格，质量证明文件齐全	√
	2	材料表面质量	第2.2.5条	全/5	共5处，全数检查，合格5处	√

	验收项目		设计要求及规范规定	最小/实际抽样数量	检查记录	检查结果
主控项目	3	吊装固定	第3.2.1条	全/5	共5处，全数检查，合格5处	√
	4	管路暗敷	第3.2.2条	全/5	共5处，全数检查，合格5处	√
	5	跨越变形缝补偿	第3.2.3条	全/5	共5处，全数检查，合格5处	√
	6	连接处密封处理	第3.2.4条	全/5	共5处，全数检查，合格5处	√
一般项目	1	装设接线盒	第3.2.5条	全/5	共5处，全数检查，合格5处	100%
	2	管入盒	第3.2.6条	全/5	共5处，全数检查，合格5处	100%
	3	槽盒固定	第3.2.7条	全/5	共5处，全数检查，合格5处	100%
	4	槽盒安装	第3.2.8条	全/5	共5处，全数检查，合格5处	100%
施工单位 检查结果				所查项目全部合格 专业工长：签名 项目专业质量检查员：签名 2023年××月××日		
监理单位 验收结论				验收合格 专业监理工程师：签名 2023年××月××日		

注：本表由施工单位填写。

3. 验收依据

【规范名称及编号】《火灾自动报警系统施工及验收标准》（GB 50166—2019）

【条文摘录】

见第8.5.3条第一款《梯架、托盘、槽盒和导管安装检验批质量验收记录》的验收依据，本书第460页。

二、抗震支吊架安装检验批质量验收记录

1. 抗震支吊架安装检验批质量验收记录采用《建筑工程资料管理规程》（DB11/T 695）表C7-4编制。

2. 抗震支吊架安装检验批质量验收记录示例详见表8-127。

表8-127 抗震支吊架安装检验批质量验收记录示例

XF050502 001

单位（子单位）工程名称	北京××大厦	分部（子分部）工程名称	消防工程分部——消防电气和火灾自动报警系统子分部	分项工程名称	消防设备电源监控系统分项
施工单位	北京××集团	项目负责人	吴工	检验批容量	30个
分包单位	北京××消防工程公司	分包单位项目负责人	肖工	检验批部位	消防配电间
施工依据	消防工程图纸、变更洽商（如有）、施工方案、《装配式建筑设备与电气工程施工质量及验收规程》（DB11/T 1709-2019）		验收依据	《装配式建筑设备与电气工程施工质量及验收规程》（DB11/T 1709—2019）	

续表

		验收项目	设计要求及规范规定	最小/实际抽样数量	检查记录	检查结果
主控项目	1	抗震支吊架的安装	对建筑电气工程直径≥65mm的保护导管，重力不小于150N/m的电缆梯架、托盘、槽盒，以及母线槽，宜选用抗震支吊架	第6.9.1条第1款	10/10	抽查10处，合格10处	√
			抗震支吊架的产品质量	第6.9.1条第2款	10/10	抽查10处，合格10处	√
			抗震支吊架的设计与选型		10/10	抽查10处，合格10处	√
			锚栓的选用、性能		10/10	抽查10处，合格10处	√
			抗震连接构件与装配式建筑混凝土结构连接的锚栓应使用具有机械锁键效应的后扩底锚栓，不得使用膨胀锚栓	第6.9.1条第3款	10/10	抽查10处，合格10处	√
			后扩底锚栓开孔质量		10/10	抽查10处，合格10处	√
			电缆梯架、托盘、槽盒及母线槽应采用内衬氟橡胶限位卡将电缆梯架、托盘、槽盒及母线槽锁定在横担上，防止位移	第6.9.1条第4款	10/10	抽查10处，合格10处	√
一般项目	1	安装允许偏差	安装位置	应符合设计要求	10/10	抽查10处，合格10处	100%
			安装间距	±0.2m	10/10	抽查10处，合格10处	100%
			斜撑的垂直安装角度	符合设计要求，且不得小于30°	10/10	抽查10处，合格10处	100%
			斜撑的偏心距	不应大于100mm	10/10	抽查10处，合格10处	100%
			斜撑的安装角度	不应偏离其中心线2.5°	10/10	抽查10处，合格10处	100%
			观感质量	第6.9.2条第2款	10/10	抽查10处，合格10处	100%
施工单位检查结果					所查项目全部合格 专业工长：签名 项目专业质量检查员：签名 2023年××月××日	
监理单位验收结论					验收合格 专业监理工程师：签名 2023年××月××日	

注：本表由施工单位填写。

3. 验收依据

【规范名称及编号】《装配式建筑设备与电气工程施工质量及验收规程》（DB11/T 1709—2019）

【条文摘录】

见第 8.5.1 条第十四款《抗震支吊架安装检验批质量验收记录》的验收依据，本书第 439 页。

三、线缆敷设检验批质量验收记录

1. 线缆敷设检验批质量验收记录采用《建筑工程资料管理规程》（DB11/T 695）表 C7-4 编制。

2. 线缆敷设检验批质量验收记录示例详见表 8-128。

表 8-128　线缆敷设检验批质量验收记录示例

XF050503 001

单位（子单位）工程名称	北京××大厦	分部（子分部）工程名称	消防工程分部——消防电气和火灾自动报警系统子分部	分项工程名称	消防设备电源监控系统分项
施工单位	北京××集团	项目负责人	吴工	检验批容量	5 个
分包单位	北京××消防工程公司	分包单位项目负责人	肖工	检验批部位	消防配电间
施工依据	消防工程图纸、变更洽商（如有）、施工方案、《火灾自动报警系统施工及验收标准》（GB 50166—2019）			验收依据	《火灾自动报警系统施工及验收标准》（GB 50166—2019）

		验收项目	设计要求及规范规定	最小/实际抽样数量	检查记录	检查结果
主控项目	1	线缆进场检验	第 3.2.9 条	/	进场检验合格，质量证明文件齐全	√
	2	绝缘电阻检测	第 3.2.16 条	/	试验合格，资料齐全	√
一般项目	1	分色	第 3.2.10 条	全/5	共 5 处，全数检查，合格 5 处	100%
	2	管路及槽盒不应有积水及杂物	第 3.2.11 条	全/5	共 5 处，全数检查，合格 5 处	100%
	3	系统应单独布线	第 3.2.12 条	全/5	共 5 处，全数检查，合格 5 处	100%
	4	线缆连接	第 3.2.13 条	全/5	共 5 处，全数检查，合格 5 处	100%
	5	可弯曲金属电气导管	第 3.2.14 条	全/5	共 5 处，全数检查，合格 5 处	100%
	6	系统布线敷设	第 3.2.15 条	全/5	共 5 处，全数检查，合格 5 处	100%
施工单位检查结果			所查项目全部合格 专业工长：签名 项目专业质量检查员：签名 2023 年××月××日			
监理单位验收结论			验收合格 专业监理工程师：签名 2023 年××月××日			

注：本表由施工单位填写。

3. 验收依据

【规范名称及编号】《火灾自动报警系统施工及验收标准》（GB 50166—2019）

【条文摘录】

见第 8.5.3 条第三款《线缆敷设检验批质量验收记录》的验收依据，本书第 462 页。

四、探测器类设备安装检验批质量验收记录

1. 探测器类设备安装检验批质量验收记录采用《建筑工程资料管理规程》（DB11/T 695）表 C7-4 编制。

2. 探测器类设备安装检验批质量验收记录示例详见表 8-129。

表 8-129　探测器类设备安装检验批质量验收记录示例

XF050504 001

单位（子单位）工程名称	北京××大厦	分部（子分部）工程名称	消防工程分部——消防电气和火灾自动报警系统子分部	分项工程名称	消防设备电源监控系统分项
施工单位	北京××集团	项目负责人	吴工	检验批容量	25 个
分包单位	北京××消防工程公司	分包单位项目负责人	肖工	检验批部位	六层
施工依据	消防工程图纸、变更洽商（如有）、施工方案、《火灾自动报警系统施工及验收标准》（GB 50166—2019）			验收依据	《火灾自动报警系统施工及验收标准》（GB 50166—2019）

		验收项目	设计要求及规范规定	最小/实际抽样数量	检查记录	检查结果
主控项目	1	设备及配件进场检验	第 2.2.1 条	/	进场检验合格，质量证明文件齐全	√
	2	国家强制认证产品	第 2.2.2 条	/	进场检验合格，质量证明文件齐全	√
	3	非国家强制认证产品	第 2.2.3 条	/	进场检验合格，质量证明文件齐全	√
	4	设备及配件规格型号	第 2.2.4 条	/	进场检验合格，质量证明文件齐全	√
	5	设备及配件表面质量	第 2.2.5 条	/	进场检验合格，质量证明文件齐全	√
	6	点型感烟火灾探测器、点型感温火灾探测器、一氧化碳火灾探测器、点型家用火灾探测器、独立式火灾探测报警器安装	第 3.3.6 条	/	/	/
	7	线性光束感烟火灾探测器安装	第 3.3.7 条	全/5	共 5 处，全数检查，合格 5 处	√
	8	线型感温火灾探测器安装	第 3.3.8 条	全/5	共 5 处，全数检查，合格 5 处	√
	9	管路采样式吸气感烟火灾探测器安装	第 3.3.9 条	全/5	共 5 处，全数检查，合格 5 处	√
	10	点型火焰探测器和图像型火灾探测器安装	第 3.3.10 条	/	/	/
	11	可燃气体探测器安装	第 3.3.11 条	全/5	共 5 处，全数检查，合格 5 处	√
	12	电气火灾监控探测器安装	第 3.3.12 条	全/5	共 5 处，全数检查，合格 5 处	√
	13	探测器底座安装	第 3.3.13 条	全/25	共 25 处，全数检查，合格 25 处	√
	14	报警确认灯朝向	第 3.3.14 条	全/25	共 25 处，全数检查，合格 25 处	√
	15	保管及防尘防潮防腐蚀措施	第 3.3.15 条	全/25	共 25 处，全数检查，合格 25 处	√
	16	系统接地及专用接地线安装	第 3.4.1 条	全/25	共 25 处，全数检查，合格 25 处	√
	17	金属外壳接地保护	第 3.4.2 条	/	/	/
施工单位检查结果				所查项目全部合格 专业工长：签名 项目专业质量检查员：签名 2023 年××月××日		
监理单位验收结论				验收合格 专业监理工程师：签名 2023 年××月××日		

注：本表由施工单位填写。

3. 验收依据

【规范名称及编号】《火灾自动报警系统施工及验收标准》（GB 50166—2019）

【条文摘录】

见第 8.5.3 条第四款《探测器类设备安装检验批质量验收记录》的验收依据，本书第 464 页。

五、控制器类设备安装检验批质量验收记录

1. 控制器类设备安装检验批质量验收记录采用《建筑工程资料管理规程》（DB11/T 695）表 C7-4 编制。

2. 控制器类设备安装检验批质量验收记录示例详见表 8-130。

表 8-130　控制器类设备安装检验批质量验收记录示例

XF050505 <u>001</u>

单位（子单位）工程名称	北京××大厦	分部（子分部）工程名称	消防工程分部——消防电气和火灾自动报警系统子分部	分项工程名称	消防设备电源监控系统分项
施工单位	北京××集团	项目负责人	吴工	检验批容量	25 个
分包单位	北京××消防工程公司	分包单位项目负责人	肖工	检验批部位	六层
施工依据	消防工程图纸、变更洽商（如有）、施工方案、《火灾自动报警系统施工及验收标准》（GB 50166—2019）		验收依据	《火灾自动报警系统施工及验收标准》（GB 50166—2019）	

		验收项目	设计要求及规范规定	最小/实际抽样数量	检查记录	检查结果
主控项目	1	设备安装	第 3.3.1 条	全/25	共 25 处，全数检查，合格 25 处	√
	2	引入线缆	第 3.3.2 条	全/25	共 25 处，全数检查，合格 25 处	√
	3	电源及标识	第 3.3.3 条	全/25	共 25 处，全数检查，合格 25 处	√
	4	蓄电池安装	第 3.3.4 条	全/25	共 25 处，全数检查，合格 25 处	√
	5	接地及标识	第 3.3.5 条	全/25	共 25 处，全数检查，合格 25 处	√

施工单位检查结果	所查项目全部合格 专业工长：签名 项目专业质量检查员：签名 2023 年××月××日
监理单位验收结论	验收合格 专业监理工程师：签名 2023 年××月××日

注：本表由施工单位填写。

3. 验收依据

【规范名称及编号】《火灾自动报警系统施工及验收标准》（GB 50166—2019）

【条文摘录】

见第 8.5.3 条第五款《控制器类设备安装检验批质量验收记录》的验收依据，本书第 467 页。

六、其他设备安装检验批质量验收记录

1. 其他设备安装检验批质量验收记录采用《建筑工程资料管理规程》（DB11/T 695）表 C7-4 编制。

2. 其他设备安装检验批质量验收记录示例详见表 8-131。

表 8-131 其他设备安装检验批质量验收记录示例

XF050506 001

单位（子单位）工程名称	北京××大厦	分部（子分部）工程名称	消防工程分部——消防电气和火灾自动报警系统子分部	分项工程名称	消防设备电源监控系统分项
施工单位	北京××集团	项目负责人	吴工	检验批容量	25 个
分包单位	北京××消防工程公司	分包单位项目负责人	肖工	检验批部位	2 号楼
施工依据	消防工程图纸、变更洽商（如有）、施工方案、《火灾自动报警系统施工及验收标准》（GB 50166—2019）		验收依据	《火灾自动报警系统施工及验收标准》（GB 50166—2019）	

		验收项目	设计要求及规范规定	最小/实际抽样数量	检查记录	检查结果
主控项目	1	手动火灾报警按钮、消火栓按钮、防火卷帘手动控制装置、气体灭火系统手动与自动控制转换装置、气体灭火系统现场启动和停止按钮安装	第 3.3.16 条	全/5	共 5 处，全数检查，合格 5 处	√
	2	模块或模块箱安装	第 3.3.17 条	全/5	共 5 处，全数检查，合格 5 处	√
	3	消防电话分机和电话插孔安装	第 3.3.18 条	全/5	共 5 处，全数检查，合格 5 处	√
	4	消防应急广播扬声器、火灾警报器、喷洒光警报器、气体灭火系统手动与自动控制状态显示装置安装	第 3.3.19 条	全/5	共 5 处，全数检查，合格 5 处	√
	5	消防设备应急电源和备用电源蓄电池安装	第 3.3.20 条	全/5	共 5 处，全数检查，合格 5 处	√
	6	消防设备电源监控系统传感器安装	第 3.3.21 条	全/25	共 25 处，全数检查，合格 25 处	√
	7	现场部件安装	第 3.3.22 条	全/25	共 25 处，全数检查，合格 25 处	√
	8	消防电气控制装置安装	第 3.3.23 条	全/25	共 25 处，全数检查，合格 25 处	√
	9	系统接地及专用接地线安装	第 3.4.1 条	全/25	共 25 处，全数检查，合格 25 处	√
	10	金属外壳接地保护	第 3.4.2 条	/	/	

施工单位检查结果	所查项目全部合格 专业工长：签名 项目专业质量检查员：签名 2023 年××月××日
监理单位验收结论	验收合格 专业监理工程师：签名 2023 年××月××日

注：本表由施工单位填写。

3. 验收依据

【规范名称及编号】《火灾自动报警系统施工及验收标准》（GB 50166—2019）

【条文摘录】

见第 8.5.3 条第六款《其他设备安装检验批质量验收记录》的验收依据，本书第 468 页。

七、软件安装检验批质量验收记录

1. 软件安装检验批质量验收记录采用《建筑工程资料管理规程》(DB11/T 695) 表 C7-4 编制。

2. 软件安装检验批质量验收记录示例详见表 8-132。

表 8-132　软件安装检验批质量验收记录示例

XF050507 001

单位（子单位）工程名称		北京××大厦	分部（子分部）工程名称	消防工程分部——消防电气和火灾自动报警系统子分部	分项工程名称	消防设备电源监控系统分项
施工单位		北京××集团	项目负责人	吴工	检验批容量	5 套
分包单位		北京××消防工程公司	分包单位项目负责人	肖工	检验批部位	消防设备电源监控系统
施工依据		消防工程图纸、变更洽商（如有）、施工方案、《智能建筑工程施工规范》(GB 50606—2010)		验收依据	《智能建筑工程施工规范》(GB 50606—2010)	

		验收项目	设计要求及规范规定	最小/实际抽样数量	检查记录	检查结果
主控项目	1	软件产品质量	第 3.5.5 条	全/5	共 5 处，全数检查，合格 5 处	√
	2	软件系统安装	第 6.2.2 条	全/5	共 5 处，全数检查，合格 5 处	√
	3	软件修改后，应通过系统测试和回归测试	第 11.4.1 条	全/5	共 5 处，全数检查，合格 5 处	√
	4	集成子系统安装	第 15.3.1 条	全/5	共 5 处，全数检查，合格 5 处	√
一般项目	1	软件系统功能和界面	第 6.3.2 条	全/5	共 5 处，全数检查，合格 5 处	100%
	2	软件安装安全措施	第 11.3.7 条	全/5	共 5 处，全数检查，合格 5 处	100%
	3	软件配置	第 11.4.2 条	全/5	共 5 处，全数检查，合格 5 处	100%
	4	集成子系统运行和配置	第 15.3.2 条	全/5	共 5 处，全数检查，合格 5 处	100%

施工单位检查结果	所查项目全部合格 专业工长：签名 项目专业质量检查员：签名 2023 年××月××日
监理单位验收结论	验收合格 专业监理工程师：签名 2023 年××月××日

本表由施工单位填写。

3. 验收依据

【规范名称及编号】《智能建筑工程施工规范》(GB 50606—2010)

【条文摘录】

见第 8.5.3 条第七款《软件安装检验批质量验收记录》的验收依据，本书第 470 页。

八、系统调试检验批质量验收记录

1. 系统调试检验批质量验收记录采用《建筑工程资料管理规程》(DB11/T 695) 表 C7-4 编制。

2. 系统调试检验批质量验收记录示例详见表 8-133。

表 8-133　系统调试检验批质量验收记录示例

XF050508 001

单位（子单位）工程名称	北京××大厦	分部（子分部）工程名称	消防工程分部——消防电气和火灾自动报警系统子分部	分项工程名称	消防设备电源监控系统分项
施工单位	北京××集团	项目负责人	吴工	检验批容量	5套
分包单位	北京××消防工程公司	分包单位项目负责人	肖工	检验批部位	消防设备电源监控系统
施工依据	消防工程图纸、变更洽商（如有）、施工方案、《火灾自动报警系统施工及验收标准》（GB 50166—2019）		验收依据	《火灾自动报警系统施工及验收标准》（GB 50166—2019）	

		验收项目	设计要求及规范规定	最小/实际抽样数量	检查记录	检查结果
主控项目	1	正常监视状态	第4.9.1条	/	调试合格，资料齐全	√
	2	设备功能检查	第4.9.2条	/	调试合格，资料齐全	√
	3	备电工作状态	第4.9.3条	/	调试合格，资料齐全	√
	4	传感器的消防设备电源故障报警	第4.9.4条	/	调试合格，资料齐全	√
	5	系统试运行120h无故障，处于自动控制状态	第4.21.1条	/	调试合格，资料齐全	√
	6	整体联动控制功能	第4.21.2条	/	调试合格，资料齐全	√

施工单位检查结果	所查项目全部合格 专业工长：签名 项目专业质量检查员：签名 2023年××月××日
监理单位验收结论	验收合格 专业监理工程师：签名 2023年××月××日

本表由施工单位填写。

3. 验收依据

【规范名称及编号】《火灾自动报警系统施工及验收标准》（GB 50166—2019）

【条文摘录】

4.9　消防设备电源监控系统调试

Ⅰ　消防设备电源监控器调试

4.9.1　应将任一备调总线回路的传感器与消防设备电源监控器相连接，接通电源，使监控器处于正常监视状态。

4.9.2　对消防设备电源监控器下列主要功能进行检查并记录，监控器的功能应符合现行国家标准《消防设备电源监控系统》（GB 28184）的规定：

1　自检功能。

2　消防设备电源工作状态实时显示功能。

3　主、备电源的自动转换功能。

4　故障报警功能：

1）备用电源连线故障报警功能；

2）配接部件连线故障报警功能。

5　消音功能。

6　消防设备电源故障报警功能。

7　复位功能。

4.9.3　应依次将其他回路的传感器与监控器相连接，使监控器处于正常监视状态，在备电工作状态下，按本标准第4.9.2条第4款第2项、第6款、第7款的规定，对监控器进行功能检查并记录，监控器的功能应符合现行国家标准《消防设备电源监控系统》（GB 28184）的规定。

Ⅱ　传感器调试

4.9.4　应对传感器的消防设备电源故障报警功能进行检查并记录，传感器的消防设备电源故障报警功能应符合下列规定：

1　应切断被监控消防设备的供电电源；

2　监控器的消防设备电源故障报警和信息显示功能应符合本标准第4.1.2条的规定。

4.21　系统整体联动控制功能调试

4.21.1　应按设计文件的规定将所有分部调试合格的系统部件、受控设备或系统相连接并通电运行，在连续运行120h无故障后，使消防联动控制器处于自动控制工作状态。

4.21.2　应根据系统联动控制逻辑设计文件的规定，对火灾警报、消防应急广播系统、用于防火分隔的防火卷帘系统、防火门监控系统、防烟排烟系统、消防应急照明和疏散指示系统、电梯和非消防电源等自动消防系统的整体联动控制功能进行检查并记录，系统整体联动控制功能应符合下列规定：

1　应使报警区域内符合火灾警报、消防应急广播系统，防火卷帘系统，防火门监控系统，防烟排烟系统，消防应急照明和疏散指示系统，电梯和非消防电源等相关系统联动触发条件的火灾探测器、手动火灾报警按钮发出火灾报警信号；

2　消防联动控制器应发出控制火灾警报、消防应急广播系统，防火卷帘系统，防火门监控系统，防烟排烟系统，消防应急照明和疏散指示系统，电梯和非消防电源等相关系统动作的启动信号，点亮启动指示灯；

3　火灾警报和消防应急广播的联动控制功能应符合本标准第4.12.5条的规定；

4　防火卷帘系统的联动控制功能应符合第4.13.8条的规定；

5　防火门监控系统的联动控制功能应符合本标准第4.14.9条的规定；

6　加压送风系统的联动控制功能应符合本标准第4.18.5条的规定；

7　电动挡烟垂壁、排烟系统的联动控制功能应符合本标准第4.18.8条的规定；

8　消防应急照明和疏散指示系统的联动控制功能应符合本标准第4.19.1条的规定；

9　电梯、非消防电源等相关系统的联动控制功能应符合本标准4.20.2条的规定。

九、系统试运行检验批质量验收记录

1.系统试运行检验批质量验收记录采用《建筑工程资料管理规程》（DB11/T 695）表C7-4编制。

2.系统试运行检验批质量验收记录示例详见表8-134。

表8-134　系统试运行检验批质量验收记录示例

XF050509 001

单位（子单位）工程名称	北京××大厦	分部（子分部）工程名称	消防工程分部——消防电气和火灾自动报警系统子分部	分项工程名称	消防设备电源监控系统分项
施工单位	北京××集团	项目负责人	吴工	检验批容量	1个
分包单位	北京××消防工程公司	分包单位项目负责人	肖工	检验批部位	消防设备电源监控系统

施工依据	消防工程图纸、变更洽商（如有）、施工方案、《智能建筑工程施工规范》（GB 50606—2010）			验收依据	《智能建筑工程质量验收规范》（GB 50339—2013）	
	验收项目		设计要求及规范规定	最小/实际抽样数量	检查记录	检查结果
主控项目	1	系统试运行应连续进行120h	第3.1.3条	/	试运行120h	√
	2	试运行中出现系统故障时，应重新开始计时，直至连续运行满120h	第3.1.3条	/	/	/
	3	系统功能符合设计要求	设计要求	/	通过试运行，各项功能检验合格，资料齐全	√
施工单位检查结果			所查项目全部合格			
					专业工长：签名 项目专业质量检查员：签名 2023年××月××日	
监理单位验收结论			验收合格			
					专业监理工程师：签名 2023年××月××日	

注：本表由施工单位填写。

3. 验收依据

【规范名称及编号】《智能建筑工程质量验收规范》（GB 50339—2013）

【条文摘录】

3.1.3　系统试运行应连续进行120h。试运行中出现系统故障时，应重新开始计时，直至连续运行满120h。

8.6　建筑防烟排烟系统子分部检验批示例和验收依据

8.6.1　防烟系统分项

一、封闭楼梯间、防烟楼梯间的可开启外窗或开口检验批质量验收记录

1. 封闭楼梯间、防烟楼梯间的可开启外窗或开口检验批质量验收记录采用《建筑工程资料管理规程》（DB11/T 695）表C7-4编制。

2. 封闭楼梯间、防烟楼梯间的可开启外窗或开口检验批质量验收记录示例详见表8-135。

表8-135　封闭楼梯间、防烟楼梯间的可开启外窗或开口检验批质量验收记录示例

XF060101 001

单位（子单位）工程名称	北京××大厦	分部（子分部）工程名称	消防工程分部——建筑防烟排烟系统子分部	分项工程名称	防烟系统分项
施工单位	北京××集团	项目负责人	吴工	检验批容量	5间
分包单位	北京××消防工程公司	分包单位项目负责人	肖工	检验批部位	地下一层
施工依据	消防工程图纸、变更洽商（如有）、施工方案		验收依据	《建筑工程消防施工质量验收规范》（DB11/T 2000—2022）	

续表

	验收项目		设计要求及规范规定	最小/实际抽样数量	检查记录	检查结果
主控项目	1	可开启外窗开启方式	第11.2.1条第1款	全/5	共5处，全数检查，合格5处	√
	2	开启面积	第11.2.1条第1款	全/5	共5处，全数检查，合格5处	√
	3	风压值测试	第11.2.7条第1款	/	检验合格，资料齐全	√
	4	门洞断面风速值测试	第11.2.7条第2款	/	检验合格，资料齐全	√
施工单位检查结果				所查项目全部合格 专业工长：签名 项目专业质量检查员：签名 2023年××月××日		
监理单位验收结论				验收合格 专业监理工程师：签名 2023年××月××日		

注：本表由施工单位填写。

3. 验收依据

【规范名称及编号】《建筑工程消防施工质量验收规范》（DB11/T 2000—2022）

【条文摘录】

11.2.1 自然通风设施的设置应符合相关消防技术标准和消防设计文件要求，并应检查下列内容：

1 查看封闭楼梯间、防烟楼梯间、前室及消防电梯前室可开启外窗的开启方式，测量开启面积；

2 查看避难层（间）可开启外窗或百叶窗的开启方式，测量开启面积；

3 查看固定窗的设置情况。

11.2.7 防烟系统的系统性能应符合相关消防技术标准和消防设计文件要求，并应测试下列内容：

1 测试楼梯间、前室及封闭避难层（间）的风压值；

2 测试楼梯间、前室及封闭避难层（间）疏散门的门洞断面风速值。

二、独立前室、消防电梯前室的可开启外窗或开口检验批质量验收记录

1. 独立前室、消防电梯前室的可开启外窗或开口检验批质量验收记录采用《建筑工程资料管理规程》（DB11/T 695）表C7-4编制。

2. 独立前室、消防电梯前室的可开启外窗或开口检验批质量验收记录示例详见表8-136。

表8-136 独立前室、消防电梯前室的可开启外窗或开口检验批质量验收记录示例

XF060102 001

单位（子单位）工程名称	北京××大厦	分部（子分部）工程名称	消防工程分部——建筑防烟排烟系统子分部	分项工程名称	防烟系统分项
施工单位	北京××集团	项目负责人	吴工	检验批容量	5间
分包单位	北京××消防工程公司	分包单位项目负责人	肖工	检验批部位	地下一层
施工依据	消防工程施工方案、消防工程图纸		验收依据	《建筑工程消防施工质量验收规范》（DB11/T 2000—2022）	

验收项目		设计要求及规范规定	最小/实际抽样数量	检查记录	检查结果
主控项目	1 可开启外窗开启方式	第11.2.1条第1款	全/5	共5处，全数检查，合格5处	√
	2 开启面积	第11.2.1条第1款	全/5	共5处，全数检查，合格5处	√
	3 风压值测试	第11.2.7条第1款	/	检验合格，资料齐全	√
	4 门洞断面风速值测试	第11.2.7条第2款	/	检验合格，资料齐全	√
施工单位检查结果				所查项目全部合格 专业工长：签名 项目专业质量检查员：签名 2023年××月××日	
监理单位验收结论				验收合格 专业监理工程师：签名 2023年××月××日	

注：本表由施工单位填写。

3. 验收依据

【规范名称及编号】《建筑工程消防施工质量验收规范》（DB11/T 2000—2022）

【条文摘录】

见第8.6.1条第一款《封闭楼梯间、防烟楼梯间的可开启外窗或开口检验批质量验收记录》的验收依据，本书第519页。

三、避难层（间）可开启外窗检验批质量验收记录

1. 避难层（间）可开启外窗检验批质量验收记录采用《建筑工程资料管理规程》（DB11/T 695）表C7-4编制。

2. 避难层（间）可开启外窗检验批质量验收记录示例详见表8-137。

表8-137　避难层（间）可开启外窗检验批质量验收记录示例

XF060103 001

单位（子单位）工程名称	北京××大厦	分部（子分部）工程名称	消防工程分部——建筑防烟排烟系统子分部	分项工程名称	防烟系统分项
施工单位	北京××集团	项目负责人	吴工	检验批容量	5间
分包单位	北京××消防工程公司	分包单位项目负责人	肖工	检验批部位	1号楼
施工依据	消防工程图纸、变更洽商（如有）、施工方案			验收依据	《建筑工程消防施工质量验收规范》（DB11/T 2000—2022）

验收项目		设计要求及规范规定	最小/实际抽样数量	检查记录	检查结果
主控项目	1 可开启外窗或百叶窗的开启方式	第11.2.1条第2款	全/5	共5处，全数检查，合格5处	√

续表

	验收项目		设计要求及规范规定	最小/实际抽样数量	检查记录	检查结果
主控项目	2	开启面积	第11.2.1条第2款	全/5	共5处，全数检查，合格5处	√
	3	风压值测试	第11.2.7条第1款	/	检验合格，资料齐全	√
	4	门洞断面风速值测试	第11.2.7条第2款	/	检验合格，资料齐全	√
施工单位检查结果				所查项目全部合格 专业工长：签名 项目专业质量检查员：签名 2023年××月××日		
监理单位验收结论				验收合格 专业监理工程师：签名 2023年××月××日		

注：本表由施工单位填写。

3. 验收依据

【规范名称及编号】《建筑工程消防施工质量验收规范》（DB11/T 2000—2022）

【条文摘录】

见第8.6.1条第一款《封闭楼梯间、防烟楼梯间的可开启外窗或开口检验批质量验收记录》的验收依据，本书第519页。

四、风管与配件制作检验批质量验收记录

1. 风管与配件制作检验批质量验收记录采用《建筑工程资料管理规程》（DB11/T 695）表C7-4编制。

2. 风管与配件制作检验批质量验收记录示例详见表8-138。

表8-138 风管与配件制作检验批质量验收记录示例

XF060104 001

单位（子单位）工程名称	北京××大厦	分部（子分部）工程名称	消防工程分部——建筑防烟排烟系统子分部	分项工程名称	防烟系统分项
施工单位	北京××集团	项目负责人	吴工	检验批容量	10件
分包单位	北京××消防工程公司	分包单位项目负责人	肖工	检验批部位	A系统
施工依据	消防工程图纸、变更洽商（如有）、施工方案		验收依据	《通风与空调工程施工质量验收规范》（GB 50243—2016）	

	验收项目		设计要求及规范规定	最小/实际抽样数量	检查记录	检查结果
主控项目	1	风管强度与严密性工艺检测	第4.2.1条	/	质量证明文件齐全，通过进场验收，记录编号××	√
	2	风管材质、性能及厚度	第4.2.3条第1款	3/3	抽查3处，合格3处	√

续表

验收项目			设计要求及规范规定	最小/实际抽样数量	检查记录	检查结果
主控项目	3	风管的连接	第4.1.5条第4.2.3条第2款	3/3	抽查3处，合格3处	√
	4	风管的加固	第4.2.3条第3款	3/3	抽查3处，合格3处	√
	5	防火风管	第4.2.2条	/	质量证明文件齐全，通过进场验收，记录编号××	√
	6	镀锌钢板不得焊接	第4.1.5条	/	/	/
一般项目	1	法兰风管	第4.3.1条第1款	3/3	抽查3处，合格3处	100%
	2	无法兰风管	第4.3.1条第2款	3/3	抽查3处，合格3处	100%
	3	风管的加固	第4.3.1条第3款	3/3	抽查3处，合格3处	100%
	4	圆形弯管	第4.3.5条	3/3	抽查3处，合格3处	100%
	5	矩形风管导流片	第4.3.6条	3/3	抽查3处，合格3处	100%
	6	风管变径管	第4.3.7条	3/3	抽查3处，合格3处	100%
施工单位检查结果					所查项目全部合格 专业工长：签名 项目专业质量检查员：签名 2023年××月××日	
监理单位验收结论					验收合格 专业监理工程师：签名 2023年××月××日	

注：本表由施工单位填写。

3. 验收依据

【规范名称及编号】《通风与空调工程施工质量验收规范》（GB 50243—2016）

【条文摘录】

4 风管与配件

4.1 一般规定

4.1.1 风管质量的验收应按材料、加工工艺、系统类别的不同分别进行，并应包括风管的材质、规格、强度、严密性能与成品观感质量等项内容。

4.1.2 风管制作所用的板材、型材以及其他主要材料进场时应进行验收，质量应符合设计要求及国家现行标准的有关规定，并应提供出厂检验合格证明。工程中所选用的成品风管，应提供产品合格证书或进行强度和严密性的现场复验。

4.1.3 金属风管规格应以外径或外边长为准，非金属风管和风道规格应以内径或内边长为准。圆形风管规格宜符合表4.1.3-1的规定，矩形风管规格宜符合表4.1.3-2的规定。圆形风管应优先采用基本系列，非规则椭圆形风管应参照矩形风管，并应以平面边长及短径径长为准。

表 4.1.3-1 圆形风管规格

风管直径 D（mm）			
基本系列	辅助系统	基本系列	辅助系列
100	80	800	480
	90	560	530
120	110	630	600
140	130	700	670
160	150	800	750
180	170	900	850
200	190	1000	950
220	210	1120	1060
250	240	1250	1180
280	260	1400	1320
320	300	1600	1500
360	340	1800	1700
400	380	2000	1900
450	420	/	/

表 4.1.3-2 矩形风管规格

风管边长（mm）				
120	320	800	2000	4000
160	400	1000	2500	/
200	500	1250	3000	/
250	630	1600	3500	/

4.1.4 风管系统按其工作压力应划分为微压、低压、中压与高压四个类别，并应采用相应类别的风管。风管类别应按表 4.1.4 的规定进行划分。

表 4.1.4 风管类别

类别	风管系统工作压力 P（Pa）		密封要求
	管内正压	管内负压	
微压	$P \leqslant 125$	$P \geqslant -125$	接缝及接管连接处应严密
低压	$125 < P \leqslant 500$	$-500 \leqslant P < -125$	接缝及接管连接处应严密，密封面宜设在风管的正压侧
中压	$500 < P \leqslant 1500$	$-1000 \leqslant P < -500$	接缝及接管连接处应加设密封措施
高压	$1500 < P \leqslant 2500$	$-2000 \leqslant P < -1000$	所有的拼接缝及接管连接处均应采取密封措施

4.1.5 镀锌钢板及含有各类复合保护层的钢板应采用咬口连接或铆接，不得采用焊接连接。

4.1.6 风管的密封应以板材连接的密封为主，也可采用密封胶嵌缝与其他方法。密封胶的性能应符合使用环境的要求，密封面宜设在风管的正压侧。

4.1.7 净化空调系统风管的材质应符合下列规定：

1 应按工程设计要求选用。当设计无要求时，宜采用镀锌钢板，且镀锌层厚度不应小于 $100g/m^2$；

2 当生产工艺或环境条件要求采用非金属风管时，应采用不燃材料或难燃材料，且表面应光滑、平整、不产尘、不易霉变。

4.2 主控项目

4.2.1 风管加工质量应通过工艺性的检测或验证，强度和严密性要求应符合下列规定：

1 风管在试验压力保持 5min 及以上时，接缝处应无开裂，整体结构应无永久性的变形及损伤。试验压力应符合下列规定：

1）低压风管应为 1.5 倍的工作压力；

2）中压风管应为 1.2 倍的工作压力，且不低于 750Pa；

3）高压风管应为 1.2 倍的工作压力。

2 矩形金属风管的严密性检验，在工作压力下的风管允许漏风量应符合表 4.2.1 的规定。

表 4.2.1 风管允许漏风量

风管类别	允许漏风量 $[m^3/(h \cdot m^2)]$
低压风管	$Q_l \leqslant 0.1056P^{0.65}$
中压风管	$Q_m \leqslant 0.0352P^{0.65}$
高压风管	$Q_h \leqslant 0.0117P^{0.65}$

注：Q_l—低压风管允许漏风量；Q_m—中压风管允许风管漏风量；Q_h—高压风管允许漏网量，P 为系统风管工作压力（Pa）。

3 低压、中压圆形金属与复合材料风管，以及采用非法兰形式的非金属风管的允许漏风量，应为矩形金属风管规定值的 50%。

4 砖、混凝土风道的允许漏风量不应大于矩形金属低压风管规定值的 1.5 倍。

5 排烟、除尘、低温送风及变风量空调系统风管的严密性应符合中压风管的规定，N1～N5 级净化空调系统风管的严密性应符合高压风管的规定。

6 风管系统工作压力绝对值不大于 125Pa 的微压风管，在外观和制造工艺检验合格的基础上，不应进行漏风量的验证测试。

7 输送剧毒类化学气体及病毒的实验室通风与空调风管的严密性能应符合设计要求。

8 风管或系统风管强度与漏风量测试应符合本规范附录 C 的规定。

检查数量：按 I 方案。

检查方法：按风管系统的类别和材质分别进行，查阅产品合格证和测试报告，或实测旁站。

4.2.2 防火风管的本体、框架与固定材料、密封垫料等必须采用不燃材料，防火风管的耐火极限时间应符合系统防火设计的规定。

检查数量：全数检查。

检查方法：查阅材料质量合格证明文件和性能检测报告，观察检查与点燃试验。

4.2.3 金属风管的制作应符合下列规定：

1 金属风管的材料品种、规格、性能与厚度应符合设计要求。当风管厚度设计无要求时，应按本规范执行。钢板风管板材厚度应符合表 4.2.3-1 的规定。镀锌钢板的镀锌层厚度应符合设计或合同的规定，当设计无规定时，不应采用低于 80g/m² 板材；不锈钢板风管板材厚度应符合表 4.2.3-2 的规定；铝板风管板材厚度应符合表 4.2.3-3 的规定。

表 4.2.3-1 钢板风管板材厚度

风管直径或长边尺寸 b	板材厚度				
	微压、低压系统风管	中压系统风管		高压系统风管	除尘系统风管
		圆形	矩形		
$b \leqslant 320$	0.5	0.5	0.5	0.75	2.0
$320 < b \leqslant 450$	0.5	0.6	0.6	0.75	2.0

风管直径或长边尺寸 b	板材厚度				
	微压、低压系统风管	中压系统风管		高压系统风管	除尘系统风管
		圆形	矩形		
450<b≤630	0.6	0.75	0.75	1.0	3.0
630<b≤1000	0.75	0.75	0.75	1.0	4.0
1000<b≤1500	1.0	1.0	1.0	1.2	5.0
1500<b≤2000	1.0	1.2	1.2	1.5	按设计要求
2000<b≤4000	1.2	按设计要求	1.2	按设计要求	按设计要求

注：1. 螺旋风管的钢板厚度可按圆形风管减少 $10\%\sim15\%$。

2. 排烟系统风管钢板厚度可按高压系统。

3. 不适用于地下人防与防火隔墙的预埋管。

表 4.2.3-2 不锈钢板风管板材厚度 （单位：mm）

风管直径或长边尺寸 b	微压、低压、中压	高压
b≤450	0.5	0.75
450<b≤1120	0.75	1.0
1120<b≤2000	1.0	1.2
2000<b≤4000	1.2	按设计要求

表 4.2.3-3 铝板风管板材厚度 （单位：mm）

风管直径或长边尺寸 b	微压、低压、中压
b≤320	1.0
320<b≤630	1.5
630<b≤2000	2.0
2000<b≤4000	按设计要求

2 金属风管的连接应符合下列规定：

1）风管板材拼接的接缝应错开，不得有十字形拼接缝。

2）金属圆形风管法兰及螺栓规格应符合表4.2.3-4的规定，金属矩形风管法兰及螺栓规格应符合表4.2.3-5的规定。微压、低压与中压系统风管法兰的螺栓及铆钉孔的孔距不得大于150mm；高压系统风管不得大于100mm。矩形风管法兰的四角部位应设有螺孔。

3）用于中压及以下压力系统风管的薄钢板法兰矩形风管的法兰高度，应不小于相同金属法兰风管的法兰高度。薄钢板法兰矩形风管不得用于高压风管。

表 4.2.3-4 金属圆形风管法兰及螺栓规格 （单位：mm）

风管直径 D	法兰材料规格		螺栓规格
	扁钢	角钢	
D≤140	20×4	—	M6
140<D≤280	25×4	—	
280<D≤630	—	25×3	
630<D≤1250	—	30×4	M8
1250<D≤2000	—	40×4	

表4.2.3-5　金属矩形风管法兰及螺栓规格　　　　　　　　　　　　　（单位：mm）

风管长边尺寸 b	法兰角钢规格	螺栓规格
$b \leqslant 630$	25×3	M6
$630 < b \leqslant 1500$	30×3	M8
$1500 < b \leqslant 2500$	40×4	
$2500 < b \leqslant 4000$	50×5	M10

3　金属风管的加固应符合下列规定：

1）直咬缝圆形风管直径不小于800mm，且管段长度大于1250mm或总表面积大于4m²时，均应采取加固措施。用于高压系统的螺旋风管，直径大于2000mm时应采取加固措施。

2）矩形风管的边长大于630mm，或矩形保温风管边长大于800mm，管段长度大于1250mm；或低压风管单边平面面积大于1.2m²，中压、高压风管大于1.0m²，均应有加固措施。

3）非规则椭圆形风管的加固应按本条第2款的规定执行。

检查数量：按Ⅰ方案。

检查方法：尺量、观察检查。

4.2.4　非金属风管的制作应符合下列规定：

1　非金属风管的材料品种、规格、性能与厚度等应符合设计要求。当设计无厚度规定时，应按本规范执行。高压系统非金属风管应按设计要求。

2　硬聚氯乙烯风管的制作应符合下列规定：

1）硬聚氯乙烯圆形风管板材厚度应符合表4.2.4-1的规定，硬聚氯乙烯矩形风管板材厚度应符合表4.2.4-2的规定。

2）硬聚氯乙烯圆形风管法兰规格应符合表4.2.4-3的规定，硬聚氯乙烯矩形风管法兰规格应符合表4.2.4-4的规定。法兰螺孔的间距不得大于120mm。矩形风管法兰的四角处，应设有螺孔。

3）当风管的直径或边长大于500mm时，风管与法兰的连接处应设加强板，且间距不得大于450mm。

表4.2.4-1　硬聚氯乙烯圆形风管板材厚度　　　　　　　　　　　　　（单位：mm）

风管直径 D	板材厚度	
	微压、低压	中压
$D \leqslant 320$	3.0	4.0
$320 < D \leqslant 800$	4.0	6.0
$800 < D \leqslant 1200$	5.0	8.0
$1200 < D \leqslant 2000$	6.0	10.0
$D > 2000$	按设计要求	

表4.2.4-2　硬聚氯乙烯矩形风管板材厚度　　　　　　　　　　　　　（单位：mm）

风管长边尺寸 b	板材厚度	
	微压、低压	中压
$b \leqslant 320$	3.0	4.0
$320 < b \leqslant 500$	4.0	5.0
$500 < b \leqslant 800$	5.0	6.0
$800 < b \leqslant 1250$	6.0	8.0
$1250 < b \leqslant 2000$	8.0	10.0

表 4.2.4-3 硬聚氯乙烯圆形风管法兰规格 （单位：mm）

风管直径 D	材料规格（宽×厚）	连接螺栓
D≤180	35×6	M6
180<D≤400	35×8	M8
400<D≤500	35×10	
500<D≤800	40×10	
800<D≤1400	40×12	
1400<D≤1600	50×15	
1600<D≤2000	60×15	
D>2000	按设计要求	

表 4.2.4-4 硬聚氯乙烯矩形风管法兰规格 （单位：mm）

风管边长 b	材料规格（宽×厚）	连接螺栓
b≤160	35×6	M6
160<b≤400	35×8	M8
400<b≤500	35×10	
500<b≤800	40×10	M10
800<b≤1250	45×12	
1250<b≤1600	50×15	
1600<b≤2000	60×18	
b>2000	按设计要求	

3 玻璃钢风管的制作应符合下列规定：

1）微压、低压及中压系统有机玻璃钢风管板材的厚度应符合表 4.2.4-5 的规定。无机玻璃钢（氯氧镁水泥）风管板材的厚度应符合表 4.2.4-6 的规定，风管玻璃纤维布厚度与层数应符合表 4.2.4-7 的规定，且不得采用高碱玻璃纤维布。风管表面不得出现泛卤及严重泛霜。

2）玻璃钢风管法兰的规格应符合表 4.2.4-8 的规定，螺栓孔的间距不得大于 120mm。矩形风管法兰的四角处应设有螺孔。

3）当采用套管连接时，套管厚度不得小于风管板材厚度。

4）玻璃钢风管的加固应为本体材料或防腐性能相同的材料，加固件应与风管成为整体。

表 4.2.4-5 微压、低压、中压有机玻璃钢风管板材厚度 （单位：mm）

圆形风管直径 D 或矩形风管长边尺寸 b	壁厚
D（b）≤200	2.5
200<D（b）≤400	3.2
400<D（b）≤630	4.0
630<D（b）≤1000	4.8
1000<D（b）≤2000	6.2

表 4.2.4-6 微压、低压、中压无机玻璃钢风管板材厚度 （单位：mm）

圆形风管直径 D 或矩形风管长边尺寸 b	壁厚
D（b）≤300	2.5～3.5
300<D（b）≤500	3.5～4.5

续表

圆形风管直径 D 或矩形风管长边尺寸 b	壁厚
$500 < D\ (b) \leqslant 1000$	$4.5 \sim 5.5$
$1000 < D\ (b) \leqslant 1500$	$5.5 \sim 6.5$
$1500 < D\ (b) \leqslant 2000$	$6.5 \sim 7.5$
$D\ (b) > 2000$	$7.5 \sim 8.5$

表 4.2.4-7 微压、低压、中压系统无机玻璃钢风管玻璃纤维布厚度与层数　　　　（单位：mm）

圆形风管直径 D 或矩形风管长边 b	风管管体玻璃纤维布厚度		风管法兰玻璃纤维布厚度	
	0.3	0.4	0.3	0.4
	玻璃布层数			
$D\ (b) \leqslant 300$	5	4	8	7
$300 < D\ (b) \leqslant 500$	7	5	10	8
$500 < D\ (b) \leqslant 1000$	8	6	13	9
$1000 < D\ (b) \leqslant 1500$	9	7	14	10
$1500 < D\ (b) \leqslant 2000$	12	8	16	14
$D\ (b) > 2000$	14	9	20	16

表 4.2.4-8 玻璃钢风管法兰规格　　　　（单位：mm）

风管直径 D 或风管边长 b	材料规格（宽×厚）	连接螺栓
$D\ (b) \leqslant 400$	30×4	M8
$400 < D\ (b) \leqslant 1000$	40×6	
$1000 < D\ (b) \leqslant 2000$	50×8	M10

4 砖、混凝土建筑风道的伸缩缝，应符合设计要求，不应有渗水和漏风。

5 织物布风管在工程中使用时，应具有相应符合国家现行标准的规定，并应符合卫生与消防的要求。

检查数量：按Ⅰ方案。

检查方法：观察检查、尺量、查验材料质量证明书、产品合格证。

4.2.5 复合材料风管的覆面材料必须采用不燃材料，内层的绝热材料应采用不燃或难燃且对人体无害的材料。

检查数量：全数检查。

检查方法：查验材料质量合格证明文件、性能检测报告，观察检查与点燃试验。

4.2.6 复合材料风管的制作应符合下列规定：

1 复合风管的材料品种、规格、性能与厚度等应符合设计要求。复合板材的内外覆面层粘贴应牢固，表面平整无破损，内部绝热材料不得外露。

2 铝箔复合材料风管的连接、组合应符合下列规定：

1）采用直接黏结连接的风管，边长不应大于 500mm；采用专用连接件连接的风管，金属专用连接件的厚度不应小于 1.2mm，塑料专用连接件的厚度不应小于 1.5mm。

2）风管内的转角连接缝，应采取密封措施。

3）铝箔玻璃纤维复合风管采用压敏铝箔胶带连接时，胶带应粘接在铝箔面上，接缝两边的宽度均应大于 20mm。不得采用铝箔胶带直接与玻璃纤维断面相黏结的方法。

4）当采用法兰连接时，法兰与风管板材的连接应可靠，绝热层不应外露，不得采用降低板材强度和绝热性能的连接方法。中压风管边长大于1500mm时，风管法兰应为金属材料。

3 夹芯彩钢板复合材料风管，应符合现行国家标准《建筑设计防火规范（2018年版）》（GB 50016）的有关规定。当用于排烟系统时，内壁金属板的厚度应符合表4.2.3-1的规定。

检查数量：按Ⅰ方案。

检查方法：尺量、观察检查、查验材料质量证明书、产品合格证。

4.2.7 净化空调系统风管的制作应符合下列规定：

1 风管内表面应平整、光滑，管内不得设有加固框或加固筋；

2 风管不得有横向拼接缝。矩形风管底边宽度不大于900mm时，底面不得有拼接缝；大于900mm且不大于1800mm时，底面拼接缝不得多于1条；大于1800mm且不大于2700mm时，底面拼接缝不得多于2条；

3 风管所用的螺栓、螺母、垫圈和铆钉的材料应与管材性能相适应，不应产生电化学腐蚀；

4 当空气洁净度等级为N1级～N5级时，风管法兰的螺栓及铆钉孔的间距不应大于80mm；当空气洁净度等级为N6级～N9级时，不应大于120mm。不得采用抽芯铆钉；

5 矩形风管不得使用S形插条及直角形插条连接。边长大于1000mm的净化空调系统风管，无相应的加固措施，不得使用薄钢板法兰弹簧夹连接；

6 空气洁净度等级为N1级～N5级净化空调系统的风管，不得采用按扣式咬口连接；

7 风管制作完毕后，应清洗。清洗剂不应对人体、管材和产品等产生危害。

检查数量：按Ⅰ方案。

检查方法：查阅材料质量合格证明文件和观察检查，白绸布擦拭。

4.3 一般项目

4.3.1 金属风管的制作应符合下列规定：

1 金属法兰连接风管的制作应符合下列规定：

1）风管与配件的咬口缝应紧密、宽度应一致、折角应平直、圆弧应均匀，且两端面应平行。风管不应有明显的扭曲与翘角，表面应平整，凹凸不应大于10mm。

2）当风管的外径或外边长不大于300mm时，其允许偏差不应大于2mm；当风管的外径或外边长大于300mm时，不应大于3mm。管口平面度的允许偏差不应大于2mm；矩形风管两条对角线长度之差不应大于3mm，圆形法兰任意两直径之差不应大于3mm。

3）焊接风管的焊缝应饱满、平整，不应有凸瘤、穿透的夹渣和气孔、裂缝等其他缺陷。风管目测应平整，不应有凹凸大于10mm的变形。

4）风管法兰的焊缝应熔合良好、饱满，无假焊和孔洞。法兰外径或外边长及平面度的允许偏差不应大于2mm。同一批量加工的相同规格法兰的螺孔排列应一致，并应具有互换性。

5）风管与法兰采用铆接连接时，铆接应牢固，不应有脱铆和漏铆现象；翻边应平整、紧贴法兰，宽度应一致，且不应小于6mm；咬缝及矩形风管的四角处不应有开裂与孔洞。

6）风管与法兰采用焊接连接时，焊缝应低于法兰的端面。除尘系统风管宜采用内侧满焊，外侧间断焊形式。当风管与法兰采用点焊固定连接时，焊点应融合良好，间距不应大于100mm；法兰与风管应紧贴，不应有穿透的缝隙与孔洞。

7）镀锌钢板风管表面不得有10%以上的白花、锌层粉化等镀锌层严重损坏的现象。

8）当不锈钢板或铝板风管的法兰采用碳素钢材时，材料规格应符合本规范第4.2.3条的规定，并应根据设计要求进行防腐处理；铆钉材料应与风管材质相同，不应产生电化学腐蚀。

2 金属无法兰连接风管的制作应符合下列规定：

1）圆形风管无法兰连接形式应符合表4.3.1-1的规定。矩形风管无法兰连接形式应符合表4.3.1-2的规定。

表 4.3.1-1　圆形风管无法兰连接形式

无法兰连接形式		附件板厚（mm）	接口要求	使用范围
承轴连接		—	插入深度不小于 30mm，有密封要求	直径小于 700mm 微压、低压风管
带加强筋承插		—	插入深度不小于 20mm，有密封要求	微压、低压、中压风管
角钢加固承插		—	插入深度不小于 20mm，有密封要求	微压、低压、中压风管
芯管连接		不小于管板厚	插入深度不小于 20mm，有密封要求	微压、低压、中压风管
立筋抑箍连接		不小于管板厚	翻边与楞筋匹配一致，紧固严密	微压、低压、中压风管
抱箍连接		不小于管板厚	对口尽量靠近不重叠，抱箍应居中，宽度不小于 100mm	直径小于 700mm 微压、低压风管
内胀芯管连接		不小于管板厚	橡胶密封垫固定应牢固	大口径螺旋风管

表 4.3.1-2　矩形风管无法兰连接形式

无法兰连接形式		附件板厚（mm）	使用范围
S 形插条		≥0.7	微压、低压风管，单独使用连接处必须有固定措施
C 形插条		≥0.7	微压、低压、中压风管
立咬口		≥0.7	微压、低压、中压风管
包边立咬口		≥0.7	微压、低压、中压风管

无法兰连接形式		附件板厚（mm）	使用范围
薄钢板法兰插条		≥1.0	微压、低压、中压风管
薄钢板法兰弹簧夹		≥1.0	微压、低压、中压风管
直角型平插条		≥0.7	微压、低压风管

2）矩形薄钢板法兰风管的接口及附件，尺寸应准确，形状应规则，接口应严密；风管薄钢板法兰的折边应平直，弯曲度不应大于5‰。弹性插条或弹簧夹应与薄钢板法兰折边宽度相匹配，弹簧夹的厚度应不小于1mm，且不应低于风管本体厚度。角件与风管薄钢板法兰四角接口的固定应稳固紧贴，端面应平整，相连处的连续通缝不应大于2mm；角件的厚度不应小于1mm及风管本体厚度。薄钢板法兰弹簧夹连接风管，边长不宜大于1500mm。当对法兰采取相应的加固措施时，风管边长不得大于2000mm。

3）矩形风管采用C形、S形插条连接时，风管长边尺寸不应大于630mm。插条与风管翻边的宽度应匹配一致，允许偏差不应大于2mm。连接应平整严密，四角端部固定折边长度不应小于20mm。

4）矩形风管采用立咬口、包边立咬口连接时，立筋的高度应不小于同规格风管的角钢法兰高度。同一规格风管的立咬口、包边立咬口的高度应一致，折角应倾角有棱线、弯曲度允许偏差为5‰。咬口连接铆钉的间距不应大于150mm，间隔应均匀；立咬口四角连接处补角连接件的铆固应紧密，接缝应平整，且不应有孔洞。

5）圆形风管芯管连接应符合表4.3.1-3的规定。

表4.3.1-3 圆形风管芯管连接

风管直径 D（mm）	芯管长度 l（mm）	自攻螺丝或抽芯铆钉数量（个）	直径允许偏差（mm）	
			网管	芯管
120	120	3×2	−1～0	−3～−4
300	160	4×2		
400	200	4×2		
700	200	6×2		
900	200	8×2		
1000	200	8×2	−2～0	−4～−5
1120	200	10×2		
1250	200	10×2		
1400	200	12×2		

注：大口径圆形风管宜采用内胀式芯管连接。

6）非规则椭圆风管可采用法兰与无法兰连接形式，质量要求应符合相应连接形式的规定。

3 金属风管的加固应符合下列规定：

1）风管的加固可采用角钢加固、立咬口加固、楞筋加固、扁钢内支撑、螺杆内支撑和钢管内支撑等多种形式（图 4.3.1）。

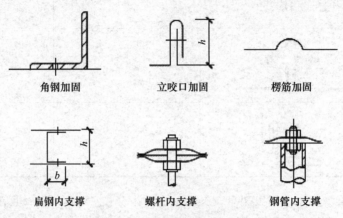

角钢加固　　　　立咬口加固　　　　楞筋加固

扁钢内支撑　　　螺杆内支撑　　　钢管内支撑

图 4.3.1　金属风管的加固形式

2）楞筋（线）的排列应规则，间隔应均匀，最大间距应为 300mm，板面应平整，凹凸变形（不平度）不应大于 10mm。

3）角钢或采用钢板折成加固筋的高度应不大于风管的法兰高度，加固排列应整齐均匀。与风管的铆接应牢固，最大间隔不应大于 220mm；各条加箍筋的相交处，或加箍筋与法兰相交处宜连接固定。

4）管内支撑与风管的固定应牢固，穿管壁处应采取密封措施。各支撑点之间或支撑点与风管的边沿或法兰间的距离应均匀，且不应大于 950mm。

5）当中压、高压系统风管管段长度大于 1250mm 时，应采取加固框补强措施。高压系统风管的单咬口缝，还应采取防止咬口缝胀裂的加固或补强措施。

检验数量：按Ⅱ方案。

检验方法：观察和尺量检查。

4.3.2　非金属风管的制作除应符合本规范第 4.3.1 条第 1 款的规定外，尚应符合下列规定：

1　硬聚氯乙烯风管的制作应符合下列规定：

1）风管两端面应平行，不应有扭曲，外径或外边长的允许偏差不应大于 2mm。表面应平整，圆弧应均匀，凹凸不应大于 5mm。

2）焊缝形式及适用范围应符合表 4.3.2-1 的规定。

3）焊缝应饱满，排列应整齐，不应有焦黄断裂现象。

4）矩形风管的四角可采用煨角或焊接连接。当采用煨角连接时，纵向焊缝距煨角处宜大于 80mm。

2　有机玻璃钢风管的制作应符合下列规定：

1）风管两端面应平行，内表面应平整光滑、无气泡，外表面应整齐，厚度应均匀，且边缘处不应有毛刺及分层现象。

2）法兰与风管的连接应牢固，内角交界处应采用圆弧过渡。

管口与风管轴线成直角，平面度的允许偏差不应大于 3mm；螺孔的排列应均匀，至管口的距离应一致，允许偏差不应大于 2mm。

表 4.3.2-1　硬聚氯乙烯板焊缝形式及适用范围

焊缝形式	图示	焊缝高度（mm）	板材厚度（mm）	坡口角度 α（°）	适用范围
V 形对接焊缝		2～3	3～5	70～90	单面焊的风管
X 形对接焊缝		2～3	≥5	70～90	风管法兰及厚板的拼接
搭接焊缝		不小于最小板厚	3～10	—	风管或配件的加固
角焊缝（无坡口）		2～3	6～18	—	
角焊缝（无坡口）		不小于最小板厚	≥3	—	风管配件的角焊
V 形单面角焊缝		2～3	3～8	70～90	风管角部焊接
V 形双面角焊缝		2～3	6～15	70～90	厚壁风管角部焊接

3）风管的外径或外边长尺寸的允许偏差不应大于 3mm，圆形风管的任意正交两直径之差不应大于 5mm，矩形风管的两对角线之差不应大于 5mm。

4）矩形玻璃钢风管的边长大于 900mm，且管段长度大于 1250mm 时，应采取加固措施。加固筋的分布应均匀整齐。

3 无机玻璃钢风管的制作除应符合本条第 2 款的规定外，尚应符合下列规定：

1）风管表面应光洁，不应有多处目测到的泛霜和分层现象；

2）风管的外形尺寸应符合表 4.3.2-2 的规定；

表 4.3.2-2　无机玻璃风管外形尺寸　　　　　　　　　　（单位：mm）

直径 D 或大边长 b	矩形风管表面不平度	法兰平面的不平度	法兰平面的不平度	圆形风管两直径之差
D（b）≤300	≤3	≤3	≤2	≤3
300＜D（b）≤500	≤3	≤4	≤2	≤3
500＜D（b）≤1000	≤4	≤5	≤2	≤4
1000＜D（b）≤1500	≤4	≤6	≤3	≤5
1500＜D（b）≤2000	≤5	≤7	≤3	≤5

3）风管法兰制作应符合本条第 2 款第 2 项的规定。

4 砖、混凝土建筑风道内径或内边长的允许偏差不应大于 20mm，两对角线之差不应大于 30mm；内表面的水泥砂浆涂抹应平整，且不应有贯穿性的裂缝及孔洞。

检验数量：按 Ⅱ 方案。

检验方法：查验测试记录，观察和尺量检查。

4.3.3　复合材料风管的制作应符合下列规定：

1 复合材料风管及法兰的允许偏差应符合表 4.3.3-1 的规定。

表 4.3.3-1　复合材料风管及法兰允许偏差　　　　　　　（单位：mm）

风管长边尺寸 b 或直径 D	允许偏差				
	边长或直径偏差	矩形风管表面平面度	矩形风管端口对角线之差	法兰或端口平面度	圆形法兰任意正交两直径之差
b（D）≤300	±2	≤3	≤3	≤2	≤3
320＜b（D）≤2000	±3	≤5	≤4	≤4	≤5

2 双面铝箔复合绝热材料风管的制作应符合下列规定：

1）风管的折角应平直，两端面应平行，允许偏差应符合本条第 1 款的规定；

2）板材的拼接应平整，凹凸不大于 5mm，无明显变形、起泡和铝箔破损；

3）风管长边尺寸大于 1600mm 时，板材拼接应采用 H 形 PVC 或铝合金加固条；

4）边长大于 320mm 的矩形风管采用插接连接时，四角处应粘贴直角垫片，插接连接件与风管粘接应牢固，插接连接件应互相垂直，插接连接件间隙不应大于 2mm；

5）风管采用法兰连接时，风管与法兰的连接应牢固；

6）矩形弯管的圆弧面采用机械压弯成型制作时，轧压深度不宜超过 5mm。圆弧面成型后，应对轧压处的铝箔划痕密封处理；

7）聚氨酯铝箔复合材料风管或酚醛铝箔复合材料风管，内支撑加固的镀锌螺杆直径不应小于 8mm，穿管壁处应进行密封处理。聚氨酯（酚醛）铝箔复合材料风管内支撑加固的设置应符合表 4.3.3-2 的规定。

3 铝箔玻璃纤维复合材料风管除应符合本条第 1 款的规定外，尚应符合下列规定：

1）风管的离心玻璃纤维板材应干燥平整，板外表面的铝箔隔气保护层与内芯玻璃纤维材料应黏合牢固，内表面应有防纤维脱落的保护层，且不得释放有害物质；

表 4.3.3-2　聚氨酯（酚醛）句号箔复合材料风管内支撑加固的设置

类别		系统工作压力（Pa）			
		≤300	301～500	501～750	751～000
		横向加固点数			
风管内边长 b（mm）	410＜b≤600	—	—	—	1
	600＜b≤800	—	1	1	1
	800＜b≤1200	1	1	1	1
	1200＜b≤1500	1	1	1	1
	1500＜b≤2000	2	2	2	1
纵向加固间距（mm）					
聚氨酯复合风管		≤1000	≤800	≤600	
酚醛复合风管		≤800			

　　2）风管采用承插阶梯接口形式连接时，承口应在风管外侧，插口应在风管内侧，承口、插口均应整齐，插入深度应大于或等于风管板材厚度。插接口处预留的覆面层材料厚度应等同于板材厚度，接缝处的粘接应严密牢固；

　　3）风管采用外套角钢法兰连接时，角钢法兰规格可为同尺寸金属风管的法兰规格或小一档规格。槽形连接件应采用厚度不小于1mm的镀锌钢板。角钢外套法兰与槽形连接件的连接，应采用不小于M6的镀锌螺栓（图4.3.3），螺栓间距不应大于120mm。法兰与板材间及螺栓孔的周边应涂胶密封；

　　4）铝箔玻璃纤维复合风管内支撑加固的镀锌螺杆直径不应小于6mm，穿管壁处应采取密封处理。正压风管长边尺寸不小于1000mm时，应增设外加固框，外加固框架应与内支撑的镀锌螺杆相固定。负压风管的加固框应设在风管的内侧，在工作压力下其支撑的镀锌螺杆不得有弯曲变形。风管内支撑的加固应符合表4.3.3-3的规定；

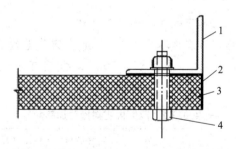

图 4.3.3　玻璃纤维复合风管角钢连接示意
1—角钢外法兰；2—槽形连接件；3—风管；4—M6 镀锌螺栓

表 4.3.3-3　玻璃纤维复合风管内支撑加固

类别		系统工作压力（Pa）		
		≤100	101～250	251～500
		内支撑横向加固点数		
风管边长 b（mm）	400＜b≤500	—	—	1
	500＜b≤600	—	1	1
	600＜b≤800	1	1	1

续表

类别		系统工作压力（Pa）		
		≤100	101～250	251～500
		内支撑横向加固点数		
风管边长 b（mm）	800<b≤1000	1	1	2
	1000<b≤1200	1	2	2
	1200<b≤1400	2	2	3
	1400<b≤1600	2	3	3
	1600<b≤1800	2	3	4
	1800<b≤2000	3	3	4
金属加固框纵向间距（mm）		≤600		≤400

4 机制玻璃纤维增强氯氧镁水泥复合板风管除应符合本条第 1 款的规定外，尚应符合下列规定：

1）矩形弯管的曲率半径和分节数应符合表 4.3.3-4 的规定；

表 4.3.3-4 矩形弯管的曲率半径和分节数

弯管边长 b（mm）	曲率半径 R	弯管角度和最少分节数							
		90°		60°		45°		30°	
		中节	端节	中节	端节	中节	端节	中节	端节
b≤600	≥1.5b	2	2	1	2	1	2	—	2
600<b≤1200	(1.0～1.5) b	2	2	2	2	1	2	—	2
1200<b≤2000	1.0b	3	2	2	2	1	2	1	2

注：b 与曲率半径为大值时，弯管的中节数可参照圆形风管弯管的规定，适度增加。

2）风管板材采用对接粘接时，在对接缝的两面应分别粘贴 3 层及以上，宽度不应小于 50mm 的玻璃纤维布增强；

3）粘接剂应与产品相匹配，且不应散发有毒有害气体；

4）风管内加固用的镀锌支撑螺杆直径不应小于 10mm，穿管壁处应进行密封。风管内支撑横向加固应符合表 4.3.3-5 的规定，纵向间距不应大于 1250mm。当负压系统风管的内支撑高度大于 800mm 时，支撑杆应采用镀锌钢管。

表 4.3.3-5 风管内支撑横向加固数量

风管长边尺寸 b（mm）	系统设计工作压力 P（Pa）			
	P≤500		500<P≤1000	
	复合板厚度（mm）		复合板厚度（mm）	
	18～24	25～45	18～24	25～45
1250≤b<1600	1	—	1	—
1600≤b<2000	1	1	2	1

检查数量：按Ⅱ方案。

检查方法：查阅测试资料、尺量、观察检查。

4.3.4 净化空调系统风管除应符合本规范第 4.3.1 条的规定外，尚应符合下列规定：

1 咬口缝处所涂密封胶宜在正压侧；

2 镀锌钢板风管的咬口缝、折边和铆接等处有损伤时，应进行防腐处理；

3　镀锌钢板风管的镀锌层不应有多处或 10％ 表面积的损伤、粉化脱落等现象；

4　风管清洗达到清洁要求后，应对端部进行密闭封堵，并应存放在清洁的房间；

5　净化空调系统的静压箱本体、箱内高效过滤器的固定框架及其他固定件应为镀锌、镀镍件或其他防腐件。

检查数量：按Ⅱ方案。

检验方法：观察检查。

4.3.5　圆形弯管的曲率半径和分节数应符合表 4.3.5 的规定。圆形弯管的弯曲角度及圆形三通、四通支管与总管夹角的制作偏差不应大于 3°。

表 4.3.5　圆形弯管的曲率半径和分节数

弯管直径 D（mm）	曲率半径 R	弯管角度和最少节数							
		90°		60°		45°		30°	
		中节	端节	中节	端节	中节	端节	中节	端节
8～220	≥1.5D	2	2	1	2	1	2	—	2
240～450	1.0～1.5D	3	2	2	2	1	2	—	2
480～800	1.0～1.5D	4	2	2	2	1	2	1	2
850～1400	1.0D	5	2	3	2	2	2	1	2
1500～2000	1.0D	8	2	5	2	3	2	2	2

检验数量：按Ⅱ方案。

检验方法：观察和尺量检查。

4.3.6　矩形风管弯管宜采用曲率半径为一个平面边长，内外同心弧的形式。当采用其他形式的弯管，且平面边长大于 500mm 时，应设弯管导流片。

检验数量：按Ⅱ方案。

检验方法：观察和尺量检查。

4.3.7　风管变径管单面变径的夹角不宜大于 30°，双面变径的夹角不宜大于 60°。圆形风管支管与总管的夹角不宜大于 60°。

检查数量：按Ⅱ方案。

检查方法：尺量及观察检查。

4.3.8　防火风管的制作应符合下列规定：

1　防火风管的口径允许偏差应符合本规范第 4.3.1 条的规定；

2　采用型钢框架外敷防火板的防火风管，框架的焊接应牢固，表面应平整，偏差不应大于 2mm。防火板数设形状应规整，固定应牢固，接缝应用防火材料封堵严密，且不应有穿孔；

3　采用在金属风管外敷防火绝热层的防火风管，风管严密性要求应按本规范第 4.2.1 条中有关压金属风管的规定执行。防火绝热层的设置应按本规范第 10 章的规定执行。

检查数量：按Ⅱ方案。

检查方法：尺量及观察检查。

五、部件制作检验批质量验收记录

1. 部件制作检验批质量验收记录采用《建筑工程资料管理规程》（DB11/T 695）表 C7-4 编制。

2. 部件制作检验批质量验收记录示例详见表 8-139。

表 8-139　部件制作检验批质量验收记录示例

XF060105 001

单位（子单位）工程名称		北京××大厦	分部（子分部）工程名称	消防工程分部——建筑防烟排烟系统子分部	分项工程名称	防烟系统分项
施工单位		北京××集团	项目负责人	吴工	检验批容量	10 件
分包单位		北京××消防工程公司	分包单位项目负责人	肖工	检验批部位	A 系统
施工依据		消防工程图纸、变更洽商（如有）、施工方案	验收依据		《通风与空调工程施工质量验收规范》（GB 50243—2016）	

验收项目			设计要求及规范规定	最小/实际抽样数量	检查记录	检查结果
主控项目	1	外购部件验收	第5.2.1条 第5.2.2条	/	质量证明文件齐全，通过进场验收，记录编号××	√
	2	防火阀、排烟阀（口）	第5.2.4条	/	质量证明文件齐全，通过进场验收，记录编号××	√
	3	防爆风阀	第5.2.5条	/	质量证明文件齐全，通过进场验收，记录编号××	√
	4	消声器、消声弯管	第5.2.6条	/	质量证明文件齐全，通过进场验收，记录编号××	√
	5	防排烟系统柔性短管	第5.2.7条	/	质量证明文件齐全，通过进场验收，记录编号××	√
一般项目	1	风管部件及法兰规定	第5.3.1条	3/3	抽查3处，合格3处	100%
	2	各类风阀验收	第5.3.2条	3/3	抽查3处，合格3处	100%
	3	各类风罩	第5.3.3条	3/3	抽查3处，合格3处	100%
	4	各类风口	第5.3.4条	3/3	抽查3处，合格3处	100%
	5	消声器与消声静压箱	第5.3.6条	3/3	抽查3处，合格3处	100%
	6	柔性短管	第5.3.7条	3/3	抽查3处，合格3处	100%
	7	检查门	第5.3.10条	3/3	抽查3处，合格3处	100%
施工单位检查结果				所查项目全部合格 专业工长：签名 项目专业质量检查员：签名 2023年××月××日		
监理单位验收结论				验收合格 专业监理工程师：签名 2023年××月××日		

注：本表由施工单位填写。

3. 验收依据

【规范名称及编号】《通风与空调工程施工质量验收规范》（GB 50243—2016）

【条文摘录】

5　风管部件

5.1　一般规定

5.1.1　外购风管部件应具有产品合格质量证明文件和相应的技术资料。

5.1.2　风管部件的线性尺寸公差应符合现行国家标准《一般公差　未注公差的线性和角度尺寸的

公差》(GB/T 1804) 中所规定的 c 级公差等级。

5.2 主控项目

5.2.1 风管部件材料的品种、规格和性能应符合设计要求。

检查数量：按Ⅰ方案。

检查方法：观察、尺量、检查产品合格证明文件。

5.2.2 外购风管部件成品的性能参数应符合设计及相关技术文件的要求。

检查数量：按Ⅰ方案。

检查方法：观察检查、检查产品技术文件。

5.2.3 成品风阀的制作应符合下列规定：

1 风阀应设有开度指示装置，并应能准确反映阀片开度；

2 手动风量调节阀的手轮或手柄应以顺时针方向转动为关闭；

3 电动、气动调节阀的驱动执行装置，动作应可靠，且在最大工作压力下工作应正常；

4 净化空调系统的风阀，活动件、固定件以及紧固件均应采取防腐措施，风阀叶片主轴与阀体轴套配合应严密，且应采取密封措施；

5 工作压力大于 1000Pa 的调节风阀，生产厂应提供在 1.5 倍工作压力下能自由开关的强度测试合格的证书或试验报告；

6 密闭阀应能严密关闭，漏风量应符合设计要求。

检查数量：按Ⅰ方案。

检查方法：观察、尺量、手动操作、查阅测试报告。

5.2.4 防火阀、排烟阀或排烟口的制作应符合现行国家标准《建筑通风和排烟系统用防火阀门》(GB 15930) 的有关规定，并应具有相应的产品合格证明文件。

检查数量：全数检查。

检查方法：观察、尺量、手动操作，查阅产品质量证明文件。

5.2.5 防爆系统风阀的制作材料应符合设计要求，不得替换。

检查数量：全数检查。

检查方法：观察检查、尺量检查、检查材料质量证明文件。

5.2.6 消声器、消声弯管的制作应符合下列规定：

1 消声器的类别、消声性能及空气阻力应符合设计要求和产品技术文件的规定；

2 矩形消声弯管平面边长大于 800mm 时，应设置吸声导流片；

3 消声器内消声材料的织物覆面层应平整，不应有破损，并应顺气流方向进行搭接；

4 消声器内的织物覆面层应有保护层，保护层应采用不易锈蚀的材料，不得使用普通铁丝网。当使用穿孔板保护层时，穿孔率应大于 20%；

5 净化空调系统消声器内的覆面材料应采用尼龙布等不易产尘的材料；

6 微穿孔（缝）消声器的孔径或孔缝、穿孔率及板材厚度应符合产品设计要求，综合消声量应符合产品技术文件要求。

检查数量：按Ⅰ方案。

检查方法：观察、尺量、查阅性能检测报告和产品质量合格证。

5.2.7 防排烟系统的柔性短管必须采用不燃材料。

检查数量：全数检查。

检查方法：观察检查、检查材料燃烧性能检测报告。

5.3 一般项目

5.3.1 风管部件活动机构的动作应灵活，制动和定位装置动作应可靠，法兰规格应与相连风管法兰相匹配。

检查数量：按Ⅱ方案。

检查方法：观察检查、手动操作、尺量检查。

5.3.2 风阀的制作应符合下列规定：

1 单叶风阀的结构应牢固，启闭应灵活，关闭应严密，与阀体的间隙应小于2mm；多叶风阀开启时，不应有明显的松动现象；关闭时，叶片的搭接应贴合一致。截面积大于1.2m²的多叶风阀应实施分组调节；

2 止回阀阀片的转轴、铰链应采用耐锈蚀材料；阀片在最大负荷压力下不应弯曲变形，启闭应灵活，关闭应严密。水平安装的止回阀应有平衡调节机构；

3 三通调节风阀的手柄转轴或拉杆与风管（阀体）的结合处应严密，阀板不得与风管相碰擦，调节应方便，手柄与阀片应处于同一转角位置，拉杆可在操控范围内作定位固定；

4 插板风阀的阀体应严密，内壁应做防腐处理。插板应平整，启闭应灵活，并应有定位固定装置。斜插板风阀阀体的上、下接管应成直线；

5 定风量风阀的风量恒定范围和精度应符合工程设计及产品技术文件要求；

6 风阀法兰尺寸允许偏差应符合表5.3.2的规定。

表5.3.2 风阀法兰尺寸允许偏差 （单位：mm）

风阀长边尺寸b或直径D	允许偏差			
	边长或直径偏差	矩形风阀端口对角线之差	法兰或端口端面平面度	圆形风阀法兰任意正交两直径之差
b (D)≤320	±2	±3	0~2	±2
320<b (D)≤2000	±3	±3	0~2	±2

检查数量：按Ⅱ方案。

检查方法：观察检查、手动操作、尺量检查。

5.3.3 风罩的制作应符合下列规定：

1 风罩的结构应牢固，形状应规则，表面应平整光滑，转角处弧度应均匀，外壳不得有尖锐的边角；

2 与风管连接的法兰应与风管法兰相匹配；

3 厨房排烟罩下部集水槽应严密不漏水，并应坡向排放口。罩内安装的过滤器应便于拆卸和清洗；

4 槽边侧吸罩、条缝抽风罩的尺寸应正确，吸口应平整。罩口加强板间距应均匀。

检查数量：按Ⅱ方案。

检查方法：观察检查、手动操作、尺量检查。

5.3.4 风帽的制作应符合下列规定：

1 风帽的结构应牢固，形状应规则，表面应平整；

2 与风管连接的法兰应与风管法兰相匹配；

3 伞形风帽伞盖的边缘应采取加固措施，各支撑的高度尺寸应一致；

4 锥形风帽内外锥体的中心应同心，锥体组合的连接缝应顺水，下部排水口应畅通；

5 筒形风帽外筒体的上下沿口应采取加固措施，不圆度不应大于直径的2%。伞盖边缘与外筒体的距离应一致，挡风圈的位置应准确；

6 旋流型屋顶自然通风器的外形应规整，转动应平稳流畅，且不应有碰擦声。

检查数量：按Ⅱ方案。

检查方法：观察检查、手动操作、尺量检查。

5.3.5　风口的制作应符合下列规定：

1　风口的结构应牢固，形状应规则，外表装饰面应平整；

2　风口的叶片或扩散环的分布应匀称；

3　风口各部位的颜色应一致，不应有明显的划伤和压痕。调节机构应转动灵活、定位可靠；

4　风口应以颈部的外径或外边长尺寸为准，风口颈部尺寸应符合表5.3.5的规定。

表5.3.5　风口颈部尺寸允许偏差　　　　　　　　（单位：mm）

圆形风口		
直径	≤250	>250
允许偏差	−2～0	−3～0
矩形风口		
大边长	<300	300～800	>800
允许偏差	−1～0	−2～0	−3～0
对角线长度	<300	300～500	>500
对角线长度之差	0～1	0～2	0～3

检查数量：按Ⅱ方案。

检查方法：观察检查、手动操作、尺量检查。

5.3.6　消声器和消声静压箱的制作应符合下列规定：

1　消声材料的材质应符合工程设计的规定，外壳应牢固严密，不得漏风；

2　阻性消声器充填的消声材料，体积密度应符合设计要求，铺设应均匀，并应采取防止下沉的措施。片式阻性消声器消声片的材质、厚度及片距，应符合产品技术文件要求；

3　现场组装的消声室（段），消声片的结构、数量、片距及固定应符合设计要求；

4　阻抗复合式、微穿孔（缝）板式消声器的隔板与壁板的结合处应紧贴严密；板面应平整、无毛刺，孔径（缝宽）和穿孔（开缝）率和共振腔的尺寸应符合国家现行标准的有关规定；

5　消声器与消声静压箱接口应与相连接的风管相匹配，尺寸的允许偏差应符合本规范表5.3.2的规定。

检查数量：按Ⅱ方案。

检查方法：观察检查、尺量检查、查验材质证明书。

5.3.7　柔性短管的制作应符合下列规定：

1　外径或外边长应与风管尺寸相匹配；

2　应采用抗腐、防潮、不透气及不易霉变的柔性材料；

3　用于净化空调系统的还应是内壁光滑、不易产生尘埃的材料；

4　柔性短管的长度宜为150～250mm，接缝的缝制或粘接应牢固、可靠，不应有开裂；成型短管应平整，无扭曲等现象；

5　柔性短管不应为异径连接管，矩形柔性短管与风管连接不得采用抱箍固定的形式；

6　柔性短管与法兰组装宜采用压板铆接连接，铆钉间距宜为60～80mm。

检查数量：按Ⅱ方案。

检查方法：观察检查、尺量检查。

5.3.8　过滤器的过滤材料与框架连接应紧密牢固，安装方向应正确。

检查数量：按Ⅱ方案。

检查方法：观察检查、手动操作。

5.3.9 风管内电加热器的加热管与外框及管壁的连接应牢固可靠，绝缘良好，金属外壳应与PE线可靠连接。

检查数量：按Ⅱ方案。

检查方法：观察检查、手动操作。

5.3.10 检查门应平整，启闭应灵活，关闭应严密，与风管或空气处理室的连接处应采取密封措施，且不应有渗漏点。净化空调系统风管检查门的密封垫料，应采用成型密封胶带或软橡胶条。

检查数量：按Ⅱ方案。

检查方法：观察检查、手动操作。

六、风管系统安装检验批质量验收记录

1. 风管系统安装检验批质量验收记录采用《建筑工程资料管理规程》（DB11/T 695）表C7-4编制。

2. 风管系统安装检验批质量验收记录示例详见表8-140。

表8-140 风管系统安装检验批质量验收记录示例

XF060106 001

单位（子单位）工程名称		北京××大厦	分部（子分部）工程名称	消防工程分部——建筑防烟排烟系统子分部	分项工程名称	防烟系统分项
施工单位		北京××集团	项目负责人	吴工	检验批容量	10件
分包单位		北京××消防工程公司	分包单位项目负责人	肖工	检验批部位	A系统
施工依据		消防工程图纸、变更洽商（如有）、施工方案			验收依据	《通风与空调工程施工质量验收规范》（GB 50243—2016）
		验收项目	设计要求及规范规定	最小/实际抽样数量	检查记录	检查结果
主控项目	1	风管支架、吊架安装	第6.2.1条	3/3	抽查3处，合格3处	√
	2	风管穿越防火、防爆墙体或楼板	第6.2.2条	3/3	抽查3处，合格3处	√
	3	风管安装规定	第6.2.3条	3/3	抽查3处，合格3处	√
	4	高于60℃风管系统	第6.2.4条	/	/	/
	5	风管部件排烟阀安装	第6.2.7条第1、5款	3/3	抽查3处，合格3处	√
	6	正压风口的安装	第6.2.8条	3/3	抽查3处，合格3处	√
	7	风管严密性检验	第6.2.9条	/	检验合格，报告编号×××	√
	8	柔性短管必须为不燃材料	第5.2.7条	3/3	抽查3处，合格3处	√
一般项目	1	风管的支架、吊架	第6.3.1条	3/3	抽查3处，合格3处	100%
	2	风管系统的安装	第6.3.2条	3/3	抽查3处，合格3处	100%
	3	柔性短管安装	第6.3.5条	3/3	抽查3处，合格3处	100%
	4	防架、排烟风阀的安装	第6.3.8条第2、3款	3/3	抽查3处，合格3处	100%
	5	风口安装	第6.3.13条	3/3	抽查3处，合格3处	100%

续表

施工单位 检查结果	所查项目全部合格 专业工长：签名 项目专业质量检查员：签名 2023 年××月××日
监理单位 验收结论	验收合格 专业监理工程师：签名 2023 年××月××日

注：本表由施工单位填写。

3. 验收依据

【规范名称及编号】《通风与空调工程施工质量验收规范》（GB 50243—2016）

【条文摘录】

6 风管系统安装

6.1 一般规定

6.1.1 风管系统安装后应进行严密性检验，合格后方能交付下道工序。风管系统严密性检验应以主、干管为主，并应符合本规范附录 C 的规定。

6.1.2 风管系统支架、吊架采用膨胀螺栓等胀锚方法固定时，施工应符合该产品技术文件的要求。

6.1.3 净化空调系统风管及其部件的安装，应在该区域的建筑地面工程施工完成，且室内具有防尘措施的条件下进行。

6.2 主控项目

6.2.1 风管系统支、吊架的安装应符合下列规定：

1 预埋件位置应正确、牢固可靠，埋入部分应去除油污，且不得涂漆；

2 风管系统支、吊架的形式和规格应按工程实际情况选用；

3 风管直径大于 2000mm 或边长大于 2500mm 风管的支架、吊架的安装要求，应按设计要求执行。

检查数量：按 I 方案。

检查方法：查看设计图、尺量、观察检查。

6.2.2 当风管穿过需要封闭的防火、防爆的墙体或楼板时，必须设置厚度不小于 1.6mm 的钢制防护套管；风管与防护套管之间应采用不燃柔性材料封堵严密。

检查数量：全数。

检查方法：尺量、观察检查。

6.2.3 风管安装必须符合下列规定：

1 风管内严禁其他管线穿越；

2 输送含有易燃、易爆气体或安装在易燃、易爆环境的风管系统必须设置可靠的防静电接地装置；

3 输送含有易燃、易爆气体的风管系统通过生活区或其他辅助生产房间时不得设置接口；

4 室外风管系统的拉索等金属固定件严禁与避雷针或避雷网连接。

检查数量：全数。

检查方法：尺量、观察检查。

6.2.4 外表温度高于 60℃，且位于人员易接触部位的风管，应采取防烫伤的措施。

检查数量：按 I 方案。

检查方法：观察检查。

6.2.5　净化空调系统风管的安装应符合下列规定：

1　在安装前风管、静压箱及其他部件的内表面应擦拭干净，且应无油污和浮尘；当施工停顿或完毕时，端口应封堵；

2　法兰垫料应采用不产尘、不易老化，且具有强度和弹性的材料，厚度应为5～8mm，不得采用乳胶海绵；法兰垫片宜减少拼接，且不得采用直缝对接连接，不得在垫料表面涂刷涂料；

3　风管穿过洁净室（区）吊顶、隔墙等围护结构时，应采取可靠的密封措施。

检查数量：按Ⅰ方案。

检查方法：观察、用白绸布擦拭。

6.2.6　集中式真空吸尘系统的安装应符合下列规定：

1　安装在洁净室（区）内真空吸尘系统所采用的材料应与所在洁净室（区）具有相容性；

2　真空吸尘系统的接口应牢固装设在墙或地板上，并应设有盖帽；

3　真空吸尘系统弯管的曲率半径不应小于4倍管径，且不得采用褶皱弯管；

4　真空吸尘系统三通的夹角不得大于45°，支管不得采用四通连接；

5　集中式真空吸尘机组的安装，应符合现行国家标准《机械设备安装工程施工及验收通用规范》（GB 50231）的有关规定。

检查数量：全数。

检查方法：尺量、观察检查。

6.2.7　风管部件的安装应符合下列规定：

1　风管部件及操作机构的安装应便于操作；

2　斜插板风阀安装时，阀板应顺气流方向插入；水平安装时，阀板应向上开启；

3　止回阀、定风量阀的安装方向应正确；

4　防爆破活门、防爆超压排气活门安装时，穿墙管的法兰和在轴线视线上的杠杆应铅垂，活门开启应朝向排气方向，在设计的超压下能自动启闭。关闭后，阀盘与密封圈贴合应严密；

5　防火阀、排烟阀（口）的安装位置、方向应正确。位于防火分区隔墙两侧的防火阀，距墙表面不应大于200mm。

检查数量：按Ⅰ方案。

检查方法：吊垂、手扳、尺量、观察检查。

6.2.8　风口的安装位置应符合设计要求，风口或结构风口与风管的连接应严密牢固，不应存在可察觉的漏风点或部位，风口与装饰面贴合应紧密。X射线发射房间的送、排风口应采取防止射线外泄的措施。

检查数量：按Ⅰ方案。

检查方法：观察检查。

6.2.9　风管系统安装完毕后，应按系统类别要求进行施工质量外观检验。合格后，应进行风管系统的严密性检验，漏风量除应符合设计要求和本规范第4.2.1条的规定外，尚应符合下列规定：

1　当风管系统严密性检验出现不合格时，除应修复不合格的系统外，受检方应申请复验或复检；

2　净化空调系统进行风管严密性检验时，N1级～N5级的系统按高压系统风管的规定执行；N6级～N9级，且工作压力小于等于1500Pa的，均按中压系统风管的规定执行。

检查数量：微压系统，按工艺质量要求实行全数观察检验；低压系统，按Ⅱ方案实行抽样检验；中压系统，按Ⅰ方案实行抽样检验；高压系统，全数检验。

检查方法：除微压系统外，严密性测试按本规范附录C的规定执行。

6.2.10　当设计无要求时，人防工程染毒区的风管应采用不小于3mm钢板焊接连接；与密闭阀门相连接的风管，应采用带密封槽的钢板法兰和无接口的密封垫圈，连接应严密。

检查数量：全数。

检查方法：尺量、观察、查验检测报告。

6.2.11　住宅厨房、卫生间排风道的结构、尺寸应符合设计要求，内表面应平整；各层支管与风道的连接应严密，并应设置防倒灌的装置。

检查数量：按Ⅰ方案。

检查方法：观察检查。

6.2.12　病毒实验室通风与空调系统的风管安装连接应严密，允许渗漏量应符合设计要求。

检查数量：全数。

检查方法：观察检查，查验现场漏风量检测报告。

6.3　一般项目

6.3.1　风管支、吊架的安装应符合下列规定：

1　金属风管水平安装，直径或边长不大于400mm时，支架、吊架间距不应大于4m；大于400mm时，间距不应大于3m。螺旋风管的支架、吊架的间距可为5m与3.75m；薄钢板法兰风管的支架、吊架间距不应大于3m；垂直安装时，应设置至少2个固定点，支架间距不应大于4m；

2　支架、吊架的设置不应影响阀门、自控机构的正常动作，且不应设置在风口、检查门处，离风口和分支管的距离不宜小于200mm；

3　悬吊的水平主、干风管直线长度大于20m时，应设置防晃支架或防止摆动的固定点；

4　矩形风管的抱箍支架，折角应平直，抱箍应紧贴风管。圆形风管的支架应设托座或抱箍，圆弧应均匀，且应与风管外径一致；

5　风管或空调设备使用的可调节减振支、吊架，拉伸或压缩量应符合设计要求；

6　不锈钢板、铝板风管与碳素钢支架的接触处，应采取隔绝或防腐绝缘措施；

7　边长（直径）大于1250mm的弯头、三通等部位应设置单独的支、吊架。

检查数量：按Ⅱ方案。

检查方法：尺量、观察检查。

6.3.2　风管系统的安装应符合下列规定：

1　风管应保持清洁，管内不应有杂物和积尘；

2　风管安装的位置、标高、走向，应符合设计要求。现场风管接口的配置应合理，不得缩小其有效截面；

3　法兰的连接螺栓应均匀拧紧，螺母宜在同一侧；

4　风管接口的连接应严密牢固。风管法兰的垫片材质应符合系统功能的要求，厚度不应小于3mm。垫片不应凸入管内，且不宜突出法兰外；垫片接口交叉长度不应小于30mm；

5　风管与砖、混凝土风道的连接接口，应顺着气流方向插入，并采取密封措施。风管穿出屋面处应设置防雨装置，且不得渗漏；

6　外保温风管必需穿越封闭的墙体时，应加设套管；

7　风管的连接应平直。明装风管水平安装时，水平度的允许偏差应为3‰，总偏差不应大于20mm；明装风管垂直安装时，垂直度的允许偏差应为2‰，总偏差不应大于20mm。暗装风管安装的位置应正确，不应有侵占其他管线安装位置的现象；

8　金属无法兰连接风管的安装应符合下列规定：

1）风管连接处应完整，表面应平整。

2）承插式风管的四周缝隙应一致，不应有折叠状褶皱。内涂的密封胶应完整，外粘的密封胶带应粘贴牢固。

3）矩形薄钢板法兰风管可采用弹性插条、弹簧夹或U形紧固螺栓连接。连接固定的间隔不应大于150mm，净化空调系统风管的间隔不应大于100mm，且分布应均匀。当采用弹簧夹连接时，宜采用正反交叉固定方式，且不应松动。

4）采用平插条连接的矩形风管，连接后板面应平整。

5）置于室外与屋顶的风管，应采取与支架相固定的措施。

检查数量：按Ⅱ方案。

检查方法：尺量、观察检查。

6.3.3 除尘系统风管宜垂直或倾斜敷设。倾斜敷设时，风管与水平夹角宜不小于45°；当现场条件限制时，可采用小坡度和水平连接管。含有凝结水或其他液体的风管，坡度应符合设计要求，并应在最低处设排液装置。

检查数量：按Ⅱ方案。

检查方法：尺量、观察检查。

6.3.4 集中式真空吸尘系统的安装应符合下列规定：

1 吸尘管道的坡度宜不小于5‰，并应坡向立管、吸尘点或集尘器；

2 吸尘嘴与管道的连接，应牢固严密。

检查数量：按Ⅱ方案。

检查方法：尺量、观察检查。

6.3.5 柔性短管的安装，应松紧适度，目测平顺、不应有强制性的扭曲。可伸缩金属或非金属柔性风管的长度不宜大于2m。柔性风管支架、吊架的间距不应大于1500mm，承托的座或箍的宽度不应小于25mm，两支架间风道的最大允许下垂应为100mm，且不应有死弯或塌凹。

检查数量：按Ⅱ方案。

检查方法：尺量、观察检查。

6.3.6 非金属风管的安装除应符合本规范第6.3.2条的规定外，尚应符合下列规定：

1 风管连接应严密，法兰螺栓两侧应加镀锌垫圈。

2 风管垂直安装时，支架间距不应大于3m。

3 硬聚氯乙烯风管的安装尚应符合下列规定：

1）采用承插连接的圆形风管，直径不大于200mm时，插口深度宜为40～80mm，粘接处应严密牢固；

2）采用套管连接时，套管厚度不应小于风管壁厚，长度宜为150～250mm；

3）采用法兰连接时，垫片宜采用3～5mm软聚氯乙烯板或耐酸橡胶板；

4）风管直管连续长度大于20m时，应按设计要求设置伸缩节，支管的重量不得由干管承受；

5）风管所用的金属附件和部件，均应进行防腐处理。

4 织物布风管的安装应符合下列规定：

1）悬挂系统的安装方式、位置、高度和间距应符合设计要求。

2）水平安装钢绳垂吊点的间距不得大于3m。长度大于15m的钢绳应增设吊架或可调节的花篮螺栓。风管采用双钢绳垂吊时，两绳应平行，间距应与风管的吊点相一致。

3）滑轨的安装应平整牢固，目测不应有扭曲；风管安装后应设置定位固定。

4）织物布风管与金属风管的连接处应采取防止锐口划伤的保护措施。

5）织物布风管垂吊吊带的间距不应大于1.5m，风管不应呈现波浪形。

检查数量：按Ⅱ方案。

检查方法：尺量、观察检查。

6.3.7 复合材料风管的安装除应符合本规范第6.3.6条的规定外，尚应符合下列规定：

1 复合材料风管的连接处，接缝应牢固，不应有孔洞和开裂。当采用插接连接时，接口应匹配，不应松动，端口缝隙不应大于5mm。

2　复合材料风管采用金属法兰连接时，应采取防冷桥的措施。

3　酚醛铝箔复合板风管与聚氨酯铝箔复合板风管的安装，尚应符合下列规定：

1）插接连接法兰的不平整度应不大于2mm，插接连接条的长度应与连接法兰齐平，允许偏差应为—2～0mm；

2）插接连接法兰四角的插条端头与护角应有密封胶封堵；

3）中压风管的插接连接法兰之间应加密封垫或采取其他密封措施。

4　玻璃纤维复合板风管的安装应符合下列规定：

1）风管的铝箔复合面与丙烯酸等树脂涂层不得损坏，风管的内角接缝处应采用密封胶勾缝。

2）榫连接风管的连接应在榫口处涂胶粘剂，连接后在外接缝处应采用扒钉加固，间距不宜大于50mm，并宜采用宽度不小于50mm的热敏胶带粘贴密封。

3）采用槽形插接等连接构件时，风管端切口应采用铝箔胶带或刷密封胶封堵。

4）采用槽型钢制法兰或插条式构件连接的风管，风管外壁钢抱箍与内壁金属内套，应采用镀锌螺栓固定，螺孔间距不应大于120mm，螺母应安装在风管外侧。螺栓穿过的管壁处应进行密封处理。

5）风管垂直安装宜采用"井"字形支架，连接应牢固。

5　玻璃纤维增强氯氧镁水泥复合材料风管，应采用黏结连接。直管长度大于30m时，应设置伸缩节。

检查数量：按Ⅱ方案。

检查方法：尺量、观察检查。

6.3.8　风阀的安装应符合下列规定：

1　风阀应安装在便于操作及检修的部位。安装后，手动或电动操作装置应灵活可靠，阀板关闭应严密；

2　直径或长边尺寸不小于630mm的防火阀，应设独立支架、吊架；

3　排烟阀（排烟口）及手控装置（包括钢索预埋套管）的位置应符合设计要求；钢索预埋套管弯管不应大于2个，且不得有死弯及瘪陷；安装完毕后应操控自如，无阻涩等现象；

4　除尘系统吸入管段的调节阀，宜安装在垂直管段上；

5　防爆波悬摆活门、防爆超压排气活门和自动排气活门安装时，位置的允许偏差应为10mm，标高的允许偏差应为±5mm，框正面、侧面与平衡锤连杆的垂直度允许偏差应为5mm。

检查数量：按Ⅱ方案。

检查方法：尺量、观察检查。

6.3.9　排风口、吸风罩（柜）的安装应排列整齐、牢固可靠，安装位置和标高允许偏差应为±10mm，水平度的允许偏差应为3‰，且不得大于20mm。

检查数量：按Ⅱ方案。

检查方法：尺量、观察检查。

6.3.10　风帽安装应牢固，连接风管与屋面或墙面的交接处不应渗水。

检查数量：按Ⅱ方案。

检查方法：尺量、观察检查。

6.3.11　消声器及静压箱的安装应符合下列规定：

1　消声器及静压箱安装时，应设置独立支架、吊架，固定应牢固。

2　当采用回风箱作为静压箱时，回风口处应设置过滤网。

检查数量：按Ⅱ方案。

检查方法：观察检查。

6.3.12　风管内过滤器的安装应符合下列规定：

1　过滤器的种类、规格应符合设计要求。

2 过滤器应便于拆卸和更换。

3 过滤器与框架及框架与风管或机组壳体之间连接应严密。

检查数量：按Ⅱ方案。

检查方法：观察检查。

6.3.13 风口的安装应符合下列规定：

1 风口表面应平整、不变形，调节应灵活、可靠。同一厅室、房间内的相同风口的安装高度应一致，排列应整齐；

2 明装无吊顶的风口，安装位置和标高允许偏差应为10mm；

3 风口水平安装，水平度的允许偏差应为3‰；

4 风口垂直安装，垂直度的允许偏差应为2‰。

检查数量：按Ⅱ方案。

检查方法：尺量、观察检查。

6.3.14 洁净室（区）内风口的安装除应符合本规范第6.3.13的规定外，尚应符合下列规定：

1 风口安装前应擦拭干净，不得有油污、浮尘等；

2 风口边框与建筑顶棚或墙壁装饰面应紧贴，接缝处应采取可靠的密封措施；

3 带高效空气过滤器的送风口，四角应设置可调节高度的吊杆。

检查数量：按Ⅱ方案。

检查方法：查验成品质量合格证明文件，观察检查。

七、风机安装检验批质量验收记录

1. 风机安装检验批质量验收记录采用《建筑工程资料管理规程》（DB11/T 695）表C7-4编制。

2. 风机安装检验批质量验收记录示例详见表8-141。

表8-141 风机安装检验批质量验收记录示例

XF060107 001

单位（子单位）工程名称		北京××大厦	分部（子分部）工程名称	消防工程分部——建筑防烟排烟系统子分部	分项工程名称		防烟系统分项
施工单位		北京××集团	项目负责人	吴工	检验批容量		5台
分包单位		北京××消防工程公司	分包单位项目负责人	肖工	检验批部位		A系统
施工依据		消防工程图纸、变更洽商（如有）、施工方案		验收依据	《通风与空调工程施工质量验收规范》（GB 50243—2016）		
验收项目			设计要求及规范规定	最小/实际抽样数量	检查记录		检查结果
主控项目	1	风机及风机箱的安装	第7.2.1条	全/5	共5处，全数检查，合格5处		√
	2	通风机安全措施	第7.2.2条	全/5	共5处，全数检查，合格5处		√
一般项目	1	风机及风机箱的安装	第7.3.1条	全/5	共5处，全数检查，合格5处		100%
施工单位检查结果				所查项目全部合格 专业工长：签名 项目专业质量检查员：签名 2023年××月××日			

监理单位 验收结论	验收合格 专业监理工程师：签名 2023年××月××日

注：本表由施工单位填写。

3. 验收依据

【规范名称及编号】《通风与空调工程施工质量验收规范》（GB 50243—2016）

【条文摘录】

7.2　主控项目

7.2.1　风机及风机箱的安装应符合下列规定：

1　产品的性能、技术参数应符合设计要求，出口方向应正确；

2　叶轮旋转应平稳，每次停转后不应停留在同一位置上；

3　固定设备的地脚螺栓应紧固，并应采取防松动措施；

4　落地安装时，应按设计要求设置减振装置，并应采取防止设备水平位移的措施；

5　悬挂安装时，吊架及减振装置应符合设计及产品技术文件的要求。

检查数量：按Ⅰ方案。

检查方法：依据设计图纸核对，盘动，观察检查。

7.2.2　通风机传动装置的外露部位以及直通大气的进风口、出风口，必须装设防护罩、防护网或采取其他安全防护措施。

检查数量：全数检查。

检查方法：依据设计图纸核对，观察检查。

7.3　一般项目

7.3.1　风机及风机箱的安装应符合下列规定：

1　通风机安装允许偏差应符合表7.3.1的规定，叶轮转子与机壳的组装位置应正确；叶轮进风口插入风机机壳进风口或密封圈的深度，应符合设备技术文件要求或应为叶轮直径的1/100；

2　轴流风机的叶轮与筒体之间的间隙应均匀，安装水平偏差和垂直度偏差均不应大于1‰；

3　减振器的安装位置应正确，各组或各个减振器承受荷载的压缩量应均匀一致，偏差应小于2mm；

4　风机的减振钢支、吊架，结构形式和外形尺寸应符合设计或设备技术文件的要求。焊接应牢固，焊缝外部质量应符合本规范第9.3.2条第3款的规定；

5　风机的进出口不得承受外加的重量，相连接的风管、阀件应设置独立的支架、吊架。

检查数量：按Ⅱ方案。

检查方法：尺量、观察或查阅施工记录。

表7.3.1　通风机安装允许偏差

项次	项目	允许偏差	检验方法
1	中心线的平面位移	10mm	经纬仪或拉线和尺量检查
2	标高	±10mm	水准仪或水平仪、直尺、拉线和尺量检查
3	皮带轮轮宽中心平面偏移	1mm	在主、从动皮带轮端面拉线和尺量检查
4	传动轴水平度	纵向0.2‰ 横向0.3‰	在轴或皮带轮0°和180°的两个位置上，用水平仪检查

项次	项目		允许偏差	检验方法
5	联轴器	两轴芯径向位移	0.05mm	采用百分表圆周法或塞尺四点法检查验证
		两轴线倾斜	0.2‰	

八、风管与设备防腐与绝热检验批质量验收记录

1. 风管与设备防腐与绝热检验批质量验收记录采用《建筑工程资料管理规程》（DB11/T 695）表 C7-4 编制。

2. 风管与设备防腐与绝热检验批质量验收记录示例详见表 8-142。

表 8-142 风管与设备防腐与绝热检验批质量验收记录示例

XF060108 001

单位（子单位）工程名称			北京××大厦	分部（子分部）工程名称		消防工程分部——建筑防烟排烟系统子分部	分项工程名称	防烟系统分项
施工单位			北京××集团	项目负责人		吴工	检验批容量	10件
分包单位			北京××消防工程公司	分包单位项目负责人		肖工	检验批部位	A 系统
施工依据			消防工程图纸、变更洽商（如有）、施工方案	验收依据			《通风与空调工程施工质量验收规范》（GB 50243—2016）	

验收项目			设计要求及规范规定	最小/实际抽样数量	检查记录	检查结果
主控项目	1	防腐涂料的验证	第 10.2.1 条	/	质量证明文件齐全，通过进场验收，记录编号××	√
	2	绝热材料规定	第 10.2.2 条	/	检验合格，资料齐全	√
	3	绝热材料复验规定	第 10.2.3 条	/	检验合格，资料齐全	√
一般项目	1	防腐涂层质量	第 10.3.1 条	3/3	抽查 3 处，合格 3 处	100%
	2	设备、部件油漆或绝热	第 10.3.2 条	3/3	抽查 3 处，合格 3 处	100%
	3	绝热层施工	第 10.3.3 条	3/3	抽查 3 处，合格 3 处	100%
	4	风管绝热层保温钉固定	第 10.3.4 条	3/3	抽查 3 处，合格 3 处	100%
	5	防潮层的施工与绝热胶带固定	第 10.3.5 条	3/3	抽查 3 处，合格 3 处	100%
	6	绝热涂料	第 10.3.6 条	3/3	抽查 3 处，合格 3 处	100%
	7	金属保护壳的施工	第 10.3.7 条	3/3	抽查 3 处，合格 3 处	100%
施工单位检查结果				所查项目全部合格 专业工长：签名 项目专业质量检查员：签名 2023 年××月××日		
监理单位验收结论				验收合格 专业监理工程师：签名 2023 年××月××日		

注：本表由施工单位填写。

3. 验收依据

【规范名称及编号】《通风与空调工程施工质量验收规范》（GB 50243—2016）

【条文摘录】

10 防腐与绝热

10.1 一般规定

10.1.1 空调设备、风管及其部件的绝热工程施工应在风管系统严密性检验合格后进行。

10.1.2 制冷剂管道和空调水系统管道绝热工程的施工，应在管路系统强度和严密性检验合格和防腐处理结束后进行。

10.1.3 防腐工程施工时，应采取防火、防冻、防雨等措施，且不应在潮湿或低于5℃的环境下作业。绝热工程施工时，应采取防火、防雨等措施。

10.1.4 风管、管道的支架、吊架应进行防腐处理，明装部分应刷面漆。

10.1.5 防腐与绝热工程施工时，应采取相应的环境保护和劳动保护措施。

10.2 主控项目

10.2.1 风管和管道防腐涂料的品种及涂层层数应符合设计要求，涂料的底漆和面漆应配套。

检查数量：按Ⅰ方案。

检查方法：按面积抽查，查对施工图纸和观察检查。

10.2.2 风管和管道的绝热层、绝热防潮层和保护层，应采用不燃或难燃材料，材质、密度、规格与厚度应符合设计要求。

检查数量：按Ⅰ方案。

检查方法：查对施工图纸、合格证和做燃烧试验。

10.2.3 风管和管道的绝热材料进场时，应按现行国家标准《建筑节能工程施工质量验收规范》（GB 50411）的规定进行验收。

检查数量：按Ⅰ方案。

检查方法：按现行国家标准《建筑节能工程施工质量验收规范》（GB 50411）的有关规定执行。

10.2.4 洁净室（区）内的风管和管道的绝热层，不应采用易产尘的玻璃纤维和短纤维矿棉等材料。

检查数量：全数检查。

检查方法：观察检查。

10.3 一般项目

10.3.1 防腐涂料的涂层应均匀，不应有堆积、漏涂、皱纹、气泡、掺杂及混色等缺陷。

检查数量：按Ⅱ方案。

检查方法：按面积或件数抽查，观察检查。

10.3.2 设备、部件、阀门的绝热和防腐涂层，不得遮盖铭牌标志和影响部件、阀门的操作功能；经常操作的部位应采用能单独拆卸的绝热结构。

检查数量：按Ⅱ方案。

检查方法：观察检查。

10.3.3 绝热层应满铺，表面应平整，不应有裂缝、空隙等缺陷。当采用卷材或板材时，允许偏差应为5mm；当采用涂抹或其他方式时，允许偏差应为10mm。

检查数量：按Ⅱ方案。

检查方法：观察检查。

10.3.4 橡塑绝热材料的施工应符合下列规定：

1 黏结材料应与橡塑材料相适用，无溶蚀被黏结材料的现象；

2 绝热层的纵、横向接缝应错开，缝间不应有孔隙，与管道表面应贴合紧密，不应有气泡；

3 矩形风管绝热层的纵向接缝宜处于管道上部；

4　多重绝热层施工时，层间的拼接缝应错开。

检查数量：按Ⅱ方案。

检查方法：观察检查。

10.3.5　风管绝热材料采用保温钉固定时，应符合下列规定：

1　保温钉与风管、部件及设备表面的连接，应采用黏结或焊接，结合应牢固，不应脱落；不得采用抽芯铆钉或自攻螺丝等破坏风管严密性的固定方法；

2　矩形风管及设备表面的保温钉应均布，风管保温钉数量应符合表10.3.5的规定；首行保温钉距绝热材料边沿的距离应小于120mm，保温钉的固定压片应松紧适度、均匀压紧；

3　绝热材料纵向接缝不宜设在风管底面。

检查数量：按Ⅱ方案。

检查方法：观察检查。

表 10.3.5　风管保温钉数量 （单位：个/m²）

隔热层材料	风管底面	侧面	顶面
铝箔岩棉保温板	≥20	≥16	≥10
铝箔玻璃棉保温板（毡）	≥16	≥10	≥8

10.3.6　管道采用玻璃棉或岩棉管壳保温时，管壳规格与管道外径应相匹配，管壳的纵向接缝应错开，管壳应采用金属丝、黏结带等捆扎，间距应为300～350mm，且每节至少应捆扎两道。

检查数量：按Ⅱ方案。

检查方法：观察检查。

10.3.7　风管及管道的绝热防潮层（包括绝热层的端部）应完整，并应封闭良好。立管的防潮层环向搭接缝口应顺水流方向设置；水平管的纵向缝应位于管道的侧面，并应顺水流方向设置；带有防潮层绝热材料的拼接缝应采用粘胶带封严，缝两侧粘胶带黏结的宽度不应小于20mm。胶带应牢固地粘贴在防潮层面上，不得有胀裂和脱落。

检查数量：按Ⅱ方案。

检查方法：尺量和观察检查。

10.3.8　绝热涂抹材料作绝热层时，应分层涂抹，厚度应均匀，不得有气泡和漏涂等缺陷，表面固化层应光滑牢固，不应有缝隙。

检查数量：按Ⅱ方案。

检查方法：观察检查。

10.3.9　金属保护壳的施工应符合下列规定：

1　金属保护壳板材的连接应牢固严密，外表应整齐平整；

2　圆形保护壳应贴紧绝热层，不得有脱壳、褶皱、强行接口等现象。接口搭接应顺水流方向设置，并应有凸筋加强，搭接尺寸应为20～25mm；采用自攻螺钉紧固时，螺钉间距应匀称，且不得刺破防潮层；

3　矩形保护壳表面应平整，楞角应规则，圆弧应均匀，底部与顶部不得有明显的凸肚及凹陷；

4　户外金属保护壳的纵横向接缝应顺水流方向设置，纵向接缝应设在侧面。保护壳与外墙面或屋顶的交接处应设泛水，且不应渗漏。

检查数量：按Ⅱ方案。

检查方法：尺量和观察检查。

10.3.10　管道或管道绝热层的外表面，应按设计要求进行色标。

检查数量：按Ⅱ方案。

检查方法：观察检查。

九、风阀、风口安装检验批质量验收记录

1. 风阀、风口安装检验批质量验收记录采用《建筑工程资料管理规程》（DB11/T 695）表 C7-4 编制。

2. 风阀、风口安装检验批质量验收记录示例详见表 8-143。

表 8-143 风阀、风口安装检验批质量验收记录示例

XF060109 001

单位（子单位）工程名称	北京××大厦		分部（子分部）工程名称	消防工程分部——建筑防烟排烟系统子分部	分项工程名称	防烟系统分项
施工单位	北京××集团		项目负责人	吴工	检验批容量	25件
分包单位	北京××消防工程公司		分包单位项目负责人	肖工	检验批部位	A系统
施工依据	消防工程图纸、变更洽商（如有）、施工方案			验收依据	《建筑防烟排烟系统技术标准》（GB 51251—2017）	

		验收项目	设计要求及规范规定	最小/实际抽样数量	检查记录	检查结果
主控项目	1	排烟防火阀安装	第6.4.1条	/	/	/
	2	送风口、排烟阀或排烟口的安装	第6.4.2条	3/3	抽查3处，合格3处	√
	3	送风口、排烟阀或排烟口手动驱动装置安装	第6.4.3条	3/3	抽查3处，合格3处	√
	4	排烟窗安装	第6.4.5条	/	/	/

施工单位检查结果	所查项目全部合格 专业工长：签名 项目专业质量检查员：签名 2023年××月××日
监理单位验收结论	验收合格 专业监理工程师：签名 2023年××月××日

注：本表由施工单位填写。

3. 验收依据

【规范名称及编号】《建筑防烟排烟系统技术标准》（GB 51251—2017）

【条文摘录】

6.4.1 排烟防火阀的安装应符合下列规定：

1 型号、规格及安装的方向、位置应符合设计要求；

2 阀门应顺气流方向关闭，防火分区隔墙两侧的排烟防火阀距墙端面不应大于200mm；

3 手动和电动装置应灵活、可靠，阀门关闭严密；

4 应设独立的支、吊架，当风管采用不燃材料防火隔热时，阀门安装处应有明显标识。

检查数量：各系统按不小于30％检查。

检查方法：尺量检查、直观检查及动作检查。

6.4.2 送风口、排烟阀或排烟口的安装位置应符合标准和设计要求，并应固定牢靠，表面平整、不变形，调节灵活；排烟口距可燃物或可燃构件的距离不应小于1.5m。

检查数量：各系统按不小于30％检查。

检查方法：尺量检查、直观检查。

6.4.3 常闭送风口、排烟阀或排烟口的手动驱动装置应固定安装在明显可见、距楼地面1.3～1.5m之间便于操作的位置，预埋套管不得有死弯及瘪陷，手动驱动装置操作应灵活。

检查数量：各系统按不小于30％检查。

检查方法：尺量检查、直观检查及操作检查。

6.4.4 挡烟垂壁的安装应符合下列规定：

1 型号、规格、下垂的长度和安装位置应符合设计要求；

2 活动挡烟垂壁与建筑结构（柱或墙）面的缝隙不应大于60mm，由两块或两块以上的挡烟垂帘组成的连续性挡烟垂壁，各块之间不应有缝隙，搭接宽度不应小于100mm；

3 活动挡烟垂壁的手动操作按钮应固定安装在距楼地面1.3～1.5m之间便于操作、明显可见处。

检查数量：全数检查。

检查方法：依据设计图核对，尺量检查、动作检查。

6.4.5 排烟窗的安装应符合下列规定：

1 型号、规格和安装位置应符合设计要求；

2 安装应牢固、可靠，符合有关门窗施工验收规范要求，并应开启、关闭灵活；

3 手动开启机构或按钮应固定安装在距楼地面1.3～1.5m之间，并应便于操作、明显可见。

十、防火风管安装检验批质量验收记录

1. 防火风管安装检验批质量验收记录采用《建筑工程资料管理规程》（DB11/T 695）表C7-4编制。

2. 防火风管安装检验批质量验收记录示例详见表8-144。

表 8-144 防火风管安装检验批质量验收记录示例

XF060110 001

单位（子单位）工程名称		北京××大厦	分部（子分部）工程名称	消防工程分部——建筑防烟排烟系统子分部	分项工程名称	防烟系统分项
施工单位		北京××集团	项目负责人	吴工	检验批容量	10件
分包单位		北京××消防工程公司	分包单位项目负责人	肖工	检验批部位	A系统
施工依据		消防工程图纸、变更洽商（如有）、施工方案、《建筑防烟排烟系统技术标准》（GB 51251—2017）			验收依据	《建筑防烟排烟系统技术标准》（GB 51251—2017）
验收项目			设计要求及规范规定	最小/实际抽样数量	检查记录	检查结果
主控项目	1	金属风管连接	第6.3.1条	3/3	抽查3处，合格3处	√
	2	非金属风管连接	第6.3.2条	/	/	/
	3	风管强度严密性试验	第6.3.3条	/	检验合格，报告编号×××	√
	4	风管安装	第6.3.4条	3/3	抽查3处，合格3处	√
	5	系统严密性试验	第6.3.5条	/	检验合格，报告编号×××	√
施工单位检查结果				所查项目全部合格 专业工长：签名 项目专业质量检查员：签名 2023年××月××日		
监理单位验收结论				验收合格 专业监理工程师：签名 2023年××月××日		

注：本表由施工单位填写。

3. 验收依据

【规范名称及编号】《建筑防烟排烟系统技术标准》（GB 51251—2017）

【条文摘录】

6.3 风管安装

6.3.1 金属风管的制作和连接应符合下列规定：

1 风管采用法兰连接时，风管法兰材料规格应按本标准表 6.3.1 选用，其螺栓孔的间距不得大于 150mm，矩形风管法兰四角处应设有螺孔；

表 6.3.1 风管法兰及螺栓规格

风管直径 D 或风管长边尺寸 B（mm）	法兰材料规格（mm）	螺栓规格
D（B）≤630	25×3	M6
630＜D（B）≤1500	30×3	M8
1500＜D（B）≤2500	40×4	
2500＜D（B）≤4000	50×5	M10

2 板材应用咬口连接或铆接，除镀锌钢板及含有复合保护层的钢板外，板厚大于 1.5mm 的可采用焊接；

3 风管应以板材连接的密封为主，可辅以密封胶嵌缝或其他方法密封，密封面宜设在风管的正压侧；

4 无法兰连接风管的薄钢板法兰高度及连接应按本标准表 6.3.1 的规定执行；

5 排烟风管的隔热层应采用厚度不小于 40mm 的不燃绝热材料，绝热材料的施工及风管加固、导流片的设置应按现行国家标准《通风与空调工程施工质量验收规范》（GB 50243）的有关规定执行。

检查数量：各系统按不小于 30% 检查。

检查方法：尺量检查、直观检查。

6.3.2 非金属风管的制作和连接应符合下列规定：

1 非金属风管的材料品种、规格、性能与厚度等应符合设计和现行国家产品标准的规定；

2 法兰的规格应分别符合本标准表 6.3.2 的规定，其螺栓孔的间距不得大于 120mm；矩形风管法兰的四角处应设有螺孔；

表 6.3.2 无机玻璃钢风管法兰规格 （单位：mm）

风管边长 B（mm）	材料规格（宽×厚）	连接螺栓
B≤400	30×4	M8
400＜B≤1000	40×6	
1000＜B≤2000	50×8	M10

3 采用套管连接时，套管厚度不得小于风管板材的厚度；

4 无机玻璃钢风管的玻璃布必须无碱或中碱，层数应符合现行国家标准《通风与空调工程施工质量验收规范》（GB 50243）的规定，风管的表面不得出现泛卤或严重泛霜。

检查数量：各系统按不小于 30% 检查。

检查方法：尺量检查、直观检查。

6.3.3 风管应按系统类别进行强度和严密性检验，其强度和严密性应符合设计要求或下列规定：

1 风管强度应符合现行行业标准《通风管道技术规程》（JGJ/T 141）的规定；

2 金属矩形风管的允许漏风量应符合下列规定：

低压系统风管：
$$L_{low} ≤ 0.1056 P_{风管}^{0.65} \qquad (6.3.3-1)$$

中压系统风管： $L_{\text{mid}} \leqslant 0.0352 P_{\text{风管}}^{0.65}$ (6.3.3-1)

高压系统风管： $L_{\text{high}} \leqslant 0.0117 P_{\text{风管}}^{0.65}$ (6.3.3-1)

式中 L_{low}，L_{mid}，L_{high}——系统风管在相应工作压力下，单位面积风管单位时间内的允许漏风量 $[\text{m}^3/ (\text{h} \cdot \text{m}^2)]$；

$P_{\text{风管}}$——指风管系统的工作压力（Pa）。

3 风管系统类别应按本标准表6.3.3划分；

表 6.3.3 风管系统类别划分 （单位：mm）

系统类别	系统工作压力 $P_{\text{风管}}$
低压系统	$P_{\text{风管}} \leqslant 500$
中压系统	$500 < P_{\text{风管}} \leqslant 1500$
高压系统	$P_{\text{风管}} > 1500$

4 金属圆形风管、非金属风管允许的气体漏风量应为金属矩形风管规定值的50％；

5 排烟风管应按中压系统风管的规定。

检查数量：按风管系统类别和材质分别抽查，不应少于3件及15m²。

检查方法：检查产品合格证明文件和测试报告或进行测试。系统的强度和漏风量测试方法按现行行业标准《通风管道技术规程》（GJ/T 141）的有关规定执行。

6.3.4 风管的安装应符合下列规定：

1 风管的规格、安装位置、标高、走向应符合设计要求，且现场风管的安装不得缩小接口的有效截面；

2 风管接口的连接应严密、牢固，垫片厚度不应小于3mm，不应凸入管内和法兰外；排烟风管法兰垫片应为不燃材料，薄钢法兰风管应采用螺栓连接；

3 风管吊、支架的安装应按现行国家标准《通风与空调工程施工质量验收规范》（GB 50243）的有关规定执行；

4 风管与风机的连接宜采用法兰连接，或采用不燃材料的柔性短管连接。当风机仅用于防烟、排烟时，不宜采用柔性连接；

5 风管与风机连接若有转弯处宜加装导流叶片，保证气流顺畅；

6 当风管穿越隔墙或楼板时，风管与隔墙之间的空隙应采用水泥砂浆等不燃材料严密填塞；

7 吊顶内的排烟管道应采用不燃材料隔热，并应与可燃物保持不小于150mm的距离。

检查数量：各系统按不小于30％检查。

检查方法：核对材料，尺量检查、直观检查。

6.3.5 风管（道）系统安装完毕后，应按系统类别进行严密性检验，检验应以主、干管道为主，漏风量应符合设计与标准第6.3.3条的规定。

检查数量：按系统不小于30％检查，且不应少于1个系统。

检查方法：系统的严密性检验测试按现行国家标准《通风与空调工程施工质量验收规范》（GB 50243）的有关规定执行。

十一、系统调试检验批质量验收记录

1. 系统调试检验批质量验收记录采用《建筑工程资料管理规程》（DB11/T 695）表 C7-4 编制。

2. 系统调试检验批质量验收记录示例详见表8-145。

表 8-145　系统调试检验批质量验收记录示例

XF060111 <u>001</u>

单位（子单位） 工程名称	北京××大厦		分部（子分部） 工程名称	消防工程分部——建筑 防烟排烟系统子分部	分项工程 名称	防烟系统分项
施工单位	北京××集团		项目负责人	吴工	检验批容量	2 套
分包单位	北京××消防工程公司		分包单位 项目负责人	肖工	检验批部位	1 号楼
施工依据	消防工程图纸、变更洽商（如有）、施工方案、 《建筑工程施工工艺规程 第 15 部分：通风与 空调安装工程》（DB11/T 1832.15—2022）			验收依据	《通风与空调工程施工质量验收 规范》（GB 50243—2016）	

		验收项目	设计要求及 规范规定	最小/实际 抽样数量	检查记录	检查结果
主控 项目	1	通风机单机试运转及调试	第 11.2.2 条 第 1 款	/	调试合格，记录编号 XF-02-C6-××	√
	2	电控防、排烟阀的动作试验	第 11.2.2 条 第 6 款	/	调试合格，记录编号 XF-02-C6-××	√
	3	系统总风量	第 11.2.3 条 第 1 款	/	调试合格，记录编号 XF-02-C6-××	√
	4	防、排烟系统调试	第 11.2.4 条	/	调试合格，记录编号 XF-02-C6-××	√
一般 项目	1	风机噪声	第 11.3.1 条 第 2 款	/	调试合格，记录编号 XF-02-C6-××	√
	2	系统风口风量平衡	第 11.3.2 条 第 1 款	/	调试合格，记录编号 XF-02-C6-××	√
	3	系统设备动作协调	第 11.3.2 条 第 2 款	/	调试合格，记录编号 XF-02-C6-××	√
	4	系统自控设备的调试	第 11.3.5 条	/	调试合格，记录编号 XF-02-C6-××	√
施工单位 检查结果			所查项目全部合格 专业工长：签名 项目专业质量检查员：签名 2023 年 ×× 月 ×× 日			
监理单位 验收结论			验收合格 专业监理工程师：签名 2023 年 ×× 月 ×× 日			

注：本表由施工单位填写。

3. 验收依据

【规范名称及编号】《通风与空调工程施工质量验收规范》（GB 50243—2016）

【条文摘录】

11.2　主控项目

11.2.2　设备单机试运转及调试应符合下列规定：

1　通风机、空气处理机组中的风机，叶轮旋转方向应正确、运转应平稳、应无异常振动与声响，电机运行功率应符合设备技术文件要求。在额定转速下连续运转 2h 后，滑动轴承外壳最高温度不得大于 70℃，滚动轴承不得大于 80℃。

2 水泵叶轮旋转方向应正确，应无异常振动和声响，紧固连接部位应无松动，电机运行功率应符合设备技术文件要求。水泵连续运转 2h 滑动轴承外壳最高温度不得超过 70℃，滚动轴承不得超过 75℃。

3 冷却塔风机与冷却水系统循环试运行不应小于 2h，运行应无异常。冷却塔本体应稳固、无异常振动。冷却塔中风机的试运转尚应符合本条第 1 款的规定。

4 制冷机组的试运转除应符合设备技术文件和现行国家标准《制冷设备、空气分离设备安装工程施工及验收规范》（GB 50274）的有关规定外，尚应符合下列规定：

1）机组运转应平稳、应无异常振动与声响；

2）各连接和密封部位不应有松动、漏气、漏油等现象；

3）吸、排气的压力和温度应在正常工作范围内；

4）能量调节装置及各保护继电器、安全装置的动作应正确、灵敏、可靠；

5）正常运转不应少于 8h。

5 多联式空调（热泵）机组系统应在充灌定量制冷剂后，进行系统的试运转，并应符合下列规定：

1）系统应能正常输出冷风或热风，在常温条件下可进行冷热的切换与调控；

2）室外机的试运转应符合本条第 4 款的规定；

3）室内机的试运转不应有异常振动与声响，百叶板动作应正常，不应有渗漏水现象，运行噪声应符合设备技术文件要求；

4）具有可同时供冷、热的系统，应在满足当季工况运行条件下，实现局部内机反向工况的运行。

6 电动调节阀、电动防火阀、防排烟风阀（口）的手动、电动操作应灵活可靠，信号输出应正确。

7 变风量末端装置单机试运转及调试应符合下列规定：

1）控制单元单体供电测试过程中，信号及反馈应正确，不应有故障显示；

2）启动送风系统，按控制模式进行模拟测试，装置的一次风阀动作应灵敏可靠；

3）带风机的变风量末端装置，风机应能根据信号要求运转，叶轮旋转方向应正确，运转应平稳，不应有异常振动与声响；

4）带再热的末端装置应能根据室内温度实现自动开启与关闭。

8 蓄能设备（能源塔）应按设计要求正常运行。

检查数量：第 3、4、8 款全数，其他按Ⅰ方案。

检查方法：调整控制模式，旁站、观察、查阅调试记录。

11.2.3 系统非设计满负荷条件下的联合试运转及调试应符合下列规定：

1 系统总风量调试结果与设计风量的允许偏差应为 -5%～+10%，建筑内各区域的压差应符合设计要求。

2 变风量空调系统联合调试应符合下列规定：

1）系统空气处理机组应在设计参数范围内对风机实现变频调速；

2）空气处理机组在设计机外余压条件下，系统总风量应满足本条文第 1 款的要求，新风量的允许偏差应为 0～+10%；

3）变风量末端装置的最大风量调试结果与设计风量的允许偏差应为 0～+15%；

4）改变各空调区域运行工况或室内温度设定参数时，该区域变风量末端装置的风阀（风机）动作（运行）应正确；

5）改变室内温度设定参数或关闭部分房间空调末端装置时，空气处理机组应自动正确地改变风量；

6）应正确显示系统的状态参数。

3 空调冷（热）水系统、冷却水系统的总流量与设计流量的偏差不应大于 10%。

4 制冷（热泵）机组进出口处的水温应符合设计要求。

5　地源（水源）热泵换热器的水温与流量应符合设计要求。

6　舒适空调与恒温、恒湿空调室内的空气温度、相对湿度及波动范围应符合或优于设计要求。

检查数量：第1、2款及第4款的舒适性空调；按Ⅰ方案；第3、5、6款及第4款的恒温、恒湿空调系统，全数检查。

检查方法：调整控制模式，旁站、观察、查阅调试记录。

11.2.4　防排烟系统联合试运行与调试后的结果，应符合设计要求及国家现行标准的有关规定。

检查数量：全数检查。

检查方法：观察、旁站、查阅调试记录。

11.3　一般项目

11.3.1　设备单机试运转及调试应符合下列规定：

1　风机盘管机组的调速、温控阀的动作应正确，并应与机组运行状态一一对应，中档风量的实测值应符合设计要求；

2　风机、空气处理机组、风机盘管机组、多联式空调（热泵）机组等设备运行时，产生的噪声不应大于设计及设备技术文件的要求；

3　水泵运行时壳体密封处不得渗漏，紧固连接部位不应松动，轴封的温升应正常，普通填料密封的泄漏水量不应大于60mL/h，机械密封的泄漏水量不应大于5mL/h；

4　冷却塔运行产生的噪声不应大于设计及设备技术文件的规定值，水流量应符合设计要求。冷却塔的自动补水阀应动作灵活，试运转工作结束后，集水盘应清洗干净。

检查数量：第1、2款按Ⅱ方案；第3、4款全数检查。

检查方法：观察、旁站、查阅调试记录，按本规范附录E进行测试校核。

11.3.2　通风系统非设计满负荷条件下的联合试运行及调试应符合下列规定：

1　系统经过风量平衡调整，各风口及吸风罩的风量与设计风量的允许偏差不应大于15%；

2　设备及系统主要部件的联动应符合设计要求，动作应协调正确，不应有异常现象；

3　湿式除尘与淋洗设备的供排水系统运行应正常。

检查数量：按Ⅱ方案。

检查方法：按本规范附录E进行测试，校核检查、查验调试记录。

11.3.5　通风与空调工程通过系统调试后，监控设备与系统中的检测元件和执行机构应正常沟通，应正确显示系统运行的状态，并应完成设备的连锁、自动调节和保护等功能。

检查数量：按Ⅱ方案。

检查方法：旁站观察，查阅调试记录。

8.6.2　排烟系统分项

一、自然排烟窗（口）的面积、数量、位置检验批质量验收记录

1.自然排烟窗（口）的面积、数量、位置检验批质量验收记录采用《建筑工程资料管理规程》（DB11/T 695）表C7-4编制。

2.自然排烟窗（口）的面积、数量、位置检验批质量验收记录示例详见表8-146。

表8-146　自然排烟窗（口）的面积、数量、位置检验批质量验收记录示例

XF060201 001

单位（子单位）工程名称	北京××大厦	分部（子分部）工程名称	消防工程分部——建筑防烟排烟系统子分部	分项工程名称	排烟系统分项
施工单位	北京××集团	项目负责人	吴工	检验批容量	10间

分包单位	北京××消防工程公司		分包单位 项目负责人		肖工	检验批部位	1号楼
施工依据	消防工程图纸、变更洽商（如有）、施工方案、 《建筑防烟排烟系统技术标准》（GB 51251—2017）			验收依据		《建筑防烟排烟系统技术标准》 （GB 51251—2017）	

		验收项目		设计要求及 规范规定	最小/实际 抽样数量	检查记录	检查结果
主控项目	1	封闭楼梯间、防烟楼梯间、前室及消防电梯前室可开启外窗	布置方式	第8.2.4条 第1款	3/3	抽查3处，合格3处	√
	2		面积	第8.2.4条 第1款	3/3	抽查3处，合格3处	√
	3	避难层（间）可开启外窗或百叶窗	布置方式	第8.2.4条 第2款	/	/	/
	4		面积	第8.2.4条 第2款	/	/	/
	5	设置自然排烟场所的可开启外窗、排烟窗、可熔性采光带（窗）	布置方式	第8.2.4条 第3款	/	/	/
	6		面积	第8.2.4条 第3款	/	/	/

施工单位 检查结果	所查项目全部合格 专业工长：签名 项目专业质量检查员：签名 2023年××月××日
监理单位 验收结论	验收合格 专业监理工程师：签名 2023年××月××日

注：本表由施工单位填写。

3. 验收依据

【规范名称及编号】《建筑防烟排烟系统技术标准》（GB 51251—2017）

【条文摘录】

8.2.4　自然通风及自然排烟设施验收，下列项目应达到设计和标准要求：

1　封闭楼梯间、防烟楼梯间、前室及消防电梯前室可开启外窗的布置方式和面积；

2　避难层（间）可开启外窗或百叶窗的布置方式和面积；

3　设置自然排烟场所的可开启外窗、排烟窗、可熔性采光（窗）的布置方式和面积。

检查数量：各系统按30%检查。

二、风管与配件制作检验批质量验收记录

1. 风管与配件制作检验批质量验收记录采用《建筑工程资料管理规程》（DB11/T 695）表 C7-4 编制。

2. 风管与配件制作检验批质量验收记录示例详见表 8-147。

表 8-147 风管与配件制作检验批质量验收记录示例

XF060202 001

单位（子单位）工程名称		北京××大厦	分部（子分部）工程名称	消防工程分部——建筑防烟排烟系统子分部	分项工程名称	排烟系统分项
施工单位		北京××集团	项目负责人	吴工	检验批容量	30 件
分包单位		北京××消防工程公司	分包单位项目负责人	肖工	检验批部位	A 系统
施工依据		消防工程图纸、变更洽商（如有）、施工方案、《建筑工程施工工艺规程 第15部分：通风与空调安装工程》（DB11/T 1832.15—2022）	验收依据		《通风与空调工程施工质量验收规范》（GB 50243—2016）	

验收项目			设计要求及规范规定	最小/实际抽样数量	检查记录	检查结果
主控项目	1	风管强度与严密性工艺检测	第 4.2.1 条	/	质量证明文件齐全，通过进场验收，记录编号××	√
	2	风管材质、性能及厚度	第 4.2.3 条第 1 款	3/3	抽查 3 处，合格 3 处	√
	3	风管的连接	第 4.1.5 条第 4.2.3 条第 2 款	3/3	抽查 3 处，合格 3 处	√
	4	风管的加固	第 4.2.3 条第 3 款	3/3	抽查 3 处，合格 3 处	√
	5	防火风管	第 4.2.2 条	/	质量证明文件齐全，通过进场验收，记录编号××	√
	6	镀锌钢板不得焊接	第 4.1.5 条	/	/	/
一般项目	1	法兰风管	第 4.3.1 条第 1 款	3/3	抽查 3 处，合格 3 处	100％
	2	无法兰风管	第 4.3.1 条第 2 款	3/3	抽查 3 处，合格 3 处	100％
	3	风管的加固	第 4.3.1 条第 3 款	3/3	抽查 3 处，合格 3 处	100％
	4	圆形弯管	第 4.3.5 条	3/3	抽查 3 处，合格 3 处	100％
	5	矩形风管导流片	第 4.3.6 条	3/3	抽查 3 处，合格 3 处	100％
	6	风管变径管	第 4.3.7 条	3/3	抽查 3 处，合格 3 处	100％
施工单位检查结果				所查项目全部合格 专业工长：签名 项目专业质量检查员：签名 2023 年××月××日		
监理单位验收结论				验收合格 专业监理工程师：签名 2023 年××月××日		

注：本表由施工单位填写。

3. 验收依据

【规范名称及编号】《通风与空调工程施工质量验收规范》（GB 50243—2016）

【条文摘录】

见第 8.6.1 条第四款《风管与配件制作检验批质量验收记录》的验收依据，本书第 522 页。

三、部件制作检验批质量验收记录

1. 部件制作检验批质量验收记录采用《建筑工程资料管理规程》（DB11/T 695）表 C7-4 编制。

2. 部件制作检验批质量验收记录示例详见表 8-148。

表 8-148　部件制作检验批质量验收记录示例

XF060203 001

单位（子单位）工程名称		北京××大厦	分部（子分部）工程名称	消防工程分部——建筑防烟排烟系统子分部	分项工程名称	排烟系统分项
施工单位		北京××集团	项目负责人	吴工	检验批容量	10 件
分包单位		北京××消防工程公司	分包单位项目负责人	肖工	检验批部位	A 系统
施工依据		消防工程图纸、变更洽商（如有）、施工方案、《建筑工程施工工艺规程 第15部分：通风与空调安装工程》（DB11/T 1832.15—2022）		验收依据	《通风与空调工程施工质量验收规范》（GB 50243—2016）	

		验收项目	设计要求及规范规定	最小/实际抽样数量	检查记录	检查结果
主控项目	1	外购部件验收	第5.2.1条 第5.2.2条	/	质量证明文件齐全，通过进场验收，记录编号××	√
	2	防火阀、排烟阀（口）	第5.2.4条	/	质量证明文件齐全，通过进场验收，记录编号××	√
	3	防爆风阀	第5.2.5条	/	质量证明文件齐全，通过进场验收，记录编号××	√
	4	消声器、消声弯管	第5.2.6条	/	质量证明文件齐全，通过进场验收，记录编号××	√
	5	防排烟系统柔性短管	第5.2.7条	/	质量证明文件齐全，通过进场验收，记录编号××	√
一般项目	1	风管部件及法兰规定	第5.3.1条	3/3	抽查3处，合格3处	100%
	2	各类风阀验收	第5.3.2条	3/3	抽查3处，合格3处	100%
	3	各类风罩	第5.3.3条	3/3	抽查3处，合格3处	100%
	4	各类风口	第5.3.4条	3/3	抽查3处，合格3处	100%
	5	消声器与消声静压箱	第5.3.6条	3/3	抽查3处，合格3处	100%
	6	柔性短管	第5.3.7条	3/3	抽查3处，合格3处	100%
	7	检查门	第5.3.10条	3/3	抽查3处，合格3处	100%
施工单位检查结果			所查项目全部合格 专业工长：签名 项目专业质量检查员：签名 2023 年××月××日			

监理单位 验收结论	验收合格	专业监理工程师：签名 2023 年××月××日

注：本表由施工单位填写。

3. 验收依据

【规范名称及编号】《通风与空调工程施工质量验收规范》（GB 50243—2016）

【条文摘录】

见第 8.6.1 条第五款《部件制作检验批质量验收记录》的验收依据，本书第 538 页。

四、风管系统安装检验批质量验收记录

1. 风管系统安装检验批质量验收记录采用《建筑工程资料管理规程》（DB11/T 695）表 C7-4
编制。

2. 风管系统安装检验批质量验收记录示例详见表 8-149。

表 8-149　风管系统安装检验批质量验收记录示例

XF060204 001

单位（子单位） 工程名称		北京××大厦	分部（子分部） 工程名称		消防工程分部——建筑 防烟排烟系统子分部	分项工程 名称	排烟系统分项
施工单位		北京××集团	项目负责人		吴工	检验批容量	10 件
分包单位		北京××消防工程公司	分包单位 项目负责人		肖工	检验批部位	A 系统
施工依据		消防工程图纸、变更洽商（如有）、施工方案、 《建筑工程施工工艺规程 第 15 部分：通风与 空调安装工程》（DB11/T 1832.15—2022）		验收依据		《通风与空调工程施工质量验收 规范》（GB 50243—2016）	

验收项目			设计要求及 规范规定	最小/实际 抽样数量	检查记录	检查结果
主控项目	1	风管支架、吊架安装	第 6.2.1 条	3/3	抽查 3 处，合格 3 处	√
	2	风管穿越防火、防爆墙体或楼板	第 6.2.2 条	3/3	抽查 3 处，合格 3 处	√
	3	风管安装规定	第 6.2.3 条	3/3	抽查 3 处，合格 3 处	√
	4	高于 60℃风管系统	第 6.2.4 条	/	/	/
	5	风管部件排烟阀安装	第 6.2.7 条 第 1、5 款	3/3	抽查 3 处，合格 3 处	√
	6	正压风口的安装	第 6.2.8 条	3/3	抽查 3 处，合格 3 处	√
	7	风管严密性检验	第 6.2.9 条	/	检验合格，报告编号×××	√
	8	柔性短管必须为不燃材料	第 5.2.7 条	3/3	抽查 3 处，合格 3 处	√
一般项目	1	风管的支架、吊架	第 6.3.1 条	3/3	抽查 3 处，合格 3 处	100%
	2	风管系统的安装	第 6.3.2 条	3/3	抽查 3 处，合格 3 处	100%
	3	柔性短管安装	第 6.3.5 条	3/3	抽查 3 处，合格 3 处	100%
	4	防排烟风阀的安装	第 6.3.8 条 第 2、3 款	3/3	抽查 3 处，合格 3 处	100%
	5	风口安装	第 6.3.13 条	3/3	抽查 3 处，合格 3 处	100%

续表

施工单位 检查结果	所查项目全部合格 专业工长：签名 项目专业质量检查员：签名 2023 年××月××日
监理单位 验收结论	验收合格 专业监理工程师：签名 2023 年××月××日

注：本表由施工单位填写。

3. 验收依据

【规范名称及编号】《通风与空调工程施工质量验收规范》（GB 50243—2016）

【条文摘录】

见第 8.6.1 条第六款《风管系统安装检验批质量验收记录》的验收依据，本书第 543 页。

五、风机安装检验批质量验收记录

1. 风机安装检验批质量验收记录采用《建筑工程资料管理规程》（DB11/T 695）表 C7-4 编制。

2. 风机安装检验批质量验收记录示例详见表 8-150。

表 8-150　风机安装检验批质量验收记录示例

XF060205 001

单位（子单位） 工程名称	北京××大厦	分部（子分部） 工程名称	消防工程分部——建筑 防烟排烟系统子分部	分项工程 名称	排烟系统分项
施工单位	北京××集团	项目负责人	吴工	检验批容量	5 台
分包单位	北京××消防工程公司	分包单位 项目负责人	肖工	检验批部位	A 系统
施工依据	消防工程图纸、变更洽商（如有）、施工方案、 《建筑工程施工工艺规程 第 15 部分：通风与 空调安装工程》（DB11/T 1832.15—2022）		验收依据	《通风与空调工程施工质量验收 规范》（GB 50243—2016）	

		验收项目	设计要求及 规范规定	最小/实际 抽样数量	检查记录	检查结果
主控 项目	1	风机及风机箱的安装	第 7.2.1 条	全/5	共 5 处，全数检查，合格 5 处	√
	2	通风机安全措施	第 7.2.2 条	全/5	共 5 处，全数检查，合格 5 处	√
一般 项目	1	风机及风机箱的安装	第 7.3.1 条	全/5	共 5 处，全数检查，合格 5 处	100%

施工单位 检查结果	所查项目全部合格 专业工长：签名 项目专业质量检查员：签名 2023 年××月××日
监理单位 验收结论	验收合格 专业监理工程师：签名 2023 年××月××日

注：本表由施工单位填写。

3. 验收依据

【规范名称及编号】《通风与空调工程施工质量验收规范》（GB 50243—2016）

【条文摘录】

见第 8.6.1 条第七款《风机安装检验批质量验收记录》的验收依据，本书第 548 页。

六、风管与设备防腐与绝热检验批质量验收记录

1. 风管与设备防腐与绝热检验批质量验收记录采用《建筑工程资料管理规程》（DB11/T 695）表 C7-4 编制。

2. 风管与设备防腐与绝热检验批质量验收记录示例详见表 8-151。

表 8-151　风管与设备防腐与绝热检验批质量验收记录示例

XF060206 001

单位（子单位）工程名称		北京××大厦	分部（子分部）工程名称	消防工程分部——建筑防烟排烟系统子分部	分项工程名称	排烟系统分项
施工单位		北京××集团	项目负责人	吴工	检验批容量	10 件
分包单位		北京××消防工程公司	分包单位项目负责人	肖工	检验批部位	A 系统
施工依据		消防工程图纸、变更洽商（如有）、施工方案、《建筑工程施工工艺规程 第 15 部分：通风与空调安装工程》（DB11/T 1832.15—2022）		验收依据	《通风与空调工程施工质量验收规范》（GB 50243—2016）	
验收项目			设计要求及规范规定	最小/实际抽样数量	检查记录	检查结果
主控项目	1	防腐涂料的验证	第 10.2.1 条	/	质量证明文件齐全，通过进场验收，记录编号××	√
	2	绝热材料规定	第 10.2.2 条	/	检验合格，资料齐全	√
	3	绝热材料复验规定	第 10.2.3 条	/	检验合格，资料齐全	√
一般项目	1	防腐涂层质量	第 10.3.1 条	3/3	抽查 3 处，合格 3 处	100%
	2	设备、部件油漆或绝热	第 10.3.2 条	3/3	抽查 3 处，合格 3 处	100%
	3	绝热层施工	第 10.3.3 条	3/3	抽查 3 处，合格 3 处	100%
	4	风管绝热层保温钉固定	第 10.3.4 条	3/3	抽查 3 处，合格 3 处	100%
	5	防潮层的施工与绝热胶带固定	第 10.3.5 条	3/3	抽查 3 处，合格 3 处	100%
	6	绝热涂料	第 10.3.6 条	3/3	抽查 3 处，合格 3 处	100%
	7	金属保护壳的施工	第 10.3.7 条	3/3	抽查 3 处，合格 3 处	100%
施工单位检查结果				所查项目全部合格　　　　专业工长：签名　　项目专业质量检查员：签名　　2023 年××月××日		
监理单位验收结论				验收合格　　　　专业监理工程师：签名　　2023 年××月××日		

注：本表由施工单位填写。

3. 验收依据

【规范名称及编号】《通风与空调工程施工质量验收规范》（GB 50243—2016）

【条文摘录】

见第 8.6.1 条第八款《风管与设备防腐与绝热检验批质量验收记录》的验收依据，本书第 550 页。

七、风阀、风口安装检验批质量验收记录

1. 风阀、风口安装检验批质量验收记录采用《建筑工程资料管理规程》（DB11/T 695）表 C7-4 编制。

2. 风阀、风口安装检验批质量验收记录示例详见表 8-152。

表 8-152　风阀、风口安装检验批质量验收记录示例

XF060207 001

单位（子单位）工程名称		北京××大厦	分部（子分部）工程名称	消防工程分部——建筑防烟排烟系统子分部	分项工程名称	排烟系统分项
施工单位		北京××集团	项目负责人	吴工	检验批容量	10 件
分包单位		北京××消防工程公司	分包单位项目负责人	肖工	检验批部位	A 系统
施工依据		消防工程图纸、变更洽商（如有）、施工方案、《建筑工程施工工艺规程 第 15 部分：通风与空调安装工程》（DB11/T 1832.15—2022）		验收依据		《建筑防烟排烟系统技术标准》（GB 51251—2017）
验收项目			设计要求及规范规定	最小/实际抽样数量	检查记录	检查结果
主控项目	1	排烟防火阀安装	第 6.4.1 条	3/3	抽查 3 处，合格 3 处	√
	2	送风口、排烟阀或排烟口的安装	第 6.4.2 条	/	/	/
	3	送风口、排烟阀或排烟口手动驱动装置安装	第 6.4.3 条	/	/	/
	4	排烟窗安装	第 6.4.5 条	/	/	/
施工单位检查结果				所查项目全部合格 专业工长：签名 项目专业质量检查员：签名 2023 年××月××日		
监理单位验收结论				验收合格 专业监理工程师：签名 2023 年××月××日		

注：本表由施工单位填写。

3. 验收依据

【规范名称及编号】《建筑防烟排烟系统技术标准》（GB 51251—2017）

【条文摘录】

见第 8.6.1 条第九款《风阀、风口安装检验批质量验收记录》的验收依据，本书第 553 页。

八、防火风管安装检验批质量验收记录

1. 防火风管安装检验批质量验收记录采用《建筑工程资料管理规程》（DB11/T 695）表 C7-4 编制。

2. 防火风管安装检验批质量验收记录示例详见表 8-153。

表 8-153 防火风管安装检验批质量验收记录示例

XF060208 001

单位（子单位） 工程名称	北京××大厦		分部（子分部） 工程名称	消防工程分部——建筑 防烟排烟系统子分部	分项工程 名称	排烟系统分项
施工单位	北京××集团		项目负责人	吴工	检验批容量	10 件
分包单位	北京××消防工程公司		分包单位 项目负责人	肖工	检验批部位	A 系统
施工依据	消防工程图纸、变更洽商（如有）、施工方案、 《建筑防烟排烟系统技术标准》（GB 51251—2017）			验收依据	《建筑防烟排烟系统技术标准》 （GB 51251—2017）	

		验收项目	设计要求及 规范规定	最小/实际 抽样数量	检查记录	检查结果
主控项目	1	金属风管连接	第 6.3.1 条	3/3	抽查 3 处，合格 3 处	√
	2	非金属风管连接	第 6.3.2 条	/	/	/
	3	风管强度严密性试验	第 6.3.3 条	/	检验合格，报告编号×××	√
	4	风管安装	第 6.3.4 条	3/3	抽查 3 处，合格 3 处	√
	5	系统严密性试验	第 6.3.5 条	/	检验合格，报告编号×××	√
施工单位 检查结果				所查项目全部合格 专业工长：签名 项目专业质量检查员：签名 2023 年××月××日		
监理单位 验收结论				验收合格 专业监理工程师：签名 2023 年××月××日		

注：本表由施工单位填写。

3. 验收依据

【规范名称及编号】《建筑防烟排烟系统技术标准》（GB 51251—2017）

【条文摘录】

见第 8.6.1 条第十款《防火风管安装检验批质量验收记录》的验收依据，本书第 555 页。

九、系统调试检验批质量验收记录

1. 系统调试检验批质量验收记录采用《建筑工程资料管理规程》（DB11/T 695）表 C7-4 编制。

2. 系统调试检验批质量验收记录示例详见表 8-154。

表 8-154 系统调试检验批质量验收记录示例

XF060209 001

单位（子单位） 工程名称	北京××大厦		分部（子分部） 工程名称	消防工程分部——建筑 防烟排烟系统子分部	分项工程 名称	排烟系统分项
施工单位	北京××集团		项目负责人	吴工	检验批容量	2 套
分包单位	北京××消防工程公司		分包单位 项目负责人	肖工	检验批部位	1 号楼
施工依据	消防工程图纸、变更洽商（如有）、施工方案、 《建筑工程施工工艺规程 第 15 部分：通风与 空调安装工程》（DB11/T 1832.15—2022）			验收依据	《通风与空调工程施工质量验收 规范》（GB 50243—2016）	

	验收项目		设计要求及规范规定	最小/实际抽样数量	检查记录	检查结果
主控项目	1	通风机单机试运转及调试	第11.2.2条第1款	/	调试合格，记录编号 XF-02-C6-××	√
	2	电控防排烟阀的动作试验	第11.2.2条第6款	/	调试合格，记录编号 XF-02-C6-××	√
	3	系统总风量	第11.2.3条第1款	/	调试合格，记录编号 XF-02-C6-××	√
	4	防排烟系统调试	第11.2.4条	/	调试合格，记录编号 XF-02-C6-××	√
一般项目	1	风机噪声	第11.3.1条第2款	/	调试合格，记录编号 XF-02-C6-××	√
	2	系统风口风量平衡	第11.3.2条第1款	/	调试合格，记录编号 XF-02-C6-××	√
	3	系统设备动作协调	第11.3.2条第2款	/	调试合格，记录编号 XF-02-C6-××	√
	4	系统自控设备的调试	第11.3.5条	/	调试合格，记录编号 XF-02-C6-××	√
施工单位检查结果					所查项目全部合格 专业工长：签名 项目专业质量检查员：签名 2023 年××月××日	
监理单位验收结论					验收合格 专业监理工程师：签名 2023 年××月××日	

注：本表由施工单位填写。

3. 验收依据

【规范名称及编号】《通风与空调工程施工质量验收规范》（GB 50243—2016）

【条文摘录】

见第 8.6.1 条第十一款《系统调试检验批质量验收记录》的验收依据，本书第 557 页。